KB156316

AUTOMOTIVE ELECTRICITY AND ELECTRONICS

FIFTH EDITION

James D. Halderman

 **Pearson**

Boston   Columbus   Indianapolis   New York   San Francisco   Amsterdam
Cape Town   Dubai   London   Madrid   Milan   Munich   Paris   Montreal   Toronto   Delhi
Mexico City   São Paulo   Sydney   Hong Kong   Seoul   Singapore   Taipei   Tokyo

제**5**판

자동차
전기전자 공학

Automotive Electricity and Electronics

James D. Halderman 지음

이충규 · 최현식 옮김

역자 소개

이충규   clee@chosun.ac.kr
조선대학교 전자공학부 교수

최현식   hs22.choi@chosun.ac.kr
조선대학교 전자공학부 교수

자동차 전기전자 공학 제5판

발행일   2018년 9월 10일 초판 1쇄
지은이   James D. Halderman
옮긴이   이충규 · 최현식
발행인   김준호
발행처   한티미디어 | **주 소**   서울시 마포구 연남동 570-20
등 록   제15-571호 2006년 5월 15일
전 화   02) 332-7993~4 | **팩 스**   02) 332-7995
ISBN   978-89-6421-321-6 (93560)
정 가   27,000원

마케팅   박재인 최상욱 김원국 | **관 리**   김지영
편 집   김은수 유채원

이 책에 대한 의견이나 잘못된 내용에 대한 수정정보는 한티미디어 홈페이지나 이메일로 알려주십시오.
독자님의 의견을 충분히 반영하도록 늘 노력하겠습니다.

홈페이지   www.hanteemedia.co.kr | **이메일**   hantee@hanteemedia.co.kr

저자 서문 PREFACE

전문 기술자 시리즈 Pearson의 자동차 전문 기술자 시리즈(Automotive's Professional Technician Series)의 일부인 이 "자동차 전기전자 공학(Automotive Electricity and Electronics)"의 제5판은 자동차 교과서의 미래를 대표한다. 이 시리즈는 오늘날의 학생들과 강사들을 위한 미디어 통합 솔루션이다. 이 시리즈는 ASE(자동차공학회) 인증 8개 분야를 모두 다루는 교과서와 일반 과정을 다루는 추가 교재들을 포함하고 있다.

또한 이 시리즈는 기술적 정확성을 위해 동료 평가를 거쳤다.

5판 업데이트

- 주제를 생동감 있게 만들어 주는 60장 이상의 새로운 사진 및 도면
- 전반적인 업데이트 및 ASE/NATEF 최신 작업과의 연관성
- "3C(complaint, cause, correction)"가 포함된 새로운 사례연구
- 제2장에 OSHA(산업안전보건청)의 새로운 유해 화학 물질 표시 요구 사항 추가
- 중요한 주제를 보다 쉽게 이해할 수 있게 해 주는 제4장의 전기 회로 추가 설명
- 제10장에 추가된 다양한 유형의 보호 소자 및 스마트 정션 박스에 대한 새로운 내용
- 제26장에 이모빌라이저 시스템에 대한 새로운 내용을 추가
- 다른 교과서와 달리 특정 구성요소나 시스템에 대한 이론, 동작, 진단, 서비스에 대한 내용이 한 곳에서 다뤄지도록 씌어 있어서 같은 주제에 대한 다른 언급이 있는지 책 전체를 검색할 필요가 없다.

NATEF 연관성 NATEF(National Automotive Technicians Education Foundation) 인증 프로그램은 NATEF 작업을 다루는 수업자료를 사용한다는 것을 입증해야 한다. 모든 **전문 기술자** 교과서는 적절한 NATEF 작업 목록과 상호 연관되어 있다. 이러한 상관관계는 다음 두 곳에서 찾을 수 있다.

- 각 책의 부록
- 강사 매뉴얼의 각 장의 시작 부분

강사 및 학생 지원 패키지 모든 전문 기술자 교과서에는 강사 및 학생 보충 자료가 함께 제공된다. 자세한 보충 자료 목록이 x 페이지에 나와 있다.

진단과 문제해결에 초점

전문 기술자 시리즈는 문제 진단에 더 중점을 두어야 할 필요를 충족시키기 위해 개발되었다. 자동차 강사 및 서비스 관리자는 학생들과 초보 기술자들이 진단 절차 및 기량 개발에 더 많은 훈련이 필요하다는 데 동의한다. 이러한 요구에 부응하고 실제 문제가 어떻게 해결되는지를 보여 주기 위해 실제 수리 사례를 전체적으로 포함시켜 실제 문제를 진단하고 수리하는 방법을 강조하였다.

viii, ix 페이지에 이 전문 기술자 시리즈 책을 다른 자동차 교과서와 차별화해 주는 고유하고 핵심적인 특징들에 대한 설명이 있다.

Jim Halderman은 그의 업무에 다양한 경험, 지식, 재능을 가져다 쓴다. 그의 20년이 넘는 자동차 분야 서비스 경험에는 고정요금 기술자로서, 사업자로서, 그리고 미국 유수의 커뮤니티 대학의 자동차 기술 교수로서 일해 온 것이 포함된다.

그는 오하이오 북부 대학에서 과학 학사 학위를 받았고, 오하이오 옥스퍼드에 있는 마이애미 대학에서 교육학 석사 학위를 받았다. 또한 Jim은 전자식 전송 제어 장치에 대한 미국 특허를 보유하고 있다. 그는 ASE 인증 마스터 자동차 기술자(A1-A8, A9, F1, G1, L1, L3)이다.

Jim은 Pearson Education에서 출판한 많은 자동차 분야 교과서들의 저자이다.

그는 CAT(캘리포니아 자동차 교사 협회)와 ICAIA(일리노이 자동차 강사 협회)를 포함한 전국 청중들에게 수많은 기술 세미나를 제공했다. 그는 또한 NACAT(북미 자동차 교사 위원회)의 회원이자 발표자이다. Jim은 GM에 의해 "올해의 지역 교사"로 지명되었고, 오하이오 북부 대학의 "뛰어난 졸업생"으로 지명되었다.

Jim과 그의 아내 Michelle은 오하이오 데이턴에서 살고 있으며, 두 자녀를 두고 있다. 아래 주소로 Jim에게 연락할 수 있다.

jim@jameshalderman.com

역자 서문 PREFACE

자동차는 현대 사회에서 없어서는 안 될 필수품이 되어, 그 사회적 경제적 기술적 중요성은 아무리 강조하여도 부족함이 없을 것이다. 자동차 부품 기술 및 제조 기술의 눈부신 발전으로 가격 대비 성능이 향상되어 누구나 자동차를 소유할 수 있는 시대가 되었다. 게다가, 환경과 에너지 문제가 전 세계적으로 중요시되면서 하이브리드자동차, 전기자동차, 수소연료자동차 등 다양한 친환경 자동차들이 개발, 판매되고 있다.

일반적으로 자동차는 기계장치라는 인식이 강하지만, 기술 요소를 살펴보면 최근 생산되는 자동차들은 가격을 기준으로 하여 전기전자 장치들이 자동차 가격의 40~60%를 차지한다는 조사결과가 있다. 따라서 다양한 기계기술에 더하여 자동차에 적용되는 전기전자 장치의 중요성이 매우 크다는 것을 이해할 수 있다.

이러한 기술적 발전 추세에 따라 관련 분야의 학생 및 기술자는 물론이고 자동차에 관심이 있는 일반인도 자동차에 적용되는 전기전자 장치의 기술을 이해하고 관련 기술의 현장 적용을 학습할 필요가 있다.

본 교재는 Jim Halderman의 Automotive Electricity and Electronics 제5판을 번역한 것으로, 원저자는 미국에서 다양하고 깊은 경험을 쌓은 자동차 분야 전문가이다. 이 책에는 사진, 도표, 다이어그램 등이 풍부하게 담겨 있어 독자들이 학습하는 데 큰 도움이 될 것으로 기대한다. 내용의 설명에 등장하는 대부분의 자동차는 미국 시장에서 판매되어 온 자동차들이므로 대한민국 판매용 자동차와 다른 내용들이 많이 있지만, 교재에서 설명하는 내용을 이해한 후 국내 판매용 자동차와 비교해 보면 더욱 깊은 이해를 할 수 있을 것으로 기대한다.

용어는 해당 전문분야에서 사용하는 용어를 기준으로 번역하였으나, 영문 용어는 경우에 따라 정확한 한글 용어가 없는 경우도 있으므로, 독자의 이해에 도움이 되도록 원문과 상이한 단어를 선택한 경우도 있다. 또한 원문에 충실히 번역하고자 하였으나, 문맥을 고려하여 의역하는 과정에서 어색한 표현이 있을 수 있음을 미리 말씀드린다.

조선대학교 LINC+ 사업의 일부로 진행되는 연계전공트랙의 교과목 강의를 진행하는 과정에서 필요성을 절감하여, 조선대학교 LINC+ 사업단 관계자 여러분의 도움을 통해 본 교재의 번역 작업을 시작할 수 있었음을 말씀드리며, 감사의 뜻을 전하고자 한다. 또한 이 번역서를 출판하기까지 편집, 교정, 제작에 도움을 주신 한티미디어의 관계자 여러분께 깊은 감사를 드린다.

2018년 8월
이충규, 최현식

학습목표 및 핵심용어 학생들과 강사들이 각 장의 가장 중요한 자료에 집중하도록 돕기 위해 각 장의 시작 부분에 표시되어 있다.

 기술 팁

단지 1초면 된다.
자동차 부품을 제거할 때마다 손으로 나사 두 개를 포함한 볼트를 다시 조이는 것이 좋다. 이는 구성요소 또는 부품을 차량에 다시 놓을 때 볼트가 원래 위치에서 사용될 수 있도록 도와준다. 종종 동일한 지름의 체결 부품이 구성요소에 사용되지만, 볼트의 길이는 다를 수 있다.

기술 팁 인증 기술자의 실질적인 조언과 "일을 잘하거나 빨리 할 수 있는 방법"을 제공한다.

 안전 팁

기름 묻은 옷 처리
화재 예방을 위해 기름 묻은 옷들은 밀폐된 용기에 처리하여야 한다. ●그림 1-69 참조. 기름이 묻어 있는 옷을 바닥이나 작업대에 던지면 화학 반응이 일어나 불꽃 없이도 발화될 수 있다. 화염이 없는 점화 과정을 **자연 발화(spontaneous combustion)**라고 한다.

안전 팁 학생들에게 작업상의 위험 요소와 이를 피하는 방법을 알려 준다.

 사례연구

번개 피해
천둥 번개가 치는 동안 바깥에 있던 차량에서 라디오가 작동하지 않았다. 기술자는 퓨즈를 점검하고 라디오에 전원이 공급되고 있는지 확인했다. 그러고 나서 기술자는 안테나에 주목했다. 안테나가 번개를 맞은 것이었다. 명백하게 번개로부터 높은 전압이 라디오 수신기로 이동했고 회로를 손상시켰다. 라디오와 안테나 둘 다를 교체하여 문제를 해결하였다. ●그림 28-26 참조.

개요:
- **불만 사항**—고객이 라디오가 동작하지 않는다고 이야기했다.
- **원인**—육안 검사에서 번개를 맞은 안테나를 확인했다.
- **수리**—라디오와 안테나를 교체하여 제대로 작동되도록 복구했다.

사례연구 학생들에게 자동차 정비 실사례를 제시하고, 이러한 일반적인 (때로는 흔치 않은) 문제들이 어떻게 진단되고 수리되었는지를 보여 준다.

? **자주 묻는 질문**

자동차 분야에 사용되는 나사 머리부의 종류는 몇 가지인가?
Torx, 육각형(Allen이라고도 함), 맞춤 밴과 이동 주거 자동차에 사용되는 많은 종류를 포함하여 다양하다. ●그림 1-9 참조.

자주 묻는 질문 저자의 경험을 바탕으로, 학생들과 초보 서비스 기술자들이 가장 공통적으로 자주 묻는 질문에 대한 답을 제공한다.

참고 학생들에게 특정 작업이나 절차에 대한 이해를 높이기 위해 추가적인 기술 정보를 제공한다.

주의 학생들에게 특정 작업이나 서비스 절차 중에 발생할 수 있는 잠재적인 차량의 손상을 알려 준다.

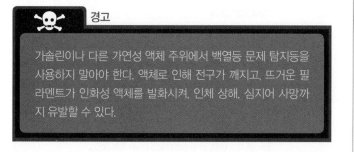

경고

가솔린이나 다른 가연성 액체 주위에서 백열등 문제 탐지등을 사용하지 말아야 한다. 액체로 인해 전구가 깨지고, 뜨거운 필라멘트가 인화성 액체를 빌화시켜, 인체 상해, 심지어 사망까지 유발할 수 있다.

경고 학생들에게 특정 작업이나 서비스 절차 중에 발생할 수 있는 잠재적인 신체적 위험을 알려 준다.

요약 Summary

1. 볼트, 스터드, 너트는 차대의 체결 부품으로 많이 사용된다. 분수 형태 및 미터법 나사의 크기는 서로 달라서, 교체해서 사용할 수 없다. 등급은 체결 부품의 강도 등급이다.
2. 차량이 바닥에서 위로 들려 올라갈 때는 언제나 차체 또는 프레임의 많은 부분에서 지지되어야 한다.
3. 렌치는 개방형, 상자형 및 개방형과 상자형의 조합이 가능하다.
4. 조정 렌치는 적절한 크기를 사용할 수 없을 때 사용하여야 한다.
5. 라인 렌치는 플레어넛 렌치(flare-nut wrench)라고도 불리며, 피팅 렌치(fitting wrench), 튜브너트 렌치(tube-nut wrench)라고도 불리며, 연료 또는 냉매 라인을 제거하는 데 사용된다.
6. 소켓은 래칫(ratchet) 또는 플렉스 핸들(flex handle)이라고도 불리는 브레이커 바(breaker bar)에 의해 회전된다.
7. 토크 렌치는 체결 부품에 적용되는 토크의 크기를 측정한다.
8. 나사드라이버의 종류는 직선형 날틈(flat tip), 십자형(Phillips), 토스(Torx)가 있다.
9. 망치(hammer)와 말렛(mallet)은 다양한 크기와 무게가 있다.
10. 펜치는 유용한 도구로, 가변촉 펜치, 다중홈 펜치, 라인즈맨 펜치, 대각선 펜치, 바늘코 펜치, 잠금 펜치 등 다양한 유형이 있다.
11. 다른 일반적인 수공구로 스냅링(snap-ring) 펜치, 줄, 절단기, 펀치(punch), 끌, 쇠톱이 있다.
12. 하이브리드 전기 자동차 수리에서 고압 부품 중 하나를 수리해야 하는 경우에는 전원을 차단해야 한다.

복습문제 Review Questions

1. 차량을 들어 올릴 때 취해야 하는 세 가지 주의 사항을 쓰시오.
2. 분수형 볼트와 미터 볼트 사이의 표시가 어떻게 다른지를 포함하여, 체결 부품의 등급을 결정하는 방법을 설명하시오.
3. 개인 보호 장비(personal protective equipment, PPE) 네 가지 항목을 열거하시오.
4. 소화기의 종류와 사용법을 열거하시오.
5. 렌치는 왜 15도만큼 기울어져 있나?
6. 라인 렌치의 다른 이름은 무엇인가?
7. 소켓을 위한 표준 자동차 드라이브 크기는 무엇인가?
8. 어떤 유형의 나사드라이버가 망치 또는 말렛과 함께 사용되는가?
9. 데드블로우(dead-blow) 망치 안에는 무엇이 있는가?
10. 왼쪽 및 오른쪽 절단을 위해 어떤 유형의 절단기가 가능한가?

1장 퀴즈 Chapter Quiz

1. 차량을 들어 올릴 때 패드의 정확한 위치는 대개 _____에서 찾을 수 있다.
   a. 서비스 매뉴얼   c. 사용자 매뉴얼
   b. 매장 매뉴얼   d. 위의 모든 것
2. 최선의 작업 위치를 위해, 작업은 _____에서 이루어 져야 한다.
   a. 목 또는 머리 위치   c. 머리 위 1피트 위치
   b. 무릎 또는 발 위치   d. 가슴 또는 말뚝치 위치
3. 고강도 볼트는 _____에 의해 구분된다.
   a. UNC 심볼   c. 강도 숫자 코드
   b. 머리의 라인 수   d. 거친 나사
4. 양쪽 끝의 나사를 사용하는 체결 부품을 _____(이)라고 부른다.
   a. 캡 나사   c. 스터드
   b. 기계 나사   d. 산마루 체결 부품
5. 수공구를 사용할 때는 항상 _____.
   a. 렌치를 밀어야 한다. 당기면 안 된다
   b. 렌치를 당겨야 한다. 밀면 안 된다
6. Channel Locks의 적절한 용어는 _____이다.
   a. Vise-Grip   c. 잠금 펜치
   b. Crescent wrench   d. 다중홈 조정 가능 펜치
7. Vise-Grip의 적절한 용어는 _____이다.
   a. 잠금 펜치   c. 사이드 컷
   b. 가변촉 펜치   d. 다중홈 조정 가능 펜치
8. 두 명의 기술자가 토크 렌치에 대해 논의하고 있다. 기술자 A는 토크 렌치가 기존의 브레이커 바(breaker bar) 또는 래칫(ratchet)보다 더 많은 토크로 체결 부품을 조일 수 있다고 한다. 기술자 B는 토크 렌치가 가장 정확한 결과를 얻기 위해 정기적으로 보정해야 한다고 말한다. 어느 기술자의 말이 옳은가?
   a. 기술자 A만   c. 기술자 A와 B 모두
   b. 기술자 B만   d. 기술자 A와 B 둘 다 틀리다
9. 체결 부품의 머리 위쪽 공간이 제한된 경우, 어떤 종류의 나사드라이버를 사용하여야 하는가?
   a. 오프셋 나사드라이버   c. 충격 나사드라이버
   b. 표준 나사드라이버   d. Robertson 나사드라이버
10. 어떤 종류의 망치가 플라스틱으로 코팅되고 내부에 금속 케이스가 있으며, 작은 납 공으로 채워져 있나?
    a. 데드블로우(dead-blow) 망치
    b. 소프트블로우(soft-blow) 망치
    c. 슬레지(sledge) 망치
    d. 플라스틱 망치

요약, 복습문제, 퀴즈 각 장의 끝 부분에 있으며, 학생들이 각 장에서 제시된 내용을 검토하고, 자신이 얼마나 많이 배웠는지를 확인하는 데 도움이 된다.

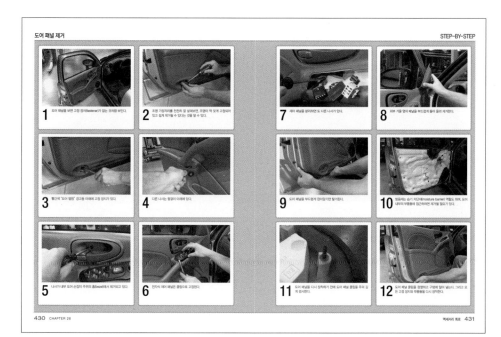

STEP-BY-STEP 연속적인 사진들이 특정 작업 또는 서비스 절차를 수행하는 단계를 자세히 보여 준다.

RESOURCES IN PRINT AND ONLINE
Automotive Electricity and Electronics

NAME OF SUPPLEMENT	PRINT	ONLINE	AUDIENCE	DESCRIPTION
Instructor Resource Manual 0134066774		✔	Instructors	NEW! The Ultimate teaching aid: Chapter summaries, key terms, chapter learning objectives, lecture resources, discuss/demonstrate classroom activities, and answers to the in-text review and quiz questions.
TestGen 0134074742		✔	Instructors	Test generation software and test bank for the text.
PowerPoint Presentation 013407484X		✔	Instructors	Slides include chapter learning objectives, lecture outline of the text, and graphics from the book.
Image Bank 0134074858		✔	Instructors	All of the images and graphs from the textbook to create customized lecture slides.
NATEF Correlated Task Sheets – for Instructors 0134074718		✔	Instructors	Downloadable NATEF task sheets for easy customization and development of unique task sheets.
NATEF Correlated Task Sheets – for Students 0134074769	✔		Students	Study activity manual that correlates NATEF Automobile Standards to chapters and pages numbers in the text. Available to students at a discounted price when packaged with the text.
CourseSmart eText 0134074890		✔	Students	An alternative to purchasing the print textbook, students can subscribe to the same content online and save up to 50% off the suggested list price of the print text. Visit **www.coursesmart.com**

All online resources can be downloaded from the Instructor's Resource Center: www.pearsonhighered.com/irc

요약 차례 BRIEF CONTENTS

차례 CONTENTS

Service Information, Tools, and Safety

학습목표

이 장을 학습하고 나면,

1. 차량 및 부품의 식별 번호 및 상표를 찾고 이해할 수 있다.
2. 차량 서비스 정보를 다양한 소스를 통해 탐색할 수 있다.
3. 다양한 나사 체결 부품의 힘과 등급을 구분할 수 있다.
4. 다양한 종류의 수공구와 그 용도를 구분할 수 있다.
5. 다양한 종류의 자동차 공구와 그 용도를 구분할 수 있다.
6. 자동차 작업을 수행할 때 개인 보호 장비 및 안전 예방책을 설명할 수 있다.

핵심용어

개방형 렌치
개인 보호 장비(PPE)
거친 나사산(UNC)
기술 서비스 공고(TSB)
끌
나사드라이버
너트
눈 세척장
드라이브 크기
등급
래칫
렌치
리콜
망치
문제 탐지등
미세한 나사산(UNF)
미터 볼트
발광 다이오드(LED)
범프캡
보정 코드
볼트
브레이커 바
소켓
소켓 어댑터
소화기 등급

손가위
쇠톱
스터드
와셔
인장 강도
자연 발화
자재 이음
작업대 분쇄기
조절 렌치
주조 번호
줄
차량 배출 제어 정보(VECI)
차량 식별 번호(VIN)
총 차량 중량 등급(GVWR)
총 차축 중량 등급(GAWR)
치터 바
캠페인
특수 서비스 공구(SST)
펀치
펜치
피치
핀치 용접 이음매
하이브리드 전기 자동차(HEV)
화재 담요
확장 부품

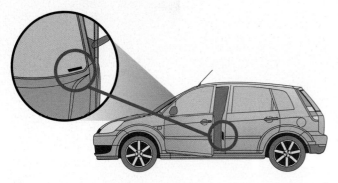

그림 1-1 차량 식별 번호(vehicle identification number, VIN)는 바람막이 바닥과 운전자 문 안쪽의 데칼(decal)을 통해 찾을 수 있다.

그림 1-2 차량 배출 제어 정보(vehicle emission control information, VECI) 스티커는 후드 아래에 배치되어 있다.

차량 정보 Vehicle Identification

제조사, 모델, 제조 연도 모든 서비스 작업을 위해서는 차량과 그 구성요소가 적절하게 식별되는지를 확인하여야 한다. 일반적인 식별은 제조사, 모델, 제조 연도이다.

제조사: 예, 쉐보레

모델: 예, 임팔라

제조 연도: 예, 2008

차량 식별 번호 차량 제조 연도는 정확히 결정하기 어렵다. 자동차 모델은 전년도 1월에 다음 해의 모델로 소개된다. 일반적으로 새해 이전인 9월 또는 10월에 새 모델이 시작되지만, 항상 그런 것은 아니다. 이 때문에 **차량 식별 번호(vehicle identification number, VIN)**는 매우 중요하다. ●그림 1-1 참조.

1981년 이후로 모든 자동차 제조업체는 17자 길이의 차량 식별 번호(VIN)를 사용하고 있다. 모든 차량 제조업체는 이 17자 안에 다양한 문자와 숫자를 넣지만, 아래의 상수를 포함한다.

- 첫 번째 숫자 혹은 문자는 제조 국가를 표시한다. ●표 1-1 참조.
- 네 번째와 다섯 번째 문자는 차량의 라인과 시리즈를 나타낸다.
- 여섯 번째 문자는 차체 유형을 표시한다.
- 일곱 번째 문자는 안전장치를 표시한다.
- 여덟 번째 문자는 종종 엔진 코드를 표시한다(몇몇 엔진

1 = United States	J = Japan	T = Czechoslovakia
2 = Canada	K = Korea	U = Romania
3 = Mexico	L = China	V = France
4 = United States	M = India	W = Germany
5 = United States	N = Turkey	X = Russia
6 = Australia	P = Philippines	Y = Sweden
8 = Argentina	R = Taiwan	Z = Italy
9 = Brazil	S = England	

표 1-1

차량 식별 번호(VIN)의 첫 번째 숫자 또는 문자는 차량이 만들어진 곳의 국가를 의미한다.

A = 1980/2010	L = 1990/2020	Y = 2000/2030
B = 1981/2011	M = 1991/2021	1 = 2001/2031
C = 1982/2012	N = 1992/2022	2 = 2002/2032
D = 1983/2013	P = 1993/2023	3 = 2003/2033
E = 1984/2014	R = 1994/2024	4 = 2004/2034
F = 1985/2015	S = 1995/2025	5 = 2005/2035
G = 1986/2016	T = 1996/2026	6 = 2006/2036
H = 1987/2017	V = 1997/2027	7 = 2007/2037
J = 1988/2018	W = 1998/2028	8 = 2008/2038
K = 1989/2019	X = 1999/2029	9 = 2009/2039

표 1-2

이 패턴은 제조 연도의 매 30년마다 반복된다.

은 차량 식별 번호(VIN)에 표시되지 않는다).

- 열 번째 문자는 모든 차량의 연도를 표시한다. ●표 1-2 참조.

그림 1-3 컨트롤러 상자에 부착된 일반적인 보정 코드(calibration code) 스티커. 스티커의 정보는 부품을 주문하거나 컨트롤러를 교체할 때 종종 필요하다.

그림 1-4 주성분의 주조 번호(casting number)는 주조되거나 스탬프로 처리할 수 있다.

차량 안전 인증 라벨 차량 안전 인증 라벨은 왼쪽 앞문의 뒤쪽을 향한 부분의 왼쪽 기둥에 부착되어 있다. 이 라벨은 **총 차량 중량 등급**(gross vehicle weight rating, GVWR), **총 차축 중량 등급**(gross axle weight rating, GAWR), 차량 식별 번호(VIN)와 제조 연도, 달을 표시한다.

자동차 배기가스 제어 정보 라벨 차량 후드 아래의 **자동차 배기가스 제어 정보**(vehicle emissions control information, VECI) 라벨은 관련 설정 및 배기 호스의 배선 정보를 보여 준다. ●그림 1-2 참조.

VECI 라벨 혹은 스티커는 후드의 아래쪽, 냉각 장치 팬 측판, 냉각 장치 중심 지지대, 혹은 스트럿 타워에 있을 수 있다. VECI 라벨은 아래의 정보를 포함한다.

- 엔진 식별
- 차량이 만족해야 하는 배출 기준
- 진공 호스 배선도
- 기본 점화 시기(조정 가능한 경우)
- 스파크 플러그 종류와 거리
- 밸브 래시
- 배출 보정 코드

보정 코드 보정 코드(calibration code)는 일반적으로 파워트레인 제어 모듈(powertrain control module, PCM)이나 다른 제어 모듈에 위치한다. 엔진 작동 오류를 진단할 때마다

차량이 기술 서비스 대상인지 다른 서비스 절차 대상인지 확인하기 위해 보정 코드를 사용해야 하는 경우가 종종 있다. ●그림 1-3 참조.

주조 번호 엔진 부품이 주조될 때, 주조를 확인하기 위해 번호가 주형에 넣어진다. ●그림 1-4 참조. 이러한 **주조 번호**(casting number)는 입방 인치 변위와 같은 치수를 확인하거나 제조 연도와 같은 기타 정보를 위해 사용된다. 때때로 주조가 변하여도 주조 번호는 변하지 않는 경우가 있다. 주조 번호는 서비스 기술자가 엔진을 식별할 수 있는 가장 좋은 방법이다.

서비스 정보 Service Information

서비스 매뉴얼 서비스 정보(service information)는 서비스 기술자가 사양과 서비스 절차, 필요한 도구 등을 결정하기 위해 사용한다.

공장 및 애프터마켓 서비스 매뉴얼(service manual)에는 사양 및 서비스 절차가 포함되어 있다. 공장 서비스 매뉴얼은 단지 1년 기간과, 같은 차량의 하나 혹은 하나 이상의 모델을 다루는 반면, 애프터마켓 서비스 제조사는 하나의 매뉴얼에서 여러 해 및/또는 다양한 모델을 다룬다.

그림 1-5 전자 서비스 정보(electronic service information)는 All-Data나 Mitchell-on-Demand와 같은 애프터마켓뿐만 아니라 차량 제조업체가 제공하는 웹 사이트에서도 제공된다.

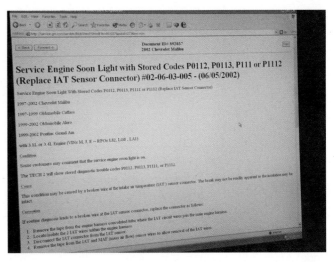

그림 1-6 기술 서비스 공고(technical service bulletin, TSB)는 동일한 문제가 많은 차량들에 영향을 주는 오류가 발생했을 때 차량 제조업체에서 발행한다. 기술 서비스 공고(TSB)는 필요한 부품과 자세한 지침을 포함하여 문제에 대한 해결 방법을 제공한다.

대부분의 서비스 매뉴얼에는 다음 내용이 포함된다.

- 모든 유체의 용량 및 권장 사양
- 엔진 및 정기 유지 보수를 포함한 사양
- 시험 절차
- 특수한 도구의 사용을 포함한 서비스 절차

전자 서비스 정보 전자 서비스 정보(electronic service information)는 주로 가입을 통해 이용할 수 있으며, 서비스 매뉴얼 형식의 정보가 가능한 인터넷 사이트에 대한 접근을 제공한다. ●그림 1-5 참조. 대부분의 차량 제조업체는 전자 서비스 정보를 상인 및 기업 교육 프로그램을 제공하는 대부분의 학교 및 대학에 제공한다.

기술 서비스 공고 기술 서비스 공고(technical service bulletin, TSB)는 종종 기술 서비스 정보 공고(technical service information bulletin, TSIB)로 불리며, 차량 제조업체가 서비스 기술자에게 문제를 알리고, 필요한 시정 조치를 수행할 수 있도록 발행된다. 기술 서비스 공고(TSB)는 대리점 기술자를 위해 설계되었지만 애프터마켓 회사에 의해 재발행되며, 매장 및 차량 수리 시설에 다른 서비스 정보와 함께 제공된다. ●그림 1-6 참조.

인터넷 인터넷은 정보 교환 및 기술적 자문에 대한 접근을 가능하게 하였다. 가장 유용한 웹 사이트 중 하나는 **국제 자동차 기술자 네트워크(international automotive technician's network, www.iatn.net)**이다. 이곳은 무료 사이트이지만 서비스 기술자는 등록을 해야 가입할 수 있다. 적은 월간 지원 비용을 지불하면, 매장 또는 서비스 기술자는 보관소에 접근할 수 있으며, 여기에는 검색 가능한 데이터베이스에 수천 건의 성공적인 수리가 포함되어 있다.

리콜 및 캠페인 리콜 또는 **캠페인**은 차량 제조업체가 발행하며, 안전 관련 결함이나 우려가 있는 경우 모든 소유자에게 통지가 전송된다. 이 결함은 매장에서 수리할 수 있지만, 일반적으로 지역 판매자에 의해 처리된다. 과거에 리콜이 된 경우는 잠재적 연료 시스템 누출 문제, 배기 누출, 화재 또는 엔진 정지의 원인이 될 수 있는 전기적 오작동 등이다. 차량이 보증 기간 중일 때에만 무료인 기술 서비스 공고(TSB)와는 다르게 리콜 또는 캠페인은 차량 소유자에게 항상 무료로 제공된다.

작업 명령서에는 무엇이 포함되어야 하는가?

작업 명령서(work order)는 다음을 포함해야 하는 법적 문서이다.
1. 고객 정보
2. 차량 식별 번호(vehicle identification number, VIN)를 포함한 차량의 식별
3. 관련 서비스 이력 정보
4. "3C" :
   - 고객의 우려(customer concern, complaint)
   - 우려의 원인(cause of the concern)
   - 차량을 올바른 작동 상태로 복귀시키는 데 필요한 수정 또는 수리(correction or repair)

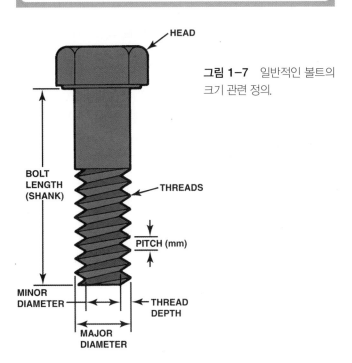

그림 1-7 일반적인 볼트의 크기 관련 정의.

나사 체결 부품 Threaded Fasteners

볼트와 나사 차량에 사용되는 대부분의 나사 체결 부품은 **볼트(bolt)**이다. 볼트는 주조물 사이에 끼어 있을 때 캡 나사(cap screw)라고 불린다. 자동차 서비스 기술자는 어떻게 사용되는지 상관없이 일반적으로 이러한 체결 부품을 볼트라고 부른다. 이 장에서는 이러한 것들을 모두 볼트라고 부른다. 때로는 **스터드(stud)**가 나사 체결 부품으로 사용되기도 한다. 스터드는 양쪽 끝에 나사가 있는 짧은 막대이다. 종종 스터드는 한 쪽은 거친 나사산과 반대편은 미세한 나사산을 가진다. 거친 나사산을 가지는 스터드의 끝은 주조물에 나사로 고정된다. 너트는 부품을 함께 고정하기 위해 반대편 끝에 사용된다.

나사 체결 부품은 주조물이나 너트의 나사와 일치해야 한다. 나사는 인치의 비율 또는 미터 단위로 측정될 수 있다. 크기는 나사의 바깥쪽에서 측정되며, 주요 지름(major diameter) 또는 나사의 마루라고 불린다. ●그림 1-7 참조.

부분 볼트 부분 나사는 거친 나사산을 가질 수도 있고, 미세한 나사산을 가질 수도 있다. 거친 나사산은 UNC(unified national coarse)라고 불리고, 미세한 나사산은 UNF(unified national fine)라고 불린다. 인치당 나사산의 수[**피치(pitch)**라고 한다]와 크기의 표준 조합이 사용된다. ●그림 1-8과 같이 피치는 나사 피치 게이지로 측정할 수 있다. 볼트는 머리부의 크기 또는 볼트를 제거 또는 설치하는 데 필요한 렌치의 크기가 아니라 머리부 아래에서 측정한 지름과 길이로 구분

그림 1-8 나사 피치 측정에 사용되는 나사 피치 게이지. 이 볼트는 인치당 13개의 나사산이 있다.

? 자주 묻는 질문

자동차 분야에 사용되는 나사 머리부의 종류는 몇 가지인가?

Torx, 육각형(Allen이라고도 함), 맞춤 밴과 이동 주거 자동차에 사용되는 많은 종류를 포함하여 다양하다. ●그림 1-9 참조.

ROUND HEAD SCREW | FLATHEAD SCREW | CAP SCREW | HEX-HEAD BOLT | TORX® BOLT | ALLEN BOLT | CHEESE HEAD SCREW | PAN HEAD SCREW

그림 1-9 볼트와 나사에는 여러 가지 머리부가 있다. 머리부는 필요한 도구를 결정하게 된다.

| | THREADS PER INCH | | Outside Diameter Inches |
Size	NC UNC	NF UNF	
0	..	80	0.0600
1	64	..	0.0730
1	..	72	0.0730
2	56	..	0.0860
2	..	64	0.0860
3	48	..	0.0990
3	..	56	0.0990
4	40	..	0.1120
4	..	48	0.1120
5	40	..	0.1250
5	..	44	0.1250
6	32	..	0.1380
6	..	40	0.1380
8	32	..	0.1640
8	..	36	0.1640
10	24	..	0.1900
10	..	32	0.1900
12	24	..	0.2160
12	..	28	0.2160
1/4	20	..	0.2500
1/4	..	28	0.2500
5/16	18	..	0.3125
5/16	..	24	0.3125
3/8	16	..	0.3750
3/8	..	24	0.3750
7/16	14	.	0.4375
7/16	..	20	0.4375
1/2	13	..	0.5000
1/2	..	20	0.5000
9/16	12	..	0.5625
9/16	..	18	0.5625
5/8	11	..	0.6250
5/8	..	18	0.6250
3/4	10	..	0.7500
3/4	..	16	0.7500
7/8	9	..	0.8750
7/8	..	14	0.8750

표 1-3

미국 표준은 체결 부품의 크기를 결정하는 한 방법이다.

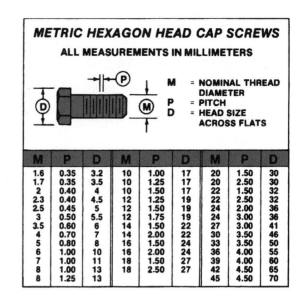

METRIC HEXAGON HEAD CAP SCREWS
ALL MEASUREMENTS IN MILLIMETERS

M = NOMINAL THREAD DIAMETER
P = PITCH
D = HEAD SIZE ACROSS FLATS

M	P	D	M	P	D	M	P	D
1.6	0.35	3.2	10	1.00	17	20	1.50	30
1.7	0.35	3.5	10	1.25	17	20	2.50	30
2	0.40	4	10	1.50	17	22	1.50	32
2.3	0.40	4.5	12	1.25	19	22	2.50	32
2.5	0.45	5	12	1.50	19	24	2.00	36
3	0.50	5.5	12	1.75	19	24	3.00	36
3.5	0.60	6	14	1.50	22	27	3.00	41
4	0.70	7	14	2.00	22	30	3.50	46
5	0.80	8	16	1.50	24	33	3.50	50
6	1.00	10	16	2.00	24	36	4.00	55
7	1.00	11	18	1.50	24	39	4.00	60
8	1.00	13	18	2.50	27	42	4.50	65
8	1.25	13				45	4.50	70

그림 1-10 미터법 시스템은 체결 부품을 지름, 길이, 피치로 지정한다.

나사산 수에 따라 지정된다. 전형적인 거친 나사산(UNC) 나사 크기는 5/16-18과 1/2-13이다. 유사하게 미세한 나사산 (UNF) 나사 크기는 5/16-24와 1/2-20이다. ●표 1-3 참조.

미터 볼트 미터 볼트(metric bolt)의 크기는 문자 M과 나사의 마루를 지나는 mm로 표시된 지름으로 지정된다. 일반적인 미터 볼트의 크기는 M8과 M12이다. 정교한 미터나사는 나사 지름과 X에 이어 mm로 표시된 나사산 거리에 의해 지정된다(M8 X 1.5). ●그림 1-10 참조.

볼트의 등급 볼트는 다양한 종류의 강철로 만들어지며, 이로 인해 일부는 다른 볼트보다 강하다. 볼트의 강도 또는 분류를 **등급**(grade)이라고 부른다. 볼트의 머리부에는 등급 강도가 표시되어 있다.

볼트의 실제 등급은 볼트 머리부의 라인 수보다 2배 이상이다. 미터 볼트는 등급을 나타내기 위해 십진수를 사용한다. 라인 수가 많거나 높은 등급 수는 더 강한 볼트를 의미한다. 더 높은 등급의 볼트는 일반적으로 커팅이 아닌 압연된 나사를 가지고 있어 더 강하다. ●그림 1-11 참조. 때때로 너트와 기계 나사도 비슷한 등급 표시가 있다.

주의: 차량의 스티어링, 서스펜션, 브레이크 구성요소에 등급이 없는 볼트, 스터드(stud), 너트를 *사용하지 마시오.* 항상 차량 제조업체가 지정하고 사용하는 정확한 크기와 등급의 장비를 사용하시오.

된다.

부분 나사의 크기는 인치 비율로 표시되는 지름과 인치당

ROLLING THREADS

그림 1-11 더 강한 나사는 다이를 사용하여 나사를 자르지 않고 열처리된 볼트 블랭크를 냉각 압연하여 제작한다.

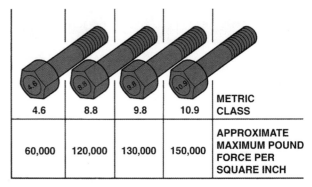

				METRIC CLASS
4.6	8.8	9.8	10.9	
60,000	120,000	130,000	150,000	APPROXIMATE MAXIMUM POUND FORCE PER SQUARE INCH

그림 1-12 미터 볼트(캡 나사) 등급 표시와 근사 인장 강도.

SAE BOLT DESIGNATIONS				
SAE GRADE NO.	**SIZE RANGE**	**TENSILE STRENGTH, PSI**	**MATERIAL**	**HEAD MARKING**
1	1/4 through 1 1/2	60,000	Low or medium carbon steel	
2	1/4 through 3/4	74,000		
	7/8 through 1 1/2	60,000		
5	1/4 through 1	120,000	Medium carbon steel, quenched and tempered	
	1-1/8 through 1 1/2	105,000		
5.2	1/4 through 1	120,000	Low carbon martensite steel,* quenched and tempered	
7	1/4 through 1 1/2	133,000	Medium carbon alloy steel, quenched and tempered	
8	1/4 through 1 1/2	150,000	Medium carbon alloy steel, quenched and tempered	
8.2	1/4 through 1	150,000	Low carbon martensite steel,* quenched and tempered	

표 1-4

자동차공학회(Society of Automotive Engineers, SAE)가 지정한 인장 강도 등급 시스템.

*마텐자이트 강(martensite steel)은 급속하게 냉각된 강철이어서 경도를 증가시킨다. 이는 독일의 금속공학자 Adolf Martens의 이름을 따랐다.

체결 부품의 인장 강도 등급이 매겨진 체결 부품은 등급이 없는 체결 부품보다 높은 인장 강도를 가진다. **인장 강도(tensile strength)**는 체결 부품의 파손을 일으키지 않는 인장력(길이 방향 힘)의 최대 한계이다. 인장 강도는 제곱 인치당 파운드(pounds per square inch, psi)로 표시된다.

볼트의 머리부에 표시된 마크를 통해 볼트에 사용된 강철의 강도와 유형을 알 수 있다. 마크의 종류는 볼트가 제조된 곳의 표준에 따라 다르다. 기계에서 사용되는 볼트에 가장 자주 사용되는 표준은 SAE 표준 J429이다. ●표 1-4는 등급과 인장 강도를 보여 준다.

미터 볼트의 인장 강도 특성 클래스는 볼트의 머리부에 4.6, 8.8, 9.8, 10.9와 같은 숫자로 표시된다. 숫자가 높을수록 볼트의 강도는 높아진다. ●그림 1-12 참조.

| HEX NUT | JAM NUT | NYLON LOCK NUT | CASTLE NUT | ACORN NUT | | FLAT WASHER | LOCK WASHER | STAR WASHER | STAR WASHER |

그림 1-13 너트는 왜곡된 나사 유형과 나일론 포함 유형과 같은 잠금 (주로 토크) 형태를 비롯한 다양한 종류가 존재한다.

그림 1-14 와셔는 평평한 형태, 스타 형태(톱니 모양)를 비롯한 다양한 종류로 제공되며, 체결 부품이 느슨해지는 것을 방지하는 데 흔히 사용된다.

 기술 팁

1/2인치 렌치는 1/2인치 볼트에 맞지 않는다.

자동차 분야에 새로 접근한 사람들이 자주 범하는 실수는 볼트나 너트의 크기가 머리부의 크기라고 생각하는 것이다. 볼트 또는 너트의 크기(나사산의 바깥지름)는 일반적으로 볼트 또는 너트의 머리부에 맞는 렌치나 소켓의 크기보다 작다. 아래의 표는 그 예이다.

렌치 크기	나사 크기
7/16인치	1/4인치
1/2인치	5/16인치
9/16인치	3/8인치
5/8인치	7/16인치
3/4인치	1/2인치
10mm	6mm
12 또는 13mm*	8mm
14 또는 17mm*	10mm

*유럽(Systeme International d'Unites, or SI) 미터계.

 **기술 팁**

단지 1초면 된다.

자동차 부품을 제거할 때마다 손으로 나사 두 개를 포함한 볼트를 다시 조이는 것이 좋다. 이는 구성요소 또는 부품을 차량에 다시 놓을 때 볼트가 원래 위치에서 사용될 수 있도록 도와준다. 종종 동일한 지름의 체결 부품이 구성요소에 사용되지만, 볼트의 길이는 다를 수 있다. 부품이 제거될 때, 볼트와 너트를 다시 넣는 단 몇 초를 들이면, 부품을 재설치할 때 많은 시간을 절약할 수 있다. 올바른 체결 부품이 올바른 위치에 설치되어 있는지 확인하는 것 외에도, 이 방법은 볼트와 너트가 분실되거나 날아가는 것을 방지할 수 있다. 잃어버린 볼트나 너트를 찾는 데 얼마나 많은 시간을 낭비했는가?

너트 너트(nut)는 나사 체결 부품의 암부분이다. 캡 나사(cap screw)에 사용되는 대부분의 너트는 캡 나사 머리부와 동일한 육각 크기이다. 일부 저렴한 너트는 캡 나사 머리부보다 큰 육각 크기를 사용한다. 미터 너트는 흔히 강도를 표현하기 위해 움푹 들어가게 표시된다. 더 많은 움푹 들어간 곳은 더 강한 너트를 표시한다. 일부 너트와 캡 나사는 간섭 맞춤 나사를 사용하여 갑자기 느슨해지지 않도록 한다. 이것은 너트의 모양이 약간 왜곡되거나 나사산의 일부가 변형되었음을 의미한다. 너트는 너트에 고정된 나일론 와셔, 나일론 패치를 사용하여 풀리는 것을 방지하거나 나사로부터 풀리는 것을 방지할 수 있다. ●그림 1-13 참조.

참고: 이러한 "잠금 너트"는 대부분 함께 그룹을 구성하며, *우세 토크 너트*(prevailing torque nut)라고 불린다. 이는 너트가 조임 또는 토크를 유지하고, 움직임이나 진동으로 풀리지 않음을 의미한다. 대부분의 토크 너트는 서비스 중에 너트가 풀리지 않도록 제거할 때마다 교체해야 한다. 항상 제조업체의 권장 사항을 따라야 한다. 록타이트(Loctite) 같은 혐기성 밀봉기는 너트나 캡 나사가 잠겨 있고 밀봉되어 있는 나사산과 함께 사용된다.

와셔 와셔(washer)는 종종 캡 나사의 머리부 아래와 너트의 아래에 사용된다. ●그림 1-14 참조. 평평한 와셔는 체결 부품 주위에 동일한 하중을 제공하기 위해 사용된다. 잠금 와셔는 갑작스런 풀림을 방지하기 위해 추가된다. 일부 부속품의 경우, 와셔가 너트에 고정되어 쉽게 조립할 수 있다.

그림 1-15 만들어진 후, 반짝이기 전에 렌치(렌치 주변의 여분의 재료)는 제거되었다.

그림 1-16 일반적인 개방형 렌치. 양 끝의 크기가 다르며, 머리부가 끝에서 15도 기울어져 있다.

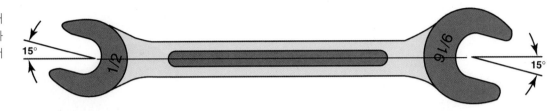

수공구 Hand Tools

렌치 렌치는 서비스 기술자가 가장 많이 사용하는 수공구(hand tool)이다. **렌치(wrench)**는 나사 체결 부품을 잡고 회전시키는 데 사용된다. 대부분의 렌치는 단조 합금 강, 보통 크롬-바나듐강으로 만들어진다. ●그림 1-15 참조.

렌치가 형성된 후 경화되고, 불안정성을 줄이기 위해 단련된 후에, 크롬도금 처리된다. 렌치에는 몇 가지 유형이 있다.

- **개방형 렌치(open-end wrench)**는 종종 토크가 많이 필요하지 않은 볼트 또는 너트를 풀거나 조이는 데 사용된다. 개방형이므로, 이 유형의 렌치는 볼트 또는 너트에 15도의 각도로 쉽게 놓일 수 있으며, 렌치를 뒤집어서 계속 체결 부품을 회전할 수 있다. 개방형 렌치의 가장 큰 단점은 열린 부분이 결합 부품의 두 개의 평평한 표면에만 접촉하므로, 적용할 수 있는 토크가 부족하다는 것이다. 개방형 렌치에는 양 끝마다 하나씩 두 가지 크기가 있다. ●그림 1-16 참조.
- **폐쇄형 렌치(closed-end wrench)**라고도 하는 상자형 렌치는 체결 부품의 상단에 배치되어 체결 부품의 돌출부를 잡게 된다. 상자형 렌치는 15도 각도여서 근처의 물건에 여유를 둘 수 있게 되어 있다. 상자형 렌치는 체결 부품의 머리부 전체를 고정시키기 때문에 체결 부품을 느슨하

게 하거나 조일 때 상자형 렌치를 사용하여야 한다. 상자형 렌치는 양 끝마다 하나씩 두 가지 크기가 있다. ●그림 1-17 참조.

대부분의 서비스 기술자는 한쪽 끝은 개방형이고, 다른 쪽 끝은 같은 크기의 상자형인 **조합 렌치(combination wrench)**를 구입한다. ●그림 1-18 참조.

기술자는 조합 렌치를 이용하여 체결 부품을 풀거나 조일 때는 한쪽 끝의 상자형 렌치를 사용하여 돌리고, 체결 부품을 회전시키는 속도를 높이기 위해 다른 쪽 끝의 개방형 렌치를 사용할 수 있다.

- **조절 렌치(adjustable wrench)**는 정확한 크기의 렌치를 사용할 수 없거나 휠 스핀들 너트(wheel spindle nut)와 같은 큰 너트를 회전해야 하지만 조이지 않아도 되는 경우에 자주 사용된다. 조절 렌치는 렌치에 가해지는 토크로 인해 움직이는 턱 부분이 체결 부품과의 결합을 느슨하게 하여 머리부를 둥글게 할 수 있으므로, 체결 부품을 느슨하게 하거나 조이는 데 사용하면 안 된다. ●그림 1-19 참조.
- **플레어너트 렌치(flare-nut wrench)**, **피팅 렌치(fitting wrench)**, **튜브너트 렌치(tube-nut wrench)**라고도 하는 라인 렌치(line wrench)는 연료, 브레이크, 냉매 라인을 유지하는 데 사용되는 너트에 사용할 수 있도록 설계되었지만 그 라인 위에도 사용할 수 있다. ●그림 1-20 참조.

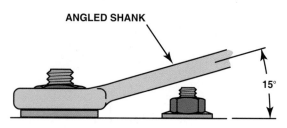

그림 1-17 상자형 렌치의 끝부분은 15도 각도로 되어 있어 근처에 있는 물체나 다른 체결 부품에 여유를 허용한다.

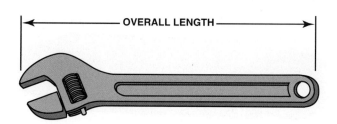

그림 1-19 조절 렌치. 조절 렌치는 렌치의 전체 길이에 따라 크기가 정해지며, 턱 부분이 얼마나 열리는지에 따라서는 결정되지 않는다. 조절 렌치의 일반적인 크기는 8, 10, 12인치이다.

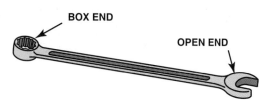

그림 1-18 조합 렌치는 한쪽 끝은 개방형이고, 다른 쪽 끝은 상자형이다.

그림 1-20 피팅 헤드(head of the fitting)의 대부분을 잡을 수 있다는 것을 보여 주는 일반적인 라인 렌치의 끝부분.

기술 팁

고용주에게 이것들을 감춰라.

대리점에서 막 일을 시작한 초보 기술자가 그의 최고의 공구 상자를 작업대에 올려놓았다. 다른 기술자 하나가 그 상자를 들여다보더니 품질 좋은 공구 세트와 함께 조절 렌치 여러 개가 들어 있는 것을 보았다. 좀 더 경험 있는 이 기술자는 "고용주에게는 이것들을 감춰라"라고 말했다. 고용주는 서비스 기술자가 조절 렌치를 사용하는 것을 원하지 않는다. 조절 렌치가 볼트 또는 너트에 사용되면, 움직이는 턱이 움직이거나 느슨해져서 체결 부품의 머리부를 둥글게 하기 시작한다. 볼트 또는 너트의 머리가 둥글게 되면, 제거하기가 훨씬 어려워진다.

렌치의 안전한 사용 렌치는 사용 전에 균열이 있는지, 구부러지거나 손상된 부분은 없는지에 대한 검사를 하여야 한다. 모든 렌치는 사용 후에 공구 상자에 넣기 전에 청소를 하여야 한다. 체결 부품을 풀거나 조일 때 항상 적절한 크기의 렌치를 사용하여야 체결 부품의 평편한 부분이 둥글게 되는 것을 방지할 수 있다. 체결 부품을 풀려고 할 때 렌치를 밀지 말고, 당겨야 한다. 렌치를 밀게 되면, 체결 부품이 느슨해지거나 렌치가 미끄러지는 경우 다른 물체에 힘을 가하게 되어 렌치의 너클(knuckle)에 손상이 올 수 있다. 항상 렌치와 수공구를 깨끗하게 유지하여 녹스는 것을 방지하고, 더 좋고 단단한 그립이 되도록 해야 한다. 공구를 과도한 열에 노출시키지 말아야 한다. 고온은 금속 공구의 강도를 떨어뜨릴 수 있다.

망치와 함께 사용하도록 설계된 특별한 스테이킹 페이스 렌치(staking face wrench) 외에는 렌치에 망치를 사용하지 말아야 한다. 손상되었거나 마모된 공구는 교체하여야 한다.

래칫, 소켓, 확장 부품 소켓(socket)은 체결 부품 위에 끼워지며, 볼트 또는 너트의 점 및/또는 평평한 부분을 고정시킨다. 소켓은 브레이커 바(breaker bar)[또는 플렉스 핸들(flex handle)]라고 불리는 긴 막대, 또는 래칫(ratchet)을 사용하여 회전된다. ●그림 1-21과 1-22 참조.

래칫(ratchet)은 소켓을 한 방향으로만 돌리며, 좁은 공간에서 래칫 핸들을 앞뒤로 돌릴 수 있는 도구이다. 소켓 **확장 부품(extension)** 및 **자재 이음(universal joint)**은 소켓과 함께 사용되어 제한된 위치에 놓인 체결 부품에 접근할 수 있다.

드라이브 크기. 소켓은 대부분의 자동차용인 1/4인치, 3/8인치, 1/2인치를 포함한 다양한 **드라이브 크기(drive size)**로 제공된다. ●그림 1-23과 1-24 참조.

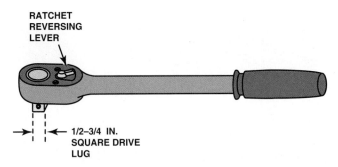

그림 1–21 소켓을 회전시키는 데 사용되는 일반적인 래칫(ratchet). 래칫은 풀거나 조이는 방향과 반대 방향으로 회전할 때 소리가 발생한다. 래칫의 손잡이나 레버를 사용하면 기술자가 방향을 바꿀 수 있다.

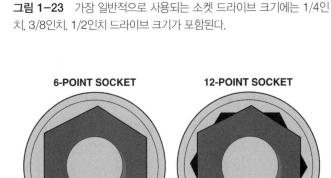

그림 1–23 가장 일반적으로 사용되는 소켓 드라이브 크기에는 1/4인치, 3/8인치, 1/2인치 드라이브 크기가 포함된다.

그림 1–22 소켓을 회전시키는 데 사용하는 일반적인 플렉스 핸들(flex handle). 브레이커 바(breaker bar)라고도 부르는데, 래칫보다 핸들이 길어서 체결 부품에 더 많은 토크를 가할 수 있기 때문이다.

그림 1–24 6점 소켓은 모든 면에서 볼트 또는 너트의 머리부에 들어맞는다. 12점 소켓은 큰 힘이 가해지면 볼트 또는 너트의 머리부를 둥글게 만들 수 있다.

많은 대형 트럭 및/또는 산업용은 3/4인치와 1인치 크기를 사용한다. 드라이브 크기는 정사각형 드라이브의 각 면의 거리이다. 같은 크기의 소켓과 래칫은 함께 동작하도록 설계되었다.

일반 소켓과 깊은 공간 소켓은 긴 스터드(stud) 또는 유사한 조건을 사용하는 체결 부품에 접근이 가능한, 대부분의 적용이나 깊은 공간 적용에 사용하기 위해 규칙적인 길이로 이용할 수 있다. ●그림 1–25 참조.

토크 렌치 토크 렌치는 체결 부품에 일정한 양의 힘을 가하도록 설계된 소켓 회전 핸들이다. 토크 렌치의 두 가지 기본 유형은 다음과 같다.

1. **클리커 유형(clicker type).** 이 유형의 토크 렌치는 지정된 토크를 설정한 후, 설정된 토크값에 도달하면 "딸깍" 소리가 난다. 토크 렌치 핸들에서 힘이 사라지면 다른 "딸깍" 소리가 난다. 클리커 유형 토크 렌치의 설정은 사용 후 0으로 설정하고, 정기적으로 적절한 보정을 확인하여야 한다. ● 그림 1–26 참조.

2. **빔 또는 다이얼 유형(beam or dial type).** 이 유형의 토크 렌치는 토크를 측정하기 위해 사용되며, 값을 표시하는 대신, 체결 부품이 조여질 때 렌치의 다이얼에 실제 토크가 표시된다. 빔 또는 다이얼 유형 토크 렌치는 1/4인치, 3/8인치, 1/2인치 드라이브와 영어(표준) 및 미터계 단위로 제공된다. ●그림 1–27 참조.

기술 팁

맞게 돌리기

렌치나 나사드라이버를 돌리는 방법은 때로는 혼란스럽다. 특히 체결 부품의 머리부가 당신 쪽을 향하고 있지 않을 때 더 혼란스럽다. 체결 부품을 보면서 시각화하는 데 도움이 되도록 다음과 같이 말해 보라. "Righty tighty, lefty loosey."

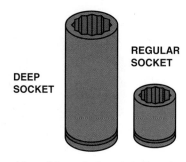

DEEP
SOCKET

REGULAR
SOCKET

그림 1-25 깊은 소켓은 스터드(stud)가 있는 너트에 접근할 수 있으며, 점화 플러그(spark plug)와 같이 깊은 위치가 필요한 곳에 접근할 수 있게 한다.

소켓과 래칫의 안전한 사용 항상 볼트와 너트에 맞는 크기의 소켓을 사용하여야 한다. 모든 소켓과 래칫은 사용이 끝난 후 공구 상자에 넣기 전에 청소해야 한다. 소켓은 짧은 공간과 깊은 공간 형태로 제공된다. 과도한 열에는 공구를 노출시키지 말아야 한다. 고온은 금속 공구의 강도를 떨어뜨릴 수 있다.

망치와 함께 사용하도록 설계된 특별한 스테이킹 페이스 렌치(staking face wrench) 외에는 소켓 핸들에 망치를 사용하지 말아야 한다. 손상되었거나 마모된 공구는 교체하여야 한다.

또한 적절한 드라이브 크기를 선택해야 한다. 예를 들면, 대시(dash)와 같은 작은 작업에는 1/4인치 드라이브를 선택해야 한다. 가장 일반적인 서비스 작업의 경우에는 3/8인치 드라이브를 사용하고, 서스펜션 및 조향, 기타 대형 체결 부품에는 1/2인치 드라이브를 사용해야 한다. 체결 부품을 풀 때는 래칫을 바깥쪽으로 밀기보다는 잡아당겨야 한다.

나사드라이버

- **일자형 나사드라이버.** 많은 수의 작은 체결 부품은 나

 기술 팁

토크 렌치의 교정을 정기적으로 점검하라.

토크 렌치는 정확성을 정기적으로 점검해야 한다. 예를 들어 혼다는 각 교육 센터에서 토크 렌치 교정 설정을 한다. 매번 사용하기 전에 토크 렌치의 정확성을 점검해야 한다. 대부분의 전문가는 적어도 일 년에 한 번, 또는 가능하다면 더 자주 토크 렌치를 점검하고 조정할 것을 권장한다. ●그림 1-28 참조.

그림 1-26 토크 렌치를 사용하여 엔진의 연결 막대 너트를 조인다.

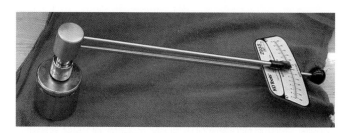

그림 1-27 다이얼 면에 토크를 표시하는 빔 유형(beam-type) 토크 렌치. 빔 표시는 체결 부품에 가해지는 토크의 양에 비례하는 빔 편향에 의해 읽혀진다.

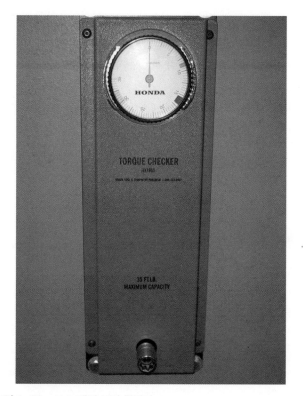

그림 1-28 토크 렌치 교정 확인기.

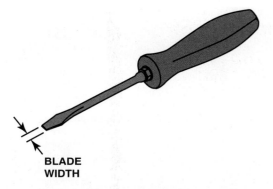

BLADE WIDTH

그림 1-29 평평한 끝(일자형)으로 된 나사드라이버. 날의 폭은 풀거나 조이려는 체결 부품의 홈의 폭과 일치해야 한다.

그림 1-30 공간이 제한된 나사에 접근하기 위한 두 개의 짧은 나사드라이버. 위의 것이 직선형 날이고, 아래는 #2 십자형 나사드라이버이다.

🔧 기술 팁

소켓 어댑터를 주의해서 사용하시오.

소켓 어댑터(socket adapter)는 하나의 크기 소켓과 다른 드라이브 크기의 래칫 또는 브레이커 바를 사용할 수 있게 한다. 소켓 어댑터는 래칫의 다른 드라이브 크기 소켓에 사용할 수 있다. 조합은 아래와 같다.

1/4인치 드라이브–3/8인치 소켓
3/8인치 드라이브–1/4인치 소켓
3/8인치 드라이브–1/2인치 소켓
1/2 인치드라이브–3/8인치 소켓

더 작은 크기의 소켓에 더 큰 드라이브 크기의 래칫 또는 브레이커 바를 사용하면 소켓에 너무 많은 힘이 가해져 균열 또는 파손될 수 있다. 더 큰 소켓에 더 작은 크기의 드라이브 공구를 사용하면 일반적으로 해를 입히지 않지만 볼트 또는 너트에 가해질 수 있는 토크의 양이 크게 줄어들게 된다.

🔧 기술 팁

"치터 바"를 사용하지 말아야 한다.

체결 부품을 제거하기 어려운 경우, 어떤 기술자는 래칫 또는 브레이커 바 핸들을 **치터 바**(cheater bar)라고 하는 강철 파이프에 넣기도 한다. 파이프의 길이가 길어지게 되어 기술자는 드라이브 핸들만으로 낼 수 있는 토크보다 더 많은 토크를 낼 수 있다. 그러나 여분의 토크는 소켓과 래칫에 과부하가 걸리기 쉽기 때문에 깨지거나 파손되어 인체 상해를 입을 수 있다.

사드라이버(screwdriver)에 의해 제거되거나 설치된다. 나사드라이버는 크기와 끝 모양이 다양하다. 가장 일반적으로 사용되는 나사드라이버는 **일자형 나사드라이버**(straight-blade screwdriver) 또는 **평평한 끝 나사드라이버**(flat tip screwdriver)이다.

평평한 끝 나사드라이버는 날의 폭에 따라 크기가 정해지며, 이 폭은 나사의 홈의 너비와 일치해야 한다. ● 그림 1-29 참조.

주의: 지렛대 또는 끌의 용도로 나사드라이버를 사용하지 말아야 한다. 나사드라이버는 끝부분에만 단단한 강철을 사용하며, 쉽게 구부러지므로, 두드리거나 지렛대의 용도로 고안된 것이 아니다. 항상 각 적용에 적합한 도구를 사용하여야 한다.

- **십자형 나사드라이버.** 일반적으로 사용되는 나사드라이버의 또 다른 유형은 1934년에 십자머리 나사를 발명한 Henry F. Phillips의 이름을 딴 십자형 나사드라이버(Phillips screwdriver)이다. 십자머리 나사와 십자형 나사드라이버의 모양으로 인해 십자머리 나사는 홈이 있는 나사를 사용하여 얻을 수 있는 것보다 더 많은 토크로 구동할 수 있다.

십자형 나사드라이버는 핸들의 길이와 끝부분의 점 크기에 의해 지정된다. #1 끝은 날카로운 끝부분의 점 크기를 가지며, #2 끝은 가장 일반적으로 사용되고, #3 끝은 무디며 더 큰 크기의 십자형 체결 부품에만 사용된다. 예를 들어 #2 × 3인치 십자형 나사드라이버는 일반적으로 날 끝에서 핸들 끝까지의 길이가 6인치(핸들 길이 3인치, 날 길이 3인치)이고, #2 끝을 가지고 있다.

일자형 및 십자형 나사드라이버는 제한된 공간의 체결 부품에 접근할 수 있도록 짧은 날과 핸들을 사용할 수 있다. ●그림 1-30 참조.

그림 1-31 오프셋 나사드라이버(offset screwdriver)는 기존 나사드라이버를 사용하기에 충분한 공간이 없는 경우, 체결 부품을 설치하거나 제거하는 데 사용된다.

그림 1-32 충격 나사드라이버(impact screwdriver)는 표준 나사드라이버를 사용하여서는 풀기 어려운 일자형 또는 십자형 체결 부품을 제거하는 데 사용한다.

- **오프셋 나사드라이버.** 오프셋 나사드라이버(offset screwdriver)는 일반 나사드라이버가 맞지 않는 장소에서 사용된다. 오프셋 나사드라이버는 끝부분이 구부러져 있으며, 렌치와 유사하게 사용된다. 대부분의 오프셋 나사드라이버는 한쪽 끝에 일자형 날이 있고, 반대쪽 끝에는 십자형 날이 있다. ●그림 1-31 참조.

- **충격 나사드라이버.** 충격 나사드라이버(impact screwdriver)는 나사를 풀거나 조이는 데 사용된다. 나사드라이버의 고정 부분이 나사의 머리부에 위치하고, 원하는 방향으로 회전된 후 끝부분을 치기 위해 망치가 사용된다. 망치로 타격하는 힘은 두 가지를 하게 된다. 홈에 고정된 나사드라이버의 끝이 고정된 상태에서 아래쪽으로 힘을 가하게 된다. 그 후에 이 힘은 나사를 풀거나 조이는 회전력을 만들게 된다. ●그림 1-32 참조.

나사드라이버의 안전한 사용 체결 부품과 일치하는 올바른 유형과 크기의 나사드라이버를 사용하여야 한다. 나사드라이버가 미끄러지게 되면, 나사드라이버의 끝이 손을 관통하여 심각한 상해를 입을 수 있으므로, 나사드라이버를 누르지 말아야 한다. 모든 나사드라이버는 사용 후 청소해야 한다. 나사드라이버를 쇠지레(prybar)로 사용하지 말아야 한다. 작업에 항상 올바른 도구를 사용하여야 한다.

망치와 말렛 망치(hammer)와 말렛(mallet)은 물건을 붙이거나 떨어뜨리는 데 사용한다. 망치 머리[핀(peen)이라고 부름] 뒤의 모양이 이름을 결정한다. 예를 들면, 둥근 머리 망치(ball-peen hammer)는 공처럼 끝이 둥근데, 이 망치 머리로 오일 팬과 밸브 덮개를 교정하고, 금속을 성형하는 데 사용한다. ●그림 1-33 참조.

> **? 자주 묻는 질문**
>
> **톡스란 무엇인가?**
>
> 톡스(Torx)는 육각형 별모양의 끝으로, Camcar(이전의 Textron)에서 일자형(평평한 끝) 또는 십자형보다 더 큰 풀림 및 조임 토크가 발생되도록 개발한 것이다. 톡스는 많은 구성 성분을 위해 자동차 분야에서 매우 일반적으로 사용된다. 일반적인 톡스의 크기는 T15, T20, T25, T30이다.
>
> 일부 톡스 체결 부품은 특수한 톡스 비트를 사용해야 하는 가운데 둥근 투영을 포함한다. 이를 보안 톡스 비트라고 부르며, 이러한 체결 부품에는 가운데 구멍이 있다. 외부 톡스 체결 부품은 주로 엔진 고정 장치로 사용되며, T 대신 E라는 라벨이 붙어 있고, E45와 같이 크기를 표시한다.

그림 1-33 전형적인 둥근 머리 망치(ball-peen hammer).

그림 1-34 표면을 손상시키지 않으면서 물체에 힘을 전달하는 데 사용하는 고무 말렛(mallet).

그림 1-35 얼어붙은 날씨에 외부에 방치된 데드블로우 망치(dead-blow hammer). 플라스틱 덮개가 손상되어 망치가 망가졌다. 타격부는 금속에 싸여 있고, 그 다음에 커버로 덮여 있다.

참고: 장도리(claw hammer)는 못을 뽑기 위해 못뽑이 부분이 있다. 따라서 자동차 서비스에는 사용되지 않는다.

망치는 일반적으로 망치의 머리부의 무게와 손잡이 길이로 크기가 정해진다. 예를 들어 일반적으로 사용되는 둥근 머리 망치는 8온스 무게의 머리부와 11인치 길이의 손잡이로 되어 있다.

- **말렛.** 말렛(mallet)은 큰 타격 표면을 가지는 망치 형태로, 기술자가 망치보다 넓은 영역에 힘을 가하게 되어, 두드리는 부분이나 부품에 손상이 가지 않도록 한다. 말렛은 고무, 플라스틱, 목재 등의 다양한 재료로 제작된다. ●그림 1-34 참조.
- **데드블로우 망치.** 타격부가 채워진 플라스틱 망치를 데드블로우 망치(dead-blow hammer)라고 부른다. 플라스틱 머리 안의 작은 리드 볼(lead ball)(타격부)은 타격 시 망치가 대상물에서 튀어나오지 못하게 한다. ●그림 1-35 참조.

망치와 말렛의 안전한 사용 모든 망치와 말렛은 사용 후 청소를 하여야 하며, 극한의 온도에 노출되지 않아야 한다. 어떤 방법으로든 손상된 망치와 말렛을 사용하지 말아야 한다. 항상 구성요소와 주변 공간이 손상되지 않도록 주의하여야 한다. 또 항상 망치 제조업체의 권장 절차와 방법을 따라야 한다.

펜치

- **가변축 펜치.** 펜치(pliers)는 물체를 잡고, 비틀고, 구부리고, 자를 수 있는 매우 유용한 도구이다. 일반적인 가정용 펜치는 가변축 펜치(slip-joint pliers)라고 불린다. 잡을 수 있는 다양한 크기의 물체를 위해 손잡이의 접합부가 만나는 두 가지 위치가 있다. ●그림 1-36 참조.

 **기술 팁**

좀 더 부드러운 물질로 두드리기

어떤 물체를 두드려야 한다면, 손상을 피하기 위해 두드려지는 물체보다 더 부드러운 도구를 사용해야 한다. 예를 들면 다음 표와 같다.

두드려지는 물질	두드리는 도구
강철 또는 주철	황동 또는 알루미늄 망치 또는 펀치
알루미늄	플라스틱 또는 생가죽 말렛 또는 플라스틱으로 덮인 데드블로우 망치
플라스틱	생가죽 말렛 또는 플라스틱 데드블로우 망치

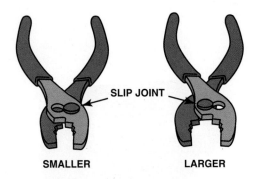

SLIP JOINT

SMALLER   LARGER

그림 1-36 일반적인 가변축 펜치(slip-joint pliers)는 일반 가정용이다. 가변축은 두 개의 다른 설정으로 턱 부분을 조절할 수 있다.

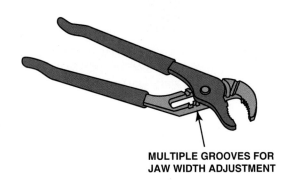

MULTIPLE GROOVES FOR
JAW WIDTH ADJUSTMENT

그림 1-37 다중홈 조정 가능 펜치(multigroove adjustable pliers)는 상표명인 Channel Locks®를 포함하여 다양한 이름으로 알려져 있다.

- **다중홈 조정 가능 펜치.** 큰 물체를 잡기 위해서는 일반적으로 다중홈 조정 가능 펜치(multigroove adjustable pliers) 세트를 선택한다. 원래는 양수기에 사용되는 로프실(rope seal)을 고정하는 다양한 크기의 너트를 제거하기 위해 고안되었다. 그래서 양수기용 펜치(water pump pliers)라는 이름도 사용된다. ●그림 1-37 참조.
- **전선 보수 기술자용 펜치.** 전선 보수 기술자용 펜치(linesman pliers)는 와이어를 자르고, 구부리고, 꼬기 위해 특별히 설계되었다. 건설 노동자와 전기 기술자가 흔히 사용하는 전선 보수 기술자용 펜치는 배선 작업을 담당하는 서비스 기술자에게 매우 유용한 도구이다. 턱의 중앙 부분은 미끄러지지 않고 파이프나 관과 같은 둥근 물체를 잡도록 설계되어 있다. ●그림 1-38 참조.
- **대각선 펜치.** 대각선 펜치(diagonal pliers)는 절단용으로만 설계되었다. 자르기 위한 턱 부분은 와이어를 쉽게 자를 수 있는 각도로 설정되었다. 대각선 펜치는 사이드 컷(side cut) 혹은 제방(dike)이라고도 불린다. 이러한 펜치는 단단한 강으로 만들어져 주로 와이어를 자르는 데 사

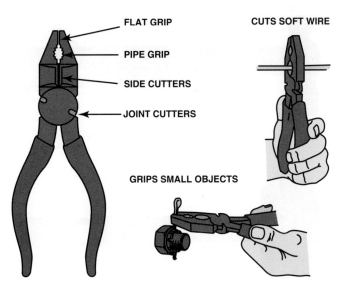

FLAT GRIP
PIPE GRIP
SIDE CUTTERS
JOINT CUTTERS

CUTS SOFT WIRE

GRIPS SMALL OBJECTS

그림 1-38 전선 보수 기술자용 펜치(linesman pliers)는 다양한 자동차 서비스 작업을 수행하는 데 도움이 되므로 매우 유용하다.

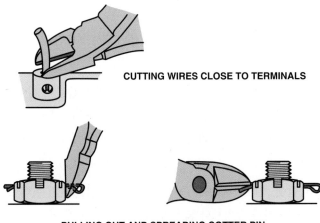

CUTTING WIRES CLOSE TO TERMINALS

PULLING OUT AND SPREADING COTTER PIN

그림 1-39 대각선 펜치(diagonal pliers)는 많은 이름을 가진 또 다른 일반적인 도구이다.

용한다. ●그림 1-39 참조.
- **바늘코 펜치.** 바늘코 펜치(needle-nose pliers)는 작은 물체나 좁은 장소에 있는 물체를 잡을 수 있도록 설계되었다. 바늘코 펜치는 길고 뾰족한 턱 부분을 가지고 있어 좁은 구멍이나 작은 물체들에 닿을 수 있도록 한다. ●그림 1-40 참조.

　대부분의 바늘코 펜치는 중심점 근처인 턱 부분의 밑면에 와이어 절단기가 있다. 직각 턱 부분 또는 약간 각진 턱 부분을 포함하여 특정 좁은 부분에 접근할 수 있도록 바늘코 펜치는 다양한 변형이 존재한다.
- **잠금 펜치.** 잠금 펜치(locking pliers)는 움직이는 물체를

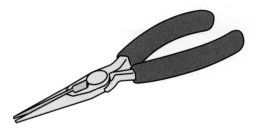

그림 1-40 바늘코 펜치(needle-nose pliers)는 설치 또는 제거해야 하는 와이어나 핀에 대한 접근이 제한된 곳에 사용된다.

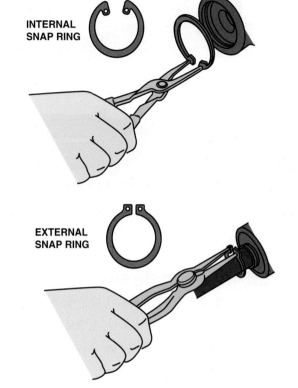

INTERNAL
SNAP RING

EXTERNAL
SNAP RING

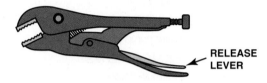

RELEASE
LEVER

그림 1-41 잠금 펜치(locking pliers)는 Vise-Grip®이라는 상표로 가장 잘 알려져 있다.

그림 1-42 스냅링 펜치(snap-ring pliers)는 잠금링 펜치(lock-ring pliers)라고도 한다. 내부 및 외부의 스냅 링(snap ring) 또는 잠금 링(lock ring)을 제거하도록 설계되었다.

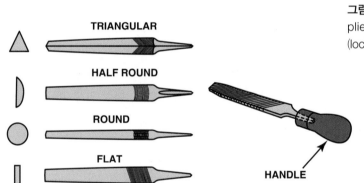

TRIANGULAR

HALF ROUND

ROUND

FLAT

HANDLE

그림 1-43 줄(file)은 다양한 모양과 크기로 제공된다. 손잡이 없이 줄을 사용하지 말아야 한다.

고정하기 위해 잠글 수 있는 조정 가능 펜치이다. 대부분의 잠금 펜치는 중심부 근처의 턱 부분에 와이어를 자를 수 있는 부분이 포함되어 있다. 잠금 펜치는 다양한 형태와 크기로 제공되며, 일반적으로 Vise-Grip®이라는 상표명으로 부른다. 크기는 턱 부분이 얼마나 열리는지가 아니라, 펜치의 길이이다. ●그림 1-41 참조.

- 스냅링 펜치. 스냅링 펜치(snap-ring pliers)는 스냅 링(snap ring)을 제거하거나 설치하기 위해 사용된다. 대부분의 스냅링 펜치는 안쪽 및 바깥쪽으로 팽창하는 스냅링을 제거하거나 설치하도록 설계되어 있다. 스냅링 펜치는 스냅 링의 구멍을 잡을 수 있도록 톱니 모양의 턱 부분이 있을 수 있으며, 스냅 링의 구멍에 삽입될 수 있는 점 부

분이 있는 것도 있다. ●그림 1-42 참조.

펜치의 안전한 사용 펜치는 볼트 또는 다른 체결 부품을 제거하는 데 사용하면 안 된다. 펜치는 차량 제조업체가 사용하도록 지정한 경우에만 사용해야 한다.

줄 줄(file)은 금속을 매끄럽게 하는 데 사용되며, 대각선 형태의 날카로운 부분이 있는 강철로 만들어져 있다. 줄은 하나의 톱니 열을 가지는 단일 절단 줄(single cut file)과 반대 각도의 두 줄의 날카로운 부분을 가지는 이중 절단 줄(double cut file)이 가능하다. 줄은 작은 평면 줄, 반원 줄, 삼각형 줄 등을 포함하여 다양한 형태와 크기가 있다. ●그림 1-43 참조.

STRAIGHT CUT TIN SNIP

OFFSET RIGHT-HAND AVIATION SNIP

그림 1-44 주석 가위는 금속 또는 카펫의 얇은 시트를 자르기 위해 사용한다.

줄의 안전한 사용 손잡이가 있는 줄(file)을 항상 사용하여야 한다. 줄은 앞으로 움직일 때만 자르기 때문에, 상해를 입지 않도록 손잡이가 부착되어 있어야 한다. 앞으로 간 후에 줄을 들어서 시작 위치로 되돌려야 한다. 이 경우 줄을 뒤로 끌지 말아야 한다.

손가위 서비스 기술자는 판금 브래킷이나 열 차폐물을 제작해야 하는 경우가 생기며, **손가위(snip)**라고 하는 하나 이상의 유형의 절단기를 사용해야 한다. 가장 간단한 절단기는 주석 가위(tin snip)인데, 강판, 알루미늄, 직물과 같은 다양한 재료를 직선 절단할 수 있도록 설계되었다. 주석 가위의 변형을 **항공 손가위(aviation tin snip)**라고 부른다. 항공 손가위에는 세 가지 유형이 있는데, 하나는 직선 절단 손가위(straight cut aviation snip), 다른 하나는 좌회전 절단 손가위(offset left aviation snip), 나머지 하나는 우회전 절단 손가위(offset right aviation snip)이다. 손잡이는 쉽게 구분할 수 있도록 색깔로 구분되어 있다. 즉, 직선 절단에는 노란색, 좌회전 절단에는 빨간색, 우회전 절단에는 녹색이 표시되어 있다. ●그림 1-44 참조.

다용도 칼 다용도 칼(utility knife)은 교체 가능한 날을 사용하며, 카펫, 플라스틱, 나무, 그리고 판지와 같은 종이 제품을 포함한 다양한 재료를 절단하는 데 사용된다. ●그림 1-45 참조.

절단기의 안전한 사용 절단기를 사용할 때마다 항상 눈 보호 장치 또는 얼굴 보호 장치를 착용하여 절단 중에 튀어나오는 금속 조각으로부터 보호해야 한다. 항상 권장 절차를 따라야 한다.

펀치 펀치(punch)는 한쪽 끝이 더 작은 지름을 가지는 작은 지름의 강철 막대이다. 펀치는 두 개의 구성요소를 유지하는 데 사용되는 핀을 구동하는 데 사용된다. 펀치는 가공된 끝부분의 지름으로 측정되는 다양한 크기가 존재한다. 크기는 1/16인치, 1/8인치, 3/16인치 1/4인치 등이 있다. ●그림 1-46 참조.

끌 끌(chisel)은 리벳(rivet)을 자르거나 두 개의 부품을 분리하는 데 사용하는 직선형의 날카로운 절단면을 갖고 있다. 자동차 서비스 작업에 사용되는 끌의 가장 일반적인 디자인을 **콜드 끌(cold chisel)**이라고 부른다.

그림 1-45 다용도 칼(utility knife)은 교체 가능한 날을 사용하고, 카펫 및 다른 재료들을 자를 수 있다.

그림 1-47 펀치의 측면에는 이 도구를 사용할 때 보호 안경을 착용해야 한다는 경고가 찍혀 있다. 안전 경고를 항상 따라야 한다.

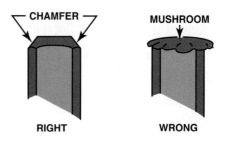

그림 1-48 그라인더(grinder) 또는 줄(file)을 사용하여 펀치 또는 끌의 끝부분에 있는 버섯 모양의 물질을 제거하여야 한다.

그림 1-46 펀치(punch)는 조립된 부품에서 핀을 구동하는 데 사용한다. 이러한 유형의 펀치를 핀 펀치(pin punch)라고도 한다.

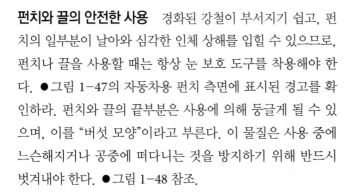

그림 1-49 금속 절단에 사용되는 전형적인 쇠톱(hacksaw). 판금 또는 얇은 물체를 자르려면 더 많은 날이 있는 쇠톱을 사용해야 한다.

펀치와 끌의 안전한 사용 경화된 강철이 부서지기 쉽고, 펀치의 일부분이 날아와 심각한 인체 상해를 입힐 수 있으므로, 펀치나 끌을 사용할 때는 항상 눈 보호 도구를 착용해야 한다. ●그림 1-47의 자동차용 펀치 측면에 표시된 경고를 확인하라. 펀치와 끌의 끝부분은 사용에 의해 둥글게 될 수 있으며, 이를 "버섯 모양"이라고 부른다. 이 물질은 사용 중에 느슨해지거나 공중에 떠다니는 것을 방지하기 위해 반드시 벗겨내야 한다. ●그림 1-48 참조.

쇠톱 쇠톱(hacksaw)은 강철, 알루미늄, 황동, 구리와 같은 금속을 절단하는 데 사용한다. 쇠톱의 절단 날은 교체 가능하며, 날카로운 정도와 톱니 수에 따라 작업 요구에 적당하도록

교체할 수 있다. 알루미늄이나 구리와 같은 부드러운 금속을 절단할 때는 인치당 14 또는 18TPI(teeth per inch)의 톱니를 사용하여야 한다. 강철 또는 파이프에는 24 또는 32TPI를 사용한다. 톱날은 손잡이에서 멀어지는 방향으로 톱니를 설치해야 한다. 이것은 날이 앞쪽으로 밀리는 동안에만 쇠톱이 자를 수 있다는 것을 의미한다. ●그림 1-49 참조.

쇠톱의 안전한 사용 쇠톱에 작업에 맞는 올바른 날이 장착되어 있는지와 톱니가 손잡이에서 멀어지는 방향으로 설치되어 있는지 확인하여야 한다. 쇠톱을 사용할 때는 쇠톱을 천천히 밀고, 약간 들어서 원래 위치로 돌아가야 한다.

다음은 모든 자동차 기술자가 소지해야 하는 수공구 목록이다. 특수 도구는 포함되어 있지 않다.

보호 안경

도구 상자

1/4인치 드라이브 소켓 세트(1/4인치에서 9/16인치의 표준 및 깊은 소켓; 6mm에서 15mm의 표준 및 깊은 소켓)

1/4인치 드라이브 래칫

1/4인치 드라이브, 2인치 확장

1/4인치 드라이브, 6인치 확장

1/4인치 드라이브 손잡이

3/8인치 드라이브 소켓 세트(3/8인치에서 7/8인치의 표준 및 깊은 소켓; 10mm에서 19mm의 표준 및 깊은 소켓)

3/8인치 드라이브 톡스 세트(T40, T45, T50, T55)

3/8인치 드라이브, 13/16인치 플러그 소켓

3/8인치 드라이브, 5/8인치 플러그 소켓

3/8인치 드라이브 래칫

3/8인치 드라이브, 1 1/2인치 확장

3/8인치 드라이브, 3인치 확장

3/8인치 드라이브, 6인치 확장

3/8인치 드라이브, 18인치 확장

범용 3/8인치 드라이브

1/2인치 드라이브 소켓 세트(1/2인치에서 1인치의 표준 및 깊은 소켓)

1/2인치 드라이브 래칫

1/2인치 드라이브 브레이커 바

1/2인치 드라이브, 5인치 확장

1/2인치 드라이브, 10인치 확장

3/8인치에서 1/4인치의 어댑터

1/2인치에서 3/8인치의 어댑터

3/8인치에서 1/2인치의 어댑터

크로풋(crowfoot) 세트(분수 인치)

크로풋(crowfoot) 세트(미터법)

3/8인치에서 1인치의 조합 렌치 세트

10mm에서 19mm의 조합 렌치 세트

1/16인치에서 1/4인치의 육각 렌치 세트

2mm에서 12mm의 육각 렌치 세트

3/8인치 육각 소켓

13mm에서 14mm의 플레어너트 렌치

15mm에서 17mm의 플레어너트 렌치

5/16인치에서 3/8인치의 플레어너트 렌치

7/16인치에서 1/2인치의 플레어너트 렌치

1/2인치에서 9/16인치의 플레어너트 렌치

대각선 펜치

바늘코 펜치

조정 가능 턱 펜치

잠금 펜치

스냅링 펜치

박리 또는 압착용 펜치

둥근 머리 망치

고무망치

데드블로우 망치

5개의 표준 나사드라이버 세트

4개의 십자 나사드라이버 세트

#15 톡스 나사드라이버

#20 톡스 나사드라이버

송곳

줄

중앙 펀치

핀 펀치(다양한 크기)

끌

다양도 칼

밸브 코어 공구

필터 렌치(대형 필터)

필터 렌치(작은 필터)

테스트 램프

틈새 계량기

긁개

받침 달린 지레

자석

그림 1-50　기본 공구들로 이루어진 일반적인 초보 기술자 공구 세트.

그림 1-51　전형적인 대형 공구 상자. 여러 개의 서랍 중 하나이다.

그림 1-52　일반적인 12볼트 테스트 램프.

공구 세트 및 부속품
Tool Sets and Accessories

초보 서비스 기술자는 비싼 공구 세트를 구입하기 전에 작은 공구 세트로 시작할 수 있다. ●그림 1-50과 1-51 참조.

전기 작업 수공구
Electrical Work Hand Tools

테스트 램프　테스트 램프(test light)는 전기 시험에 사용된다. 일반적인 자동차 테스트 램프는 전구가 들어 있는 깨끗한 플라스틱 나사드라이버처럼 생긴 손잡이로 구성되어 있다. 기술자가 자동차의 깨끗한 금속 부분에 연결하는 전구의 한쪽 단자에 와이어가 연결된다. 전구의 다른 쪽 끝은 연결 장치 또는 와이어에서 전기를 시험하는 데 사용될 수 있는 지점에 연결된다. 그 지점에 전원이 있고, 다른 쪽이 잘 연결되었다면 전구가 켜진다. ●그림 1-52 참조.

전기 납땜건　이 유형의 납땜건은 일반적으로 110볼트 교류로 전원이 공급되며, 종종 와트로 표시되는 두 개의 파워 설정이 존재한다. 일반적인 전기 납땜건(electric soldering gun)은 끝부분에서 85와트에서 300와트의 열을 만들어 내며, 납땜에 적합하다.

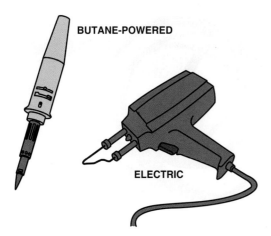

BUTANE-POWERED

ELECTRIC

그림 1-53 전기 수리에 사용되는 전기 및 부탄가열식 납땜건. 납땜건은 와트에 따른 정격으로 판매된다. 와트 수가 높을수록 생성되는 열의 양이 많아진다. 자동차 전기 작업에 사용되는 대부분의 납땜건은 일반적으로 60와트에서 160와트 범위이다.

- **전기 납땜펜**. 이 유형의 납땜인두는 전기 납땜건보다 싸며, 열 발생이 적다. 일반적인 전기 납땜펜(electric soldering pencil)은 30와트에서 60와트의 열을 발생시키므로, 작은 와이어 및 연결을 위한 납땜에 적합하다.
- **부탄가열식 납땜인두**. 부탄가열식 납땜인두(butane-powered soldering iron)는 휴대가 가능하며, 전기 코드가 필요 없으므로, 자동차 정비 작업에 매우 유용하다. 대부분의 부탄가열식 납땜인두는 약 60와트의 열을 발생시키므로, 대부분의 자동차 납땜에 충분하다. ●그림 1-53 참조.

전기 작업 수공구　전기 관련 작업을 수행하는 대부분의 서비스 기술자들은 납땜인두 외에 다음과 같은 도구가 있어야 한다.

- 와이어 절단기
- 와이어 스트리퍼
- 와이어 크림퍼
- 열수축 튜브용 열 발생기

디지털 측정기　디지털 측정기는 전기 진단 및 문제해결을 위해 필요한 도구이다. 디지털 멀티미터(digital multimeter, DMM)는 일반적으로 다음 전기 단위를 측정할 수 있다.

- DC 전압
- AC 전압
- 저항
- 전류

수공구 유지 Hand Tool Maintenance

대부분의 수공구는 부식 방지용 금속으로 만들어졌지만 제대로 유지하지 않으면 녹슬거나 부식될 수 있다. 최상의 결과와 긴 공구 수명을 위해 다음 단계들을 수행해야 한다.

- 공구 상자에 다시 넣기 전에 각 공구를 청소하여야 한다.
- 공구는 분리해서 보관하여야 한다. 만약 공구들이 다른 금속 공구와 접촉하면, 금속 공구의 수분에 의해 더 쉽게 녹슬게 될 것이다.
- 공구함을 열고 닫을 때 공구들이 움직이지 않도록 하는 재료로 공구 상자의 서랍을 정렬하여야 한다. 이는 적절한 공구와 크기를 신속하게 찾는 데 도움을 줄 것이다.
- 클리커 유형(clicker type) 토크 렌치의 장력을 해제하여 보관한다.
- 공구 상자를 안전하게 보관하여야 한다.

문제 탐지등 Trouble Lights

백열등　백열등(incandescent light)은 전류가 전구를 통해 흐를 때 빛을 내는 필라멘트를 사용한다. 안전 문제로 인해 대부분의 매장에서 안전한 형광등 또는 LED 조명으로 바꿀 때까지 수년 동안 **작업 표시등**(work light)이라고도 하는 표준 **문제 탐지등**(trouble light)이었다. 백열등을 사용하는 경우, 기존 전구보다 충격이나 진동에 잘 견딜 수 있도록 설계된 "거친 서비스(rough service)" 등급의 전구를 찾아야 한다.

그림 1-54 형광등 문제 탐지등은 가솔린이나 다른 인화성 액체가 빛에 닿으면 발생할 수 있는 우발적인 파손으로부터 보호되기 때문에 매장에서 사용하기에 안전하다.

그림 1-55 일반적인 1/2인치 드라이브 공기식 충격 렌치. 회전 방향은 체결 부품을 풀거나 조이도록 변경할 수 있다.

형광등 문제 탐지등은 매장 장비의 필수 요소로, 안전을 위해 백열등이 아닌 형광등이어야 한다. 전구에 휘발유가 뿌려지기라도 하면 백열전구가 깨져서 심각한 화재 위험을 초래할 수 있다. 형광등의 관은 쉽게 깨지지 않으며, 일반적으로 투명한 플라스틱 상자에 의해 보호된다. 문제 탐지등은 보통 20피트 또는 50피트의 전기 코드를 수용할 수 있는 견인기에 달려 있다. ●그림 1-54 참조.

LED 문제 탐지등
발광 다이오드(light-emitting diode, LED) 문제 탐지등은 충격에 강하고, 오래가며, 화재 위험이 없어서 사용하기 매우 좋다. 일부 문제 탐지등은 배터리로 작동하므로, 부착된 전기 코드로 인해 문제가 발생할 수 있는 장소에서 사용할 수 있다.

그림 1-56 일반적인 배터리구동 3/8인치 드라이브 충격 렌치.

공기 및 전기 작동 공구
Air and Electrically Operated Tools

충격 렌치 공기 또는 전기로 작동하는 충격 렌치(impact wrench)는 체결 부품을 제거하거나 설치하는 데 사용된다. 공기로 작동하는 1/2인치 드라이브 충격 렌치가 가장 일반적으로 사용되는 장치이다. ●그림 1-55 참조.

전기로 작동되는 충격 렌치에는 일반적으로 다음이 포함된다.

- 배터리구동 장치. ●그림 1 56 참조.
- 110볼트 AC 전원 장치. 이러한 유형의 충격 렌치는 특히 압축 공기를 쉽게 사용할 수 없는 경우 매우 유용하다.

그림 1-57 검은 충격 소켓. 인체 상해를 초래할 수 있는 소켓 파열 가능성을 피하기 위해, 충격 렌치(impact wrench)를 사용할 때마다 반드시 충격 소켓을 사용하여야 한다.

 경고

충격 렌치와 충격 소켓을 항상 같이 사용하고, 소켓 또는 체결 부품이 파손될 경우를 대비하여 항상 눈 보호 장치를 착용하여야 한다. 충격 소켓은 두꺼운 벽을 가지고 있고, 고급 합금강으로 제작되어 있다. 충격 소켓은 부식 방지를 위해 검은 산화물 마감 처리되어 일반 소켓과는 구별된다. ●그림 1-57 참조.

공기식 래칫 공기식 래칫(air ratchet)은 일반적으로 래칫과 소켓을 사용하여 결합 부품을 제거하거나 설치하는 데 사용된다. ●그림 1-58 참조.

금속 분쇄기 금속 분쇄기(die grinder)는 개스킷(gasket) 및 녹을 갈거나 제거하는 데 사용되는 공기작동식 공구이다. ●그림 1-59 참조.

작업대 분쇄기 또는 받침대 분쇄기 이러한 고성능 분쇄기는 와이어 브러시 바퀴 및/또는 돌 바퀴가 장착되어 있다.

- **와이어 브러시 바퀴**–이 유형은 볼트의 나사를 청소하고, 판금 엔진 부품에서 개스킷을 제거하는 데 사용된다.
- **돌 바퀴**–이 유형은 금속을 분쇄하고, 펀치 또는 끌의 끝에서 버섯 모양의 물질을 제거하는 데 사용된다. ●그림 1-60 참조.

그림 1-58 공기식 래칫(air ratchet)은 특히 손이 닿지 않거나 핸드 래칫이나 렌치를 움직일 수 있는 공간이 충분하지 않은 곳에서, 체결 부품을 신속하게 제거 또는 설치할 수 있는 유용한 도구이다.

그림 1-59 일반적인 금속 분쇄기(die grinder) 표면 준비 키트에는 공기작동식 금속 분쇄기와 표면을 부드럽게 하거나 녹을 제거하기 위한 사포 원반이 포함되어 있다.

그림 1-60 왼쪽에는 철사 바퀴가 있고 오른쪽에는 돌 바퀴가 있는 전형적인 받침대 분쇄기(pedestal grinder). 이 기계에는 보호 장치, 보호 안경, 얼굴 보호 장치가 장착되어 있고, 분쇄기 또는 와이어 바퀴를 사용할 때마다 항상 착용해야 한다.

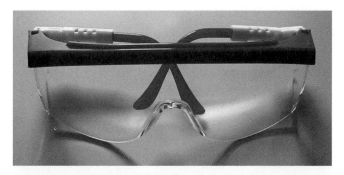

그림 1-61 보호 안경(safety glasses)은 차량 또는 차량 주변에서 작업하거나 부품을 수리할 때 항상 착용해야 한다.

> ☠ 경고
>
> 와이어 바퀴 또는 분쇄기를 사용할 때는 항상 얼굴 보호 장구를 착용하여야 한다.

대부분의 **작업대 분쇄기(bench grinder)**에는 와이어 브러시의 한쪽 또는 다른 쪽에 분쇄 바퀴(돌)가 설치되어 있다. 작업대 분쇄기는 매장 장비의 유용한 부분으로, 와이어 바퀴의 끝부분은 다음과 같은 경우에 사용할 수 있다.

- 볼트의 나사 청소
- 강철 밸브 덮개와 같은 판금 부품의 개스킷 청소

주의: 강철 와이어 브러시는 강철 또는 철제 부품에만 사용하여야 한다. 강철 와이어 브러시를 알루미늄 또는 구리기반 금속 제품에 사용하면, 부품에서 금속 부분이 제거될 수도 있다.

작업대 분쇄기의 돌 바퀴는 다음과 같은 목적으로 사용할 수 있다.

- 날 및 드릴 조각을 날카롭게 하기
- 리벳(rivet) 또는 부품의 머리부 절단
- 주문 제작을 위한 판금 부품 연마

개인 보호 장비
Personal Protective Equipment

서비스 기술자는 인체 상해를 막기 위해 보호 장치를 착용해야 한다. **개인 보호 장비(personal protective equipment, PPE)**는 다음과 같은 것들을 포함한다.

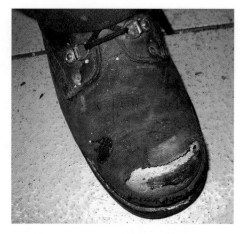

그림 1-62 강철 발가락 신발(steel-toed shoes)은 낙하물로 인한 발 부상을 방지하는 데 도움이 된다. 이러한 낡은 신발조차도 서비스 기술자의 발을 보호할 수 있다.

보호 안경 보호 안경(safety glasses)이 표준 ANSI Z87.1을 만족하는지 확인하여야 한다. 차량 서비스 중에는 항상 착용하여야 한다. ●그림 1-61 참조.

강철 발가락 안전 신발 강철 발가락 안전 신발(steel-toed safety shoes)은 낙하물로 인한 발 부상을 예방한다. ●그림 1-62 참조. 안전 신발을 구할 수 없는 경우에는 가죽으로 덮인 신발이 캔버스 또는 천으로 덮인 신발보다 더 많은 보호가 가능하다.

범프캡 차량 밑에서 근무하는 서비스 기술자는 차량 바닥의 물건들과 리프트 패드로부터 머리를 보호하기 위해 **범프캡(bump cap)**을 써야 한다. ●그림 1-63 참조.

청력 보호 장치 주위의 소리 때문에 목소리를 높여야 한다면(90dB 이상의 소리 수준), 청력 보호 장치를 착용해야 한다. 예를 들면, 일반적인 잔디 깎기 기계는 110dB 수준의 소음을 발생시킨다. 이것은 잔디 깎기 기계, 그 밖의 잔디 또는 정원 장비를 사용하는 모든 사람이 청력 보호 장치를 사용해야 한다는 것을 의미한다.

장갑 많은 기술자들이 손을 깨끗하게 유지할 뿐 아니라, 더러운 엔진 오일과 다른 위험한 물질의 영향으로부터 피부를 보호하기 위해 장갑(glove)을 착용한다.

그림 1-63 범프캡(bump cap)의 한 종류. 일반 천으로 된 모자 안에 플라스틱 삽입 물질을 넣었다.

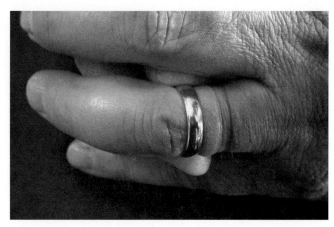

그림 1-65 어떤 차량에서든 서비스 작업을 수행하기 전에 모든 보석류를 제거하도록 한다.

그림 1-64 보호 장갑(protective glove)은 여러 가지 크기와 재질로 제공된다.

몇 가지 유형의 장갑과 그 특징은 다음과 같다.

- **라텍스 수술 장갑.** 이 장갑은 비교적 저렴하지만, 가스, 기름, 용제에 노출되는 경우에는 늘어나고, 팽창하고, 약해지는 경향이 있다.
- **비닐 장갑.** 이 장갑 또한 저렴하지만, 가스, 기름, 용제의 영향을 받지 않는다.
- **폴리우레탄 장갑.** 폴리우레탄 장갑은 더 비싸지만, 강하다. 이 장갑은 가스, 기름, 용제에 영향을 받지 않지만, 미끄러운 경향이 있다.
- **니트릴 장갑.** 이 장갑은 라텍스 장갑과 유사하지만, 가스, 기름, 용제의 영향을 받지 않고, 비싼 경향이 있다.
- **정비 장갑.** 이 장갑은 일반적으로 합성 피혁과 스판덱스로 만들어지며, 열 보호뿐만 아니라, 흙과 얼룩으로부터도 보호된다. ●그림 1-64 참조.

안전 예방 조치 Safety Precautions

개인 안전 장비 착용 외에, 매장에서 안전을 유지하기 위해서는 다음과 같은 행동이 수행되어야 한다.

- 다른 물건에 걸리거나, 전기 회로의 도체 역할을 할 수 있는 보석류를 착용하지 말아야 한다. ●그림 1-65 참조.
- 손을 잘 돌보아야 한다. 비누와 43℃(110°F) 이상의 온수를 사용하여 손을 씻어야 한다.
- 움직이는 구성요소에 걸리지 않도록, 긴 머리를 뒤로 묶어야 한다.
- 헐렁하거나 늘어진 의류를 피하여야 한다.
- 물체를 들어 올릴 때에는 견고한 기초가 있는 안전한 손잡이를 사용하여야 한다. 당기는 힘을 최소화하기 위해 짐을 몸 가까이에 두어야 한다. 등이 아닌 다리와 팔로 물건을 들어 올려야 한다.
- 짐을 운반할 때 몸을 비틀지 말아야 한다. 대신에, 척추에 부담을 주지 않도록 발을 회전시켜야 한다.
- 무거운 물건을 움직이거나 들어 올릴 때에는 도움을 요청하여야 한다.
- 무거운 물건을 당기지 말고 밀어야 한다. (도구를 사용하여 작업하는 경우의 반대이다—렌치를 밀지 말 것! 밀다가 볼트와 너트가 풀어지면 모든 체중이 손으로 쏠리게 되어 베이거나, 타박상, 다른 고통스러운 부상 등을 초래한다.)
- 밀폐된 차고 공간 내부에 일산화탄소가 쌓이는 것을 방지하려면, 항상 배기 호스를 운행 중인 차량의 배기관에 연

그림 1-66 건물 내에서 작동할 수 있도록 배기 호스를 차량의 배기관에 항상 연결하여야 한다.

그림 1-67 바인더 클립은 펜더 덮개(fender cover)가 떨어지는 것을 막아 준다.

그림 1-68 서비스를 받으러 온 즉시 차량 내부를 덮으면 고객 만족도가 향상된다.

＋ 안전 팁

기름 묻은 옷 처리
화재 예방을 위해 기름 묻은 옷들은 밀폐된 용기에 처리하여야 한다. ●그림 1-69 참조. 기름이 묻어 있는 옷을 바닥이나 작업대에 던지면 화학 반응이 일어나 불꽃 없이도 발화될 수 있다. 화염이 없는 점화 과정을 **자연 발화**(spontaneous combustion)라고 한다.

결하여야 한다. ●그림 1-66 참조.

- 서 있을 때에는 물건, 부품, 도구를 가슴 높이와 허리 높이 사이에 두어야 한다. 앉아 있을 때에는 팔꿈치 높이에서 작업을 하여야 한다.
- 항상 후드가 열려 있는지 확인하여야 한다.

차량 보호 Vehicle Protection

펜더 덮개 차량의 후드 아래에서 작업할 때는 항상 펜더 덮개(fender cover)를 사용하여야 한다. 펜더 덮개는 손상으로부터 차량을 보호할 뿐만 아니라 부품 및 공구를 위한 깨끗한 표면을 제공한다. 펜더 덮개를 사용할 때의 주된 문제점은 덮개가 움직여서 종종 차량에서 떨어진다는 것이다. 펜더 덮개가 떨어지지 않도록, 어떤 사무용품점에서도 흔히 볼 수 있는 바인더 클립(binder clip)을 사용하여 펜더(fender)의 주름진 부분을 고정하여야 한다. ●그림 1-67 참조.

내부 보호 시트, 조향 핸들, 바닥을 보호 커버로 덮어, 우발적인 손상이나 먼지, 기름으로부터 차량 내부를 보호하여야 한다. ●그림 1-68 참조.

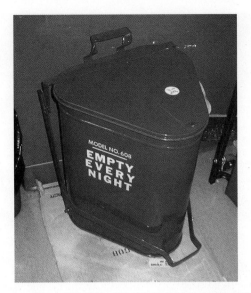

그림 1-69 기름이 묻은 옷은 전부 자연 발화를 막기 위해 뚜껑이 있는 금속 용기에 보관해야 한다.

LIFT POINT LOCATION SYMBOL

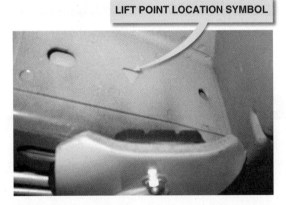

그림 1-70 대부분의 신형 차량에는 권장 리프트 위치를 나타내는 삼각형 기호가 있다.

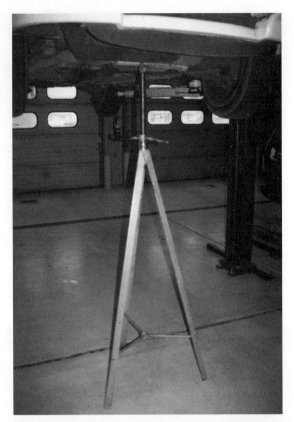

(a)

(b)

그림 1-71 (a) 높은 안전 스탠드는 차량을 들어 올릴 때 차량의 추가적인 지지를 위해 사용될 수 있다. (b) 스탠드가 지지하는 부품에 손상을 주지 않도록 목재 블록을 사용해야 한다.

차량 리프팅 시의 안전
Safety In Lifting(Hoisting) A Vehicle

많은 차대 및 차량 아랫부분의 서비스 절차에서는 차량을 끌어 올리거나, 들어 올리는 것이 필요하다. 가장 간단한 방법은 자동차 수송 경사로 또는 바닥 잭(floor jack) 및 안전 스탠드를 사용하는 것이고, 지면 또는 표면 장착 리프트는 더 큰 차량을 들어 올릴 수 있다.

패드를 설치하는 것은 들어 올리는 절차의 중요한 부분이다. 차량 소유자, 매장 및 서비스 설명서에는 차량을 들어 올릴 때 사용하는 권장 위치가 포함되어 있다. 최신 차량에는 운전자

문에 삼각형 데칼이 있어, 권장 리프트 위치를 나타낸다. 리프트 위치 및 리프팅 절차에 대한 권장 표준은 SAE 표준 JRP-2184에 나와 있다. ●그림 1-70 참조.

이러한 권장 사항에는 일반적으로 다음 사항이 포함된다.

1. 차량은 한쪽에 과부하가 걸리거나, 전방 또는 후방으로 너무 많은 힘이 실리지 않도록, 리프트 또는 호이스트(hoist)의 중앙에 위치해야 한다. ●그림 1-71 참조.

그림 1-72 이 훈련 차량은 패드가 올바르게 설치되지 않았기 때문에 호이스트(hoist)에서 떨어졌다. 아무도 안 다쳤지만, 차량은 손상되었다.

(a)

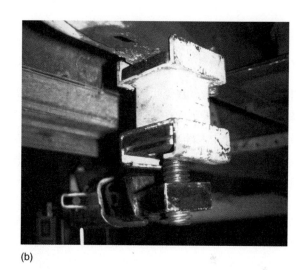

(b)

그림 1-73 (a) 많은 견인차, 밴, 스포츠 유틸리티 차량(sport utility vehicle, SUV)을 안전하게 운반하기 위해 종종 사용되는 호이스트 패드 어댑터의 조합. (b) 쉐보레 견인차를 아래에서 올려다본 사진. 패드 연장 장치를 사용하여 호이스트 리프팅 패드를 프레임에 연결하는 방법을 보여 준다.

2. 안정된 구성을 제공하기 위해 리프트의 패드를 최대한 멀리 펼쳐야 한다.
3. 각 패드는 차량의 무게를 지탱할 수 있는, 차량의 강한 부분 아래에 배치되어야 한다.
   a. 차량 바닥의 핀치 용접(pinch weld)은 일반적으로 강하다.

주의: 핀치 용접 이음매(pinch weld seam)가 단일의 많은 차량을 들어 올리는 데 권장되는 위치임에도 불구하고, 패드를 너무 멀리 전방 또는 후방에 두지 않도록 주의해야 한다 리프트에 차량을 잘못 배치하면, 차량의 균형이 맞지 않아 차량이 떨어질 수 있다. ●그림 1-72는 이러한 사고가 발생한 차량의 사진이다.

b. 차량 몸통의 박스 영역은 프레임 없이 차량에 패드를 부착하기 위한 가장 좋은 장소이다. 패드를 의도한 위치에 설치하기 전에, 리프트의 팔이 차량의 다른 부분과 접촉할 수 있는지 주의하여야 한다. 일반적으로 손상되는 부분은 아래와 같다.
   (1) 로커 패널 조형(rocker panel molding)
   (2) 배기 시스템(촉매 변환기 포함)
   (3) 타이어 또는 차체 패널 ●그림 1-73과 1-74 참조.
4. 차량을 바닥에서 약 30cm(1피트) 올린 다음 멈추고 흔들어 안정성을 확인해야 한다. 바닥에서 약간 높인 후 확인했을 때 안정적으로 보이면, 원하는 높이까지 계속해서 들어 올

그림 1-74 (a) 패드의 팔 부분이 차량의 로커(rocker) 패널과 닿아 있다. (b) 패드가 차량 밑으로 너무 깊게 설정되어, 패드의 팔 부분이 로커 패널을 움푹 파게 되었다.

린다. 호이스트는 기계식 잠금장치 위로 내려야 하며, 내리기 전에 잠금장치를 들어 올려야 한다.

주의: 호이스트를 사용하여 들어 올리거나 내리는 동안 차량에서 눈을 떼지 말아야 한다. 종종 호이스트의 한쪽 또는 한쪽 끝이 멈추거나 실패할 수 있어, 차량이 미끄러지거나 떨어질 정도로 기울어져 차량 및/또는 호이스트뿐만 아니라 기술자 또는 근처의 다른 사람에게까지 물리적 손상을 초래할 수 있다.

참고: 대부분의 호이스트는 원하는 높이로 안전하게 배치할 수 있다. 작업하는 동안 쉽게 하려면, 작업 영역은 가슴 수준이어야 한다. 브레이크 또는 서스펜션 구성요소를 작업할 때, 바닥이나 머리 위로 떨어뜨릴 필요가 없다. 구성요소가 가슴 수준이 되도록 호이스트를 들어 올린다.

5. 호이스트를 내리기 전에 안전 걸쇠를 풀어야 하며, 조정 방향을 반대로 해야 한다. 아래로 향하는 속도는 추가적인 안전을 위해 최대한 천천히 조절해야 한다.

바닥 잭 Floor Jacks

설명 바닥 잭(floor jack)은 차량의 한쪽 또는 끝을 들어 올리는 데 사용된다. 바닥 잭은 휴대가 가능하고 저렴하며, 안전 (잭) 스탠드와 함께 사용해야 한다.

작동 원리 바닥 잭은 유압 실린더를 사용하여 차량을 들어올린다. ●그림 1-75 참조.

잭(jack)은 다음과 같이 작동한다.

- 잭 손잡이를 시계 방향으로 돌리면, 해제 밸브가 닫힌다.
- 잭 손잡이를 위쪽으로 움직이면, 작동유가 저장소에서 펌프 조립품으로 배출된다.
- 잭 손잡이를 아래쪽으로 움직이면, 작동유가 유압 실린더 안으로 들어가 램과 리프팅 패드가 위로 올라가게 된다.
- 실린더 램이 최대 높이에 도달하면, 우회 밸브가 열리고, 오일이 저장소로 되돌아간다.
- 잭 손잡이를 시계 반대 방향으로 돌리면, 해제 밸브가 열리고 작동유가 저장소로 다시 흐르게 된다.

주의: 잭 손잡이가 똑바로 세워지도록 밸브를 닫아야 한다. 해제 밸브가 열리면 잭 손잡이는 바닥 쪽으로 떨어진다.

바닥 잭의 안전한 사용 Safe Use of a Floor Jack

바닥 잭(floor jack)을 안전하게 사용하려면 다음 단계를 따라야 한다.

단계 1 지침서에 열거된 모든 작동 및 안전 항목을 읽고, 이해하고, 따라야 한다.

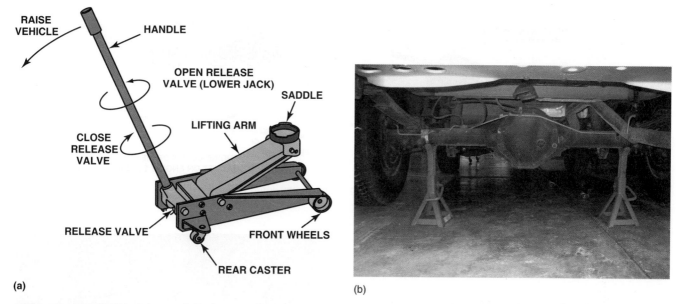

(a)

(b)

그림 1-75 (a) 전형적인 3톤(6,000lb) 용량의 유압 잭(jack). (b) 차량을 바닥에서 들어 올릴 때 차량의 무게를 지탱하기 위해 프레임, 차축, 또는 몸체 아래에 안전 스탠드를 놓아야 한다.

단계 2 차량이 평평하고 단단한 표면에 있는지 확인하여야 한다.

단계 3 리프팅 작업 중 차량이 움직이지 않도록 차량 바퀴를 막아야 한다.

단계 4 차량 아래의 지정된 리프팅 부위를 결정하기 위해 차량 서비스 정보를 확인하여야 한다.

단계 5 잭의 리프팅 패드를 지정된 리프팅 위치에 놓아야 한다.

단계 6 잭 손잡이를 시계 방향으로 돌려 잭의 해제 밸브를 닫는다. 리프팅 패드가 차량의 리프팅 위치에 닿을 때까지 잭 손잡이를 아래쪽으로 움직여야 한다. 잭이 지정된 위치에 있는지 다시 확인하여야 한다.

단계 7 잭 손잡이를 아래쪽으로 계속 이동한 다음, 차량이 원하는 높이에 올 때까지 위아래로 움직여야 한다.

단계 8 안전 (잭) 스탠드를 차량 아래에 놓는다.

단계 9 차량을 내리려면, 안전 스탠드를 제거할 수 있을 만큼 차량을 들어 올린 다음, 잭 손잡이를 천천히 시계 반대 방향으로 돌려야 한다.

CHOCK

그림 1-76 자동차 수송 경사로는 사용하기 위험하다. 경사로를 우발적으로 내려가는 것을 막기 위해, 지면에 있는 바퀴를 막아 두도록 한다.

자동차 수송 경사로 경사로(ramp)는 차량의 앞 또는 뒤를 올릴 수 있는 저렴한 방법이다. ●그림 1-76 참조. 경사로는 쉽게 차량을 수납할 수 있지만, 경사로 위로 차량을 운전할 때 "강제퇴장(kick out)"이 될 수 있어 위험할 수 있다.

주의: 전문 정비소들은 위험하기 때문에 경사로를 사용하지 않는다. 경사로는 극히 세심한 주의를 기울여 사용해야 한다.

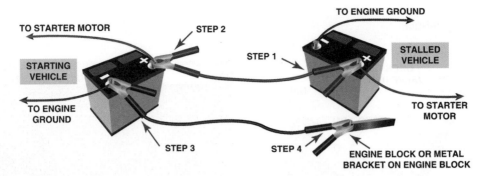

STEP 1
STEP 2
STEP 3
STEP 4
TO STARTER MOTOR
TO ENGINE GROUND
STARTING VEHICLE
STALLED VEHICLE
TO ENGINE GROUND
TO STARTER MOTOR
ENGINE BLOCK OR METAL BRACKET ON ENGINE BLOCK

그림 1-77 점퍼 케이블 사용 설명서. 휴대용 점프 상자를 사용하는 경우 동일한 연결을 따라야 한다.

전기 코드 안전 Electrical Cord Safety

전동 공구를 작동하려면 올바르게 접지된 3구 소켓 및 연장 코드를 사용하여야 한다. 일부 공구는 2구 플러그만 사용한다. 이중 절연이 되어 있는지 확인하고, 전기 충격을 막기 위해 잘리거나 손상된 전기 코드는 수리하거나 교체하여야 한다. 사용하지 않을 때에는 전기 코드로 인해 걸려 넘어지는 것을 방지하기 위해 바닥에서 떨어진 곳에 두어야 한다. 지나다니는 사람들이 많은 장소라면 코드를 테이프로 감아 두도록 한다.

점프 시동 및 배터리 안전성 Jump Starting and Battery Safety

배터리가 방전된 다른 차량을 시동하려면, ●그림 1-77에 보이는 것처럼, 또는 점프 상자에 표시된 대로 좋은 구리 점퍼 케이블을 연결하여야 한다. 마지막 연결은 항상 시동이 걸리지 않는 차량의 엔진 블록 또는 엔진 브래킷에 있어야 하고, 가능한 한 배터리에서 멀리 떨어져 있어야 한다. 점퍼 케이블이 최종적으로 연결 완료되었을 때 불꽃이 생기는 것은 정상이며, 이러한 불꽃은 배터리 주변의 가스 폭발을 유발할 수 있다. 많은 최신 차량에는 점프 시동을 위해 배터리와 별도인 특수 접지 연결이 있다. 정확한 위치는 사용 설명서 또는 서비스 정보에 나와 있다.

배터리는 산(acid)을 포함하므로, 45도 각도 이상으로 기울어지지 않도록 조심해서 다루어야 한다. 배터리 주위에서 작업할 때는 금속이 자동차의 몸체와 같은 12볼트 회로 및 접지와 접촉할 때 발생할 수 있는 전기 감전이나 화상의 위험을 피하기 위해 보석류를 제거하여야 한다.

그림 1-78 노즐로 가는 공기 압력은 인체 상해를 막기 위해 30psi 이하여야 한다.

✚ **안전 팁**

공기 호스 안전

공기 노즐의 잘못된 사용은 실명이나 난청을 발생시킬 수 있다. 압축 공기는 30psi(206 kPa) 미만으로 줄여야 한다. ●그림 1-78 참조. 공기 노즐을 사용하여 부품을 건조 및 청소하는 경우, 공기 흐름이 근처의 다른 사람으로부터 멀리 향하게 하여야 한다. 노즐의 최대 압력을 30psi로 제한하는 측면 구멍이 있는 OSHA-승인 노즐을 항상 사용하여야 한다. 공기 호스(air hose)를 사용하지 않는 때에는 감아서 보관하여야 한다.

소화기 Fire Extinguishers

4개의 **소화기 등급(fire extinguisher class)**이 있다. 각 등급은 특정 화재에만 사용해야 한다.

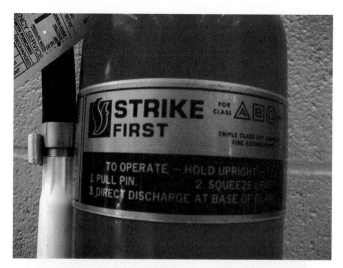

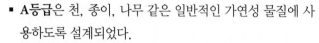

그림 1-79 A등급, B등급, C등급의 화재에 사용하도록 설계된 전형적인 소화기.

그림 1-80 화재 훈련 센터에서 모의 훈련 중으로, 열린 통에 발생한 화재에 사용되는 이산화탄소 소화기.

- **A등급**은 천, 종이, 나무 같은 일반적인 가연성 물질에 사용하도록 설계되었다.
- **B등급**은 가솔린, 기름, 신나, 용제를 포함한 가연성 액체 및 그리스(grease)에 사용하도록 설계되었다.
- **C등급**은 전기 화재에만 사용된다.
- **D등급**은 분말 알루미늄, 나트륨 또는 마그네슘과 같은 가연성 금속에만 유효하다.

등급 구분은 모든 소화기 옆에 정확히 표시되어 있다. 대부분의 소화기는 여러 종류의 화재에 사용 가능하다. ●그림 1-79 참조.

소화기를 사용할 때는 "PASS"라는 단어를 기억하여야 한다.

P (Pull) = 안전핀을 잡아당긴다.

A (Aim) = 소화기의 노즐을 화재의 바닥 부분에 조준한다.

S (Squeeze) = 레버를 눌러 소화기를 작동시킨다.

S (Sweep) = 노즐을 좌우로 쓸 듯이 움직인다.

●그림 1-80 참조.

소화기의 종류 소화기의 종류는 다음과 같다.

- **물.** 일반적으로 가압 용기에 담긴 물 소화기는 화재가 지속되지 않는 온도까지 온도를 낮추므로 A등급 화재에 사용하는 것이 좋다.
- **이산화탄소.** 이산화탄소 소화기는 거의 모든 화재 유형, 특히 B등급 또는 C등급 물질에 적합하다. 이산화탄소 소화기는 화재로부터 산소를 제거하여 작용하며, 차가운 이산화탄소는 화재의 온도를 낮추는 데 도움이 된다.

그림 1-81 특수 처리된 모직 담요는 쉽게 열 수 있고, 벽에 장착된 보관함에 있어야 하며, 매장의 중앙 위치에 배치해야 한다.

- **마른 화학 약품(노란색).** 건식 화학소화기는 화재로부터 산소를 제거할 수 있도록 가연성 물질을 덮으므로, A등급, B등급, C등급 화재에 적합하다. 건식 화학소화기는 부식성이 있으며, 전자 장치에 손상을 줄 수 있다.

화재 담요 Fire Blankets

매장 지역에서는 화재 담요(fire blanket)가 필요하다. 화재가 난 곳에 사람이 있으면, 화재 담요를 보관 가방에서 꺼내서 피해자에게 던져 화재를 막을 수 있게 해야 한다. ●그림 1-81

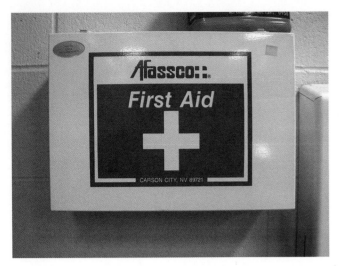

그림 1-82 응급 처치 상자는 매장 중앙에 있어야 하며, 권장 물품이 보관되어 있어야 한다.

은 일반적인 화재 담요를 보여 준다.

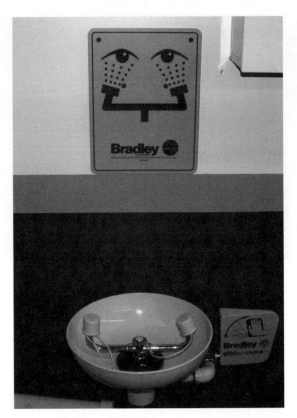

그림 1-83 일반적인 눈 세척장(eye wash station). 물로 눈을 철저히 씻어내는 것이 첫 번째 목적으로, 흔히 눈의 오염에 대해 가장 좋은 치료법이다.

응급 처치 및 눈 세척기
First Aid and Eye Wash Stations

모든 매장 구역에는 중앙에 눈 세척장이 있어야 하며, 응급 용품이 갖추어진 응급 처치 키트가 있어야 한다. ●그림 1-82 참조.

응급 처치 키트 응급 처치 키트에는 다음의 것들이 포함되어야 한다.

- 붕대(다양함)
- 거즈 패드
- 롤 거즈
- 요오드 면봉
- 항생제 연고
- 하이드로코르티손 연고
- 화상 연고
- 눈 세척액
- 가위
- 핀셋
- 장갑
- 응급 처치 요령

+ 안전 팁

감염 관리 예방 조치

차량에서 작업하면 베이거나 출혈이 있는 정도로 다칠 수 있는 가능성을 포함하는 신체적 상해를 입을 수 있다. B형 간염, HIV(후천성 면역 결핍 증후군 또는 AIDS를 일으킬 수 있음), C형 간염과 같은 일부 감염은 혈액을 통해 전염된다. 이러한 감염은 일반적으로 혈액 매개 병원체라고 한다. 혈액과 관련된 어떤 상해이든 상사에게 보고해야 하며, 다른 사람의 혈액과 접촉하지 않도록 필요한 예방 조치를 취하여야 한다.

모든 매장에는 응급 처치 교육을 받은 사람이 있어야 한다. 만약 사고가 발생하면, 즉시 도움을 요청하여야 한다.

눈 세척장 눈 세척장(eye wash station)은 중앙에 위치하여야 하며, 액체 또는 화학 물질이 눈에 들어갔을 경우 이용된다. 그러한 비상사태가 발생하면, 흐르는 물에 눈을 계속 씻어내고, 전문적인 도움을 요청하여야 한다. ●그림 1-83 참조.

그림 1-84 혼다의 하이브리드 차량의 경고 라벨은 사람이 덮개 밑의 고압 회로 때문에 죽을 수도 있다는 것을 경고한다.

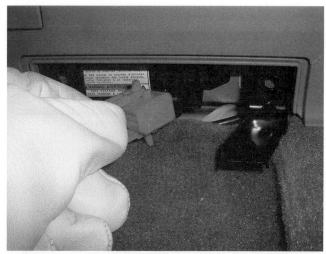

그림 1-85 고전압 차단 스위치는 토요타 프리우스(Prius)의 트렁크 영역에 있다. 이 플러그를 제거할 때는 고전압 전위 장갑(lineman's glove)을 착용하여야 한다.

하이브리드 전기 자동차 안전 문제
Hybrid Electric Vehicle Safety Issues

하이브리드 전기 자동차(hybrid electric vehicle, HEV)는 차량을 추진하는 데 도움을 주기 위해 고전압 배터리 팩과 전기 모터를 사용한다. 하이브리드 전기 자동차의 일반적인 경고 라벨의 예는 ●그림 1-84를 참조하라. 가솔린 또는 디젤 엔진에 발전기 또는 조합 기동기와 ISG(integrated starter generator) 또는 ISA(integrated starter alternator)가 장착되어 있다. 하이브리드 전기 자동차를 안전하게 작업하려면, 다음 단계에 따라 고전압 배터리 및 회로를 차단하여야 한다.

단계 1　시동 키(장착되어 있는 경우)를 끄고, 시동 스위치에서 키를 **빼야** 한다(릴레이가 정상적으로 작동하면, 이는 모든 고전압 회로를 차단한다).

단계 2　고전압 회로를 분리한다.

> ☠ **경고**
>
> 일부 차량 제조업체는 감전의 위험을 방지하기 위해 고전압 (high-voltage, HV) 회로 주위에서 작업할 때마다 고무 절연 전위 장갑(lineman's glove)을 사용해야 한다고 규정한다.

토요타 프리우스　토요타 프리우스(Prius)의 차단 스위치는 트렁크에 있다. 접근하려면, 트렁크의 측면 커버 왼쪽 상단 부분을 고정하고 있는 3개의 클립을 제거하면 된다. 고전압 시스템을 분리하려면, 절연 고무 전위 장갑을 끼고, 주황색으로 된 플러그를 잡아당기면 된다. ●그림 1-85 참조.

포드 이스케이프와 머큐리 마리너　포드와 머큐리는 하이브리드 자동차의 고전압 시스템을 작업할 때 다음 단계가 포함되어야 한다고 규정하고 있다.

- 4개의 주황색 원뿔을 완충 지대를 만들기 위해 차량의 4개의 귀퉁이에 세워 놓아야 한다.
- 고압 절연 장갑은 내부 고무장갑이 손상되지 않도록 외부 가죽장갑과 함께 착용해야 한다.
- 서비스 기술자는 얼굴 보호 장비를 착용하여야 하며, 유리 섬유 갈고리가 주위에 있어야 하며, 이는 감전사가 발생할 때 기술자를 이동시키는 데 사용된다.

　고전압 차단 스위치는 차량의 뒤쪽, 오른쪽 카펫 아래에 있다. ●그림 1-86 참조. 손잡이를 "서비스 수행(service ship-

그림 1-86 포드 이스케이프(Escape) 하이브리드 차량의 고전압 차단 스위치. 스위치는 차량 뒤쪽의 카펫 아래에 있다.

그림 1-87 GM의 병렬 하이브리드 트럭의 시스템은 다른 하이브리드 자동차에 사용된 높고 치명적인 전압 대신 42V를 사용하기 때문에 차단 스위치가 녹색이다.

ping)" 위치로 돌리고, 고전압 회로를 사용하지 않으려면 들어 올린 후 고전압 케이블을 제거하기 전에 5분을 기다려야 한다.

혼다 시빅 혼다 시빅(Civic)의 고전압 시스템을 완전히 차단하려면, 운전자 측 후드 아래의 퓨즈 제어판에서 메인 퓨즈(1번)를 제거하면 된다. 이것은 고전압 회로를 차단하기 위해 필요한 모든 조치이다. 이것이 가능하지 않다면, 뒤쪽 시트 쿠션을 제거하고, 다시 앉는다. "위"라고 표시된 금속 스위치 덮개를 제거하고, 빨간색 잠금 덮개를 제거해야 한다. "배터리 모듈 스위치"를 아래로 움직여 고전압 시스템을 차단한다.

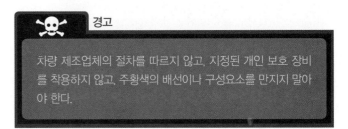

> **경고**
>
> 차량 제조업체의 절차를 따르지 않고, 지정된 개인 보호 장비를 착용하지 않고, 주황색의 배선이나 구성요소를 만지지 말아야 한다.

쉐보레 실버라도와 GMC 시에라 픽업트럭 고전압 차단 스위치는 쉐보레와 GMC 차량의 경우 뒷좌석 아래에 있다. "에너지 저장 상자"라고 표시된 덮개를 제거하고, 녹색 서비스 분리 스위치를 수평 위치로 돌려 고전압 회로를 끄면 된다. ●그림 1-87 참조.

1 차량을 올리는 첫 번째 단계는 차량을 중앙에 똑바로 정렬하는 것이다.

2 왼쪽 앞 타이어가 타이어 패드의 중앙에 놓이면 대부분의 차량은 바르게 위치한 것이다.

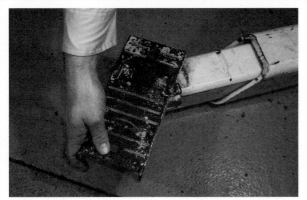

3 팔 부분은 안팎으로 움직일 수 있으며, 대부분의 패드는 다양한 유형의 차량 구성이 가능하도록 회전할 수 있다.

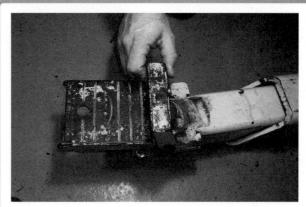

4 대부분의 리프트에는 리프트의 팔 부분이 부딪쳐 차량의 일부가 손상되는 일 없이 패드가 차량 프레임과 접촉할 수 있도록 보통 필요한 짧은 패드 연장 장치가 장착되어 있다.

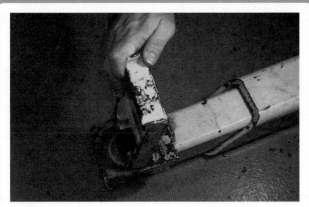

5 또한 높이가 높은 패드 연장 장치가 차량의 프레임에 접근하는 데 사용될 수 있다. 이 위치는 많은 픽업트럭, 밴, 스포츠 유틸리티 차량(SUV)을 안전하게 들어 올리는 데 필요하다.

6 승객용 발판(running board)이 있는 트럭이나 밴을 끌어올릴 때는 필요한 여유를 주기 위해 추가 연장 장치가 필요할 수 있다.

(계속)

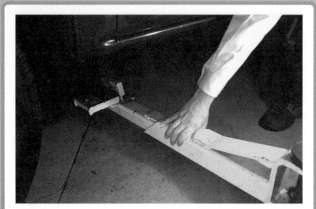

7 차량 밑의 패드를 권장 위치에 놓는다.

8 모든 패드가 올바르게 배치되었는지 확인한 후, 차량을 들어 올리는 전자 기계 제어 장치를 사용한다.

9 차량을 30cm(1피트) 들어 올린 상태에서 패드가 안정적인지 확인을 위해 차량을 아래로 밀어 본다. 차량이 흔들리는 경우 차량을 내리고, 패드를 다시 놓아야 한다. 차량을 원하는 작업 높이까지 올린다. 차량이나 차량 아래에서 작업하기 전에 안전을 확인하여야 한다.

10 프레임 없는 차량을 들어 올리는 경우, 평평한 패드를 하중을 분산시키기 위해 핀치 용접 이음매 아래에 위치시켜야 한다. 추가 간격이 필요하다면, 그림과 같이 패드를 올릴 수 있다.

11 서비스 작업이 완료되면, 차량을 내리기 위해 유압 레버를 사용하기 전에, 호이스트(hoist)를 약간 올리고, 안전장치를 해제한다.

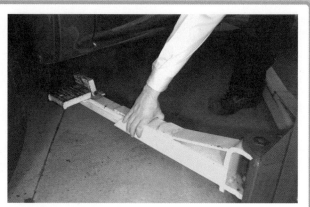

12 차량을 내린 후에는, 차량이 작업대에서 나오기 전에 리프트의 모든 팔이 방해가 되지 않는지 확인한다.

요약 Summary

1. 볼트, 스터드, 너트는 차대의 체결 부품으로 많이 사용된다. 분수 형태 및 미터법 나사의 크기는 서로 다르며, 교체해서 사용할 수 없다. 등급은 체결 부품의 강도 등급이다.
2. 차량이 바닥에서 위로 들려 올라갈 때는 언제나 차체 또는 프레임의 많은 부분에서 지지되어야 한다.
3. 렌치는 개방형, 상자형 및 개방형과 상자형의 조합이 가능하다.
4. 조절 렌치는 적절한 크기를 사용할 수 없을 때 사용하여야 한다.
5. 라인 렌치는 플레어너트 렌치(flare-nut wrench), 피팅 렌치(fitting wrench), 튜브너트 렌치(tube-nut wrench)라고도 불리며, 연료 또는 냉매 라인을 제거하는 데 사용한다.
6. 소켓은 래칫(ratchet) 또는 플렉스 핸들(flex handle)이라고도 불리는 브레이커 바(breaker bar)에 의해 회전된다.
7. 토크 렌치는 체결 부품에 적용되는 토크의 크기를 측정한다.
8. 나사드라이버의 종류에는 직선형 날(flat tip), 십자형(Phillips), 톡스(Torx)가 있다.
9. 망치(hammer)와 말렛(mallet)은 다양한 크기와 무게가 있다.
10. 펜치는 유용한 도구로, 가변축 펜치, 다중홈 펜치, 라인즈맨 펜치, 대각선 펜치, 바늘코 펜치, 잠금 펜치 등 다양한 유형이 있다.
11. 다른 일반적인 수공구로 스냅링(snap-ring) 펜치, 줄, 절단기, 펀치(punch), 끌, 쇠톱이 있다.
12. 하이브리드 전기 자동차 수리에서 고압 부품 중 하나를 수리해야 하는 경우에는 전원을 차단해야 한다.

복습문제 Review Questions

1. 차량을 들어 올릴 때 취해야 하는 세 가지 주의 사항을 쓰시오.
2. 분수형 볼트와 미터 볼트 사이의 표시가 어떻게 다른지를 포함하여, 체결 부품의 등급을 결정하는 방법을 설명하시오.
3. 개인 보호 장비(personal protective equipment, PPE) 네 가지 항목을 열거하시오.
4. 소화기의 종류와 사용법을 열거하시오.
5. 렌치는 왜 15도만큼 기울어져 있나?
6. 라인 렌치의 다른 이름은 무엇인가?
7. 소켓을 위한 표준 자동차 드라이브 크기는 무엇인가?
8. 어떤 유형의 나사드라이버가 망치 또는 말렛과 함께 사용되는가?
9. 데드블로우(dead-blow) 망치 안에는 무엇이 있는가?
10. 왼쪽 및 오른쪽 절단을 위해 어떤 유형의 절단기가 가능한가?

1장 퀴즈 Chapter Quiz

1. 차량을 들어 올릴 때 패드의 정확한 위치는 대개 _____에서 찾을 수 있다.
   a. 서비스 매뉴얼   c. 사용자 매뉴얼
   b. 매장 매뉴얼   d. 위의 모든 것
2. 최선의 작업 위치를 위해, 작업은 _____에서 이루어 져야 한다.
   a. 목 또는 머리 위치   c. 머리 위 1피트 위치
   b. 무릎 또는 발목 위치   d. 가슴 또는 팔꿈치 위치
3. 고강도 볼트는 _____에 의해 구분된다.
   a. UNC 심볼   c. 강도 문자 코드
   b. 머리부의 라인 수   d. 거친 나사
4. 양쪽 끝의 나사를 사용하는 체결 부품을 _____(이)라고 부른다.
   a. 캡 나사   c. 스터드
   b. 기계 나사   d. 산마루 체결 부품
5. 수공구를 사용할 때는 항상 _____.
   a. 렌치를 밀어야 한다. 당기면 안 된다
   b. 렌치를 당겨야 한다. 밀면 안 된다
6. Channel Locks의 적절한 용어는 _____이다.
   a. Vise-Grip   c. 잠금 펜치
   b. Crescent wrench   d. 다중홈 조정 가능 펜치
7. Vise-Grip의 적절한 용어는 _____이다.
   a. 잠금 펜치   c. 사이드 컷
   b. 가변축 펜치   d. 다중홈 조정 가능 펜치
8. 두 명의 기술자가 토크 렌치에 대해 논의하고 있다. 기술자 A는 토크 렌치가 기존의 브레이커 바(breaker bar) 또는 래칫(ratchet)보다 더 많은 토크로 체결 부품을 조일 수 있다고 한다. 기술자 B는 토크 렌치가 가장 정확한 결과를 얻기 위해 정기적으로 보정해야 한다고 말한다. 어느 기술자의 말이 옳은가?
   a. 기술자 A만   c. 기술자 A와 B 모두
   b. 기술자 B만   d. 기술자 A와 B 둘 다 틀리다
9. 체결 부품의 머리부 위쪽 공간이 제한된 경우, 어떤 종류의 나사드라이버를 사용하여야 하는가?
   a. 오프셋 나사드라이버   c. 충격 나사드라이버
   b. 표준 나사드라이버   d. Robertson 나사드라이버
10. 어떤 종류의 망치가 플라스틱으로 코팅되고, 내부에 금속 케이스가 있으며, 작은 납 공으로 채워져 있나?
    a. 데드블로우(dead-blow) 망치
    b. 소프트블로우(soft-blow) 망치
    c. 슬레지(sledge) 망치
    d. 플라스틱 망치

이 장을 학습하고 나면,

1. 주 및 연방 규정에 따라 유해 폐기물을 분류할 수 있고, 유해 폐기물을 취급 및 폐기하는 동안 안전 예방 조치를 따를 수 있다.

고효율 미립자 공기(HEPA) 진공

국제 배터리 협의회(BCI)

물질 안전 정보 자료(MSDS)

산업 안전과 보건법(OSHA)

석면폐

수은

알 권리 법

연방 규정 코드(CFR)

용제

유해 폐기물

자원 보전 및 복구법(RCRA)

작업장 유해 물질 정보 시스템 (WHMIS)

중고 오일

지상 저장 탱크(AGST)

지하 저장 탱크(UST)

청정 대기법(CAA)

환경보호국(EPA)

유해 폐기물 Hazardous Waste

유해 폐기물을 취급할 때는, 알아야 할 권리와 관련된 법들에 명시된 적절한 보호복과 장비를 착용해야 하다. 여기에는 인공호흡기 장비를 포함한다. 권장되는 모든 절차를 정확하게 따라야 한다. 위험한 물질을 취급할 때 부적절한 의복, 장비 및 절차로 인해 개인 상해를 입을 수 있다. **유해 폐기물(hazardous waste material)**은 매장에서 더 이상 필요하지 않고, 일반 쓰레기통이나 하수구에 처리할 경우 환경 또는 사람에게 피해를 줄 수 있는 화학 물질 또는 구성요소이다. 그러나 매장에서 사용이 끝나고 폐기할 준비가 될 때까지는 유해 폐기물로 간주되지 않는다.

연방 및 주 법령
Federal and State Laws

산업 안전과 보건법(OSHA) 미국 의회는 1970년에 **산업 안전과 보건법(Occupational Safety and Health Act, OSHA)**을 통과시켰다. 이 입법안은 미국 시민들이 다음을 보장하도록 지원하고 장려하기 위해 만들어졌다.

- 산업 안전과 보건 분야의 연구, 정보, 교육 및 훈련을 통한 안전하고 건강한 근로 조건
- 프로그램에 따라 개발된 표준안을 강제함으로써, 남성과 여성 근로자를 위한 안전하고 건강한 근로 조건

근로자의 약 25%가 건강 및 안전 위험에 노출되어 있기 때문에, 산업 안전과 보건법(OSHA) 표준은 작업장에서 근로자의 건강과 안전을 고려하기 위한 관찰, 제어 및 교육에 필수적이다.

환경보호국(EPA) **환경보호국(Environmental Protection Agency, EPA)**은 **연방 규정 코드(Code of Federal Regulations, CFR)**를 포함한 유해 물질 목록을 게시한다. 환경보호국(EPA)은 유해 물질 목록에 포함되어 있거나, 그 물질이 다음 중 하나 이상의 특성을 가지고 있다면, 유해 폐기물로 간주한다.

- **반응성**-물 또는 다른 화학 물질과 격렬하게 반응하는 모든 물질은 위험한 것으로 간주한다.

- **부식성**-물질이 피부에 화상을 입히거나, 금속과 다른 물질을 용해시키는 경우, 기술자는 그 물질을 위험하다고 간주한다. pH 등급이 사용되며, 7등급이 중성이다. 순수한 물은 pH 7을 갖는다. 낮은 숫자는 산성 용액을 나타내고, 높은 숫자는 부식성(알칼리성) 용액을 나타낸다. 물질이 낮은 pH의 산성 용액에 노출되었을 때, 시안화물 가스, 황화수소 가스, 또는 이와 유사한 가스를 방출하는 경우 위험한 것으로 간주한다.
- **독성**-물질이 1차 식수 기준의 100배 이상의 농도로 8가지 중금속 중 하나 이상을 누출하면 위험한 물질이다.
- **점화 가능**-액체는 인화점이 60℃(140℉) 미만인 경우 위험하며, 고체는 자발적으로 발화하는 경우 위험하다.
- **방사능**-측정 가능한 수준의 방사능을 방출하는 모든 물질은 방사능 물질이다. 개인이 높은 방사성 물질로 된 용기를 매장으로 가져오는 경우, 적절한 장비를 갖춘 자격 있는 직원이 시험하여야 한다.

☠ **경고**

> 유해 폐기물 처리법에는 이 법을 위반한 사람에 대한 심각한 벌칙이 포함된다.

알 권리 법 **알 권리 법(right-to-know laws)**에는 직원들이 직장에서 사용하는 물질이 언제 위험한지 알 권리가 있다고 명시되어 있다. 알 권리 법은 1983년 산업안전보건청에 의해 발표된 위험 표준(Hazard Communication Standard)으로 시작되었다. 알 권리에 따라 고용주는 직원이 위험물을 취급하는 것과 관련하여 책임을 진다. 모든 직원은 작업장에서 만나게 될 위험 물질의 유형에 대한 교육을 받아야 한다. 직원은 유해 물질 취급에 관한 법률에 따라 자신의 권리에 대해 통보받아야 한다.

물질 안전 정보 자료(MSDS) 모든 유해 물질은 적절하게 표시되어야 하며, 각 위험 물질에 대한 정보는 제조자가 제공하는, 현재 **안전 정보 자료(safety data sheets, SDS)**라고 불리는 **물질 안전 정보 자료(material safety data sheet, MSDS)**에 게시되어야 한다. 캐나다에서는 MSDS를 **작업장 유해 물질 정보 시스템(workplace hazardous materials information**

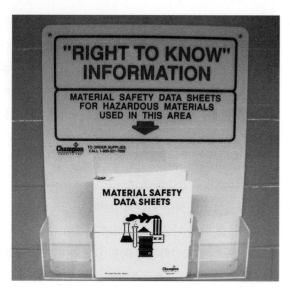

그림 2-1 현재 안전 정보 자료(SDS)라고 하는 물질 안전 정보 자료(MSDS)는 위험 물질에 접촉할 수 있는 해당 지역의 누구라도 쉽게 사용할 수 있어야 한다.

그림 2-2 꼬리표는 전원이 제거되어 있고, 서비스 작업이 수행되고 있음을 나타낸다.

system, WHMIS)이라고 한다. 고용주는 SDS를 모든 직원이 쉽게 이용할 수 있는 곳에 배치할 책임이 있다. 이 정보 자료는 위험 물질에 대한 다음 정보를 제공한다. 화학 물질 이름, 물리적 특성, 보호 장비, 폭발/화재 위험, 호환되지 않는 물질, 건강 유해성, 노출로 인해 악화되는 의료 상황, 응급 처치 절차, 안전한 취급, 유출/누출 절차 등이 포함된다.

고용주는 또한 모든 유해 물질에 적절하게 라벨이 붙어 있도록 보장하는 책임이 있다. 라벨의 정보에는 물질에 따른 건강, 화재 및 반응 위험뿐만 아니라 물질을 취급하는 데 필요한 보호 장비가 포함되어야 한다. 제조업체는 유해 물질에 관련된 모든 경고와 예방 정보를 제공하여야 한다. 이 정보는 재료를 다루기 전에 직원이 읽고 이해해야 한다. ●그림 2-1 참조.

자원 보전 및 복구법(RCRA)
연방 및 주 법률은 유해 폐기물 처리를 통제하며, 모든 매장 직원은 이러한 법들을 잘 알고 있어야 한다. 유해 폐기물 처리법에는 **자원 보전 및 복구법(Resource Conservation and Recovery Act, RCRA)**이 포함된다. 이 법은 유해 물질 사용자가 유해 물질이 폐기될 때부터 적절한 폐기 처분을 받을 때까지 책임이 있다고 명시되어 있다. 많은 매장에서는 유해 폐기물을 처분하기 위해 독립적인 유해 폐기물 운송업자를 고용한다. 매장 주인이나 관리자는 유해 폐기물 운송업자와 서면 계약을 맺어야 한다. 자원 보전 및 복구 법(RCRA)은 자동차 폐기물 중 다음의 유형을

통제한다.

- 페인트 및 바디 수리 제품 폐기물
- 부품과 장비 세척을 위한 용제
- 배터리 및 배터리 산
- 금속 세정 및 준비를 위한 약산
- 폐유 및 엔진 냉각수 또는 부동액
- 에어컨 냉매 및 오일
- 엔진오일 필터

잠금/꼬리표
산업 안전과 보건법(OSHA) 표제 29, 연방 규제 코드, 1910.147항에 따르면, 기계 장치는 유지 보수 또는 수리 작업을 수행할 때 직원의 부상을 막기 위해 잠겨 있어야 한다. 사용하면 안 되는 모든 장비에는 꼬리표가 지정되어야 하고, 사용을 방지하기 위해 전원이 차단되어야 한다. 항상 모든 안전 경고 꼬리표를 읽고, 이해하고, 따라야 한다. ●그림 2-2 참조.

청정 대기법(CAA)
에어컨 시스템 및 냉매는 **청정 대기법(Clean Air Act, CAA)**, 표제 6, 부문 609에 의해 규제된다. 기술자 인증과 서비스 장비도 마찬가지로 규제된다. 자동차 에어컨 시스템을 다루는 기술자는 반드시 인증을 받아야 한다. 에어컨 냉매는 대기 중으로 방출되거나 배출되어서는 안 되며, 사용된 냉매는 회수해야 한다.

석면 위험 Asbestos Hazards

브레이크와 클러치 라이닝과 같은 마찰 재료에는 종종 석면이 포함된다. 대부분의 본래 장비 마찰 재료에는 석면이 제거된 반면, 자동차 서비스 기술자는 서비스 대상 차량에 석면이 포함된 마찰 재료가 있는지 여부를 알 수 없다. 모든 마찰 재료는 석면이 있는 것처럼 취급해야 하는 것이 중요하다.

석면 노출로 폐에 흉터 조직이 형성될 수 있다. 이 상태를 **석면폐(asbestosis)**라고 부른다. 이는 점차 호흡 곤란을 증가시키고, 폐에 대한 상처는 영구적이다.

석면 노출이 적을지라도 흉부 또는 복강 내벽의 치명적인 암의 한 종류인 **중피종(mesothelioma)**이 발생할 수 있다. 석면 노출은 또한 후두, 위, 대장의 암뿐만 아니라 **폐암**의 위험도를 높일 수 있다. 노출 후 암 또는 석면폐 흉터가 나타나기까지 보통 15년~30년 이상이 걸린다(과학자들은 이를 **잠복 기간**이라고 부른다).

정부 기관은 가능한 한 낮은 수준으로 석면 노출이 제거되거나 통제되는 것을 권장한다. 이 기관들은 자동차 서비스 기술자와 장비 제조업체가 따라야 하는 권고안과 표준안을 마련하였다. 이러한 미국 연방 기관에는 산업안전보건연구소(National Institute for Occupational Safety and Health, NIOSH), 산업안전보건청(Occupational Safety and Health Administration, OSHA), 환경보호국(Environmental Protection Agency, EPA)이 포함된다.

석면 OSHA 표준

산업안전보건청(Occupational Safety and Health Administration)은 3단계의 석면 노출을 정의하였다. 브레이크 또는 클러치 작업을 하는 모든 차량 서비스 업체는 직원이 공기 샘플에 따라 결정되는 석면에 노출되는 양을 입방 센티미터(cc)당 0.2 fibers 이하로 제한해야 한다.

직원에게 노출되는 수준이 명시된 것보다 큰 경우에는 시정 조치가 수행되어야 하며, 많은 벌금이 부과될 수 있다.

참고: 연구를 통해 자동차 브레이크 또는 클러치에서 나오는 것과 같은 마모된 석면 섬유는 처음 믿는 것만큼 위험하지 않을 수도 있다는 것을 발견했다. 마모된 석면 섬유는 조직에 걸릴 만큼 예리한 끝부분이 없고, 오히려 활석과 유사한 먼지 형태로 마모된다. 마모되지 않은 제동자나 클러치 디스크의 분쇄 작업 또는 톱질 작업에는 *유해한* 석면 섬유가 포함된다. 건강 피해를 줄이려면, 석면이 포함된

구성요소를 다루는 동안에는 항상 적절한 취급 절차를 따라야 한다.

석면 EPA 규정

연방 환경보호국(EPA)은 석면 제거 및 폐기 절차를 수립하였다. EPA 절차는 석면 섬유가 공기 중으로 운반되는 것을 막기 위해 석면 함유 제품을 젖은 상태로 두어야 한다. EPA에 따르면 석면 함유 물질은 일반 쓰레기처럼 처리될 수 있다. 석면이 공기 중으로 운반되는 경우에는 위험한 것으로 간주된다.

석면 취급 지침

매장 지역의 공기는 실험실에서 검사할 수 있지만, 가격이 비쌀 수 있다. 검사 결과는 물과 같은 액체 또는 특수 진공을 사용하면 석면 수준이 권장 수준 이하로 쉽게 유지될 수 있다고 조언한다.

참고: 서비스 기술자는 오래된 브레이크 패드, 제동자, 또는 클러치 디스크에 석면이 포함되어 있는지 여부를 알 수 없다. 따라서 안전을 위해 기술자는 모든 브레이크 패드, 제동자, 또는 클러치 디스크에 석면이 포함되어 있다고 가정해야 한다.

- **HEPA 진공.** 특수 **고효율 미립자 공기(high-efficiency particulate air, HEPA)** 진공 시스템은 석면 노출 수준을 입방 센티미터당 0.1 fibers 이하로 유지하는 데 효과적이라고 입증되었다.

- **용제 스프레이.** 많은 기술자들이 브레이크 세정 용제가 담긴 에어로졸 캔을 사용하여 브레이크 먼지를 적시고, 공기에 노출되는 것을 막는다. **용제(solvent)**는 먼지, 때 또는 고체 입자를 용해시키는 데 사용되는 액체이다. 상업용 브레이크 세척제는 물과 혼합된 농축 세척제를 사용하는 것이 가능하다. ●그림 2-3 참조.

폐액을 여과하고 건조한 다음 필터는 고체 폐기물로 처리할 수 있다.

주의: 압축 공기를 브레이크 먼지를 분사하는 데 사용하지 말아야 한다. 미세한 탈크와 유사한 브레이크 먼지는 석면이 존재하지 않거나, 석면이 섬유 형태가 아닌 먼지 형태로 있는 경우에도 건강에 해를 끼칠 수 있다.

- **브레이크 먼지 및 제동자 처리.** 석면의 위험은 석면 섬유가 공기 중으로 운반되는 경우 발생한다. 일단 석면이 젖으면, 유해 폐기물이 아닌 고체 폐기물로 간주된다. 오래된 제동자와 브레이크 패드는 브레이크 재료가 공기 중으

그림 2-3 모든 브레이크는 브레이크 먼지가 공기 중으로 운반되는 것을 막기 위해 물 또는 용제(solvent)에 적셔야 한다.

로 운반되는 것을 막기 위해 플라스틱 상자 등에 넣어 두어야 한다. 모든 폐기물의 처리를 고려하는 현재의 연방 및 지역 법률을 준수하여야 한다.

중고 브레이크 유체 Used Brake Fluid

대부분의 브레이크 유체(brake fluid)는 폴리글리콜로 만들어지며, 수용성이며, 브레이크 시스템에서 금속을 흡수하면 위험한 것으로 간주될 수 있다.

브레이크 유체의 저장 및 처리

- 브레이크 유체를 그 목적이 구체적으로 명확하게 표시된 용기에 모아야 한다.
- 폐기된 브레이크 유체가 위험하다면, 적절하게 관리하고, 처리를 위해 승인된 폐기물 수거통만 사용하여야 한다.
- 폐기된 브레이크 유체가 위험하지 않다면(사용하지 않았지만 오래된 경우), 적절한 처리를 위해 무엇을 해야 하는지 현지의 고체 폐기물 수집 업체를 통해 결정하여야 한다.
- 브레이크 유체와 중고 엔진오일을 혼합하지 말아야 한다.
- 브레이크 유체를 배수구나 땅에 붓지 말아야 한다.
- 등록된 수집 업체를 통해 브레이크 유체를 재활용하여야 한다.

중고 오일 Used Oil

중고 오일(used oil)은 사용된 적이 있는 석유기반 또는 합성 오일이다. 정상적인 사용 중에, 먼지, 금속 부스러기, 물 또는 화학 물질과 같은 불순물이 오일과 섞일 수 있다. 결국 사용된 이 오일은 신선하거나 재정제된 오일로 교체되어야 한다. 환경보호국(EPA)의 중고 오일 관리 기준에는 물질이 중고 오일의 기준에 맞는지 결정하는 세 가지 방법이 포함된다. EPA의 중고 오일 정의에 따르면, 물질은 다음 세 가지 기준을 충족해야 한다.

- **원료**. 중고 오일을 정의하는 첫 번째 기준은 오일의 원료를 기준으로 한다. 중고 오일은 원유에서 정제되었거나 합성 물질로 제조된 것이어야 한다. 동물성 및 식물성 오일은 EPA의 중고 오일 정의에서 제외된다.
- **사용**. 두 번째 기준은 오일의 사용 여부 및 사용 방법에 기준을 두고 있다. 윤활유, 유압유, 열전달 유체 및 다른 유사한 목적으로 사용된 오일은 중고 오일로 간주된다. 신선한 연료 오일 저장 탱크의 바닥 청소 폐기물 또는 유출로부터 회복된 신선한 연료 오일과 같은 미사용 오일은 사용된 적이 없기 때문에 EPA의 중고 오일 정의를 충족하지 못한다. EPA의 정의에는 또한 정화 업체에서 사용되는 제품 및 부동액과 등유와 같은 특정 석유 제품이 제외된다.
- **오염 물질**. 세 번째 기준은 오일이 물리적 또는 화학적 불순물로 오염되었는지 여부를 바탕으로 한다. 다시 말하면, EPA의 정의를 만족하기 위해서는 중고 오일은 사용된 결과로 오염되어야 한다. EPA의 정의의 이러한 측면에서는 중고 오일의 취급, 저장 및 처리로 인해 생성되는 잔류물 및 오염물이 포함된다.

참고: 중고 오일 단 1갤런의 방출(전형적인 오일 교환)이 100만 갤런의 담수를 마실 수 없게 만들 수 있다.

중고 오일이 배수구로 버려지고 하수 처리장에 유입되면, 폐수의 50~100 PPM(parts per million)의 작은 농도가 하수 처리 과정을 오염시킬 수 있다. 나열된 위험 폐기물, 가솔린, 폐수, 할로겐화 용제, 부동액 또는 알려지지 않은 폐기물을 중고 오일과 섞지 말아야 한다. 이러한 물질을 첨가하면 중고 오일이 오염되어 유해 폐기물로 분류된다.

중고 오일의 저장 및 처리　일단 오일이 사용되면 수집, 재활용 및 반복 사용할 수 있다. 약 3억 8천만 갤런의 중고 오일이 매년 재활용된다. 재활용된 중고 오일은 때때로 동일한 작업에 다시 사용되거나 전혀 다른 작업에 사용될 수도 있다. 예를 들면, 중고 엔진오일은 엔진오일이나 용광로 연료 오일로 가공되어 일부 할인점에서 다시 정제 및 판매될 수 있다. 중고 오일을 55갤런 철제 드럼과 같은 적절한 용기에 수집한 후, 재료는 두 가지 방법 중 하나로 폐기해야 한다.

1. 재활용을 위해 떨어진 곳으로 이동
2. 에너지 회수를 위해 현장 또는 현장 외부의 환경보호국(EPA)에서 승인된 히터에서 소각

　중고 오일은 기존의 **지하 저장 탱크(underground storage tank, UST)** 또는 **지상 저장 탱크(aboveground storage tank, AGST)** 표준을 준수하여 보관하거나 별도의 용기에 보관해야 한다. ●그림 2-4 참조. 저장소는 55갤런 철제 드럼과 같은 휴대용 용기이다.

- **중고 오일 저장 드럼을 양호한 상태로 유지하여야 한다.** 이것은 중고 오일 저장 드럼이 덮개가 있어야 하며, 파손되지 않도록 보호되고, 적절히 라벨이 붙어야 하며, 지역 화재 규정을 준수하여 유지되어야 한다는 것을 의미한다. 누수, 부식 및 누출에 대한 빈번한 검사는 저장소의 유지 관리의 필수적인 부분이다.
- **중고 오일은 탱크 및 보관 용기 이외에는 보관하지 말아야 한다.** 중고 오일은 규제된 유해 폐기물을 저장할 수 있도록 허용된 장치에 보관할 수 있다.
- **중고 오일 필터 폐기 규정을 따라야 한다.** 중고 오일 필터는 유해할 수 있는 중고 엔진오일이 포함된다. 오일 필터를 쓰레기통에 폐기하거나 재활용을 위해 보내기 전에 EPA에서 승인한 아래의 뜨거운 배수 방법 중 하나를 사용하여 배수하여야 한다.
  - 필터 역류 방지 뒷면 밸브 또는 필터 머리 끝부분에 구멍을 뚫고, 뜨거운 배수를 적어도 12시간 동안 수행
  - 뜨거운 배수 및 압착
  - 분해 및 뜨거운 배수
  - 모든 중고 오일을 필터에서 제기히기 위해 다른 뜨거운 배수 방법을 사용

오일이 오일 필터로부터 배출된 후, 필터 하우징을 다음과 같은 방법으로 폐기할 수 있다.

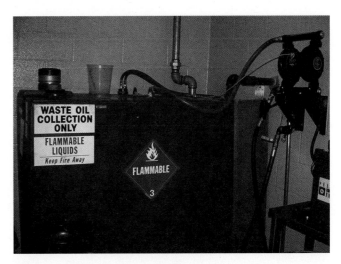

그림 2-4　전형적인 지상 오일 저장 탱크.

- 재활용을 위해 보낸다.
- 서비스 계약 회사에서 가져간다.
- 일반 쓰레기통에 폐기한다.

용제 Solvents

화학적 위험의 주요 요인은 염화 탄화수소 용매가 포함된 액체 및 에어로졸 브레이크 세정 유체이다. 지금은 헵탄, 헥산 및 크실렌과 같이 오존을 고갈시키지 않는 몇 개의 다른 화학 물질이 비염소화 브레이크 세정 용제에 사용되고 있다. 일부 제조업체는 또한 생분해성 및 비발암성인(암을 유발하지 않는), 환경적으로 책임 있는 용제를 생산하고 있다.

　염화 탄화수소 용제와의 물리적 접촉 또는 이를 대체하는 화학 물질에 대한 구체적인 표준은 없다. 모든 접촉은 가능하다면 피해야 한다. 법에 따르면 고용주는 적절한 보호 장비를 제공하고, 직원이 이러한 화학 물질을 취급하는 데 걸맞은 업무 훈련을 보장해야 한다.

화학적 중독의 영향　염화 탄화수소 및 다른 유형의 용제에 대한 노출의 영향은 다양한 형태로 나타날 수 있다. 적은 수준의 단기간 노출은 다음 증상 중 하나 이상을 유발할 수 있다.

- 두통
- 메스꺼움
- 졸음
- 현기증

그림 2-5 손 씻기와 보석 제거는 모든 서비스 기술자가 해야 하는 두 가지 중요한 안전 습관이다.

그림 2-6 일반적인 내화성의 가연성 물질 저장 캐비닛.

- 신체의 조화로운 운용 부족
- 의식 불명

용제는 또한 눈, 코, 목구멍에 자극을 줄 수 있으며, 얼굴과 목의 홍조를 유발할 수 있다. 고농도의 용제에 단기간 노출되면 황달이나 어두운 소변과 같은 증상을 동반하는 간 손상을 일으킬 수 있다. 간 손상은 노출 후 몇 주가 지날 때까지 명확한 증상이 나타나지 않을 수 있다.

용제의 유해 및 규제 현황　대부분의 용제는 유해 폐기물로 분류된다. 용제의 다른 특성은 다음과 같다.

- 60℃(140°F) 이하의 인화점을 가지는 용제는 가연성이라고 고려되고, 가솔린처럼 교통부(Department of Transportation, DOT)에 의해 연방에서 규제된다.
- 60℃(140°F) 이상의 인화점을 가지는 용제 또는 오일은

엔진오일처럼 불에 타기 쉬운 물질로 고려되고, 마찬가지로 교통부(DOT)에 의해 규제된다. 모든 가연성 물질은 내화 용기에 보관되어야 한다. ●그림 2-6 참조.

사용된 용제가 유해 폐기물인지 여부를 결정하는 것은 정비소의 책임이다. 유해 폐기물로 고려되는 용제는 인화점이 60℃(140°F) 미만이다. 뜨거운 물 또는 수성 부품 세척제는 사용된 용제를 유해 폐기물로 고려하여, 폐기되는 것을 막기 위해 사용될 수 있다. 필터가 있는 용제 형태의 부품 세척제는 용제 수명을 크게 연장할 수 있고, 용제 처리 비용을 줄일 수 있다. 용제 재사용은 용제를 깨끗하게 하고 복원하여 무한정으로 지속되도록 한다.

중고 용제　중고 또는 사용된 용제는 폐기물로 생성된 액체 물질이고, 크실렌, 메탄올, 에틸에테르 및 메틸 이소부틸 케톤(methyl isobutyl ketone, MIBK)을 포함하고 있을 수 있다. 이러한 물질은 덮개 또는 뚜껑이 꼭 닫히는 OSHA-승인 안전용기에 보관해야 한다. 이러한 저장 용기는 누설 흔적이나 덴트 혹은 녹에 의한 심각한 손상의 흔적이 없어야 한다. 추가적으로, 용기는 2차 저장 장치가 갖추어진 보호 구역 또는 누설 방지 팔레트와 같은 누설 방지장치에 보관해야 한다. 추가 요구 사항은 다음과 같다.

- 용기에는 "위험 폐기물"이라는 라벨이 명확히 붙어 있어

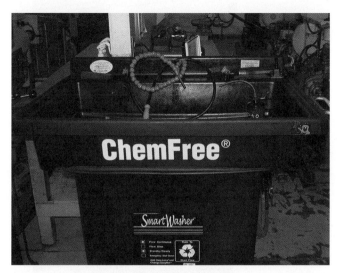

그림 2-7 물을 사용하는 청소 시스템을 이용하는 것은 강한 화학 물질 사용으로 인한 위험을 줄이는 데 도움을 줄 수 있다.

그림 2-8 사용된 부동액은 별도로 보관해야 하고, 누출 방지 용기에 재활용되거나, 연방, 주 및 지방법에 따라 폐기될 때까지 보관해야 한다. 저장통은 내부 통에서 흐를 수 있는 냉각수를 잡기 위해 다른 저장 용기 내에 위치해야 한다.

야 하고, 물질이 저장 용기에 처음으로 보관된 날짜가 표시되어 있어야 한다.

- 부품 와셔에 용제가 사용되는 경우에는 라벨의 부착이 필요하지 않다.
- 중고 용제는 계약된 공급 업체가 물질을 제거하는 경우에는 시설의 유해 폐기물 관련 매월 생산량으로 계산되지 않는다.
- 중고 용제는 SafetyKleen®과 같은 현지 공급 업체에 의해 재활용되어야 하며, 중고 용제는 공급 업체 계약의 특정 조건에 따라 제거될 수 있다.
- 수성(무용제) 세정 시스템을 사용하여 화학 용제와 관련된 문제를 피할 수 있다.

냉각수 처리 Coolant Disposal

냉각수는 부동액과 물의 혼합물이다. 새로운 부동액은 섭취 시 죽음에 이를 수 있지만 위험하다고 간주되지 않는다. 중고 부동액은 엔진 및 냉각 시스템의 다른 구성요소가 용해된 금속으로 인해 위험할 수 있다. 이러한 금속은 철, 강철, 알루미늄, 구리, 황동, 납(구형 라디에이터 및 히터 중심부)을 포함한다.

- 냉각수는 현장 또는 외부에서 재활용해야 한다.
- 중고 냉각수는 라벨이 붙어 있는 밀폐 용기에 보관되어야 한다. ●그림 2-8 참조.
- 중고 냉각수는 허가된 도시 하수도로 처리될 수 있다. 중고 냉각수를 위생 하수도에 배출하기 전에 지방 당국에 확인하고, 허가를 얻어야 한다.

납산 배터리 폐기물 Lead-Acid Battery Waste

미국에서만 매년 약 7천만 개의 소모된 납산 배터리(lead-acid battery)가 나온다. 납은 독성 금속으로 분류되며, 납산 배터리에 사용된 산성은 부식성이 강하다. 이러한 배터리의 대부분(95%~98%)은 새 배터리 제조에 사용하기 위해 납 매립 작업과 2차 납 용광로를 통해 재활용된다.

배터리 처리 중고 납산 배터리는 유해 폐기물 규정에서 면제받기 위해 매립되거나 재활용되어야 한다. 누출된 배터리는 유해 폐기물로 저장되고 운반되어야 한다. 일부 주에서는 특별한 취급 절차와 운송을 필요로 하는, 보다 엄격한 규정을 가지고 있다. **국제 배터리 협의회(Battery Council Interna-**

tional, BCI)에 따르면 배터리 법에는 일반적으로 다음 규칙이 포함된다.

1. 납산 배터리의 폐기는 매립지나 소각장에서 금지된다. 배터리는 배터리 판매점, 도매업자, 재활용 센터 또는 납 제련소에 운반되어야 한다.

2. 모든 자동차 배터리 소매상은 보편적인 재활용 기호를 표시하고, 사용한 배터리 수락을 위해 필요한 소매 업체의 특정 요구 사항을 나타내는 사안을 게시해야 한다.

3. 배터리 전해질은 피부 화상이나 눈 손상과 같은 심각한 상해를 일으킬 수 있는, 매우 부식성이 강한 물질인 황산을 함유하고 있다. 게다가 배터리 판은 독성이 강한 납을 함유하고 있다. 이러한 이유로 잘못된 배터리 폐기는 환경오염을 일으키고, 심각한 건강 문제를 야기할 수 있다.

배터리 취급 및 보관
Battery Handling and Storage

새것이든 사용한 것이든 배터리는 가능하면 실내에 보관하여야 한다. 보관 장소는 배터리 보관을 위해 특별히 지정된 곳이어야 하며, 통풍이 (바깥쪽으로) 잘 되어야 한다. 바깥 저장소가 유일한 대안인 경우에는 산성 방지 2차 봉쇄가 있는 보호되고 안전한 지역을 강력하게 권장한다. 산성 방지 2차 봉쇄는 실내 보관에도 사용되는 것이 좋다. 또한 배터리는 산성 방지 팔레트 위에 놓여야 하며, 결코 쌓아서는 안 된다.

연료 안전 및 보관
Fuel Safety and Storage

휘발유는 매우 폭발적인 액체이다. 휘발유로부터 나오는 팽창하는 증기는 매우 위험하다. 이 증기는 차가운 온도에서도 존재한다. 많은 차량들의 휘발유 탱크에서 발생된 증기는 제어되지만, 휘발유 저장소에서 나온 증기는 위험한 상황을 만들 수 있다. 따라서 휘발유 저장 용기를 환기가 잘 되는 공간에 놓아야 한다. 디젤 연료는 휘발유만큼 휘발성이 아니지만, 디젤 연료 및 휘발유 저장 장치에도 동일한 기본 규정이 적용된다. 이러한 규칙에는 다음이 포함된다.

1. 배출구에 순간 멈춤 화면이 있는 저장통을 사용하여야 한

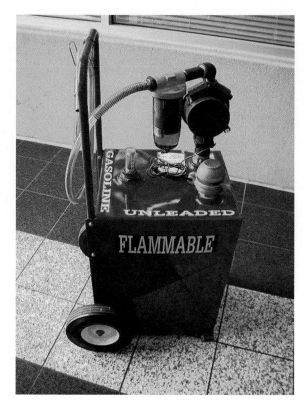

그림 2-9 이 적색 휘발유 용기는 30갤런의 휘발유를 보관하고 있고, 훈련용 차량을 채우는 데 사용된다.

다. 이러한 화면은 누군가 휘발유나 디젤 연료를 쏟았을 때, 저장통 안에 있는 휘발유를 이용한 외부 점화를 방지할 수 있다.

2. 적절한 유해 물질 확인이 가능하도록 승인된 적색 휘발유 용기만 사용하여야 한다. ●그림 2-9 참조.

3. 휘발유 용기를 꽉 채우지 말아야 한다. 휘발유의 양은 항상 저장 용기의 상단에서 최소 1인치 덜 채워지도록 유지하여야 한다. 이러한 행동은 높은 온도에서 휘발유의 팽창을 허용하게 된다. 만약 휘발유 저장 용기가 꽉 차 있다면 온도가 상승할 때 휘발유가 팽창할 것이다. 이러한 팽창은 가솔린을 저장 용기 밖으로 밀어내서 심각한 유출을 만든다. 휘발유나 디젤 연료 용기를 보관해야 한다면, 지정된 보관함 또는 시설에 보관하여야 한다.

4. 용기에서 휘발유를 채우거나 따르는 경우가 아니면 휘발유 용기를 열어 놓지 말아야 한다.

5. 휘발유를 세척 용도로 사용하지 말아야 한다.

6. 연료나 다른 인화성 제품을 한 용기에서 다른 용기로 채우거나 옮길 때, 정전기로 인한 폭발 및 화재를 막기 위해 항상 접지 스트랩을 용기에 연결하여야 한다. 이러한 접지선

은 불꽃과 심각한 폭발을 일으킬 수 있는 정전기 전하의 축적을 막아 준다.

에어백 처리 Airbag Disposal

에어백 구성 부분은 전기 충전에 노출되거나 차량의 몸체가 충격을 받으면 점화될 수 있는 발화 장치이다. 에어백 안전은 다음의 주의 사항을 포함해야 한다.

1. 배출된 에어백이 신체 일부와 접촉할 수 있는 영역에서 일할 경우에는 에어백을 해제하여야 한다. 서비스 중인 차량에 대한 정확한 절차는 서비스 정보를 참조하여야 한다. 일반적인 절차는 안전한 전개를 보장하기 위해 긴 와이어를 사용해 에어백 구성 부분을 연결하고, 점프 시동 박스와 같은 12V 전원 공급 장치를 통해 에어백을 전개하는 것이다.
2. 에어백을 과도한 열 또는 불에 노출하지 말아야 한다.
3. 항상 에어백을 몸으로부터 멀어지는 방향으로 향하게 하여야 한다.
4. 에어백 구성 부분을 위로 향하게 놓아야 한다.
5. 선적 중에 사용할 적절한 포장을 포함하여 에어백 처리 또는 재활용을 위해 항상 제조업체의 권장 절차를 따라야 한다.
6. 전개된 에어백을 다룰 때는 보호 장갑을 착용하여야 한다.
7. 전개된 에어백에 노출된 경우 항상 손이나 신체를 잘 씻어야 한다. 관련된 화학 물질이 피부 자극과 발진을 일으킬 수 있다.

중고 타이어 처리 Used Tire Disposal

중고 타이어는 다음의 사항을 포함하는 여러 가지 이유로 인해 환경에 대한 우려가 있다.

1. 중고 타이어는 매립지에서 다른 쓰레기들보다 "떠오르는" 경향이 강해 표면으로 떠오르게 된다.
2. 안쪽에 빗물이 고여 모기의 번식지가 된다. 모기가 매개체인 질병은 뇌염, 말라리아, 뎅기열이 있다.
3. 중고 타이어는 화재 위험이 있으며, 불이 붙으면 공기를 오염시키는 많은 양의 검은 연기가 발생한다.

중고 타이어는 다음 중 하나의 방법으로 처리되어야 한다.

그림 2-10 에어컨 냉매 오일은 소량의 냉매를 함유하고 있으므로, 다른 오일과 분리하여 보관해야 하며, 유해 폐기물로 취급되어야 한다.

1. 중고 타이어는 수명이 다할 때까지 재사용할 수 있다.
2. 타이어는 재생될 수 있다.
3. 타이어는 아스팔트로 사용되기 위해 재활용되거나 파쇄될 수 있다.
4. 가장자리가 분해된 타이어는 매립지로 보낼 수 있다(대부분의 매립지 작업자는 많은 주에서 전체 타이어를 매립하는 것이 불법이기 때문에 타이어를 파쇄할 것이다).
5. 타이어는 연기가 통제될 수 있는 시멘트 가마 또는 다른 발전소에서 태울 수 있다.
6. 등록된 소량 타이어 처리기는 타이어를 처리 또는 재활용하기 위해 타이어를 운반하는 데 사용되어야 한다.

에어컨 냉매 오일 처리 Air-Conditioning Refrigerant Oil Disposal

에어컨 냉매 오일은 용해된 냉매가 포함되어 있어 유해 폐기물로 간주된다. 이러한 오일은 다른 폐기 오일과 분리되어야 하며 전체 오일은 위험한 것으로 취급되어야 한다. 사용된 냉매 오일은 재활용 또는 폐기를 위해 인증된 유해 폐기물 처리 회사에 보내져야 한다. ●그림 2-10 참조.

폐기물 표 모든 자동차 서비스 시설은 어느 정도 폐기물을 만들어 내며, 대부분은 제대로 처리되지만, 위험한 폐기물이든 위험하지 않은 폐기물이든 모든 폐기물을 책임지고 적절

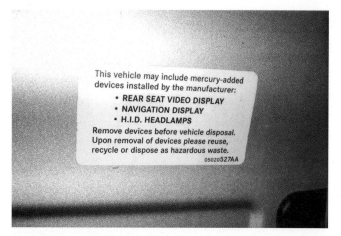

This vehicle may include mercury-added devices installed by the manufacturer:
• REAR SEAT VIDEO DISPLAY
• NAVIGATION DISPLAY
• H.I.D. HEADLAMPS
Remove devices before vehicle disposal. Upon removal of devices please reuse, recycle or dispose as hazardous waste.
05020527AA

그림 2–11 차량의 어떤 장치에 수은이 들어 있는지 적혀 있는 운전석 쪽 문 근처의 게시문.

 기술 팁

수은이 포함된 부품 제거하기

일부 차량에는 운전석 쪽 문 근처에 중금속인 **수은**(mercury)이 포함된 부품 목록이 적힌 게시문이 있다. 수은은 피부를 통해 흡수될 수 있으며, 신체에 흡수되면 사라지지 않는 중금속이다. ●그림 2–11 참조.

이러한 부품들은 수은이 방출되는 것을 막기 위해 차량의 나머지 부분이 재활용을 위해 보내지기 전에 차량에서 제거되어야 한다.

 기술 팁

모든 기술자가 알아야 하는 것.

산업안전보건청(OSHA)은 유엔이 제정한 국제 표시 기준을 맞추기 위해 새로운 유해 화학 물질 표시 요건을 채택하였다. 그 결과 근로자는 유해 화학 물질에의 노출로 인한 상해를 피하고, 질병을 예방할 수 있도록 도와주는, 위험한 화학 물질의 안전한 취급 및 사용에 관련된 더 나은 정보를 얻을 수 있게 되었다. ● 그림 2–12 참조.

히 처리하는 것이 중요하다. 자동차 매장에서 발생되는 대표적인 폐기물 목록과, 이러한 폐기물의 처리 방법을 확인하기 위한 체크리스트를 보려면 ●표 2–1을 참조하라.

폐기물 목록	대표적인 폐기물		
	전형적인 분류, 다른 유해 폐기물과 섞이지 않는 경우	매립지에 처리되고, 유해 폐기물과 섞이지 않는 경우	재활용된 경우
중고 오일	중고 오일	유해 폐기물	중고 오일
중고 오일 필터	완전히 배수된 경우 무해한 고체 폐기물	완전히 배수된 경우 무해한 고체 폐기물	배수되지 않은 경우 중고 오일
중고 변속기 오일	중고 오일	유해 폐기물	중고 오일
중고 브레이크 유체	중고 오일	유해 폐기물	중고 오일
중고 부동액	특성에 따라 달라짐	특성에 따라 달라짐	특성에 따라 달라짐
중고 용제	유해 폐기물	유해 폐기물	유해 폐기물
중고 구연산 용제	무해한 고체 폐기물	무해한 고체 폐기물	유해 폐기물
납산 자동차 배터리	공급자에게 돌려줄 경우 고체 폐기물이 아님	유해 폐기물	유해 폐기물
오일에 사용된 매장 헝겊	중고 오일	중고 오일의 특성에 따라 달라짐	중고 오일
용제 또는 휘발유 유출에 사용된 매장 헝겊	유해 폐기물	유해 폐기물	유해 폐기물
오일 유출 흡수 재료	중고 오일	중고 오일의 특성에 따라 달라짐	중고 오일
용제 및 휘발유용 유출 물질	유해 폐기물	유해 폐기물	유해 폐기물
촉매 변환기	공급자에게 돌려줄 경우 고체 폐기물이 아님	무해한 고체 폐기물	무해한 고체 폐기물
유출되거나 사용되지 않은 연료	유해 폐기물	유해 폐기물	유해 폐기물
유출되거나 사용할 수 없는 페인트와 희석제	유해 폐기물	유해 폐기물	유해 폐기물
중고 타이어	무해한 고체 폐기물	무해한 고체 폐기물	무해한 고체 폐기물

표 2–1

자동차 정비소에서 발생하는 대표적인 폐기물과 처리 방법에 따른 분류(위험 또는 비위험).

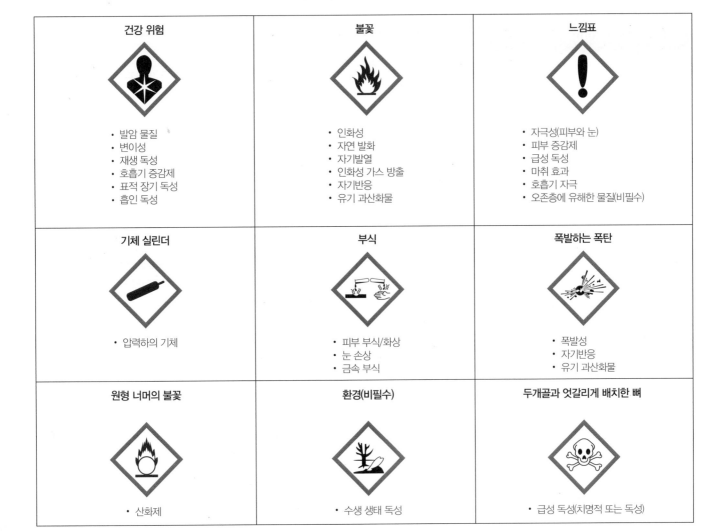

그림 2-12 산업안전보건청(OSHA)의 국제 유해 물질 표시

건강 위험
- 발암 물질
- 변이성
- 재생 독성
- 호흡기 증감제
- 표적 장기 독성
- 흡인 독성

불꽃
- 인화성
- 자연 발화
- 자기발열
- 인화성 가스 방출
- 자기반응
- 유기 과산화물

느낌표
- 자극성(피부와 눈)
- 피부 증감제
- 급성 독성
- 마취 효과
- 호흡기 자극
- 오존층에 유해한 물질(비필수)

기체 실린더
- 압력하의 기체

부식
- 피부 부식/화상
- 눈 손상
- 금속 부식

폭발하는 폭탄
- 폭발성
- 자기반응
- 유기 과산화물

원형 너머의 불꽃
- 산화제

환경(비필수)
- 수생 생태 독성

두개골과 엇갈리게 배치한 뼈
- 급성 독성(치명적 또는 독성)

요약 Summary

1. 유해 물질에는 일반적인 자동차용 화학 물질, 액체 및 윤활제가 포함되며, 특히 성분에 염소 또는 불소가 들어간 물질이 포함된다.
2. 알 권리 법은 모든 근로자가 안전 정보 자료(SDS)에 접근 권한을 가지도록 되어 있다.
3. 석면 섬유는 현행법과 규제에 따라 피하거나 제거되어야 한다.
4. 중고 엔진오일은 부품으로부터 마모된 금속을 함유하고 있어 올바르게 처리되고 폐기되어야 한다.
5. 용제는 심각한 건강 위험을 나타내며, 가능한 한 피해야 한다.
6. 냉각수는 적절하게 폐기되거나 재활용되어야 한다.
7. 배터리는 유해 폐기물로 간주되며, 재활용 시설에 버려야 한다.

복습문제 Review Questions

1. 위험하다고 간주될 수 있는 다섯 가지 일반적인 자동차 화학 물질 또는 제품을 열거하시오.
2. 자원 보전 및 복구법(Resource Conservation and Recovery Act, RCRA)은 어떤 유형의 자동차 폐기물을 관리하나?

1. 유해 물질은 _____을(를) 제외하고 다음의 모든 것을 포함한다.
   a. 엔진오일
   b. 석면
   c. 물
   d. 브레이크 세정제

2. 사용 중인 제품이나 물질이 위험한지 판단하려면 _____을(를) 확인하여야 한다.
   a. 사전
   b. MSDS
   c. SAE 표준
   d. EPA 지침서

3. 석면 먼지에 노출되면 어떤 상태가 될 수 있나?
   a. 석면폐
   b. 악성 종양
   c. 폐암
   d. 위의 모든 것이 가능

4. 젖은 석면 먼지는 _____(이)라고 간주된다.
   a. 고체 폐기물
   b. 유해 폐기물
   c. 독성
   d. 유해

5. 오일 필터는 필터를 처분하기 전에 얼마나 오랫동안 뜨거운 물로 배수를 해야 하나?
   a. 30분~60분
   b. 4시간
   c. 8시간
   d. 12시간

6. 중고 엔진오일은 다음과 같은 방법 중 하나를 제외하고 폐기되어야 한다.
   a. 일반적인 쓰레기통에 폐기
   b. 재활용을 위해 밖으로 운송
   c. 폐기 오일 처리가 승인된 히터를 사용해 현장에서 연소
   d. 폐기 오일 처리가 승인된 히터를 사용해 밖에서 연소

7. _____를 제외한 다음의 모든 방법은 배수된 오일 필터를 처분하는 올바른 방법이다.
   a. 재활용을 위해 보냄
   b. 서비스 계약 회사에서 수령함
   c. 일반적인 쓰레기통에 폐기
   d. 유해 폐기물로 간주하여 처리

8. 에어컨 냉매를 규제하는 법 또는 조직은 무엇인가?
   a. 청정 대기법(Clean Air Act, CAA)
   b. MSDS
   c. WHMIS
   d. 연방 규정 코드(Code of Federal Regulations, CFR)

9. 휘발유는 승인된 용기에 보관해야 한다. 다음 중 맞는 것은?
   a. 노란 글씨에 빨간 보관 용기
   b. 빨간 보관 용기
   c. 노란 보관 용기
   d. 빨간 글씨에 노란 보관 용기

10. 어떤 자동차용 장치가 수은을 포함하는가?
    a. 뒷좌석 비디오 디스플레이
    b. 내비게이션 디스플레이
    c. HID 전조등
    d. 위의 모든 것

이 장을 학습하고 나면,

1. 전기의 기초에 대해 토론하고, 어떻게 전자가 도체에서 움직이는지 설명할 수 있다.
2. 다양한 전기 공급원에 대해 토론할 수 있다.
3. 도체와 저항에 대해 설명할 수 있다.
4. 전기 측정 단위를 설명하고, 볼트, 암페어 및 옴의 관계에 대해 설명할 수 있다.

가감 저항기	저항계
광전기	전기
구속 전자	전기적 위치에너지
기전력(EMF)	전기화학
도체	전류계
반도체	전압계
암페어	전위차계
압전기	전자 이론
열전기	전통적인 이론
열전쌍	절연체
옴	정온도계수(PTC)
와트	정전기
원자가 고리	중성 전하
이온	쿨롱
자유 전자	펠티에 효과
저항	

소개 Introduction

전기 시스템은 오늘날 차량에서 가장 중요한 시스템 중 하나이나. 매년 더 많은 구성요소와 시스템이 전기를 사용한다. 자동차 전기 및 전자 시스템을 정말로 알고 이해하는 기술자들에 대한 많은 수요가 있다. 다음의 이유로 일부 사람들은 전기를 배우는 데 어려움을 겪을 수 있다.

- 볼 수 없다.
- 전기의 결과만을 볼 수 있다.
- 탐지되고 측정되어야 한다.
- 시험 결과는 해석되어야 한다.

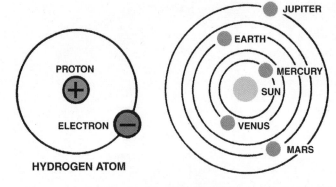

그림 3-1 원자(왼쪽)에서 전자는 우리 태양계(오른쪽)에서 행성이 태양 주위를 궤도에 따라 도는 것처럼 핵 안의 양성자를 궤도에 따라 돈다.

전기 Electricity

배경 우리의 우주는 질량을 갖고 공간을 차지하는 모든 물질로 구성되어 있다. 모든 물질은 100개가 조금 넘는 원소라고 불리는 구성요소로부터 만들어진다. 원소가 본래의 성질을 그대로 유지하면서 쪼개질 수 있는 가장 작은 입자는 원자라고 알려져 있다. ●그림 3-1 참조.

정의 전기(electricity)는 한 원자에서 다른 원자로의 전자 이동이다. 각 원자의 조밀한 중심은 핵이라고 불린다. 핵은 다음을 포함한다.

- 양의 전하를 띠는 **양성자**
- 중성(전하가 없는 경우)을 띠는 **중성자**

음의 전하를 띠는 전자는 궤도를 따라 핵의 주위를 감싼다. 각 원자는 같은 수의 전자와 양성자를 포함한다. 물리적 측면에서 모든 양성자, 전자 및 중성자는 모든 원자에서 동일하다. 원자에서 전자와 양성자의 수는 물질을 결정하고, 전기가 어떻게 대전되는지를 결정한다. 음의 전하를 띠는 전자는 양의 전하를 띠는 양성자와 같은 수를 이루므로, 원자는 **중성 전하**(전하가 없는 경우)가 된다.

참고: 원자 부분의 상대적인 크기의 예로, 만약 핵이 이 문장의 끝부분의 크기까지 확대될 수 있다면, 전체 원자는 집보다 클 것이다.

양의 전하와 음의 전하 원자의 부분들은 다른 전하를 갖는

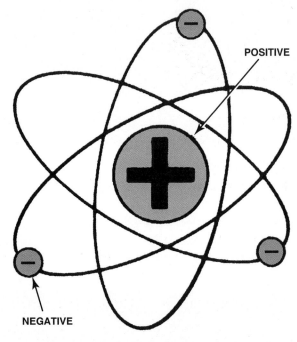

그림 3-2 원자의 핵은 양의 전하를 띠며, 주위의 전자는 음의 전하를 띤다.

다. 궤도를 따라 도는 전자는 음의 전하를 띠며, 양성자는 양의 전하를 띤다. 양의 전하는 "+"로 표시되고, 음의 전하는 "−"로 표시된다. ●그림 3-2 참조.

동일한 +와 − 기호는 전기 회로의 부분들을 식별하는 데 사용된다. 중성자는 전하를 띠지 않는다. 중성자는 중립적이다. 일반적이고, 균형을 맞춘 원자에서는 음의 전하수는 양의 전하수와 같다. 즉, 양성자와 같은 수의 전자가 존재한다. ●그림 3-3 참조.

자석 및 전기적 전하 일반 자석은 두 개의 끝 또는 극을 가지고 있다. 한쪽 끝은 남극이라 하고, 다른 쪽 끝은 북극이라 한

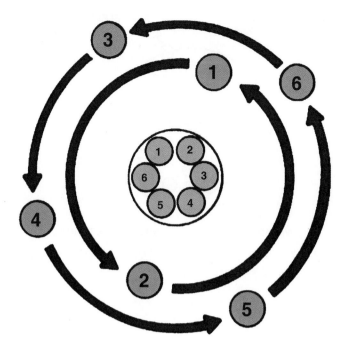

그림 3-3 이 그림은 균형을 유지하는 원자를 보여 준다. 전자의 수는 핵의 양성자의 수와 동일하다.

그림 3-4 다른 전하는 당기고, 같은 전하는 밀어낸다.

다. 두 개의 자석을 서로 같은 극으로(남극은 남극 또는 북극은 북극) 가까이 가져가면, 같은 극은 서로 밀어내므로 자석은 서로 밀어낼 것이다. 자석의 반대 극끼리 가까이 가져가면, 다른 극끼리는 서로를 당기므로 자석은 서로 붙게 될 것이다.

원자 내의 양의 전하와 음의 전하도 자석의 북극과 남극과 유사하다. 자석의 극과 마찬가지로 같은 종류의 전하는 서로 밀어내게 된다. ●그림 3-4 참조.

이것은 음의 전자가 양의 양성자 주위를 궤도에 따라 계속 도는 이유이다. 그들은 서로 끌어당기며, 양성자의 반대 전하에 의해 붙잡혀진다. 전자는 서로 밀어내기 때문에 궤도를 계속 움직이게 된다.

이온 원자가 전자를 잃으면 불안정한 상태가 된다. 전자보다 많은 양성자를 가질 것이고, 전체적으로 양의 전하를 가지게 된다. 만약 원자가 양성자보다 많은 전자를 얻게 된다면, 원자는 음의 전하를 가지게 된다. 원자가 균형 상태가 아니면, 원자는 **이온(ion)**이라고 불리는 대전 입자가 된다. 이온들은 주위의 원자들과의 전자 교환을 통해 같은 수의 양성자와 전자를

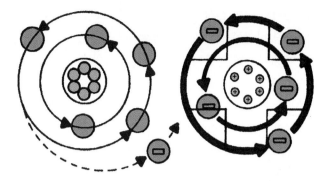

그림 3-5 불균형이고, 양으로 대전된 원자(이온)는 주위 원자에서 전자를 끌어당기게 된다.

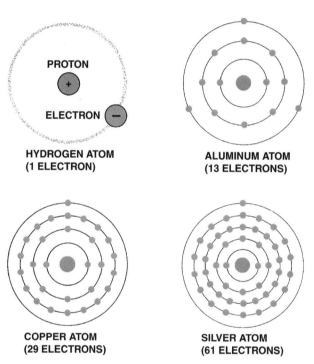

PROTON
+
ELECTRON **−**

HYDROGEN ATOM
(1 ELECTRON)

ALUMINUM ATOM
(13 ELECTRONS)

COPPER ATOM
(29 ELECTRONS)

SILVER ATOM
(61 ELECTRONS)

그림 3-6 수소 원자는 하나의 양성자, 하나의 중성자, 그리고 하나의 전자를 가지는 가장 간단한 원자이다. 보다 복잡한 원소는 더 많은 수의 양성자, 중성자 및 전자를 포함한다.

갖는 균형 상태를 다시 찾으려고 한다. "균등화" 과정에서의 전자들의 흐름은 전기의 흐름으로 정의된다. ●그림 3-5 참조.

전자껍질 전자는 확실한 경로로 핵 주위를 궤도에 따라 돈다. 이 경로는 핵 주위에 동심원 고리와 같은 껍질을 형성한다. 특정 개수의 전자만이 각 껍질 안에서 궤도를 돌 수 있다. 핵의 첫 번째와 가장 가까운 껍질에 너무 많은 전자가 있는 경우, 다른 전자는 모든 전자가 껍질 안에 궤도를 가질 때까지 추가적인 껍질에서 궤도를 따라 돌게 된다. 단일 핵 주위에는 최대 7개의 껍질이 있을 수 있다. ●그림 3-6 참조.

자유 전자와 구속 전자 원자가 고리(valence ring)라고 불리는 가장 바깥쪽 궤도의 전자껍질이나 고리는 전기를 이해하는 가장 중요한 부분이다. 이 외각 고리의 전자 수는 원자의 원자가를 결정하고, 다른 원자와 결합할 수 있는 능력을 나타낸다.

원자의 원자가 고리에 3개 이하의 전자가 있다면, 그 고리는 더 많은 공간을 가지고 있다. 그 고리에 있는 전자는 약하게 묶여 있으며, 쉽게 표류 전자를 원자가 고리에 결합하게 하며, 다른 전자를 멀리 떨어지게 한다. 이러한 느슨하게 묶인 전자를 **자유 전자**(free electron)라고 한다. 원자가 고리가 5개 이상의 전자를 가지고 있을 때는 충분히 찬 상태이다. 전자가 강하게 묶여 있으며, 표류 전자가 원자가 고리 안으로 들어가는 것이 어렵다. 이렇게 단단히 묶인 전자를 **구속 전자**(bound electron)라고 한다. ●그림 3-7과 3-8 참조.

이러한 표류 전자의 움직임을 전류라고 한다. 전류는 몇 개의 전자만 움직이는 경우 작을 수 있으며, 많은 수의 전자가 움직이는 경우 큰 값을 가질 수 있다. 전기 전류는 도체 내의 원자에서 원자로의, 전자의 제어된 직접적인 이동이다.

도체 도체(conductor)는 원자의 외곽 궤도에 전자가 4개 미만인 물질이다. ●그림 3-9 참조.

구리는 외곽 궤도에 1개의 전자만을 가지므로, 우수한 도체이다. 이 궤도는 구리 원자의 핵과 충분히 떨어져 있어, 궤도에 있는 가장 바깥쪽 전자를 고정시키는 당김 또는 힘이 상대적으로 약하다. ●그림 3-10 참조.

구리는 유사한 특성을 가지는 다른 도체에 비해 상대적으로 가격이 적당하므로, 차량에서 가장 많이 사용되는 도체이다. 다른 일반적으로 사용되는 도체의 예로는 다음이 포함된다.

- 은
- 금
- 알루미늄
- 강철
- 주철

절연체 일부 물질은 내부의 전자를 매우 강하게 붙잡는다. 그래서 전자들은 그들을 통과하지 못한다. 이러한 물질들은 절연체라고 불린다. **절연체**(insulator)는 원자의 바깥 궤도에 4개 이상의 전자를 가진 물질이다. 이러한 물질은 바깥 궤도

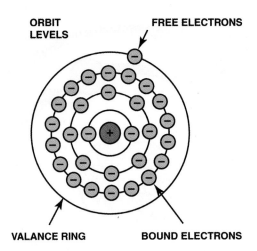

그림 3-7 전자의 수가 증가함에 따라 원자의 중심에서 더 멀리 있는, 증가하는 에너지 준위를 차지한다.

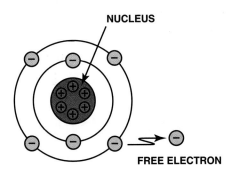

그림 3-8 바깥 궤도 또는 껍질에 있는 전자는 종종 원자에서 벗어나 자유 전자(free electron)가 된다.

? 자주 묻는 질문

물은 도체인가?
순수한 물은 절연체이다. 그러나 물 안에 소금이나 흙 같은 것들이 있다면, 물은 도체가 된다. 물이 오염되는 것을 막기 어려우므로, 물은 일반적으로 전기를 통하는 능력이 있다고 생각되는데, 특히 고압 가정용 110 또는 220볼트 콘센트가 가능하다.

에 4개 이상의 전자를 가지므로, 전자를 방출하는 것보다 전자를 얻는 것이 더 쉽다. ●그림 3-11 참조.

절연체의 예는 플라스틱, 나일론, 자기, 유리 섬유, 목재, 유리, 고무, 세라믹(점화 플러그) 및 교류발전기의 구리 전선을 감싸기 위한 광택제와 기동기 등이다.

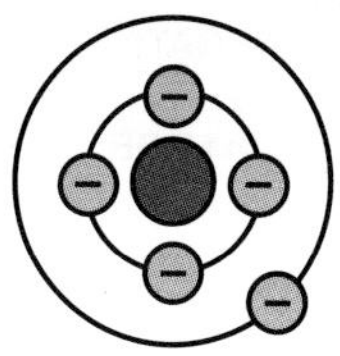

CONDUCTORS

그림 3-9 도체(conductor)는 바깥 궤도에 1~3개의 전자를 가지는 모든 원소이다.

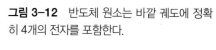

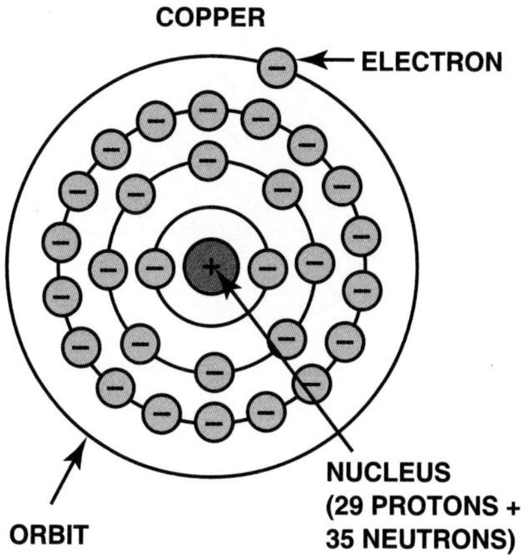

SEMICONDUCTORS

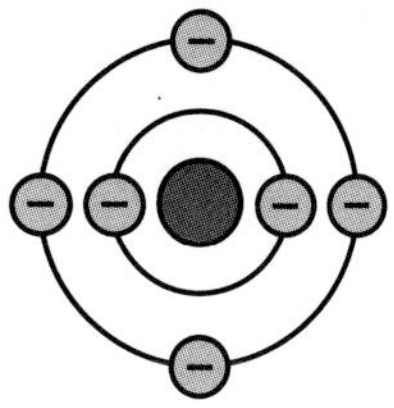

그림 3-12 반도체 원소는 바깥 궤도에 정확히 4개의 전자를 포함한다.

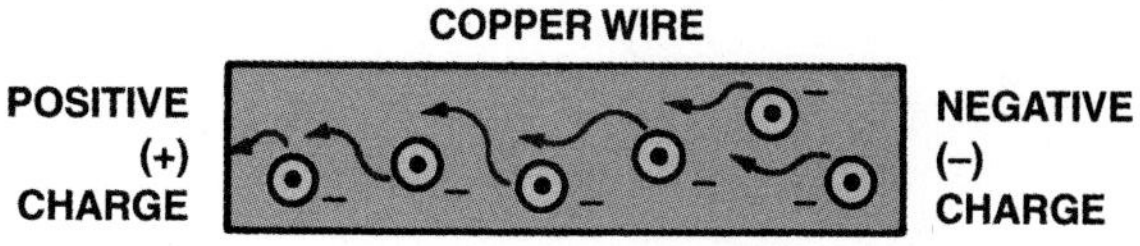

COPPER

ELECTRON

NUCLEUS
(29 PROTONS +
35 NEUTRONS)

ORBIT

그림 3-10 구리는 바깥 궤도에 궤도에서 벗어나기 쉽고 근처의 다른 원자에 흘러가기 쉬운 하나의 전자만을 가지고 있어 우수한 전기 도체이다. 이것은 전자 흐름을 유발하고, 이것이 전기의 정의이다.

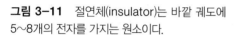

COPPER WIRE

POSITIVE
(+)
CHARGE

NEGATIVE
(–)
CHARGE

그림 3-13 전류 전기는 도체를 통한 전자의 흐름이다.

전자가 도체 사이를 어떻게 움직이는가?
How Electrons Move Through a Conductor

전류 흐름 배터리와 같은 전원 소스가 도체의 끝부분에 연결되어 있는 경우 다음과 같은 현상이 발생한다. 양의 전하(전자가 부족한 상태)가 도체의 한쪽 끝에 있고, 음의 전하(전자가 초과된 상태)가 도체의 반대쪽 끝에 있게 된다. 전류가 흐르기 위해, 회로의 한쪽 끝은 전자의 초과가 있고, 회로의 반대쪽 끝은 전자의 부족이 있는 불균형이 존재해야 한다.

- 음의 전하는 도체의 원자로부터 자유 전자를 밀어내고, 반면에 도체 반대쪽 끝의 양의 전하는 전자를 끌어당긴다.
- 이 반대 전하의 끌림과 같은 전하의 반발의 결과로 전자는 도체 사이를 흐르게 된다. ●그림 3-13 참조.

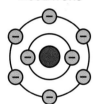

INSULATORS

그림 3-11 절연체(insulator)는 바깥 궤도에 5~8개의 전자를 가지는 원소이다.

전통적인 이론 대 전자 이론

- **전통적인 이론.** 한때 전기는 하나의 전하를 가지고, 양에서 음으로 움직인다고 생각되었다. 도체를 통한 전기 흐름에 대한 이 이론을 전류 흐름의 **전통적인 이론**(conventional theory)이라고 한다. ●그림 3-14 참조.
- **전자 이론.** 전자와 전자의 음의 전하의 발견은 **전자 이론**(electron theory)으로 이어졌으며, 전자 흐름이 음에서 양으로 이루어진다는 것을 설명한다. 대부분의 자동차 응용에서는 전통적인 이론을 사용한다. 다른 언급이 없다면 우리는 전통적인 이론(양에서 음의 방향)을 사용할 것이다.

반도체 바깥 궤도에 정확히 4개의 전자를 가진 물질은 도체도 절연체도 아니고, **반도체**(semiconductor)라고 불린다. 반도체는 다른 설계 응용 분야에 따라 절연체 또는 도체가 될 수 있다. ●그림 3-12 참조.

반도체의 예는 다음과 같다.

- 실리콘
- 게르마늄
- 탄소

반도체는 주로 트랜지스터, 컴퓨터 및 기타 전자 장치에 사용된다.

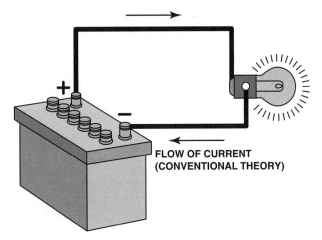

그림 3-14 전통적인 이론은 전류가 회로의 +에서 −로 흐른다고 설명한다. 자동차 전기는 모든 전기 도표와 간략화된 그림에서 전통적인 이론을 사용한다.

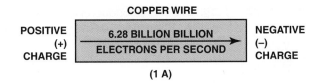

그림 3-15 1암페어는 1초에 어떤 지점을 지나는 1쿨롱의 움직임 (6.28 × 10¹⁸개의 전자)을 나타낸다.

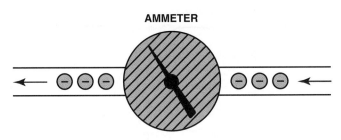

그림 3-16 전류계(ammeter)는 물의 흐름인 분당 갤런을 재기 위한 유량계와 마찬가지로 전자가 흐르는 경로에 설치된다. 전류계는 암페어 (ampere)로 전류 흐름을 표시한다.

전기의 단위 Units of Electricity

전기는 미터기 또는 다른 시험 장비에 의해 측정된다. 전기와 관련된 단위의 세 가지 기본 요소는 암페어, 볼트 및 옴이다.

암페어 암페어(ampere)는 전류의 흐름을 측정하기 위해 세계적으로 사용되는 단위이다. $6.28 × 10^{18}$개의 전자(이 많은 수의 전자를 나타내는 것은 쿨롱(coulomb)이다)가 1초에 특정 지점을 지나면, 이는 전류 1암페어를 나타낸다. ●그림 3-15 참조.

암페어는 전자 흐름을 나타내는 전자 단위이며, 물의 흐름을 나타내는 "분당 갤런"과 유사하게 사용될 수 있다. 프랑스 전기학자인 André Marie Ampére(1775~1836)의 이름을 따서 만들어졌다. 일반적인 암페어의 약어 및 측정값은 다음과 같다.
1. 암페어는 전류 흐름의 양을 측정할 수 있는 단위이다.
2. "A" 또는 "amp"가 허용되는 ampere의 약자이다.
3. 강조를 위해 사용되는 대문자 "I"는 암페어를 나타내는 수학적 계산에 사용된다.
4. 암페어는 회로에서 실제 작업을 수행한다. 전구 또는 모터를 통한 전자의 실제적인 이동은 전기 장치가 작동하도록 한다. 장치를 흐르는 암페어 없이는 전혀 동작하지 않는다.
5. 암페어는 **전류계(ammeter**이고, ampmeter가 아님)로 측정된다. ●그림 3-16 참조.

볼트 볼트(volt)는 전기적 압력을 측정할 수 있는 단위이다.

이탈리아의 물리학자인 Alessandro Volta(1745~1827)의 이름을 따서 명명되었다. 예를 들어 수압을 사용하는, 비교 가능한 단위는 제곱 인치당 파운드(pounds per square inch, psi)이다. 높은 압력(볼트)과 낮은 물의 흐름(암페어)이 가능하다. 또한 높은 물의 흐름(암페어)과 낮은 압력(볼트)이 가능하다. 전압은 도체에 전압이 존재하면, 전류 흐름을 위한 위치 에너지(가능성)가 존재하므로, **전기적 위치에너지(electrical potential)**라고 불린다. 이러한 전기적 압력은 다음의 현상의 결과이다.

- 와이어나 회로의 한쪽 끝에 과도한 전자가 남아 있다.
- 와이어나 회로의 반대쪽 끝은 전자의 부족이 있다.
- 이러한 불균형을 해소하고자 하는 자연적인 효과가 있으며, 이는 도체를 통한 전자의 흐름을 허용하는 압력을 발생시킨다.
- 흐름(암페어) 없이 압력(볼트)을 가지는 것이 가능하다. 예를 들어 작업대에 놓인 완전히 충전된 12볼트 배터리는 12볼트의 압력 잠재력을 가지나, 배터리의 양극과 음극에 연결된 도체(회로)가 없기 때문에 흐름(암페어)은 발생하지 않는다. 전류는 오로지 압력이 있고, 전자가 균형 잡힌 상태로 만들기 위해 흐를 수 있는 회로가 있을 때만 흐를 수 있다.

전압은 도체를 통해 흐르지 않지만, 전압은 전류(암페어)가 도체를 통해 흐르도록 만든다. ●그림 3-17 참조.

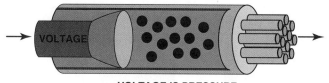

VOLTAGE IS PRESSURE

그림 3-17 전압은 전자가 도체를 통해 흐르도록 하는 전기적 압력이다.

그림 3-18 DC 볼트를 읽도록 설정된 디지털 멀티미터가 차량 배터리의 전압을 시험하는 데 사용되고 있다. 대부분의 멀티미터는 저항(옴)과 전류 흐름(암페어)도 측정할 수 있다.

전압을 위한 일반적인 약어 및 측정은 다음과 같다.

1. 볼트는 전기적 압력을 측정할 수 있는 단위이다.
2. **기전력(electromotive force, EMF)**은 전압을 나타내는 다른 방법이다.
3. "V"는 **볼트**의 일반적으로 허용되는 약어이다.
4. 계산을 위해 사용되는 기호는 "E"이며, **기전력**을 나타낸다.
5. 볼트는 **전압계(voltmeter)**로 측정된다. ●그림 3-18 참조.

옴 도체에 흐르는 전류의 흐름양에 대한 **저항(resistance)**은 **옴(ohm)** 단위이며, 독일 물리학자인 George Simon Ohm (1787~1854)의 이름을 따서 명명되었다. 도체를 통과하는 자유 전자에 대한 저항은 전자가 도체 안의 원자와 발생시키는 셀 수 없는 충돌로 생긴다. ●그림 3-19 참조.
저항에 관한 일반적인 약어 및 측정은 다음과 같다.

1. 옴은 전기적 저항의 측정 단위이다.
2. 옴의 기호는 Ω(그리스어 대문자 오메가)이며, 그리스 알파벳의 마지막 문자이다.
3. 계산에 사용되는 기호는 "R"이며 저항을 나타낸다.
4. 옴은 **저항계(ohmmeter)**로 측정된다.

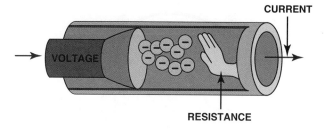

CURRENT
VOLTAGE
RESISTANCE

그림 3-19 도체를 통한 전자의 흐름에 대한 저항은 옴(ohm)으로 측정된다.

그림 3-20 미시간 주 디어본에 있는 헨리 포드 박물관의 손으로 동작하는 발전기와 일련의 전구가 포함되어 있는 전시품. 이 그림은 학생이 가능한 한 많은 전구를 켜려고 시도하는 것을 보여 준다. 필요한 전기 와트를 생산하기 위해 더 많은 전력이 필요하므로, 더 많은 전구를 켜려면 회전반을 돌리기 더 어려워진다.

5. 전자 흐름에 대한 저항은 도체로 사용된 물질에 달려 있다.

와트 **와트(watt)**는 일할 수 있는 능력을 나타내는 파워를 위한 전기 단위이다. 스코틀랜드 발명가인 James Watt(1736~1819)의 이름을 따서 명명되었다. 파워를 위한 단위는 "P"이다. 전력은 암페어와 볼트의 곱으로 계산된다.

$$P (파워) = I (암페어) \times E (볼트)$$

이 공식은 와트와 전압이 알려진 경우 암페어를 계산하는 데에도 사용할 수 있다. 예를 들면, 매장의 120볼트 AC 전원을 사용하는 100와트의 전구는 몇 암페어를 필요로 하나?

$$A (암페어) = P (와트) \div E (볼트)$$
$$A = 0.83암페어$$

●그림 3-20 참조.

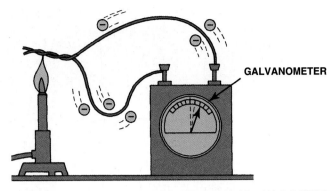

그림 3-21 전자의 흐름은 두 개의 다른 금속 연결을 가열하여 생성된다. 검류계(galvanometer)는 아날로그(바늘형) 미터계이며, 약한 전압 신호를 감지하도록 설계되었다.

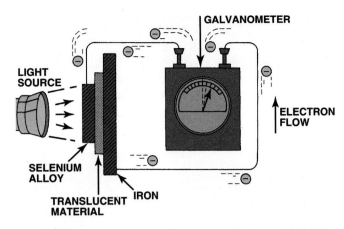

그림 3-22 전자의 흐름은 감광성 재료에 빛이 충돌하면서 발생된다.

전기의 원천 Sources of Electricity

마찰 특정한 다른 물질들이 함께 문질러질 때, 마찰(friction)은 전자가 한 곳에서 다른 곳으로 옮겨 가게 한다. 이를 통해 두 재료 모두 전기적으로 대전된다. 이러한 전하는 움직이지 않고, 쌓여 있는 표면에 그대로 머물러 있게 된다. 전자는 안정적이고 정적이기 때문에 이러한 유형의 전압은 **정전기(static electricity)**라고 불린다. 카펫이 깔린 바닥을 걸어가면 절연체인 몸속에 정전기를 발생하게 되고, 전하는 금속 도체를 만질 때 방전된다. 포장도로를 굴러가는 자동차 타이어는 종종 라디오 수신을 방해하는 정전기를 발생시킨다.

열 두 개의 다른 금속 조각이 양쪽 끝에서 함께 결합되고, 하나의 접합부가 가열되면, 전류가 금속을 통과한다. 전류는 매우 작고, 암페어의 백만분의 일이지만, **열전쌍(thermocouple)**이라고 불리는 온도 측정 장치에 사용하기에는 충분하다. ●그림 3-21 참조.

일부 엔진 온도 센서는 이러한 방식으로 동작한다. 이러한 형태의 전압을 **열전기(thermoelectricity)**라고 한다.

열전기는 새롭게 발견되었고, 한 세기 동안 알려져 왔다. 1823년에 독일 물리학자인 Thomas Johann Seebeck은 두 개의 접합부가 다른 온도로 유지된다면, 두 개의 서로 다른 금속을 포함하는 루프에서 전압이 발생한다는 것을 발견하였다. 10년 후 프랑스의 과학자 Jean Charles Athanase Peltier는 고체를 통해 이동하는 전자가 열을 물질의 한쪽에서 다른 쪽으로 이동할 수 있음을 발견하였다. 이 효과를 **펠티에 효과(Pelt-**ier effect)라고 부른다. 펠티에 효과 장치는 종종 휴대용 냉각 장치에 사용되며, 전류가 한 방향으로 흐르면 음식물을 차갑게 하고, 전류가 반대 방향으로 흐르면 음식물을 따뜻하게 유지한다.

빛 1839년에 Edmond Becquerel은 두 개의 다른 액체에 햇빛의 광선을 비추면 전기적 전류가 발생될 수 있다는 것을 알게 되었다. 특정한 금속이 빛에 노출되면, 빛에너지의 일부가 금속의 자유 전자로 옮겨진다. 이러한 과도한 에너지는 전자가 금속 표면으로부터 느슨해지게 만든다. 그런 다음 모아지게 되면, 도체 안에서 흐를 수 있다. ●그림 3-22 참조.

이러한 **광전기(photoelectricity)**는 사진 노출계 및 자동 전조등 조광기와 같은 광 측정 장치에 널리 사용된다.

압력 결정에 가해진 압력과 전압의 생성과의 연결에 대한 최초의 실험적 데모는 1880년에 Pierre와 Jacques Curie에 의해 발표되었다. 그들의 실험은 석영, 토파즈 및 로셸염과 같은 준비된 결정에 힘이 가해졌을 때 전압이 생성되는 것으로 구성되었다. ●그림 3-23 참조.

이러한 전류는 수정 마이크, 수중 청음기 및 특정 청진기에 사용된다. 생성된 전압을 **압전기(piezoelectricity)**라고 한다. 가스 그릴 점화 장치는 스파크를 발생시키기 위해 압전기 원리를 이용하며, 엔진 노크 센서(knock sensor, KS)는 엔진 컴퓨터 입력 신호에 입력으로 사용하는 전압 신호를 발생시키기 위해 압전기를 사용한다.

화학 전도성과 반응성을 가지는 화학 용액에 놓인 두 가지

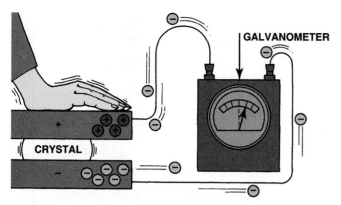

그림 3-23 특정 결정에 대한 압력은 전자 흐름을 생성한다.

1	은
2	구리
3	금
4	알루미늄
5	텅스텐
6	아연
7	황동(구리와 아연)
8	플래티넘
9	철
10	니켈
11	주석
12	강철
13	납

표 3-1

도체 등급(최고로부터 시작)

다른 물질(일반적으로 금속)은 두 물질 사이에 전위차 또는 전압을 발생시키게 된다. 이 원리는 **전기화학**(electrochemistry)이라고 불리며 자동차 배터리의 기본이 된다.

자기 전기는 도체가 자기장에서 움직이거나 움직이는 자기장이 도체 근처로 이동하면 발생될 수 있다. 이것은 많은 자동차 장치가 작동하는 원리이며, 다음을 포함한다.

- 시동 모터
- 교류발전기
- 점화 코일
- 원통 코일 및 계전기

도체 및 저항 Conductors and Resistance

모든 도체는 전류 흐름에 대해 어느 정도 저항을 가진다. 다음은 도체와 그들의 저항에 관한 원칙이다.

- **도체의 길이가 두 배가 되면 저항도 두 배가 된다.** 이는 배터리 케이블이 가능한 한 짧게 설계되어야 하는 이유이다.
- **도체 지름이 늘어나면, 저항은 감소한다.** 이는 시동 모터 케이블의 지름이 다른 자동차 배선보다 커야 하는 이유이다.
- **온도가 올라가면 도체의 저항도 증가한다.** 이는 일부 시동 모터에서 방열판을 설치하는 이유이다. 방열판은 도체(시동장치 내부의 구리 배선)를 과도한 엔진 열로부터 보호하고 시동 회로의 저항을 감소시키게 된다. 온도가 증가함에 따라 도체의 저항이 증가하므로, 도체는 **정온도계수**(positive temperature coefficient, PTC) 저항기라고 불린다.

? 자주 묻는 질문

구리가 낮은 저항을 가지고 있는데, 금을 사용하는 이유는?
구리는 낮은 저항을 가지고, 합리적인 가격이므로, 대부분의 자동차 전기 부품과 배선에 사용된다. 금은 부식되지 않기 때문에 에어백 연결과 센서에 사용된다. 금은 수백 년 동안 매장될 수 있으며, 파헤쳤을 때 예전과 동일하게 빛이 난다.

- **도체에 사용된 재료는 저항에 영향을 준다.** 은은 도체로 사용되는 모든 물질 중에 가장 낮은 저항을 가지지만, 비싸다. 구리는 다음으로 낮은 저항을 가지고, 합리적인 가격이다. ●표 3-1은 물질에 따른 비교이다.

저항기 Resistors

고정 저항기 저항은 전류 흐름의 반대이다. 저항기는 전기적 부하 또는 전류 흐름에 대한 저항을 나타낸다. 대부분의 전기 및 전자 장치는 전류의 흐름을 제한하고 제어하기 위해 특정한 값의 저항기를 사용한다. 저항기는 탄소 또는 다른 재료로 만들 수 있으며, 전기의 흐름을 제한하고, 다양한 크기와 저항값이 가능하다. 대부분의 저항기는 그 주위에 색칠된 일련의 색 띠가 있다. 이 색 띠는 저항의 등급을 나타내는 코드이다. ●그림 3-24와 3-25 참조.

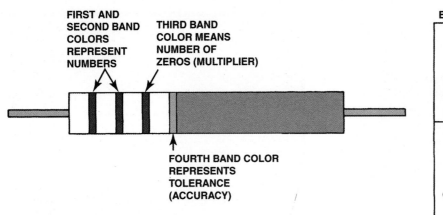

FIRST AND SECOND BAND COLORS REPRESENT NUMBERS

THIRD BAND COLOR MEANS NUMBER OF ZEROS (MULTIPLIER)

FOURTH BAND COLOR REPRESENTS TOLERANCE (ACCURACY)

EXAMPLES:

470 Ω

GOLD (IF 5%)

YELLOW, VIOLET, BROWN (1 ZERO)
(4)   (7)

3,900 Ω

GOLD (IF 5%)

ORANGE, WHITE, RED (2 ZEROS)
(3)   (9)

BLACK = 0	FOURTH BAND TOLERANCE CODE
BROWN = 1	NO FOURTH BAND = ±20%
RED = 2	SILVER = ±10%
ORANGE = 3	* GOLD = ±5%
YELLOW = 4	RED = ±2%
GREEN = 5	BROWN = ±1%
BLUE = 6	* GOLD IS THE MOST
VIOLET = 7	COMMONLY AVAILABLE
GRAY = 8	RESISTOR TOLERANCE.
WHITE = 9	

그림 3-24 이 그림은 저항기의 색상 코드 해석을 보여 준다.

그림 3-25 전형적인 탄소 저항기.

가변 저항기 기계적으로 작동되는 가변 저항기의 두 가지 기본 유형이 자동차 응용에 사용된다.

- **전위차계(potentiometer)**는 세 개의 단자를 가지는 가변 저항기이며, 가동 접촉자의 접촉이 가변 전압 출력을 제공한다. ●그림 3-26 참조. 전위차계는 컴퓨터가 갖추어진 엔진의 스로틀 위치(throttle position, TP) 센서로 가장 일반적으로 사용된다. 전위차계는 또한 오디오 음량, 저음, 고음, 균형 및 서서히 사라지는 효과를 제어하는 데 사용된다.

- 다른 기계식 가변 저항기의 형태는 **가감 저항기(rheostat)**이다. 가감 저항기는 두 단자 소자이고, 모든 전류는 움직이는 팔 부분을 통해 흐른다. ●그림 3-27 참조. 가감 저항기는 일반적으로 계기판 조명 조절기에 사용된다.

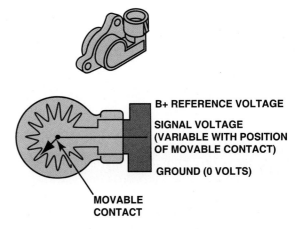

B+ REFERENCE VOLTAGE

SIGNAL VOLTAGE (VARIABLE WITH POSITION OF MOVABLE CONTACT)

GROUND (0 VOLTS)

MOVABLE CONTACT

그림 3-26 세 개의 선을 가지는 가변 저항기는 전위차계(potentiometer)라고 불린다.

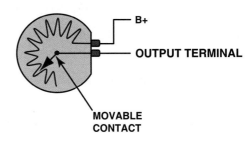

B+

OUTPUT TERMINAL

MOVABLE CONTACT

그림 3-27 두 개의 선을 가지는 가변 저항기는 가감 저항기(rheostat)라고 불린다.

1. 전기는 하나의 원자에서 다른 원자로의 전자의 이동이다.
2. 회로나 전선에 전류가 흐르기 위해서는, 한쪽 끝에서의 전자의 과잉과 다른 쪽 끝에서의 전자의 부족이 있어야 한다.
3. 자동차 전기에서는 전기는 양에서 음으로 흐른다는 전통적인 이론을 사용한다.
4. 암페어는 전류 흐름의 양을 측정한다.
5. 전압은 전기적 압력의 단위이다.
6. 옴은 전기적 저항의 단위이다.
7. 전기의 출처는 마찰, 열, 빛, 압력, 화학 물질을 포함한다.

복습문제 Review Questions

1. 전기란 무엇인가?
2. 암페어, 볼트 및 옴은 무엇인가?
3. 도체의 세 가지 예와 절연체의 세 가지 예를 열거하라.
4. 전기의 다섯 가지 출처는 무엇인가?

3장 퀴즈 Chapter Quiz

1. 전기 도체는 바깥 궤도에 _____의 전자를 가지고 있는 원소이다.
   a. 2개 이하
   b. 4개 이하
   c. 정확하게 4개
   d. 4개 이상

2. 같은 전하는 _____.
   a. 당긴다.
   b. 밀어낸다.
   c. 서로 중화시킨다.
   d. 더한다.

3. 탄소와 실리콘은 _____의 예이다.
   a. 반도체
   b. 절연체
   c. 도체
   d. 광전자 재료

4. 전기의 어떤 단위가 회로에서 일을 하는가?
   a. 볼트
   b. 암페어
   c. 옴
   d. 쿨롱

5. 온도가 올라갈수록, _____.
   a. 도체의 저항은 감소한다.
   b. 도체의 저항은 증가한다.
   c. 도체의 저항은 동일하게 유지된다.
   d. 도체의 전압이 감소한다.

6. _____은(는) 전기적 압력의 단위이다.
   a. 쿨롱
   b. 볼트
   c. 암페어
   d. 옴

7. 기술자 A는 두 개의 선을 가지는 가변 저항기는 가감 저항기(rheostat)라고 부른다고 말한다. 기술자 B는 세 개의 선을 가지는 가변 저항기는 전위차계(potentiometer)라고 부른다고 말한다. 어떤 기술자가 옳은가?
   a. 기술자 A만
   b. 기술자 B만
   c. 기술자 A와 B 모두
   d. 기술자 A와 B 둘 다 틀리다

8. 결정에 힘을 가하여 전기를 생산하는 방법은 _____(이)라고 불린다.
   a. 전기화학
   b. 압전기
   c. 열전기
   d. 광전기

9. 결정에 힘을 가함으로써 전압이 생성된다는 사실은 어떤 종류의 센서에 사용되는가?
   a. 스로틀 위치(throttle position, TP)
   b. 매니폴드 절대 압력 (manifold absolute pressure, MAP)
   c. 기압 (barometric pressure, BARO)
   d. 노크 센서 (knock sensor, KS)

10. 세 개의 선을 가지는 가변 저항기인 전위차계(potentiometer)는 어떤 종류의 센서에 사용되는가?
    a. 스로틀 위치 (throttle position, TP)
    b. 매니폴드 절대 압력(manifold absolute pressure, MAP)
    c. 기압(barometric pressure, BARO)
    d. 노크 센서(knock sensor, KS)

이 장을 학습하고 나면,

1. 완전한 회로(complete circuit)의 부품을 정의할 수 있다.
2. 회로의 다른 유형의 특성을 설명할 수 있다.
3. 자동차 회로에서 적용되는 옴의 법칙을 설명할 수 있다.
4. 자동차에 적용되는 와트의 법칙을 설명할 수 있다.

개방 회로	전기 부하
귀환 경로	전압으로 단락
단락	전원
부하	접지 경로
옴의 법칙	접지로 단락
와트	통전성
와트의 법칙	회로
완전한 회로	

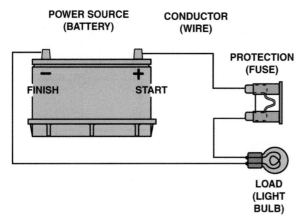

그림 4-1 모든 완전한 회로에는 전원, 전원 경로, 보호(퓨즈), 전기 부하(이 경우에는 전구) 및 전원으로의 귀환 경로가 있어야 한다.

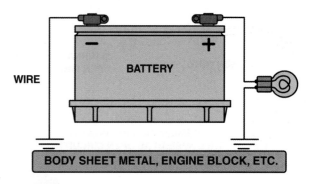

그림 4-2 배터리로의 귀환 경로는 구리선 또는 자동차의 금속 프레임 또는 몸체와 같은 모든 전기 도체가 가능하다.

회로 Circuits

정의 회로(circuit)는 전자가 전원(배터리 등)으로부터 전구와 같은 **부하**(load)를 통해 다시 전원으로 돌아오는 이동이 완전한 경로이다. 전류가 동일한 장소(전원)에서 시작하고 끝나므로 회로라고 불린다.

어떠한 전기 회로라도 동작을 하기 위해서는, 배터리(파워)로부터 모든 와이어와 구성요소를 통해 다시 배터리(접지)로 돌아오는 동안 연속적이어야 한다. 전체적으로 연속적인 회로는 **통전성**(continuity)이 있다고 한다.

완전한 회로의 부품 모든 완전한 회로(complete circuit)는 다음과 같은 부품을 포함한다. ●그림 4-1 참조.

1. 차량의 배터리와 같은 **전원**(power source).
2. 유해한 과부하(과도한 전류 흐름)로부터의 차단—퓨즈, 회로 차단기 및 퓨즈가 있는 배선은 전기 회로 보호 장치의 예이다.
3. 전류가 전원으로부터 저항으로 흘러 들어가는 전원 경로—전원으로부터 부하(전구 등)에 이르는 이러한 경로는 일반적으로 절연된 구리선이다.
4. 전기에너지를 열, 빛 또는 운동으로 변환시키는 **전기 부하**(electrical load) 또는 저항.
5. 완전한 회로가 되도록 전기 전류가 부하로부터 전원으로 돌아갈 수 있는 **귀환 경로**(return path) 또는 **접지 경로**(ground path)—이러한 귀환 또는 접지 경로는 일반적으로

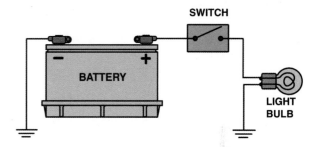

그림 4-3 전기 스위치는 회로를 열게 되고, 어떤 전류도 흐르지 않는다. 스위치는 귀환(접지) 경로 와이어상에 있을 수도 있다.

차량의 금속 몸체, 프레임, 접지 와이어 및 엔진 블록이다. ●그림 4-2 참조.
6. 회로를 켜고 끄는 스위치와 조정 장치. ●그림 4-3 참조.

회로 오류 유형 Circuit Fault Types

개방 회로 개방 회로(open circuit)는 완전하지 않거나 끊어진 와이어와 같이 통전성이 없는 회로이다. ●그림 4-4 참조. 개방 회로는 다음과 같은 특징이 있다.

1. 어떠한 전류도 개방 회로를 통해 흐르지 않는다.
2. 개방 회로는 회로의 차단에 의하거나, 회로의 개방(차단)하거나 전류의 흐름을 막기 위한 스위치에 의해 생성된다.
3. 전력 부하와 접지를 포함하는 모든 회로에서, 회로의 어느 곳이라도 개방되면 회로가 동작하지 않는다.
4. 집안의 조명 스위치와 차량의 전조등 스위치는 작동을 제어하기 위해 회로를 개방하는 장치의 예이다.
5. 회로의 전류가 퓨즈의 정격을 초과하면 퓨즈는 끊어진다

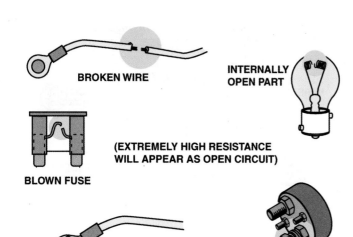

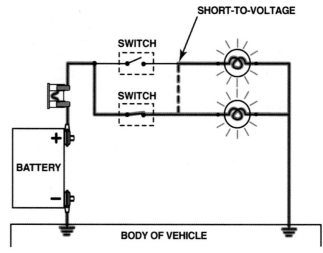

그림 4-4 개방 회로를 만드는 일반적인 원인의 예. 이러한 원인 중 일부는 종종 찾기가 어렵다.

그림 4-5 단락 회로(short circuit)는 전기적 전류가 회로의 일부 또는 모든 저항을 우회하도록 한다.

(개방된다). 이는 오류의 영향으로 구성요소나 배선에 손상을 주지 않기 위해 전류의 흐름을 막는다.

전압으로 단락 와이어(도체)나 구성요소가 전압에 단락된 경우 일반적으로 **단락**이라고 나타낸다. **전압으로 단락(short-to-voltage)**은 한쪽 회로의 전원 부분이 다른 회로의 전원 부분과 전기적으로 연결되었을 때 발생한다. ●그림 4-5 참조.

단락 회로는 다음과 같은 특징이 있다.

1. 이것은 일반적으로 전류가 회로의 **일부** 또는 **모든** 저항을 우회하는 완전한 회로이다.

2. 회로의 전원부와 관련된다.

3. 구리와 구리의 연결(서로 닿아 있는 두 개의 전원 공급 장치 와이어)을 포함한다.

4. 전압으로 단락이라고 불린다.

5. 일반적으로 하나 이상의 회로에 영향을 준다. 이 경우에 하나의 회로가 전기적으로 다른 회로와 연결되면, 하나의 회로는 다른 회로에서 파워가 공급되기 때문에 동작할 수 있다.

6. 퓨즈가 끊어지거나 끊어지지 않을 수 있다. ●그림 4-6 참조.

접지로 단락 접지로 단락(short-to-ground)은 전류가 일반 회로의 일부를 우회하고 접지로 바로 흐르는 경우 발생하는 단락 회로의 한 유형이다. 접지로 단락은 다음과 같은 특징이

있다.

1. 접지 복귀 회로는 금속(차량 프레임, 엔진 또는 본체)이므로, 구리에서 강철로 전류가 흐르는 것으로 식별되는 경우가 종종 있다.

2. 전원 경로 와이어가 실수로 귀환 경로 와이어나 도체에 닿는 모든 장소에서 발생한다. ●그림 4-7 참조.

3. 접지로 단락된 결함 있는 구성요소나 회로를 일반적으로 **접지되었다(grounded)**고 한다.

4. 접지로 단락은 항상 퓨즈의 끊어짐, 손상된 연결 장치 또는 녹은 와이어를 야기한다.

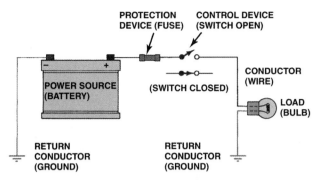

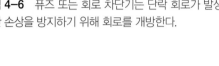

그림 4-6 퓨즈 또는 회로 차단기는 단락 회로가 발생하는 경우 과열로 인한 손상을 방지하기 위해 회로를 개방한다.

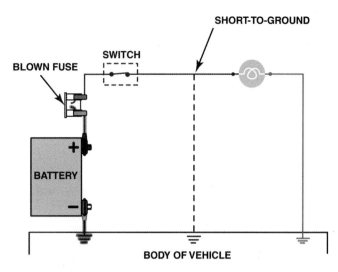

그림 4-7 접지로 단락(short-to-ground)은 회로의 전원 부분에 영향을 준다. 전류는 접지 복귀로 바로 흐르게 되어, 회로의 일부 또는 전기 부하 모두를 우회하게 된다. 단락을 지나서 회로에는 전류가 흐르지 않는다. 접지로 단락은 퓨즈가 끊어지도록 한다.

사례연구

전압으로 단락 사례

한 기술자가 다음과 같은 비정상적인 전기 문제를 가진 쉐보레 픽업트럭에서 일하고 있었다.

1. 브레이크 페달을 밟았을 때, 표시등과 측면표시등이 점등된다.
2. 회전 신호를 켜면 모든 표시등이 깜빡이고, 연료 표시 바늘이 위아래로 튄다.
3. 브레이크 등이 켜지면, 앞 주차등이 동시에 켜진다.

참고: 단일 필라멘트 전구(#1156 등)를 이중 필라멘트 전구(#1157 등)의 위치에 사용하는 경우 이와 유사한 문제가 발생할 수 있다.

대부분의 문제가 브레이크 페달이 눌려졌을 때 발생하므로, 기술자는 브레이크등 회로의 모든 전선을 추적하기로 하였다. 기술자는 배기 시스템 근처에서 문제를 발견하였다. 배기관(머플러 뒤)의 작은 구멍이, 뜨거운 배기가스를 트럭 후면의 회로 와이어가 모두 들어 있는 배선 용구에 향하게 하였다. 열이 단열재를 녹여 대부분의 전선이 닿게 하였다. 하나의 회로(브레이크 페달이 적용되는 경우 등)가 활성화될 때마다, 전류는 여러 개의 다른 회로에 완벽한 경로를 가지게 된다. 동작하는 회로에 충분한 저항이 있기 때문에 퓨즈는 끊어지지 않고, 전류(암페어 단위)는 퓨즈를 끊기에는 낮은 수준이다.

개요:

- **불만 사항**—고객이 브레이크 페달을 밟으면 트럭의 조명들이 이상해진다고 언급하였다.
- **원인**—배기구의 작은 구멍으로 인해 녹은 전선이 육안 검사 중에 발견되었다.
- **수리**—전선 수리가 수행되었고, 배기 누출을 수정하여, 고객 우려를 해결하였다.

고저항 고저항(high resistance)은 다음 중 하나에 의해 발생될 수 있다.

- 부식된 연결부 또는 소켓
- 연결 장치의 느슨해진 단자
- 느슨해진 접지 연결

회로의 어느 곳에 고저항이 있다면 다음과 같은 문제를 일으킬 수 있다.

1. 앞유리 와이퍼 또는 송풍기 모터 같은 모터로 구동되는 장치의 느린 작동
2. 희미한 조명
3. 계전기 또는 원통 코일의 딸깍 소리
4. 회로 또는 전기 부품의 작동 정지

옴의 법칙 Ohm's Law

정의 독일의 물리학자인 George Simon Ohm은 볼트인 전기 압력(EMF)과 옴인 전기 저항, 암페어인 모든 회로를 통해 흐르는 전류의 양이 모두 관련이 있음을 밝혀냈다. **옴의 법칙(Ohm's law)**은 다음과 같다.

1 옴 저항에 1 암페어가 흐르려면 1 볼트가 필요하다.

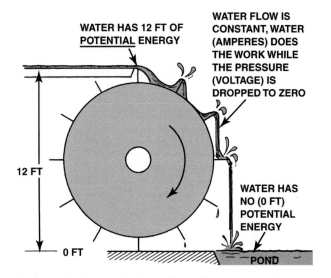

WATER HAS 12 FT OF POTENTIAL ENERGY

WATER FLOW IS CONSTANT, WATER (AMPERES) DOES THE WORK WHILE THE PRESSURE (VOLTAGE) IS DROPPED TO ZERO

12 FT

WATER HAS NO (0 FT) POTENTIAL ENERGY

0 FT

POND

그림 4-8 회로를 통한 전기적 흐름은 수차(waterwheel) 위로 흐르는 물과 유사하다. 더 많은 물(전기에서 암페어)은 더 많은 일(수차)을 할 수 있다. 물의 양은 일정하지만 압력(전기에서 전압)은 전류가 회로를 통해 흐름에 따라 감소한다.

🔧 **기술 팁**

수차를 생각해 보라.

초보 기술자가 시동기가 엔진을 천천히 돌리기 시작할 때, 배터리의 양극 단자를 청소하였다. 왜 양의 단자만 청소하였는지에 대해 궁금해 하는 선임 기술자에게 초보 기술자는 음의 단자는 "오로지 접지"라고만 대답했다. 선임 기술자는 초보 기술자에게 암페어 단위의 전류는 직렬 회로(크랭킹 모터 회로) 전체에 걸쳐 일정하다고 상기시켰다. 200암페어가 배터리의 양의 단자에 남아 있다면, 200암페어는 음극을 통해 배터리로 돌아와야 한다.

초보 기술자는 전기가 작업을 수행하는 방법(엔진 크랭크)을 이해하지 못했지만, 배터리를 그대로 두고 암페어 단위의 전류의 동일한 양이 반환된다. 선임 기술자는 전류는 회로 전체에서 일정하게 유지되지만, 전압(전기적 압력 또는 전기적 위치에너지)은 회로에서 0으로 떨어진다고 설명하였다. 더 설명하기 위해 선임 기술자는 수차(waterwheel)를 예로 들었다. ●그림 4-8 참조.

물이 높은 곳에서 낮은 곳으로 떨어지면, 높은 위치에너지(또는 전압)는 수차를 돌리기 위해 사용되고, 낮은 위치에너지(또는 낮은 전압)가 된다. 같은 양의 물(또는 암페어)이 수차 위의 폭포에서 시작되었듯이 수차 아래의 연못에 닿는다. 전류(암페어)가 도체를 통해 흐르게 되면, 전압(전위)이 떨어지는 동안 회로에 작업(수차를 돌린다)을 수행하게 된다.

이것은 전압이 두 배가 되고, 회로의 저항이 동일하게 유지된다면, 회로에 흐르는 전류의 암페어 수 또한 두 배가 된다는 것을 의미한다.

수식 옴의 법칙은 다른 두 개의 값이 알려진 경우에, 전기 회로의 하나의 값을 계산하기 위해 사용되는 단순한 수식으로 표현할 수 있다. 예를 들어 전류(I)가 알려지지 않았지만 전압(E)과 저항(R)이 알려진 경우, 옴의 법칙은 해답을 찾기 위해 사용될 수 있다. ●그림 4-9 참조.

$$I = \frac{E}{R}$$

여기서,

I = 암페어(A) 단위 전류
E = 볼트(V) 단위 기전력(electromotive force, EMF)
R = 옴(Ω)(그리스어 문자인 오메가) 단위 저항

이다.

1. 옴의 법칙은 볼트와 암페어가 알려져 있다면 저항을 결정할 수 있다.

$$R = \frac{E}{I}$$

2. 옴의 법칙은 저항(ohms)과 암페어가 알려진 경우 전압을 결정할 수 있다.

$$E = I \times R$$

3. 옴의 법칙은 저항과 전압이 알려진 경우 암페어를 결정할 수 있다.

$$I = \frac{E}{R}$$

참고: 옴의 법칙을 적용하기 전에 전기의 각 단위가 기본 단위로 변환되었는지 확인하여야 한다. 예를 들어 10 KΩ은 10,000 Ω으로 변환되어야 하고, 10 mA는 0.01 A로 변환되어야 한다.

●표 4-1 참조.

단순 회로에 적용되는 옴의 법칙
●그림 4-10과 같이 12볼트의 배터리가 4옴의 저항에 연결되었다면, 얼마나 많은 암페어가 회로를 통해 흐르게 될까?

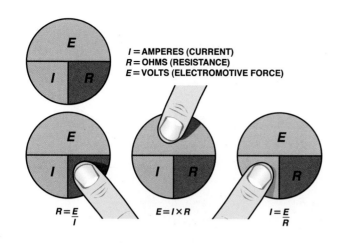

I = AMPERES (CURRENT)
R = OHMS (RESISTANCE)
E = VOLTS (ELECTROMOTIVE FORCE)

$R = \dfrac{E}{I}$ $E = I \times R$ $I = \dfrac{E}{R}$

그림 4–9 다른 두 개가 알려져 있을 때 전기의 한 단위를 계산하려면, 단순히 손가락을 사용하여 모르는 값을 가리면 된다. 예를 들어 전압(E) 과 저항(R)이 알려져 있을 때는 I(암페어)를 가리면 된다. 문자 E가 문자 R 위에 있으므로, 회로의 전류를 결정하기 위해서는 전압을 저항기의 값으로 나누면 된다.

전압	저항	암페어
증가	감소	증가
증가	동일	증가
증가	증가	동일
동일	감소	증가
동일	동일	동일
동일	증가	감소
감소	증가	감소
감소	동일	감소

표 4–1

전기의 세 가지 단위 간의 옴의 법칙 관계.

옴의 법칙을 사용해서 와이어나 저항을 통해 흐르는 암페어를 계산할 수 있다. 두 가지 요소(이 예에서는 볼트와 옴)를 안다면 남은 요소(암페어)는 옴의 법칙을 이용하여 계산할 수 있다.

$$I = \frac{E}{R} = \frac{12\,\text{V}}{4\,\Omega} = \text{A}$$

전압(12)과 저항(4)을 변수 E와 R에 대입하면 I는 3암페어 이다.

$$\left(\frac{12}{4} = 3\right)$$

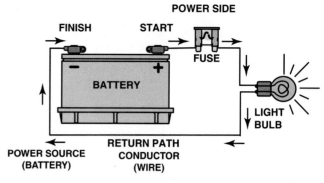

그림 4–10 이 폐회로는 전원, 전원 측 배선, 회로 보호(퓨즈), 저항(전구) 및 귀환 경로 와이어를 포함하고 있다. 이 회로에서 배터리가 12볼트 이고, 전기 부하가 4옴인 경우, 회로를 통해 흐르는 전류는 3암페어이다.

저항을 12볼트 배터리에 연결하려면, 이 간단한 회로가 동작하기 위해 3암페어가 필요하다는 것을 알아야 한다. 이것은 두 가지 이유로 우리에게 도움이 될 수 있다.

1. 회로를 통해 흐르는 암페어를 기준으로 필요한 와이어 지름을 결정할 수 있다.
2. 회로를 보호하기 위한 올바른 퓨즈 등급을 선택할 수 있다.

와트의 법칙 Watt's Law

배경 스코틀랜드의 발명가인 James Watt(1736~1819)는 최초로 광산에서 운반되는 석탄의 양을 측정하여 전형적인 말의 힘을 결정하였다. 말 한 마리의 힘은 분당 33,000피트-파운드로 결정된다. 전기는 와트라고 불리는 전력 단위로 표현 가능하며, 이러한 관계를 **와트의 법칙**(Watt's law)이라고 하고, 다음과 같이 나타낸다.

와트(watt)는 1암페어의 전류가 전위차가 1볼트인 회로를 통해 흐르는 것으로 표시되는 전력의 단위이다.

수식 와트의 기호는 대문자 W이다. 와트의 수식은 다음과 같다.

$$W = I \times E$$

이 수식을 표현하는 다른 방식은 파워의 단위를 나타내는 문자 P를 사용하는 것이다.

$$P = I \times E$$

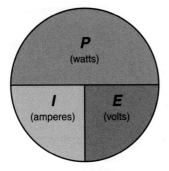

그림 4–11 다른 두 개를 알고 있을 때 하나의 단위를 계산하려면, 단순히 모르는 단위를 가려서, 해답을 얻으려면 어떤 단위가 나누어지거나 곱해져야 하는지를 확인하면 된다.

참고: 이 방정식을 "pie"라고 기억하면 쉽다.

엔진 파워는 1마력이 746와트와 같기 때문에, 일반적으로 와트 또는 킬로와트(1,000와트 = 1킬로와트)로 표시된다. 예를 들면, 200마력 엔진은 149,200와트 또는 149.2킬로와트(kW)의 출력을 갖는 것으로 평가될 수 있다.

와트를 계산하기 위해 암페어 단위의 전류와 회로의 전압을 알아야 한다. 이 요소 중 두 가지가 알려진 경우, 다른 요소는 다음 방정식에 의해 결정될 수 있다.

$P = I \times E$ (와트는 암페어와 전압의 곱이다.)

$I = \dfrac{P}{E}$ (전류는 와트를 전압으로 나눈 값이다.)

$E = \dfrac{P}{I}$ (전압은 와트를 암페어로 나눈 값이다.)

와트의 원(Watt's circle)을 그려서, 옴의 법칙(Ohm's law)을 적용한 원처럼 사용할 수 있다. ●그림 4–11 참조.

마법의 원 전기 단위의 어떤 조합이라도 계산할 수 있는 수식이 ●그림 4–12에 나타나 있다.

수식들을 전부 기억하는 것은 불가능하므로, 모든 수식을 표현해 놓은 이 원을 필요한 경우 사용하면 좋다.

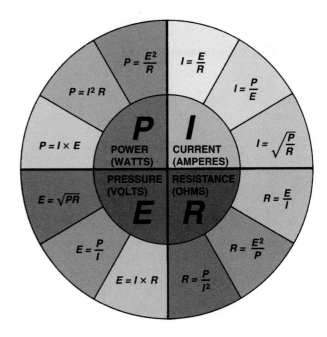

그림 4–12 옴의 법칙을 포함한 문제 등을 위한 모든 수식을 포함하는 "마법의 원". "pie"의 각 방면에 특정 알 수 없는 값을 해결하기 위해 사용되는 수식들이 있다. 오른쪽 상단에는 전류(암페어), 오른쪽 하단에는 저항(ohms), 왼쪽 하단에는 전압(E), 왼쪽 상단에는 파워(와트)가 있다.

🔧 **기술 팁**

와트는 전압의 제곱에 비례하여 증가한다.

자동차의 전조등이나 실내등 같은 전구의 밝기는 사용할 수 있는 와트 수에 달려 있다. 와트는 전기적 파워를 측정하는 단위이다. 배터리 전압이 약간만 떨어져도 빛은 눈에 띄게 어두워진다. 와트 단위의 파워(P)를 계산하는 수식은 $P = I \times E$이다. 이것은 와트 = 암페어 × 볼트라고 표현할 수도 있다.

옴의 법칙에 따르면 $I = \dfrac{E}{R}$이다. 따라서 $\dfrac{E}{R}$를 기존 수식에서 I 대신 대입할 수 있으며, 이는 $P = \dfrac{E}{R} \times E$ 또는 $P = \dfrac{E^2}{R}$의 형태가 된다.

E^2은 E를 자기 자신과 곱한 것을 의미한다. 전압(E)의 작은 변화는 전구의 전체 밝기에 큰 영향을 줄 수 있다(가정용 전구가 와트 수에 따라 판매됨을 기억하라). 그러므로 나쁜 전기적 연결 등으로 인해 자동차 전구의 전압이 감소하면, 전구의 밝기는 크게 영향을 받게 된다. 나쁜 전기적 접지는 전압 강하를 일으키게 된다. 전구의 전압이 감소하면 전구의 밝기가 감소하게 된다.

요약 Summary

1. 모든 완전한 회로에는 전원(배터리와 같은), 회로 보호용 소자(퓨즈와 같은), 전원 쪽 와이어 또는 경로, 전기적 부하, 접지 귀환 경로 및 스위치 또는 제어 장치가 있다.

2. 전압으로 단락(short-to-voltage)은 구리와 구리의 연결을 포함하고, 하나 이상의 회로에 영향을 준다.

3. 접지로 단락(short-to-ground)은 전원 경로 도체가 귀환(접지) 경로 도체와 닿는 경우를 포함하고, 보통 퓨즈를 끊어지게 한다.

4. 개방 회로는 회로의 끊어짐이며, 절대로 회로를 통해 전류가 흐르지 않게 된다.

복습문제 Review Questions

1. 완전한 전기 회로에 포함되는 것들을 모두 열거하라.

2. 전압으로 단락(short-to-voltage), 접지로 단락(short-to-ground)의 차이점은 무엇인가?

3. 전기적 개방과 단락의 차이점은 무엇인가?

4. 옴의 법칙은 무엇인가?

5. 부식된 연결로 인해 회로의 저항이 증가하는 경우, 전류 흐름(암페어)과 와트 수는 어떻게 되는가?

4장 퀴즈 Chapter Quiz

1. 절연된 (전원 측) 전선이 절연체의 일부가 문질러져, 전선 도체가 차량의 강철 몸체에 닿으면, 고장의 유형을 _____(이)라고 부른다.
   a. 전압으로 단락　　　　　c. 개방
   b. 접지로 단락　　　　　　d. 차대 접지

2. 구리 도체가 서로 닿은 지점에서 두 개의 절연된 (전원 측) 전선이 함께 녹은 경우, 고장의 유형을 _____(이)라고 부른다.
   a. 전압으로 단락　　　　　c. 개방
   b. 접지로 단락　　　　　　d. 떠 있는 접지

3. 12볼트가 3옴 저항에 적용될 경우 _____암페어가 흐르게 된다.
   a. 12　　　　　　　　　　c. 4
   b. 3　　　　　　　　　　　d. 36

4. 12볼트 전압이 인가되었을 때 1.2암페어가 측정된다면, 전구는 얼마의 와트를 소모하는가?
   a. 14.4와트　　　　　　　c. 10와트
   b. 144와트　　　　　　　　d. 0.1와트

5. 10볼트에서 150암페어를 필요로 하는 시동 모터는 얼마의 와트를 소모하는가?
   a. 15와트　　　　　　　　c. 1,500와트
   b. 150와트　　　　　　　　d. 15,000와트

6. 전기 회로에서 고저항은 _____을(를) 일으킬 수 있다.
   a. 희미한 조명　　　　　　c. 계전기 또는 원통 코일의 딸깍 소리
   b. 저속 모터 동작　　　　　d. 위의 모든 것

7. 회로에서 저항은 동일하게 유지되고, 전압이 증가한다면, 전류(암페어)는 어떻게 되는가?
   a. 증가한다.　　　　　　　c. 동일하게 유지된다.
   b. 감소한다.　　　　　　　d. 결정할 수 없다.

8. 배터리의 양극 단자에서 200암페어가 나오고, 시동 모터를 작동하면, 배터리의 음극 단자로 몇 암페어가 흘러 들어가는가?
   a. 결정할 수 없다　　　　　c. 1/2(약 100암페어)
   b. 0　　　　　　　　　　　d. 200암페어

9. 계산에 사용되는 전압 기호는 무엇인가?
   a. R　　　　　　　　　　c. EMF
   b. E　　　　　　　　　　d. I

10. 퓨즈의 끊어짐이 발생할 가능성이 가장 큰 회로 고장은 무엇인가?
   a. 개방　　　　　　　　　c. 전압으로 단락
   b. 접지로 단락　　　　　　d. 고저항

Chapter 5

직렬 회로

Series Circuits

직렬 회로 Series Circuits

정의 직렬 회로(series circuit)는 전기적 부하 모두를 통과하여 흐르는 전류의 경로가 하나만을 가지는 완전한 회로이다. 퓨즈와 스위치 같은 전기 부품은 일반적으로 직렬 회로를 결정하는 데 포함되지 않는다.

통전성 회로는 끊어짐 없이 연속적이어야 한다. 이를 **통전성(continuity)**이라고 부른다. 모든 회로는 전류가 회로를 흐를 수 있도록 통전성을 가져야 한다. 전류는 흐를 수 있는 단 하나의 경로만을 가지므로, 전류는 완전한 직렬 회로에서는 모든 곳에서 동일하다.

참고: 전기적 부하는 동작을 위해 파워와 접지를 모두 필요로 하므로, 직렬 회로의 어떤 곳의 끊어짐(개방)은 회로의 전류를 멈추게 한다.

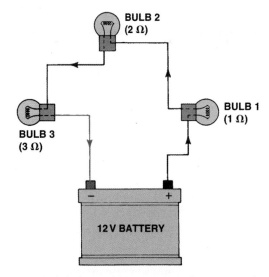

그림 5–1 세 개의 전구로 이루어진 직렬 회로(series circuit). 모든 전류는 모든 저항(전구)을 통해 흐른다. 회로의 전체 저항은 각 전구의 개별 저항의 합이고, 전구는 증가된 저항과, 회로를 통한 감소된 전류 흐름(암페어)으로 인해 희미하게 빛날 것이다.

옴의 법칙과 직렬 회로 Ohm's Law and Series Circuits

직렬 회로 전체 저항 직렬 회로는 모든 전류가 회로의 모든 저항을 통해 흘러야 하는, 하나 이상의 저항을 포함하는 회로이다. 옴의 법칙(Ohm's law)은 다른 두 개의 값을 알고, 하나의 모르는 값(전압, 저항 또는 암페어)을 계산하기 위해 사용될 수 있다.

모든 전류가 모든 저항을 통과하여 흐르므로, 전체 저항은 모든 저항의 합(더하기)이다. ●그림 5–1 참조.

여기에 표시된 회로의 전체 저항은 6옴이다(1 Ω + 2 Ω + 3 Ω). 직렬 회로에서 전체 저항(R_T)을 나타내기 위한 수식은 다음과 같다.

$$R_T = R_1 + R_2 + R_3 + \ldots$$

전류 흐름을 찾기 위해 옴의 법칙을 사용하면 다음과 같다.

$$I = \frac{E}{R} = \frac{12\,V}{6\,\Omega} = 2\,A$$

그러므로 표시된 직렬 회로에서 12볼트 배터리를 사용하고, 전체 저항이 6옴인 경우, 2암페어의 전류가 전체 회로를 흐르게 된다. 직렬 회로의 저항의 양이 감소하면, 더 많은 전류가 흐르게 된다.

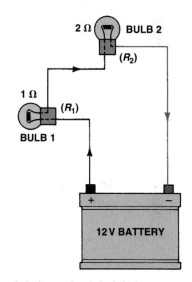

그림 5–2 두 개의 전구로 이루어진 직렬 회로.

예를 들어 ●그림 5–2처럼 하나의 저항(3옴 전구)이 그림 5–1에서 제거된다면, 이제 전체 저항은 3옴이 된다(1 Ω + 2 Ω).

전류 흐름을 계산하기 위해 옴의 법칙을 사용하면 4암페어가 나온다.

$$I = \frac{E}{R} = \frac{12\,V}{3\,\Omega} = 4\,A$$

저항이 반으로 줄어든 경우(6옴에서 3옴), 전류 흐름이 두 배로 증가(2암페어 대신 4암페어)하였다. 전류 흐름은 적용된 전압이 두 배가 되면, 또한 두 배가 된다.

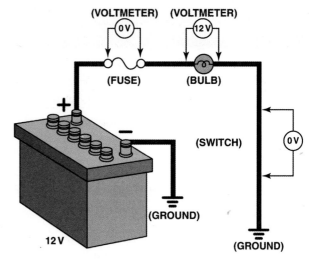

기술 팁

멀리 내다보는 전기의 품질

전기는 회로를 통해 긴 거리를 여행하면서 어떤 저항이 놓여 있는지 아는 것처럼 행동한다. 회로를 통과하는 경로에 많은 고저항 성분이 있는 경우, 매우 적은 수의 전자(암페어)가 그 여행을 하려는 시도를 선택할 것이다. 회로에 적거나 전혀 저항이 없는 경우(예를 들면, 단락 회로)에는 많은 전자(암페어들)이 완전한 회로를 통해 흐르려고 할 것이다. 만약 전구와 같은 다른 부하가 직렬로 추가된다면, 전류의 흐름은 감소하고, 다른 전구가 추가되기 전보다 전구는 희미해질 것이다. 흐름이 퓨즈나 회로 차단기의 용량을 넘어선다면, 회로는 개방되고, 모든 전류는 흐르지 않을 것이다.

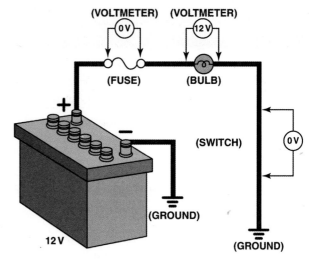

그림 5-3 전류가 회로에 흐르면 전압 강하(voltage drop)는 회로의 저항의 크기에 비례한다. 저항의 전부는 아니더라도 대부분에서 회로의 전구와 같은 부하에서 발생해야 한다. 다른 모든 구성요소와 배선에서 전압 강하는 거의 일어나지 않는다. 와이어나 연결에서 전압 강하가 발생하면, 전구를 밝히기 위해 사용할 수 있는 전압이 낮아지고, 전구는 정상적인 상태보다 어두워진다.

키르히호프 전압 법칙
Kirchhoff's Voltage Law

정의 독일의 물리학자인 Gustav Robert Kirchhoff(1824~1887)는 전기 회로에 관한 법칙을 발전시켰다. 그의 두 번째 법칙인 **키르히호프 전압 법칙(Kirchhoff's voltage law)**은 전압 강하와 관련이 있다. 그것은 다음과 같이 언급한다.

어떤 닫힌회로의 전압은 저항을 통한 전압 강하의 합(전체)과 같다.

예를 들면, 직렬 회로를 통한 전압은 각 저항에서 운동선수의 힘이 매번 격렬한 육체적 운동이 수행될 때마다 떨어지는 것과 유사하게 감소한다. 저항이 클수록 전압 강하도 커진다.

키르히호프 전압 법칙의 적용 Kirchhoff는 그의 두 번째 법칙에서 전압은 저항에 비례해서 떨어지고, 모든 전압 강하의 합은 인가된 전압과 같다고 언급하였다. ● 그림 5-3 참조.

● 그림 5-4를 사용하면, 회로의 전체 저항은 각 저항을 더해서 결정될 수 있다($2\,\Omega + 4\,\Omega + 6\,\Omega = 12\,\Omega$).

회로를 통과하는 전류는 옴의 법칙을 사용하여 결정된다 $\left(I = \dfrac{E}{R} = \dfrac{12\,V}{12\,\Omega} = 1\,A\right)$.

그러므로 표시된 회로에서 아래의 값들을 알 수 있다.

저항 = 12 Ω
전압 = 12 V
전류 = 1 A

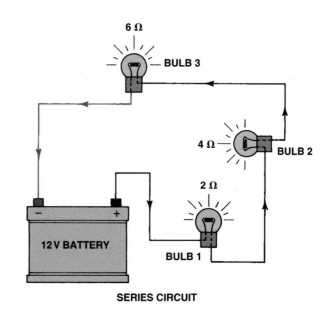

그림 5-4 직렬 회로에서 전압은 회로의 각 저항에 의해 떨어지거나 낮아진다. 저항이 클수록 전압의 강하는 커진다.

각 저항에서 발생되는 전압 강하를 제외하고 모든 것이 알려져 있다. **전압 강하(voltage drop)**는 전류가 완전한 회로를 통과할 때 저항에 걸리는 전압의 감소이다. 즉, 전압 강하는 전자를 저항으로 밀어 넣기 위해 필요한 전압(전기적 압력)의 양이다. 다음과 같이 전압 강하는 옴의 법칙을 사용하여 결정되며, 각 저항의 값을 개별적으로 사용하여 전압(E)을 계산하여 결정할 수 있다.

$$E = I \times R$$

이 경우 다음이 성립한다.

E = 전압

I = 회로의 전류(직렬 회로인 경우 전압은 다르지만 전류는 일정함을 기억하라)

R = 저항 중 하나만의 저항

전압 강하는 다음과 같다.

전구 1을 위한 전압 강하: $E = I \times R = 1\,A \times 2\,\Omega = 2\,V$

전구 2를 위한 전압 강하: $E = I \times R = 1\,A \times 4\,\Omega = 4\,V$

전구 3을 위한 전압 강하: $E = I \times R = 1\,A \times 6\,\Omega = 6\,V$

참고: 전압 강하는 저항에 비례함을 주목하여야 한다. 즉, 저항이 높을수록 전압 강하는 크다. 6옴 저항은 2옴 저항에 의한 전압 강하보다 전압을 3배 더 떨어뜨린다.

Kirchhoff에 의하면, 전압 강하의 합(더하기)은 인가된 전압(배터리 전압)과 동일해야 한다.

전체 전압 강하 = 2 V + 4 V + 6 V = 12 V = 배터리 전압

이는 Kirchhoff의 두 번째 법칙인 키르히호프 전압 법칙을 증명한다. 다른 예는 ●그림 5-5에 나와 있다.

전압 강하 Voltage Drops

회로에서 사용되는 전압 강하 전압 강하는 회로의 저항을 나타낸다. 종종 전압 강하는 전기적 부하가 정상적으로 동작하지 않게 하기 때문에 회로에서 원하지 않는 경우가 있다. 일부 자동차 전기 시스템은 다음과 같은 경우에 전압 강하를 사용한다.

1. **계기판 표시등**. 대부분의 차량에는 가변 저항기를 돌려 계기판 표시등의 밝기를 어둡게 하는 방법이 있다. 이러한 종류의 저항기는 조정될 수 있고, 계기판 표시 전구의 전압을 변화시킨다. 전구에 가해진 높은 전압은 전구를 밝게 빛나게 하고, 낮은 전압은 전구가 희미하게 빛나게 한다.

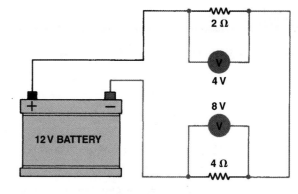

A. $I = E/R$ (TOTAL "R" = 6 Ω)
   12 V/6 Ω = 2 A

B. $E = I/R$ (VOLTAGE DROP)
   AT 2 Ω RESISTANCE =
   $E = 2 \times 2 = 4$ V
   AT 4 Ω RESISTANCE =
   $E = 2 \times 4 = 8$ V

C. 4 + 8 = 12 V
   SUM OF VOLTAGE DROP
   EQUALS APPLIED VOLTAGE

그림 5-5 전압계는 시험 단자 사이의 전압의 차이를 읽는다. 저항을 가로질러 판독된 전압은 전류가 저항을 흐를 때 발생하는 전압 강하이다. 전압 강하는 저항(전기적 부하)을 통과하는 전류(I)와 저항(R) 값의 곱으로 계산되므로, 또한 "IR" 강하라고도 불린다.

2. **송풍기 모터**(히터 또는 에어컨 팬). 팬의 속도는 전류를 고저항, 중간저항, 저저항 와이어 저항기로 보내는 팬 스위치에 의해 제어될 수 있다. 가장 높은 저항은 전압을 가장 낮게 떨어뜨리고, 모터를 가장 낮은 속도로 돌게 한다. 모터의 가장 높은 속도는 회로에 저항이 없는 경우이며, 전체 배터리 전압이 송풍기 모터로 전환된다.

시험 방법으로 사용되는 전압 강하 회로의 저항은 저항의 양에 비례하여 전압을 떨어뜨린다. 높은 저항은 전압을 낮은 저항에 비해 많이 떨어뜨리므로, 저항계와 함께 전압계가 저항을 측정하기 위해 사용될 수 있다. 사실, 전압 강하를 측정하는 것은 대부분의 자동차 제조업체가 과도한 저항이 포함된 회로를 찾거나 시험하기 위해 권장되고 선호되는 방법이다. 전압 강하를 위한 수식은 $E = I \times R$이며, E는 전압 강하, I는 회로의 전류를 나타낸다. 저항(R)의 값이 커지면 전압 강하도 증가한다는 것을 주의하여야 한다.

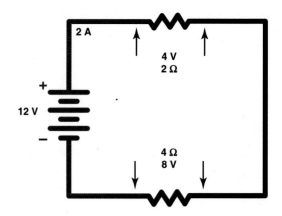

그림 5–6 표시된 2옴 저항기와 4옴 저항기가 연결된 직렬 회로에서 전류(2암페어)는 비록 각 저항기를 통한 전압 강하는 다르더라도 전체적으로 동일하다.

? 자주 묻는 질문

왜 저항을 측정하는 대신에 전압 강하를 측정하는가?

하나의 가닥을 제외하고 나머지 모든 가닥이 잘린 와이어를 상상해 보라. 저항계는 이 와이어의 저항을 확인하기 위해 사용될 수 있고, 와이어는 정상이라고 표시하면서 저항값은 작을 것이지만, 이 하나의 작은 가닥은 회로에서 전류(암페어)를 적절하게 전달하지 못할 것이다. 따라서 전압 강하 시험은 두 가지 이유로 구성요소의 저항을 결정하는 더 좋은 시험이다.

- 저항계는 회로에서 분리된 와이어 또는 구성요소만 시험할 수 있고, 전류를 운반하지 않는다. 저항은 전류가 흐를 때 바뀔 수 있거나 바뀐다.
- 전압 강하 시험은 전류가 구성요소를 통해 흐를 때, 도체가 온도가 상승하여 저항이 증가하기 때문에 동적 시험이다. 이 것은 전압 강하 시험이 정상 작동 중에 회로를 시험하고, 따라서 회로 상태를 결정하는 가장 정확한 방법이라는 것을 의미한다.

전압 강하 시험은 저항이 알려질 필요가 없기 때문에 수행하기가 더 쉽다. 회로의 전압의 손실은 12볼트 회로의 경우 3% 미만이거나 0.36볼트 미만이어야 한다.

직렬 회로 법칙 Series Circuit Laws

직렬로 연결된 전기적 부하 또는 저항은 다음의 **직렬 회로 법칙(series circuit law)**을 따른다.

법칙 1 직렬 회로의 전체 저항은 개별 저항의 전체 합이다. 개별 전기적 부하의 저항값은 단순히 함께 더해진다.

법칙 2 전류는 회로 전체에서 동일하다. ●그림 5–6 참조. 2암페어의 전류가 배터리를 떠났다면, 2암페어의 전류가 배터리로 돌아온다.

법칙 3 전류(암페어 단위)가 일정하더라도, 회로의 개별 저항에 의한 전압 강하는 각 저항마다 다를 수 있다. 각 부하에 걸리는 전압 강하는 총 저항과 비교되는 저항의 값에 비례한다. 예를 들면, 두 저항기로 이루어진

기술 팁

전구와 옴의 법칙

일반적인 자동차 전구의 저항이 실온에서 측정되는 경우, 저항은 종종 1옴 정도이다. 12볼트가 전구에 가해지는 경우, 계산되는 전류는 12암페어 정도가 예상된다($I = \dfrac{E}{R} = \dfrac{12}{1} = 12\ A$). 그러나 전류가 전구의 필라멘트를 통해 흐르면, 필라멘트는 가열되어 백열이 되며, 이로 인해 빛을 발한다. 전구가 처음 전원에 연결되고 전류가 흐르기 시작하면, 파동 전류라고 부르는 많은 양의 전류가 필라멘트를 통해 흐르게 된다. 그런 다음, 수천분의 1초 내에 필라멘트의 증가하는 저항으로 인해, 전구가 작동할 때 전류의 흐름은 파동 전류의 10% 정도로 감소하며, 실제 전류 흐름은 약 1.2A 또는 약 100옴의 저항을 발생시킨다.

결과적으로, 전류 흐름을 계산하기 위한 옴의 법칙의 사용은 실제 동작 중에 구성요소의 온도의 차이를 고려하지 않는다.

회로에서 각 저항기의 저항이 전체 저항의 반이라면, 저항을 통한 전압 강하는 인가된 전압의 반이 될 것이다. 개별 전압 강하의 전체 합은 인가된 소스 전압과 동일하다.

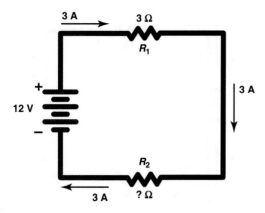

그림 5-7 예제 1.

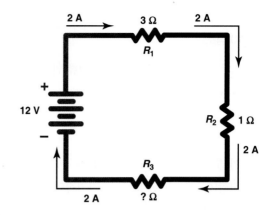

그림 5-8 예제 2.

직렬 회로의 예제
Series Circuit Examples

아래에 설명된 네 가지 예제는 각각 다음의 풀이를 포함한다.

- 회로의 전체 저항
- 회로를 통한 전류 흐름(암페어)
- 각 저항을 통한 전압 강하

예제 1

(●그림 5-7 참조)

이 문제에서 모르는 것은 R_2의 값이다. 소스 전압과 회로 전류가 알려져 있기 때문에 전체 회로 저항은 옴의 법칙을 통해 계산될 수 있다.

$$R_{Total} = \frac{E}{I} = 12\text{ V} \div 3\text{ A} = 4\ \Omega$$

R_1이 3옴이고, 전체 저항이 4옴이므로, R_2의 값은 1옴이다.

예제 2

(●그림 5-8 참조)

이 문제에서 알 수 없는 것은 R_3의 값이다. 그러나 전체 저항은 옴의 법칙을 통해 계산할 수 있다.

$$R_{Total} = \frac{E}{I} = 12\text{ V} \div 2\text{ A} = 6\ \Omega$$

R_1(3옴)과 R_2(1옴)의 합성 저항은 4옴이므로, R_3의 값은 전체 저항(6옴)과 알려진 저항값(4옴)의 차이이다.

$$6 - 4 = 2\ \Omega = R_3$$

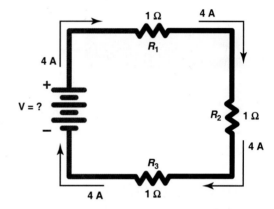

그림 5-9 예제 3.

예제 3

(●그림 5-9 참조)

이 문제에서 알 수 없는 값은 배터리의 전압이다. 전압에 관해 풀기 위해 옴의 법칙($E = I \times R$)을 사용하여야 한다. 이 문제에서 R은 전체 저항(R_T)을 나타낸다. 직렬 회로의 전체 저항은 개별 저항기의 값을 더함으로써 결정된다.

$$R_T = 1\ \Omega + 1\ \Omega + 1\ \Omega$$
$$R_T = 3\ \Omega$$

전체 저항값(3옴)을 방정식에 대입하면 배터리 전압은 12볼트이다.

$$E = 4\ \text{A} \times 3\ \Omega$$
$$E = 12\text{ V}$$

예제 4

(●그림 5-10 참조)

이 문제에서 알려지지 않은 것은 회로의 전류(암페어)이다. 전류를 풀기 위해 옴의 법칙을 사용하여야 한다.

$$I = \frac{E}{R} = 12\,V \div 6\,\Omega = 2\,A$$

세 개의 개별 저항기의 합(2 Ω + 2 Ω + 2 Ω = 6 Ω)인 회로의 전체 저항(6옴)이 사용되었음을 기억하여야 한다. 회로를 통한 전류는 2암페어이다.

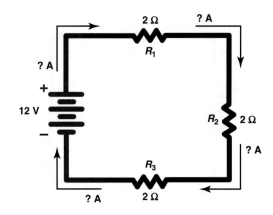

그림 5-10   예제 4.

요약 Summary

1. 간단한 직렬 회로에서는 전류는 전체를 통해 일정하게 유지되지만, 전압은 전류가 회로의 각 저항을 통해 흐를 때 떨어진다.
2. 개별 저항 또는 부하를 통한 전압 강하는 회로의 전체 저항과 비교하여 저항값에 직접적으로 비례한다.
3. 전압 강하의 합(전체)은 인가된 전압과 동일하다(키르히호프 전압 법칙).
4. 직렬 회로의 어느 곳에서나 열리거나 끊기면 전체 전류가 흐르지 않는다.

복습문제 Review Questions

1. 키르히호프 전압 법칙은 무엇인가?
2. 회로에서 전압이 두 배가 된다면 전류(암페어)는 어떻게 되는가?
3. 회로에서 저항이 두 배가 된다면 전류(암페어)는 어떻게 되는가?
4. 전압 강하의 수식은 무엇인가?

5장 퀴즈 Chapter Quiz

1. 직렬 회로에서 암페어값은 _____.
   a. 회로 어느 곳에서나 동일하다.
   b. 서로 다른 저항에 의해 생기는 회로 안의 변수이다.
   c. 회로의 시작 부분에서는 높고, 저항을 통해 전류가 흐름에 따라 낮아진다.
   d. 배터리에서 떠난 것보다 항상 적게 돌아온다.

2. 직렬 회로에서 전압 강하의 합은 _____와(과) 같다.
   a. 암페어값
   b. 저항
   c. 소스 전압
   d. 와트값

3. 저항과 전압이 알려져 있다면, 전류(암페어)를 찾기 위한 수식은 무엇인가?
   a. $E = I \times R$
   b. $I = E \times R$
   c. $R = E \times I$
   d. $I = \dfrac{E}{R}$

4. 직렬 회로가 각각 4옴인 세 개의 저항기를 가지고 있다. 각 저항기를 통한 전압 강하는 4볼트이다. 기술자 A는 소스 전압은 12볼트라고 얘기하였다. 기술자 B는 전체 저항은 18옴이라고 얘기하였다. 어느 기술자가 옳은가?
   a. 기술자 A만
   b. 기술자 B만
   c. 기술자 A와 B 모두
   d. 기술자 A와 B 둘 다 틀리다

5. 12볼트 배터리가 2, 4, 6옴의 세 개의 저항기를 가진 직렬 회로에 연결된다면, 회로에 얼마의 전류가 흐르게 되나?

a. 1암페어   c. 3암페어

b. 2암페어   d. 4암페어

6. 직렬 회로가 두 개의 10옴 전구를 가지고 있다. 세 번째 10옴 전구가 직렬로 추가되었다. 기술자 A는 회로에 두 개의 전구가 있을 때보다, 세 개의 전구가 있을 때 어두워진다고 말했다. 기술자 B는 회로의 전류는 증가한다고 말했다. 어느 기술자의 말이 옳은가?

a. 기술자 A만

b. 기술자 B만

c. 기술자 A와 B 모두

d. 기술자 A와 B 둘 다 틀리다

7. 기술자 A는 직렬 회로에서 전압 강하의 합은 소스 전압과 같아야 한다고 얘기하였다. 기술자 B는 전류(암페어)는 직렬 회로의 저항의 값에 따라 변한다고 얘기하였다. 어느 기술자의 말이 맞는가?

a. 기술자 A만

b. 기술자 B만

c. 기술자 A와 B 모두

d. 기술자 A와 B 둘 다 틀리다

8. 두 개의 전구가 직렬로 연결되고, 하나의 전구가 끊어졌다(열렸다). 기술자 A는 다른 전구가 작동한다고 얘기한다. 기술자 B는 하나의 전기적 부하(저항)가 더 이상 작동하지 않기 때문에 전류는 회로에서 증가한다고 말했다. 어느 기술자의 말이 맞는가?

a. 기술자 A만   c. 기술자 A와 B 모두

b. 기술자 B만   d. 기술자 A와 B 둘 다 틀리다

9. 네 개의 저항기가 12볼트 배터리와 직렬로 연결되어 있다. 저항기의 값은 각각 10, 100, 330, 470옴이다. 기술자 A는 가장 큰 전압 강하는 10옴 저항기에서 발생한다고 얘기한다. 기술자 B는 가장 큰 전압 강하는 470옴 저항기에서 발생한다고 얘기한다. 어느 기술자의 말이 맞는가?

a. 기술자 A만   c. 기술자 A와 B 모두

b. 기술자 B만   d. 기술자 A와 B 둘 다 틀리다

10. 세 개의 전구가 직렬로 연결되어 있다. 네 번째 전구가 회로에 직렬로 연결되었다. 기술자 A는 전체 전압 강하가 증가한다고 얘기한다. 기술자 B는 전류(암페어)가 감소할 것이라고 얘기한다. 어느 기술자의 말이 맞는가?

a. 기술자 A만   c. 기술자 A와 B 모두

b. 기술자 B만   d. 기술자 A와 B 둘 다 틀리다

Chapter 6

병렬 회로

Parallel Circuits

학습목표

이 장을 학습하고 나면,

1. 키르히호프 전류 법칙을 설명할 수 있다.
2. 병렬 회로 법칙을 설명할 수 있다.

핵심용어

가지	분로
다리	전체 회로 저항
병렬 회로	키르히호프 전류 법칙

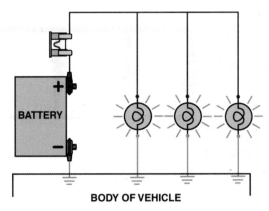

그림 6-1 차량에서 사용되는 일반적인 병렬 회로(parallel circuit)는 많은 내부, 외부 조명을 포함한다.

병렬 회로 Parallel Circuits

정의 병렬 회로(parallel circuit)는 전류가 흐를 수 있는 하나 이상의 경로를 가지는 완전한 회로이다. 연결 지점에서 분리되고 만나는 개별 경로를 **분기**(branch), **다리**(leg) 또는 **분로**(shunt)라고 부른다. 각 가지 또는 다리를 통해 흐르는 전류 흐름은 각 가지의 저항에 따라 다르다. 병렬 회로의 하나의 다리 또는 부분의 절단 혹은 개방은, 병렬 회로의 남겨진 다리를 통한 전류의 흐름을 중단시키지 않는다. 차량에서의 대부분의 회로는 병렬 회로이며, 각 분기는 12볼트 전원 공급 장치에 연결된다. ●그림 6-1 참조.

키르히호프 전류 법칙 Kirchhoff's Current Law

정의 Kirchhoff의 첫 번째 법칙인 **키르히호프 전류 법칙** (Kirchhoff's current law)은 아래와 같다.

전기적 회로의 어떤 교차점으로 흘러 들어가는 전류 흐름은 그 교차점을 통해 흘러 나가는 전류의 흐름의 양과 같다.

키르히호프 법칙은 교차점 A로 흘러 들어가는 전류 흐름의 양은 교차점 A에서 흘러 나가는 전류 흐름의 양과 같다고 말한다.

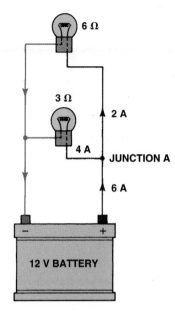

그림 6-2 교차점 A로 흘러 들어가는 전류 흐름의 양은 교차점을 흘러 나가는 전류 흐름의 전체 양과 같다.

예:

6옴 다리는 2암페어를 필요로 하고, 3옴 저항 다리는 4암페어를 필요로 하므로, 배터리에서 교차점 A까지 와이어는 6 암페어를 취급할 수 있어야 한다. 또한 교차점에서 흘러 나가는 전류 흐름의 합(2 + 4 = 6A)은 교차점으로 흘러 들어온 전류 흐름(6A)과 같다는 것을 기억하여야 하고, 이는 키르히호프 전류 법칙을 증명한다. ●그림 6-2 참조.

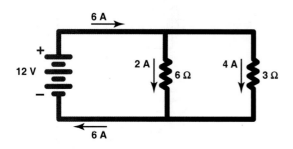

그림 6-3 병렬 회로의 전류는 각 가지에서의 저항에 따라 갈라진다(나눠진다). 각 가지는 저항기에 12볼트가 적용된다.

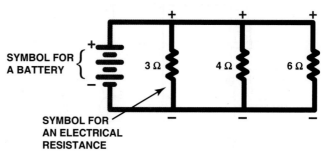

그림 6-4 전형적인 병렬 회로에서는 각 저항은 전원과 접지, 회로의 다른 다리와 독립적으로 동작하는 각 다리를 가진다.

가장 작은 저항의 경로

전기는 항상 가장 작은 저항의 경로를 취한다는 오래된 말이 있다. 이것은 사실이고, 특히 점화 시스템의 2차 부분(고전압)과 같은 곳에 결함이 있는 경우에도 사실이다. 점화 플러그의 경로보다 낮은 저항을 가지는 접지로의 경로가 있다면, 고전압 점화는 가장 작은 저항의 경로를 취한다. 전류가 흐를 수 있는 경로가 하나 이상인 병렬 회로에서, 대부분의 회로는 낮은 저항 가지를 통해 흐르게 된다. 이것은 모든 전류가 가장 낮은 저항을 통해 흐른다는 것을 의미하지는 않으며, 이는 다른 경로가 접지로의 경로를 제공하고, 다른 가지를 통한 전류 흐름의 양은 옴의 법칙에 의해 저항과 가해진 전압에 따라 결정되기 때문이다.

따라서 전기가 가장 낮은 저항의 경로를 취하는 유일한 곳은 전류가 흐를 수 있는 다른 경로가 없는 직렬 회로에서이다.

병렬 회로 법칙 Parallel Circuit Laws

법칙 1 병렬 회로의 전체 저항은 가장 작은 저항 다리보다 항상 작다. 이것은 모든 전류가 각 다리나 가지를 통해 흐르지 않기 때문에 발생한다. 단 하나 또는 두 개의 차선에 비해 다섯 개의 차선이 있는 도로에서 더 많은 차량이 주행할 수 있는 것과 유사하게, 많은 가지가 있으면 더 많은 전류가 배터리에서 흐를 수 있다.

법칙 2 전압은 병렬 회로의 각 다리마다 동일하다.

법칙 3 각 다리의 개별 전류의 합은 전체 전류와 같다. 병렬

회로를 통과하는 전류 흐름의 양은 각 다리의 저항의 값에 따라 각 다리에서 달라질 수 있다. 각 다리에 흐르는 전류 흐름은 회로의 다른 모든 다리와 동일한 전압 강하(전원 쪽에서 접지 쪽으로)를 일으킨다. ● 그림 6-3 참조.

참고: 병렬 회로는 회로의 각 다리의 저항을 통해 소스 전압으로부터 0(접지)으로 전압이 떨어진다.

병렬 회로에서 전체 저항 결정
Determining Total Resistance in a Parallel Circuit

병렬 회로의 전체 저항을 결정하는 다섯 가지의 일반적으로 사용되는 방법이 있다.

참고: 병렬 회로의 전체 저항을 *결정*하는 것은 자동차 서비스에서 매우 중요하다. 전자 연료 분사 장치와 디젤 엔진 예열 플러그 회로는 병렬 회로에 대한 지식이 필요한, 가장 일반적으로 시험되는 두 개의 회로이다. 또한 추가적인 조명을 설치할 때, 기술자는 적절한 용량의 와이어와 보호 장치를 결정해야 한다.

방법 1 전체 **전류**(암페어 단위)는 먼저 병렬 회로의 각 다리를 단순한 회로로 처리하여 계산할 수 있다. ●그림 6-4 참조.

각 다리는 고유한 파워(+) 쪽과 접지(−) 쪽을 가지고 있으므로, 각 다리를 통과하는 전류는 다른 다리를 통과하는 전류와 독립적이다.

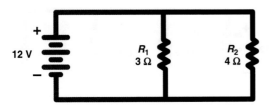

그림 6-5 두 개의 저항기가 12볼트 배터리에 병렬로 연결된 것을 보여주는 개략도.

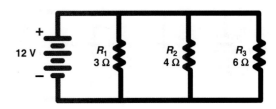

그림 6-6 12볼트 배터리에 연결된 세 개의 저항기가 있는 병렬 회로.

3 Ω 저항을 통과하는 전류는 $I = \dfrac{E}{R} = \dfrac{12\,V}{3\,\Omega} = 4\,A$를 통해 찾을 수 있다.

4 Ω 저항을 통과하는 전류는 $I = \dfrac{E}{R} = \dfrac{12\,V}{4\,\Omega} = 3\,A$를 통해 찾을 수 있다.

6 Ω 저항을 통과하는 전류는 $I = \dfrac{E}{R} = \dfrac{12\,V}{6\,\Omega} = 2\,A$를 통해 찾을 수 있다.

배터리에서 흐르는 전체 전류는 각 다리를 통한 개별 전류의 총합과 같다. 따라서 배터리로부터의 전체 전류는 9암페어(4 A + 3 A + 2 A = 9 A)이다.

만약 **전체 회로 저항(total circuit resistance)**(R_T)이 필요하다면 전압(E)과 전류(I)가 알려져 있으므로, 옴의 법칙이 전체 저항(R_T)을 계산하기 위해 사용될 수 있다.

$$R_T = \frac{E}{I} = \frac{12\,V}{9\,A} = 1.33\,\Omega$$

전체 저항(1.33Ω)은 병렬 회로의 가장 작은 저항 다리의 값보다 작음을 주의하여야 한다. 병렬 회로의 이러한 특성은 모든 전류가 직렬 회로에서와 같이 모든 저항을 통해 흐르지 않기 때문에 유효하다.

전류는 병렬 회로의 다양한 다리를 통해 접지로 가는 다른 경로를 가지기 때문에, 병렬 회로에 추가적인 저항(다리)이 추가될 때, 배터리(전원)로부터 나오는 전체 전류는 증가한다.

추가적인 전류는 저항이 병렬적으로 추가될 때 흐를 수 있으며, 이는 병렬 회로의 각 다리는 고유의 전원과 접지를 가지며, 각 다리를 통해 흐르는 전류는 그 다리의 저항에 강하게 의존하기 때문이다.

방법 2 오로지 두 개의 저항기만 병렬로 연결되면, 전체 저항(R_T)은 수식 $R_T = \dfrac{R_1 \times R_2}{R_1 + R_2}$를 이용하여 찾을 수 있다. 예를 들면, ●그림 6-5의 회로를 사용하고, R_1 대신 3옴을 대입하고, R_2 대신 4옴을 대입하면, $R_T = \dfrac{3 \times 4}{3 + 4} = \dfrac{12}{7} = 1.7\,\Omega$이 된다.

전체 저항(1.7Ω)은 회로의 가장 작은 저항 다리의 값보다 작음에 주의해야 한다.

참고: 어떤 저항기가 R_1이고 어떤 저항기가 R_2인지는 중요하지 않다. 수식에서의 위치는 저항기 값의 곱셈과 덧셈에서 어떤 차이도 만들지 않는다.

이 수식은 병렬로 두 개 이상의 저항이 있는 경우에도 사용될 수 있지만, 단지 두 개의 저항만이 한 번에 계산될 수 있다. 두 개의 저항기를 위해 R_T를 계산한 후, R_T를 R_1으로, 병렬로 추가된 저항을 R_2로 사용하여야 한다. 그런 다음 다른 R_T를 구할 수 있다. 병렬 회로의 모든 저항 다리에 대해 동일 과정을 계속하면 된다. 그러나 방법 3 또는 방법 4를 사용하면, 병렬로 두 개 이상의 저항이 있을 때 R_T에 대해 더 쉽게 풀 수 있다.

방법 3 병렬로 연결된 어떤 숫자의 저항에 대해서도 전체 저항을 찾기 위해 사용될 수 있는 수식은 $\dfrac{1}{R_T} = \dfrac{1}{R_1} + \dfrac{1}{R_2} + \dfrac{1}{R_3} + \dots$이다. ●그림 6-6에 있는 세 개의 저항 다리의 R_T를 풀기 위해, R_1, R_2, R_3의 저항값을 대체할 수 있다. $\dfrac{1}{R_T} = \dfrac{1}{3} + \dfrac{1}{4} + \dfrac{1}{6}$.

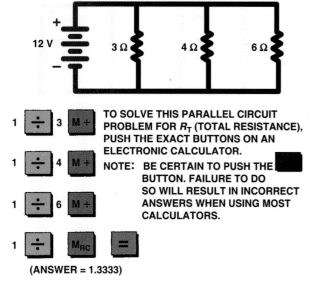

12 V
3 Ω
4 Ω
6 Ω
TO SOLVE THIS PARALLEL CIRCUIT PROBLEM FOR R_T (TOTAL RESISTANCE), PUSH THE EXACT BUTTONS ON AN ELECTRONIC CALCULATOR.
NOTE: BE CERTAIN TO PUSH THE BUTTON. FAILURE TO DO SO WILL RESULT IN INCORRECT ANSWERS WHEN USING MOST CALCULATORS.
1 ÷ 3 M+
1 ÷ 4 M+
1 ÷ 6 M+
1 ÷ MRC =
(ANSWER = 1.3333)

그림 6–7 병렬 회로의 전체 저항을 결정하기 위한 전자계산기의 사용.

12 V
20 Ω
1,000 Ω
45 Ω
USE AN ELECTRONIC CALCULATOR TO SOLVE
R_T = 1 ÷ 20 M+
1 ÷ 1,000 M+
1 ÷ 45 M+
1 ÷ MRC =
NOTE: THE TOTAL RESISTANCE (R_T) MUST BE LESS THAN THE SMALLEST RESISTANCE (LESS THAN 20 Ω IN THIS EXAMPLE).

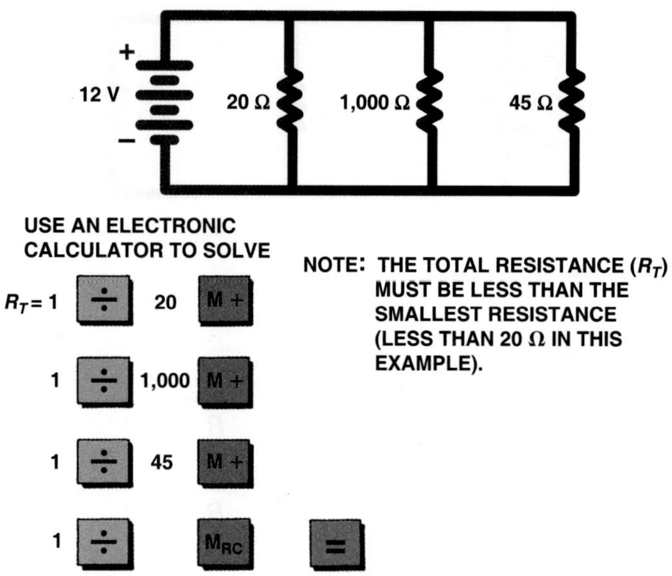

그림 6–8 병렬 회로의 전체 저항을 결정하기 위한 전자계산기 사용의 또 다른 예. 답은 13.45옴이다. 이 회로의 유효 저항은 가장 낮은 가지의 저항(20옴)보다 낮음에 주의하여야 한다.

모두 동일한 분모를 가지지 않는다면, 분수는 함께 더할 수 없다. 이 예에서 가장 낮은 공통분모는 12이다. 따라서 $\frac{1}{3}$은 $\frac{4}{12}$가 되고, $\frac{1}{4}$은 $\frac{3}{12}$이 되고, $\frac{1}{6}$은 $\frac{2}{12}$가 된다.

$\frac{1}{R_T} = \frac{4}{12} + \frac{3}{12} + \frac{2}{12}$ 또는 $\frac{9}{12}$가 된다. 교차해서 곱하면 $R_T = \frac{12}{9} = 1.33\Omega$이 된다.

결과(1.33Ω)는 사용된 방법(방법 1 참조)에 상관없이 동일하다. 이 방법을 사용하는 데 가장 어려운 부분은(분수 사용 외에) 가장 작은 공통분모를 결정하는 것이며, 특히 다양한 다리에 광범위한 저항값을 포함하는 회로의 경우는 더 어렵다. 계산기를 사용하는 보다 쉬운 방법은 방법 4를 참조하여야 한다.

방법 4 이 방법은 일반적으로 매우 저렴한 비용으로 이용할 수 있는 전자계산기를 사용한다. 방법 3에서처럼 가장 낮은 공통분모를 결정하는 대신, 전자계산기를 사용하여 분수를 십진수로 변환할 수 있다. 대부분의 계산기의 메모리 버튼은 분수값의 누적 합계를 유지하기 위해 사용될 수 있다. ●그림 6–7을 사용하여, 계산기의 표시된 버튼을 눌러 전체 저항(R_T)을 계산할 수 있다. ●그림 6–8도 참조.

참고: 이 방법은 병렬로 연결된 *어떤 숫자*의 저항이라도 전체 저항을 찾는 데 사용될 수 있다.

메모리 불러오기(memory recall, MRC)와 등호(=) 버튼은 전체 저항(1.33Ω)의 정확한 값을 위해 답을 뒤집어야 한다. 메모리 버튼을 사용하지 않고, 역$\left(\frac{1}{X}\text{ 또는 } X^{-1}\right)$ 버튼은 공학용 계산기의 합(SUM) 버튼과 함께 사용될 수 있다.

방법 5 이 방법은 병렬로 연결된 두 개 이상의 저항이 같은 값일 때 쉽게 사용될 수 있다. ●그림 6–9 참조.

동일한 값을 가지는 저항기의 전체 저항(R_T)을 계산하기 위해서는 저항의 값을 동일한 저항기의 수로 나누면 된다. R_T = 동일한 저항의 값 / 동일한 저항의 수 $= \frac{12\ \Omega}{4} = 3\ \Omega$

참고: 대부분의 자동차 및 소형 트럭의 전기 회로는 동일 저항이 다양한 용도로 사용되기 때문에, 이 방법이 매우 효과적이다. 예를 들면, 여섯 개의 추가적인 12옴 조명이 차량에 추가되는 경우, 추가적인 조명은 단지 2옴의 저항

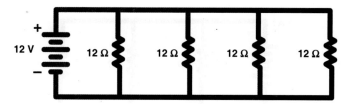

그림 6-9 네 개의 12옴 저항기를 포함하는 병렬 회로. 회로에 동일한 값의 저항기가 하나 이상인 경우 전체 저항은 단순히 저항값(이 예에서는 12옴)을 동일 값 저항기의 수(이 예에서는 4)로 나누면 되며, 이 경우 3옴을 얻을 수 있다.

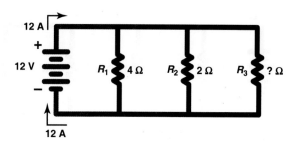

그림 6-11 예제 2.

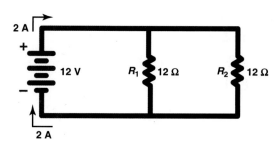

그림 6-10 예제 1.

을 나타내게 된다$\left(\dfrac{12\,\Omega}{6}\ \text{lights}=2\right)$. 그러므로 6암페어의 추가적인 전류가 추가적인 조명에 의해 흐르게 된다$\left(I=\dfrac{E}{R}=\dfrac{12\,\text{V}}{2\,\Omega}=6\,\text{A}\right)$.

병렬 회로 계산 예제
Parallel Circuit Calculation Examples

아래에 설명된 네 가지 예제는 각각 다음의 풀이를 포함한다.

- 전체 저항
- 각 가지를 통한 전류 흐름(암페어) 및 전체 전류 흐름
- 각 저항을 통한 전압 강하

예제 1:

(●그림 6-10 참조)

이 예제에서 배터리의 전압은 알려지지 않았으며, 사용되는 방정식은 $E = I \times R$이고, R은 회로의 전체 저항을 나타낸다.

병렬 연결된 두 개의 저항기에 대한 방정식을 사용하면, 전체 저항은 6옴이다.

$$R_T = \frac{R_1 \times R_2}{R_1 + R_2} = \frac{12 \times 12}{12 + 12} = \frac{144}{24} = 6\,\Omega$$

방정식에 전체 저항값을 대입하면 배터리 전압은 12볼트의 값이 된다.

$$E = I \times R$$
$$E = 2\,\text{A} \times 6\,\Omega$$
$$E = 12\,\text{V}$$

예제 2:

(●그림 6-11 참조)

이 예제에서 알 수 없는 것은 R_3의 값이다. 전압(12볼트)과 전류(12암페어)가 알려져 있기 때문에 각 가지나 다리를 독립된 회로로 취급하여 모르는 저항을 풀기가 더 쉽다. 키르히호프 법칙을 사용하면, 전체 전류는 각 가지를 통과하여 흐르는 전체 전류와 같다. R_1을 통과하여 흐르는 전류는 3암페어$\left(I=\dfrac{E}{R}=\dfrac{12\,\text{V}}{4\,\Omega}=3\,\text{A}\right)$이고, R_2를 통과하여 흐르는 전류는 6암페어$\left(I=\dfrac{E}{R}=\dfrac{12\,\text{V}}{2\,\Omega}=6\,\text{A}\right)$이다. 그러므로 두 개의 알려진 가지를 통해 흐르는 전체 전류는 9암페어(3 A + 6 A = 9 A)이다. 배터리를 떠나서 돌아오는 전류는 12암페어이므로, R_3를 통과하여 흐르는 전류는 3암페어(12 A − 9 A = 3 A)가 되어야 한다. 그러므로 저항은 4 Ω$\left(I=\dfrac{E}{R}=\dfrac{12\,\text{V}}{4\,\Omega}=3\,\text{A}\right)$이 되어야 한다.

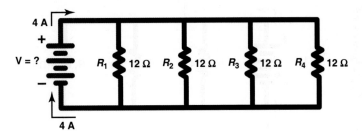

그림 6-12 예제 3.

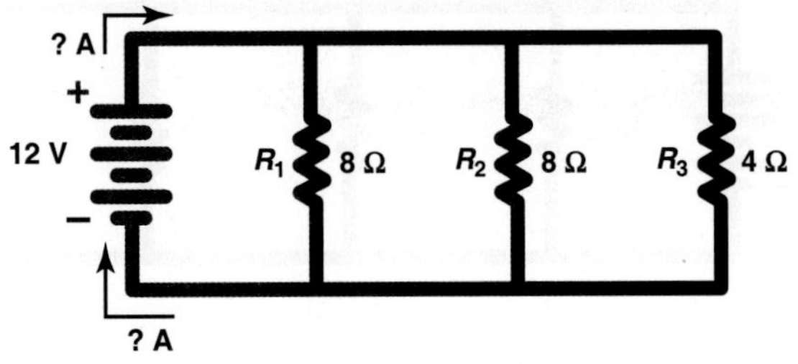

그림 6-13 예제 4.

예제 3:

(●그림 6-12 참조)

이 예제에서 알 수 없는 값은 배터리의 전압이다. 옴의 법칙에 따라 전압에 관해 풀기 위한 방정식은 다음과 같다.

$$E = I \times R$$

이 방정식에서 R은 전체 저항을 나타낸다. 동일한 값을 가지는 네 개의 저항기가 있으므로, 전체 저항은 다음 방정식에 의해 결정될 수 있다.

$$R_{Total} = \frac{\text{저항기의 값}}{\text{동일 저항기의 수}} = \frac{12\,\Omega}{4} = 3\,\Omega$$

병렬 회로의 전체 저항의 값(3 Ω)을 옴의 법칙에 대입하면 배터리 전압은 12볼트이다.

$$E = 4\,A \times 3\,\Omega$$
$$E = 12 \text{ 볼트}$$

예제 4:

(●그림 6-13 참조)

알려지지 않은 것은 회로의 전류의 양이다. 전류를 풀기 위한 옴의 법칙은 다음과 같다.

$$I = \frac{E}{R}$$

R은 전체 저항을 나타낸다. 두 개의 동일한 저항(8 Ω)이 있기 때문에 이 두 개는 4옴 저항 하나로 대체될 수 있다($R_{Total} = \frac{\text{값}}{\text{수}} = \frac{8\,\Omega}{2} = 4\,\Omega$).

두 개의 8옴 저항기와 하나의 4옴 저항기를 포함하는 이 병렬 회로의 전체 저항은 2옴)이다(병렬로 연결된 두 개의 8옴 저항기는 4옴과 같다. 그런 다음 병렬로 연결된 두 개의 4옴 저항기는 2옴과 같다). 배터리로부터의 전류 흐름은 6암페어로 계산된다.

$$I = \frac{E}{R} = \frac{12\,V}{2\,\Omega} = 6\,A$$

1. 병렬 회로는 대부분의 자동차 응용에서 사용된다.
2. 병렬 회로의 전체 저항은 항상 회로의 다리에서의 가장 작은 저항보다 작다.
3. 연결 지점에서 분리되고 만나는 독자적인 경로를 분기(branch), 다리(leg) 또는 분로(shunt)라고 부른다.
4. 키르히호프의 전류 법칙은 다음과 같다. 전기 회로의 교차점으로 들어가는 전류 흐름은 교차점으로 흘러 나가는 전류 흐름과 같다.
5. 병렬 회로에서 전체 저항을 계산하기 위해 사용될 수 있는 다섯 가지 기본 방법이 있다.

복습문제 Review Questions

1. 왜 병렬 회로의 전체 저항이 가장 작은 저항보다 작은가?
2. 왜 병렬 회로(직렬 회로 대신에)가 대부분의 자동차 응용에서 사용되는가?
3. 키르히호프의 전류 법칙은 무엇인가?
4. 병렬 회로에서 전체 저항을 계산하는 다섯 가지 방법 중 세 가지는 무엇인가?

6장 퀴즈 Chapter Quiz

1. 두 개의 전구가 12볼트 배터리에 병렬로 연결되어 있다. 하나의 전구는 6옴의 저항을 가지고, 다른 전구는 2옴의 저항을 가지고 있다. 기술자 A는 전체 전류가 가장 낮은 저항 경로를 통해 흐르고, 6옴 전구에는 전류가 흐르지 않기 때문에, 2옴 전구만 빛날 것이라고 말했다. 기술자 B는 6옴 전구가 2옴 전구에 비해 더 어두울 것이라고 말했다. 어느 기술자가 옳은가?
   a. 기술자 A만
   b. 기술자 B만
   c. 기술자 A와 B 모두
   d. 기술자 A와 B 둘 다 틀리다

2. 세 개의 저항기 4Ω, 8Ω, 16Ω이 있는 병렬 회로의 전체 저항과 전류를 다섯 가지 방법 중 하나(계산기 사용)를 이용하여 계산하시오. 값은 얼마인가?
   a. 27옴(0.4암페어)
   b. 14옴(0.8암페어)
   c. 4옴(3암페어)
   d. 2.3옴(5.3암페어)

3. 추가 전구와 같은 부속품이 기존 회로에 병렬로 연결되면 어떤 일이 발생하는가?
   a. 회로에서 전류가 증가한다.
   b. 회로에서 전류가 감소한다.
   c. 회로에서 전압이 감소한다.
   d. 회로의 저항이 증가한다.

4. 6기통 엔진은 3개의 분사기의 두 그룹을 병렬로 전기적으로 연결한 6개의 연료 분사 장치를 사용한다. 세 개의 12옴 분사기가 병렬로 연결된 경우 저항은 어떻게 되는가?
   a. 36옴
   b. 12옴
   c. 4옴
   d. 3옴

5. 차량에 네 개의 미등 전구가 모두 병렬로 연결되어 있다. 하나의 전구가 타버린 경우(개방), 회로의 전체 전류는 _____.
   a. 증가하고, 다른 전구는 더 밝게 빛난다.
   b. 세 개의 전구만 작동하기 때문에 감소한다.
   c. 모든 전구가 병렬로 연결되어 있으므로 동일하게 유지된다.
   d. 0이 되고, 다른 세 개의 전구는 꺼진다.

6. 두 개의 동일한 전구가 12볼트 배터리에 병렬로 연결되어 있다. 첫 번째 전구를 통한 전압 강하는 전압계로 측정하였을 때 12볼트이다. 다른 전구를 통한 전압 강하는 얼마인가?
   a. 0볼트
   b. 1볼트
   c. 6볼트
   d. 12볼트

7. 세 개의 저항기가 병렬로 12볼트 배터리에 연결되어 있다. 각 저항기를 통과하는 전류 흐름은 4암페어이다. 저항기의 값은 얼마인가?

   a. 1옴
   b. 2옴
   c. 3옴
   d. 4옴

8. 두 개의 전구가 병렬로 12볼트 배터리에 연결되어 있다. 다른 전구가 병렬로 새로 추가되었다. 기술자 A는 세 번째 선구는 선구의 필라멘트를 통한 전류 흐름이 감소하므로 다른 두 개의 전구보다 어두울 것이라고 말한다. 기술자 B는 배터리로부터의 전류 흐름의 양은 추가적인 부하에 의해 감소할 것이라고 말한다. 어느 기술자의 말이 맞는가?

   a. 기술자 A만
   b. 기술자 B만
   c. 기술자 A와 B 모두
   d. 기술자 A와 B 둘 다 틀리다

9. 차량에는 네 개의 주차 표시등이 모두 병렬로 연결되어 있고, 전구 중 하나가 타 버렸다. 기술자 A는 이를 통해 주차 표시등 회로의 퓨즈가 날아갈 수 있다고 말한다(개방). 기술자 B는 회로의 전체 전류가 감소할 것이라고 말한다. 어느 기술자의 말이 맞는가?

   a. 기술자 A만
   b. 기술자 B만
   c. 기술자 A와 B 모두
   d. 기술자 A와 B 둘 다 틀리다

10. 세 개의 저항기가 12볼트 배터리에 병렬로 연결되어 있다. 배터리로부터의 전체 전류 흐름은 12암페어이다. 첫 번째 저항기는 3옴이고, 두 번째 저항기는 6옴이다. 세 번째 저항기의 값은 얼마인가?

    a. 1Ω
    b. 2Ω
    c. 3Ω
    d. 4Ω

Chapter 7

직렬–병렬 회로

Series–Parallel Circuits

학습목표

이 장을 학습하고 나면,

1. 직렬–병렬 회로를 구분할 수 있다.
2. 직렬–병렬 회로의 오류를 감지할 수 있는 위치를 알 수 있다.

핵심용어

복합 회로	직렬–병렬 회로
조합 회로	

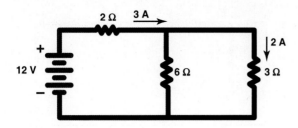

그림 7-1 직렬-병렬 회로.

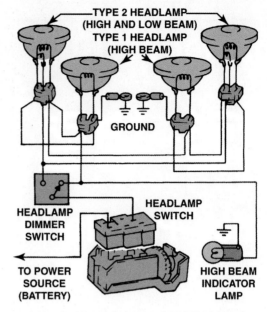

그림 7-2 모든 전구와 스위치가 있는 이 완전한 전조등 회로는 직렬-병렬 회로이다.

직렬-병렬 회로
Series-Parallel Circuits

정의 직렬-병렬 회로(series-parallel circuit)는 하나의 복합 회로에서 직렬과 병렬 부분의 조합이다. 직렬-병렬 회로는 **복합 회로**(compound circuit) 또는 **조합 회로**(combination circuit)라고도 불린다. 많은 자동차 회로는 병렬 및 직렬로 구성된 부분을 포함한다.

직렬-병렬 회로의 유형 직렬-병렬 회로는 병렬 부하 또는 저항과, 전기적으로 직렬로 연결된 추가적인 부하 또는 저항을 모두 포함한다. 직렬-병렬 회로에는 기본적인 두 가지 유형이 있다.

- 부하가 병렬로 연결된 다른 부하와 직렬로 연결된 회로. ●그림 7-1 참조.
  계기판 조명 조절 회로가 이러한 유형의 직렬-병렬 회로의 예이다. 가변 저항기는 계기판 조명 전구에서 전류 흐름을 제한하기 위해 사용되며, 병렬로 연결되어 있다.
- 병렬 회로가 하나 이상의 가지와 직렬로 연결된 저항 또는 부하를 포함하는 회로. 전조등 및 시동 회로가 이러한 유형의 직렬-병렬 회로의 예이다. 전조등 스위치는 대개 조광기 스위치와 직렬로 연결되고, 계기판 조명 조절 저항기와 병렬로 연결되어 있다. 전조등은 또한 미등과 차폭등과 함께 병렬로 연결되어 있다. ●그림 7-2 참조.

직렬-병렬 회로 오류 미등 회로와 같은 전통적인 병렬 회로가 회로의 한 가지에서 저항이 증가하는 전기적 결함을 갖는다면, 그 가지를 통과하는 전류 흐름의 양은 감소할 것이

다. 부식 또는 다른 유사한 원인으로 인해 추가된 저항은 전압 강하를 일으킬 것이다. 이러한 전압 강하로 인해 낮아진 전압이 적용될 것이고, 미등의 전구는 전구의 밝기가 적용된 전압과 전류에 의존하므로, 정상보다 어두워질 것이다. 만약 추가된 저항이 두 미등을 모두 공급하는 회로의 일부에서 발생한다면, 두 미등은 모두 정상보다 어두워진다. 이 경우 추가된 저항은 원래 단순한 병렬 회로를 직렬-병렬 회로로 바꾸게 된다.

직렬-병렬 회로 계산 문제 풀이
Solving Series–Parallel Circuit Calculation Problems

직렬-병렬 회로 문제의 풀이를 위한 열쇠는 가능한 한 결합하거나 단순화하는 것이다. 예를 들면, 병렬 가지 또는 다리 안에 직렬로 연결된 두 개의 부하 또는 저항이 있다면, 그 회로는 병렬 부분을 풀려고 하기 전에 두 개의 저항이 우선 함께 더해지면 더 간단해질 수 있다. ●그림 7-3 참조.

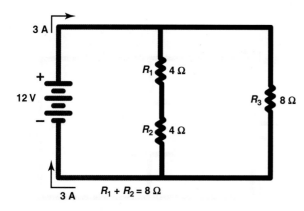

그림 7-3 직렬-병렬 회로 문제 풀이.

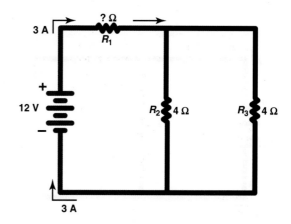

그림 7-4 예제 1.

직렬-병렬 회로 계산 예제
Series–Parallel Circuit Calculation Examples

아래에 설명된 네 가지 예제는 각각 다음을 위한 풀이이다.

- 전체 저항
- 각 가지를 통한 전류 흐름(암페어) 및 전체 전류 흐름
- 각 저항을 통한 전압 강하

예제 1:

(●그림 7-4 참조)

알려지지 않은 저항기가 병렬로 연결된 다른 두 개의 저항기와 직렬로 연결되어 있다. 저항을 결정하기 위한 옴의 법칙 방정식은 다음과 같다.

$$R = \frac{E}{I} = \frac{12\ V}{3\ A} = 4\ \Omega$$

그러므로 회로의 전체 저항은 4옴이고, 알려지지 않은 저항 값은 병렬로 연결된 두 개의 저항기의 값을 뺌으로써 결정될 수 있다. 병렬 가지의 저항은 2옴이다.

$$R_T = \frac{4 \times 4}{4 + 4} = \frac{16}{8} = 2\ \Omega$$

그러므로 알려지지 않은 저항의 값은 2옴이다. 전체 $R = 4\ \Omega - 2\ \Omega = 2\ \Omega$.

예제 2:

(●그림 7-5 참조)

이 회로에서 알려지지 않은 단위는 배터리의 전압이다. 옴의 법칙 방정식은 다음과 같다.

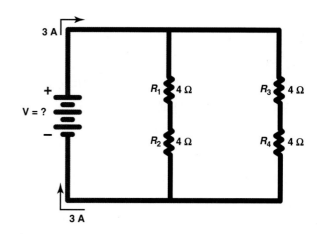

그림 7-5 예제 2.

$$E = I \times R$$

이 문제를 풀기 전에, 전체 저항을 결정하여야 한다. 각 가지는 직렬로 연결된 두 개의 4옴 저항기를 포함하므로, 각 가지에서의 값은 회로를 단순화하기 위해 더해질 수 있다. 각 가지의 저항기를 함께 더함으로써 병렬 회로는 이제 두 개의 8옴 저항기로 구성된다.

$$R_T = \frac{R_1 \times R_2}{R_1 + R_2} = \frac{8 \times 8}{8 + 8} = \frac{64}{16} = 4\ \Omega$$

전체 저항의 값을 옴의 법칙 수식에 대입하면 배터리 전압은 12볼트가 된다.

$$E - I \times R$$
$$E = 3\ A \times 4\ \Omega$$
$$E = 12\ V$$

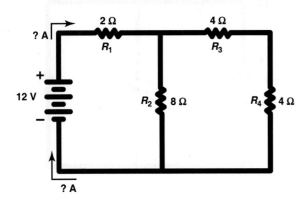

그림 7-6 예제 3.

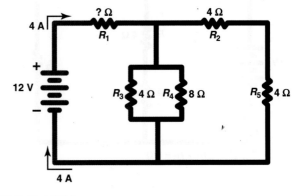

그림 7-7 예제 4.

예제 3:

(●그림 7-6 참조)

이 예제에서 회로를 통한 전체 전류는 알 수 없다. 이를 풀기 위한 옴의 법칙 방정식은 다음과 같다.

$$I = \frac{E}{R}$$

병렬 회로의 전체 저항은 전류(암페어)를 풀기 위해 방정식을 사용하기 전에 결정되어야 한다. 전체 저항을 풀기 위해 두 개의 저항기는 병렬 회로의 같은 가지에서 직렬로 연결되므로 우선 R_3와 R_4의 값을 함께 더해 회로를 단순화할 수 있다. 더 단순화하기 위해 이제 두 개의 8옴 저항기가 병렬로 연결된 회로의 병렬 부분은 하나의 4옴 저항기로 교체될 수 있다.

$$R_T = \frac{R_1 \times R_2}{R_1 + R_2} = \frac{8 \times 8}{8 + 8} = \frac{64}{16} = 4\,\Omega$$

병렬 가지가 이제 단지 하나의 4옴 저항기로 줄어들면, 이는 직렬연결이므로, 2옴(R_1) 저항기와 더해질 수 있으며, 전체 회로 저항은 6옴이 된다. 이제 전류 흐름은 옴의 법칙으로부터 결정될 수 있다.

$$I = \frac{E}{R} = 12 \div 6 = 2\,A$$

예제 4:

(●그림 7-7 참조)

이 예제에서 R_1의 값은 알 수 없다. 옴의 법칙을 사용하면, 회로의 전체 저항은 3옴이다.

$$R = \frac{E}{I} = \frac{12\,V}{4\,A} = 3\,\Omega$$

그러나 전체 저항을 아는 것은 R_1의 값을 결정하기에 충분하지 않다. 회로를 단순화하기 위해 R_2와 R_5는 직렬로 연결되어 있기 때문에 결합될 수 있으며, 병렬 가지 저항값은 8옴이 된다. 더욱 단순화하기 위해 두 개의 8옴의 다리는 하나의 4옴 다리로 줄어들 수 있다.

$$R_T = \frac{R_1 \times R_2}{R_1 + R_2} = \frac{8 \times 8}{8 + 8} = \frac{64}{16} = 4\,\Omega$$

이제 회로는 각 가지에 4옴이 있는 두 개의 가지와 직렬 연결된 하나의 저항기(R_1)로 단순화되었다. 이 두 가지는 하나의 2옴 저항기와 같아지도록 줄일 수 있다.

$$R_T = \frac{R_1 \times R_2}{R_1 + R_2} = \frac{4 \times 4}{4 + 4} = \frac{16}{8} = 2\,\Omega$$

이제 회로는 단지 하나의 2옴 저항기와 알 수 없는 R_1이 포함된다. 전체 저항이 3옴이기 때문에 R_1의 값은 1옴이어야 한다.

$$3\,\Omega - 2\,\Omega = 1\,\Omega$$

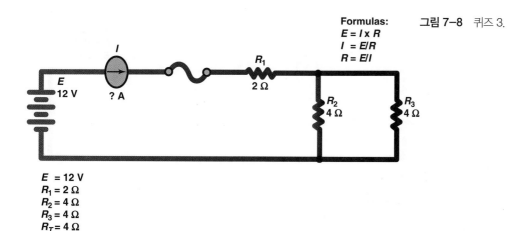

Formulas:
$E = I \times R$
$I = E/R$
$R = E/I$

그림 7–8 퀴즈 3.

E = 12 V
R_1 = 2 Ω
R_2 = 4 Ω
R_3 = 4 Ω
R_T = 4 Ω
I =

요약 Summary

1. 직렬–병렬 회로는 복합 회로 또는 조합 회로라고 불린다.
2. 직렬–병렬 회로는 직렬 및 병렬 회로의 조합이다.
3. 직렬–병렬 회로의 직렬 부분에서의 결함은 직렬 부분이 회로의 병렬 부분의 전원 쪽 또는 접지 쪽이라면 전체 회로의 동작에 영향을 준다.

4. 직렬–병렬 회로의 하나의 다리의 결함은 단지 하나의 다리의 구성요소에 영향을 준다.

복습문제 Review Questions

1. 직렬–병렬 회로의 직렬 부분의 저항의 증가는 왜 병렬 다리(가지)를 통한 전류(암페어)에 영향을 주는가?
2. 직렬–병렬 회로의 병렬 부분의 한 다리의 개방 회로의 영향은 무엇인가?

3. 직렬–병렬 회로의 직렬 부분의 개방 회로의 영향은 무엇인가?

7장 퀴즈 Chapter Quiz

1. 계기판의 절반이 어둡다. 기술자 A는 결함이 있는 계기판 표시등 조광기가 병렬로 연결된 전구와 직렬로 연결되어 있으므로, 이유가 될 수 있다고 말한다. 기술자 B는 하나 이상의 전구가 결함이 있을 수 있다고 말한다. 어느 기술자가 옳은가?
   a. 기술자 A만
   b. 기술자 B만
   c. 기술자 A와 B 모두
   d. 기술자 A와 B 둘 다 틀리다
2. 모든 브레이크 표시등이 정상보다 어둡다. 기술자 A는 고장 난 전구가 원인일 수 있다고 말한다. 기술자 B는 브레이크 스위치의 높

은 저항이 원인일 수 있다고 말한다. 어느 기술자가 옳은가?
   a. 기술자 A만
   b. 기술자 B만
   c. 기술자 A와 B 모두
   d. 기술자 A와 B 둘 다 틀리다
3. ●그림 7–8을 보고, 전체 저항(R_T)과 전체 전류(I)를 구하라.
   a. 10옴과 1.2A
   b. 4옴과 3A
   c. 6옴과 2A
   d. 2옴과 6A

그림 7-9 퀴즈 4.

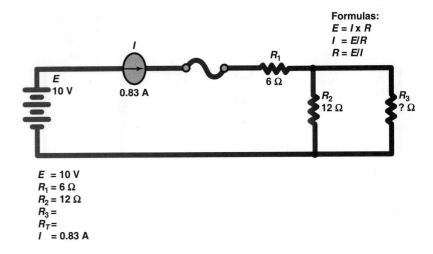

Formulas:
$E = I \times R$
$I = E/R$
$R = E/I$

I
0.83 A

E
10 V

R_1
6 Ω

R_2
12 Ω

R_3
? Ω

E = 10 V
R_1 = 6 Ω
R_2 = 12 Ω
R_3 =
R_T =
I = 0.83 A

그림 7-10 퀴즈 5.

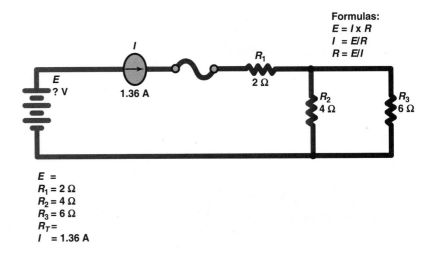

Formulas:
$E = I \times R$
$I = E/R$
$R = E/I$

I
1.36 A

E
? V

R_1
2 Ω

R_2
4 Ω

R_3
6 Ω

E =
R_1 = 2 Ω
R_2 = 4 Ω
R_3 = 6 Ω
R_T =
I = 1.36 A

4. ●그림 7-9를 보고, R_3의 값과 전체 저항(R_T)을 구하라.

   a. 12옴과 12옴

   b. 1옴과 7옴

   c. 2옴과 8옴

   d. 6옴과 6옴

5. ●그림 7-10을 보고, 전압(E)과 전체 저항(R_T)을 구하라.

   a. 16.3볼트와 12옴

   b. 3.3볼트와 2.4옴

   c. 1.36볼트와 1옴

   d. 6볼트와 4.4옴

6. ●그림 7-11을 보고, R_1의 값과 전체 저항(R_T)을 구하라.

   a. 3옴과 15옴

   b. 1옴과 15옴

   c. 2옴과 5옴

   d. 5옴과 5옴

7. ●그림 7-12를 보고, 전체 저항(R_T)과 전체 전류(I)를 구하라.

   a. 3.1옴과 7.7암페어

   b. 5.1옴과 4.7암페어

   c. 20옴과 1.2암페어

   d. 6옴과 4암페어

8. ●그림 7-13을 보고, E의 값과 전체 저항(R_T)을 구하라.

   a. 13.2볼트와 40옴

   b. 11.2볼트와 34옴

   c. 8볼트와 24.2옴

   d. 8.6볼트와 26옴

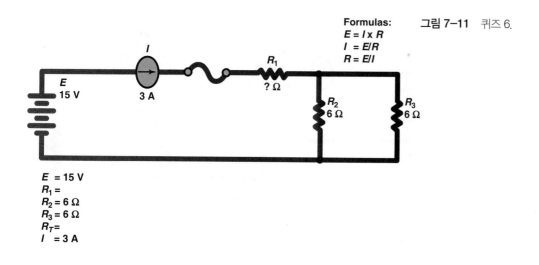

E = 15 V
R_1 =
R_2 = 6 Ω
R_3 = 6 Ω
R_T =
I = 3 A

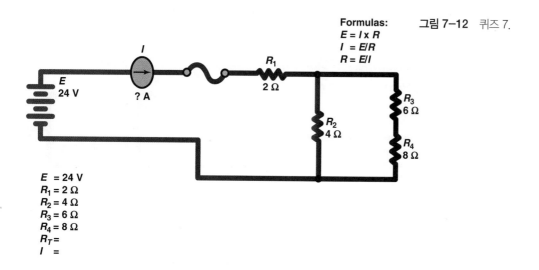

E = 24 V
R_1 = 2 Ω
R_2 = 4 Ω
R_3 = 6 Ω
R_4 = 8 Ω
R_T =
I =

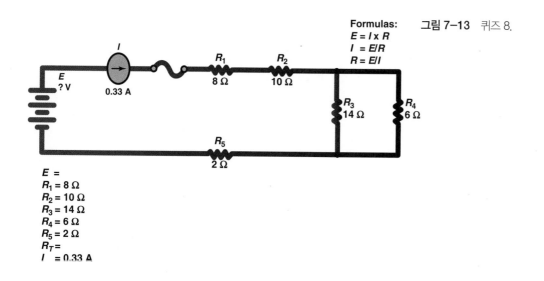

E =
R_1 = 8 Ω
R_2 = 10 Ω
R_3 = 14 Ω
R_4 = 6 Ω
R_5 = 2 Ω
R_T =
I = 0.33 A

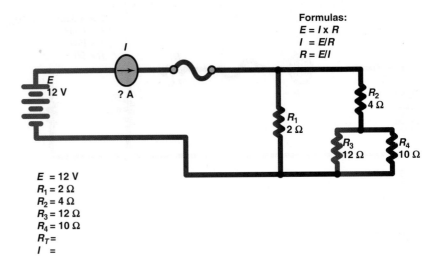

그림 7-14 퀴즈 9.

Formulas:
$E = I \times R$
$I = E/R$
$R = E/I$

I
? A

E
12 V

R_1
2 Ω

R_2
4 Ω

R_3
12 Ω

R_4
10 Ω

E = 12 V
R_1 = 2 Ω
R_2 = 4 Ω
R_3 = 12 Ω
R_4 = 10 Ω
R_T =
I =

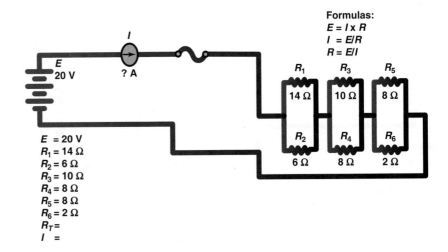

그림 7-15 퀴즈 10.

Formulas:
$E = I \times R$
$I = E/R$
$R = E/I$

I
? A

E
20 V

R_1
14 Ω

R_3
10 Ω

R_5
8 Ω

R_2
6 Ω

R_4
8 Ω

R_6
2 Ω

E = 20 V
R_1 = 14 Ω
R_2 = 6 Ω
R_3 = 10 Ω
R_4 = 8 Ω
R_5 = 8 Ω
R_6 = 2 Ω
R_T =
I =

9. ●그림 7-14를 보고, 전체 저항(R_T)과 전체 전류(I)를 구하라.

   a. 1.5옴과 8암페어

   b. 18옴과 0.66암페어

   c. 6옴과 2암페어

   d. 5.5옴과 2.2암페어

10. ●그림 7-15를 보고, 전체 저항(R_T)과 전체 전류(I)를 구하라.

   a. 48옴과 0.42암페어

   b. 20옴과 1암페어

   c. 30옴과 0.66암페어

   d. 10.2옴과 1.96암페어

회로 시험기 및 디지털 미터

Circuit Testers and Digital Meters

학습목표

이 장을 학습하고 나면,

1. 다이오드 점검, 펄스폭 및 주파수에 대해 논의할 수 있다.
2. 전기 장치와 함께 사용되는 접두사에 대해, 그리고 디지털 미터를 읽는 방법을 설명할 수 있다.
3. 퓨즈 장착 점퍼선, 테스트 램프 및 로직 탐침을 안전하게 설치하고 사용하는 방법에 대해 논의할 수 있다.
4. 디지털 미터를 전압, 저항, 전류를 읽기 위해 안전하고 적절하게 사용하는 방법을 설명할 수 있고, 공장 사양과 비교할 수 있다.

핵심용어

AC/DC 집계형 디지털 멀티미터
LED 테스트 램프
국제전기기술위원회(IEC)
높은 임피던스 시험용 미터
디지털 멀티미터(DMM)
디지털 볼트―옴―미터(DVOM)
로직 탐침
메가(mega, M)
미터 정확도

미터 해상도
밀리(milli, m)
테스트 램프
통전성 표시등
유도 전류계
제곱평균제곱근(RMS)
킬로(kilo, k)
한계 초과(OL)

퓨즈 장착 점퍼선
Fused Jumper Wire

정의 퓨즈 장착 점퍼선(fused jumper wire)은 스위치를 우회하여 회로를 점검하거나 구성요소에 전원 또는 접지를 제공하는 데 사용된다. 퓨즈 장착 점퍼선은 테스트 리드(test lead)라고도 불리며, 서비스 기술자가 구입하거나 만들 수 있다. ●그림 8-1 참조.

퓨즈 장착 점퍼선은 다음 특징들을 포함해야 한다.

- **퓨즈.** 일반적인 퓨즈 장착 점퍼선은 쉽게 교체 가능한 직선형의 퓨즈가 있다. 10암페어 퓨즈(적색)가 종종 사용되는 값이다.

- **악어 클립 끝.** 끝부분의 악어 클립은 퓨즈 장착 점퍼선이 반대쪽은 시험하고자 하는 장치의 전원이나 접지에 붙어 있는 동안, 접지나 전원에 연결될 수 있도록 도와준다.

- **우수한 품질의 절연 전선.** 대부분의 구입한 점퍼선은 약 14게이지의 꼬인 구리선으로, 추운 날씨에도 쉽게 움직일 수 있도록 유연한 고무 절연을 가지고 있다.

그림 8-1 기술자가 제작한 적색의 10암페어 퓨즈가 달린 점퍼 리드. 이 퓨즈 장착 점퍼선(fused jumper wire)은 악어 클립 대신에 연결 장치에서 회로를 시험하기 위해 단자를 사용한다.

퓨즈 장착 점퍼선의 사용 퓨즈 장착 점퍼선은 다음의 과정을 수행함으로써 구성요소나 회로의 진단에 도움을 줄 수 있다.

- **전원 또는 접지의 제공.** 경음기와 같은 구성요소가 작동하지 않을 때, 퓨즈 장착 점퍼선은 일시적인 전원과 접지를 제공하기 위해 사용될 수 있다. 장치의 전기적 연결 단자를 분리하여 시작하고, 퓨즈가 달린 점퍼 리드를 전원 측에 연결하여야 한다. 다른 퓨즈 장착 점퍼선은 접지를 제공하기 위해 필요할 수 있다. 이 경우 장치가 동작하면, 문제는 전원 측 또는 접지 측 회로이다.

주의: 퓨즈 장착 점퍼선을 회로의 어떤 저항 또는 부하를 우회시키는 데 사용하지 말아야 한다. 증가된 전류 흐름은 배선을 망가뜨릴 수 있고, 점퍼 리드의 퓨즈를 끊어지게 할 수 있다.

테스트 램프 Test Lights

무동력 테스트 램프 12볼트 테스트 램프는 전기를 찾기 위해 사용되는 가장 간단한 시험기 중 하나이다. **테스트 램프(test light)**는 단순히 탐침과 접지선을 가지고 있는 전구이다. ●그림 8-2 참조.

테스트 램프는 다양한 시험 위치에서 배터리 전위를 찾기 위해 사용된다. 배터리 전압은 보이거나 느껴질 수 없고, 시험 장비를 통해서만 발견될 수 있다.

접지 클립은 배터리의 음극 또는 몸체의 깨끗한 금속 부분의 접지부에 연결되며, 탐침은 단자나 구성요소에 연결되어 있다. 테스트 램프가 켜지면 이는 전압이 사용 가능하다는 것을 나타낸다. ●그림 8-3 참조.

판매되는 테스트 램프에는 "12볼트 테스트 램프"라는 라벨이 붙어 있을 수 있다. 12볼트에서 14볼트로 켜지지 않는, 가정용 전류(110볼트 또는 220볼트)를 위해 만들어진 테스트 램프를 구입하지 않도록 한다.

12볼트 테스트 램프의 사용 12볼트 테스트 램프는 다음을 확인하기 위해 사용된다.

- **전기 파워.** 테스트 램프가 켜지면 사용 가능한 전력이 있다는 뜻이다. 그러나 전압 수준을 나타내지 않으며, 전기적 부하를 작동시킬 수 있는 충분한 전류가 있다는 것을 나타내지 않는다. 테스트 램프는 단지 테스트 램프를 켤 수 있는 정도의 전압과 전류(약 0.25A)가 있음을 나타낸다.

- **접지.** 테스트 램프는 테스트 램프의 클립을 배터리의 양극 또는 12볼트 전기 측에 연결함으로써 접지를 확인하

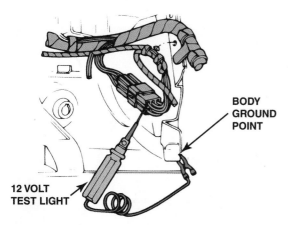

그림 8-2 12볼트 테스트 램프(test light)는 파워를 검사하는 동안 좋은 접지에 연결되어 있다.

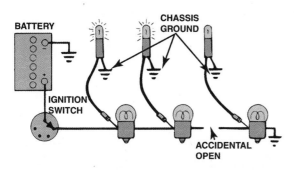

그림 8-3 테스트 램프는 회로의 개방 부분을 찾기 위해 사용될 수 있다. 테스트 램프는 회로 자체보다는 다른 위치에 접지되어 있음을 기억해야 한다.

는 데 사용될 수 있다. 테스트 램프의 끝부분은 접지선을 연결하는 데 사용될 수 있다. 접지 연결이 있다면, 테스트 램프는 빛날 것이다.

통전성 테스트 램프 통전성 표시등(continuity light)은 테스트 램프와 유사하지만 자기 동력을 위해 배터리를 포함하고 있다. 통전성 표시등은 통전성이 있거나 끊어지지 않은 와이어의 양쪽 끝에 연결되기만 하면 빛난다. ●그림 8-4 참조.

주의: 자기 동력 (통전성) 테스트 램프는 대부분의 전자 회로에 추천되지 않는다. 통전성 표시등은 배터리를 포함하고 전압을 인가하기 때문에 섬세한 전자 구성요소에 나쁜 영향을 줄 수 있다.

높은 임피던스 테스트 램프 높은 임피던스(impedance) 테스트 램프는 높은 내부 저항을 가지고 있어, 빛나기 위해 매우 낮은 전류를 필요로 한다. 높은 임피던스 테스트 램프는 일반적인 12볼트 테스트 램프가 회로에 연결되었을 때와 마

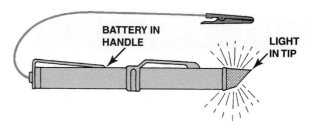

그림 8-4 통전성 표시등(continuity light)은 가해진 전압이 섬세한 전자 구성요소나 회로를 손상시킬 수 있으므로 컴퓨터 회로에 사용해서는 안 된다.

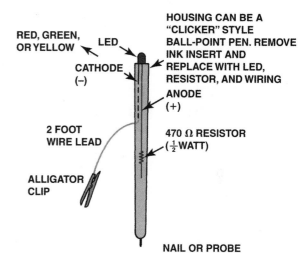

그림 8-5 LED 테스트 램프는 값싼 부품들과 오래된 잉크 펜을 이용하여 쉽게 만들 수 있다. 470옴 저항기를 LED와 직렬로 연결하면, 이 시험기는 시험되는 회로로부터 단지 0.025암페어(25밀리암페어)만을 사용한다. 이러한 낮은 전류 사용은 기술자가 시험이 수행되는 회로나 구성요소가 과도한 전류 흐름으로부터 해를 입지 않도록 도와준다.

찬가지로 회로 전류에 영향을 주지 않기 때문에 컴퓨터 회로에 사용하기 안전하다. 높은 임피던스 테스트 램프는 두 가지 유형이 있다.

- 테스트 램프의 일부는 전자 회로를 전자 장치에 해를 주지 않기 위해 전류 흐름을 제한하는 용도로 사용한다.

- **LED 테스트 램프**는 발광 다이오드(light-emitting diode, LED)를 전압의 시각적 표시를 위해 표준 자동차 전구 대신에 사용한다. LED 테스트 램프는 빛나기 위해 약 25밀리암페어(0.025암페어)만을 필요로 한다. 그러므로 표준 회로뿐만 아니라 전자 회로에도 사용될 수 있다.

홈메이드 LED 테스트 램프의 조립 상세는 ●그림 8-5를 참조하라.

로직 탐침 Logic Probe

목적과 기능　로직 탐침(logic probe)은 탐침이 배터리 전압과 닿으면 적색(일반적으로) LED가 빛나는 전자 장치이다. 탐침이 접지에 연결되면 녹색(일반적으로) LED가 빛난다. ● 그림 8-6 참조.

로직 탐침은 높은 전압과 낮은 전압 수준의 차이를 "감지"할 수 있으며, 이것이 **로직**이라는 이름을 설명해 준다.

- 전형적인 로직 탐침은 또한 전압의 변화가 일어날 때 다른 표시등(종종 황색)이 빛날 수 있다.
- 로직 탐침의 일부는 펄스 형태의 전압 신호가 감지될 때 적색등을 깜빡인다.
- 일부는 펄스 형태의 접지 신호가 감지될 때 녹색등을 깜빡인다.

이러한 특징은 컴퓨터나 점화 장치 센서에서 나오는 가변 전압 출력을 확인하는 데 도움이 된다.

로직 탐침의 사용　로직 탐침은 우선 차량 배터리와 같은 전원과 접지원에 연결되어 있어야 한다. 이 연결은 탐침을 구동시키고, 기준이 되는 낮은 전압(접지)을 제공해 준다.

대부분의 로직 탐침은 또한 각각의 높은 전압과 낮은 전압 수준에 따라 특징적인 소리를 만들어 낸다. 이는 연결 장치 또는 구성요소의 단자를 조사하여 문제해결을 쉽게 한다. 소리(일반적으로 "삐" 소리)는 탐침의 끝이 변화하는 전압원에 연결되어 있는 경우 들리게 된다. 변화하는 전압은 또한 일반적으로 로직 탐침에 달려 있는 펄스등을 빛나게 한다. 그러므로 탐침은 다음과 같은 구성요소를 확인하는 데 사용될 수 있다.

- 픽업 코일(pickup coil)
- 홀효과(Hall-effect) 센서
- 자기 센서(magnetic sensor)

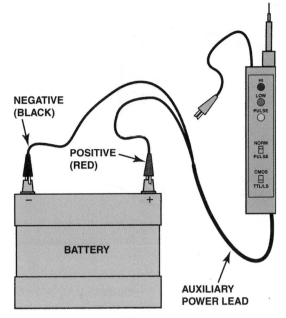

그림 8-6　차량 배터리에 연결된 로직 탐침(logic probe). 끝의 탐침이 회로에 연결되면 전원, 접지 또는 펄스를 점검할 수 있다.

디지털 멀티미터 Digital Multimeters

용어　디지털 멀티미터(digital multimeter, DMM)와 **디지털 볼트-옴-미터**(digital volt-ohm-meter, DVOM)는 일반적으로 **높은 임피던스 시험용 미터**(high-impedance test meter)에 사용되는 용어이다. 높은 임피던스란 미터의 전자적 내부 저항이 시험되는 회로에서 과도한 전류 소모를 방지할 만큼 충분히 높다는 것을 뜻한다. 오늘날 대부분의 미터는 최소 1,000만 옴[10메가옴(megohms)]의 저항을 가지고 있다. 미터 리드 사이의 이 높은 내부 저항은 볼트를 측정할 때만 나타난다. 미터의 높은 저항 자체는 미터기가 전압을 측정하는 데 사용될 때 미터를 통한 전류 흐름의 양을 감소시켜, 미터가 회로의 부하를 변화시키지 않기 때문에 보다 정확한 시험 결과를 만든다. 높은 임피던스 미터는 컴퓨터 회로를 측정하는 데 필요하다.

주의: 아날로그(바늘형) 미터는 거의 항상 10메가옴(megohms) 이하이며, 컴퓨터 또는 전자 회로를 측정하는 데 사용되어서는 안 된다. 아날로그 미터를 컴퓨터 회로에 연결하는 것은 컴퓨터 또는 다른 전자 부분을 손상시킬 수 있다.

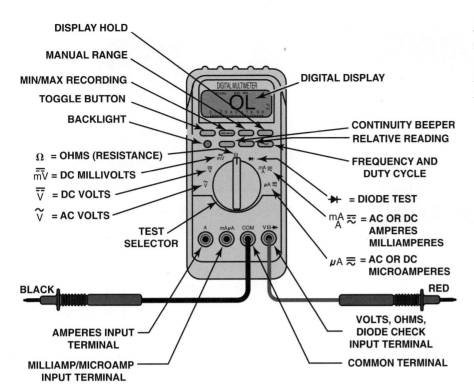

DISPLAY HOLD
MANUAL RANGE
MIN/MAX RECORDING
TOGGLE BUTTON
BACKLIGHT

DIGITAL DISPLAY

Ω = OHMS (RESISTANCE)
$\overline{\overline{mV}}$ = DC MILLIVOLTS
$\overline{\overline{V}}$ = DC VOLTS
$\widetilde{V}$ = AC VOLTS

TEST
SELECTOR

CONTINUITY BEEPER
RELATIVE READING

FREQUENCY AND
DUTY CYCLE

= DIODE TEST

$\overset{mA}{A} \approx$ = AC OR DC
AMPERES
MILLIAMPERES

μA $\approx$ = AC OR DC
MICROAMPERES

BLACK
RED

AMPERES INPUT
TERMINAL

MILLIAMP/MICROAMP
INPUT TERMINAL

VOLTS, OHMS,
DIODE CHECK
INPUT TERMINAL

COMMON TERMINAL

그림 8-7 일반적인 디지털 멀티미터(digital multimeter). 검은색 미터 리드는 항상 COM 단자에 배치된다. 적색 미터 시험용 리드는 전류를 암페어 단위로 측정하는 경우를 제외하고는 볼트-옴(volt-ohm) 단자에 있어야 한다.

기호	의미
AC	교류 전류 또는 전압
DC	직류 전류 또는 전압
V	볼트
mV	밀리볼트(1/1,000볼트)
A	암페어(amp), 전류 사용
mA	밀리암페어(1/1,000amp)
%	백분율[펄스 듀티 사이클(duty cycle)에만 사용]
Ω	옴(ohm), 저항
kΩ	킬로옴(1,000옴), 저항
MΩ	메가옴(1,000,000옴), 저항
Hz	헤르츠(초당 사이클), 주파수
kHz	킬로헤르츠(1,000사이클/초), 주파수
ms	펄스폭 측정을 위한 밀리초(1/1,000초)

표 8-1

디지털 미터에 사용되는 일반적인 기호 및 약어.

높은 임피던스 미터는 미터의 측정 범위 내의 모든 자동차 회로를 측정하는 데 사용될 수 있다. ●그림 8-7 참조.

많은 미터기가 측정할 수 있는 단위에 대한 일반적인 약어는 가끔 혼란스럽다. 가장 일반적으로 사용되는 기호와 의미를 ●표 8-1에 나타내었다.

전압 측정 전압계(voltmeter)는 전기의 압력 또는 전위를 볼트 단위로 측정한다. 전압계는 회로에 병렬로 연결되며, 전압은 AC 또는 DC 볼트 중 하나를 선택하여 측정할 수 있다.

- **DC 볼트(DCV).** 이 설정은 자동차 용도를 위해서 가장 일반적으로 사용된다. 배터리 전압과 모든 조명 및 액세서리 회로에 대한 전압을 측정하기 위해 이 설정을 사용하여야 한다.
- **AC 볼트(ACV).** 이 설정은 교류발전기 및 일부 센서의 원하지 않는 AC 전압을 확인하는 데 사용된다.
- **범위.** 범위는 대부분의 미터에 대해 자동으로 설정되나, 필요한 경우 수동으로 범위를 지정할 수 있다. ●그림 8-8과 8-9 참조.

그림 8-8 DC 전압을 읽도록 설정된 일반적인 디지털 멀티미터(digital multimeter).

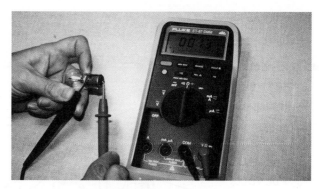

그림 8-10 전구를 시험하기 위해 옴(Ω)을 읽도록 설정된 디지털 멀티미터의 사용. 미터기는 필라멘트의 저항을 읽는다.

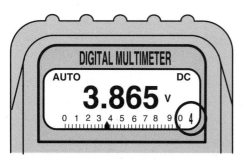

BECAUSE THE SIGNAL READING IS BELOW 4 VOLTS, THE METER AUTORANGES TO THE 4 VOLT SCALE. IN THE 4 VOLT SCALE, THIS METER PROVIDES THREE DECIMAL PLACES.

(a)

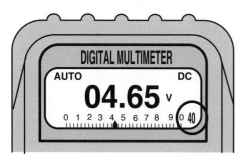

WHEN THE VOLTAGE EXCEEDS 4 VOLTS, THE METER AUTORANGES INTO THE 40 VOLT SCALE. THE DECIMAL POINT MOVES ONE PLACE TO THE RIGHT LEAVING ONLY TWO DECIMAL PLACES.

(b)

그림 8-9 일반적인 자동범위지정 디지털 멀티미터는 시험 중인 전압을 읽기 위한 적절한 눈금을 자동으로 선택한다. 선택한 눈금은 일반적으로 미터 면에 표시된다. (a) 디스플레이가 "4"를 표시하는 것은 이 범위가 최대 4볼트까지 읽을 수 있다는 것을 의미한다. (b) 범위가 이제 40볼트 눈금으로 설정되고, 미터가 최대 40볼트까지 읽을 수 있다는 것을 의미한다. 이 수준을 초과하면 미터는 더 높은 눈금으로 재설정된다. 자동범위지정으로 설정되지 않은 경우, 미터 디스플레이에 판독값이 선택한 눈금의 한계를 초과하면 OL로 표시된다.

저항 측정 저항계(ohmmeter)는 회로를 통해 전류가 흐르지 않을 때 구성요소 또는 회로 부분의 저항을 옴(ohm) 단위로 측정한다. 저항계는 배터리(또는 다른 전원)를 포함하고, 측정하고자 하는 구성요소 또는 와이어와 직렬로 연결된다. 리드가 구성요소에 연결되어 있으면, 전류는 시험용 리드를 통해 흐르고, 리드 사이의 전압의 차이(전압 강하)는 저항으로 측정된다. 저항계 사용에 관한 다음의 것들을 주의하여야 한다.

- 0옴은 시험용 리드 사이에 저항이 없는 것을 의미하고, 전류가 폐쇄 회로에 흐를 수 있는 통전성 또는 연속 경로를 나타낸다.
- 무한대는 개방 회로처럼 연결이 없음을 의미한다.
- 저항계는 저항 측정에 빨간색과 검은색의 시험용 리드가 사용되더라도 극성이 필요하지 않다.

주의: 회로는 저항계를 사용할 때 전류가 흐르지 않도록 전기적으로 개방되어 있어야 한다. 만약 저항계가 연결되어 전류가 흐르면, 측정값이 정확하지 않거나 미터가 파괴될 수 있다.

다른 미터기는 무한대 저항을 나타내거나 또는 가능한 측정 범위보다 높은 저항 판독을 위해 다른 방법을 가지고 있다. 한계 초과 표시의 예는 다음과 같다.

- **한계 초과(over limit, OL)** 또는 과부하 이상
- 깜박임 또는 실선 번호 1
- 디스플레이 왼쪽의 깜박임 또는 실선 번호 3

개방 회로 또는 범위를 초과하는 것을 나타내는 데 사용되는 정확한 표시 방법에 대한 미터 지침을 확인하여야 한다. ● 그림 8-10과 8-11 참조.

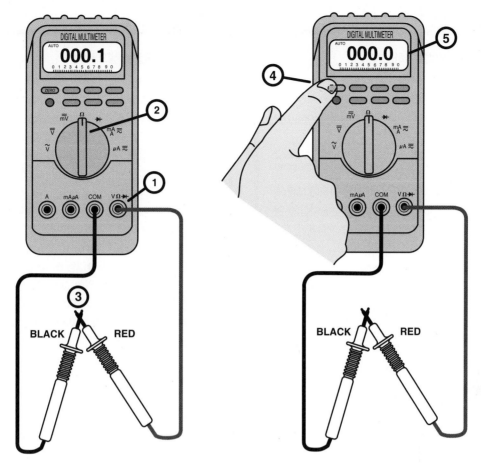

그림 8-11 많은 디지털 멀티미터는 시험용 리드 저항을 보상하기 위해 디스플레이에 0을 나타낼 수 있다. ① VΩ과 COM 미터 단자에 리드를 연결. ② 눈금을 선택. ③ 두 개의 미터 리드를 함께 닿게 함. ④ 미터의 "0" 또는 "상대" 버튼을 누름. ⑤ 이제 미터의 디스플레이는 저항의 0옴이 표시된다.

요약하면, 개방 및 0에 대한 판독값은 다음과 같다.

0.00Ω = 0 저항(구성요소 또는 회로는 통전성을 가진다)
OL = 개방 회로 또는 판독값이 선택된 눈금보다 높다(전류가 흐르지 않음)

암페어 측정 전류계(ammeter)는 완전한 회로를 통해 흐르는 **전류 흐름**을 암페어 단위로 측정한다. 전류계는 유량계가 물의 흐름의 양(예를 들면 분당 입방 피트)을 측정하는 것처럼 회로의 모든 전류 흐름을 측정할 수 있도록 회로에 직렬로 연결해야 한다. ● 그림 8-12 참조.

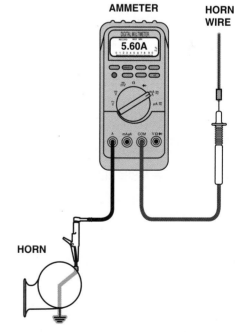

그림 8-12 경음기가 요구하는 전류 흐름을 측정하기 위해서는 전류계가 회로에 직렬로 연결되어야 하고, 경음기 버튼이 보조자에 의해 눌러져야 한다.

저항계는 얼마나 많은 전압을 가하는가?

옴(저항)을 측정하도록 설정된 대부분의 디지털 미터는 측정하고자 하는 구성요소에 0.3∼1볼트를 가한다. 전압은 저항을 측정하기 위해 미터기 자체에서 나온다. 저항계에서 기억해야 하는 두 가지 중요한 것이 있다.

1. 구성요소 또는 회로는 저항이 측정되는 동안 모든 전기 회로로부터 분리해야 한다.
2. 미터기 자체가 전압(상대적으로 낮더라도)을 가하기 때문에, 옴을 측정하도록 설정된 미터는 전자 회로를 손상시킬 수 있다. 컴퓨터 또는 전자 칩은 저항이 측정될 때 저항계가 가하는 양과 유사한 몇 밀리암페어의 전류만 받아도 쉽게 손상될 수 있다.

주의: 전류계는 회로의 전류 흐름을 측정하기 위해 회로에 직렬로 연결해야 한다. 전류를 읽도록 설정된 미터기가 배터리를 가로지르는 것처럼 회로에 병렬로 연결되면 배터리를 가로질러 가능한 전류에 의해 미터 또는 리드가 파괴되거나 퓨즈가 끊어질 수 있다. 일부 디지털 멀티미터(DMM)는 장치 선택이 미터의 시험용 리드 연결과 맞지 않으면 신호음이 울린다. 그러나 시끄러운 매장에서는 이 "삑" 소리는 들리지 않을 수 있다.

디지털 미터는 미터 리드가 전류계 단자로 옮겨지는 것을 요구한다. 대부분의 디지털 미터는 최대 10암페어를 수용할 수 있는 암페어 눈금이 있다. 기술 팁의 "미터 리드에 퓨즈를 넣으시오!"를 참조하라.

많은 미터기에서 "CE"는 무엇을 의미하는가?

"CE"는 미터기가 최신의 유럽 표준을 만족하는 것을 의미하며, CE 마크는 "유럽 적합성"을 뜻하는 프랑스어 *Conformité Europeenne*을 나타낸다.

미터 리드에 퓨즈를 넣으시오!

대부분의 디지털 미터는 전류계 기능이 포함되어 있다. 암페어를 읽을 때 미터의 리드는 볼트(V) 또는 옴(Ω)에서 암페어(A), 밀리암페어(mA), 마이크로암페어(μA)로 바뀌어야 한다.

전압이 측정되는 때에 공통적인 문제가 발생할 수 있다. 기술자가 볼트를 읽을 수 있도록 설정을 바꾸어도 종종 리드가 볼트 또는 옴 측정 위치로 돌아가지 않을 수 있다. 전류계 리드 위치는 미터를 통과하는 전류 흐름에 대해 저항이 0옴이 되므로, 미터가 배터리에 연결된다면 미터 또는 미터 안의 퓨즈가 파괴될 수 있다. 많은 미터 퓨즈들이 비싸고 찾기가 어렵다.

이 문제를 피하려면 간단히 10암페어 직선 퓨즈 상자를 미터 리드에 납땜하면 된다. ●그림 8–13 참조.

이 기술이 초보자만을 위한 것이라고 생각하면 안 된다. 숙련된 기술자도 종종 서둘러서 리드를 바꾸는 것을 잊어버린다. 직선 퓨즈는 미터기 퓨즈 또는 미터 자체를 교체하는 것보다 빠르고, 쉽고, 가격이 싸다. 또한 납땜이 적절히 행해지면, 퓨즈 상자와 퓨즈의 추가는 미터 리드의 저항을 증가시키지 않는다. 모든 미터 리드에는 약간의 저항이 있다. 미터가 매우 낮은 저항을 측정한다면, 두 개의 리드를 함께 닿게 하고, 저항을 읽어야 한다(일반적으로 0.2옴 이하). 단순히 리드의 저항을 측정된 구성요소의 저항에서 빼주면 미터 저항의 영향을 없앨 수 있다.

유도 전류계 Inductive Ammeters

작동 유도 전류계(inductive ammeter)는 회로와 물리적 접촉을 하지 않는다. 유도 전류계는 전류를 운반하는 전선 주위의 자기장의 강도를 측정하고, 전류를 측정하기 위해 홀효과 센서(Hall-effect sensor)를 사용한다. 홀효과 센서는 전류를 전달하는 전선 주위의 자기장의 강도를 감지한다. ●그림 8–14 참조.

이것은 미터 탐침이 전류를 운반하는 전선을 감싸고 있고, 전류를 운반하는 도체 주위의 자기장의 강도를 측정한다는 것을 의미한다.

AC/DC 집계형 디지털 멀티미터 AC/DC 집계형 디지털 멀티미터(AC/DC clamp-on DMM)는 자동차 진단 작업을 위한 유용한 미터기이다. ●그림 8–15 참조.

그림 8-13 직선형 퓨즈 상자가 미터 리드에 직렬로 납땜된 것을 확인하라. 10암페어 퓨즈는 내부 미터 퓨즈(장착된 경우)와 미터 자체를 실수로 잘못 사용된 경우 과도한 전류 흐름으로 발생할 수 있는 손상으로부터 보호하는 데 도움이 된다.

그림 8-14 유도 전류계 집게는 배터리 케이블을 통한 전류 흐름을 측정하기 위한 모든 시동 및 충전 시험 장치에 사용될 수 있다.

집게형 미터의 가장 큰 장점은 전류(암페어)를 측정하기 위해 회로를 끊을 필요가 없다는 점이다. 단순히 측정 중인 구성요소의 전원 리드 또는 접지 리드 주변에 미터의 턱을 단단히 고정시키고 디스플레이를 읽으면 된다. 대부분의 집게형 미터는 또한 교류 전류를 측정할 수 있고, 이는 교류발전기 문제를 진단하는 데 도움이 된다. 전압, 옴, 주파수 및 온도도 전형적

그림 8-15 전형적인 소형 집게형 디지털 멀티미터. 이 미터기는 미터를 직렬로 연결하기 위해 회로를 끊을 필요 없이, 교류 전류(AC) 및 직류 전류(DC)를 측정할 수 있다. 턱이 전선 위에 간단히 놓이고, 회로를 통한 전류 흐름이 표시된다.

인 집게형 DMM으로 측정할 수 있지만, 전통적인 미터 리드를 사용하는 것이 좋다. 유도형 집게(inductive clamp)는 오직 암페어를 측정하기 위해서 사용된다.

다이오드 점검, 펄스폭, 주파수
Diode Check, Pulse Width, and Frequency

다이오드 점검 다이오드 점검은 발광 다이오드(LED)를 포함한 다이오드를 검사하는 데 사용될 수 있는 미터 기능이다. 미터는 다음과 같은 방식으로 다이오드를 시험할 수 있다.

- 미터는 시험용 리드에 대략 3볼트 DC 신호를 인가한다.
- 전압은 다이오드를 동작시키기에 충분히 높고, 미터는 다음과 같이 표시된다.

  1. 교류발전기에서 발견할 수 있는 것과 같은 실리콘 다이오드를 시험할 때는 0.4~0.7볼트.
  2. 일부 조명 응용에서 발견할 수 있는 것과 같은 LED를 시험할 때는 1.5~2.3볼트.

펄스폭 펄스폭(pulse width)은 신호가 꺼져 있는 것과 비교하여 켜져 있는 시간의 백분율이다.

- 100% 펄스폭은 장치가 항상 켜져 있음을 나타낸다.

그림 8-16 옴(Ω) 단위가 선택되었을 때 판독값에 OL(한계 초과)을 보여 주는 일반적인 디지털 멀티미터(DMM). 이는 일반적으로 측정되는 장치가 개방(무한대 저항)되어 있고, 통전성이 없음을 의미한다.

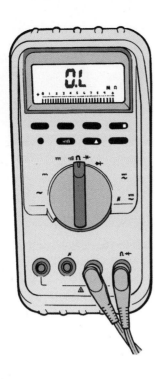

- 50% 펄스폭은 장치가 시간의 절반만 켜져 있음을 나타낸다.
- 25% 펄스폭은 단지 시간의 25%만 켜져 있음을 나타낸다.

펄스폭은 연료 분사 장치 및 기타 컴퓨터 제어 솔레노이드 및 장치의 켜져 있는 시간을 측정하는 데 사용된다.

주파수 주파수(frequency)는 초당 신호가 얼마나 많이 바뀌는지에 대한 측정이다. 주파수는 헤르츠(hertz) 단위로 측정되며, 이전에 "초당 사이클"이라고 불렸다. 주파수 측정은 다음을 확인하기 위해 사용된다.

- 올바른 작동을 위한 질량 공기흐름(mass airflow, MAF) 센서
- 작동하지 않는 상태를 진단할 때 주 점화 펄스 신호
- 바퀴 속도 센서의 점검

🔧 기술 팁

한계 초과(OL) 표시는 미터기가 "아무것도 읽지 않는다"는 것을 의미하지는 않는다.

디지털 미터의 한계 초과(over limit) 표시의 뜻은 종종 초보 기술자를 혼란스럽게 한다. 미터 표면에 한계 초과(OL)가 표시될 때 미터가 읽고 있는 내용이 무엇인지 묻는 질문에 응답은 종종 "아무것도 없다"라는 대답이다. 많은 미터들은 한계 초과 또는 과부하를 나타내고, 이는 단순히 판독값이 선택한 범위에 대해 표시할 수 있는 최대보다 크다는 것을 뜻한다. 예를 들면 미터는 12볼트가 측정 중이지만, 미터가 최대 4볼트를 읽도록 설정되어 있다면, OL을 표시할 것이다.

자동범위지정 미터는 무엇이 측정되고 있는지에 따라 일치되는 범위를 조정한다. 여기서 OL은 미터가 읽을 수 있는 값보다 크거나(자동차 사용을 위한 전압 범위에서는 거의 없을 수도 있음), 저항(옴)을 측정할 때는 무한대를 의미한다. 따라서 OL은 저항을 측정하거나 개방 회로가 표시될 때 무한대를 의미한다. 미터는 저항이 0인 경우 00.0을 읽고, OL은 무한대 저항을 나타내지만, 이 경우 "아무것도 없음"은 통전성(0 저항)을 나타낸다. 따라서 다른 기술자와 미터 읽는 것에 대해 얘기할 때, 미터의 표면에서 읽는 부분이 무엇을 의미하는지에 대해 정확히 알고 있어야 한다. 또한 미터의 리드를 올바르게 연결하였는지 확인하여야 한다. ●그림 8-16 참조.

전기 단위 접두사
Electrical Unit Prefixes

정의 전기 단위는 12볼트, 150암페어, 470옴과 같은 숫자로 측정된다. 1,000을 넘는 큰 단위는 킬로(kilo) 단위로 표현될 수 있다. **킬로(kilo, k)**는 1,000을 의미한다. ●그림 8-17 참조.

4,700옴 = 4.7킬로옴(kΩ)

값이 1백만(1,000,000) 이상이면, 접두사 **메가(mega, M)**가 자주 사용된다. 예를 들면 다음과 같다.

1,100,000볼트 = 1.1메가볼트(MV)

4,700,000옴 = 4.7메가옴(MΩ)

때때로 회로는 매우 작은 전류가 흘러 작은 측정 단위가 필요하다. 1/1,000 단위로 표시되는 작은 측정 단위는 **밀리(milli, m)**라는 접두사가 붙는다. 요약하면 다음과 같다.

메가(M) = 1,000,000 (소수점 6자리 오른쪽 = 1,000,000)
킬로(k) = 1,000 (소수점 3자리 오른쪽 = 1,000)
밀리(m) = 1/1,000 (소수점 3자리 왼쪽 = 0.001)

DIGITAL MULTIMETER

AUTO
3.124 (KΩ)

20 2 4 6 8 30 2 4 6 8 40

THE SYMBOL ON THE RIGHT SIDE OF THE DISPLAY
INDICATES WHAT RANGE THE METER HAS BEEN
SET TO READ.

Ω = OHMS

IF THE ONLY SYMBOL ON THE DISPLAY IS THE
OHMS SYMBOL, THE READING ON THE DISPLAY
IS EXACTLY THE RESISTANCE IN OHMS.

KΩ = KILOHMS = OHMS TIMES 1,000

A "K" IN FRONT OF THE OHMS SYMBOL MEANS
"KILOHMS"; THE READING ON THE DISPLAY IS IN
KILOHMS. YOU HAVE TO MULTIPLY THE READING
ON THE DISPLAY BY 1,000 TO GET THE RESISTANCE
IN OHMS.

MΩ = MEGOHMS = OHMS TIMES 1,000,000

AN "M" IN FRONT OF THE OHMS SYMBOL MEANS
"MEGOHMS"; THE READING ON THE DISPLAY IS IN
MEGOHMS. YOU HAVE TO MULTIPLY THE READING
ON THE DISPLAY BY 1,000,000 TO GET THE
RESISTANCE IN OHMS.

그림 8-17 특히 자동범위지정 미터를 사용하는 경우 측정이 진행되는 동안 항상 미터 디스플레이를 확인하여야 한다.

참고: 소문자 *m*은 작은 단위인 밀리(milli)이고, 대문자 *M*은 큰 단위인 메가(mega)를 나타낸다.

● 표 8-2 참조.

접두사 특히 미터가 자동범위지정(autoranging)을 사용하는 경우 대부분의 디지털 미터가 하나 이상의 단위로 값을 표시할 수 있기 때문에 접두사가 혼란스러울 수 있다. 예를 들면, 전류계의 판독값은 자동범위지정일 경우 36.7mA를 표시할 수 있다. 눈금이 암페어로 바뀌면(디스플레이 창의 "A"), 표시된 숫자는 0.037A가 된다. 값의 해상도가 감소함에 주의하라.

참고: 항상 측정되는 단위를 위해 미터 디스플레이의 표면을 점검하여야 한다. 디지털 미터의 표면에 무엇이 측정되는지를 가장 잘 이해하기 위해서는 수동 배율 조정을 선택하고, 밀리암페어(mA)

~로/ ~로부터	메가(mega)	킬로(kilo)	기초	밀리(milli)
메가 (mega)	0자리	오른쪽으로 3자리	오른쪽으로 6자리	오른쪽으로 9자리
킬로 (kilo)	왼쪽으로 3자리	0자리	오른쪽으로 3자리	오른쪽으로 6자리
기초	왼쪽으로 6자리	왼쪽으로 3자리	0자리	오른쪽으로 3자리
밀리 (milli)	왼쪽으로 9자리	왼쪽으로 6자리	왼쪽으로 3자리	0자리

표 8-2

다양한 접두사에 대한 소수점 위치를 보여 주는 변환 도표.

대신에 암페어(A)처럼 *전체* *단위*가 될 때까지 선택 단위를 움직여야 한다.

디지털 미터 읽는 법
How to Read Digital Meters

따라야 할 단계 디지털 미터를 알고 사용하려면 시간과 연습이 필요하다. 첫 단계는 미터와 함께 오는 모든 안전 및 작동 지침을 읽고, 이해하고, 따르는 것이다. 미터의 사용은 일반적으로 다음 단계를 포함한다.

단계 1 **무엇이 측정되는지에 따라 적합한 전기 단위를 선택하여야 한다.** 단위는 볼트, 옴(저항) 또는 암페어(전류 흐름의 양)가 될 수 있다. 미터가 자동범위지정(autoranging)이 아니라면 예상되는 판독값을 통해 적절한 눈금을 선택하여야 한다. 예를 들면, 만약 12볼트 배터리가 측정된다면, 그 전압보다 높지만 너무 높지는 않은 미터 판독 범위를 선택하여야 한다. 20 또는 30볼트 범위는 정확히 12볼트 배터리의 전압을 보여 준다. 만약 1,000볼트 범위가 선택된다면, 12볼트 판독은 정확하지 않을 수 있다.

단계 2 **미터 리드를 적절한 입력 단자에 연결하여야 한다.**
▪ 검은색 리드는 공통(COM) 단자에 연결하여야 한

돈으로 생각하라.

디지털 미터의 디스플레이는 종종 혼란스러울 수 있다. 12 1/2볼트로 측정된 배터리의 표시는 12.50V가 될 것이며, 이는 12.50달러가 12 달러와 50센트인 것과 같다. 디지털 미터에서 1/2볼트 판독값은 0.50V로 표시될 것이며, 이는 0.50달러가 달러의 반인 것과 같다.

작은 값이 표시되면 더 혼란스럽다. 예를 들어 전압 판독값이 0.063볼트라면, 자동범위지정 미터는 63밀리볼트(63mV) 또는 63/1,000 볼트 또는 1,000달러 중 63달러를 표시할 것이다(1,000mV는 1V와 같다). 밀리볼트는 1센트의 1/10, 1볼트는 1달러로 생각하면 된다. 따라서 630밀리볼트는 1달러의 0.63달러와 같다(1센트의 1/10의 630 또는 63센트).

혼란을 피하려면 기본 단위(전체 볼트)를 읽기 위해 미터를 수동으로 범위를 정하도록 한다. 미터가 기본 단위 볼트 범위에 있다면, 미터의 디스플레이 능력에 따라 63밀리볼트는 0.063 또는 단지 0.06으로 표시될 것이다.

다. 이 미터 리드는 일반적으로 모든 미터 기능을 위해 이 위치에 있다.

- 빨간색 리드는 일반적으로 전압, 저항 또는 다이오드가 측정될 때, "VΩ"이라고 표시된 볼트, 옴, 다이오드 점검 단자에 연결되어야 한다.
- 전류 흐름이 암페어 단위로 측정될 때 대부분의 디지털 미터는 빨간색 시험용 리드가 일반적으로 "A" 또는 "mA"라고 표시된 전류계 단자에 연결되어야 한다.

주의: 선택 부분이 볼트로 설정되어 있더라도, 미터 리드가 전류계 단자에 연결되어 있다면, 시험용 리드가 배터리의 양 단자에 연결되는 경우 미터가 손상되거나 내부 퓨즈가 끊어질 수 있다.

단계 3 시험 중인 구성요소를 측정하면 된다. 주의 깊게 소수점과 미터 표면의 단위를 확인하여야 한다.

- **미터 리드 연결.** 미터 리드가 배터리에 역방향으로 연결된 경우(예를 들면, 배터리 음극에 빨간색 리드), 디스플레이는 여전히 정확한 판독값을 보여 주지만, 마이너스 기호(−)가 숫자 앞에 표시될 것이다. 다이오드 측정과 같이 표시된 경우를 제외하고는, 저항(ohm)을 측정할 때 정확한 극성은 중요하지 않다.
- **자동범위지정.** 많은 미터가 자동으로 자동범위 위치로 설정되며, 미터는 가장 읽기 좋은 눈금으로 값을 표시한다. 미터는 다른 수준을 선택하거나 끊임없이 변화하는 값에 대한 범위를 고정하기 위해 수동으로 범위를 지정할 수 있다.

12볼트 배터리가 자동범위지정 미터로 측정되는 경우 정확한 판독값 12.0이 주어진다. "AUTO"와 "V"가 미터의 표면에 보여야 한다. 예를 들어 미터가 수동적으로 2킬로옴(kilohm) 눈금으로 설정되면, 미터가 읽을 수 있는 최대의 값은 2,000옴 (ohm)이다. 판독값이 2,000옴 이상이면, 미터에 OL이 표시된다. ●표 8−3 참조.

단계 4 판독값을 해석한다. 이것은 미터가 특히 스스로 적절한 범위를 선택하는 자동범위지정 미터에서는 어려울 수 있다. 다음은 서로 다른 판독값의 두 가지 예이다.

예 1: 전압 강하가 측정 중이다. 사양은 최대 0.2볼트의 전압 강하를 나타낸다. 미터는 "AUTO"와 "43.6mV"를 나타낸다. 이러한 판독값은 전압 강하가 0.2볼트(200mV)보다 매우 낮은 0.0436볼트 또는 43.6mV라는 것을 뜻한다. 미터 표면에 표시된 숫자가 사양보다 매우 크기 때문에 많은 초보 기술자들은 전압 강하가 과도하다고 생각하게 된다.

참고: 미터 표면에 표시된 단위에 주의하고, 전체 단위로 변환하여야 한다.

예 2: 점화 플러그 와이어가 측정 중이다. 와이어가 괜찮다면, 판독값은 1피트당 10,000옴 미만이어야 한다. 시험되는 와이어는 3피트 길이(최대 허용 저항은 30,000옴)이다. 미터는 "AUTO"와 "14.85kΩ"을 나타낸다. 이러한 판독값은 14,850옴과 같다.

Scale Selected	0.01 V (10 mV)	0.150 V (150 mV)	1.5 V	10.0 V	12.0 V	120 V
	Voltmeter will display:					
200 mV	10.0	150.0	OL	OL	OL	OL
2 V	0.100	0.150	1.500	OL	OL	OL
20 V	0.1	1.50	1.50	10.00	12.00	OL
200 V	00.0	01.5	01.5	10.0	12.0	120.0
2 kV	00.00	00.00	000.1	00.10	00.12	0.120
Autorange	10.0 mV	15.0 mV	1.50	10.0	12.0	120.0

RESISTANCE BEING MEASURED

Scale Selected	10 OHMS	100 OHMS	470 OHMS	1 KILOHM	220 KILOHMS	1 MEGOHM
	Ohmmeter will display:					
400 ohms	10.0	100.0	OL	OL	OL	OL
4 kilohms	010	100	0.470 k	1000	OL	OL
40 kilohms	00.0	0.10 k	0.47 k	1.00 k	OL	OL
400 kilohms	000.0	00.1 k	00.5 k	0.10 k	220.0 k	OL
4 megohms	00.00	0.01 M	0.05 M	00.1 M	0.22 M	1.0 M
Autorange	10.0	100.0	470.0	1.00 k	220 k	1.00 M

CURRENT BEING MEASURED

Scale Selected	50 mA	150 mA	1.0 A	7.5 A	15.0 A	25.0 A
	Ammeter will display:					
40 mA	OL	OL	OL	OL	OL	OL
400 mA	50.0	150	OL	OL	OL	OL
4 A	0.05	0.00	1.00	OL	OL	OL
40 A	0.00	0.000	01.0	7.5	15.0	25.0
Autorange	50.0 mA	150.0 mA	1.00	7.5	15.0	25.0

표 8-3

디지털 미터 제어에서 수동으로 설정 및 자동범위지정을 사용한 미터 판독값의 예.

참고: 킬로옴(kilohm)에서 옴(ohm)으로 변환할 때, 소수점을 쉼표로 만들어라.

이러한 판독값은 특정된 최대 허용 저항보다 낮기 때문에, 점화 플러그 와이어는 괜찮다.

RMS 대 평균 교류 전류와 전압의 파형은 순수한 사인파 또는 사인파가 아닐 수 있다. 순수한 사인파 형태 측정은 **제곱** 평균제곱근(root-mean-square, RMS)과 평균 판독 미터기 모두에서 동일할 것이다. RMS와 평균은 끊임없이 변화하는 신호의 진정한 유효 등급을 측정하는 데 사용되는 두 가지 방법이다. ●그림 8-18 참조.

자동차 응용에서는 거의 사용되지 않는 비(非)정현파 AC 파형을 측정할 때는 오로지 RMS 미터만 정확하다.

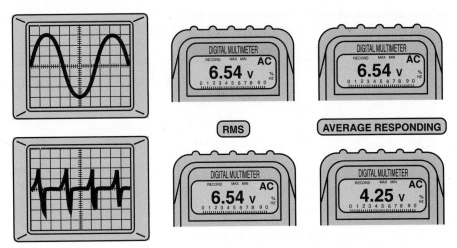

그림 8-18 AC 전압 신호를 읽을 때, RMS 미터(Fluke 87과 같은)는 평균 응답 미터(Fluke 88과 같은)와는 다른 값을 제공한다. 이 차이가 중요한 유일한 곳은 판독값을 사양과 비교할 때이다.

 **기술 팁**

자동차용으로 사용할 디지털 미터를 구입하라.

다음을 읽을 수 있도록 디지털 미터를 구입하여야 한다.

- DC 전압
- AC 전압
- DC 암페어(최대 10A 이상이 유용하다)
- 옴(Ω)은 최대 40MΩ(40million ohms)까지이다.
- 다이오드 점검

고급 자동차 진단을 위한 추가 기능은 다음과 같다.

- 주파수(hertz, 약어 Hz)
- 온도 탐침(℉ 및/또는 ℃)
- 펄스폭(밀리초, 약어 ms)
- 듀티 사이클(duty cycle)(%)

해상도, 숫자, 개수 미터 해상도(meter resolution)는 미터가 얼마나 작거나 미세한 측정을 할 수 있는지를 나타낸다. DMM의 해상도를 알면 미터가 1볼트 또는 1밀리볼트(1볼트의 1/1,000) 아래까지 측정할 수 있는지 여부를 결정할 수 있다.

1/4인치(또는 1밀리미터)까지 측정을 해야 한다면, 1인치(또는 1센티미터)로 나누어진 눈금자를 사지 않을 것이다. 정상 온도가 98.6℉라면 전체 도수로만 측정되는 온도계는 별로 유용하지 않다. 0.1° 해상도의 온도계가 필요하다.

숫자(digit)와 개수(count)라는 용어는 미터의 해상도를 나타내기 위해 사용된다. DMM은 그들이 표시할 수 있는 개수와 숫자로 분류된다.

- 3 1/2 숫자 미터는 0부터 9까지를 세 개의 숫자로 표시하고, 하나의 "반" 숫자는 1을 표시하거나 공백으로 남겨진다. 3 1/2 숫자 미터는 최대 1,999의 해상도 수를 표시한다.
- 4 1/2 숫자 미터는 최대 19,000 해상도 수를 표시할 수 있다. 미터를 3 1/2 숫자 또는 4 1/2 숫자보다 해상도 수로 표시하는 것이 더 정확하다. 일부 3 1/2 숫자 미터는 최대 3,200 또는 4,000 해상도 수의 향상된 해상도를 가지고 있다.

해상도 수가 많은 미터는 특정 측정에 대해 더 나은 해상도를 제공한다. 예를 들어 1,999 해상도 수 미터는 200볼트 이상을 측정할 때 1/10볼트까지 측정할 수 없다. ●그림 8-19 참조.

그러나 3,200 해상도 수 미터는 최대 320볼트까지 1/10볼트를 표시한다. 디스플레이의 맨 오른쪽에 표시된 숫자는 때때로 깜박이거나 지속적으로 변경될 수 있다. 이를 숫자 변화(digit rattle)라고 하며, 접지(미터 리드의 COM 단자)에서 측정되는 변화하는 전압을 나타낸다. 고품질 미터는 이러한 원치 않는 전압을 제거하도록 설계되었다.

그림 8-19 이 미터의 디스플레이는 052.2 AC 볼트를 보여준다. 5 옆의 0은 미터가 0.1볼트의 해상도를 가지고 100볼트 이상의 AC를 읽을 수 있음을 나타낸다.

정확도 미터 정확도(meter accuracy)는 특정 동작 조건에서 발생할 수 있는 최대 허용 오차이다. 다시 말하면, 미터 정확도는 DMM의 표시된 측정이 측정되는 신호의 실제 값과 얼마나 가까운지를 나타낸다.

DMM의 정확도는 일반적으로 판독값의 %로 나타낸다. ±1%의 정확도는 100.0V로 표시된 판독값의 경우 전압의 실제 값은 99.0V에서 101.0V 사이의 어떤 값도 될 수 있다는 것을 의미한다. 따라서 정확도의 비율이 낮을수록 더 좋다.

- 허용할 수 없음 = 1.00%
- 허용 가능 = 0.50% (1/2 %)
- 좋음 = 0.25% (1/4%)
- 우수 = 0.10% (1/10%)

예를 들면, 배터리 전압이 12.6볼트인 경우 미터는 정확도에 근거하여 다음 사이에서 읽을 수 있다.

±0.1%	높은 값 = 12.61
	낮은 값 = 12.59
±0.25%	높은 값 = 12.63
	낮은 값 = 12.57
±0.50%	높은 값 = 12.66
	낮은 값 = 12.54
±1.00%	높은 값 = 12.73
	낮은 값 = 12.47

미터를 구입하기 전에 정확도를 확인하여야 한다. 정확도는 대개 미터의 사양 기록에 나와 있다.

하이브리드 전기 자동차의 미터 사용법

많은 하이브리드 전기 자동차는 시스템 전압을 650볼트 DC 만큼 높은 전압을 사용한다. 모든 차량 제조업체의 시험 절차를 따라야 한다. 전압 측정이 필요하다면, 높은 전압의 절연을 위해 설계된 미터와 시험용 리드를 사용하여야 한다. **국제전기기술위원회(International Electrotechnical Commission, IEC)**는 미터와 미터 리드를 위한 전압 표준의 몇 가지 범주를 정하였다. 이러한 범주들은 과전압 보호 등급으로, CAT I, CAT II, CAT III, CAT IV 등급이다. 범주가 높을수록 고에너지 회로에 의해 발생하는 전압 스파이크에 대한 보호가 크다. 각 범주 아래에 다양한 에너지 및 전압 등급이 있다.

CAT I   일반적으로 CAT I 미터는 가정의 벽 콘센트와 같은 낮은 에너지 전압 측정을 위해 사용된다. CAT I 등급의 미터는 일반적으로 300~800볼트로 등급이 되어 있다.

CAT II   이러한 더 높은 등급의 미터는 일반적으로 가정의 퓨즈 패널의 더 높은 에너지 등급 전압을 위해 사용된다. CAT II 등급의 미터는 300~600볼트로 등급이 되어 있다.

CAT III 이 최소 정격 미터는 하이브리드 차량에 사용되어야 한다. CAT III 범주는 변압기에서 서비스 극성의 높은 에너지 수준과 전압 측정을 위해 설계되었다. 이 등급의 미터는 일반적으로 600~1,000볼트로 등급이 되어 있다.

CAT IV   CAT IV 미터는 집게형 미터 전용이다. 집게형 미터가 또한 전압 측정을 위한 미터 리드를 가지고 있다면, 미터의 그 부분은 CAT III 같은 등급이 될 것이다.

참고: 특히 하이브리드 차량을 작업할 때 항상 가장 높은 CAT 등급 미터를 사용하여야 한다. CAT III 600볼트 미터는 CAT 등급의 에너지 수준 때문에 CAT II 1,000볼트 미터보다 더 안전하다.

그러므로 최상의 개인 보호를 위해서는 하이브리드 차량의 전압을 측정할 때 CAT III 또는 CAT IV 등급의 미터와 미터 리드만을 사용하여야 한다. ●그림 8-20과 8-21 참조.

그림 8-20 하이브리드 차량의 전기적 전압 측정을 수행할 때 CAT III 등급의 미터만을 사용하여야 한다.

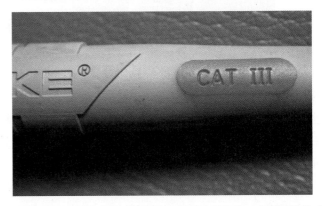

그림 8-21 하이브리드 차량에서 작업할 때 필요한 보호 기능을 유지하기 위해 CAT III 등급인 미터 리드와 CAT III 등급인 미터기를 사용하여야 한다.

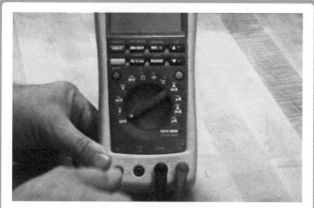

1 대부분의 전기 측정에서 검은색 미터 리드는 "COM"으로 표시된 단자에 연결하고, 빨간색 미터 리드는 "V"라고 표시된 단자에 연결한다.

2 디지털 미터를 사용하려면 전원 스위치를 켜고 측정하고자 하는 전기 단위를 선택한다. 여기서는 회전 다이얼이 DC 전압 V를 선택하도록 돌려져 있다.

3 배터리 전압 측정과 같은 대부분의 자동차 전기 사용을 위해, DC 볼트를 선택하여야 한다.

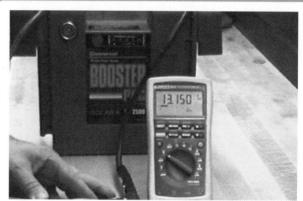

4 빨간색 미터 리드를 배터리의 양(+)의 단자에 연결하고, 검은색 미터 리드를 음(−)의 단자에 연결한다. 미터는 두 리드 사이의 전압의 차이를 읽게 된다.

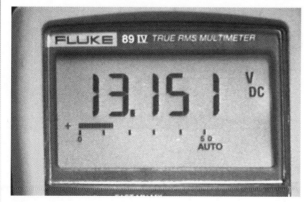

5 이 점프 시동 배터리 장치는 DC 전압 눈금에서 자동범위지정이 된 상태에서 13.151볼트로 측정하고 있다.

6 다른 미터(Fluke 87 III)는 배터리 점프 시동 장치의 전압을 측정할 때 4개의 숫자를 표시한다.

(계속)

7 저항을 측정하기 위해서는 회전 다이얼을 Ω 기호에 맞춰야 한다. 미터 리드가 분리되면, 미터는 OL(한계 초과)을 읽는다.

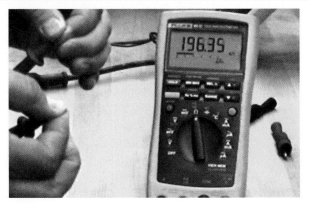

8 미터는 미터 리드의 단자를 손가락으로 잡으면 자기 자신의 저항을 읽을 수 있다. 디스플레이의 판독값은 196.35kΩ이다.

9 무엇을 측정하든지 미터 표면의 기호를 읽어야 한다. 이 사진에서 미터의 판독값은 291.10kΩ이다.

10 옴으로 설정된 미터기는 전구의 필라멘트 저항을 확인하기 위해 사용될 수 있다. 이 사진에서 미터는 3.15옴(Ω)을 읽는다. 전구가 고장이라면(필라멘트 개방), 미터는 OL을 표시할 것이다.

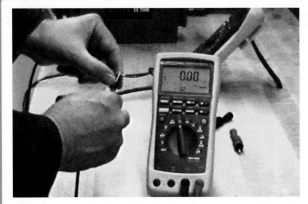

11 옴을 읽도록 설정된 디지털 미터는 미터 리드가 서로 연결되었을 때 보이는 것처럼 0.00을 측정할 것이다.

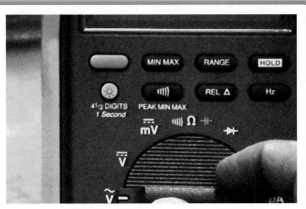

12 대문자 V는 전압을 뜻하고, V 위의 물결 모양은, 이 위치가 선택된다면 미터가 교류 전류(AC) 전압을 측정하는 것을 의미한다.

(계속)

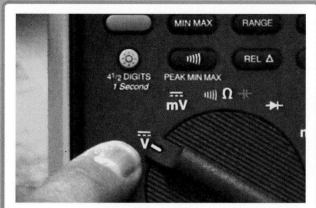

13 다음 기호는 글자 위에 점선과 직선이 있는 V이다. 이 기호는 직류 전류(DC) 전압을 뜻한다. 이 위치가 자동차 서비스에서 가장 많이 사용된다.

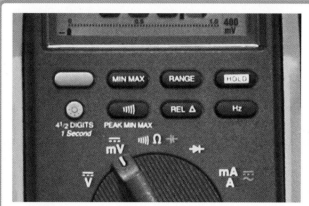

14 기호 mV는 밀리볼트(millivolt) 또는 1/1,000볼트(0.001)를 뜻한다. mV 위의 실선과 파선은 DC mV를 뜻한다.

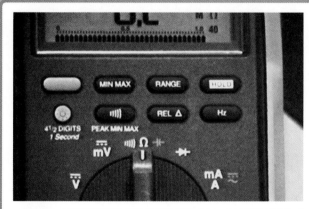

15 회전 다이얼을 저항 측정을 위해 Ω(ohm) 단위로 돌린다. Ω 왼쪽의 기호는 신호음 또는 통전성 표시자이다.

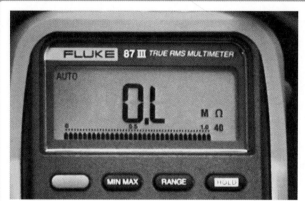

16 왼쪽 상단에는 AUTO가, 오른쪽 아래에는 M이 있음을 주목하라. M은 메가옴(megaohms) 또는 수백만 옴을 읽을 수 있도록 설정되었다는 것을 의미한다.

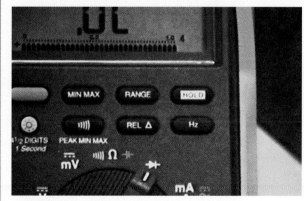

17 표시된 기호는 다이오드 기호이다. 이 위치에 있으면 미터는 다이오드에 전압을 인가하고, 미터는 다이오드 교차점 사이의 전압 강하를 읽는다.

18 이 미터의 가장 유용한 기능 중 하나는 MIN/MAX 기능이다. MIN/MAX 버튼을 누름으로써 미터는 가장 높은(MAX) 판독값과 가장 낮은(LOW) 판독값을 보여 줄 수 있다.

(계속)

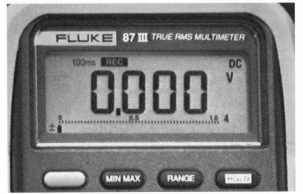

19 MIN/MAX 버튼을 누르는 것은 미터를 기록 모드에 있게 한다. 디스플레이의 100ms와 "rec"에 주목하라. 이 위치에 있으면 미터는 100ms(0.1초) 이상 지속되는 전압의 변화를 포착한다.

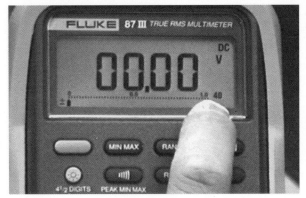

20 미터의 범위를 증가시키려면 범위 버튼을 누른다. 이제 미터는 최대 40볼트 DC 전압을 읽을 수 있도록 설정되었다.

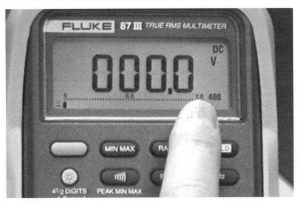

21 범위 버튼을 한 번 더 누르면 미터의 눈금은 400볼트 범위로 변경된다. 소수점이 오른쪽으로 이동하였음에 주목하라.

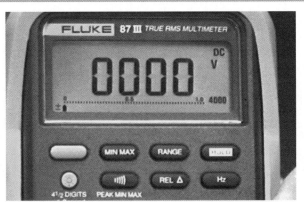

22 범위 버튼을 다시 누르면 미터는 4,000볼트 범위로 변경된다. 이 범위는 자동차 응용에 사용하기 적합하지 않다.

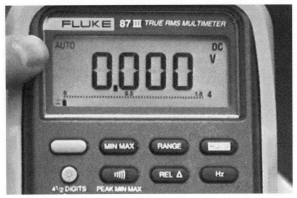

23 범위 버튼을 누르고 있으면, 미터는 자동범위로 재설정된다. 자동범위지정은 MIN/MAX 기록 모드를 사용할 때를 제외하고, 대부분의 자동차 측정에서 선호되는 설정이다.

요약 Summary

1. 회로 시험 장치에는 테스트 램프와 퓨즈가 달린 점퍼 리드가 포함된다.
2. 디지털 멀티미터(digital multimeter, DMM)와 디지털 볼트-옴-미터(digital volt-ohm-meter, DVOM)는 일반적으로 높은 임피던스 시험용 미터에 사용되는 용어이다.
3. 높은 임피던스 디지털 미터의 사용은 컴퓨터 관련 회로 또는 구성 요소에서 요구된다.
4. 전류계는 전류를 측정하고, 회로에 직렬로 연결되어야 한다.
5. 전압계는 전압을 측정하고, 회로에 병렬로 연결되어야 한다.
6. 저항계는 구성요소의 저항을 측정하고, 회로나 구성요소가 전원으로부터 분리된 상태에서 회로와 병렬로 연결되어야 한다.
7. 로직 탐침은 전원, 접지 또는 펄스 신호의 존재를 나타낼 수 있다.

복습문제 Review Questions

1. 컴퓨터 제어 회로의 전압을 측정할 때 왜 높은 임피던스 미터가 사용되어야 하는가?
2. 전류계는 전기 회로에 어떻게 연결되어야 하는가?
3. 저항계는 왜 끊어진 회로 또는 구성요소에 연결되어야만 하는가?

8장 퀴즈 Chapter Quiz

1. 유도 전류계는 어떤 원리 때문에 동작하는가?
   a. 마법
   b. 정전기
   c. 전류가 흐르는 도선 주위의 자기장
   d. 도체를 통해 흐르는 전압 강하

2. 암페어를 측정하는 데 사용되는 미터를 _____라고 한다.
   a. Amp meter
   b. Ampmeter
   c. Ammeter
   d. Coulomb meter

3. 전압계는 측정하고자 하는 회로에 _____ 연결되어야만 한다.
   a. 직렬로
   b. 병렬로
   c. 전원이 공급되지 않을 때에만
   d. a와 c 둘 다

4. 저항계는 측정하고자 하는 회로 또는 구성요소에 _____ 연결되어야만 한다.
   a. 회로 또는 구성요소를 통해 전류가 흐르는 경우
   b. 차량의 배터리와 연결되어 미터에 전원을 공급할 때
   c. 전원이 공급되지 않는 경우에만(전기적으로 개방 회로)
   d. b와 c 둘 다

5. 높은 임피던스 미터는 _____.
   a. 높은 전류 흐름양을 측정한다.
   b. 높은 저항을 측정한다.
   c. 높은 전압을 측정할 수 있다.
   d. 높은 내부 저항을 가지고 있다.

6. 미터는 4볼트 단위로 DC 전압을 읽도록 설정되어 있다. 미터 리드는 12볼트 배터리에 연결되었다. 디스플레이는 _____을(를) 읽을 것이다.
   a. 0.00
   b. OL
   c. 12V
   d. 0.012V

7. 미터와 리드가 암페어를 읽도록 설정되어 있고, 미터 리드가 배터리의 양극과 음극에 연결되었다면 무슨 일이 발생하는가?
   a. 내부 퓨즈가 끊어지거나 미터가 손상될 수 있다.
   b. 암페어 대신에 볼트를 읽을 것이다.
   c. OL을 표시할 것이다.
   d. 0.00을 표시할 것이다.

8. 2kΩ 단위로 설정된 미터에서 읽을 수 있는 가장 높은 저항의 양은 _____이다.
   a. 2,000옴
   b. 200옴
   c. 200kΩ(200,000옴)
   d. 20,000,000옴

9. kΩ을 읽도록 설정되어 있는 경우, 디지털 미터의 표면에 0.93으로 표시되면 판독값은 _____을 의미한다.
   a. 93옴
   b. 930옴
   c. 9,300옴
   d. 93,000옴

10. 밀리볼트(millivolt) 단위로 설정된 미터 표면에 432라는 판독값이 보인다. 이 판독값은 _____를 의미한다.
    a. 0.432볼트
    b. 4.32볼트
    c. 43.2볼트
    d. 4,320볼트

오실로스코프와 그래프작성 멀티미터

Oscilloscopes and Graphing Multimeters

학습목표

이 장을 학습하고 나면,

1. 다양한 유형의 오실로스코프를 비교하고, 오실로스코프 설정 및 조정 방법을 설명할 수 있다.
2. 시간 기준과 분할당 볼트의 설정을 설명할 수 있다.
3. 스코프 사용법을 설명할 수 있고, 그래프작성 멀티미터와 그래프 스캔 도구에 대해 논의할 수 있다.

핵심용어

AC 연결	외부 트리거
BNC 연결 장치	음극선관(CRT)
DC 연결	주파수
격자선	채널
그래프작성 멀티미터(GMM)	트리거 기울기
듀티 사이클	트리거 수준
디지털 저장 오실로스코프 (DSO)	펄스열
	펄스폭
분할	펄스폭 변조(PWM)
시간 기준	헤르츠
오실로스코프(스코프)	

오실로스코프의 유형
Types of Oscilloscopes

용어 오실로스코프(oscilloscope)[대개 스코프(scope)라고 함]는 전압이 변할 때를 보여 주는 타이머를 가진 시각적인 전압계이다. 다음은 두 가지 유형의 오실로스코프이다.

- 아날로그 스코프는 전압 유형을 보여 주는 텔레비전 화면과 유사한 **음극선관(cathode ray tube, CRT)**을 사용한다. 스코프 화면은 전기 신호를 계속적으로 보여 준다.
- 디지털 스코프는 액정 화면(liquid crystal display, LCD)을 사용하지만 CRT 또한 일부 디지털 스코프에서 사용될 수 있다. 디지털 스코프는 정지되거나 저장될 수 있는 신호 샘플을 취하므로, **디지털 저장 오실로스코프(digital storage oscilloscope) 또는 DSO**라고 불린다.
  - 디지털 스코프는 전압의 각 변화를 포착하지 않지만 대신 시간에 따른 전압 수준을 포착하고, 점으로 저장한다. 각 점은 전압 수준이다. 그런 다음 스코프는 수천 개의 점(각각은 전압 수준을 나타낸다)을 이용하여 파형을 표시하고, 파형을 생성하기 위해 전기적으로 점을 연결한다.
  - DSO는 센서 출력 신호 와이어에 연결될 수 있고, 장시간에 걸쳐 전압 신호를 기록할 수 있다. 그런 다음 재생될 수 있으며, 기술자는 결함이 발견되었는지 여부를 확인할 수 있다. 이러한 기능은 DSO를 간헐적인 문제를 진단하는 데 도움이 되는 완벽한 도구로 만들었다.
  - 그러나 디지털 저장 스코프(digital storage scope)는 때로는 스코프에 의해 포착되는 샘플들 간에 발생할 수 있는 **글리치(glitch)**라는 결함을 놓칠 수 있다. 이것이 높은 "샘플링 속도"를 가진 DSO가 선호되는 이유이다. 샘플링 속도는 스코프가 매우 짧은 시간에 걸쳐 발생하는 전압의 변화를 포착할 수 있다는 것을 의미한다. 일부 디지털 저장 스코프는 초당 2,500만 (25,000,000) 샘플의 포착 속도를 가진다. 이는 스코프가 40나노초(0.00000040) 동안 유지되는 글리치(결함)를 포착할 수 있다는 것을 뜻한다.
  - 스코프는 "시계가 달린 전압계"라고 불려 왔다.
    - 전압계 부분은 스코프가 변화하는 전압 수준을 포착하고 표시할 수 있다는 것을 의미한다.
    - 시계 부분은 스코프가 이러한 전압 수준의 변화를 특정한 시간 주기 동안 표시할 수 있다는 것을 의미하고, DSO를 사용하여 결함이 보여지고 연구될 수 있도록 재생될 수 있다는 것을 의미한다.

오실로스코프 표시 격자 일반적인 스코프 면은 보통 수직으로 (위에서 아래) 8개 또는 10개의 격자를 가지며, 수평으로(왼쪽에서 오른쪽) 10개의 격자를 가진다. 참조 측정에 사용되는 투명한 눈금(격자)을 **격자선(graticule)**이라고 부른다. 이 배열은 일반적으로 8 × 10 또는 10 × 10 분할이다. ●그림 9–1 참조.

참고: 이 숫자들은 원래 격자선의 미터 치수를 센티미터 단위로 나타낸 것이다. 따라서 8 × 10 디스플레이는 높이가 8cm(80mm 또는 3.14인치)이고 폭이 10cm(100mm 또는 3.90인치)이다.

- 전압은 바닥에서 0볼트로 시작하는 스코프에 표시되고, 높은 전압은 수직으로 표시된다.
- 스코프는 왼쪽에서 오른쪽으로 시간을 보여 준다. 패턴은 왼쪽에서 시작하고, 왼쪽에서 오른쪽으로 화면을 통해 지나간다.

스코프 설정 및 조정
Scope Setup and Adjustments

시간 기준 설정 대부분의 스코프는 디스플레이에 왼쪽에서 오른쪽으로 10개의 격자선을 사용한다. **시간 기준(time base)** 설정은 **분할(division)**이라고 불리는 각 블록에 얼마나 많은 시간이 표시되는지를 설정하는 것을 의미한다. 예를 들면, 스코프가 분할당 2초(s/div라고 함)를 읽도록 설정되면 표시되는 전체 시간은 20초(2 × 10division = 20초)가 될 것이다. 시간

Milliseconds Per Division (ms/DIV)	Total Time Displayed
1 ms	10 ms (0.010 sec.)
10 ms	100 ms (0.100 sec.)
50 ms	500 ms (0.500 sec.)
100 ms	1 sec. (1.000 sec.)
500 ms	5 sec. (5.0 sec.)
1,000 ms	10 sec. (10.0 sec.)

표 9–1

시간 기준은 밀리초(ms)와 표시될 수 있는 사건의 전체 시간이다.

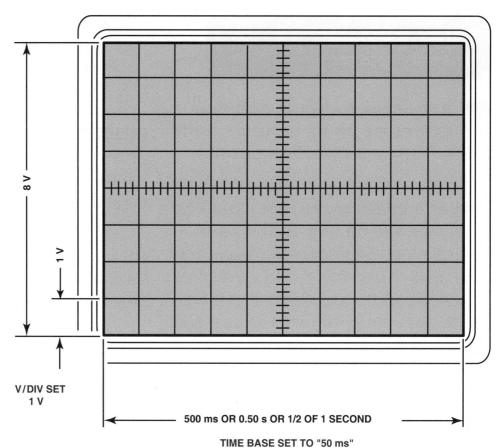

그림 9-1 스코프 디스플레이는 기술자가 전압 유형의 측정을 확인할 수 있게 해 준다. 이 예에서 각 수직 분할은 1볼트이고, 각 수평 분할은 50밀리초를 나타내도록 설정되어 있다.

**V/DIV SET
1 V**

8 V

1 V

500 ms OR 0.50 s OR 1/2 OF 1 SECOND

TIME BASE SET TO "50 ms"

기준은 표시되어야 하는 두 개에서 네 개의 사건을 허용하는 시간으로 설정되어야 한다. 밀리초(0.001초)는 시간 기준을 조정할 때 일반적으로 스코프에서 사용된다. 샘플 시간은 분할당 밀리초(ms/div로 표시)와 전체 시간이다. ●표 9-1 참조.

참고: 시간 기준의 증가는 초당 샘플의 수를 감소시킨다.

수평 눈금은 10개의 분할로 나누어진다(때때로 grats라고 불림). 각 분할이 1초를 나타내는 경우, 화면에 표시된 전체 시간 주기는 10초가 될 것이다. 분할당 시간은 여러 파형이 표시될 수 있도록 선택되어야 한다. 분할당 시간 설정은 다음과 같이 자동차 사용에서 크게 다를 수 있다.

- MAP/MAF 센서: 2ms/div (총 20ms)
- 네트워크(CAN) 통신 네트워크: 2ms/div (총 20ms)
- 스로틀 위치(TP) 센서: 100ms/div (총 1초)
- 연료 분사 장치: 2ms/div (총 20ms)
- 산소 센서: 1sec/div (총 10초)
- 1차 점화 장치: 10ms/div (총 100ms)
- 2차 점화 장치: 10ms/div (총 100ms)
- 전압 측정: 5ms/div (총 50ms)

화면에 표시된 총 시간은 파형이 일관성이 있는지 또는 변하는지를 볼 수 있는 비교를 가능하게 한다. 동시에 화면에 표시된 다수의 파형은 또한 측정을 보다 쉽게 볼 수 있게 해 준다. ●그림 9-2는 스로틀이 눌려지고 나서 해제될 때, 전압 출력을 측정하여 생성되는 스로틀 위치(throttle position) 센서 파형의 예이다.

분할당 전압 분할당 전압, 약어로 V/div는 전체 예상되는 파형이 보여질 수 있도록 설정되어야 한다. 예는 다음과 같다.

스로틀 위치(TP) 센서: 1 V/div (총 8V)
배터리, 시동 및 충전: 2 V/div (총 16V)
산소 센서: 200 mV/div (총 1.6V)

예에서 표시되는 전체 전압은 시험 중인 구성요소의 전압 범위를 넘는다는 것을 주의하라. 이것은 모든 파형이 표시됨을 확실하게 한다. 그것은 또한 예상치 못한 전압 판독값을 허용한다. 예를 들어 산소 센서는 0V에서 1V(1,000mV) 사이에서 읽어야 한다. V/div를 200mV로 설정하면 최대 1.6V(1,600mV)까지 표시가 된다.

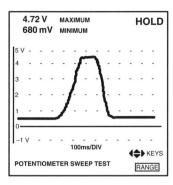

그림 9-2 디지털 저장 오실로스코프(DSO)는 스로틀 위치(TP) 센서의 유휴 상태부터 열린 후에 다시 유휴 상태로 돌아가는 전체 파형을 표시한다. 디스플레이는 또한 최대(4.72V)와 최소(680mV 또는 0.68V)의 판독값을 나타낸다. 디스플레이는 스로틀이 열리기 전까지는 아무것도 표시하지 않는데, 이는 스코프가 특정한 전압 수준에 도달한 후에만 파형 표시를 시작하도록 설정되었기 때문이다. 이 전압을 트리거(trigger) 또는 트리거 점(trigger point)이라고 한다.

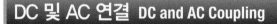

DC 및 AC 연결 DC and AC Coupling

DC 연결 DC 연결(DC coupling)은 스코프가 회로의 교류 전류(AC) 전압 신호와 직류 전류(DC) 전압 신호를 모두 표시하는 것을 허용하므로, 스코프에서 가장 많이 사용되는 위치이다. 신호의 AC 부분은 DC 구성요소의 맨 위에 실리게 된다. 예를 들어, 엔진이 실행 중이고 충전 전압이 14.4볼트 DC라면 디스플레이에 수평선으로 표시가 될 것이다. 교류발전기 다이오드를 지나 새어 나가는 AC 리플 전압은 수평적인 DC 전압선 위의 AC 신호로 표시될 것이다. 따라서 신호의 두 구성요소 모두 동시에 관찰될 수 있다.

AC 연결 AC 연결(AC coupling) 위치가 선택되면, 커패시터(capacitor)가 미터 리드 회로에 놓이게 되고 효과적으로 DC 전압을 차단하지만 신호의 AC 부분은 통과하고 표시될 수 있게 한다. AC 연결은 다음과 같은 센서의 출력 신호 파형을 보여 주기 위해 사용될 수 있다.

- 분배기 픽업 코일(pickup coil)
- 자기 바퀴 속도 센서
- 자기 크랭크축 위치 센서
- 자기 캠축 위치 센서
- 교류발전기의 AC 리플 ●그림 9-3 참조.
- 자기 차량 속도 센서

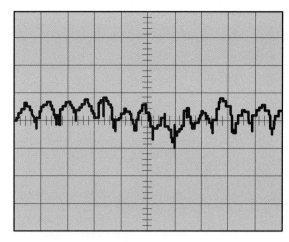

그림 9-3 리플 전압은 교류발전기의 AC 전압으로부터 발생된다. 일부 AC 리플 전압은 정상이지만, AC 부분이 0.5V를 초과하면 나쁜 성능의 다이오드가 원인일 가능성이 가장 높다. 과도한 AC 리플은 많은 전기 및 전자 장치가 잘못 동작하도록 할 수 있다.

참고: 사용을 위한 권장 설정을 위해 스코프 제조업체의 지침을 확인하여야 한다. 때때로 일부 파형을 적절하게 보기 위해 DC 연결에서 AC 연결로 바꾸거나 AC 연결에서 DC 연결로 바꿀 필요가 있다.

펄스열 Pulse Trains

정의 스코프는 모든 전압 신호를 표시할 수 있다. 자동차 응용에서 가장 일반적으로 발견되는 것 중 하나는 위아래로 변하고 0 아래로는 가지 않는 DC 전압이다. 일련의 펄스에서 켜고 끄는 DC 전압을 **펄스열(pulse train)**이라고 한다. 펄스열은 AC 신호와 달리 0 아래로 떨어지지 않는다. 교류 전압은 0 전압 위아래로 변한다. 펄스열 신호는 몇 가지 방법으로 다양할 수 있다. ●그림 9-4 참조.

주파수 주파수(frequency)는 헤르츠(hertz)로 측정되는 초당 사이클 수이다. 분당 엔진 회전수(revolutions per minute, RPM)는 다양한 주파수에서 발생할 수 있는 신호의 예이다. 낮은 엔진 속도에서는 엔진이 더 높은 엔진 속도(RPM)에서 작동할 때보다 점화 펄스의 초당 발생 횟수(낮은 주파수)가 적다.

듀티 사이클 듀티 사이클(duty cycle)은 하나의 완전한 사이클 동안에 신호의 켜지는 시간의 백분율을 나타낸다. 켜지는 시간이 증가하면 신호의 꺼지는 시간이 감소하고, 일반적

1. 주파수—주파수는 초당 일어나는 사이클 수이다. 초당 더 많은 사이클이 발생하면 더 높은 주파수 판독값을 가진다. 주파수는 헤르츠(hertz)로 측정되며, 이는 초당 사이클 수이다. 8헤르츠 신호는 초당 8번 순환한다.

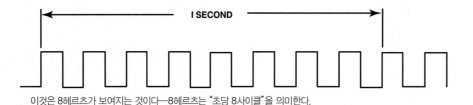

이것은 8헤르츠가 보여지는 것이다—8헤르츠는 "초당 8사이클"을 의미한다.

2. 듀티 사이클—듀티 사이클(duty cycle)은 신호의 켜져 있는 시간과 하나의 완전한 사이클과의 비교 측정이다. 켜져 있는 시간이 증가하면 꺼져 있는 시간이 감소한다. 듀티 사이클은 켜져 있는 시간의 백분율로 측정된다. 60%의 듀티 사이클은 60%의 시간 동안 켜져 있고, 40%의 시간 동안 꺼져 있는 신호이다. 듀티 사이클을 측정하는 다른 방법은 "드웰(dwell)"이고, 백분율 대신 각도로 측정한다.

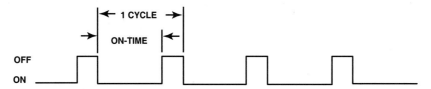

듀티 사이클은 하나의 완전한 사이클과 신호의 켜져 있는 시간과의 관계이다. 신호는 주파수에 영향을 주지 않고, 다양한 듀티 사이클을 가질 수 있다.

3. 펄스폭—펄스폭(pulse width)은 밀리초(millisecond)로 측정되는 신호의 실제적인 켜져 있는 시간이다. 펄스폭 측정에서 꺼져 있는 시간은 실제로 중요하지 않다. 유일한 관심사는 신호가 얼마나 오랫동안 켜져 있는가이다. 이는 부하 변동이 있는 경우 신호의 변화를 살펴보기 위해, 종래의 주사기의 켜져 있는 시간을 측정하기 위한 유용한 시험 방법이다.

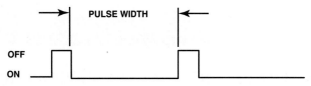

펄스폭은 밀리초(ms)로 측정되는 신호가 켜져 있는 실제적인 시간이다. 측정되는 유일한 것은 얼마나 오랫동안 신호가 켜져 있는가이다.

그림 9-4 펄스열(pulse train)은 켜고 끄거나, 일련의 펄스에서 높아지거나 낮아지는 전기적 신호이다. 점화 모듈과 연료 분사기 펄스는 펄스열 신호의 예이다.

으로 백분율로 측정이 된다. 듀티 사이클은 또한 **펄스폭 변조(pulse-width modulation, PWM)**라고도 불리며, 각도로 측정될 수도 있다. ●그림 9-5 참조.

펄스폭 펄스폭(pulse width)은 밀리초(millisecond) 단위로 측정된 실제 켜져 있는 시간의 측정이다. 연료 분사 장치는 대개 펄스폭을 변화시킴으로써 제어된다. ●그림 9-6 참조.

채널 수 Number of Channels

정의 스코프는 디스플레이에 동시에 하나의 센서 또는 사건 이상을 볼 수 있는 것이 가능하다. 사건의 수를 **채널(channel)**이라고 부르며, 각각마다 리드를 필요로 한다. 채널은 스코프에 대한 입력이다. 일반적으로 사용 가능한 스코프는 다음과 같다.

- **단일 채널**. 단일 채널 스코프는 오로지 하나의 센서 신호 파형을 한 번에 보여 줄 수 있다.
- **2채널**. 2채널 스코프는 동시에 두 개의 독립된 센서 또는 구성요소의 파형을 보여 수 있다. 이 기능은 제대로 타이밍이 맞는지 확인하기 위해 엔진의 캠축과 크랭크축 위치 센서를 시험하는 데 매우 유용하다. ●그림 9-7 참조.
- **4채널**. 4채널 스코프는 기술자가 하나의 디스플레이에 최대 4개의 다른 센서 또는 작동 기기를 볼 수 있게 한다.

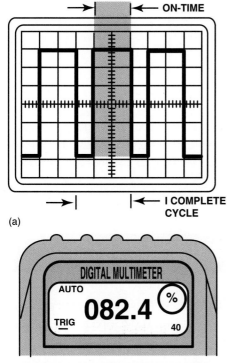

(a)

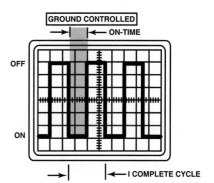

접지제어(ground-controlled) 회로의 경우, 켜져 있는 시간 펄스는 낮은 수평 펄스이다.

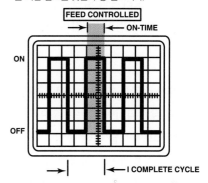

피드제어(feed-controlled) 회로의 경우, 켜져 있는 시간 펄스는 높은 수평 펄스이다.

THE % SIGN IN THE UPPER RIGHT CORNER OF THE DISPLAY INDICATES THAT THE METER IS READING A DUTY CYCLE SIGNAL.

(b)

그림 9-5 (a) 켜져 있는 시간과 꺼져 있는 시간 모두를 보여 주는 하나의 완전한 사이클에 대한 스코프의 표시. (b) 켜져 있는 시간의 듀티 사이클(duty cycle)을 백분율(%)로 나타내고 있는 미터의 디스플레이. 트리거(trigger)와 음(−)의 기호에 주목하라. 이는 미터가 전압이 떨어질 때(켜져 있는 시간의 시작) 켜져 있는 시간의 백분율을 기록하기 시작한다는 것을 나타낸다.

그림 9-6 대부분의 자동차 컴퓨터 시스템은 구성요소의 접지를 열고 닫음으로써 장치를 제어한다.

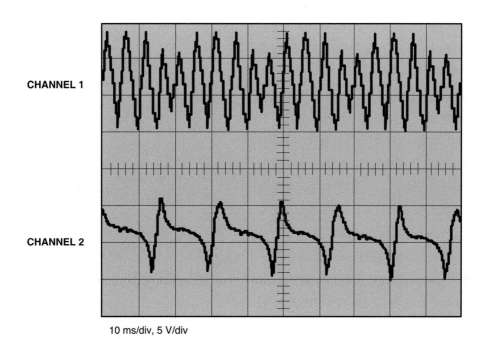

10 ms/div, 5 V/div

그림 9-7 동일한 차량의 두 개의 신호를 비교하기 위해 사용되고 있는 2채널 스코프.

참고: 하나 이상의 채널을 사용할 때 종종 신호의 포착 속도는 느려진다.

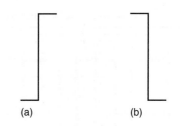

그림 9-8 (a) 양의 트리거(positive trigger)를 위한 기호—트리거는 신호(파형의) 상승하는(양의) 부분에서 발생한다. (b) 음의 트리거(negative trigger)를 위한 기호—트리거는 신호(파형의) 하강하는(음의) 부분에서 발생한다.

트리거 Triggers

외부 트리거 외부 트리거(external trigger)는 신호가 신호 획득 리드가 아닌 다른 외부원으로부터 수신될 때 파형이 시작되는 경우이다. 외부 트리거의 일반적인 예는 점화 패턴의 시작을 트리거하기 위한 실린더 #1 점화 플러그 와이어 주변의 탐침 집게이다.

트리거 수준 트리거 수준(trigger level)은 패턴이 표시되기 전에 스코프에 의해 감지되어야 하는 전압이다. 스코프는 트리거되거나 시작하라고 얘기될 때만 전압을 표시하기 시작한다. 트리거 수준은 디스플레이를 시작하기 위해 설정되어야 한다. 패턴이 1볼트에서 시작한다면, 추적이 1볼트에 도달한 이후부터 화면의 왼쪽에 표시되기 시작한다.

트리거 기울기 트리거 기울기(trigger slope)는 파형이 디스플레이를 시작하기 위해 갖추어야 하는 전압의 방향이다. 흔히 파형을 표시하기 시작하는 트리거 신호는 신호 자체에서 가져온다. 트리거 전압 수준 외에도 대부분의 스코프는 전압이 트리거 수준 전압을 초과할 때에만 트리거되도록 조정할 수 있다. 이를 양의 기울기(positive slope)라고 한다. 더 높은 수준을 지나 떨어지는 전압이 트리거를 활성화시킬 때 이를 음의 기울기(negative slope)라고 부른다.

스코프 디스플레이는 양과 음의 기울기 기호 모두를 나타낸다. 예를 들어 크랭크축 위치 또는 바퀴 속도에 사용되는 자기 센서가 위로 움직이기 시작하였다면 양의 기울기가 선택되어야 한다. 만약 음의 기울기가 선택되었다면 파형은 전압이 트리거 수준 아래 방향으로 변하지 않는다면 표시되지 않을 것이다. 연료 분사 장치 회로를 분석할 때는 음의 기울기가 사용되어야 한다. 이 회로에서는 컴퓨터가 접지를 제공하고, 전압 수준은 컴퓨터가 분사를 켜라는 명령을 내리면 떨어진다. 때로는 기술자가 파형이 올바르게 표현되지 않는 경우에, 음에서 양으로 또는 양에서 음으로 트리거를 변경할 필요가 있다. ●그림 9-8 참조.

스코프 사용 Using a Scope

스코프 리드 사용 대부분의 스코프는 아날로그나 디지털 모두 일반적으로 동일한 시험용 리드를 사용한다. 이러한 리드는 대개 소형 표준 동축 케이블 연결 장치인 **BNC 연결 장치(BNC connector)**를 통해 스코프에 연결된다. BNC는 전자 산업에서 사용되는 국제 표준이다. 만약 BNC 연결 장치를 사용한다면, 하나의 리드를 깨끗한 금속 엔진 접지에 연결하여야 한다. 스코프 리드(scope lead)의 탐침은 시험할 회로 또는 구성요소에 부착된다. 대부분의 스코프는 하나의 접지 리드를 사용하며, 각 채널은 자체적인 신호 포착 리드를 가지고 있다.

스코프로 배터리 전압 측정 스코프를 사용하여 측정하고 관찰할 수 있는 가장 편한 것 중 하나가 배터리 전압이다. 엔진이 시동되면 스코프의 디스플레이에서 더 낮은 전압을 볼 수 있고, 엔진을 시동한 후에는 더 높은 전압이 표시되어야 한다. ●그림 9-9 참조.

아날로그 스코프는 빠르게 표시되고, 디스플레이를 표시하거나 고정하도록 설정할 수 없다. 따라서 비록 아날로그 스코프가 모든 전압 신호를 보여 주더라도 아날로그 스코프는 순간적인 글리치(glitch)를 놓치기 쉽다.

주의: 가정용 AC 회로를 측정하려고 시도하기 전에 스코프가 사용될 수 있는지에 대한 지침을 확인하여야 한다. Snap-on MODIS와 같은 일부 스코프는 높은 전압 AC 회로를 측정하도록 설계되지 않았다.

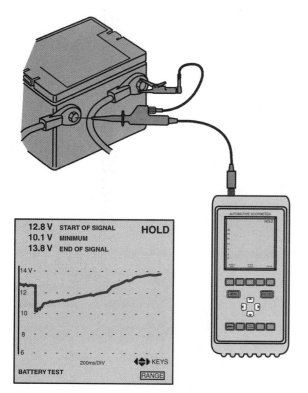

12.8 V START OF SIGNAL
10.1 V MINIMUM
13.8 V END OF SIGNAL
HOLD

BATTERY TEST
200ms/DIV
KEYS
RANGE

그림 9-9 일정한 배터리 전압은 평평한 수평선으로 표시된다. 이 예에서 엔진이 시동되자 배터리 전압이 스코프 디스플레이의 왼쪽에 나타난 것처럼 약 10V로 떨어졌다. 엔진이 시동되었을 때 교류발전기는 배터리를 충전하기 시작하고 전압은 상승하는 것으로 표시된다.

그래프작성 멀티미터
Graphing Multimeter

그래프작성 멀티미터(graphing multimeter)는 약어로 **GMM**이며, 디지털 미터와 디지털 저장 오실로스코프의 중간이다. 그래프작성 멀티미터는 두 곳에 전압 수준을 표시한다.

- 디스플레이 화면

Snap-on Diagnostics MT2400
Vantage
POWER GRAPHING METER

그림 9-10 디지털 미터로도 사용될 수 있고, 추가적으로 전압 수준을 디스플레이 화면에 나타낼 수 있는 일반적인 그래프 작성 멀티미터.

- 디지털 판독값

그래프작성 멀티미터는 디지털 저장 오실로스코프에서 포착될 수 있는 매우 짧은 기간의 결함 또는 글리치를 포착할 수 없다. ●그림 9-10 참조.

그래프 스캔 도구
Graphing Scan Tools

많은 스캔 도구는 화면의 데이터 링크 연결 장치(data link connector, DLC)를 통해 스캔 도구에서 포착한 전압 수준을 표시할 수 있다. 이 기능은 전압 수준의 변화를 끊임없이 변하는 숫자를 보는 것으로 감지하기 어려운 경우에 유용하다. 사용 중인 스캔 도구의 지침을 읽고 따라야 한다.

요약 Summary

1. 아날로그 오실로스코프는 음극선관(cathode ray tube, CRT)을 사용하여 전압 패턴을 보여 준다.
2. 아날로그 오실로스코프에 표시된 파형은 나중에 보기 위해 저장할 수 없다.
3. 디지털 저장 오실로스코프(digital storage oscilloscope, DSO)는

스코프 리드에 의해 포착된 수천 개의 점을 연결하여 디스플레이에 그림이나 파형을 생성한다

4. 오실로스코프의 디스플레이 격자를 격자선(graticule)이라고 부른다. 8 × 10 또는 10 × 10 분할 상자 각각을 분할(division)이라고 부른다.

5. 시간 기준을 설정한다는 것은 각 분할이 나타내는 시간을 설정하는 것을 의미한다.

6. 분할당 전압의 설정은 기술자가 전체 파형 또는 일부를 볼 수 있도록 한다.

7. DC 연결과 AC 연결은 다른 유형의 파형을 관찰할 수 있도록 하는 두 개의 선택 사항이다.

8. 그래프작성 멀티미터는 짧은 순간의 결함을 포착할 수는 없지만 유용한 파형을 표시할 수 있다.

9. 오실로스코프는 시간 경과에 따라 전압을 표시한다. 디지털 저장 오실로스코프는 나중에 볼 수 있도록 파형을 포착하고 저장할 수 있다.

복습문제 Review Questions

1. 아날로그 오실로스코프와 디지털 오실로스코프의 차이점은 무엇인가?

2. DC 연결과 AC 연결의 차이점은 무엇인가?

3. 변화하는 DC 신호는 왜 펄스열(pulse train)이라고 불리나?

4. 오실로스코프와 그래프작성 멀티미터의 차이점은 무엇인가?

9장 퀴즈 Chapter Quiz

1. 기술자 A는 아날로그 스코프가 나중에 볼 수 있도록 파형을 저장할 수 있다고 말한다. 기술자 B는 트리거 수준은 변화하는 파형을 볼 수 있도록 대부분의 스코프에서 설정되어야 한다고 말한다. 어느 기술자가 옳은가?
   a. 기술자 A만
   b. 기술자 B만
   c. 기술자 A와 B 모두
   d. 기술자 A와 B 둘 다 틀리다

2. 오실로스코프 디스플레이를 _____(이)라고 부른다.
   a. 격자   c. 분할
   b. 격자선   d. 상자

3. 디지털 저장 오실로스코프(DSO)에 표시된 배터리 전압의 신호가 논의되고 있다. 기술자 A는 디스플레이가 0 선 위의 하나의 수평선을 보일 것이라고 말한다. 기술자 B는 디스플레이가 0부터 배터리 전압 수준까지 위쪽으로 기울어진 선을 나타낼 것이라고 말한다. 어느 기술자가 옳은가?
   a. 기술자 A만
   b. 기술자 B만
   c. 기술자 A와 B 모두
   d. 기술자 A와 B 둘 다 틀리다

4. 시간 기준을 분할당 50ms로 설정하는 것은 기술자가 파형을 얼마나 오랫동안 볼 수 있게 하는가?
   a. 50ms   c. 400ms
   b. 200ms   d. 500ms

5. 스로틀 위치 센서(throttle position sensor)의 파형이 관찰되고 있다. 0∼5볼트의 전체 파형을 보기 위해서는 분할당 볼트가 얼마로 설정되어야 하는가?
   a. 0.5 V/div   c. 2.0 V/div
   b. 1.0 V/div   d. 5.0 V/div

6. 두 명의 기술자가 DSO의 DC 연결 설정에 대해 논의하고 있다. 기술자 A는 그 위치가 표시될 파형의 DC와 AC 신호 모두를 허용한다고 말한다. 기술자 B는 그 설정은 단지 표시될 파형의 DC 부분만을 허용한다고 말한다. 어느 기술자가 옳은가?
   a. 기술자 A만
   b. 기술자 B만
   c. 기술자 A와 B 모두
   d. 기술자 A와 B 둘 다 틀리다

7. 0 아래로 떨어지지 않는 전압 신호(파형)를 _____(이)라고 부른다.
   a. AC 신호   c. 펄스폭
   b. 펄스열   d. DC 연결 신호

8. 초당 사이클 수는 _____(으)로 표현된다.
   a. 헤르츠   c. 펄스폭
   b. 듀티 사이클   d. 기울기

9. 오실로스코프는 어떤 종류의 리드 연결 장치를 사용하는가?
   a. 바나나 플러그   c. 단일 도체 플러그
   b. 두 개의 바나나 플러그 d. BNC

10. 파형을 표시할 수 있는 디지털 미터를 _____(이)라고 부른다.
   a. DVOM   c. GMM
   b. DMM   d. DSO

Chapter 10

자동차 배선과 배선 수리

Automotive Wiring and Wire Repair

학습목표

이 장을 학습하고 나면,

1. 접지선, 배터리 케이블 및 점퍼 케이블의 용도를 설명할 수 있다.
2. 차량 배선과 배선 게이지 시스템에 대해 설명할 수 있다.
3. 퓨즈 링크 및 퓨즈를 통해 회로와 배선을 보호하는 방법을 설명할 수 있다.
4. 회로 차단기 및 PTC 전자 회로 보호기에 대해 토론할 수 있다.
5. 배선을 올바르게 수리하기 위한 단계를 나열할 수 있다.
6. 전기 배선의 납땜 수리를 수행할 수 있다.
7. 전기 도관의 유형을 설명할 수 있다.

핵심용어

기본 배선
꼬임쌍선
냉납 이음부
단자
미국 전선 규격(AWG)
미터법 도선 게이지
배터리 케이블
수지코어 땜납
압착–실링 커넥터
열수축 튜브
자동 링크

잠금 탱(lock tang)
점퍼 케이블
접착식 열수축 튜브
정온도계수(PTC) 회로 보호기
커넥터 위치 확인 장치(CPA)
퍼시픽 퓨즈 소재(Pacific fuse element)
편조 접지 스트랩
퓨즈
퓨즈 링크
회로 차단기

자동차 배선 Automotive Wiring

정의 및 용어 대부분의 자동차 전선은 플라스틱 절연재로 덮인 구리 가닥으로 만들어진다. 구리는 합리적인 가격의 매우 유연한 뛰어난 전도체이다. 하지만 구리선은 반복적으로 움직이면 끊어질 수 있어서 대부분의 구리 배선은 끊어짐 없이 반복적으로 구부리고 움직일 수 있도록 여러 개의 작은 가닥으로 구성되어 있다. 일반적으로 고체 구리선은 정상 작동 중에 구부리거나 움직이지 않는 스타터 전기자 및 교류발전기 스테이터 권선과 같은 구성요소에 사용된다. 아주 비싼 은을 제외하면, 구리는 가장 좋은 전기적 도체이다. 다양한 금속의 전도성 등급이 ●표 10-1에 정리되어 있다.

| 1. Silver |
| 2. Copper |
| 3. Gold |
| 4. Aluminum |
| 5. Tungsten |
| 6. Zinc |
| 7. Brass (copper and zinc) |
| 8. Platinum |
| 9. Iron |
| 10. Nickel |
| 11. Tin |
| 12. Steel |
| 13. Lead |

표 10-1

금속의 상대 전도도를 나타낸 표. 은의 전도도가 가장 높음.

미국 전선 규격 배선은 미국 전선 규격(American wire guage, AWG) 시스템이 할당한 게이지에 따라 크기가 지정되고 구입된다. AWG 숫자는 게이지 번호가 증가할수록 도체의 크기가 감소하기 때문에 혼동을 일으킬 수 있다. 따라서 게이지 14는 게이지 10보다 작다. 도선을 통해 흐르는 전류의 양이 많을수록 더 큰 지름(더 작은 게이지 번호)이 필요하다. ●표 10-2를 참조하여 AWG 번호와 실제 도선의 지름 치수를 비교한다. 지름은 금속 도체의 지름을 의미하며 절연체는 포함하지 않는다.

다음은 가장 일반적으로 사용되는 배선 게이지 크기에 대한 일반적인 경우이다. 차량 배선을 교체하기 전에 항상 설치 지침이나 제조업체의 배선 게이지 크기 사양을 확인해야 한다.

- 20~22게이지: 라디오 스피커 배선
- 18게이지: 소형 전구 및 단락 리드
- 16게이지: 미등, 가스 게이지, 방향지시등, 앞유리 와이퍼
- 14게이지: 경음기, 라디오 파워 리드, 전조등, 시가라이터, 브레이크등
- 12게이지: 전조등 스위치에서 퓨즈박스, 후방유리 김서림 방지장치, 파워 윈도우 및 잠금장치
- 10게이지: 교류발전기와 배터리 사이
- 4, 2 또는 0게이지: 배터리 케이블

미터법 도선 게이지 대부분의 제조업체는 배선 다이어그램에 단면적의 제곱 밀리미터(mm²)로 측정된 **미터법 도선 게이지**(metric wire gauge) 크기를 표시한다. 다음 표는 미터법 게

WIRE GAUGE DIAMETER TABLE	
AMERICAN WIRE GAUGE (AWG)	**WIRE DIAMETER IN INCHES**
20	0.03196118
18	0.040303
16	0.0508214
14	0.064084
12	0.08080810
10	0.10189
8	0.128496
6	0.16202
5	0.18194
4	0.20431
3	0.22942
2	0.25763
1	0.2893
0	0.32486
00	0.3648

표 10-2

미국 전선 규격 치수와 그에 상응하는 인치로 표시된 실제 도체의 직경.

이지와 AWG 크기 간의 변환 또는 비교 기능을 제공한다. 미터법 배선 크기는 크기(면적)에 따라 증가하는 반면, AWG 크기는 크기가 큰 배선에 대해 작아진다. ●표 10-3 참조.

배선의 길이가 증가함에 따라 AWG 번호는 감소해야 한다(배선 크기는 증가해야 한다). ●표 10-4 참조.

예를 들어, 트레일러 조명에 게이지 14 배선을 사용하여 트

? 자주 묻는 질문

배기 시스템에 접지 스트랩이 있는 이유는 무엇인가?

접지 스트랩은 정전기 방전을 위한 용도로만 사용된다. 정적 전기(static electricity)는 배기가스의 흐름이 시스템을 통과할 때 생성된다. 배기 시스템에 연결된 접지 스트랩을 사용하면 정전기 전하가 축적되어 스파크가 차량의 차체 또는 프레임으로 튀는 것을 방지할 수 있다.

배기가스는 배기 다기관의 고무 걸이 및 개스킷에 의해 차량의 나머지 부분과 전기적으로 절연되므로 전체 배기 시스템이 섀시 접지에서 전기적으로 분리된다.

차량에 접지 스트랩이 장착된 경우, 배기 시스템의 수명이 길도록 양쪽 끝에 연결되어 있는지 확인한다. 정전기가 배기 시스템에서 차량의 차체 또는 프레임으로 방출될 경우 아크 지점으로 인해 녹이나 부식이 발생하여 배기 시스템의 수명이 단축될 수 있다.

새 배기 시스템이 장착된 경우, 접지 스트랩을 다시 연결한다. 또한 대부분의 차량은 동일한 이유로 연료 주입구 튜브에 연결된 접지 스트랩을 사용한다.

METRIC SIZE (MM²)	AWG SIZE
0.5	20
0.8	18
1.0	16
2.0	14
3.0	12
5.0	10
8.0	8
13.0	6
19.0	4
32.0	2
52.0	0

표 10-3

미터법 전선 크기와 미국 전선 규격 사이의 변환표.

레일러 조명을 장착할 수 있지만, 필요한 배선 길이가 25피트를 넘는 경우 게이지 12 배선을 사용해야 한다. 스파크 플러그 배선을 제외한 대부분의 차량 배선은 배터리 전압 또는 그 근처에서 작동하도록 설계되어 있기 때문에 **기본 배선(primary wire)**(기본 점화 회로에 사용되는 전압 범위로 명명됨)이라고 한다.

12V	Recommended Wire Gauge (AWG) (for length in feet)*						
Amps	3′	5′	7′	10′	15′	20′	25′
5	18	18	18	18	18	18	18
7	18	18	18	18	18	18	16
10	18	18	18	18	16	16	16
12	18	18	18	18	16	16	14
15	18	18	18	18	14	14	12
18	18	18	16	16	14	14	12
20	18	18	16	16	14	12	10
22	18	18	16	16	12	12	10
24	18	18	16	16	12	12	10
30	18	16	16	14	10	10	10
40	18	16	14	12	10	10	8
50	16	14	12	12	10	10	8
100	12	12	10	10	6	6	4
150	10	10	8	8	4	4	2
200	10	8	8	6	4	4	2

*When mechanical strength is a factor, use the next larger wire gauge.

표 10-4

길이가 증가함에 따라, 모든 전선의 내부 저항이 증가하므로 권장되는 AWG 전선 크기는 증가한다. 전선이 길수록 저항이 커진다. 직경이 클수록 저항이 낮아진다.

접지선 Ground Wires

목적과 기능 모든 차량은 엔진과 차체 사이 그리고/또는 차체와 배터리의 음극 단자 사이에 접지선을 사용한다. 접지선의 두 가지 유형은 다음과 같다.

- 절연 동선
- 편조 접지 스트랩

편조 접지 스트랩(braided ground strap)은 절연되지 않는다. 접지 스트랩은 이미 접지에 부착되어 있으므로 금속에 접촉하는지 관계없기 때문에 절연할 필요가 없다. 편조 접지 스트랩은 연선(stranded wire)보다 더 유연하다. 엔진은 마운트 위에서 약간 움직이므로 편조 접지 스트랩이 파손 없이 유연하게 움직일 수 있어야 한다. ● 그림 10-1 참조.

피부 효과 또한 편조 스트랩은 피부 효과로 인해 표준 연선

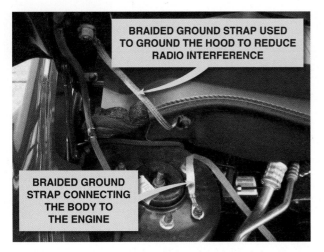

그림 10-1 모든 조명과 부속품이 차체에 접지되어 있다. 이와 같은 차체 접지선은 모든 전류를 이런 부속품들로부터 배터리의 음극 단자로 되돌아 흘러 들어가게 해야 한다. 차체 접지선은 차체를 엔진에 연결한다. 대부분의 배터리 음극 케이블이 엔진에 연결된다.

그림 10-2 배터리 케이블은 큰 스타터 전류를 전달하도록 설계되었으므로 대개 게이지 4 또는 그 이상이다. 이 배터리에는 덮개 아래의 고온에서 배터리를 보호하는 데 도움이 되도록 열을 막아 주는 열담요(thermal blanket)가 있다. 또한 배선은 분할 룸 튜브(split-loom tubing)라고 불리는 플라스틱 도관으로 덮여 있다.

을 통해 전달될 수도 있는 일부 라디오 주파수 간섭을 약화시킨다.

피부 효과(skin effect)는 고주파 교류 전기가 도체를 통해 흐르는 방식을 설명하는 데 사용되는 용어이다. 직류는 도체를 통해 흐르지만 교류는 도체의 외부(피부)를 통해 흐르는 경향이 있다. 피부 효과 때문에 대부분의 오디오(스피커) 케이블은 더 적은 수의 큰 가닥들 대신 여러 개의 작은 지름의 구리선으로 구성되는데, 이는 전선이 더 작을수록 표면적이 많아지기 때문에 교류 흐름에 대한 저항이 낮아지기 때문이다.

참고: 차체에 접지되어 음극 배터리 단자로 흐르는 조명과 액세서리의 회로 경로를 제공하기 위해 차체 접지 배선이 필요하다.

배터리 케이블 Battery Cables

배터리 케이블(battery cable)은 차량 전기 시스템에 사용되는 가장 큰 배선이다. 배터리 케이블은 대개 게이지 4, 게이지 2 또는 게이지 1 도선(19mm² 이상)이다. ●그림 10-2 참조.

게이지 1 이상의 도선은 게이지 0이다("오우트"로 발음됨). 더 큰 케이블에는 2/0 또는 00(2오우트) 그리고 3/0 혹은 000(3오우트)로 표시된다. 6V인 전기 시스템은 12V 전기 시스템에 사용되는 것보다 두 배 크기의 배터리 케이블을 필요로 한다. 왜냐하면 구형 차량에 사용되는 낮은 전압은 동일한 전력을 공급하기 위해 두 배의 전류(암페어)를 사용하기 때문이다.

? 자주 묻는 질문

꼬임쌍선은 무엇인가?

꼬임쌍선(twisted pair)은 두 도선을 함께 꼬아 놓은 형태이며, 저전압 신호를 전송하는 데 사용된다. 전자기 간섭(electromagnetic interference, EMI)으로 인해 도선에 전압이 생성될 수 있는데, 두 신호선을 꼬아 놓으면 유도 전압이 차단될 수 있다. 꼬임쌍선은 두 배선이 피트당 최소 9번의 꼬임(미터당 꼬임)을 갖는다는 것을 의미한다. 경험 법칙으로 꼬임 정도는 1인치 길이당 한 번 꼬여 있어야 한다.

점퍼 케이블 Jumper Cables

점퍼 케이블(jumper cable)은 큰 집게가 부착된 게이지 4에서 게이지 2/0 전기 케이블로서, 한 차량의 방전된 배터리를 다른 차량의 양호한 배터리에 연결하는 데 사용된다. 케이블 저항으로 인한 과도한 전압 강하를 방지하기 위해, 양질의 점퍼 케이블이 필요하다. 알루미늄이 전기 도체로서는 좋지만(구리 수준에는 미치지 못함), 구부리거나 반복적으로 움직이면 균열이 생기고 파손될 수 있기 때문에 알루미늄 도선 점퍼 케이

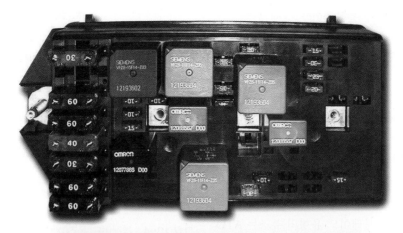

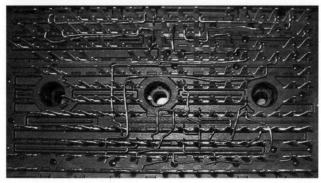

그림 10-3 전형적인 후드 하부 전기 센터(underhood electrical center, UHEC). 대부분은 "지능형 전원 분배기" 또는 "스마트 정선 박스"라고 부르는데, 이는 아래쪽 그림이 맥시 퓨즈에서 다른 퓨즈로 연결되는 배선 또는 릴레이로 연결되는 회로에 연결되는 배선이기 때문이다. 이러한 상호 연결 회로로 인해, 충돌 또는 수분 침입에 의해 고장이 발생한 경우, 대부분의 전문가들은 어셈블리를 수리하기보다는 전체 어셈블리를 교체할 것을 제안한다. 후드 하부 퓨즈 패널을 작업할 경우에는, 준수해야 하는 정확한 절차를 서비스 정보에서 항상 확인하여야 한다.

블을 사용해서는 안 된다. 크기는 게이지 6 이상이어야 한다.

AWG 1/0 용접 케이블의 양끝에 용접 클램프를 사용하여 우수한 점퍼 케이블 세트를 만들 수 있다. 용접 케이블은 대개 매우 가는 도선 가닥으로 구성되어 있으며, 이를 통해 케이블 내부에서 미세 배선 가닥이 서로 미끄러지면서 케이블이 더 쉽게 구부러질 수 있다.

참고: 항상 배터리 케이블 또는 점퍼 케이블의 게이지를 확인해야 한다. 도선의 바깥지름에만 의존하지 않아야 한다. 대부분의 저가형 점퍼 케이블은 더 작은 게이지를 사용하지만, 케이블을 적절한 크기의 도선처럼 보이게 하기 위해 두꺼운 절연재를 사용할 수도 있다.

퓨즈 및 회로 보호 부품
Fuses and Circuit Protection Devices

구성 퓨즈(fuse)는 단락이나 기타 오작동으로 인한 과도한

전류 흐름으로 인한 배선 과열 및 손상으로부터 배선을 보호하기 위해 모든 회로에서 사용해야 한다. 퓨즈 기호는 두 지점 사이의 물결 모양의 선(∿)으로 표시된다.

퓨즈는 유리, 플라스틱 또는 세라믹 하우징 내부에 있는 얇은 주석 도체로 구성된다. 주석은 과도한 전류가 퓨즈를 통해 흐를 경우 녹아서 회로가 개방되도록 설계되었다. 각 퓨즈는 허용 최대 전류 용량에 따라 정격이 정해진다.

많은 퓨즈가 차량의 하나 이상의 회로를 보호하는 데 사용된다. ●그림 10-3 참조.

전형적인 예는 실내등, 시계 및 기타 회로와 같이 많은 다른 회로들도 보호하는 시가 라이터용 퓨즈이다. 이러한 회로 중 하나에서 고장이 발생하면 이 퓨즈가 녹아서, 이 퓨즈로 보호되는 다른 모든 회로의 작동이 금지된다.

참고: 담배용 라이터의 자동차공학회 용어는 *시가 라이터*(cigar lighter)인데, 이는 가열 소자의 지름이 시가 크기만큼 충분히 크기 때문이다. 이 용어가 가장 흔하게 쓰이는 용어이기 때문에, 이 책 전

반에 걸쳐 *시가 라이터*라는 용어가 사용될 것이다.

퓨즈 정격

퓨즈는 과도한 양의 전류가 흐를 경우 회로의 배선과 구성요소가 손상되지 않도록 보호하기 위해 사용된다. 퓨즈 정격은 일반적으로 회로의 정상 전류보다 약 20% 더 높다. 회로의 정상 전류에 기초한 일반적인 퓨즈 정격은 ●표 10-5를 참조하라. 다른 말로 하자면, 정상적인 전류 흐름은 퓨즈 정격의 약 80%여야 한다.

블레이드 퓨즈

색상이 있는 블레이드 유형의 퓨즈는 ATO 퓨즈라고도 하며, 1977년부터 사용되었다. 블레이드 퓨즈(blade fuse)의 플라스틱의 색상은 암페어 단위로 측정된 최대 전류 흐름을 나타낸다.

블레이드 퓨즈의 색상 및 암페어 등급은 ●표 10-6을 참조

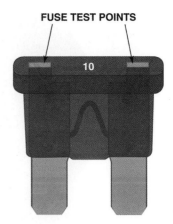

그림 10-4 블레이드 퓨즈(blade fuse)는 퓨즈 상단에 있는 플라스틱의 개구부를 통해 시험할 수 있다.

하라.

각 퓨즈는 플라스틱 부분 상단에 구멍이 있어 시험 목적으로 금속 접점에 접근할 수 있다. ●그림 10-4 참조.

미니 퓨즈

공간을 절약하기 위해 많은 차량들이 미니 블레이드 퓨즈를 사용한다. 이를 통해 공간을 절약할 수 있을 뿐 아니라, 차량 설계 엔지니어가 하나의 퓨즈에 여러 부품들을 그룹화하는 대신 개별 회로를 퓨즈로 연결할 수도 있다. 이는 하나의 부품이 고장 나더라도, 여러 다른 회로에 대한 전원 공급이 중단되지 않고 해당 회로에만 영향을 미치기 때문에, 고객 만족도를 향상시킨다. 각각의 회로가 분리되어 있기 때문에 문제해결을 훨씬 더 쉽게 만들어 준다. 암페어 정격 및 미니 퓨즈에 해당하는 퓨즈 색상은 ●표 10-7을 참조하라.

맥시 퓨즈

맥시 퓨즈는 대형 버전의 블레이드 퓨즈로, 많은 차량에서 퓨즈 링크를 교체하는 데 사용된다. 맥시 퓨즈의 정격 전류는 최대 80암페어 이상이다. 맥시 퓨즈의 암페어 정격

Normal Current in the Circuit (Amperes)	Fuse Rating (Amperes)
7.5	10
16	20
24	30

표 10-5

퓨즈 정격은 배선과 보호하는 구성요소를 최적으로 보호하기 위해 회로의 최대 전류보다 20% 이상 높아야 한다.

Amperage Rating	Color
1	Dark green
2	Gray
2.5	Purple
3	Violet
4	Pink
5	Tan
6	Gold
7.5	Brown
9	Orange
10	Red
14	Black
15	Blue
20	Yellow
25	White
30	Green

표 10-6

암페어 정격과 블레이드 퓨즈 색상은 표준화되어 있다.

Amperage Rating	Color
5	Tan
7.5	Brown
10	Red
15	Blue
20	Yellow
25	Natural
30	Green

표 10-7

미니 퓨즈(mini fuse)의 암페어 정격 및 색상.

Amperage Rating	Color
20	Yellow
30	Green
40	Amber
50	Red
60	Blue
70	Brown
80	Natural

표 10-8

맥시 퓨즈(maxi fuse)의 암페어 정격과 해당 색상.

그림 10-5 블레이드 퓨즈는 세 가지 크기로 구분된다. 미니, 표준 또는 ATO, 맥시.

과 해당 색상은 ●표 10-8을 참조하라.

다양한 크기의 블레이드 퓨즈를 비교하려면 ●그림 10-5를 참조하기 바란다.

퍼시픽 퓨즈 소자 1980년대 후반에 처음 사용된 **퍼시픽 퓨즈 소자**(Pacific fuse element)—**퓨즈 링크**(fuse link) 또는 **자동 링크**(auto link)라고도 한다—는 직접적인 접지로 단락(short-to-ground)으로부터 배선을 보호하는 데 사용된다. 하우징에는 정격 전류 부하에 맞는 크기의 짧은 배선 링크가 들어 있다. 투명한 상판이 내부의 링크를 검사할 수 있게 해 준다. ●그림 10-6 참조.

퓨즈 시험 퓨즈로 보호하는 회로가 작동하지 않는 경우, 퓨즈 상태를 시험하는 것이 중요하다. 대부분의 끊어진 퓨즈는 중앙 도체가 녹아 있기 때문에 빠르게 감지할 수 있다. 퓨즈 자체 또는 퓨즈 홀더의 연결 불량 때문에 퓨즈가 고장 나거나 회로가 열릴 수도 있다. 따라서 단지 퓨즈가 "외관상으로 문제가 없어 보인다"고 해서 그것이 괜찮다는 것을 의미하는 것은 아니다. 모든 퓨즈는 테스트 램프로 시험해야 한다. 테스트 램프는 퓨즈의 첫 번째 단자와 연결된 후 다른 쪽 단자에 연결되어야 한다. 양쪽에서 테스트 램프가 켜져야 한다. 테스트 램프가 한쪽에서만 켜지는 경우 퓨즈가 녹은 것이거나 끊어진 것이다. 테스트 램프가 퓨즈의 어느 한쪽에서 켜지지 않으면, 해당 회로에 전원이 공급되고 있지 않은 것이다. ●그림 10-7 참조. 퓨즈를 시험하기 위해 저항계를 사용할 수 있다.

회로 차단기 회로 차단기는 회로를 열고 전류 흐름을 차단함으로써 회로 내 유해한 과부하(과도한 전류 흐름)를 방지하

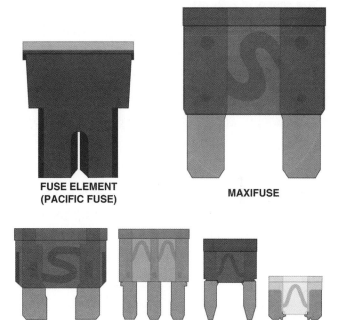

FUSE ELEMENT (PACIFIC FUSE) MAXIFUSE

ATO FUSE MICRO3 FUSE (THREE-LEGGED FUSE) MINIFUSE LOW PROFILE MINIFUSE

그림 10-6 대부분의 차량에 사용되는 다양한 유형의 보호 소자 비교.

그림 10-7 퓨즈를 시험하기 위해, 테스트 램프를 사용하여 퓨즈의 전원 측에서 전원을 점검한다. 일부 퓨즈는 전력을 공급받기 전에 점화 스위치와 조명이 켜져 있어야 할 수도 있다. 퓨즈가 양호하다면 테스트 램프가 퓨즈의 양쪽(전원 측 및 부하 측)에서 켜져야 한다.

여, 뜨거운 배선이나 전기 부품으로 인한 과열 및 화재 가능
성을 방지한다. **회로 차단기**(circuit breaker)는 가열될 때 변
형되는 두 개의 서로 다른 금속(바이메탈)으로 제작되는 기계
부품이며, "off" 스위치와 동일한 방식으로 작동하는 접점 세
트를 개방한다. ●그림 10-8 참조.

따라서 순환형 회로 차단기는 전류가 흐르지 않으면 재설
정되고, 이로 인해 바이메탈이 냉각되고 회로가 다시 닫힌다.
회로 차단기는 재래식 비반복 퓨즈를 사용하는 경우 승객의
안전에 영향을 미칠 수 있는 회로에 사용된다. 전조등 회로는
회로 차단기 사용의 좋은 예이다. 전조등 회로 어디에서나 단
락 또는 접지 회로로 인해 과도한 전류가 흐를 수 있으므로 회
로가 개방될 수 있다. 야간에 갑작스럽게 전조등을 잃는 것은
분명히 처참한 결과를 가져올 수 있다. 회로 차단기는 회로를
빠르게 개폐하여, 회로를 과열로부터 보호하고 최소한의 부분
전조등 작동을 유지하기 위해 충분한 전류를 공급한다.

회로 차단기는 또한 기존 퓨즈가 이러한 회로에서 흔히 발
견되는 서지 전류를 제공할 수 없었던 다른 회로에서도 사용
된다. 회로 차단기를 나타내는 전기 기호는 ●그림 10-9를 참
조하라.

다음 부속품에 대한 회로들이 그런 예들이다.

1. 파워 시트
2. 파워 도어 잠금장치
3. 파워 윈도우

PTC 회로 보호기 정온도계수(positive temperature coeffi-
cient, PTC) 회로 보호기(circuit protector)는 움직이는 부품
이 없는 반도체 소자이다. 다른 모든 회로 보호 부품과 마찬
가지로 PTC도 보호할 회로에 직렬로 설치되어 있다. 과도한
전류가 흐르면 PTC의 온도와 저항은 증가한다.

이렇게 증가하는 저항은 회로에서 전류 흐름(암페어)을 감
소시키게 되고, 회로의 전기 부품들이 올바르게 작동하지 않
게 할 수 있다. 예를 들어, 파워 윈도우 회로에 PTC 회로 보호
기를 사용하는 경우, 저항이 증가하면 파워 윈도우의 작동이
정상보다 훨씬 느려진다.

회로 차단기 또는 퓨즈와 달리 PTC 회로 보호기는 회로를
개방하지 않고 보호 장치와 해당 부품 사이에 고저항을 제공
한다. ●그림 10-10 참조.

바꿔 말하면, 부품들에서 전압을 사용할 수 있다. 이 사실
은 이러한 회로 보호 장치가 실제로 어떻게 작동하는지에 대

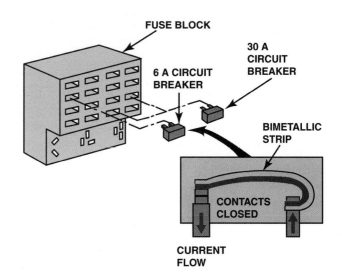

그림 10-8 일반적인 블레이드 회로 차단기는 블레이드 퓨즈와 동일한
공간에 장착된다. 과도한 전류가 바이메탈 스트립을 통해 흐르는 경우,
스트립이 휘어져 접점을 열고 전류 흐름을 멈추게 한다. 회로 차단기가
냉각되면 접점이 다시 닫히고 전기 회로가 완성된다.

그림 10-9 회로 차단기를 표시하는 데 사용되는 전기 기호.

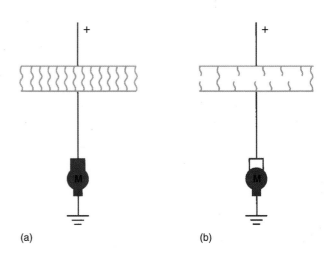

그림 10-10 (a) 다양한 전도성 경로를 보여 주는 파워 윈도우 모터 회
로와 같은 PTC 회로 보호기의 정상적인 작동. 정상적인 전류가 흐르면
PTC 회로 보호기의 온도는 정상적으로 유지된다. (b) 전류가 PTC 회로
보호기의 암페어 정격을 초과하면, 전자 회로 보호기를 구성하는 폴리머
소재의 저항이 증가한다. 그림에서 보듯이, 매우 높은 저항을 통과하는
매우 낮은 전류 흐름의 결과로 모터가 작동을 멈추더라도, 고저항 전기
경로는 여전히 존재한다. 회로 보호기는 회로에서 전압이 제거될 때까지
재설정되거나 식지 않는다.

한 많은 오해로 이어졌다. 회로가 개방되고 PTC 회로 보호기가 냉각되면 훨씬 더 혼란스럽다. 회로가 다시 켜지면 구성요소가 잠시 동안 정상적으로 작동할 수 있다; 그러나 너무 많은 전류가 흐르기 때문에 PTC 회로 보호기가 다시 뜨거워진다. 이는 저항을 다시 증가시키고 전류 흐름을 제한하게 된다.

오늘날 대부분의 차량에 사용되는 전자 제어 유닛(컴퓨터)은 열 과부하 보호 장치를 포함하고 있다. ●그림 10-11 참조.

그러므로 부품이 작동하지 않을 때 컴퓨터를 탓할 이유가 없다. 전류 제어 소자는 컴퓨터를 보호하기 위해 전류 흐름을 제어한다. 올바로 작동하지 않는 부품들의 저항 및 전류 요구량을 점검해야 한다.

퓨즈 링크 퓨즈 링크(fusible link)는 특수한 불연성 절연체로 덮인 짧은 표준 구리선(6~9인치 길이)으로 구성되는 퓨즈의 형태이다. 이 배선은 보호하는 회로의 배선보다 대개 4 이하의 게이지 배선 번호로 구성된다. 예를 들어, 게이지 12 회로는 게이지 16의 퓨즈 링크로 보호된다. 배선에 대해 특별히 두꺼운 절연재는 같은 게이지 번호의 다른 배선보다 크게 보이도록 할 수 있다. ●그림 10-12 참조.

과도한 전류 흐름(접지로 단락 또는 결함 있는 부품으로 인한)이 발생하는 경우, 퓨즈 링크가 절반으로 용해되어 화재 위험을 방지하기 위해 회로를 개방한다. 어떤 퓨즈 링크는 퓨즈 링크와 표준 섀시 배선 사이의 접점에서 "퓨즈 링크" 태그로 식별되며, 이는 연결부만 나타낸다. 퓨즈 링크는 회로 보호를 위한 백업 시스템이다. 스타터 모터에 사용되는 전류를 제외한 모든 전류는 퓨즈 링크를 통해 흐른 후, 개별 회로 퓨즈를 통과한다. 퓨즈 링크는 끊어지지 않고 용해될 수 있다. 퓨즈 링크는 배터리에서 직접 나오는 배선과 회로를 보호할 수 있도록 가능한 한 배터리에 가깝게 설치된다.

메가 퓨즈 많은 신형 차량은 고전류 회로를 보호하기 위하여 퓨즈 링크 대신 메가 퓨즈(mega fuse)를 장착하고 있다. 메가 퓨즈에 의해 제어되는 회로는 다음을 포함한다.

- 충전 회로
- HID 전조등
- 얼선내장 전면 또는 후면 유리
- 일반적으로 메가 퓨즈로 보호되는 다중 회로
- 80, 100, 125, 150, 175, 200, 225, 250암페어를 포함하

그림 10-11 PTC 회로 보호기는 이 크라이슬러 차량의 파워 배전 센터에 광범위하게 사용된다.

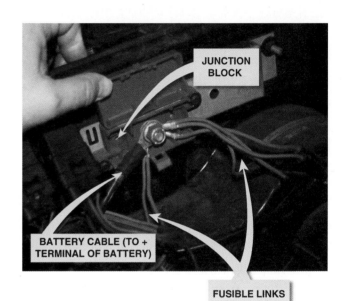

그림 10-12 퓨즈 링크(fuse link)는 대부분 배터리 근처에 위치하고 있으며, 대개 정선 블록(junction block)에 부착된다. 이들 퓨즈의 길이는 6~9인치에 불과하며, 각 퓨즈 링크로부터 둘 이상의 퓨즈에 연결된다.

그림 10-13 교류발전기로부터 연결된 회로를 보호하기 위해 사용되는 125A 정격 메가 퓨즈.

는 차량의 메가 퓨즈 정격

●그림 10-13 참조.

퓨즈 링크와 메가 퓨즈 점검 퓨즈 링크 및 메가 퓨즈는 대개 다음과 같은 다른 퓨즈 또는 회로로 전력이 공급되는 곳 근처에 있다.

- 스타터 솔레노이드 배터리 단자
- 파워 배전 센터
- 교류발전기의 출력 단자
- 배터리의 양극 단자

퓨즈 링크는 녹을 수 있고 외부적인 손상의 흔적을 보이지 않을 수도 있다. 퓨즈 링크를 점검하기 위해서는 양쪽 끝을 부드럽게 잡아당겨 연결되었는지 확인한다. 절연이 늘어나는 경우는 내부의 배선이 녹은 것으로, 무엇이 링크 고장의 원인이었는지 판단한 후에 퓨즈 링크를 교체해야 한다.

퓨즈 링크를 점검하는 또 다른 방법은 테스트 램프나 전압계를 사용하여 퓨즈 링크 양쪽 끝에서 사용 가능한 전압을 점검하는 것이다. 전압이 한쪽 끝에서만 사용 가능하다면 링크가 전기적으로 개방된 것이며 교체가 필요하다.

퓨즈 링크 교체 퓨즈 링크가 녹은 것으로 확인되면, 다음 단계를 수행한다.

단계 1 퓨즈 링크가 고장 난 이유를 확인하고, 고장을 수리한다.

단계 2 서비스 정보에서 필요한 퓨즈 링크의 정확한 길이, 게이지 및 유형을 확인한다.

단계 3 서비스 정보에 있는 지침에 따라 퓨즈 링크를 지정된 퓨즈 링크 배선으로 교체한다.

> **주의:** 퓨즈 링크 배선이 너무 짧으면 배선을 녹이고 회로 또는 구성요소를 보호하는 데 필요한 열을 생성하기에 충분한 저항을 가질 수 없으므로 항상 필요한 정확한 길이를 사용해야 한다. 배선이 너무 길면, 보호해야 하는 회로의 정상 작동 중에 녹을 수 있다. 가용한 링크 배선은 대개 6인치 이상, 9인치 이하이다.

단자 및 커넥터
Terminals and Connectors

단자(terminal)는 배선 끝에 부착되는 금속 고정 장치로, 전기 연결부를 형성한다. 커넥터(connector)라는 용어는 대개 딸깍

기술 팁

근본 원인 찾기
메가 퓨즈 또는 퓨즈 링크가 고장 난 경우, 교체하기 전에 근본적인 원인을 찾아야 한다. 메가 퓨즈는 충돌이나 부식의 결과로 발생하는 진동 또는 물리적 손상 때문에 고장 날 수 있다. 퓨즈 자체가 느슨하고 손으로 움직일 수 있는지 점검한다. 느슨한 경우 메가 퓨즈를 교체한다. 과도한 전류로 인해 퓨즈 링크 또는 메가 퓨즈에 고장이 발생한 경우, 충돌의 징후가 있는지 또는 과도한 전류가 흐르게 할 수 있는 다른 원인이 있는지 점검한다. 이 검사에는 퓨즈 링크에서 전류를 공급하는 각 전기 부품들이 포함되어야 한다. 근본 원인을 찾아 해결했는지 확인한 후에, 퓨즈 링크 또는 메가 퓨즈를 교체한다.

하고 연결되어 기계적인 연결을 이루는 플라스틱 부분을 의미한다. 배선 단자의 끝단은 대개 딸깍 결합되거나 커넥터에 의해 고정된다. 그런 다음 암수 커넥터를 함께 연결하여 전기적 연결이 완료된다. 환경에 노출되는 커넥터는 내후성 밀폐재를 구비하고 있다. ●그림 10-14 참조.

단자는 **잠금 탱(lock tang)**을 사용하여 커넥터에 고정한다. 커넥터로부터 단자를 제거하는 단계는 다음과 같다.

단계 1 **커넥터 위치 확인 장치(connector position assurance, CPA)**를 해제한다. CPA가 있으면, 커넥터의 래치(latch)가 우발적으로 해제되지 않도록 한다.

단계 2 잠금을 열어 수 커넥터와 암 커넥터를 분리한다. ●그림 10-15 참조.

단계 3 보조 잠금장치를 해제한다(장착된 경우). ●그림 10-16 참조.

단계 4 제거 도구를 사용하여 잠금 탱이 위치한 플라스틱 커넥터에서 슬롯을 찾아 잠금 탱을 누른 다음 커넥터에서 단자를 부드럽게 탈거한다. ●그림 10-17 참조.

배선 수리 Wire Repair

납땜 대부분의 제조업체에서는 모든 배선 수리를 **납땜(soldering)**을 할 것을 권장한다. 땜납(solder)은 주석과 납의 합금으로, 전기 회로에서 두 배선 또는 연결부 사이를 전기적으로 접촉시키는 데 사용된다. 그런데 해당 부위를 깨끗이 하고

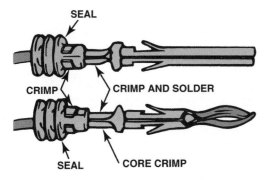

그림 10-14 일부 단자에는 전기 연결부를 봉인하는 데 도움이 되도록 밀폐물질이 부착되어 있다.

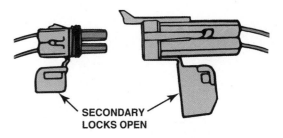

그림 10-16 보조 잠금장치는 단자를 커넥터에 고정하는 데 도움이 된다.

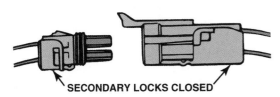

그림 10-15 잠금을 열고 두 부분을 잡아당겨 커넥터를 분리한다.

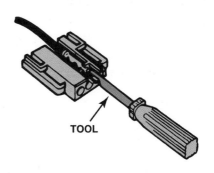

"녹색 오물" 찾기

부식된 연결부는 간헐적인 전기적 문제 및 단선의 주요 원인이다. 일반적인 조건들에 대한 절차는 다음과 같다:

1. **열은 팽창을 야기한다.** 이러한 열은 배기 시스템에 너무 가까이 있는 커넥터와 같이 외부 열원에서 발생할 수 있다. 또다른 가능한 열원은 단자의 연결 불량으로, 전기 저항으로 인해 전압 강하와 열을 발생시킨다.
2. **응축은 커넥터가 냉각될 때 발생한다.** 응축에 의한 습기는 녹과 부식의 원인이 된다.
3. **커넥터에 물이 들어간다.** 해결책은 부식된 커넥터가 발견될 경우, 단자를 청소하고 배선 단자 단부에 대한 전기 연결부의 상태를 확인하는 것이다. 습기가 커넥터에 유입되어 단자를 공격하는 것을 방지하기 위해 차량 제조업체들은 커넥터 내부에 절연 실리콘 또는 리튬기반 윤활유를 사용할 것을 권장한다.

납땜 시 땜납이 잘 흐르게 하기 위해서는 플럭스(flux)가 사용되어야 한다. 이러한 이유로 땜납은 중앙에 포함된 수지[로진(rosin)]를 사용하여 제조되는데, 이를 **수지코어 땜납(rosin-core solder)**이라고 한다.

그림 10-17 작은 탈거 공구[픽(pick)이라고 함]를 사용하여 커넥터에서 단자를 분리한다.

그림 10-18 전기 또는 전자 납땜의 경우, 항상 수지코어 땜납을 사용한다. 또한 소형 납땜인두에 작은 지름 땜납을 사용한다. 지름이 큰 배선(큰 게이지)과 높은 전력의 납땜인두(건)에만 지름이 큰 땜납을 사용한다.

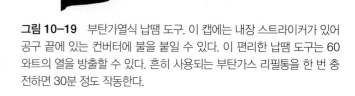

그림 10-19 부탄가열식 납땜 도구. 이 캡에는 내장 스트라이커가 있어 공구 끝에 있는 컨버터에 불을 붙일 수 있다. 이 편리한 납땜 도구는 60와트의 열을 방출할 수 있다. 흔히 사용되는 부탄가스 리필통을 한 번 충전하면 30분 정도 작동한다.

주의: 산이 부식을 유발할 수 있으므로, 전기 배선을 수리할 때 산성코어 땜납(acid-core solder)을 사용하지 않는다.

● 그림 10-18 참조.

산성코어 땜납도 사용할 수 있지만 납땜 시트 금속에만 사용해야 한다. 땜납은 다양한 비율의 주석 및 납과 함께 합금으로 사용할 수 있다. 비율은 납의 다양한 유형을 식별하는 데 사용되며, 첫 번째 숫자는 합금에서 주석의 비율을 의미하는 것이고, 두 번째 숫자는 납의 비율을 나타낸다. 가장 흔히 사용되는 땜납은 50/50으로, 이는 땜납의 50%는 주석, 나머지 50%는 납으로 구성된다는 것을 의미한다. 각 합금의 백분율이 주로 땜납의 녹는점을 결정한다.

- 60/40 땜납(주석 60% 납 40%)은 361°F(183℃)에서 녹는다.
- 50/50 땜납(주석 50% 납 50%)은 421°F(216℃)에서 녹는다.
- 40/60 땜납(주석 40% 납 60%)은 460°F(238℃)에서 녹는다.

참고: 여기에 표시된 녹는점은 사용된 금속의 순도에 따라 달라질 수 있다.

녹는점이 낮기 때문에 60/40 땜납이 가장 권장되며, 그 다음으로 50/50이 권장된다.

납땜건 배선을 납땜할 때 다음을 사용하여 배선(땜납이 아니라)을 가열해야 한다.

- 전기 납땜건(soldering gun) 또는 납땜펜(soldering pencil)(60~150W 정격).
- 불꽃을 사용하여 팁을 가열하는 부탄가열식(butane-powered) 도구(약 60W 정격). ● 그림 10-19 참조.

납땜 절차 배선 접점(splice)을 납땜하는 납땜 절차는 다음 단계를 포함한다.

단계 1 납땜건을 접점에 접촉한 상태에서 건과 배선의 접점에 땜납을 접근시킨다.

단계 2 땜납이 흐르기 시작한다. 인두를 움직이지 않는다.

단계 3 배선 가닥 주위로 흘러 들어갈 때 접점 안으로 더 많은 땜납을 계속 공급한다.

단계 4 땜납이 접점 전체에 흐른 후, 건과 땜납을 접점에서 제거하고 땜납을 천천히 냉각한다.

땜납의 외관이 반질반질하게 빛나야 한다. 흐릿해 보이는 땜납은 온도가 충분히 올라가지 않은 경우이며, **냉납 이음부(cold solder joint)**를 야기할 수 있다. 접점을 다시 가열한 후 냉각하면 종종 광택이 나는 외관을 복원할 수 있다.

크림핑 단자 적절한 유형의 크림핑 공구(crimping tool)를 사용하는 경우, 단자를 크림핑하여 양호한 전기 연결을 만들 수 있다. 대부분의 차량 제조업체들은 W자형의 고리를 사용하여 철사 가닥들을 좁은 공간으로 밀어 넣을 것을 권장한다. ● 그림 10-20 참조.

대부분의 차량 제조업체들은 또한 모든 수작업된 크림핑

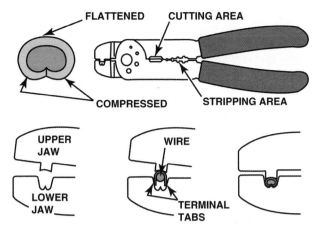

그림 10-20 좋은 크림프를 만들기 위해, 단자의 열린 부분이 크림핑 공구의 죄는 부분에 앤빌(anvil) 또는 W자형 크림프 방향으로 배치된다.

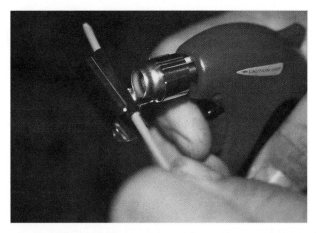

그림 10-22 열 수축 용도로 특별히 설계된 부탄가스 토치는 불꽃이 없는 상태에서 열을 가하기 때문에 부상을 일으킬 수 있다.

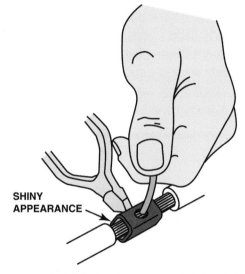

그림 10-21 전기 연결이 양호하도록 모든 수작업된 크림핑 접점 또는 단자들은 납땜되어야 한다.

그림 10-23 일반적인 압착-실링 커넥터(crimp-and-seal connector). 이러한 유형의 커넥터는 배선 끝부분을 유지하기 위해 처음에는 가볍게 크림핑된 후, 가열된다. 튜브는 배선 접점 주위에서 수축하고 열가소성 수지 접착제는 내부에서 녹아서 효과적인 내후성 밀봉을 제공한다.

단자 또는 접점도 납땜하도록 명시하고 있다. ●그림 10-21 참조.

열수축 튜브 열수축 튜브(heat shrink tubing)는 대개 폴리염화비닐(PVC)이나 폴리올레핀으로 만들어지며, 가열할 때 원래 지름의 약 절반으로 수축된다. 이를 보통 2:1 수축비라고 한다. 열 수축 자체는 부식에 대한 보호를 제공하지 않는데, 이는 배관의 단부가 습기에 대해 밀봉되지 않기 때문이다. 다임러크라이슬러사는 이 소자에 노출될 수 있는 모든 배선 수리 작업은 **접착식 열수축 튜브(adhesive-lined heat shrink tubing)**를 사용하여 수행하고 밀봉할 것을 권장하고 있다. 튜브는 대개 특수 열가소성 접착제로 된 내부층을 가진

화염 방지 유연한 폴리올레핀으로 만들어진다. 가열하면 이 튜브가 원래 지름의 1/3로 수축하고(3:1 수축비) 접착제가 녹아 튜브 끝단을 밀봉한다. ●그림 10-22 참조.

압착-실링 커넥터 GM사는 배선 수리를 위한 방법으로 압착-실링 커넥터 사용을 권장한다. **압착-실링 커넥터(crimp-and-seal connector)**는 한 조각에 밀봉재와 수축 튜브를 포함하며 단순한 버트 커넥터(butt connector)가 아니다. ●그림 10-23 참조.

압착-실링 커넥터를 사용하여 배선을 수리하기 위해 지정한 일반적인 절차는 다음과 같다.

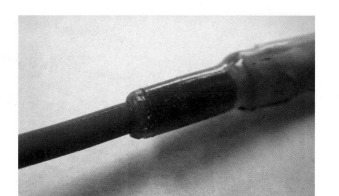

그림 10-24 압착-실링 커넥터(crimp-and-seal connector)를 가열하면 접착제가 녹아서 습기에 대해 효과적인 밀봉을 형성한다.

단계 1 배선 끝부분에서 절연재를 벗겨 낸다(약 5/16인치 또는 8mm).

단계 2 수리 중인 배선 게이지에 적합한 압착-실링 커넥터 크기를 선택한다. 배선을 접점 슬리브에 삽입하고 크림핑한다.

> **참고:** 집게가 커버에 구멍을 내는 것을 방지하려면 지정된 크림핑 공구만 사용해야 한다.

단계 3 슬리브가 배선 주위로 수축하고 슬리브 끝부분 주위에서 밀봉재가 약간 관찰될 때까지 커넥터에 열을 가한다. ●그림 10-24 참조.

알루미늄 배선 수리 어떤 차량 제조업체는 일부 차체 배선에 플라스틱 코팅 알루미늄 배선을 사용한다. 알루미늄 배선은 잘 부러지고 진동으로 인해 파손될 수 있기 때문에, 바닥이나 실(sill) 부위를 따라 배치되는 등 배선이 움직이지 않는 경우에만 사용된다. 배선의 이 부분들은 고정되어 있으며, 배선이 움직일 수 있는 차량의 트렁크 또는 후면 섹션 뒤쪽의 연결 단자에서 배선이 다시 구리선으로 변경된다.

알루미늄 배선을 수리하거나 교체해야 하는 경우, 다음 절차에 따라 적절한 수리를 보장해야 한다. 알루미늄 배선은 대개 플라스틱 도관으로 보호된다. 이 도관을 길게 절단하고 나면 배선을 손쉽게 제거하고 수리할 수 있다.

단계 1 알루미늄 배선 케이스가 자국이 나거나 손상되지 않도록 주의하면서 알루미늄 배선으로부터 절연재를 약 1/4인치(6mm) 정도만 조심스럽게 벗겨 낸다.

단계 2 크림프 커넥터를 사용하여 두 배선을 함께 연결한다. 알루미늄 배선 수리 부분을 납땜하지 말아야 한다.

열이 알루미늄 표면에 산화 피막을 유발하여, 땜납이 알루미늄에 손쉽게 달라붙지 않게 된다.

단계 3 이음매가 있는 크림핑된 연결부는 부식을 방지하기 위해 바셀린으로 코팅해야 한다.

단계 4 습기를 밀폐하기 위해서 코팅된 연결부를 수축 가능한 플라스틱 튜브로 덮거나 전기 테이프로 감싸야 한다.

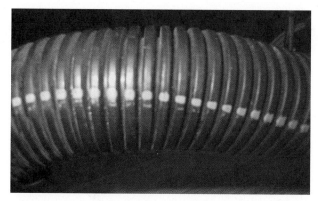

그림 10-25 페인트 줄무늬가 있는 도관은 후드 아래의 고온에서 견딜 수 있는 플라스틱으로 제조된다.

(a)

(b)

그림 10-26 (a) 청색 도관은 최대 42V를 전달하는 회로를 덮는 데 사용한다. (b) 노란색 도관을 사용하여 42V 배선 작업을 수행할 수 있다.

전기 도관 Electrical Conduit

전기 도관(electrical conduit)은 배선을 덮어 보호한다. 구불구불한 전기 도관에 사용되는 색상은, 다음과 같은 일부 정보를 알고 있는 경우, 기술자에게 많은 정보를 제공한다.

- **녹색 또는 파란색 줄무늬가 있는 검은 도관.** 이 도관은 고온용으로 설계되었으며 후드 아래나 뜨거운 엔진 부품 근처에서 사용된다. 배선을 수리할 때 고온 도관을 줄무늬가 없는 저온 도관으로 교체하면 안 된다. ●그림 10-25 참조.

- **청색 또는 노란색 도관.** 이 도관은 12~42V에 이르는 전압을 가진 배선을 덮는 데 사용된다. 이러한 고전압을 사용하는 회로는 대개 전동식 파워 스티어링을 위한 것이다. 42V가 충격 위험을 나타내는 것은 아니지만, 라인 회로가 분리된 경우에는 아크가 유지된다. 이 회로 주변에서는 주의해야 한다. ●그림 10-26 참조.

- **주황색 도관.** 이 도관은 144~650V 사이의 고전압 전류가 흐르는 배선을 다루는 데 사용된다. 이러한 회로는 하이브리드 전기차(HEV)에서 발견된다. 이러한 배선으로 인한 감전은 치명적일 수 있으므로 주황색 도관이 있는 구성요소를 다루거나 근처에서 작업할 때는 극히 주의해야 한다. 고전압 회로에서 작업을 시작하기 전에 차량 제조업체의 고전압 회로 차단 지침을 따라야 한다. ●그림 10-27 참조.

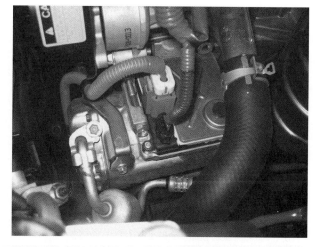

그림 10-27 반드시 차량 제조업체의 지침을 따라야 한다. 주황색 도관으로 덮인 회로에서 작업하는 경우 항상 전선 보수 기술자용(고전압) 장갑을 사용하도록 한다.

요약 Summary

1. AWG 크기 숫자가 클수록 배선 지름이 작다.
2. 미터법 배선의 크기는 제곱 밀리미터(mm²) 단위이며, 숫자가 클수록 배선의 크기도 커진다.
3. 모든 회로는 퓨즈, 퓨즈 링크 또는 회로 차단기로 보호되어야 한다.

회로의 전류는 퓨즈 정격의 약 80%여야 한다.
4. 단자는 배선의 금속 끝단인 반면, 커넥터는 단자를 위한 플라스틱 하우징이다.
5. 모든 배선 수리에 땜납 또는 압착–실링 커넥터를 사용해야 한다.

복습문제 Review Questions

1. 미국 전선 규격(AWG) 시스템과 미터법 사이의 차이점은 무엇인가?
2. 배선과 케이블의 차이점은 무엇인가?
3. 단자와 커넥터의 차이점은 무엇인가?

4. 퓨즈, PTC 회로 보호기, 회로 차단기 및 퓨즈 링크는 어떻게 회로를 보호하는가?
5. 수리 작업이 외부에 노출되는 후드 아래에서 행해지는 경우, 배선 수리를 어떻게 해야 하나?

10장 퀴즈 Chapter Quiz

1. AWG 숫자가 클수록 _____.
   a. 배선 지름이 작아진다.
   b. 배선 지름이 커진다.
   c. 절연체가 두꺼워진다.
   d. 도체 코어의 가닥이 더 많다.

2. 미터법 배선 크기는 _____ 단위로 측정된다.
   a. 미터
   b. 세제곱 센티미터
   c. 제곱 밀리미터
   d. 세제곱 밀리미터

3. 다음 중 퓨즈 정격에 대한 설명으로 올바른 것은?
   a. 퓨즈 정격은 회로의 최대 전류 이하여야 한다.
   b. 퓨즈 정격이 평시 회로 전류보다 커야 한다.
   c. 퓨즈 정격의 80%가 회로의 전류와 같아야 한다.
   d. b와 c 둘 다.

4. 다음 중 배선, 단자, 커넥터에 대한 설명으로 올바른 것은?
   a. 배선을 리드라고 하며, 금속 단자는 커넥터이다.
   b. 커넥터는 대개 단자가 잠기는 플라스틱 조각이다.
   c. 리드와 단자는 동일하다.
   d. a와 c 둘 다.

5. 전기 작업에 사용해야 하는 땜납의 종류는 _____이다.
   a. 수지코어(rosin-core)
   b. 산성코어(acid-core)
   c. 플럭스(flux)를 포함하지 않는 60/40
   d. 산페이스트(acid paste) 플럭스를 포함하는 50/50

6. 두 명의 기술자가 차량의 후드 아래에 있는 회로에서 배선 수리를 수행하고 있다. 기술자 A는 땜납 및 접착식 열수축 튜브 또는 압착–실링 커넥터를 사용하라고 이야기한다. 기술자 B는 납땜을 하

고 전기 테이프를 사용하라고 한다. 어느 기술자가 옳은가?
   a. 기술자 A만
   b. 기술자 B만
   c. 기술자 A와 B 모두
   d. 기술자 A와 B 둘 다 틀리다

7. 두 명의 기술자가 퓨즈 시험에 대해 논의하고 있다. 기술자 A는 문제가 없는 경우 퓨즈의 양쪽 테스트 지점에 테스트 램프가 켜져야 한다고 말한다. 기술자 B는 테스트 램프가 퓨즈 한쪽에서만 켜지는 경우 퓨즈에 결함이 있다고 말한다. 어느 기술자가 옳은가?
   a. 기술자 A만
   b. 기술자 B만
   c. 기술자 A와 B 모두
   d. 기술자 A와 B 둘 다 틀리다

8. 후드 아래 또는 차량 아래에서 수행된 배선 수리가 해당 요소들에 노출된다면, 어떤 유형의 수리 방법이 사용되어야 하나?
   a. 배선 너트 및 전기 테이프
   b. 땜납 및 접착식 열수축 또는 압착–실링 커넥터
   c. 버트 커넥터
   d. 수지코어 땜납 및 전기 테이프

9. 많은 접지 스트랩은 _____ 때문에 절연되지 않으며 꼬아져 있다.
   a. 배선을 파손하지 않고 엔진 움직임을 허용할 만큼 더 유연하기
   b. 재래식 철사보다 덜 비싸기
   c. 라디오 주파수 간섭(RFI)을 줄이는 데 도움이 되기
   d. a와 c 둘 다

10. 무엇이 퓨즈를 끊어지게 하나?
   a. 회로 저항의 감소
   b. 회로를 통한 전류 흐름 증가
   c. 회로를 통한 갑작스런 전류 흐름 감소
   d. a와 b 둘 다

Chapter 11

배선도와 회로 시험

Wiring Schematics and Circuit Testing

학습목표

이 장을 학습하고 나면,

1. 배선도를 해석하고 릴레이 단자를 식별하는 절차를 설명할 수 있다.
2. 전기 회로에서 단락, 접지, 단선 및 저항 문제를 찾고 필요한 조치를 결정할 수 있다.
3. 단락을 찾는 다양한 방법과 전기적 문제를 해결하는 절차에 대해 설명할 수 있다.

핵심용어

가우스 게이지
극(pole)
단락 회로
단일폴 단일스로우(SPST)
단일폴 이중스로우(SPDT)
단자
릴레이
배선도
순간 스위치

스로우(throw)
이중폴 단일스로우(DPST)
이중폴 이중스로우(DPDT)
정상상태 닫혀있음(normally closed, N.C.)
정상상태 열려있음(normally open, N.O.)
코일
톤 발생 시험기

그림 11-1 중심 전선은 단선 컬러 전선이며, 이는 전선에 식별 가능한 추적자 또는 줄무늬가 없다는 것을 의미한다. 두 개의 바깥쪽 전선에 "BLU/WHT"라는 라벨을 붙여 흰색 추적자 또는 줄무늬가 있는 파란색 전선을 표시할 수 있다.

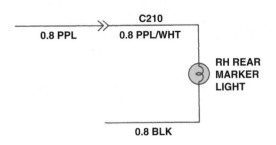

그림 11-2 배선 다이어그램의 일반적인 부분도. 배선 색상은 연결 C210에서 변경된다는 점에 주목하라. "0.8"은 미터법 배선 크기를 제곱 밀리미터로 나타낸다.

배선도 및 기호
Wiring Schematics and Symbols

용어 자동차 제조업체의 서비스 매뉴얼에는 차량에 있는 모든 전기 회로의 배선도가 있다. **배선도(wiring schematic)**는 종종 다이어그램(diagram)이라고도 하는데, 구성요소와 배선을 나타내기 위해 기호와 선을 사용하여 부품 및 배선을 보여준다. 일반적인 배선도에는 여러 장의 대형 접이식 종이에 결합된 모든 회로가 포함되어 있으며, 개별 회로를 보여 주기 위해 이러한 회로가 분해될 수도 있다. 모든 회로도 또는 다이어그램에는 다음이 포함된다.

- 회로의 전원 측 배선
- 모든 접점(splice)
- 커넥터
- 배선 크기
- 배선 색상
- 추적 색상(있는 경우)
- 회로 번호
- 전기 구성 부품
- 접지 귀환 경로
- 퓨즈 및 스위치

회로 정보 많은 배선도는 부품 및 배선 근처에 번호와 문자가 표시되어 있는데, 이것이 배선도를 판독하는 사람을 혼란에 빠뜨릴 수 있다. 배선 근처나 위에 사용된 대부분의 글자들은 배선의 색(들)을 구별한다.

- 첫 번째 색상 또는 색상 약자는 배선 절연체의 색상이다.
- 두 번째 색상(언급된 경우)은 기본 색상에 있는 줄무늬 또는 추적자 색상이다. ●그림 11-1 참조.

Abbreviation	Color
BRN	Brown
BLK	Black
GRN	Green
WHT	White
PPL	Purple
PNK	Pink
TAN	Tan
BLU	Blue
YEL	Yellow
ORN	Orange
DK BLU	Dark blue
LT BLU	Light blue
DK GRN	Dark green
LT GRN	Light green
RED	Red
GRY	Gray
VIO	Violet

표 11-1

전선 색상을 나타내기 위해 도면에 사용하는 일반적인 약어. 일부 차량 제조업체에서는 전선 색상을 나타내기 위해 두 글자를 사용한다. 사용된 색상 약어에 대한 서비스 정보를 확인하라.

다른 색상의 추적자가 있는 전선은 이들 사이에 슬래시(/)로 표시된다. 예를 들어, GRN/WHT는 흰색 줄무늬 또는 추적자를 가지고 있는 녹색 전선을 의미한다. ●표 11-1 참조.

전선 크기 전선 크기는 모든 도면에 표시되어 있다. ●그림 11-2는 후방 측면표시등 전구 회로 다이어그램을 보여 주는데, 여기에서 "0.8"은 제곱 밀리미터(mm^2)의 미터법 전선 치수를 나타내고, "PPL"은 단색 자주색을 나타낸다.

배선 다이어그램(wire diagram)은 배선 색상이 번호 C210에서도 변화함을 보여 준다. 이는 "Connector #210"을 의미하며, 기준 목적으로 사용된다. 연결 기호는 제조업체에 따라 다를 수 있다. 자주색(PPL)으로부터 흰색 추적자를 갖는 자주색

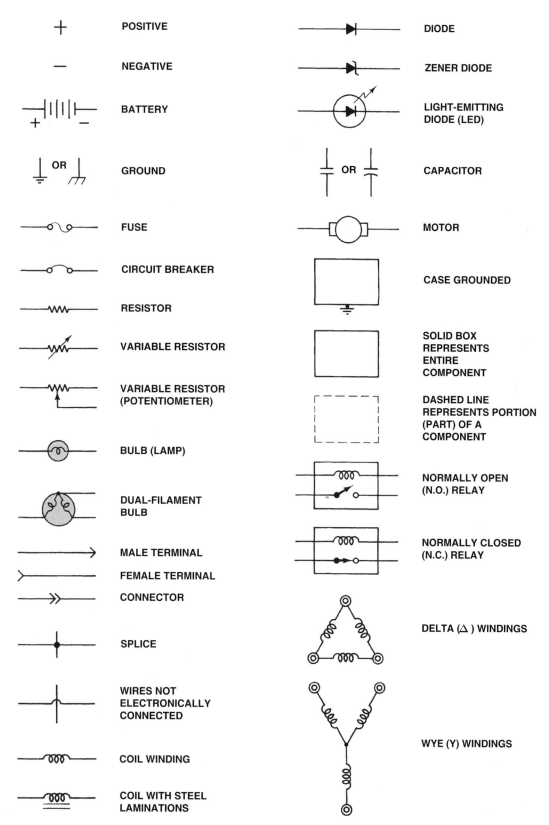

POSITIVE	DIODE
NEGATIVE	ZENER DIODE
BATTERY	LIGHT-EMITTING DIODE (LED)
GROUND	CAPACITOR
FUSE	MOTOR
CIRCUIT BREAKER	CASE GROUNDED
RESISTOR	SOLID BOX REPRESENTS ENTIRE COMPONENT
VARIABLE RESISTOR	DASHED LINE REPRESENTS PORTION (PART) OF A COMPONENT
VARIABLE RESISTOR (POTENTIOMETER)	NORMALLY OPEN (N.O.) RELAY
BULB (LAMP)	NORMALLY CLOSED (N.C.) RELAY
DUAL-FILAMENT BULB	DELTA (△) WINDINGS
MALE TERMINAL	
FEMALE TERMINAL	
CONNECTOR	
SPLICE	WYE (Y) WINDINGS
WIRES NOT ELECTRONICALLY CONNECTED	
COIL WINDING	
COIL WITH STEEL LAMINATIONS	

그림 11-3 자동차 배선 및 회로 다이어그램에 사용되는 전형적인 전기 및 전지 기호.

(PPL/WHT)으로 색을 변경하는 것은 회로에서 배선 색상을 변경하는 경우를 제외하면 중요하지 않다. 배선 치수는 연결 양측에서 동일하게 유지된다(0.8mm² 또는 18게이지). 접지 회로는 "0.8 BLK" 배선이다. ●그림 11-3은 배선 및 회로 다

TO BATTERY ———————◄◄——————— TO ELECTRICAL COMPONENT

그림 11-4 이 대표적인 커넥터에서, 양극 단자는 대개 암 커넥터라는 점에 유의하라.

그림 11-5 배터리 기호. 배터리의 양극판은 더 긴 선으로 표시되고, 음극판은 더 짧은 선으로 표시된다. 배터리 전압은 대개 기호 옆에 표시된다.

기술 팁

화살표 읽기
배선 다이어그램은 화살표처럼 보이는 기호로 연결을 나타낸다. ●그림 11-4 참조.
  이 "화살표"를 전류 흐름의 방향을 나타내는 포인터로 읽어서는 안 된다. 또한 회로의 전원 측(양극 측)이 대개 커넥터의 암 커넥터에 해당한다는 것도 관찰하라. 커넥터가 분리되면 배선이 커넥터 내부에 오목하게 들어가 있기 때문에, 회로가 접지 또는 다른 회로와 단락되는 것이 어려울 수 있다.

그림 11-6 왼쪽의 접지 기호는 대지 접지(earth ground)를 나타낸다. 오른쪽의 접지 기호는 섀시 접지(chassis ground)를 나타낸다.

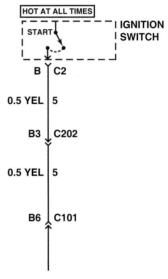

그림 11-7 위쪽에서 시작하여, 점화 스위치에서 시작하는 배선은 커넥터 C2의 단자 B에 부착되어 있고, 배선은 0.5mm²(게이지 20 AWG)이고, 노란색으로 표시된다. 회로 번호는 5이다. 배선이 단자 B3에서 커넥터 C202로 들어간다.

이어그램에서 많이 사용되는 전기 및 전자 기호를 나타낸 것이다.

회로도 기호 Schematic Symbols

도식화된 도면에서, 실제 부품의 사진이나 선 도면은 실제 부품을 나타내는 기호로 대체된다. 다음의 논의는 이들 기호와 그 의미를 중심으로 한다.

배터리 배터리(축전지)의 판들은 긴 선과 짧은 선으로 표현된다. ●그림 11-5 참조.
  긴 선은 배터리의 양극판을 나타내고, 짧은 선은 음극판을 나타낸다. 따라서 각각의 짧고 긴 선들은 한 개의 배터리 셀을 나타낸다. 전형적인 납-산 배터리(lead-acid)의 각 셀은 2.1V 출력을 가지므로, 12V 배터리를 나타내는 배터리 기호는 6쌍의 선들이 있어야 한다. 그러나 대부분의 배터리 기호는 단순히 2쌍 또는 3쌍의 길고 짧은 선들을 사용하며, 배터리 전압을 기호 옆에 나열한다. 결과적으로, 배터리 기호는 전압이 명시되어 있기 때문에 더 짧아도 명확하게 된다. 배터리의 양극 단자는 흔히 배터리의 양극 단자를 나타내는 더하기 기호(+)로 표시되며, 바깥쪽 셀의 긴 선 옆에 배치된다. 배터리의 음극 단자는 빼기 기호(-)로 표시되며, 더 짧은 배터리 선 옆에 배치된다. 음극 배터리 단자는 접지에 연결된다. ●그림 11-6 참조.

배선 전기 배선(wiring)은 직선으로 표시되며, 다음 내용들을 나타내는 몇 개의 숫자 그리고/또는 문자와 함께 표시된다.

- **배선 크기.** 게이지 18과 같이 미국 전선 규격(American wire gauge, AWG)으로 나타내거나, 0.8mm²와 같이 제곱 밀리미터로 나타낼 수 있다.
- **회로 번호.** 회로의 일부에 포함된 각 배선은 서비스 기술자가 배선을 추적하는 데 도움이 되고, 회로가 작동하는 방식을 설명해 주는 회로 번호가 라벨로 표시되어 있다.
- **배선 색상.** 대부분의 회로도에는 또한 배선 색상의 약어가 표시되어 있으며, 약어들은 배선 옆에 배치된다. 많은 배선들은 두 가지 색을 가지고 있다(즉, 단색과 줄무늬). 이 경우 단색이 먼저 오고 그 다음에 검정 슬래시(/)와 줄

그림 11-8 전기 단자는 대개 문자나 숫자로 표시된다.

SPLICE

그림 11-9 점에서 교차하는 두 개의 배선은 두 배선이 전기적으로 연결되어 있음을 나타낸다.

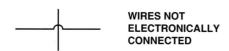

WIRES NOT
ELECTRONICALLY
CONNECTED

그림 11-10 교차하지만 전기적으로 서로 접촉하지 않는 두 배선은 다른 배선 위로 한 배선 가교를 사용하여 표시된다.

무늬 색상이 표시된다. 예를 들어, Red/Wht는 흰색 추적자를 갖는 적색 배선을 의미한다. ●그림 11-7 참조.

- **단자.** 전선의 끝에 붙어 있는 금속 부분을 **단자**(terminal)라고 부른다. 단자에 대한 기호는 ●그림 11-8에 있다.

- **접점(스플라이스).** 두 배선이 전기적으로 연결되면, 접점이 검은색 점으로 표시된다. 접점(splice)의 식별은 "S" 다음에 S103과 같이 세 개의 숫자가 표시된다. ●그림 11-9 참조. 두 배선이 전기적으로 연결되지 않은 배선도에서 교차하면, 배선 중 하나는 다른 배선 위로 지나가는 것으로 표시되고 연결되지 않는다. ●그림 11-10 참조.

- **커넥터.** 전기 커넥터(connector)는 하나 이상의 단자를 포함하는 플라스틱 부품이다. 단자는 회로에서 전기 연결을 제공하지만, 단자를 기계적으로 유지해 주는 것은 플라스틱 커넥터이다.

- **위치.** 연결은 대개 "C"라고 라벨이 표시되며, 그 뒤에 세 개의 숫자가 표시된다. 이 세 숫자는 커넥터의 일반적인 위치를 나타낸다. 보통, 커넥터 번호는 아래 표와 같이 차량의 일반적인 영역을 나타낸다. 짝수 커넥터는 차량의 오른쪽(조수석 측)에 위치하고, 홀수 커넥터는 차량의 왼쪽(운전자 측)에 있다. 예를 들어, C102번은 차량 오른쪽(102 = 짝수) 후드 아래(100에서 199번 사이)에 위치한

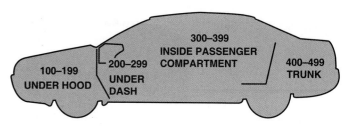

그림 11-11 커넥터(C), 접지(G), 접점(S) 뒤에는 일반적으로 차량의 위치를 나타내는 숫자가 표시된다. 예를 들어, G209는 계기판 아래에 위치한 접지 연결이다.

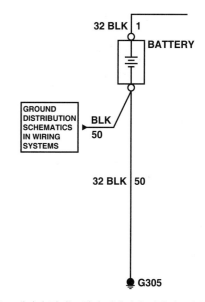

그림 11-12 배터리 접지는 접지 커넥터가 차량의 조수석 구획에 있음을 나타내는 라벨 G305로 표시된다. 접지선은 검은색(BLK), 회로 번호는 50번, 배선 크기는 32mm²(게이지 2 AWG)이다.

커넥터이다. ●그림 11-11 참조.

100–199	후드 아래
200–299	계기판 아래
300–399	조수석 구획
400–499	트렁크 주위
500–599	좌측 앞문
600–699	우측 앞문
700–799	좌측 뒷문
800–899	우측 뒷문

- **접지와 접점.** 접지와 접점도 커넥터와 동일한 일반 형식을 사용하여 라벨을 부착한다. 따라서 조수석 구획에 위치한 접지는 G305(G는 "접지"를 의미하고, "305"는 조수석 구획을 의미)로 표시할 수 있다. ●그림 11-12 참조.

전기 부품 대부분의 전기 부품은 기본 기능 또는 부분들을 보여 주는 고유한 기호를 가지고 있다.

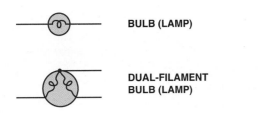

BULB (LAMP)

DUAL-FILAMENT
BULB (LAMP)

그림 11-13 원 내부 필라멘트를 나타내는 전구 기호. 원은 필라멘트를 포함하는 유리병 형태를 나타낸다.

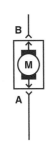

그림 11-14 전기 모터 기호는 가운데에 M으로 표시된 원과 모터의 브러시를 나타내는 두 개의 검은색 부분을 보여 준다. 이 기호는 모터가 브러시리스(brushless) 설계인 경우에도 사용된다.

- **전구.** 백열전구는 종종 필라멘트를 사용하는데, 이는 전류가 흐를 때 열을 발생시키고 빛을 발산한다. 전구에 사용되는 기호는 내부에 필라멘트가 있는 원이다. 미등 및 브레이크등/방향지시등에 사용되는 이중 필라멘트 전구는 두 개의 필라멘트를 가진 것으로 표시된다. ●그림 11-13 참조.

전기 모터
전기 모터 기호는 중앙에 문자 M이 있는 원과 상단과 하단에 하나씩 두 개의 전기 연결부를 갖는 원을 보여 준다. 냉각팬 모터의 예는 ●그림 11-14 참조.

저항
저항(resistor)은 대개 다른 부품의 일부지만, 이 기호는 많은 회로도와 배선 다이어그램에 나타난다. 저항 기호는 전류 흐름에 대한 저항을 나타내는 울퉁불퉁한 선이다. 저항이 서미스터(thermistor)와 같이 가변적인 경우, 화살표가 고정 저항 기호를 가로지르는 것으로 표시된다. 전위차계(potentiometer)는 3선 가변 저항으로, 고정 저항의 저항 일부를 가리키는 화살표로 표시된다. ●그림 11-15 참조.
2선 가감저항(rheostat)은 대개 연료레벨 감지장치와 같은 다른 장치의 일부로 나타난다. ●그림 11-16 참조.

커패시터
커패시터(capacitor)는 대개 전자 부품의 일부이지만, 차량이 구형 모델이 아니라면 교체 가능한 부품이 아니

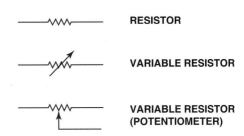

RESISTOR

VARIABLE RESISTOR

VARIABLE RESISTOR
(POTENTIOMETER)

그림 11-15 저항 기호는 저항의 유형에 따라 달라진다.

그림 11-16 가감저항(rheostat)은 배선 두 개만 사용한다. 배선 하나는 전압원에 연결되고, 다른 배선은 이동 가능한 단자에 부착된다.

OR

그림 11-17 커패시터(capacitor)를 나타내는 데 사용되는 기호. 배선 하나가 구부러져 있으면 사용 중인 커패시터가 극성을 가지고 있음을 의미하며, 구부러진 배선이 없는 커패시터는 극성에 관계없이 회로에 사용될 수 있음을 의미한다.

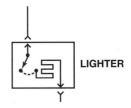

LIGHTER

그림 11-18 격자무늬와 같은 기호는 전기적으로 가열되는 소자를 나타낸다.

다. 구형 차량 중 다수는 무선 간섭을 줄이기 위해 커패시터를 사용했고, 교류발전기 내부에 설치했거나 배선 커넥터에 연결하였다. ●그림 11-17 참조.

전기 가열 장치
전동식 격자무늬 형태 후방유리 김서림 방지장치 및 시가 라이터는 정사각형 상자 형태의 기호로 표시된다. ●그림 11-18 참조.

상자형 부품
부품이 실선을 사용하여 상자에 표시된 경우, 상자가 전체 부품을 나타낸다. 상자가 점선을 사용하는 경우에는 부품의 일부를 나타낸다. 흔히 사용되는 점선 상자는 퓨즈 패널이다. 종종 한 개 또는 두 개의 퓨즈만 점선 상자에 나타나기도 한다. 이는 해당 퓨즈 패널이 표시된 것보다 더 많은 퓨즈를 포함한다는 것을 의미한다. ●그림 11-19와 11-20 참조.

그림 11-19 점선 테두리는 부품의 일부를 나타낸다.

그림 11-20 실선 상자는 부품 전체를 나타낸다.

그림 11-21 이 기호는 케이스 접지된 구성 부품을 나타낸다.

별도 교체 가능 부품 종종 교체될 수 없는 부품들이 회로도에 표시되지만, 그것들은 전체 어셈블리의 일부이다. GM 차량의 회로도를 살펴보면, 다음을 확인할 수 있다.

- 부품 이름에 밑줄이 표시된 경우, 교체 가능한 부품이다.
- 밑줄이 표시되지 않았다면, 그 부품은 교체 가능한 부품으로 사용될 수 없지만, 표시된 다른 구성요소에 포함되어 어셈블리로 판매된다.
- 케이스 자체가 접지된 경우, ●그림 11-21에 표시된 것처럼 접지 기호가 부품에 부착된다.

스위치 전기 스위치는 정상 위치에서 배선 다이어그램에 그려진다. 이는 두 가지 가능한 위치 중 하나일 수 있다.

- **정상상태 열려있음(normally open).** 스위치가 내부 접점에 연결되어 있지 않으며, 전류가 흐르지 않는다. 이 스위치 유형은 N.O.로 표시된다.
- **정상상태 닫혀있음(normally closed).** 이 스위치는 내부 접점에 전기적으로 연결되어 있으며, 전류가 스위치를 통해 흐른다. 이 스위치 유형은 N.C.로 표시된다.

다른 스위치들은 둘 이상의 접점을 사용할 수 있다.

극(pole)은 스위치에 의해 완성되는 회로의 수를 나타내고, **스로우(throw)**는 출력 회로의 수를 나타낸다. **단일폴 단일스로우(single-pole, single-throw, SPST)** 스위치는 ON(켜기)과 OFF(끄기)의 두 가지 위치만 갖는다. **단일폴 이중스로우(sin-**

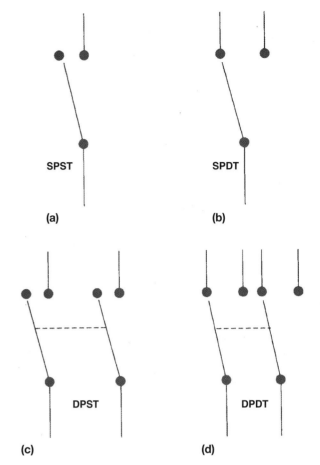

그림 11-22 (a) 단일폴 단일스로우(SPST) 스위치에 대한 기호. 이 스위치가 정상 위치에서 접촉하고 있는 단자에는 아무것도 연결되어 있지 않기 때문에, 이런 유형의 스위치는 정상상태에서 열려 있다(N.O.). (b) 단일폴 이중스로우(SPDT) 스위치는 3개의 단자를 가지고 있다. (c) 이중폴 단일스로우(DPST) 스위치는 2개의 위치(OFF와 ON)를 가지고 있으며, 2개의 개별 회로를 제어할 수 있다. (d) 이중폴 더블스로우(DPDT) 스위치는 폴 각각에 대해 3개—총 6개의 단자가 있다. (참고: (c)와 (d) 모두 두 단자가 기계적으로 연결되어 있음을 나타내는 점선을 표시하며, 이를 "갱 스위치(ganged switch)"라고 한다.)

gle-pole, double-throw, SPDT) 스위치는 3개의 단자를 갖는데, 1개의 배선을 입력으로 하고 2개의 배선을 출력으로 한다. 전조등 조광기 스위치는 일반적인 SPDT 스위치의 예이다. 한 위치에서는 전류가 하부-필라멘트 전조등으로 흐르고, 다른 위치에서는 전류가 상부-필라멘트 전조등으로 흐른다.

참고: SPDT 스위치는 ON/OFF 스위치가 아니다. 하지만 대신 전원으로부터 상향빔 램프나 하향빔 램프로 전력을 보낸다.

또한 **이중폴 단일스로우(double-pole, single-throw, DPST)** 스위치와 **이중폴 이중스로우(double-pole, double-throw, DPDT)** 스위치도 있다. ●그림 11-22 참조.

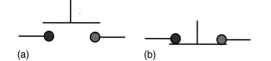

(a)　　　　　　(b)

그림 11-23 (a) 정상상태 열림(N.O.) 순간 스위치의 기호. (b) 정상상태 닫힘(N.C.) 순간 스위치의 기호.

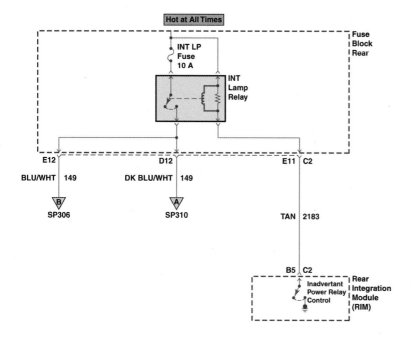

그림 11-24 12V를 갖는 회로 부분을 색칠한다. 그런 다음 차량으로 이동하여 표시된 각 위치에서 전력이 사용 가능한지 확인한다.

참고: 모든 스위치는 정상 위치로 회로도에 표시되어 있다. 이는 대부분의 다른 스위치 및 제어 장치와 마찬가지로, 전조등 스위치가 정상상태에서 꺼진(OFF) 상태로 표시됨을 의미한다.

순간 스위치　순간 스위치(momentary switch)는 주로 전압 신호를 모듈이나 제어기로 전송하여 장치의 켜짐 또는 꺼짐을 요청하는 데 사용되는 스위치이다. 스위치가 순간적으로 접촉한 다음, 개방 위치로 돌아간다. 경음기 스위치는 흔히 사용되는 순간 스위치이다. 순간 스위치를 나타내는 기호는 위에 있는 스위치와 접촉을 표시하기 위해 점 두 개를 사용한다. 순간 스위치는 정상상태에서 열려 있거나 닫혀 있을 수 있다. ●그림 11-23 참조.

예를 들면, 순간 스위치를 사용하여 도어를 잠그거나 잠금 해제하거나 에어컨을 켜거나 끌 수 있다. 장치가 현재 작동 중인 경우, 순간 스위치에서 온 신호가 장치를 끄고, 이 장치가 꺼진 경우 스위치가 모듈로 하여금 장치를 켜도록 신호를 보

낸다. 순간 스위치의 주요 장점은 스위치가 큰 전류를 전달하지 않고 단지 작은 전압 신호를 전달하기 때문에 가볍고 작다는 점이다. 대부분의 순간적인 스위치는 포일과 플라스틱으로 구성된 막을 사용한다.

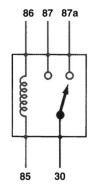

86—POWER SIDE OF THE COIL
85—GROUND SIDE OF THE COIL

(MOSTLY RELAY COILS
HAVE BETWEEN
60–100 Ω
OF RESISTANCE)

30—COMMON POWER FOR RELAY CONTACTS
87—NORMALLY OPEN OUTPUT (N.O.)
87a—NORMALLY CLOSED OUTPUT (N.C.)

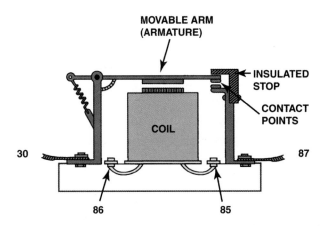

그림 11-25 단자 86에 전력이 공급되고 단자 85에 접지가 연결될 때마다, 릴레이(relay)가 이동 가능한 전기자(armature)를 사용하여 회로를 완성한다. 일반적인 릴레이는 릴레이 코일을 통해 약 0.1A 전류만 필요로 한다. 이동 가능한 전기자는 접점(#30~#87)을 닫아 30A 이상의 전류를 릴레이할 수 있다.

그림 11-26 전형적인 4단자 릴레이의 단면 사진. 코일(단자 86 및 85)을 통해 흐르는 전류는 움직이는 팔(전기자라고 함)을 코일 자석을 향해 끌어당긴다. 접점은 단자 30 및 87에 연결된 전기 회로를 완성한다.

릴레이 단자 식별
Relay Terminal Identification

정의 릴레이(relay)는 저전류 전기 스위치를 사용하여 고전류 회로를 제어하기 위해 이동 가능한 전기자(armature)를 사용하는 자기 스위치이다.

ISO 릴레이 단자 식별 대부분의 차량 릴레이는 공통 단자 식별 방식을 고수한다. 이러한 공통 식별 방식을 위한 주요 기초 자료는 국제표준화기구(International Standard Organization, ISO)가 제정한 표준에서 비롯된다. 이러한 단자 정보를 알면 릴레이가 포함된 회로의 올바른 진단 및 문제해결에 도움이 된다. ●그림 11-25와 11-26 참조.

릴레이는 컴퓨터에 의해 제어될 수 있지만 모터 및 부속품들에 전력을 공급하기에 충분한 전류를 다룰 수 있기 때문에 많은 회로에서 발견된다. 릴레이는 다음과 같은 부품과 단자를 포함한다.

릴레이 동작

1. **코일**(단자 85 및 86)
   ▪ 코일은 이동 가능한 전기자(arm)에 끌어당기는 자력을

제공한다.
   ▪ 대부분의 릴레이 코일의 저항 범위는 50~150Ω이지만, 보통 60~100Ω이다.
   ▪ 코일 단자의 ISO 식별은 86 및 85이다. 단자 번호 86은 릴레이 코일에 연결되는 전력을 나타내며, 85로 표시된 단자는 릴레이 코일의 접지 측을 나타낸다.
   ▪ 릴레이 코일은 릴레이 코일 권선에 전원 또는 접지를 공급하여 제어할 수 있다.
   ▪ 코일 권선은 다른 릴레이 단자를 통해 더 높은 전류를 제어하기 위해 저전류를 사용하는 제어 회로를 나타낸다. ●그림 11-27 참조.

2. 부하 전류를 제어하는 데 사용되는 기타 단자
   ▪ 릴레이를 통해 흐르는 더 높은 전류는 단자 30 및 87을 통해 흐르며, 종종 87a를 통해 흐른다.
   ▪ 단자 30은 대개 릴레이에 전력이 공급되는 곳이다. 시험될 릴레이의 정확한 동작에 대한 서비스 정보를 점검하라.
   ▪ 릴레이가 코일로 전원 및 접지 연결 없이 쉬고 있을 때, 릴레이가 5개의 단자를 가지고 있다면, 릴레이 내부의 전

그림 11-27 릴레이의 배선 회로도를 보여 주는 전형적인 릴레이.

기술 팁

회로를 반으로 나누어라.

릴레이를 포함한 회로를 진단할 때, 릴레이에서 시험을 시작하고 회로를 절반으로 나누는 것을 권장한다.

- **고전류 부분**: 릴레이를 제거하고 단자 30 소켓에 12V가 확인되는지 전검한다. 전압이 있다면 전력 쪽은 문제가 없는 것이다. 저항계를 사용하여 단자 87 소켓과 접지 사이를 점검한다. 부하 회로가 통전성(continuity)을 갖는 경우, 약간의 저항이 있어야 한다. OL로 나타나면 회로가 전기적으로 단선임을 의미한다.

- **제어 회로(저전류)**: 릴레이가 소켓에서 분리된 채로 점화 스위치가 켜지고, 제어 스위치가 켜진 상태에서 단자 86에 12V가 확인되는지 점검한다. 그렇지 않은 경우, 서비스 정보를 확인하여 단자 86에 전원을 공급해야 하는지 확인한다. 그런 다음 스위치 전원 및 관련 회로 문제해결을 계속한다.

- **릴레이 자체 점검**: 저항계를 사용하여 통전성 및 저항을 측정한다.
  - 단자 85와 86(코일) 사이에 60~100Ω이 확인되어야 한다. 그렇지 않다면 릴레이를 교체한다.
  - 단자 30과 87(고압 스위치 제어) 사이에서, 단자 85에 전력이 공급되고 릴레이를 동작시키는 단자 86에 접지가 인가될 때, 통전성(낮은 저항)이 있어야 한다. 저항을 판독하도록 설정된 미터에서 OL이 표시되는 경우, 회로는 개방되어 있는 상태이고 릴레이를 교체해야 한다.
  - 단자 30과 87a(장착된 경우) 사이에서 릴레이가 꺼진 상태에서 (5Ω 미만의) 낮은 저항이 있어야 한다.

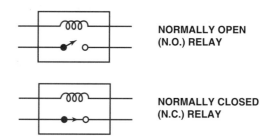

그림 11-28 모든 회로도는 정상상태에서 에너지가 공급되지 않은 위치로 그려진다.

기자가 단자 30 및 87a를 전기적으로 연결한다. 단자 85에 전력이 공급되고 릴레이의 단자 86에 접지가 연결된 경우, 코일 권선에 자기장이 생성되어 릴레이의 전기자를 코일 방향으로 끌어당긴다. 전기자가 전기적으로 통전되면 단자 30 및 87을 연결한다.

릴레이를 통한 최대 전류는 회로의 저항에 따라 결정되며, 릴레이는 설계된 전류 흐름을 안전하게 처리하도록 설계된다. ●그림 11-28과 11-29 참조.

릴레이 전압 스파이크 컨트롤 릴레이는 코일을 포함하는데, 전원이 차단될 때 코일을 둘러싸고 있는 자기장이 붕괴되어 코일 권선에 전압이 유도된다. 이 유도 전압은 100V 또는 그 이상일 수 있으며 차량의 다른 전자 소자에 문제를 일으킬 수 있다. 예를 들어 짧은 고전압 서지(surge)는 라디오에서 "펑" 하는 소리로 들릴 수 있다. 유도 전압을 감소시키기 위해 일부 릴레이는 코일에 연결된 다이오드를 포함한다. ●그림 11-30 참조.

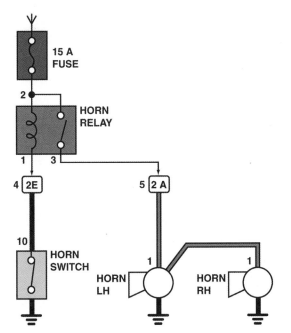

그림 11-29 전형적인 경음기(horn) 회로. 경음기 스위치가 접지로 연결되는 저전류 회로를 완성할 때, 릴레이 접점이 경음기를 작동할 수 있는 고전류를 공급하여 릴레이 접점이 닫히게 된다.

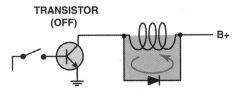

그림 11-30 릴레이 또는 솔레노이드 코일 전류가 꺼질 때, 코일에 저장된 에너지가 클램핑 다이오드를 통해 흐르며 효과적으로 전압 스파이크를 감소시킨다.

전류가 코일을 통해 흐를 때, 다이오드는 전류를 차단하기 위해 설치되므로 회로의 일부가 아니다. 하지만 코일에서 전압이 제거될 때, 코일 권선에 유도되는 전압은 인가전압에 대한 반대 극성을 갖게 된다. 따라서 코일의 전압이 다이오드를 통해 코일에 순방향으로 인가되고, 다이오드는 전류를 다시 권선으로 전달한다. 결과적으로, 유도된 전압 스파이크가 제거된다.

대부분의 릴레이는 코일 권선에 병렬로 연결된 저항을 사용한다. 일반적으로 약 400~600Ω 징도의 저항을 사용하면

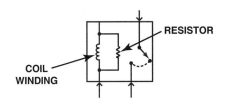

그림 11-31 코일 권선과 병렬로 사용되는 저항은 많은 릴레이에서 사용되는 공통적인 스파이크 감소 방법이다.

? 자주 묻는 질문

릴레이와 솔레노이드의 차이점

종종 이러한 용어들은 차량 제조업체들 사이에서 다르게 사용되기도 하는데, 이는 어느 정도 혼란을 일으킬 수 있다.

릴레이: 릴레이(relay)는 움직이는 전기자를 사용하는 전자파 스위치이다. 릴레이는 움직이는 전기자를 사용하기 때문에, 사용 범위가 일반적으로 30A를 초과하지 않는 전류 흐름으로 제한된다.

솔레노이드: 솔레노이드(solenoid)는 움직이는 코어를 사용하는 전자파 스위치이다. 이러한 설계로 인해, 솔레노이드는 200A 이상을 다룰 수 있고, 스타터 모터 회로와 디젤 엔진의 예열 플러그(glow plug) 회로와 같은 기타 고전류 응용에서 사용된다.

코일 회로가 개방되었을 때 코일에서 생성된 전압이 코일 권선을 통해 다시 흐를 수 있는 경로를 제공하여 전압 스파이크가 감소한다. ●그림 11-31 참조.

개방 회로 위치 찾기
Locating an Open Circuit

용어 개방 회로(open circuit)는 전류가 흐르지 못하게 하고 전기 장치를 작동하지 못하도록 하는 전기 회로의 끊어짐을 의미한다. 단선(개방)의 예는 다음을 포함한다.

- 끊어진(열린) 전구
- 설단되거나 낡어진 배선

- 전기 커넥터가 완전 분리되거나 부분적으로 분리됨
- 전기적 개방 스위치
- 접지 연결부 또는 배선이 느슨하거나 파손됨
- 끊어진 퓨즈

개방 회로를 찾는 절차　개방 회로를 찾기 위한 일반적인 절차는 다음과 같다.

단계 1　육안 검사를 철저히 수행한다. 다음을 확인하라.
- 이전에 수리한 흔적이 있는지 찾아본다. 흔히 전기 커넥터나 접지 연결이 실수로 분리된 상태로 남아 있을 수 있다.
- 최근에 발생한 차체 손상이나 차체 수리에 대한 증거를 찾아본다. 충돌로 인한 움직임으로 금속이 움직였을 수 있으며, 이로 인해 배선이 절단되거나 커넥터 또는 부품이 손상되었을 수 있다.

단계 2　회로도를 인쇄한다. 회로를 추적하고 특정 위치에서 전압을 점검한다. 그러면 단선 회로의 위치를 정확하게 찾는 데 도움이 된다.

단계 3　작동하는 것과 작동하지 않는 것을 점검한다. 종종 개방 회로는 둘 이상의 부품들에 영향을 준다. 회로에서 작동하지 않는 다른 부품들의 공통적인 부분을 점검한다.

단계 4　전압을 점검한다. 전압이 개방 회로 고장 위치까지 존재한다. 예를 들어 전구가 연결된 2배선 전구 소켓의 양극 단자와 음극(접지) 단자에 배터리 전압이 있는 경우, 접지 회로가 개방된 것이다.

공통 전원 또는 공통 접지
Common Power or Ground

둘 이상의 부품 또는 시스템에 영향을 미치는 전기 문제를 진단할 때, 공통 전원(common power) 또는 공통 접지(common ground)에 대한 전기 회로도를 점검한다. 하나의 퓨즈

(전원)로 전력을 공급받는 조명의 예로서 ●그림 11–32를 참조하라.

- 후드 아래 조명
- 내부 조명 거울
- 천장 조명
- 좌측 실내등
- 우측 실내등

따라서 운전자가 위에 열거된 하나 이상의 항목에 대해 불만을 제기하는 경우라면 모든 해당 조명에 전력을 공급하는 회로의 공통부분과 퓨즈를 점검한다. 관련이 없어 보이는 여러 부품들이 올바르게 작동하지 않는 경우 공통 접지를 점검한다.

 사례연구

전동 거울 고장 상황

한 운전자가 전동 거울이 작동하지 않는다는 것을 알게 되었다. 서비스 기술자가 차량의 모든 전기 부품들을 점검한 결과, 실내등도 작동하지 않는다는 것을 발견했다. 고객은 주간에만 차량을 사용했기 때문에 실내등에 문제가 있다는 이야기는 하지 않았다.

서비스 기술자는 실내조명 및 전원 부대장치의 퓨즈가 끊어졌음을 발견했다. 퓨즈를 교체하니 전동식 외부 거울과 실내등이 올바르게 작동되었다. 그런데 무엇이 이 퓨즈를 끊어지게 했을까? 전동 선루프 옆에 있는 천장 조명을 육안으로 검사한 결과, 배선이 없는 영역이 보였다. 피복 없는 배선이 금속 지붕에 닿았고, 이것이 퓨즈가 끊어지게 한 것이다. 기술자는 피복 없는 배선 부분을 진공 호스 섹션으로 덮은 다음, 호스를 전기 테이프로 붙여 수리를 완료했다.

개요:
- **불만 사항**—전동 거울이 작동하지 않는다.
- **원인**—천장 조명의 배선 고장으로 인하여 퓨즈가 끊어졌다.
- **수리**—천장 조명의 배선을 수리함으로써 천장 조명과 동일한 퓨즈를 공유하는 전동 거울의 적절한 작동을 복원하였다.

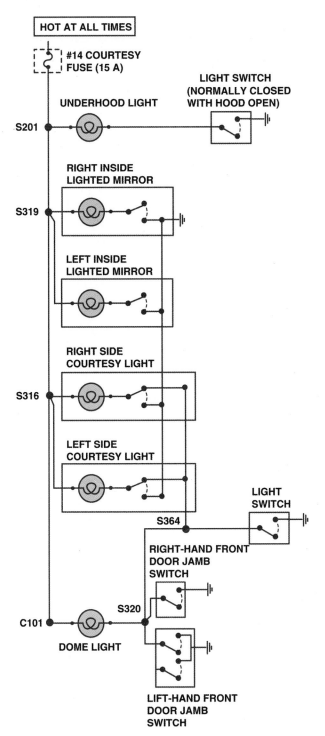

그림 11-32 하나의 퓨즈로 구동되는 여러 스위치와 전구를 보여 주는 일반적인 배선 다이어그램.

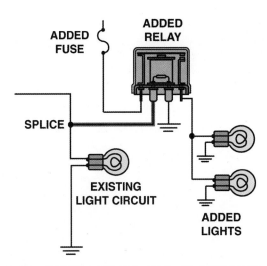

그림 11-33 추가적인 조명을 위해 기존의 조명 배선을 분기하고 릴레이를 연결한다. 기존 조명이 켜질 때마다 릴레이의 코일에 전력이 공급된다. 그런 다음 릴레이 암(arm)은 기존 조명 회로에 과부하를 주지 않고 다른 회로(퓨즈)의 전력을 보조 조명에 연결한다.

🔧 **기술 팁**

올바른 릴레이 설치

종종 차량 소유자, 특히 픽업트럭과 SUV 소유자들은 추가적인 전기 부대장치들이나 조명을 추가하고 싶어 한다. 이런 경우 단순히 기존 회로에 접속(splice)하면 된다는 생각은 솔깃하다. 하지만 다른 회로 또는 부품이 추가되면, 새로 추가된 부품을 통해 흐르는 전류도 원래 부품의 전류에 추가된다. 이러한 추가 전류는 퓨즈와 배선에 쉽게 과부하를 줄 수 있다. 단순히 더 큰 전류의 퓨즈를 설치하지 않아야 한다. 배선 게이지 크기는 추가 전류를 위해 설계된 것이 아니므로 과열될 수 있다.

해결책은 작은 코일을 사용하여 이동 가능한 전기자(arm)가 더 높은 전류 회로를 켜게 하는 자기장을 생성하는 릴레이를 설치하는 것이다. 전형적인 릴레이 코일은 저항이 50~150Ω(대개 60~100Ω)이고, 12V 전원에 연결할 때 단지 0.24~0.08A를 필요로 한다. 이 작은 추가 전류는 기존 회로에 과부하를 줄 만큼 크지는 않다. 조명을 추가하는 방법에 대한 예는 ●그림 11-33을 참조하라.

그림 11-34 항상 간단한 것부터 확인한다. 시험할 회로의 퓨즈를 점검한다. 동일한 퓨즈에 의해 제어되는 다른 회로의 고장 때문에 퓨즈가 끊어질 수도 있다. 테스트 램프를 사용하여 퓨즈의 양측에 모두 전압이 있는지 점검한다.

? **자주 묻는 질문**

문제해결 시작 지점

일반적인 질문은, 기술자가 배선 다이어그램(회로도)을 사용할 때 어디부터 문제해결을 시작하느냐 하는 것이다.

힌트 1 회로에 릴레이가 포함되어 있으면, 릴레이에서 진단을 시작한다. 릴레이 단자에서 전체 회로를 시험할 수 있다.

힌트 2 가장 쉬운 첫 번째 단계는 회로도에서 전혀 작동하지 않거나 올바르게 작동하지 않는 장치를 찾는 것이다.
　　a. 장치가 접지 연결된 위치를 추적한다.
　　b. 장치가 전원 연결된 위치를 추적한다.

종종 접지는 둘 이상의 부품에서 사용된다. 따라서 다른 모든 항목이 올바르게 작동하는지 확인한다. 그렇지 않으면 고장이 공통된 접지(또는 전원) 연결에 위치할 수 있다.

힌트 3 접근이 쉬운 커넥터나 회로의 일부를 배치하여 회로를 반으로 나눈다. 그런 다음 이 중간 지점에서 전원과 접지를 점검한다. 이 단계를 통해 많은 시간이 절약될 수 있다.

힌트 4 접지 또는 전원을 대신하기 위해 퓨즈 장착 점퍼선을 사용하여 의심되는 스위치 또는 배선의 일부를 교체한다.

회로 문제해결 절차
Circuit Troubleshooting Procedure

회로 문제를 해결하려면 다음 단계를 따르도록 한다.

단계 1 오작동을 확인한다. 예를 들어 백업 램프가 작동하지 않는다면, 점화 스위치가 켜져 있고(key on, engine off, KOEO), 기어 레버가 후진 위치에 있는지 확인한다. 그런 다음 백업 램프의 작동을 점검한다.

단계 2 올바르게 작동하거나 제대로 작동하지 않는 다른 모든 것들을 점검한다. 예를 들어 미등이 작동하지 않으면, 트렁크 영역에서 백업 램프와 미등 모두가 공유하는 접지 연결이 느슨하거나 끊어진 문제일 수 있다.

단계 3 백업 램프 퓨즈를 점검한다. ●그림 11-34 참조.

단계 4 백업 램프 소켓에서 전압을 점검한다. 이는 테스트 램프 또는 전압계를 사용하여 수행할 수 있다.

소켓에서 전압이 사용 가능하다면 결함이 있는 전구, 소켓의 접지 불량, 차체 또는 프레임에 대한 접지선 연결 등이 문제일 수 있다. 소켓에 사용 가능한 전압이 없는 경우라면 시험할 차량 유형에 대한 배선 다이어그램을 참조한다. 배선 다이어그램은 회로에 포함된 모든 배선과 부품을 보여 주어야 한다. 예를 들어, 백업 램프 전류는 후방 백업 램프 소켓으로 흘러가기 전에 퓨즈와 점화 스위치를 통해 기어 레버 스위치로 흘러야 한다. 2단계에서 설명한 것처럼, 백업 램프 등에 사용되는 퓨즈는 다른 차량 회로에서도 사용될 수 있다.

배선 다이어그램을 사용하여 동일한 퓨즈를 공유하는 다른 모든 부품을 확인할 수 있다. 퓨즈가 끊어진 경우(단선), 원인은 동일한 퓨즈를 공유하는 회로의 단락일 수 있다. 백업 램프 회로의 전류는 반드시 기어 선택 스위치로 켜고 꺼야 하기 때문에, 스위치 개방은 백업 램프의 작동을 방해할 수 있다.

단락 위치 찾기
Locating a Short Circuit

용어 단락 회로는 대개 퓨즈를 끊어지게 하며, 단락 회로의 원인을 찾기 위한 시도에서 교체용 퓨즈도 종종 끊어진다. **단락 회로(short circuit)**는 전류가 회로의 저항 중 일부 또는 전체를 통해 흐르기 전 다른 전선 또는 접지로의 전기적 연결이다. 접지로 단락(short-to-ground)은 항상 퓨즈를 끊어지게 하며, 대개 금속과 접촉하게 되는 회로의 전원 측 배선이 관련되어 있다. 따라서 열이나 움직임이 관련된 영역 주변에 대해 철저한 육안 검사를 수행해야 하며, 특히 올바르게 완료되지 않은 이전의 충돌 또는 수리 흔적이 있는 경우에는 더욱 그렇다.

전압으로 단락(short-to-voltage)은 퓨즈가 끊어지게 할 수도, 끊어지지 않게 할 수도 있으며, 대개 다른 회로에 영향을 미친다. 두 개의 전력선이 서로 접촉할 수 있는 열 영역이나 이동 영역을 찾는다. 단락 위치를 찾는 데 몇 가지 방법을 사용할 수 있다.

퓨즈 교체 방법 한 번에 하나의 부품을 분리하고 퓨즈를 교체한다. 새 퓨즈가 끊어지면, 단락 위치를 결정할 때까지 이 과정을 계속한다. 이 방법은 많은 퓨즈를 사용하게 되며, 단락 회로를 찾는 데 선호되는 방법은 아니다.

회로 차단기 방법 또 다른 방법은 퓨즈 홀더의 접점에 차량 회로 차단기(circuit breaker)를 악어 클립으로 연결하는 것이다. 퓨즈 패널에 직접 끼워 연결하는 회로 차단기가 사용 가능한데, 블레이드-유형 퓨즈를 교체할 수 있다. 회로를 통과하는 전류를 계속 공급하는 동안 회로 차단기가 번갈아 가며 회로를 개폐하여, 배선 과열로 인한 손상을 방지할 수 있다.

참고: 회로를 개폐하기 위해 회로 차단기 대신 고휘도(heavy-duty, HD) 점멸 장치를 사용할 수도 있다. 퓨즈가 정상적으로 연결되는 곳에 점멸 장치를 연결하기 위한 전선과 단자가 있어야 한다.

회로 차단기의 딸깍 소리가 멈출 때까지, 결함 있는 회로에 포함된 모든 부품들을 한 번에 하나씩 분리해야 한다. 분리되어서 회로 차단기에서 딸깍거림을 멈추게 한 장치가 단락을 일으키는 장치이다. 회로 차단기가 모든 회로 부품을 분리한 상태에서 계속 딸깍거리는 경우, 퓨즈 패널에서 회로의

장치 중 하나로 연결되는 배선에 문제가 있는 것이다. 문제를 발견하려면 모든 배선을 육안으로 검사하거나 추가로 분리해야 한다.

테스트 램프 방법 테스트 램프 방법을 사용하기 위해, 끊어진 퓨즈를 제거하고 테스트 램프를 퓨즈 홀더의 단자에 연결한다(극성은 관계없음). 단락 회로가 있을 경우, 전류가 퓨즈 홀더의 전원 측으로부터 테스트 램프를 통과하여 단락 회로를 통해 접지로 흐른다. 그리고 테스트 램프가 켜진다. 테스트 램프가 꺼질 때까지 퓨즈로 보호되는 커넥터나 부품들을 분리한다. 즉 분리되었을 때 테스트 램프가 꺼지도록 만든 회로가 단락된 회로이다.

버저 방법 버저(buzzer) 방법은 테스트 램프 방법과 유사하지만, 버저를 사용하여 퓨즈를 교체하고 버저는 전기 부하로 작용한다. 회로가 단락되면 버저가 울리고, 접지된 회로 부분이 분리되면 버저가 멈춘다.

저항계 방법 다섯 번째 방법은 퓨즈 홀더 및 접지에 연결된 저항계(ohmmeter)를 사용하는 것이다. 저항계가 단락 회로에 연결될 때 낮은 옴(ohm)을 표시하기 때문에, 이 방법은 단락을 찾는 데 권장되는 방법이다. 그러나 저항계를 작동하고 있는 회로에 연결해서는 안 된다. 저항계를 사용하여 단락을 찾는 올바른 절차는 다음과 같다.

1. (낮은 눈금으로 설정된) 저항계의 한쪽 리드를 양호한 상태의 깨끗한 금속 접지에 연결하고, 다른 리드를 퓨즈 홀더의 회로(부하) 측에 연결한다.

   주의: 리드를 퓨즈 홀더의 전원 측에 연결하면 전류가 흘러 저항계를 손상시키게 된다.

2. 저항계는 회로 또는 회로의 부품이 단락된 경우 0Ω 또는 거의 0Ω을 판독한다.

3. 회로에서 한 번에 하나의 부품을 분리하고 저항계를 관찰한다. 저항계 수치가 높은 값 또는 무한대로 치솟는 경우, 방금 뽑은 부품이 단락 회로의 원인이다.

4. 모든 부품을 분리했음에도 저항계가 여전히 낮은 옴을 판독한다면, 저항계가 높은 옴을 판독할 때까지 커넥터를 분리한다. 접지로 단락 회로의 위치는 저항계와 분리된 커넥터의 사이에 있다.

(a)

(b)

그림 11-35 (a) 끊어진 퓨즈를 제거한 후, 펄스 차단기가 퓨즈 단자에 연결된다. (b) 회로 차단기는 전류를 흐르게 하고, 그 다음 멈추게 하고, 다시 회로를 통해 접지로 단락 지점으로 흐르게 한다. 가우스 게이지를 관찰함으로써, 단락의 위치는 배선을 통과하는 전류의 흐름에 의해 생성되는 자기장 때문에 바늘이 멈추는 곳 근처에 표시된다.

참고: Fluke 87과 같은 계측기는 회로가 닫히거나 회로가 열릴 때 "삐" 소리(경고)를 내도록 설정할 수 있다. 이것은 매우 유용한 기능이다.

가우스 게이지 방법　단락 회로가 퓨즈를 끊어지게 하는 경우, 퓨즈를 대신하여 회로에 특수 펄스 회로 차단기(점멸 장치와 유사)를 설치할 수 있다. 회로 차단기가 회로를 열 때까지 회로를 통해 전류가 흐른다. 회로 차단기가 회로를 열자마자, 회로가 다시 닫힌다. 이 ON/OFF 전류 흐름은 전류를 전달하는 도선 주변에 펄스 자기장을 생성한다. **가우스 게이지(Gauss gauge)**는 약한 자기장에 반응하는 휴대용 미터이다. 가우스 게이지는 게이지에 바늘 움직임으로 표시되는 이 펄스 자기장을 관찰하는 데 사용된다. 이 펄스 자기장은 심지어 차량의 금속 본체를 통과해서 가우스 게이지에 기록된다. 바늘형 나침반을 사용하여 펄스 자기장을 관찰할 수도 있다. ● 그림 11-35와 11-36 참조.

전자식 톤 발생 시험기　전자식 톤 발생 시험기를 사용하여 접지로 단락 또는 단선을 찾을 수 있다. 전화나 케이블 TV 선을 시험하는 데 사용되는 시험 장비와 비슷하게 **톤 발생 시험기(tone generator tester)**는 수신기(프로브)를 통해 들리는 톤을 생성한다. ● 그림 11-37 참조.

회로를 따라 전기 경로가 지속적으로 연결되어 있는 한 이

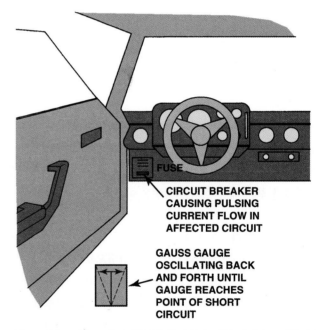

그림 11-36 가우스 게이지를 사용하여 금속 패널 뒤에서도 단락의 위치를 확인할 수 있다.

신호음은 발생된다. 회로에서 접지로 단락 또는 단선이 발생하면 신호가 중지된다. ● 그림 11-38 참조.

솔레노이드 및 릴레이의 권선은 이러한 위치에서 신호의 세기를 증가시킨다.

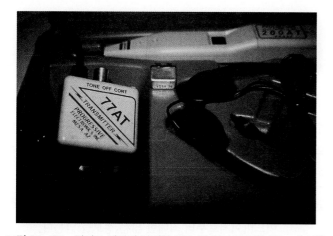

그림 11-37 접지로 단락이 발생한 회로 및 단선 회로를 찾는 데 사용되는 톤 발생기(tone generator) 형태의 시험기. 이 시험기에 포함된 기기는 송신기(톤 발생기), 수신기 프로브 및 시끄러운 장소에서 사용하기 위한 헤드폰이다.

열기 또는 움직임

보통 전기 단락은 배선 주변의 절연체가 마모되게 하는 움직임, 또는 절연체를 녹이는 열에 의해 발생한다. 단락 여부를 점검할 때는 먼저 열기, 움직임 및 손상 등의 가능성이 있는 배선을 점검한다.

1. **열기(heat).** 배기 시스템, 시가 라이터 또는 교류발전기와 같은 열원 근처의 배선.
2. **배선 움직임(wire movement).** 도어, 트렁크 또는 후드 근처의 영역에서와 같은 움직이는 배선.
3. **손상(damage).** 트렁크에서와 같은 기계적 상처에 노출되는 배선(무거운 물체가 근처에서 움직이고 부딪힐 수 있고, 사고 또는 이전 수리의 결과로 발생할 수도 있음).

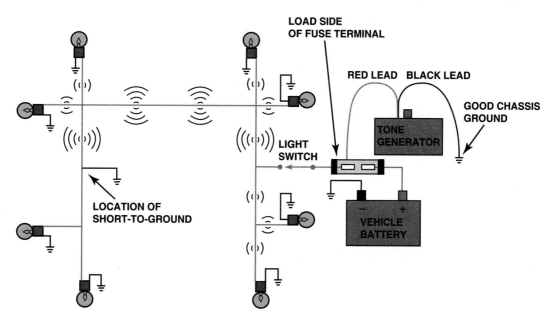

그림 11-38 톤 발생기를 사용하여 단락 회로를 점검하기 위해 검은색 송신기 리드를 양호한 섀시 접지에 연결하고 빨간색 리드를 퓨즈 단자의 부하 측에 연결한다. 송신기를 켜고 수신기에서 신호음이 들리는지 점검한다. 배선 다이어그램을 사용하여 단락 회로의 위치까지 가장 강한 신호를 따라간다. 고장 지점을 넘어, 신호가 감지되지 않는다.

흔들기 테스트

간헐적인 전기적 문제는 흔하지만 위치를 찾기 어렵다. 이러한 찾기 어려운 문제를 찾는 데 도움이 되도록, 회로를 작동시킨 다음, 회로를 제어하는 배선과 연결 부분들을 흔들기 시작한다. 만약 배선이 지나가는 곳에서 의심이 있으면, 배터리에서 시작하는 모든 배선을 움직여 본다. 배터리 또는 윈드실드 워셔 용기 근처를 지나가는 배선에 특히 주의한다. 부식은 배선이 제대로 작동하지 않게 할 수 있으며, 배터리의 산성 가스 및 알코올 기반 윈드실드 워셔액이 문제를 일으키거나 문제에 기여할 수 있다. 배선을 흔드는 동안 시험되는 장치의 작동에 변화가 있는 경우, 실제 문제를 찾아 해결할 때까지 흔들고 있던 영역을 자세히 살펴본다.

전기 문제해결 가이드
Electrical Troubleshooting Guide

전기 부품의 문제를 해결할 때, 다음 힌트를 기억하면 문제를 더 빠르고 쉽게 식별할 수 있다.

1. 기기가 작동하기 위해서는, 전력과 접지 두 가지를 모두 가지고 있어야 한다.
2. 장치에 전원이 공급되지 않는 경우, 개방된 전원(끊어진 퓨즈 등)이 표시된다.
3. 장치 양쪽에 전원이 공급되는 경우에는, 개방형 접지가 표시된다.
4. 퓨즈가 갑자기 끊어지면, 접지된 전원 측 배선이 표시된다.
5. 대부분의 전기적 고장은 열이나 움직임 때문에 발생한다.
6. 대부분의 컴퓨터 제어 방식이 아닌 제어 장치는 회로의 전원 측(전원 측 스위치)을 열고 닫음으로써 작동한다.
7. 대부분의 컴퓨터 제어 장치는 회로의 접지 측(접지 측 스위치)을 열고 닫음으로써 작동한다.

단계별 문제해결 절차
Step-By-Step Troubleshooting Procedure

무엇을 해야 하고 언제 해야 하는지를 아는 것은 전기 문제를 수리하고자 하는 많은 기술자들에게 주요한 관심사이다. 다음의 현상 시험 절차는 전기적 고장을 해결하기 위한 단계별 가이드를 제공한다.

단계 1 운전자 염려(불만)를 파악하고, 운전자 또는 서비스 어드바이저로부터 최대한 많은 정보를 얻는다.
  a. 언제부터 문제가 시작되었나?
  b. 어떤 조건에서 문제가 발생하는가?
  c. 문제를 일으킬 수 있는 차량의 최근 수리가 있었나?
단계 2 실제로 고장을 관찰하여 차량의 문제를 확인한다.
단계 3 육안 검사를 철저히 수행하고, 작동하는 기능과 작동하지 않는 기능을 모두 확인한다.
단계 4 기술 서비스 공고(technical service bulletin, TSB)를 점검한다.
단계 5 진단할 회로의 배선도를 찾는다.
단계 6 공장 서비스 정보를 확인하고 문제해결 절차를 따른다.
  a. 회로가 작동하는 방식을 결정한다.
  b. 작동하는 것과 작동하지 않는 것에 기초하여, 회로의 어느 부분이 양호한지 판단한다.
  c. 문제 영역을 격리한다.

  참고: 회로를 절반으로 나누어 문제를 격리하고, (회로에 릴레이가 있는 경우) 릴레이에서 시작하도록 한다.

단계 7 근본 원인을 확인하고 차량을 수리한다.
단계 8 수리를 확인하고, 불만 사항, 원인, 수리 사항을 열거하여 작업 순서를 완료한다.

충격적인 경험

한 운전자가 운전 후 차량에서 내려 도어 핸들을 잡을 때마다 정전기 쇼크를 받는다고 불만을 제기했다. 운전자는 전기적 고장이 있는 것이 틀림없고 차량 자체로부터 정전기가 발생하고 있다고 생각했다. 쇼크는 차량에 의해 발생했지만. 그것은 고장은 아니었다. 서비스 기술자는 천으로 된 시트에 정전기 방지 스프레이를 뿌렸고, 그 문제는 다시 발생하지 않았다. 명백하게, 운전석에서 옷이 마찰하면서 정전기가 발생했던 것이고, 운전자가 금속 도어 핸들을 만지면 방전되었던 것이다. ●그림 11-39 참조.

개요:

- **불만 사항**—차량 운전자는 도어 핸들을 만질 때 정전기 쇼크를 받았다고 불평했다.
- **원인**—차량의 고장이 아니라 정전기가 원인으로 판명되었다.
- **수리**—시트 및 카펫에 정전기 방지 스프레이를 분사하여 문제를 해결하였다.

그림 11-39 도어 핸들과 같은 금속 물체를 만질 때 충격을 방지하기 위해 정전기 방지 스프레이를 사용할 수 있다.

요약 Summary

1. 대부분의 배선 다이어그램은 배선 색상, 회로 번호 및 배선 게이지를 포함한다.
2. 커넥터, 접지 및 접점을 식별하는 데 사용되는 번호는 대개 그것들이 차량 내 어디에 있는지를 나타낸다.
3. 회로도에 있는 모든 스위치와 릴레이는 정상상태 닫혀있음(N.C.), 정상상태 열려있음(N.O.) 위치로 표시된다.
4. 전형적인 릴레이는 코일(단자 85 및 86)을 통과하는 소량의 전류를 사용하여 더 높은 전류 부분(단자 30 및 87)을 작동시킨다.
5. 전압으로 단락(short-to-voltage)은 회로의 전원 측에 영향을 미치며, 대개 두 개 이상의 회로와 관련이 있다.
6. 접지로 단락(short-to-ground)은 대개 퓨즈를 끊어지게 하며, 보통 하나의 회로에만 영향을 미친다.
7. 대부분의 전기적 고장은 열 또는 움직임의 결과로 나타난다.

복습문제 Review Questions

1. 접지, 접점 및 커넥터를 나타내기 위해 회로도에서 사용되는 번호와 그것들이 차량에서 사용되는 위치를 나열하라.
2. 전형적인 ISO 형식의 릴레이 단자를 나열하고 식별하라.
3. 단락 회로를 찾는 데 도움이 되는 세 가지 방법은 무엇인가?
4. 톤 발생기를 사용하여 단락 회로를 찾는 방법은 무엇인가?

1. 배선 다이어그램에서 S110의 "0.8 BRN/BLK"은 _____을(를) 의미한다.
   a. 후드 아래에 접속된 회로 #.8
   b. 0.8mm² 배선의 커넥터
   c. 검은색 줄무늬가 있는 갈색의 접점으로, 와이어 크기가 0.8mm²(게이지 18 AWG)
   d. a와 b 둘 다

2. 커넥터 C250의 설치 위치는 어디인가?
   a. 후드 아래
   b. 계기판 아래
   c. 조수석 구획
   d. 트렁크

3. 회로도에 표시된 모든 스위치는 _____.
   a. 정상상태에 표시되어 있다.
   b. 항상 ON 위치에 표시된다.
   c. 항상 OFF 위치에 표시된다.
   d. 조명 스위치를 제외한 위치에 표시된다.

4. 저항계를 사용하여 릴레이를 검사할 때, 코일 저항을 측정하기 위해 접촉해야 하는 두 단자는 무엇인가?
   a. 87과 30
   b. 86과 85
   c. 87a와 87
   d. 86과 87

5. 기술자 A는 양호한 릴레이가 코일 단자에 걸쳐 60~100Ω 사이의 값을 측정해야 한다고 말한다. 기술자 B는 단자 30 및 87에 접촉할 때 저항계에 OL이 표시되어야 한다고 말한다. 어느 기술자가 옳은가?
   a. 기술자 A만
   b. 기술자 B만
   c. 기술자 A와 B 모두
   d. 기술자 A와 B 둘 다 틀리다

6. 어떤 릴레이 단자가 정상상태에서 닫혀 있는(N.C.) 단자인가?
   a. 30
   b. 85
   c. 87
   d. 87a

7. 기술자 A는 종종 각 퓨즈에 의해 보호되는 회로가 두 개 이상이라고 말한다. 기술자 B는 종종 하나 이상의 회로가 하나의 접지 커넥터를 공유한다고 말한다. 어느 기술자가 옳은가?
   a. 기술자 A만
   b. 기술자 B만
   c. 기술자 A와 B 모두
   d. 기술자 A와 B 둘 다 틀리다

8. 두 명의 기술자가 테스트 램프를 사용하여 접지로 단락 지점을 찾는 것에 대해 논의하고 있다. 기술자 A는 단락이 있는 회로가 분리되면 퓨즈 대신 연결된 테스트 램프가 켜질 것이라고 말한다. 기술자 B는 이 시험을 진행하는 동안 테스트 램프가 배터리의 양극(+) 및 음극(−) 단자에 연결되어야 한다고 말한다. 어느 기술자가 옳은가?
   a. 기술자 A만
   b. 기술자 B만
   c. 기술자 A와 B 모두
   d. 기술자 A와 B 둘 다 틀리다

9. 단락 회로는 _____을(를) 사용하여 찾을 수 있다.
   a. 테스트 램프
   b. 가우스 게이지
   c. 톤 발생기
   d. 위의 모든 것

10. 전기 장치가 작동하기 위해, 그 장치는 _____을(를) 가져야 한다.
    a. 전원과 접지
    b. 스위치와 퓨즈
    c. 접지 및 퓨즈 링크
    d. 전류를 장치로 전달하는 릴레이

커패시턴스와 커패시터

Capacitance and Capacitors

학습목표

이 장을 학습하고 나면,

1. 커패시턴스와 커패시터의 구성 및 작동 원리를 설명할 수 있다.
2. 커패시터의 사용을 설명하고 직렬과 병렬 회로에서의 커패시터에 관해 논의할 수 있다.

핵심용어

라이든 병	콘덴서
유전체	패럿
커패시턴스	

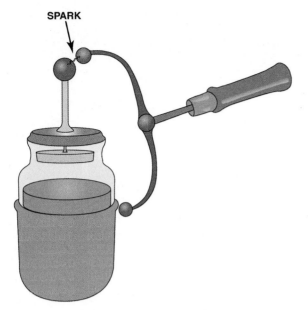

SPARK

그림 12-1 라이든 병(Reyden jar)은 전하를 저장하는 데 사용될 수 있다.

Material	Dielectric Constant
Vacuum	1
Air	1.00059
Polystyrene	2.5
Paper	3.5
Mica	5.4
Flint glass	9.9
Methyl alcohol	35
Glycerin	56.2
Pure water	81

표 12-1

유전 상수가 높을수록 커패시터(capacitor)의 두 개의 판 사이의 절연성이 좋다.

참고: 커패시터는 **콘덴서(condenser)**라고도 불린다. 수증기가 차가운 용기나 유리잔 표면에서 모이고 응결되는 것과 같이 전하가 커패시터 표면에서 쌓이거나 응축되기 때문에 콘덴서라는 용어가 사용되었다.

커패시턴스(정전용량) Capacitance

정의 **커패시턴스(capacitance)**는 전하를 저장할 수 있는 물체나 표면의 능력을 말한다. 1745년경에 Ewald Christian von Kliest와 Pieter van Musschenbroek는 전기 회로에서 커패시턴스를 독립적으로 발견하였다. 정전기학(electrostatics)에 관한 별도의 연구에 참여하면서 그들은 전하가 일정 기간 동안 저장될 수 있다는 것을 발견하였다. 그들은 **라이든 병(Leyden jar)**이라고 불리는 장치를 실험에 사용하였다. 라이든 병은 유리병에 물을 채워 코르크 마개로 막은 다음 철사나 못을 코르크 마개에 꽂아서 병 안에 있는 물에 닿게 하는 장치이다. ●그림 12-1 참조.

두 과학자는 정전하에 못을 접촉시켰다. 전하의 원천에서 못을 분리한 후에, 못을 잡았을 때 전기 충격을 받게 됨으로써 전기가 저장되어 있다는 것을 증명하였다.

1747년에 John Bevis는 병 안쪽과 바깥쪽 모두에 호일을 감았다. 이렇게 하여 절연 유리에 의해서 똑같이 분리된 두 개의 도체(내부 및 외부 금속 호일 층)를 갖는 커패시터를 만들었다. 또한, 라이든 병은 Benjamin Franklin에 의해서 다른 실험들뿐 아니라 번개로부터 전하를 저장하는 데 사용되었다. 번개의 자연 현상은 커패시턴스를 포함한다. 왜냐하면 번개가 치기 전에 구름층 사이나 구름과 지구 사이에 거대한 전기장들이 발달하기 때문이다.

커패시터 구성 및 작동 Capacitor Construction and Operation

구성 커패시터(콘덴서라고도 함)는 두 개의 전도성 판으로 구성되어 있으며, 그 사이에 절연재를 갖는다. 절연재는 일반적으로 **유전체(dielectric)**라고도 불린다. 이 물질은 전기가 잘 통하지 않는 부도체로서 공기, 운모, 유리, 종이, 플라스틱 또는 기타 유사한 물질이 포함될 수 있다. 유전 상수(dielectric constant)는 전류의 흐름에 반하는 상대적 강도이다. 유전 상수가 높을수록 절연성이 좋다. ●표 12-1 참조.

작동 커패시터가 폐쇄 회로에 놓여 있을 때, 전압원(배터리)은 회로 주변의 전자에 가해진다. 전자는 커패시터의 유전체를 통과할 수 없기 때문에, 초과 전자는 한쪽 판으로 모여 음극으로 도전된다. 동시에 다른 판은 전자를 잃고, 따라서 양전하로 도전된다. ●그림 12-2 참조.

전류는 커패시터 판을 가로지르는 전압 전하가 전원 전압과 같아질 때까지 계속된다. 동시에, 커패시터의 음극판과 음극 단자는 같은 음극 전위를 갖는다. ●그림 12-3 참조.

커패시터의 양극판과 배터리의 양극 단자 또한 같은 양극

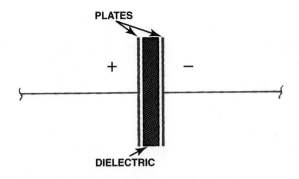

그림 12-2 이 단순한 커패시터는 유전체(dielectric)로 불리는 절연 물질로 분리된 두 개의 판으로 이루어져 있다.

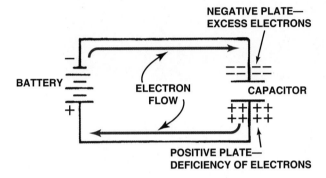

그림 12-3 커패시터가 충전되면 배터리는 회로를 통해 전자를 방출한다.

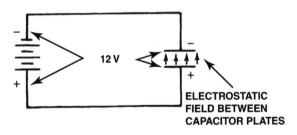

그림 12-4 커패시터가 충전될 때, 배터리와 같은 양의 전압이 커패시터에 존재한다.

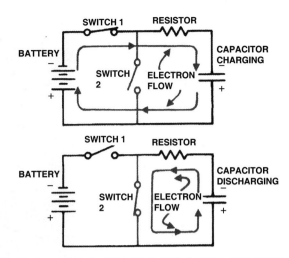

그림 12-5 커패시터는 위의 회로를 통해 충전되고, 아래 회로를 통해 방전된다.

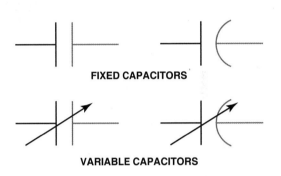

그림 12-6 전기 배선도에 표시되어 있는 커패시터 기호. 음극판은 종종 굽어진 상태로 표시된다.

전위를 갖는다. 그 후 배터리 단자 양단에 걸쳐 전압에 의한 전하가 존재하고, 커패시터 판들에 걸쳐 동일한 양의 전하가 존재하게 된다. 회로가 균형을 유지하면 전류가 흐르지 않는다. 정전기장(electrostatic field)은 반대되는 전하 때문에 커패시터 판들 사이에 존재한다. 에너지를 저장하는 것은 이 정전기장이다. 다른 말로 충전된 커패시터는 충전된 배터리와 비슷하다. ●그림 12-4 참조.

커패시터가 충전될 때 커패시터와 배터리 사이에 같은 양의 전압이 걸린다. 정전기장은 커패시터 판 사이에 존재한다.

회로 내에서 전류는 흐르지 않는다. 만약 회로가 열리면, 커패시터는 방전될 수 있는 외부 회로에 연결될 때까지 전하를 유지한다. 충전된 커패시터가 외부 회로에 연결되었을 때, 커패시터는 방전된다. 방전된 후 커패시터의 두 개의 판은 중성이 된다. 왜냐하면 방전될 때 커패시터에 저장되었던 회로의 모든 에너지가 되돌아가기 때문이다. ●그림 12-5 참조.

이론적으로, 커패시터는 무기한으로 전하를 유지한다. 실제로 전하는 절연체를 통해서 천천히 커패시터에서 새어 나간다. 절연이 잘 될수록 커패시터는 더 오랫동안 전하를 유지한다. 전기 충격(electric shock)을 피하기 위해서는 모든 커패시터는 완전히 방전됐다는 것으로 입증될 때까지 충전된 상태인 것으로 다뤄져야 한다. 커패시터를 안전하게 방전시키기 위해서, 접지가 잘 된 곳에 부착된 테스트 램프를 사용하고 테스트 램프 끝에 연결선이나 단말기를 놓는다. 전기 구조도에 사용된 커패시터의 기호가 ●그림 12-6에 나와 있다.

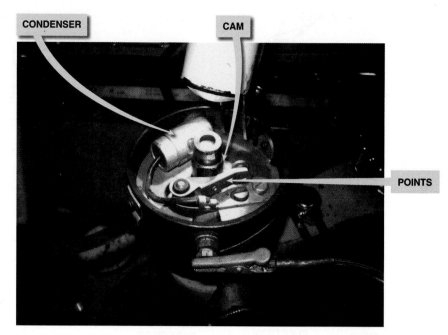

그림 12-7 시험 중인 오래된 차량의 배전기. 콘덴서와 함께 포인트 유형 배전기가 보이는 상태.

커패시턴스(정전용량) 요인
Factors of Capacitance

커패시턴스는 세 가지 요인에 의해 결정된다.

- 판의 표면적
- 판 사이의 거리
- 유전 물질

판의 표면적이 클수록 커패시턴스가 증가한다. 작은 면적의 판보다 더 큰 면적의 판에서 더 많은 전자들이 모이기 때문이다. 두 판이 서로 가까울수록 전하가 도전된 판 사이에 더 강한 정전 영역이 존재하므로 커패시턴스가 더 커진다. 절연체 재료의 절연 특성도 커패시턴스에 영향을 미친다. 절연체가 매우 훌륭한 절연체일 경우 커패시턴스가 더 높다.

커패시턴스 측정 커패시턴스는 **패럿(farad)** 단위로 측정되며, 패럿은 영국 물리학자인 Michael Faraday(1791~1867)의 이름을 따서 지어진 것이다. 커패시턴스의 단위인 패럿의 기호는 글자 F이다. 1쿨롱(coulomb)의 전하가 커패시턴스의 판에 걸리고 그들 사이의 전위차가 1V이면, 커패시턴스가 1패럿 또는 1F으로 정의된다. 1쿨롱은 6.25×10^{18} 전자의 전하량과 동일하다. 1패럿은 엄청난 양의 커패시턴스(정전용량)이다. 마이크로패럿(0.000001패럿) 또는 μF이 더 많이 사용된다.

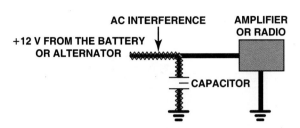

그림 12-8 커패시터는 직류를 차단하지만 교류는 통과시킨다. 대부분의 잡음이 교류이고 잡음이 라디오 또는 증폭기에 도달하기 전에 교류를 접지로 통과시키기 때문에 커패시터는 매우 좋은 잡음 억제기(noise suppressor)이다.

그림 12-9 큰 스피커를 구동하는 데 사용되는 1패럿 커패시터.

커패시터의 커패시턴스는 전위차계의 각 전압 차이에 저장할 수 있는 전하의 양에 비례한다.

커패시터 응용 Uses for Capacitors

스파이크 억제(spike suppression) 커패시터는 회로가 개방될 때 발생하는 전압 스파이크를 줄이기 위해 코일에 병렬로 사용될 수 있다. 이 경우 코일의 자기장에 저장된 에너지가 빠르게 방출된다. 커패시터는 생성된 고전압을 흡수하여 차량의 무선 및 비디오 장비와 같은 다른 전자 장치에 간섭하지 않도록 방지한다.

노이즈 필터링(noise filtering) 음향 시스템 또는 라디오의 간섭은 대개 교류발전기와 같이 차량 내 어딘가에서 발생하는 교류(AC) 전압 때문에 발생한다. 커패시터는 다음과 같은 역할을 한다.

- 직류(DC) 전류 흐름을 차단한다.
- 교류(AC) 전압을 통과시킨다.

커패시터를 무선 또는 음향 시스템 앰프의 전원 리드에 연결하면, AC 전압이 커패시터를 통과하여 커패시터의 다른 쪽 끝에 연결된 접지로 통과한다. 따라서 커패시터는 DC 전원 회로에 영향을 주지 않으면서 교류에 대한 경로를 제공한다.

●그림 12-8 참조.

커패시터는 전압 전하를 저장하므로, 회로의 전압 변화에 반대 방향으로 작용하거나 속도를 늦게 된다. 따라서 커패시터는 종종 전압 "충격 흡수제"로 사용된다. 때로는 점화 코일의 단자에 커패시터를 부착하는 경우도 있다. 이러한 응용에서 커패시터는 무선 수신을 방해하는 점화 전압의 변화를 흡수하고 감쇠시킨다.

보조 동력원 커패시터는 오디오 시스템에서 짧은 버스트를 위한 전력을 공급하여 스피커를 구동하는 데 사용할 수 있다. 우퍼 및 서브우퍼는 종종 앰프 자체에 의해 공급될 수 없는 많은 전류를 필요로 한다. ●그림 12-9 참조.

타이머 회로 커패시터는 윈도우 김서림 방지장치, 인테리어 조명, 펄스 와이퍼 및 자동 전조등을 제어하기 위해 타이머의 일부로서 전자 회로에서 사용된다. 커패시터는 에너지를 저장한 후 저항 부하를 통해 방전되게 한다. 커패시터의 용량이 커지고 부하 저항이 커질수록 커패시터가 방전되는 데 걸리는 시간이 길어진다.

컴퓨터 메모리 대부분의 경우 컴퓨터의 메인 메모리는 고속 램(random access memory, RAM)이다. 메인 메모리의 한 유형인 DRAM(dynamic RAM)이 가장 많이 사용되는 유형의 램이다. 메모리 칩 하나는 몇 백만 개의 메모리 셀로 이루어져 있다. DRAM 칩에서 각 메모리 셀은 커패시터로 구성된다. 커패시터가 전기적으로 충전되면, 이진수 1을 저장하고, 방전되면 0을 나타낸다.

콘덴서 마이크 마이크는 음파를 전기 신호로 변환시킨다. 모든 마이크에는 음파 파장으로 진동하는 다이어프램(diaphragm)이 있다. 진동 다이어프램은 차례로 전기 부품을 흔들어 음파에 비례하는 주파수로 전류의 출력 흐름을 생성한다. 콘덴서 마이크(condenser microphone)는 이러한 용도로 커패시터를 사용한다.

콘덴서 마이크의 경우 다이어프램은 커패시터의 도전된 음극판이다. 음파가 다이어프램을 압축하면, 다이어프램이 양극판 쪽으로 더 가까이 이동한다. 판 사이의 거리가 감소하면 두 판 사이의 정전기에 의한 인력이 증가하는데, 이로 인해 전류가 음극판으로 흐르게 된다. 다이어프램이 음파에 반응하여 양극판에서 멀어지게 되면 판 사이의 거리가 늘어나서 정전기가 감소하게 된다. 이렇게 하면 전기적 인력이 감소하여 전류가 양극판으로 흐르게 된다. 이러한 교류 전류 흐름은 앰프로 이동하고 확성기로 이동하는 약한 전자 신호를 제공한다.

커패시터 회로 Capacitors in Circuits

병렬연결된 커패시터 커패시터를 병렬로 연결하여 회로에서 커패시턴스를 증가시킬 수 있다. 예를 들어 사운드 시스템에 더 큰 전압이 필요한 경우, 추가적인 콘덴서를 병렬로 연결해야 한다. ●그림 12-10 참조.

커패시터의 커패시턴스는 판의 크기를 늘림으로써 증가할 수 있다는 것을 알 수 있다. 두 개 이상의 커패시터를 병렬로 연결하면 사실상 판의 크기를 증가시키는 효과가 있다. 판의 면적을 늘리면 더 많은 전하를 저장할 수 있으므로 더 많은 커패시턴스를 생성하게 된다. 여러 병렬 캐패시터의 총 캐패시턴스를 결정하려면 단순히 각각의 값을 합산하면 된다. 다음은 커패시터가 병렬로 연결된 회로에서 총 정전용량을 계산하는 공식이다.

$$C_T = C_1 + C_2 + C_3 \dots$$

예를 들면, 커패시터가 병렬연결인 경우 220 μF + 220 μF = 400 μF이다.

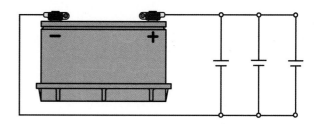

그림 12-10 병렬연결된 커패시터는 커패시턴스(정전용량)를 증가시킨다.

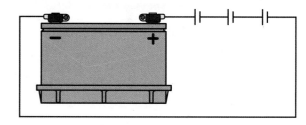

그림 12-11 직렬연결된 커패시터는 커패시턴스(정전용량)를 감소시킨다.

직렬연결된 커패시터 ●그림 12-11에서와 같이 커패시터를 직렬로 배치하면 회로의 정전용량이 감소하게 된다.

커패시터의 커패시턴스는 판을 더욱 멀리 떨어뜨려 놓음으로써 감소시킬 수 있다. 두 개 이상의 커패시터를 직렬로 연결하면 판의 양극의 거리와 유전체의 두께가 증가하므로 커패시턴스가 감소한다.

다음은 직렬로 두 개의 콘덴서가 포함된 회로에서 총 커패시턴스를 계산하는 공식이다.

$$C_T = \frac{C_1 \times C_2}{C_1 + C_2}$$

예를 들면, $\frac{220\ \mu F \times 220\ \mu F}{220\ \mu F + 220\ \mu F} = \frac{48,400}{440} = 110\ \mu F$이다.

참고: 커패시터는 종종 무선 간섭을 줄이거나 고출력 음향 시스템의 성능을 개선하기 위해 사용된다. 따라서 다른 커패시터를 병렬로 연결하여 추가 커패시턴스를 추가할 수 있다.

억제 커패시터(suppression capacitor) 커패시터는 많은 회로와 스위치 지점에 설치되어 전압 변동을 흡수할 수 있다. 여러 응용들 중에, 다음과 같은 용도로 사용된다.

- 일부 전자식 점화 모듈의 기본 회로
- 주요 교류발전기의 출력 단자
- 일부 전기 모터의 전기자 회로

고주파 초크 코일(radio choke coil)은 자체유도(self-induction)으로부터 발생하는 전류 변동을 줄여 준다. 이들은 종종 커패시터와 결합되어, 앞유리 와이퍼와 전기식 연료 펌프 모터를 위한 전자기 간섭(electromagnetic interference, EMI) 필터 회로로 사용된다. 또한 필터는 배선 커넥터와 통합될 수도 있다.

요약 Summary

1. 커패시터는 수많은 자동차 응용 분야에서 사용된다.
2. 커패시터는 직류 전류를 차단(block)하고, 교류 전류를 전달(pass)할 수 있다.
3. 커패시터는 고주파 간섭(radio-frequency interference)을 제어하는 데 사용되며, 원하지 않는 잡음을 제어하기 위해 다양한 전자 회로에 사용된다.
4. 커패시터를 직렬연결하는 경우 전체 커패시턴스는 감소하게 되고, 병렬연결하는 경우 커패시턴스는 증가하게 된다.

복습문제 Review Questions

1. 커패시터는 어떻게 전하를 충전하는지 설명하라.
2. 커패시턴스를 더 크게 하려면 두 커패시터를 어떻게 전기적으로 연결하여야 하는지 설명하라.
3. 어떤 경우에 커패시터를 전원으로 사용할 수 있는지 설명하라.
4. 커패시터는 어떻게 잡음 필터(noise filter)로 사용될 수 있는지 설명하라.

12장 퀴즈 Chapter Quiz

1. 커패시터는 _____.
   a. 전자를 저장한다
   b. 교류(AC)를 통과시킨다
   c. 직류(DC)를 차단한다
   d. 위의 모든 것

2. 커패시터는 종종 "억제 커패시터(suppression capacitor)"로 사용된다. 커패시터는 무엇을 억제하는가?
   a. 과도한 전류   c. 저항
   b. 전압 변동   d. 잡음

3. 커패시터는 보통 _____(으)로서 사용된다.
   a. 전압 공급원   c. 잡음 필터
   b. 타이머   d. 위의 모든 것

4. 충전된 커패시터는 _____처럼 동작한다.
   a. 스위치   c. 저항
   b. 배터리   d. 코일

5. 커패시터 정격에 대한 측정 단위는 _____이다.
   a. 옴(ohm)   c. 패럿(farad)
   b. 볼트(volt)   d. 암페어(ampere)

6. 두 명의 기술자가 커패시터의 작동에 대해 논의하고 있다. 기술자 A는 커패시터가 전기를 발생시킬 수 있다고 이야기한다. 기술자 B는 커패시터가 전기를 저장할 수 있다고 이야기한다. 어느 기술자가 옳은가?
   a. 기술자 A만   c. 기술자 A와 B 모두
   b. 기술자 B만   d. 기술자 A와 B 둘 다 틀리다

7. 커패시터는 _____전류의 흐름을 차단하고 _____전류가 통과하도록 허용한다.
   a. 강한, 약한   c. 직류(DC), 교류(AC)
   b. 교류(AC), 직류(DC) d. 약한, 강한

8. 커패시턴스를 증가시키기 위해 무엇을 할 수 있나?
   a. 추가 커패시터를 직렬로 연결한다.
   b. 추가 커패시터를 병렬로 연결한다.
   c. 두 커패시터 사이에 저항을 추가한다.
   d. a와 b 둘 다

9. 커패시터는 어떤 장치들에 사용될 수 있나?
   a. 마이크   c. 스피커
   b. 라디오   d. 위의 모든 것

10. 스파이크 보호(spike protection)에 사용되는 커패시터는 일반적으로 부하 또는 회로에 _____ 배치된다.
    a. 직렬연결로   c. 직렬연결 또는 병렬연결로
    b. 병렬연결로   d. 직렬로 연결된 저항에 병렬연결로

이 장을 학습하고 나면,

1. 자기와 전압이 어떻게 연관되어 있는지 설명할 수 있다.
2. 전자석의 작동 원리를 설명할 수 있다.
3. 점화코일이 작동하는 방식을 설명할 수 있다.

권선비	자기선속
극	자기저항
렌츠의 법칙	자성
릴레이	잔류 자기
상호유도	전자기 간섭(EMI)
암페어–턴	점화 컨트롤 모듈(ICM)
역기전력(CEMF)	투자율
왼손법칙	플럭스 라인
자기 유도	플럭스 밀도

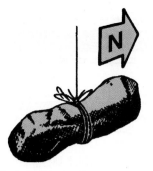

그림 13-1 자유롭게 매달려 있는 천연 자석 로드스톤(lodestone)은 북극 쪽을 가리킨다.

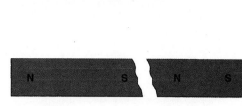

그림 13-2 자석이 깨지거나 금이 가면, 그것은 두 개의 약한 자석이 된다.

자성의 기초
Fundamentals of Magnetism

정의 자성(**magnetism**)(자기력)은 어떤 물질에서 전자의 움직임에 의해 야기되는 에너지의 한 형태이다. 그것은 다른 물질들에 작용하는 끌어당김으로 인식된다. 전기와 마찬가지로 자력은 보이지 않는다. 그러나 그것은 자력의 결과를 보고 그것이 일어나는 동작 원리를 인식하는 것이 가능하기 때문에 이론적으로 설명될 수 있다. 자철석은 가장 자연적으로 발생하는 자석이다. 로드스톤(lodestone)이라고 불리는 자연적으로 자화된 자철석의 조각은 작은 철 조각을 끌어당기고 잡아당긴다. ●그림 13-1 참조.

많은 다른 물질들은 그들의 원자 구조에 따라 인공적으로 어느 정도 자화될 수 있다. 부드러운 철은 자화하기 쉽지만 알루미늄, 유리, 나무, 플라스틱과 같은 일부 재료들은 자화될 수 없다.

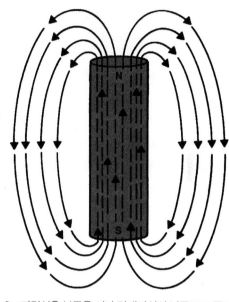

그림 13-3 자력선은 북극을 떠나 막대자석의 남극으로 돌아간다.

자력선(line of force) 자석 주위에 힘의 필드를 생성하는 선은 원자들이 자기 재료에 정렬되는 방식으로 인해 발생하는 것으로 여겨진다. 막대자석에서 선은 막대의 양쪽 끝단에 집중되어 있고, 자석 주위에 3차원의 병렬 루프를 형성한다. 힘은 전류 흐름을 흐르는 방식으로 이러한 선들을 따라 흐르지 않지만, 선들은 방향을 가지고 있다. 그 선들은 북극의 북쪽 끝이나 극(pole)에서 나와 다른 쪽 끝에 들어간다. ●그림 13-3 참조.

자석의 반대쪽 끝을 북극과 남극이라 부른다. 실제로 그것들은 지구의 북극과 남극을 찾기 때문에 "북쪽 찾기"와 "남쪽 찾기"라고 불려야 한다.

너 많은 힘이 가해질수록, 자석이 강해진다. **자기선속(magnetic flux)** 또는 **자속선(flux line)**이라고 불리는 자력선(line of force)은 자기장을 형성한다. 자기장, 자력선, 플럭스, 플럭스 라인 등은 서로 구분 없이 사용된다.

기술 팁

균열이 생긴 자석은 두 개의 자석이 된다.

자석은 일반적으로 차량 크랭크축, 캠축 및 휠 속도센서에 사용된다. 자석이 부딪혀 금이 가거나 깨지는 경우에는 두 개의 더 작은 자석이 된다. 자기장의 강도가 감소하기 때문에 센서 출력 전압도 감소한다. 일반적인 문제는 자성을 띤 크랭크축 센서에 균열이 생길 때 발생하며, 이 경우 시동이 걸리지 않는다. 때때로 균열이 있는 센서는 정상 속도로 크랭킹되는 엔진을 시동하기에 충분하지만, 엔진이 차가울 경우 동작하지 않는다. ●그림 13-2 참조.

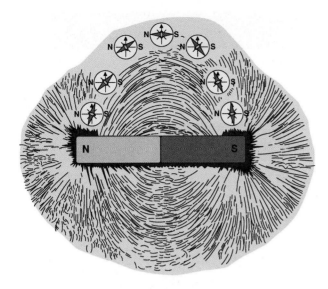

그림 13-4 쇳가루(iron filings)와 나침반은 자력의 힘을 관찰하는 데 사용될 수 있다.

플럭스 밀도(flux density)는 단위면적당 자속선(flux line)의 수를 나타낸다. 자기장은 독일 과학자 Johann Carl Friedrick Gauss(1777~1855)의 이름을 따서 명명된 가우스 게이지를 사용하여 측정할 수 있다.

자력선(magnetic line of force)은 자석 위에 놓인 종잇조각에 미세한 쇳가루(iron filings)나 먼지를 뿌려서 확인할 수 있다. 자기장은 나침반을 사용하여 관찰할 수도 있다. 나침반은 회전 중심축을 갖는 균형 잡힌 자석 바늘 또는 자화된 금속 바늘이다. 바늘은 자석의 반대편 방향을 가리키도록 회전한다. 바늘은 작은 자기장에 매우 민감할 수 있다. 나침반은 작은 자석이기 때문에 보통 하나의 북단(N)과 하나의 남단(S)을 가지고 있다. ●그림 13-4 참조.

자기 유도 철이나 강철이 자기장 안에 놓이면 자성을 띠게 된다. 자기장을 사용하여 자석을 생성하는 과정을 **자기 유도(magnetic induction)**라고 한다.

금속을 자기장에서 제거하고 약간의 자성을 유지하면, 그 자성을 **잔류 자기(residual magnetism)**라고 한다.

끌어당김(attracting)과 밀어냄(repelling) 자석이 자유롭게 매달려 있을 때 자석의 극들이 지구의 북극과 남극을 가리키는 경향이 있기 때문에, 자석의 극을 북극(N)과 남극(S)이라 부른다. 자력선은 북극에서 나와 휘어져 남극으로 들어간다. 동일한 수의 선들이 출구로 나가고 들어오므로, 자석의 양쪽

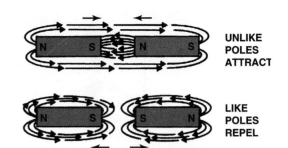

그림 13-5 자석의 극은 전기적으로 대전된 입자처럼 작용한다. 즉, 서로 다른 극은 끌어당기고, 서로 같은 극은 밀어낸다.

극 모두에서 자력은 동일하다. 자속선은 극 부분에 집중되어 있으며, 따라서 자력(플럭스 밀도)은 끝단에서 더 강하다.

자석의 극들은 양전하와 음전하 입자처럼 작용한다. 다른 극들이 서로 가까이 배치되어 있을 때, 한쪽 자석에서 나온 선은 다른 쪽으로 들어간다. 두 개의 자석은 자속에 의해 함께 끌어당겨진다. 같은 극들이 서로 가까이 위치하면, 굽어진 자속선이 정면으로 만나 자석을 분리시키는 힘을 작용한다. 따라서 서로 같은 극은 밀어내고, 서로 다른 극은 끌어당기게 된다. ●그림 13-5 참조.

투자율(permeability) 자속은 절연될 수 없다. 자력이 충분히 강하다면 자력이 통과할 수 없는 물질은 알려진 바가 없다. 그러나 어떤 물질들은 다른 물질들보다 더 쉽게 자력이 통과하도록 한다. 이러한 자력의 통과 정도를 **투자율(permeability)**이라고 한다. 철은 공기보다 자속선이 훨씬 더 쉽게 통과할 수 있게 해 주기 때문에, 철의 투자율이 더 높다.

이러한 특성의 예는 자기식 캠축 위치 센서(**magnetic-type

그림 13-6 크랭크축 위치 센서 및 릴럭터.

CRANKSHAFT
POSITION (CKP)
SENSOR

RELUCTOR

camshaft position(CMP) sensor) 및 크랭크축 위치 센서 (crankshaft position(CKP) sensor)에서 릴럭터(reluctor) 휠을 사용하는 것이다. 릴럭터의 톱니는 각 톱니가 센서에 가까이 접근할 때 자기장이 증가하고 톱니가 멀어질수록 자기장이 감소하도록 하여 AC 전압 신호를 생성한다. ●그림 13-6 참조.

자기저항(reluctance)
비록 자력에 대한 절대 절연은 없지만, 일부 물질은 자력의 통과에 저항하는 성질이 있다. 이는 전기 회로가 없는 저항에 비유될 수 있다. 공기는 자력을 쉽게 통과시키지 않기 때문에 높은 **자기저항(reluctance)**을 갖는다. 자속은 투과성 물질에 집중되는 경향이 있으며, 높은 자기저항을 가진 물질을 회피한다. 전기와 마찬가지로 자력도 저항이 가장 적은 길을 따라간다.

전자기장 Electromagnetism

정의
과학자들은 1820년까지 전류가 흐르는 도체가 자기장에 둘러싸여 있다는 사실을 발견하지 못했다. 이러한 장(field)은 기존 자석보다 여러 배 강력하게 만들 수 있다. 또한 도체 주위의 자기장 강도는 전류 변화에 의해 제어할 수 있다.

- 전류가 증가하면 더 많은 자속선이 생성되고 자기장이 확장된다.
- 전류가 감소하면 자기장이 수축된다. 전류가 차단되면 자기장이 소멸한다.
- 자력과 전기 사이의 상호작용과 관계는 전자기장으로 알려져 있다.

전자석 만들기
전자석을 만드는 쉬운 방법은 못에 절연된 도선을 20바퀴 감고 양쪽 끝을 1.5V 건전지 단자에 연결하는 것이다. 전원을 공급하면 못은 자석이 되어 압정이나 기타 작은 강철 물체를 집어 올릴 수 있다.

직선 도체(straight conductor)
전류가 흐르는 직선 형태의 도체를 둘러싼 자기장은 도선 길이의 여러 동심원 실린더 형태 자속으로 구성된다. 전류량(암페어)은 도선 표면에서 얼마나 많은 자속선(실린더)이 존재하는지 그리고 그 범위가 얼마나 멀리까지 존재하는지 결정한다. ●그림 13-7 참조.

왼손법칙과 오른손법칙
막대자석을 둘러싸고 있는 자속선이 방향을 가지고 있는 것과 마찬가지로, 자속 실린더는 방향을 가지고 있다. **왼손법칙(left-hand rule)**은 이 방향을 결정하는 간단한 방법이다. 왼손으로 도체를 잡고 엄지손가락으로 도체를 통해 흐르는 전류의 방향(-에서 +)을 가리키도록

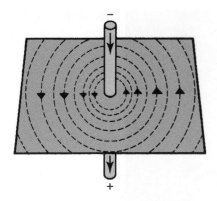

그림 13-7 전류가 흐르는 직선 형태의 도선을 자기장이 감싸고 있다.

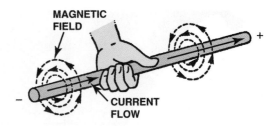

그림 13-8 자기장 방향에 대한 왼손법칙은 전류 흐름과 함께 사용된다.

그림 13-9 자기장 방향에 대한 오른손법칙은 전자 흐름의 전통적 이론과 함께 사용된다.

그림 13-10 반대되는 자기장을 가진 도체는 더 약한 자기장 쪽으로 멀어진다.

하면, 손가락이 자속선의 방향으로 도선을 휘감고 있다. ●그림 13-8 참조.

대부분의 차량 회로는 전통적인 전류 이론(+에서 -)을 사용하므로, 오른손법칙을 사용하여 자속선의 방향을 결정한다. ●그림 13-9 참조.

필드 상호작용(field interaction) 전류를 이동시키는 도체를 둘러싸고 있는 자속 실린더는 다른 자기장과 상호작용한다. 다음의 그림에서 +기호는 전류가 안쪽으로 이동하거나 당신으로부터 멀어지는 것을 나타낸다. 그것은 화살의 꼬리 부분을 나타낸다. •기호는 화살표 머리를 나타내며, 전류가 바깥으로 이동함을 나타낸다. 두 도체가 반대 방향으로 전류를 운반하면 (왼손법칙에 따라) 자기장 역시 반대 방향으로 전류를 이동시킨다. 이들을 옆으로 나란히 놓으면 도체 사이의 반대되는 자속선이 강력한 자기장을 생성한다. 전류를 운반하는 도체는 강한 필드로부터 나와 약한 필드로 이동하는 경향이 있으므로 도체가 서로 멀어지게 된다. ●그림 13-10 참조.

두 도체가 동일한 방향으로 전류를 운반하는 경우, 필드가 동일한 방향으로 이동한다. 두 도체 사이의 자속선이 서로 상쇄되어 두 도체 사이에 매우 약한 자기장이 남게 된다. 도체는 이 약한 자기장 영역으로 끌려 들어가 서로 상대방 쪽으로 움직이는 경향이 있다.

모터의 원리 자동차의 스타터 모터와 같은 전기 모터는 자기장 상호작용을 사용하여 전기에너지를 기계적 에너지로 변환한다. 반대 방향으로 전류가 흐르고 있는 두 도체가 강한 N극과 S극 사이에 위치하면, 도체의 자기장이 극의 자기장과 상호작용하게 된다. 상단 도체의 반시계 방향 필드는 극의 필드에 추가되고, 도체 아래에 강력한 자기장을 생성하게 된다.

기술 팁

전기와 자성

도체를 통해 흐르는 모든 전류가 자기장을 생성하기 때문에 전기(electricity)와 자성(magnetism)은 밀접하게 관련되어 있다. 자기장을 통과하여 움직이는 어떤 도체든지 전류를 생성한다. 이 관계는 다음과 같이 요약할 수 있다.

- 전기는 자기를 발생시킨다.
- 자기는 전기를 발생시킨다.

기술자의 관점에서 볼 때, 전류를 운반하는 도선은 항상 공장에서 다른 회로 또는 전자 부품과의 간섭을 방지하도록 하는 방식으로 경로가 설정되어야 하므로 이 관계가 중요하다. 이는 고전압을 전달하고 높은 전자기 간섭(electromagnetic interference, EMI)을 유발할 수 있는 스파크 플러그 배선을 장착하거나 서비스할 때 특히 중요하다.

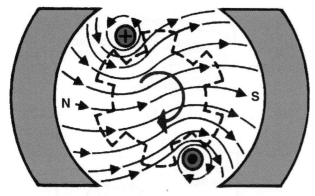

그림 13-11 전기 모터는 자기장의 상호작용을 사용하여 기계적 에너지를 생성한다.

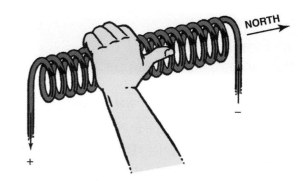

그림 13-13 코일에 대한 왼손법칙이 제시되어 있다.

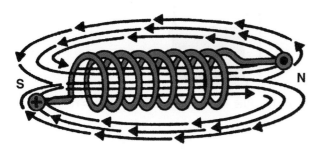

그림 13-12 코일을 둘러싸고 있는 플럭스의 자력선은 막대자석을 둘러싸고 있는 것과 유사하게 보인다.

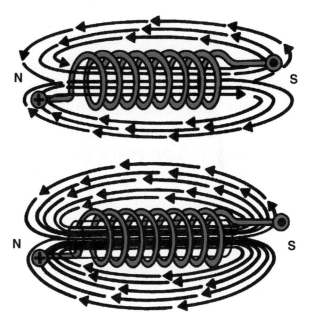

그림 13-14 철심은 코일을 둘러싸고 있는 자력선(magnetic line of force)들을 집중시킨다.

그때 도체는 이 강한 필드로부터 벗어나기 위해 위쪽으로 이동한다. 하부 도체의 시계 방향 필드는 극의 필드에 추가되어 도체 위쪽에 강력한 자기장을 생성하게 된다. 그때 도체는 아래로 이동하여 이 강한 자기장을 벗어나게 된다. 이러한 힘들은 도체가 장착된 모터의 중심이 시계 방향으로 회전하도록 한다. ●그림 13-11 참조.

코일 도체 만약 여러 개의 도선 루프가 코일로 만들어지면 플럭스 밀도는 강화된다. 코일 주위의 자속선은 막대자석 주위의 자속선과 동일하다. ●그림 13-12 참조.

그 선들은 N극에서 나와 S극으로 들어간다. 왼손법칙을 사용하여 ●그림 13-13에 보이는 것처럼 코일의 N극을 결정한다.

손가락이 전자 흐름의 방향을 가리키도록 왼손으로 코일을 잡는다. 엄지손가락은 코일의 N극을 가리킨다.

전자기 강도(electromagnetic strength) 전류가 흐르는 도체를 둘러싸고 있는 자기장은 세 가지 방법으로 강화될(증가될) 수 있다.

- 연철심을 코일 중심에 위치시킨다.
- 코일 도선의 회전수(권선수)를 증가시킨다.
- 코일 권선을 통해 전류 흐름을 증가시킨다.

연철은 투과성이 높기 때문에, 자속선이 이 공간을 쉽게 통과한다. 연철 조각이 코일로 된 도체 안에 위치하면 자속선이 투자율이 낮은 공기를 통과하는 것보다 연철심에 집중되게 된다. 이러한 자력의 집중은 코일 내부의 자기장 강도를 크게 증가시킨다. 코일의 회전수(권선수)를 늘리거나 코일을 통과하는 전류 흐름을 증가시키면 자기장 강도가 높아지며 이는 회전수에 비례한다. 자기장 강도는 **암페어-턴(ampere-turn)**이라는 단위로 표현되는 경우가 많다. 철심을 포함한 코일을 전자석(electromagnet)이라고 부른다. ●그림 13-14 참조.

전자기장의 활용
Uses of Electromagnetism

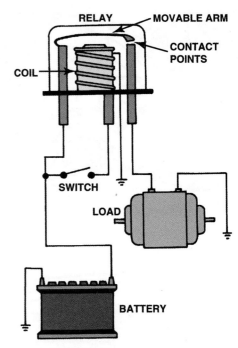

릴레이 앞 장에서 언급한 것처럼 **릴레이**(relay)는 소량의 전류가 다른 회로에서 대량의 전류를 제어할 수 있게 해 주는 제어 소자이다. 단순한 릴레이는 배터리 및 스위치와 직렬로 된 전자기 코일을 포함한다. 전자석 근처에는 자석에 의해 끌어당겨지는 일부 소재로 만들어진 이동 가능한 플랫 암(flat arm)이 있는데, 전기자(armature)라고 부른다. ●그림 13-15 참조.

전기자는 한쪽 끝에 회전 중심이 있고, 스프링(또는 이동 가능한 암 자체의 스프링 스틸)에 의해 전자석에서 약간 떨어진 곳에 고정된다. 좋은 도체로 이루어진 접점이 전기자의 자유단에 닿아 있다. 또 다른 접점은 약간 떨어진 곳에서 고정된다. 두 접점은 전기적 부하 및 배터리와 직렬로 배선된다.

스위치가 닫히면 다음과 같은 상황이 발생한다.

1. 전류가 배터리로부터 코일을 통해 이동하며 전자석을 만든다.
2. 전류에 의해 생성되는 자기장이 전기자를 끌어당겨, 접점이 닫힐 때까지 아래로 잡아당긴다.
3. 접점을 닫으면 배터리로부터 부하로 연결되는 고전류 회로에 전류를 허용한다.

그림 13-15 이동 가능한 암(arm)을 가진 전자기 스위치를 릴레이(relay)라고 한다.

스위치가 열리면 다음과 같은 상황이 발생한다.

1. 전류가 차단될 때 전자석은 자성(자석의 성질)을 잃는다.
2. 스프링 압력이 암을 다시 위로 들어 올린다.
3. 접점이 열림으로써 고전류 회로가 개방된다.

릴레이는 전류가 전자기 코일을 통과할 때 열리고 평상시 닫혀 있는 접점으로 설계될 수도 있다.

솔레노이드 솔레노이드(solenoid)는 전자기 스위치의 예이다. 솔레노이드는 이동 가능한 암(arm)이 아닌 이동 가능한 코어(core)를 사용하며, 일반적으로 고전류 응용에서 사용된다. 솔레노이드는 별도의 유닛일 수도 있고, 스타터 솔레노이드와 같은 스타터에 부착될 수도 있다. ●그림 13-16 참조.

 자주 묻는 질문

솔레노이드와 릴레이

종종, 두 용어 중 어느 것이든 서비스 정보에서 동일한 부분을 설명하는 데 사용하기도 한다. 차이점에 대한 요약은 ●표 13-1 참조.

	구성	정격 전류(A)	사용	서비스 정보 명칭
릴레이	이동 가능한 암(arm) 코일: 60~100Ω 에너지 공급에 0.12-0.20A 필요	1~30	낮은 전류 스위칭, 저가, 보다 보편적으로 사용됨	전자기 스위치 또는 릴레이
솔레노이드	이동 가능한 코어(core) 코일(들): 0.2~0.6Ω 에너지 공급에 20-60A 필요	30~400	고가, 스타터 모터 회로, 고전류 응용	솔레노이드, 릴레이, 또는 전자기 스위치

표 13-1

릴레이와 솔레노이드의 비교.

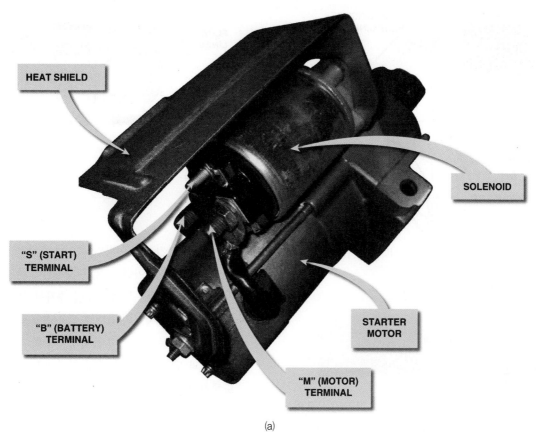

(a)

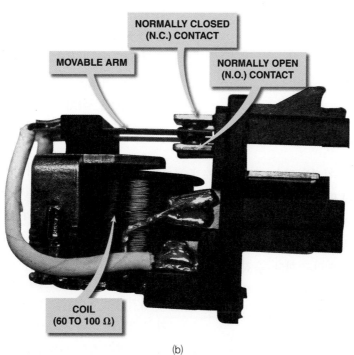

(b)

그림 13-16 (a) 솔레노이드가 부착된 스타터. 스타터에 필요한 모든 전류는 솔레노이드의 두 개의 큰 단자와 내부의 솔레노이드 접점을 통해 흐른다. (b) 릴레이는 솔레노이드에 비해 낮은 전류를 전달하도록 설계되었으며, 움직이는 암(arm)을 사용한다.

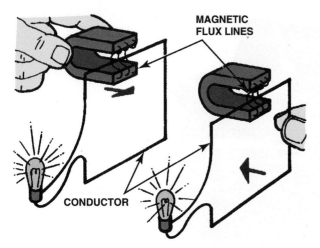

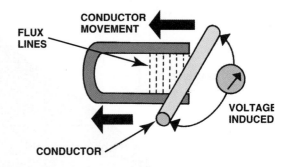

그림 13-18 도체가 90도 각도로 자속선을 가로질러 절단할 때 최대 전압이 유도된다.

그림 13-17 전압은 도체와 자력선 사이의 상대적인 움직임에 의해 유도될 수 있다.

전자기 유도
Electromagnetic Induction

원리 전기는 도체와 자기장의 상대적인 움직임을 사용하여 생성될 수 있다. 다음의 세 가지 항목이 자력으로부터 전기(전압)를 발생시키는 데 필요하다.

1. 전기 도체(보통 도선 코일)
2. 자기장
3. 도체 또는 자기장의 움직임

따라서

- 전기는 자력을 생성한다.
- 자력은 전기를 생성할 수 있다.

자속선이나 도체 중 하나가 움직이는 경우, 자속선은 도체에 기전력(electromotive force) 또는 전압(voltage)을 생성한다. 이 움직임을 **상대적 운동**(relative motion)이라고 부른다. 이 과정은 유도(induction)라고 하며, 그 결과 발생하는 기전력은 **유도 전압**(induced voltage)이라고 한다. 움직이는 자기장에 의해 도체에 전압(전기)이 생성되는 것을 전자기 유도(electromagnetic induction)라고 한다. ●그림 13-17 참조.

전압 강도(voltage intensity) 도체가 자속을 가로질러 절단할 때 전압이 유도된다. 전압의 양은 자속선이 끊어지는 비율에 의존한다. 시간 단위당 끊어지는 자속선이 많을수록 유도 전압이 높아진다. 단일 도체가 초당 100만 개의 자속선을 끊을 경우 1V가 유도된다.

유도 전압을 증가시키는 방법에는 네 가지가 있다.

- 자기장 강도를 높이면 더 많은 자속선이 존재한다.
- 자속선을 끊어주는 도체의 수를 증가시킨다.
- 도체와 자속선 사이의 상대적 이동 속도를 증가시켜 시간 단위당 더 많은 자속선이 끊어지도록 한다.
- 자속선과 도체 사이의 각도를 최대 90도까지 증가시킨다. 도체가 어떤 자속선에 평행하게 움직여 자속선을 끊지 않는 경우 유도되는 전압은 없다.

도체가 90도로 자속선을 끊어주는 경우 최대 전압이 유도된다. 유도 전압은 0도와 90도 사이의 각도에 비례하여 변화한다. ●그림 13-18 참조.

전압은 전자기적으로 유도될 수 있으며 측정될 수 있다. 유도 전압은 전류를 생성한다. 유도 전압의 방향(및 전류가 이동하는 방향)을 극성(polarity)이라고 하며, 이는 자속선의 방향 및 상대적인 이동 방향에 따라 달라진다.

렌츠의 법칙 유도 전류가 이동하여 그 자기장이 전류를 유발하는 동작을 방해하게 된다. 이 원리는 **렌츠의 법칙**(Lenz's law)이라고 불린다. 도체와 자기장의 상대적 움직임은 도체가 유도한 전류의 자기장과 반대된다.

자기유도(self-induction) 코일에서 전류가 흐르기 시작하면 자기장이 형성되고 강해지면서 자속선이 확장된다. 전류가 증가함에 따라 자속선은 계속해서 확장하며, 코일의 도선을 가로질러 자르고 실제로 동일한 코일 안에 또 다른 전압을 유도한다. 렌츠의 법칙에 따르면, 이 자기유도 전압은 이것을 생산하는 전류에 **반대하는** 경향이 있다. 전류가 계속 증가하면 두 번째 전압이 전류의 증가를 방해한다. 전류가 안정화될 때 더 이상의 확장되는 자속선이 없기 때문에(상대적 움직

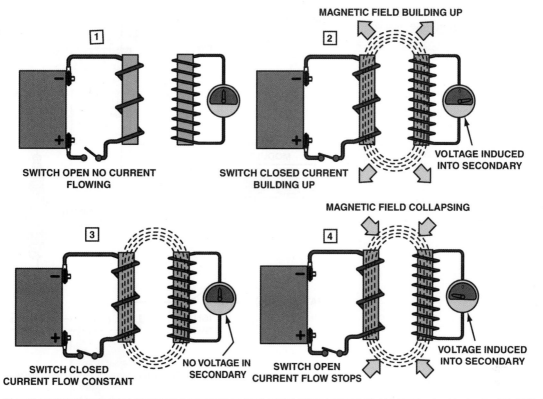

그림 13-19 한 코일 주위에서의 자기장이 확장하거나 붕괴하여 두 번째 코일에 전압이 유도될 때 상호유도(mutual induction)가 일어난다.

임이 없기 때문에), 더 이상 반대 전압이 유도되지 않는다. 코일로 공급되는 전류가 차단되면 붕괴하는 자속이 자체적으로 코일에 전압을 자기유도하여 원래 전류를 유지하려고 한다. 자체적으로 유도되는 전압(self-induced voltage)은 원래 전류의 감소를 방해하고 늦추게 된다. 전류 흐름의 변화에 반대하는 자기유도 전압은 **역기전력(counter electromotive force, CEMF)**이라고 한다.

상호유도 두 코일이 서로 가까이 있을 경우, 상호유도라고 하는 자기 결합에 의해 에너지가 한 코일에서 다른 코일로 전달될 수 있다. **상호유도(mutual induction)**는 하나의 코일 주위에서 자기장이 확장하거나 붕괴하면 두 번째 코일에서 전압이 유도되는 것을 의미한다.

점화코일 Ignition Coils

점화코일 권선 점화코일(ignition coil)은 두 개의 권선을 사용하며 동일한 철심에 감겨 있다.

- 하나의 코일 권선이 스위치를 통해 배터리에 연결되어 있으며 이를 **1차 권선(primary winding)**이라 한다.
- 다른 코일 권선은 외부 회로와 연결되어 있으며 이를 **2차 권선(secondary winding)**이라 한다.

스위치가 열려 있으면 1차 권선에 전류가 흐르지 않는다. 자기장이 존재하지 않으므로 2차 권선에 유도되는 전압이 없다. 스위치를 닫으면 전류가 유입되고, 양쪽 권선 주위에 자기장이 형성된다. 따라서 1차 권선은 배터리로부터의 전기에너지를 확장되는 자기장의 자기에너지로 변화시킨다. 자기장이 확장되면서 자기장은 2차 권선을 가로질러 절단하고 이 권선에 전압이 유도된다. 2차 회로에 연결된 멀티미터가 전류량을 보여 준다. ●그림 13-19 참조.

자기장이 최대 강도로 확장된 경우, 동일한 양의 전류가 존재하는 한 자기장은 안정적으로 유지된다. 자속선은 절단 작용을 멈추게 된다. 미터기에 표시된 것처럼 2차 권선에는 상대적인 이동도 없고 전압도 없다.

스위치가 열리면 1차 전류가 정지하고 자기장은 붕괴한다. 그렇게 되면 자속선은 2차 권선을 가로질러 절단되지만 반대 방향에 있다. 이는 미터기에 나타난 것과 같이 전류가 반대 방

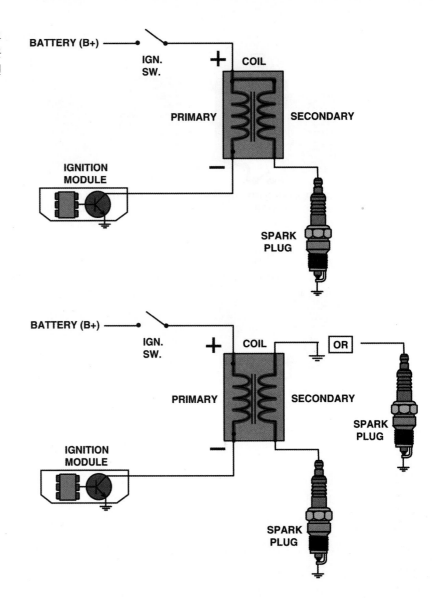

그림 13-20 일부 점화코일은 "결합형"(상단 그림)으로 전기적으로 연결되어 있는 반면, 다른 점화코일은 "분리형"(하단 그림)이라고 하는 별도의 1차 및 2차 권선을 사용한다.

향으로 흐르는 2차 전압을 유도한다.

상호유도는 점화코일에 사용된다. 점화코일에서 저전압 1차 전류는 1차 권선과 2차 권선의 서로 다른 권선 수 때문에 매우 높은 2차 전압을 유도하게 된다. 전압이 증가하기 때문에 점화코일은 스텝-업 변압기(step-up transformer)라고도 한다.

- **전기적으로 연결된 권선.** 많은 점화코일은 분리되어 있지만, 전기적으로 연결된 2개의 구리 권선을 포함하고 있다. 이러한 유형의 코일은 "결합형(married type)"으로 불리며, 구형 배전자형 점화 시스템과 많은 코일-온-플러그(CoP) 설계에서 사용된다.
- **전기적으로 절연된 권선.** 다른 코일은 1차 권선과 2차 권선이 전기적으로 연결되어 있지 않은 진정한 변압기이다.

이러한 유형의 코일은 흔히 "분리형(divorced type)"으로 불리며, 모든 불꽃낭비형(waste-spark-type) 점화 시스템에 사용된다.

● 그림 13-20 참조.

점화코일 구조 점화코일의 중심은 적층처리된 연철(얇은 철 조각) 코어를 포함한다. 이 중심부는 코일의 자기 강도를 증가시킨다. 적층된 코어를 둘러싸면 얇은 도선(약 42게이지)으로 약 20,000번의 권선이 된다. 이러한 권선을 2차 코일 권선이라고 한다. 2차 권선 주위에는 두꺼운 도선(약 21게이지)으로 약 150번 권선을 구성한다. 이러한 권선을 1차 코일 권선이라고 한다.

2차 권선은 1차 권선의 약 100배의 권선 수를 갖는데, 이를 **권선비**(turns ratio)라고 한다(여기에서는 약 100:1). 많은 코

그림 13-21 문자 E와 같이 형성된 적층형 섹션을 보여 주는 GM 불꽃낭비형(waste-spark-type) 점화코일. 이러한 연강(mild steel) 적층은 코일의 효율을 개선한다.

그림 13-22 코일–온–플러그(CoP) 설계는 일반적으로 실을 감는 실패 형태의 코일을 사용한다.

일에서 이러한 권선은 얇은 금속 실드(차폐체) 및 절연지로 둘러싸여 있으며 금속 용기 속에 위치한다. 금속 용기와 실드는 코일 권선에서 생성되는 자기장을 유지하도록 도와준다. 1차 및 2차 권선은 권선을 이루는 도선의 전기 저항으로 인해 열을 발생시킨다. 많은 코일은 점화코일을 냉각하는 데 도움이 되는 오일을 포함하고 있다. 다른 종류의 코일 설계 방식으로 다음과 같은 방식들이 있다.

- **공랭식 에폭시–밀폐형 E 코일.** E 코일은 적층된 연철 코어가 E 모양으로 되어 있기 때문에 그렇게 이름이 지어졌다. 코일 권선은 E의 중심 "핑거"를 감싸고, 2차 권선 내부를 감싸는 1차 권선으로 감겨 있다. ●그림 13-21 참조.
- **스풀 설계.** 대부분 코일–온–플러그 설계에 사용되며, 코일 권선은 나일론 또는 플라스틱 스풀(spool) 또는 실을 감는 실패에 감겨 있다. ●그림 13-22 참조.

점화코일의 동작 음극 단자는 **점화 컨트롤 모듈**(ignition control module, ICM)(또는 점화기)에 부착되어 있으며, 이 모듈은 회로의 접지로 귀환하는 경로를 열거나 닫음으로써 주 점화 회로를 개폐한다. 점화 스위치가 켜져 있을 때 코일의 1차 권선에 통전성이 있으면, 코일의 양극 단자와 음극 단

자 모두에서 전압이 사용 가능하여야 한다.

스파크는 다음과 같은 일련의 사건에 의해 생성된다.

- 1차 코일 권선에 12V가 가해지고 점화 컨트롤 모듈이 코일의 다른 쪽 단부에 접지될 때, 자기장이 코일의 1차 권선에 생성된다.
- 점화 컨트롤 모듈[또는 파워트레인 제어 모듈(powertrain control module)]이 접지 회로를 열 때, 저장된 자기장이 붕괴되며 2차 권선에 고전압(최대 40,000V까지 또는 그 이상)을 생성한다.
- 그때 고전압 펄스가 스파크 플러그로 흘러가서 엔진 내부에 있는 접지 전극에서 스파크가 발생하고 이로 인해 실린더 내부에서 공기–연료 혼합물이 점화된다.

전자기 간섭
Electromagnetic Interference

정의 온보드 컴퓨터가 출현할 때까지 **전자기 간섭**(electromagnetic interference, EMI)은 자동차 엔지니어에게 실질적인 관심사가 아니었다. 이 문제는 주로 2차 점화 케이블

의 사용으로 인해 대부분 발생하는 라디오 주파수 간섭(radio frequency interference, RFI) 중 하나였다. 탄소, 리넨(아마섬유), 또는 흑연이 함유된 유리섬유 가닥으로 만든 고저항, 비금속 코어를 포함한 스파크 플러그 배선을 사용함으로써 2차 점화 시스템의 RFI를 대부분 해결하였다. RFI는 전자기 간섭(EMI)의 일부이며 이는 무선 수신에 영향을 미치는 간섭에 영향을 미친다. 차량에 사용되는 모든 전자 기기는 EMI/RFI의 영향을 받는다.

EMI는 어떻게 생성되는가?
도체에 전류가 흐를 때마다 전자기장이 생성된다. 전류가 멈추거나 흐르기 시작할 때 스파크 플러그 케이블 또는 열리고 닫히는 스위치에서와 같이, 자기장 강도가 변한다. 이런 일이 일어날 때마다 전자기파가 생성된다. 이러한 경우가 충분히 빠르게 발생하면, 결과로서 나타나는 고주파 신호 파동 또는 EMI가 라디오 및 TV 전송을 방해하거나, 후드 아래에 있는 부품 및 전자 시스템과 간섭을 일으킨다. 이는 전자기(electromagnetism) 현상의 바람직하지 않은 부작용이다.

타이어와 도로의 마찰로 인한 정전기가 발생하거나, 엔진 구동 벨트가 풀리(pulley)와 접촉하여 발생하는 마찰도 EMI를 발생시킨다. 구동 차축, 구동축 및 클러치나 브레이크 라이닝 표면은 정전하의 다른 공급원이다.

EMI가 전달되는 네 가지 방식이 있으며, 이 모든 방식들이 차량에서 발견될 수 있다.

- 전도성 결합(conductive coupling)은 회로 도체를 통한 실제 물리적 접촉이다.
- 용량성 결합(capacitive coupling)은 두 도체 사이의 정전기장을 통해 한 회로에서 다른 회로로 에너지를 전달하는 것이다.
- 유도성 결합(inductive coupling)은 두 도체 사이에서 자기장이 형성되고 붕괴할 때 한 회로에서 다른 회로로 에너지를 전달하는 것이다.
- 전자기 복사(electromagnetic radiation)는 한 회로나 부품에서 다른 부품으로 전파를 사용하여 에너지를 전달하는 것이다.

EMI 억제 소자
EMI를 감소시키는 네 가지 일반적인 방법이 있다.

- **저항 억제**. RFI를 억제하기 위해 회로에 저항을 추가하는 것은 고전압 시스템에서만 작동한다. 이 방법은 저항 스파크 플러그 케이블, 저항 스파크 플러그, 그리고 분배기 캡 및 일부 전자식 점화 장치의 로터(rotor)에 사용되는 실리콘 그리스를 사용하여 수행된다.
- **억제용 커패시터 및 코일**. 커패시터는 여러 회로와 스위치 지점에 걸쳐 장착되어 전압 변동을 흡수한다. 다른 예들 중에서, 다음과 같은 분야에서 이 방식이 사용된다.
  - 일부 전자식 점화 모듈의 1차 회로
  - 대부분의 교류발전기의 출력 단자
  - 일부 전기 모터 코일의 전기자 회로

코일은 자기유도(self-induction)에 의한 전류 변동을 감소시킨다. 코일은 종종 커패시터와 결합되어 앞유리 와이퍼 및 전기 연료 펌프 모터를 위한 EMI 필터 회로 역할을 수행한다. 필터는 배선 커넥터에도 포함될 수 있다.

- **차폐(shielding)**. 온보드 컴퓨터의 회로는 금속 하우징에 의해 외부 전자기파로부터 어느 정도 보호된다.
- **접지 배선 또는 접지 스트랩**. 엔진과 자동차 섀시 사이의 접지 배선(ground wire) 또는 꼬임 스트랩(braided strap)은 낮은 저항의 회로 접지 경로를 제공하여 EMI 전도(EMI conduction) 및 복사(radiation)를 억제하는 데 도움이 된다. 이러한 억제용 접지 스트랩은 고무에 장착된 부품과 차체 부품 사이에 장착되는 경우가 많다. 일부 모델에서는 차체 덮개와 펜더 패널 사이와 같은 차체 부품 사이에 접지 스트랩이 장착되는데, 이 곳에는 전기 회로가 없다. 접지 스트랩은 EMI를 억제하는 것 외에는 다른 기능이 없다. 이 장치가 없다면, 금속판 본체와 후드가 대형 커패시터로 기능할 수 있다. 펜더와 차체 덮개 사이의 공간이 정전기장(electrostatic field)을 형성할 수 있고, 펜더 패널 근처로 지나가는 배선 하니스(harness)에 있는 컴퓨터 회로와 결합할 수 있다. ●그림 13-23 참조.

그림 13-20 차체 덮개 아래쪽의 전자파 장치가 안테나 입력을 방해하지 않도록 하기 위해, 이 전력 안테나의 접지선을 포함한 모든 접지 배선이 올바르게 접지되도록 하는 것이 중요하다.

 기술 팁

휴대전화 간섭

휴대전화가 켜져 있으면 사용되지 않더라도 약한 신호를 방출한다. 이 신호는 휴대전화 타워에서 포착되어 추적된다. 휴대전화는 호출될 때 더 강력한 신호를 방출하여 전화가 켜져 있고 전화를 받을 수 있다는 사실을 타워에 알려 준다. 이것이 차량에도 간섭을 일으킬 수 있는 "핸드셰이크(handshake)" 신호이다. 종종 이 신호는 라디오가 꺼져 있어도 라디오 스피커에 약간의 잡음(static)을 발생시키는데, 이는 또한 잘 못된 ABS 고장 코드를 설정하게 할 수도 있다[ABS(anti-lock brake system)는 잠김방지 브레이크 시스템]. 휴대전화에서 나오는 이러한 신호는 차량의 배선에 유도되는 전압을 생성한다. 휴대전화는 대개 고객이 가지고 가기 때문에, 서비스 기술자는 종종 고객의 문제를 확인할 수 없다. 이러한 간섭은 휴대전화가 울리기 직전에 일어난다는 것을 기억하라. 이 문제를 해결하려면, 모든 차체로부터 엔진으로 접지 배선이 깨끗하고 단단히 조여져 있는지 점검하고 필요한 경우 접지선을 추가해야 한다.

요약 Summary

1. 대부분의 차량 전기 부품들은 자력을 사용하며, 자력의 세기는 전류의 양(암페어)과 각 전자석(electromagnet)의 권선 수 모두에 따라 달라진다.
2. 전자석의 강도는 연철심을 사용하여 증가된다.
3. 전압은 한 회로에서 다른 회로로 유도될 수 있다.
4. 전기는 자력을 만들어 내고, 자력은 전기를 만들어 낸다.
5. RFI(라디오 주파수 간섭)는 EMI(전자기 간섭)의 일부이다.

복습문제 Review Questions

1. 전기와 자력의 관계는 무엇인가?
2. 상호유도와 자기유도의 차이점은 무엇인가?
3. 자석에 균열이 발생하면 나타나는 결과를 설명하라.
4. EMI를 줄이거나 제어하는 방법을 설명하라.

1. 기술자 A는 자석 위의 종이를 놓고 그 위에 쇳가루를 올려놓으면 자력선을 볼 수 있다고 이야기한다. 기술자 B는 자력선의 영향은 나침반을 사용하여 볼 수 있다고 이야기한다. 어느 기술자의 말이 옳은가?

   a. 기술자 A만

   b. 기술자 B만

   c. 기술자 A와 B 모두

   d. 기술자 A와 B 둘 다 틀리다

2. 자석의 서로 다른 극끼리는 _____. 그리고 같은 극끼리는 _____.

   a. 밀어낸다, 끌어당긴다

   b. 끌어당긴다, 밀어낸다

   c. 밀어낸다, 밀어낸다

   d. 끌어당긴다, 끌어당긴다

3. 전류 흐름에 대한 전통적인 이론이 자력선의 방향을 결정하는 데 사용되고 있다. 기술자 A는 왼손법칙을 사용해야 한다고 이야기한다. 기술자 B는 오른손법칙이 사용되어야 한다고 이야기한다. 어느 기술자의 말이 옳은가?

   a. 기술자 A만

   b. 기술자 B만

   c. 기술자 A와 B 모두

   d. 기술자 A와 B 둘 다 틀리다

4. 기술자 A는 릴레이가 전자파 스위치라고 한다. 기술자 B는 솔레노이드가 이동 가능한 코어를 사용한다고 이야기한다. 어느 기술자의 말이 옳은가?

   a. 기술자 A만

   b. 기술자 B만

   c. 기술자 A와 B 모두

   d. 기술자 A와 B 둘 다 틀리다

5. 두 명의 기술자가 전자기 유도에 대해 논의하고 있다. 기술자 A는 도체와 자력선 사이의 속도가 증가하면 유도 전압이 증가될 수 있다고 말한다. 기술자 B는 유도 전압은 자기장의 강도를 증가시키면 증가될 수 있다고 말한다. 어느 기술자의 말이 옳은가?

   a. 기술사 A만　　　　　　c. 기술자 A와 B 모두

   b. 기술자 B만　　　　　　d. 기술자 A와 B 둘 다 틀리다

6. 점화코일은 _____ 원리를 사용하여 동작한다.

   a. 전자기 유도　　　　　　c. 상호유도

   b. 자기유도　　　　　　　d. 위의 모든 것

7. 전자기 간섭은 _____을(를) 사용하여 감소될 수 있다.

   a. 저항　　　　　　　　　c. 코일

   b. 커패시터　　　　　　　d. 위의 모든 것

8. 점화코일은 _____의 예이다.

   a. 솔레노이드

   b. 강압(step-down) 변압기

   c. 승압(step-up) 변압기

   d. 릴레이

9. 자기장 세기는 _____ 단위로 측정된다.

   a. 암페어–턴　　　　　　c. 밀도

   b. 플럭스　　　　　　　　d. 코일 강도

10. 두 명의 기술자가 점화코일에 대해 이야기하고 있다. 기술자 A는 일부 점화코일의 1차 권선 및 2차 권선이 전기적으로 연결되어 있다고 이야기한다. 기술자 B는 일부 코일의 경우 전기적으로 연결되지 않은 완전히 분리된 1차 권선 및 2차 권선이 있다고 이야기한다. 어느 기술자의 말이 옳은가?

    a. 기술자 A만　　　　　　c. 기술자 A와 B 모두

    b. 기술자 B만　　　　　　d. 기술자 A와 B 둘 다 틀리다

이 장을 학습하고 나면,

1. 반도체 부품을 구별할 수 있다.
2. 반도체 회로를 다룰 때 필요한 주의 사항을 설명할 수 있다.
3. 다이오드와 트랜지스터가 동작하는 방식과 다이오드와 트랜지스터를 시험하는 방법을 설명할 수 있다.
4. 전자 소자들의 고장 원인을 찾을 수 있다.

MOSFET
NPN 트랜지스터
N-형 반도체 물질
PNP 트랜지스터
P-형 반도체 물질
게르마늄(Ge)
광검출기
광자
광저항
광트랜지스터
다이오드
달링턴 쌍(Darlington pair)
도핑
바이폴라 트랜지스터 195
반도체
발광 다이오드(LED)
방열판
번인(burn in) 289
베이스 195
부온도계수(NTC)
불순물
서미스터
순방향 바이어스
스파이크 보호 저항
스파이크방지 다이오드

실리콘(Si)
실리콘제어 정류기(SCR)
어노드
억제 다이오드
역방향 바이어스
연산증폭기(OP-AMP)
이미터(emitter)
이중 인라인 핀(DIP)
인버터
임계 전압
전계효과 트랜지스터(FET)
접합
정공 이론
정류기 브리지
정전기 방전(ESD)
제너 다이오드
중앙 고장착 정지등(CHMSL)
집적 회로(IC)
최대 역전압
캐소드
컬렉터
클램핑 다이오드
트랜지스터
펄스폭 변조(PWM)

전자 부품들은 컴퓨터의 심장과 같다. 전자 부품의 작동을 아는 것은 자동차 전자 장치로부터 발생하는 이해하기 어려운 것들을 해결하는 데 도움이 된다.

반도체 Semiconductors

정의 반도체는 도체(conductor)도 아니고 부도체(insulator)(절연체)도 아니다. 전류는 도체를 구성하는 물질의 전자들이 이동하는 현상인데, 도체는 바깥쪽 궤도에 4개 미만의 전자를 갖는다. 부도체는 바깥쪽 궤도에 4개 이상의 전자를 포함하고 있으며, 원자 구조가 안정되어 있기 때문에(자유 전자가 없기 때문에) 전기가 통하지 않는다.

반도체(semiconductor)는 원자의 바깥 궤도에 정확히 4개의 전자를 포함하며, 따라서 좋은 도체도 아니고 좋은 부도체도 아니다.

반도체의 종류 두 가지 대표적인 반도체 물질은 **게르마늄(Ge)**과 **실리콘(Si)**이다. 이 물질들은 최외곽 궤도에 4개의 전자를 갖고 있으며, 전류 흐름을 위한 자유 전자가 없다. 그러나 둘 다 전자 흐름에 필요한 조건을 제공하는 다른 물질을 더해주면 전류가 흐를 수 있게 된다.

제조 방법 반도체 물질에 매우 적은 양의 다른 물질을 더하는 경우, 이를 **도핑(doping)**이라 한다. 도핑되는 원소들을 **불순물(impurity)**이라고 한다. 도핑을 한 이후, 게르마늄과 실리콘은 더 이상 순수한 원소가 아니다. 순수한 실리콘 또는 게르마늄이 전기적으로 도전체 성질을 갖도록 도핑을 하는 것은 순수한 반도체 물질 1억 개의 원자마다 하나의 불순물 원자를 더하는 것을 의미한다. 도핑된 원자는 여전히 전기적으로 **중성**인데, 결합된 물질에서 전자의 수와 양성자의 수가 같기 때문이다. 이렇게 결합된 물질은 두 물질 사이의 결합에 관여하는 전자의 수에 따라 두 종류로 분류된다.

- N-형 반도체 물질
- P-형 반도체 물질

N-형 반도체 물질 N-형 반도체 물질(N-type material)은 실리콘(Si, silicon) 또는 게르마늄(Ge, germanium)에 인(P, phosphorus), 비소(As, arsenic), 안티몬(Sb, antimony) 등과

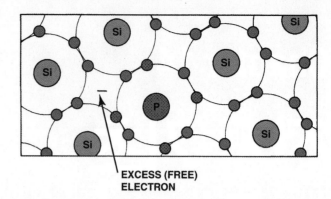

EXCESS (FREE) ELECTRON

그림 14-1 N-형 반도체 물질. 인(P)과 같은 물질로 도핑된 실리콘(Si). 바깥쪽 궤도에 있는 5개의 전자들이 여분의 자유 전자를 제공한다.

같이 바깥쪽 궤도에 5개의 전자를 갖는 물질을 도핑한 물질이다. 5개의 전자들은 실리콘 또는 게르마늄의 4개의 외곽 전자들과 더해져서 9개의 외곽 전자를 구성하게 되는데, 반도체 물질과 도핑 물질 사이의 결합에서 8개의 전자만 수용이 가능하다. 따라서 전기적으로 중성이지만, 여분의 전자들은 결합에서 벗어나게 된다. ●그림 14-1 참조.

P-형 반도체 물질 P-형 반도체 물질(P-type material)은 실리콘(Si) 또는 게르마늄(Ge)에 붕소(B, boron), 인듐(In, indium) 등과 같이 바깥쪽 궤도에 3개의 전자를 갖는 물질을 도핑한 물질이다. 3개의 전자들은 실리콘 또는 게르마늄의 4개의 외곽 전자들과 더해져서, 7개의 외곽 전자를 구성하게 되는데, 원자 결합에 필요한 것보다 하나의 전자가 부족한 상태가 된다. 전기적 중성 상태임에도 불구하고 하나의 전자가 부족하므로 전자들을 끌어당기도록 한다. 따라서 P-형 반도체 물질은 결합에 부족한 8번째 원자를 위한 공간을 채우기 위해 전자를 당기는 경향이 있다. ●그림 14-2 참조.

반도체 요약
Summary of Semiconductors

반도체 기초에 대한 내용을 다음에 요약하였다.

1. 두 가지 종류의 반도체 물질이 있는데, N-형 반도체 물질과 P-형 반도체 물질이다. N-형 반도체 물질은 여분의 전자들을 포함한다. P-형 반도체 물질은 부족한 전자에 의한 정공을 포함한다. N-형 반도체 물질의 여분 전자의 수는 상수이어야(일정하여야) 하고, P-형 반도체 물질의 정공의

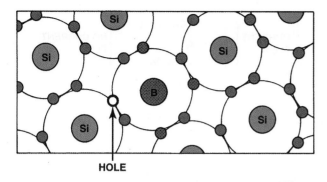

그림 14-2 P-형 반도체 물질. 붕소(B)와 같은 물질로 도핑된 실리콘 (Si). 외곽 궤도에 있는 3개의 전자들이 존재하며, 추가 전자를 끌어당기는 정공이 생긴다.

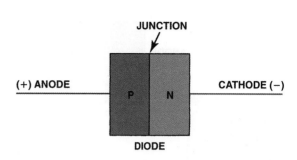

그림 14-4 다이오드는 P-형 반도체 물질과 N-형 반도체 물질을 결합한 소자이다. 음극 단자를 캐소드(cathod), 양극 단자를 어노드(anode)라고 부른다.

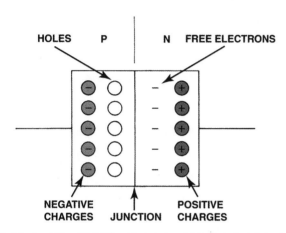

그림 14-3 서로 다른 전하는 끌어당기고, 전류 캐리어(전자와 정공)는 접합 방향으로 이동하게 된다.

수도 역시 상수여야 한다. 전자들은 교환될 수 있기 때문에, 물질 내부로 또는 밖으로 들어오고 나가는 전자들의 이동을 통해 물질이 균형 상태에서 유지될 수 있다.

2. P-형 반도체에서, 전기 전도는 주로 정공(전자의 결핍) 이동의 결과로서 발생한다. N-형 반도체에서, 전기 전도는 주로 전자(전자의 과잉) 이동의 결과로서 발생한다.

3. 정공 이동은 전자들이 새로운 위치로 점프함으로써 발생된다.

4. 반도체에 가해진 전압 효과에 의해, 전자들은 양극 방향으로 이동하고 정공들은 음극 방향으로 이동한다. 정공 전류의 방향이 일반적인 전류 흐름의 방향과 일치한다.

다이오드 Diodes

구성 다이오드(diode)는 P-형 반도체 물질과 N-형 반도체 물질을 결합하여 만든 전기적 단방향 역행방지 밸브이다. 다이오드란 단어는 "2개의 전극을 갖는다"는 의미이다. 전극은 전기적 연결 단자이다. 양극을 **어노드(anode)**라고 부르고, 음극을 **캐소드(cathode)**라고 부른다. 두 가지 물질이 결합된 지점을 **접합(junction)**이라고 부른다. ●그림 14-4 참조.

동작 N-형 반도체 물질이 가지고 있는 하나의 여분 전자가 P-형 반도체 쪽으로 흘러 들어갈 수 있다. 전지의 양극(+) 단자가 다이오드의 P-형 반도체 쪽에 연결되고 음극(-) 단자가 N-형 반도체 쪽에 연결되면, 정공들을 채우기 위해 N-형

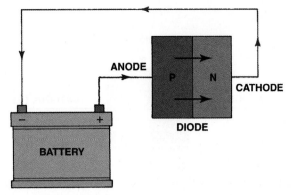

그림 14-5 올바른 극성으로 전지와 연결된 다이오드(전지의 양극은 P-형 반도체 전극에 연결되고, 음극은 N-형 반도체 전극에 연결됨). 전류는 다이오드를 통과하여 흐르며, 이런 조건을 순방향 바이어스(forward bias)라고 한다.

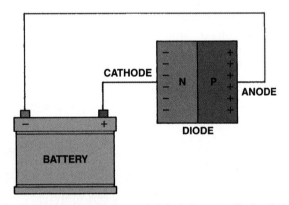

그림 14-6 반대 방향 극성으로 연결된 다이오드. P-형 반도체와 N-형 반도체 사이의 접합을 통해 전류가 흐를 수 없으며, 이 조건을 역방향 바이어스(reverse bias)라고 한다.

반도체 물질을 떠나서 P-형 반도체 물질 쪽으로 흘러 들어간 전자들은 전지로부터 공급된 전자들로 빠르게 대체된다. 이렇게 전류는 순방향 바이어스(forward-bias)된 다이오드를 통해 흐른다.

■ 전자는 정공을 향해 이동한다(P-형 반도체 물질).
■ 정공은 전자를 향해 이동한다(N-형 반도체 물질).
● 그림 14-5 참조.

결과적으로, 전류는 낮은 저항을 갖는 다이오드를 통해 흐르게 된다. 이 조건이 **순방향 바이어스(forward bias)**이다.

전지 전극이 반대로 연결되어 전지의 양극이 N-형 반도체 물질에 연결되면, 전자들은 전지 방향으로 끌어당기는 힘이 작용하여 접합으로부터 멀어지게 된다(같은 전하들은 서로 밀어내는 반면, 서로 다른 전하들은 끌어당기게 됨을 기억하자).

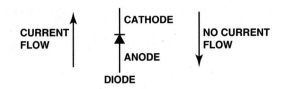

그림 14-7 다이오드 기호와 전극의 명칭. 다이오드 한쪽 끝의 줄은 다이오드의 캐소드를 나타낸다.

전기 전도는 N-형 반도체와 P-형 반도체의 접합면을 가로지르는 전자들의 흐름을 요구하고 전지 연결은 거꾸로 되어 있으므로, 다이오드는 전류가 흐르기에 매우 높은 저항값을 제공하게 된다. 이 조건이 **역방향 바이어스(reverse bias)**이다. ● 그림 14-6 참조.

그러므로 다이오드는 올바른 극성으로 회로에 연결될 경우에만 전류가 흐르게 한다.

■ 다이오드는 교류발전기(alternator)에서 전류를 단일 방향으로 흐르도록 하는 데 사용되는데, 이러한 다이오드는 생성된 교류(AC) 전압을 직류(DC) 전압으로 변화시킨다.
■ 다이오드는 컴퓨터 제어, 릴레이, 에어컨 회로 및 다른 많은 회로에서 사용되는데, 회로 내부에서 생성될 수 있는 반대 방향의 전류 흐름에 의한 손상을 막는 데 활용된다. ● 그림 14-7 참조.

제너 다이오드 Zener Diodes

제조 제너 다이오드(zener diode)는 역방향 전류로 동작하도록 설계된 특수 제작 다이오드이다. 제너 다이오드는 1934년 발명자인 미국 물리학 교수 Clarence Melvin Zener를 기념하여 붙여진 이름이다.

동작 확인을 위한 번인(통전)

번인(burn in)(통전)은 전자 산업 및 컴퓨터 산업 분야에서 자주 사용되는 용어인데, 이는 몇 시간부터 며칠에 이르는 기간 동안 컴퓨터와 같은 전자 장치를 동작시키는 것을 의미한다.

대부분의 전자 소자는 제조 초기 또는 동작 첫 몇 시간 동안에는 제대로 작동하지 않는다. 특히 반도체 소자의 P-N 접합에서 제조상의 결함이 있으면 이러한 초기 실패가 나타난다. 보통 접합은 단지 몇 번만의 동작 사이클 후에 비정상 동작하는 경우가 많다.

이러한 정보는 보통 사람에게 무엇을 의미하는가? PC 또는 사무용 컴퓨터를 구매할 때, 배송하기 전에 컴퓨터에 전원을 미리 연결하는 것이 좋다. 이러한 단계는 모든 회로가 초기에 살아남아서 칩 고장의 기회를 크게 감소시키는 것을 도와준다. 진열된 음향 장비 또는 TV를 구매하는 것은 가치 있는 일이 될 수 있다. 왜냐하면 전시 모델로서 동작하는 동안 통전 과정이 완료되었기 때문이다. 자동차 서비스 기술자는 교체된 전자 부품 설치 직후에 동작 실패가 있었다면, 문제가 초기의 전자적 고장인 경우일지도 모른다는 사실을 인지해야 한다.

참고: 교체 부품의 동작 실패가 있을 때마다 기술자는 문제의 부품 주변에 과전압 또는 과열이 있는지 항상 검사하여야 한다.

동작 제너 다이오드는 역방향 바이어스 전류를 차단한다는 점에서 다른 다이오드와 마찬가지 방식으로 동작한다. 그러나 단지 특정 전압까지만 그렇게 동작한다. 특정 전압(항복 전압 또는 제너 영역) 이상의 전압 영역에서 제너 다이오드는 다이오드가 파손되지 않은 상태에서 역방향으로 전류가 흐르게 된다. 제너 다이오드는 강하게 도핑되어 있고, 역방향 바이어스 전압이 반도체 물질을 손상시키지 않는다. 제너 다이오드 양단의 전압 강하는 항복 전압 전후에 동일하게 유지되며, 이러한 사실로 인해 제너 다이오드가 전압 조정(voltage regulation)에 아주 적합한 소자가 된다. 제너 다이오드는 다양한 항복 전압을 갖도록 제작될 수 있으며, 다양한 자동차 전자 장치에 활용될 수 있다. 특히, 충전 시스템에 사용되는 전자식 전압 조정기(electronic voltage regulator)에 사용될 수 있다. ●그림 14-8 참조.

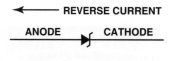

ZENER DIODE SYMBOL

그림 14-8 제너 다이오드는 특정 전압이 될 때까지 전류 흐름을 차단하고, 그 후 전류를 흐르게 한다.

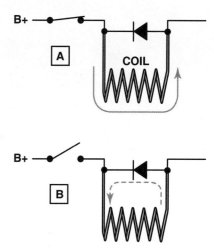

그림 14-9 (a) 코일이 충전되고 있을 때, 다이오드는 역방향 바이어스 되고 전류는 차단됨에 주목하라. 정상적인 방향에서 전류는 코일을 통과해 흐른다. (b) 스위치가 열렸을 때, 코일 주위의 자기장은 깨지게 되어 가해진 전압의 반대 극성으로 고전압 서지(surge)를 발생시킨다. 이러한 고전압 서지는 다이오드를 순방향 바이어스시키게 되어, 서지는 코일의 권선을 통해 손상 없이 소모된다.

고전압 스파이크 보호
High-Voltage Spike Protection

클램핑 다이오드 다이오드는 +파워가 다이오드의 캐소드에 연결될 때, 고전압 클램핑 소자로 사용될 수 있다. 만약 코일에 펄스가 on-off 상태로 가해지면, 코일에 펄스가 off로 변할 때마다 고전압 스파이크가 발생한다. 손상을 줄 수 있는 고전압 스파이크를 제어하고 방향을 조절하기 위해서 다이오드는 코일 심 양단에 설치되어 고전압 스파이크를 코일 권선을 통해 되돌림으로써 자동차의 다른 전기 전자 회로에 손상을 회피할 수 있게 해 준다.

전압 스파이크를 제어하기 위해 코일 양단에 연결된 다이오드를 **클램핑 다이오드(clamping diode)**라 하고, 또한 **스파이크방지 다이오드(despiking diode)** 또는 **억제 다이오드(suppression diode)**라고도 한다. ●그림 14-9 참조.

그림 14-10 에어컨 압축기 클러치의 양단에 연결된 다이오드가 코일 (압축기 클러치 코일)의 전원이 끊어질 때 발생되는 고전압 스파이크를 감소시키는 데 사용된다.

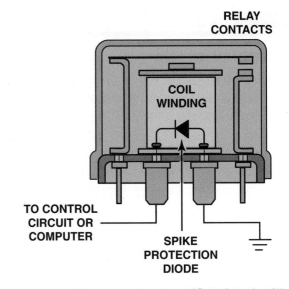

그림 14-11 스파이크 보호 다이오드는 코일을 통해 흐르는 전류가 멈출 때 발생하는 고전압 서지를 방지하기 위해 컴퓨터 제어 회로에서 공통적으로 사용된다.

클램핑 다이오드 응용 처음에 다이오드는 전자 장치에 사용됨과 동시에, 에어컨 압축기 클러치 코일(clutch coil)에 사용되었다. 다이오드는 에어컨 클러치 코일 내부에서 발생한 고전압 스파이크로부터 자동차 전기 시스템의 어디에나 존재하는 민감한 전자 회로들이 손상되지 않도록 하는 데 도움이 되어 왔다. ●그림 14-10 참조.

대부분의 자동차 회로는 병렬 회로로 연결되므로, 자동차 어디에서나 있을 수 있는 고전압 서지는 다른 회로의 전자 부품을 손상시킬 수 있다.

다이오드가 고장 나면 고전압 서지에 의해 가장 영향을 많이 받는 회로는 에어컨 압축기 클러치 동작을 제어하는 회로와 냉온풍기 모터와 실내 환경 제어 유닛 등 코일을 사용하는 부품들이다.

많은 릴레이는 연결 지점이 개방되어 코일 권선의 자기장이 붕괴되는 경우 전압 스파이크를 방지하기 위해 다이오드와 함께 장치된다. ●그림 14-11 참조.

스파이크방지 제너 다이오드 제너 다이오드는 고전압 스파이크를 제어하는 경우에도 사용될 수 있고, 민감한 전자 회로를 손상으로부터 보호하는 경우에도 사용될 수 있다. 제너 다이오드는 분사기의 점화를 제어하는 전자식 연료 분사 회로에 가장 보편적으로 사용된다. 만약 클램핑 다이오드가 분사

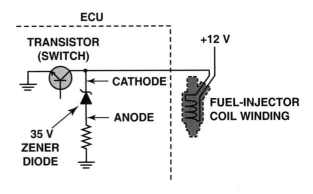

그림 14-12 제너 다이오드는 예민한 전자 회로를 고전압 스파이크로부터 보호하기 위해 자동차 컴퓨터 내부에 공통적으로 사용된다. 35V 제너 다이오드는 연료 분사기 코일 방전으로부터 생성된 35V 이상의 전압 스파이크가 제너 다이오드에 직렬 연결된 전류제한 저항을 통해 안전하게 접지되도록 한다.

코일과 평행하게 사용된다면, 클램핑 동작은 연료 분사 노즐의 닫힘을 지연시키는 결과를 가져올 것이다. 제너 다이오드는 분사기 동작에 영향을 미치지 않고 전압 스파이크의 고전압 부분만 클램핑하는 데 보편적으로 사용된다. ●그림 14-12 참조.

스파이크방지 저항 모든 코일은 코일로부터 전압이 제거될 때 발생하는 고전압 스파이크에 대응하는 보호 방법을 사용해야 한다. 코일 권선과 병렬로 설치되는 다이오드를 대신하

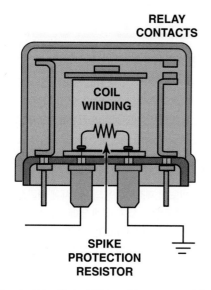

RELAY
CONTACTS

COIL
WINDING

SPIKE
PROTECTION
RESISTOR

그림 14-13 스파이크방지 저항(despiking resistor)은 많은 자동차 분야에 사용되어, 코일 회로가 열리면서 코일 주변의 자기장이 붕괴될 때 손상을 주는 고전압 서지가 생성되지 않도록 도와준다.

여, **스파이크 보호 저항**(spike protection resistor)이라 부르는 저항을 사용할 수 있다. ●그림 14-13 참조.

전압 스파이크 보호를 위해 다이오드를 대신해 저항이 선호되는 두 가지 이유는 다음과 같다.

이유 1	단락 조건이 회로에 더 큰 전류를 야기하기 때문에, 코일은 개방되는 경우보다 단락될 때 손상을 일으키게 된다. 역방향 바이어스로 설치된 다이오드는 여분의 전류를 제어할 수 없는 반면, 병렬 연결된 저항은 코일이 단락되게 되는 경우에도 잠재적인 손상을 일으키는 전류 흐름을 감소시키는 데 도움이 될 수 있다.
이유 2	보호 다이오드 역시 고장 날 수 있으며, 통상 다이오드는 끊어져 개방되기 전에 단락됨으로써 고장 난다. 다이오드가 단락되면, 손상을 야기할 수 있는 과잉 전류가 코일 회로를 통과하여 흐를 수 있다. 보통 저항은 개방 상태에서 고장 나며, 따라서 고장일 경우에도 그 자체에서 문제를 발생시킬 수 없다.

코일에 연결된 저항은 릴레이와 환경 제어 회로의 솔레노이드에 사용되는데, 다양한 대기 관리 시스템의 문뿐만 아니라 전자 제어 가전제품으로 공급되는 진공을 제어한다.

상세 설명 대부분의 다이오드는 다음 내용에 따라 정격(rating)이 결정된다.

- 순방향 바이어스 최대 전류: 다이오드의 크기와 등급은 순방향 바이어스에서 통과되도록 설계된 전류량에 따라 결정된다. 이 정격은 대부분 자동차 응용에서 보통 1A에서 5A 사이에 위치한다.
- 역방향 바이어스 전압에 대한 저항: **최대 역전압**(peak inverse voltage, PIV 또는 peak reverse voltage, PRV) 정격으로 정의된 역방향 전압에 대한 저항 정격. 중요한 점은 서비스 기술자가 정격 전류와 PIV 정격에 대한 자동차 제조사에 의해 명시된 값보다 같거나 더 높은 정격을 갖는 대체 다이오드만을 명시하고 사용해야 한다는 것이다. 전형적인 1A 다이오드는 PIV 정격을 나타내는 산업용 번호 코드를 사용한다. 예를 들면 다음과 같다.

  1N 4001-50V PIV
  1N 4002-100V PIV
  1N 4003-200V PIV(가장 보편적으로 사용됨)
  1N 4004-400V PIV
  1N 4005-600V PIV

- "1N"은 다이오드가 하나의 P-N 접합으로 이루어져 있음을 의미한다. 더 높은 정격의 다이오드는 (최대 정격의 다이오드도 일반적으로 1달러 이하이긴 하지만, 약간 높은 가격을 제외하면) 문제없이 사용될 수 있다. 명시된 것보다 **낮은** 정격의 다이오드로 대체해서는 안 된다.

다이오드 전압 강하 다이오드 양단 사이의 전압 강하(voltage drop)는 다이오드의 순방향 바이어스에 필요한 전압과 거의 같다. 다이오드가 게르마늄(Ge)으로 만들어진다면, 순방향 전압은 0.3~0.5V가 된다. 다이오드가 실리콘(Si)으로 만들어진다면, 순방향 전압은 0.5~0.7V가 된다.

참고: 디지털 멀티미터를 사용하여 다이오드를 시험할 경우, 멀티미터를 *다이오드-검사*(diode-check) 위치에 설정한 경우 P-N 접합에 걸린(약 0.5~0.7V) 전압 강하를 측정할 수 있다.

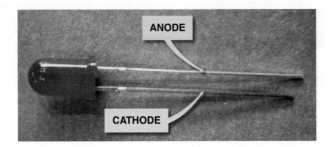

그림 14-14 전형적인 발광 다이오드(LED). 이 특정 LED는 내부 저항을 포함하도록 설계되어 외부 저항기 없이 단자선에 직류 12V를 직접 연결할 수 있다. 전류 흐름을 약 0.20A(20mA)로 제어하기 위해 일반적으로 300~500Ω, 0.5W 저항이 LED에 직렬로 연결되어야 하는데, 그렇지 않으면 P-N 접합이 손상될 수 있다.

발광 다이오드 Light-Emitting Diodes

동작 모든 다이오드는 정상 작동 중에 에너지를 발산한다. 대부분의 다이오드는 접합 장벽 전압 강하(일반적으로 실리콘 다이오드의 경우 0.6V) 때문에 열을 방사한다. **발광 다이오드(light-emitting diode, LED)**는 순방향 바이어스에서 다이오드를 통해 전류가 흐를 때 빛을 방출한다. ●그림 14-14 참조.

LED에 필요한 순방향 바이어스 전압의 범위는 1.5V와 2.2V 사이이다.

LED는 어노드(양극 전극)의 전압이 캐소드(음극 전극)의 전압보다 적어도 1.5~2.2V 이상 높으면 빛을 발산한다.

전류제한 LED가 12V 차량 배터리를 통해 연결된 경우, LED는 1~2초 동안 밝게 켜진다. 어떠한 전자 소자든 P-N 접합을 통해 흐르는 과도한 전류는 접합을 파괴할 수 있다. P-N 접합을 가로지르는 전류 흐름을 제어하기 위해 저항이 각 다이오드(LED 포함)에 직렬로 연결되어야 한다. 이 보호 방법은 다음을 포함한다.

1. 저항의 값은 P-N 접합마다 300~500Ω이어야 한다. 이 범위에서 흔히 사용 가능한 저항은 470Ω, 390Ω 및 330Ω 저항이다.

2. 저항은 어노드 또는 캐소드 어느 측이든 연결할 수 있다(저항의 극성은 문제가 되지 않는다). 전류는 저항에 직렬로 연결된 LED를 통해 흐르며, 저항은 회로에서의 위치에 관계없이 LED를 통한 전류 흐름을 제어한다.

? 자주 묻는 질문

LED의 발광 원리

LED는 P-형 물질과 N-형 물질로 구성된 칩을 포함한다. 이 P-형과 N-형 영역 사이의 접합은 두 물질 사이의 전자 흐름을 가로막는 장벽 역할을 한다. 올바른 극성에 1.5~2.2V의 전압이 인가되면, 전류가 접합을 가로질러 흐르게 된다. 전자가 P-형 물질로 진입할 때, 이는 물질의 정공과 결합하고 빛의 형태[**광자(photon)**라고 함]로 에너지를 방출한다. 빛이 만들어 내는 강도와 색상은 반도체 제조에 사용되는 소재에 따라 달라진다.

LED는 빛을 만들어 내기 위해 열에 의존하는 기존의 백열등에 비해 매우 효율적이다. LED는 열을 거의 발생시키지 않으며, 소비되는 에너지의 대부분이 직접 빛으로 변환된다. LED는 신뢰성이 높고 일부 차량에서 미등, 브레이크등, 주간 주행등 및 전조등에 사용되고 있다.

3. 다이오드를 보호하는 저항은 실제 저항일 수 있고, 또는 램프나 코일과 같은 전류제한(current limiting) 부하일 수 있다. 전류제한 소자를 사용하여 전류를 제어하는 경우 평균적인 LED는 약 20~30mA, 즉 0.02~0.03A의 전류를 필요로 한다.

광검출기 Photodiodes

목적과 기능 모든 반도체 P-N 접합은 주로 LED와 같이 열이나 빛의 형태로 에너지를 방출한다. 실제로 LED가 밝은 빛에 노출되면 양극과 음극 사이에 전압 전위가 설정된다. **광검출기(photodiode)**는 하우징에 내장된 "창문"으로 다양한 파장의 빛에 반응하도록 특별히 제작되었다. ●그림 14-15 참조.

스티어링 휠로부터 데이터 링크 및 제어되는 장치로 튜닝, 볼륨 및 기타 정보를 전송하기 위해, 광검출기가 스티어링 휠 제어 장치에 자주 사용된다. 스티어링 칼럼 끝에 여러 개의 광검출기를 배치하고 LED나 광트랜지스터를 스티어링 휠 측면에 배치하면, 장치들의 물리적 접촉 형태에 의해 야기될 수 있는 간섭 없이 데이터가 두 개의 이동 접점 사이에서 전송될 수 있다.

구조 광검출기는 빛에 민감하다. 빛에너지가 다이오드에 도

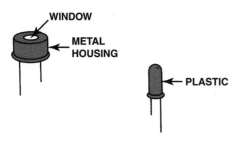

그림 14-15 전형적인 광검출기(photodiode). 광검출기는 대개 플라스틱 하우징 안에 내장되어 있어서 그 자체는 보이지 않는다.

그림 14-16 광검출기의 기호. 화살표는 광검출기의 P-N 접합부에 입사하는 빛을 나타낸다.

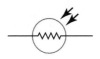

그림 14-17 어느 한 기호를 사용하여 광저항(photoresistor)을 나타낼 수 있다.

달할 때 전자가 방출되고 순방향 바이어스된 다이오드에서 전류가 흐르게 된다(빛에너지는 장벽 전압을 극복하는 데 사용된다).

빛의 세기가 증가함에 따라 광검출기 양단의 저항도 감소한다. 이 특성은 광검출기를 자동 전조등과 같은 일부 자동차 조명 시스템을 제어하는 데 유용한 전자 소자로 만든다. 광검출기의 기호는 ●그림 14-16에 나와 있다.

포토레지스터(광저항)
Photoresistors

광저항(photoresistor)은 빛의 존재나 부재에 따라 저항을 변화시키는 반도체 물질(보통 황화카드뮴)이다.

어두움 = 높은 저항

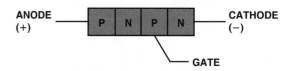

그림 14-18 SCR의 기호 및 단자 식별.

밝음 = 낮은 저항

광저항이 빛에 노출되면 저항이 감소하기 때문에, 광저항은 전조등의 조광기용 릴레이 및 자동차 전조등을 제어하는 데 사용될 수 있다. ●그림 14-17 참조.

실리콘제어 정류기
Silicon-Controlled Rectifiers

구성 실리콘제어 정류기(silicon-controlled rectifier, SCR)는 일반적으로 다양한 차량용 전자 회로에 사용된다. SCR은 양쪽 끝과 끝이 연결된 두 개의 다이오드처럼 보이는 반도체 소자이다. ●그림 14-18 참조.

어노드가 회로의 캐소드보다 더 높은 전압원에 연결되어 있으면, 다이오드에서 발생하는 것과 같이 전류가 흐르지 않는다. 하지만 SCR 게이트에 양의 전압원이 연결되면, 일반적으로 1.2V의 전압 강하(0.6V인 일반적인 다이오드 전압 강하의 2배)와 동시에 전류가 양극에서 음극으로 흐를 수 있다.

게이트에 인가되는 전압은 SCR을 켜는 데 사용된다. 단, 게이트의 전압원이 차단되는 경우, 전원 전류가 차단될 때까지 계속해서 SCR을 통해 계속 흐른다.

SCR 사용 SCR은 중앙 고장착 정지등(center high-mounted stop light, CHMSL)의 회로를 구축하는 데 사용될 수 있다. 이 세 번째 정지등이 좌측 또는 우측 브레이크등의 회로에 연결된 경우, CHMSL에 연결된 쪽의 방향 지시 신호에 사용될 때마다 CHMSL이 깜박인다. 2개의 SCR을 사용할 경우, 양쪽 브레이크등이 CHMSL에 전류를 공급할 수 있도록 모두 활성화되어야 한다. 두 SCR이 모두 전원을 상실할 때(브레이크 페달을 놓을 때, 이는 브레이크등으로의 전류

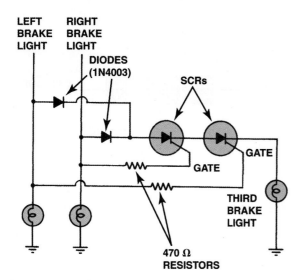

그림 14-19 SCR을 사용한 CHMSL의 배선도.

그림 14-20 서미스터(thermistor)를 나타내는 데 사용되는 기호.

	구리선	NTC 서미스터
저온	낮은 저항	높은 저항
고온	높은 저항	낮은 저항

표 14-1

저항은 온도 변화에 따라 구리선의 저항과 반대로 변화한다.

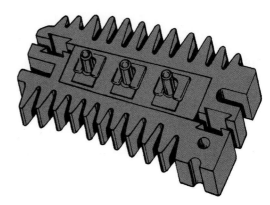

그림 14-21 이 정류기 브리지(rectifier bridge)는 다이오드 6개를 포함한다—각 측면의 3개는 알루미늄 핀 장치에 장착되어 교류발전기 작동 중 다이오드가 냉각되도록 도와준다.

흐름을 중지시킴), CHMSL로 가는 전류가 차단된다. ●그림 14-19 참조.

다. 온도가 상승하면 저항이 감소한다. ●표 14-1 참조. 서미스터 기호는 ●그림 14-20에 표시되어 있다.

서미스터 Thermistors

구성 서미스터(thermistor)는 실리콘과 같은 반도체 물질로, 주어진 저항을 제공하기 위해 도핑되어 있다. 서미스터에 열이 가해지면, 결정 내의 전자가 에너지를 얻어 전자가 느슨해진다. 이것은 열이 가해지면 서미스터가 실제로 작은 전압을 생성한다는 것을 의미한다. 서미스터에 전압이 인가되면, 서미스터 자체가 더 높은 온도에서 저항이 아니라 전류 캐리어로 작동하기 때문에, 저항이 감소한다.

서미스터 사용 서미스터는 보통 냉각수 온도 및 흡기 다기관 공기 온도에 대한 온도 감지 장치로 사용된다. 서미스터는 전형적인 도체와 반대 방향으로 작동하기 때문에 **부온도계수**(negative temperature coefficient, NTC) 서미스터라고 한

정류기 브리지 Rectifier Bridges

정의 "rectify"라는 단어는 "직선으로 설정하다"라는 뜻이다. 따라서 정류기(rectifier)는 변화하는 전압을 직선 또는 일정한 전압으로 변환하기 위해 사용하는 (다이오드와 같은) 전자 소자이다. **정류기 브리지**(rectifier bridge)는 교류(AC)를 직류(DC)로 변환하는 데 사용되는 다이오드의 그룹이다. 정류기 브리지는 교류발전기(alternator)의 고정자(stator, stationary winding, 정지 권선)에서 생성되는 교류 전압을 직류 전압으로 정류하기 위해 교류발전기에 사용된다. 이러한 정류기 브리지는 다이오드 6개를 포함한다—세 고정자 권선 각각에 대해 다이오드 1쌍(하나는 양극에, 하나는 음극에)이 각각 있다. ●그림 14-21 참조.

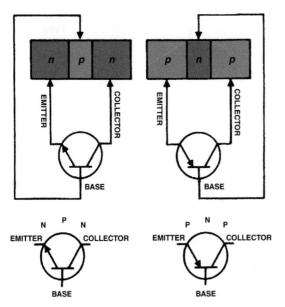

그림 14-22 트랜지스터의 기본 동작. 트랜지스터의 베이스(base)와 이미터(emitter)를 통해 흐르는 소량의 전류가 트랜지스터를 작동시키고, 이 소량의 전류가 더 높은 전류가 컬렉터(collector) 및 이미터에서 흐를 수 있도록 허용한다.

	릴레이	트랜지스터
저전류 회로	코일(단자 85와 86)	베이스와 이미터
고전류 회로	접점 단자 30과 87	컬렉터와 이미터

표 14-2

기계식 릴레이와 트랜지스터의 제어(저전류) 회로 및 고전류 회로 사이의 비교.

? 자주 묻는 질문

트랜지스터는 릴레이와 비슷한가?

그렇다. 트랜지스터는 릴레이와 비슷한 경우가 많다.
    양쪽 모두 저전류를 사용하여 더 높은 전류가 흐르는 회로를 제어한다. ●표 14-2 참조.
    릴레이는 켜거나 끌 수 있다. 트랜지스터는 베이스에 가변 전류 입력이 제공되는 경우, 가변 출력을 제공할 수 있다.

트랜지스터 Transistors

목적과 기능 트랜지스터(transistor)는 다음과 같은 전기적 기능을 수행할 수 있는 반도체 소자이다.

1. 회로에서 전기 스위치 역할을 한다.
2. 회로에서 전류 증폭기 역할을 한다.
3. 회로의 전류를 조절한다.

    트랜지스터라는 단어는 전달(transfer)과 저항(resistor)의 두 단어에서 유래되었으며, 저항을 통한 전류 전달을 설명하는 데 사용된다. 트랜지스터는 P-형 및 N-형 물질이 교대로 이루어진 3개의 섹션 또는 층으로 구성되어 있다. 이런 유형의 트랜지스터를 **바이폴라 트랜지스터(bipolar transistor, 쌍극 트랜지스터)**라고 한다.

구조 중심에 N-형 물질이 있고 양쪽 끝에 P-형 물질이 있는 트랜지스터를 **PNP 트랜지스터**라고 한다. 또 다른 유형으로는, 정확히 반대 배열을 사용하고 있는 **NPN 트랜지스터**가 있다.

    트랜지스터의 한쪽 끝에 있는 부분은 **이미터(emitter)**라 하고, 다른 쪽 끝에 있는 부분을 **컬렉터(collector)**라고 한다. 베

이스(base)는 중심에 있으며, 베이스에 인가되는 전압은 트랜지스터를 통해 전류를 제어하는 데 사용된다.

트랜지스터 기호 모든 트랜지스터 기호는 트랜지스터의 이미터 부분을 나타내는 화살표를 포함하고 있다. 화살표는 전류 흐름의 방향을 가리킨다(전통적인 이론). 어떤 반도체 기호에서 화살촉이 나타나면, 그것은 P-N 접합을 뜻하며, P형 물질로부터 N형 물질을 향하는 방향을 화살로 가리킨다. 트랜지스터의 화살표는 항상 트랜지스터의 이미터 측에 연결되어 있다. ●그림 14-22 참조.

트랜지스터 동작 트랜지스터는 한 방향으로만 전류를 전도시킬 수 있는 2개의 등을 맞댄 다이오드와 비슷하다. 다이오드에서와 같이, N-형 물질은 자유 전자의 공급을 통해 전기를 전도시킬 수 있으며, P-형 물질은 정공의 공급을 통해 전기를 전도시킨다.

    전기적 상태가 트랜지스터가 켜지도록 허용하면, 트랜지스터는 전자파 릴레이와의 동작과 비슷한 방식으로 전류 흐름을 허용한다. 전기적 상태는 베이스(B)에 의해 결정되거나 전환된다. 베이스는 적절한 전압과 극성이 인가될 때만 전류를 전달한다. 메인 회로의 전류 흐름은 이미터(E)와 컬렉터(C) 등 트랜지스터의 다른 두 부분을 통해 전달된다. ●그림 14-23 참조.

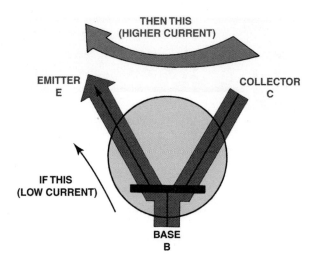

그림 14-23 기본적인 트랜지스터 작동. 트랜지스터의 베이스와 이미터를 통해 흐르는 소량의 전류가 트랜지스터를 작동시키고, 이로 인해 더 높은 암페어의 전류가 이미터로 흐르게 된다.

? **자주 묻는 질문**

트랜지스터 기호에서 화살표의 의미

트랜지스터 기호의 화살표는 항상 이미터(emitter)에 있으며 N-형 물질 방향을 가리킨다. 다이오드의 화살표도 N-형 물질을 가리킨다. 어떤 형태의 트랜지스터인지 알기 위해, 화살표가 어느 방향을 가리키는지 유의하라.

- PNP: 화살표가 안쪽을 가리킴
- NPN: 화살표가 안쪽을 가리키지 않음

베이스 전류가 꺼지거나 켜지면, 컬렉터로부터 이미터로 흐르는 전류가 꺼지거나 켜진다. 베이스를 제어하는 전류를 제어 전류(control current)라고 한다. 제어 전류는 트랜지스터를 켜거나 끌 수 있을 만큼 충분히 높아야 한다[**임계 전압 (threshold voltage)**이라고 하는 이 제어 전압은 게르마늄의 경우 약 0.3V 이상, 실리콘 트랜지스터의 경우 0.6V 이상이어야 한다]. 이 제어 전류는 수도꼭지의 작동과 비슷한 방식으로 메인 회로를 "조절(throttle)"한다.

트랜지스터 증폭 원리 트랜지스터의 베이스를 ON/OFF 작동시킬 수 있을 만큼 신호가 충분히 강하면, 트랜지스터는 신호를 증폭시킬 수 있다. 결과적으로 트랜지스터를 통해 흐르는 ON/OFF 전류는 더 높은 전력이 공급되는 전기 회로에 연결될 수 있다. 결과적으로 더 낮은 전력의 회로에 의해 더 높

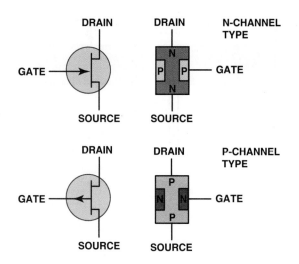

그림 14-24 FET의 3개 단자는 소스, 게이트, 드레인이라고 한다.

은 전력 회로가 제어된다. 이 저전력 회로의 순환은 더 높은 출력을 내는 회로에서 정확히 복제되므로, 어떤 트랜지스터이든지 신호를 증폭하는 데 사용될 수 있다. 그러나 일부 트랜지스터는 증폭에 대해 다른 트랜지스터보다 더 좋기 때문에, 특수한 유형의 트랜지스터가 각각의 특수한 회로 기능에 사용된다.

전계효과 트랜지스터
Field-Effect Transistors

전계효과 트랜지스터(field-effect transistor, FET)는 1980년대 중반 이후 대부분의 자동차 용도에 사용되어 왔다. 이들은 전류를 덜 사용하며, 출력을 제어하기 위해 작은 전압 신호의 강도에 의존한다. 전형적인 FET의 부분은 **소스(source)**, **게이트(gate)** 및 **드레인(drain)**을 포함한다. ●그림 14-24 참조.

많은 FET는 금속 산화물 반도체(metal oxide semiconductor, MOS) 물질로 구성되어 있으며, **MOSFET(금속 산화물 반도체 전계효과 트랜지스터)**이라고 부른다. MOSFET은 정전기에 매우 민감하며, 과도한 전류 또는 고전압 서지(스파이크)에 노출될 경우 쉽게 손상될 수 있다. 대부분의 차량 전자 회로는 MOSFET을 사용하는데, 이는 서비스 기술자가 고전압 스파이크를 초래할 수 있고 고가의 컴퓨터 모듈을 파손할 수 있는 작업을 피하기 위해 주의하는 것이 왜 중요한지 설명한다. 일부 차량 제조업체는 MOSFET을 포함하는 모듈을 다룰 때 기술자가 정전기 방지 손목 밴드를 착용할 것을 권장한

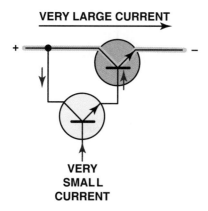

VERY LARGE CURRENT

VERY SMALL CURRENT

그림 14-25 달링턴 쌍(Darlington pair)은 두 개의 트랜지스터로 구성되어 있어, 매우 작은 전류로 더 큰 전류 흐름 회로를 제어할 수 있다.

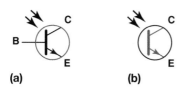

(a)　　　　　(b)

그림 14-26 광트랜지스터의 기호. (a) 이 기호는 베이스 단자로 직선을 사용한다. (b) 이 기호는 베이스 단자를 사용하지 않는다.

? 자주 묻는 질문

달링턴 쌍

달링턴 쌍(Darlington pair)은 함께 배선된 두 개의 트랜지스터로 구성된다. 이렇게 배치하면 매우 작은 전류 흐름으로 큰 전류 흐름을 제어할 수 있다. 달링턴 쌍은 1929년부터 1971년까지 벨연구소에서 일한 미국인 물리학자인 Sidney Darlington의 이름을 따서 명명되었다. 달링턴 증폭기 회로는 전자식 점화 시스템, 컴퓨터 엔진 제어 회로 및 기타 여러 전자 응용 분야에서 보편적으로 사용된다. ●그림 14-25 참조.

다. 전자 모듈 또는 회로가 손상되지 않도록 항상 서비스 정보에 있는 차량 제조업체의 지침을 따라야 한다.

광트랜지스터 Phototransistors

광검출기와 작동 방식이 비슷한 **광트랜지스터(phototransistor)**는 빛에너지를 사용하여 트랜지스터의 베이스를 켠다. 광트랜지스터는 빛이 트랜지스터의 제어 신호로 작동할 수 있도

CAPACITORS　**PROM**　**ICs**

CENTRAL PROCESSING UNIT (CPU)

그림 14-27 다양한 전자 소자들과 집적 회로(IC)를 보여 주기 위해 케이스를 제거한 일반적인 차량용 컴퓨터. CPU는 DIP 칩의 한 예이며, 큰 적색 및 주황색 소자들은 세라믹 커패시터이다.

록 넓은 베이스 노출 영역을 갖는 NPN 트랜지스터이다. 따라서 광트랜지스터에는 베이스 단자 선이 있을 수도 있고 없을 수도 있다. 없다면, 컬렉터 및 이미터 선들만 있는 것이다. 광트랜지스터가 전원 회로에 연결되면 트랜지스터의 이득에 의해 빛의 세기가 증폭된다. 광검출기와 함께 광트랜지스터는 스티어링 휠 제어 장치에 자주 사용된다. ●그림 14-26 참조.

집적 회로 Integrated Circuits

목적과 기능 고체 상태 부품은 많은 전자식 반도체 및/또는 회로에서 사용된다. 이를 "고체 상태(solid state)"라고 하는데, 이는 회로 내에서 더 높거나 더 낮은 전압 레벨만을 가지고 있으며 움직이는 부분이 없기 때문이다. 이산적인(개별) 다이오드, 트랜지스터 및 기타 반도체 부품은 흔히 초기 전자식 점화 장치 및 전자식 전압 조정기를 구성하는 데 사용되었다. 최신 형태의 전자 소자는 동일한 부품들을 사용하지만, 이제 이러한 장치가 하나의 회로 그룹으로 결합(통합)되어, 이를 **집적 회로(integrated circuit, IC)**라고 한다.

구성 집적 회로는 대개 CHIP라고 불리는 플라스틱 하우징 안에 삽입되는데, 일렬로 늘어선 핀을 두 행으로 가지고 있다. 이런 배열을 **이중 인라인 핀(dual inline pins, DIP)** 칩이라고 한다. ●그림 14-27 참조.

트랜지스터 또는 다이오드가 갑자기 고장 나는 이유는?

모든 차량의 다이오드와 트랜지스터는 개별적인 용도를 위해 특정 전압 및 암페어 범위 내에서 작동하도록 설계되어 있다. 예를 들어 스위칭에 사용되는 트랜지스터는 신호 증폭에 사용되는 트랜지스터와 다르게 설계되고 제작된다.

각 전자 부품은 특정 용도에 적합하게 작동하도록 설계되었으므로, 동작 전류(암페어), 전압 또는 열이 심하게 변화하면 접합(*junction*)이 손상될 수 있다. 이런 고장은 개방 회로(전류가 흐르지 않음) 또는 단락(부품을 통과하는 전류 흐름을 차단해야 할 때에도, 항상 부품을 통과하여 전류가 흐름)을 유발할 수 있다.

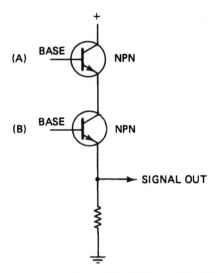

그림 14-28 두 개의 트랜지스터를 사용한 대표적인 AND 게이트 회로. 이미터는 항상 화살표를 갖는 선이다. "signal out"이라고 표시된 지점에 전압이 존재하기 전에 두 트랜지스터가 모두 켜져야 한다는 점에 주목하라.

따라서 대부분의 컴퓨터 회로는 DIP 칩 안에 집적 회로로 들어 있다.

방열판(히트 싱크) 방열판(heat sink)은 전자 부품의 손상을 유발하는 열을 전도시켜 빼낼 수 있는 전자 부품 주위의 영역을 설명하는 데 사용되는 용어인데, 특정한 모양이나 설계를 통해 열을 전도시킬 수 있다. 방열판의 예는 다음을 포함한다.

1. 골이 지게 짜여진(ribbed) 전자식 점화 제어 장치
2. 교류발전기에 부착된 냉각 슬릿 및 냉각 팬
3. GM HEI 배전자(distributor) 점화 시스템 및 기타 전자 시스템의 전자식 점화 모듈 아래의 특수 열전도 그리스(grease)

방열판은 열 축적으로 인한 다이오드, 트랜지스터 및 기타 전자 부품의 손상을 방지하는 데 필요하다. 과도한 열이 다이오드와 트랜지스터에 사용되는 N-형 및 P-형 물질 사이의 접합을 손상시킬 수 있다.

트랜지스터 게이트 Transistor Gates

목적과 기능 전자 게이트의 기본적인 동작에 대한 지식은 컴퓨터가 작동하는 방식을 이해하는 데 있어 중요하다. 게이트는 두 입력의 위치와 전압에 따라 출력이 달라지는 전자 회로이다.

구성 트랜지스터의 ON/OFF 여부는 베이스에 인가된 전압에 따라 달라진다. 트랜지스터가 ON 되기 위해서는 베이스와 이미터 사이의 전압 차이가 최소 0.6V 이상이 되어야 한다. 대부분의 전자 회로와 컴퓨터 회로는 전원으로 5V를 사용한다. 두 개의 트랜지스터가 함께 배선된 경우, 두 트랜지스터가 배선된 방식에 따라 몇 가지 다른 출력이 수신될 수 있다. ● 그림 14-28 참조.

동작 A 지점의 전압이 이미터보다 높으면, 상단 트랜지스터가 켜진다. 그러나 B 지점의 전압이 하단 트랜지스터의 이미터보다 더 높지 않으면, 하단 트랜지스터는 꺼진다. 양쪽 트랜지스터가 모두 켜지면, 출력 신호 전압은 높아지게 된다. 두 트랜지스터 중 오직 하나만 켜진 경우, 출력은 0(꺼짐 또는 전압 없음)이 된다. 이 회로는 A 지점과 B 지점 둘 다 ON이 되어야 전압 출력이 발생하기 때문에, 이 회로를 AND 게이트라고 한다. 다시 말해, 게이트가 열리고 전압 출력을 허용하기 전에 두 트랜지스터가 모두 켜져 있어야 한다. 다른 유형의 게이트는 두 트랜지스터에 다양한 연결을 사용하여 구성될 수 있다. 예를 들면,

AND 게이트. 출력을 얻기 위해, 두 트랜지스터가 모두 ON 상태가 되어야 한다.

OR 게이트. 출력을 얻기 위해 트랜지스터 중 하나는 ON 상태가 되어야 한다.

? 자주 묻는 질문

로직 하이(logic high) 및 로직 로우(logic low)는 무엇인가?

모든 컴퓨터 회로 및 대부분의 (게이트와 같은) 전자 회로는 고전압 및 저전압의 다양한 조합을 사용한다. 고전압은 일반적으로 5V를 초과하고, 낮은 전압은 대개 0(접지)으로 간주된다. 하지만 고전압은 5V에서 시작해야만 하는 것은 아니다. *컴퓨터에 "high 또는 숫자 1"은 특정 레벨 이상의 전압이 존재하는 것을 의미한다.* 예를 들어, 3.8V보다 전압이 높은 경우 high로 간주되는 회로를 구성할 수 있다. *컴퓨터에 대해 "low 또는 숫자 0"은 전압이 없거나 특정 값보다 낮은 전압이 존재하는 것을 의미한다.* 예를 들어, 0.62V의 전압은 low로 간주할 수 있다. 다양한 관련 명칭 및 용어를 요약할 수 있다.

- 로직 로우(low) = 저전압 = 숫자 0 = 기준 low
- 로직 하이(high) = 고전압 = 숫자 1 = 기준 high

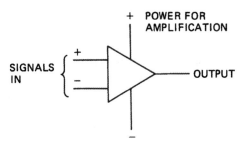

그림 14-29 연산증폭기(OP-AMP)의 기호.

지털 신호를 제어하고 증폭하기 위해 사용된다. 연산증폭기는 실내 온도 조절 시스템의 일부로서

기류 제어문 작동을 위한 모터 제어에 자주 사용된다. 연산증폭기는 적절한 전압 극성 및 전류를 제공하여 영구 자석(permanent magnetic, PM) 모터의 방향을 제어할 수 있다. 연산증폭기에 대한 기호를 ●그림 14-29에 나타냈다.

NAND(NOT-AND) 게이트. 두 트랜지스터가 모두 ON이 되지 않으면, 출력이 ON 된다.

NOR(NOT-OR) 게이트. 출력은 두 트랜지스터가 모두 OFF인 경우에만, 출력이 ON 된다.

게이트는 트랜지스터의 베이스에 연결된 입력의 전압(on/off, high/low)에 따라 출력이 달라지도록 구성할 수 있는 논리 회로를 나타낸다. 이들의 입력은 센서로부터 또는 센서를 감시하는 다른 회로에서 올 수 있으며, 그 출력은 다른 회로에 의해 증폭되고 제어되는 경우 출력 장치를 동작시키는 데 사용될 수 있다. 예를 들어 다음과 같은 이벤트가 발생할 경우 송풍기 모터가 켜지도록 명령하여 제어 모듈이 송풍기 모터를 켜도록 한다.

1. 점화 스위치가 ON 되어 있어야 한다(입력).
2. 냉방이 ON으로 명령되어 있다.
3. 엔진 냉각수 온도가 사전 설정된 한계 이내에 있다.

이러한 조건이 모두 충족되면, 제어 모듈이 송풍기 모터를 켜도록 명령할 것이다. 입력 신호가 하나라도 부정확하면 제어 모듈이 올바른 명령을 수행할 수 없게 된다.

OP-AMP Operational Amplifiers

연산증폭기(operational amplifier, OP-AMP)는 회로에서 디

전자 부품의 고장 원인
Electronic Component Failure Causes

전자 점화 모듈, 전자 전압 조정기, 온보드 컴퓨터 및 기타 전자 회로와 같은 전자 부품들은 일반적으로 상당히 신뢰성이 높다. 하지만 고장은 발생할 수 있다. 예상보다 이른 고장의 빈번한 원인은 다음과 같다.

- **연결 불량.** 결함이 있어 반환되는 대부분의 엔진 컴퓨터는 배선 하니스(harness) 단자 끝단의 연결부가 불량한 것으로 추정된다. 이러한 고장은 대부분 간헐적으로 발생하며 찾기가 어렵다.

  참고: 전자 접점을 청소할 때는 연필 지우개를 사용한다. 이렇게 하면 대부분의 전자 단자에 사용되는 얇은 보호 코팅을 손상시키지 않으면서 접점을 청소할 수 있다.

- **열.** 전자 부품 및 회로의 동작과 저항은 열에 의해 영향을 받는다. 전자 부품은 가능하면 시원하게 유지되어야 하며 절대로 127℃(260℉) 이상으로 뜨거워지면 안 된다.

- **전압 스파이크.** 고전압의 스파이크는 글자 그대로 반도체 물질에 구멍을 낼 수 있다. 이러한 고진압 스파이크의 원인은 적절한 스파이크방지 보호 없이(또는 결함이 있는 상태에서) 코일을 방전시키는 것이다. 전체 배선 하니스가 코일 주위에서 형성되는 것과 비슷하게 자체의 자기장

을 생성하기 때문에, 배터리 또는 다른 주요한 전기 연결부의 불량은 고전압 스파이크 발생을 야기할 수 있다. 연결이 느슨하고 순간적인 접촉 손실이 발생하는 경우, 고전압 서지(surge)가 전체 전기 시스템을 통해 발생할 수 있다. 이러한 유형의 손상을 방지하기 위해서는, 접지를 포함하여 모든 전기 연결부가 적절하게 깨끗이 청소되고 단단히 조여져 있는지 확인해야 한다.

주의: 전자적 고장의 주요 원인 중 하나는 차량을 시동하는 점프 시동 중 발생한다. 연결할 때 항상 양쪽 차량 모두에서 점화 스위치가 꺼져 있는지 확인해야 한다. 항상 올바른 배터리 극성(+에서 +로 그리고 −에서 −로)이 수행되고 있는지 재차 확인해야 한다.

- **과도한 전류.** 모든 전자 회로는 지정된 전류(암페어) 범위 내에서 동작하도록 설계되었다. 솔레노이드 또는 릴레이가 컴퓨터 회로에 의해 제어되는 경우, 해당 솔레노이드 또는 릴레이의 저항이 이 제어 회로의 일부가 된다. 솔레노이드 또는 릴레이 내부에 감겨 있는 코일이 단락되면, 그 결과로 저항이 낮아지게 되고 회로를 통과하는 전류를 증가시킨다. 직렬로 연결된 전류제한 저항과 함께 개별 부품들이 사용되지만, 코일 권선 저항도 회로에서 전류 제어 부품으로 사용된다. 컴퓨터가 고장 나면, 항상 모든 컴퓨터 제어 릴레이 및 솔레노이드에 걸쳐 있는 저항을 측정한다. 저항은 컴퓨터가 제어하는 각 부품에 대한 사양(일반적으로 20Ω 이상) 이내에 있어야 한다.

참고: 일부 컴퓨터 제어 솔레노이드에서 펄스가 빠르게 켜지고 꺼진다. 이 유형의 솔레노이드는 전자적으로 변환되는 여러 변속기에 사용된다. 이들의 저항은 대개 간단한 ON-OFF 솔레노이드 저항(보통 10~15Ω 사이)의 약 절반이 된다. 컴퓨터가 솔레노이드의 ON 시간을 제어하기 때문에, 솔레노이드 및 회로 제어 기능을 **펄스폭 변조**(pulse-width modulation, PWM)라고 한다.

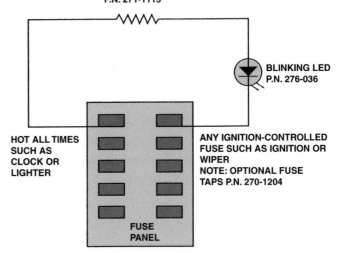

그림 14–30 점멸식 LED 도난 방지장치의 도면.

🔧 **기술 팁**

점멸식 LED 도난 방지장치

깜박이는(번쩍이는) LED는 약 5mA(0.005A)의 전류만 소비한다. 대부분의 경보 시스템은 깜박이는 적색 LED를 사용하여 시스템이 경보 상태임을 나타낸다. 가짜 경보 표시기는 만들고 설치하기가 쉽다.

470Ω, 0.5W 저항은 전류 흐름을 제한하여 배터리 소모를 방지한다. 다이오드의 양극 단자(어노드)는 시가 라이터와 같이 항상 뜨거운 퓨즈에 연결되어 있다. LED의 음극 단자(캐소드)는 점화 제어 퓨즈에 연결된다. ●그림 14–30 참조.

점화 스위치가 꺼지면 전력이 LED를 통해 접지로 흐르고 LED가 깜박인다. 주행 중 주의가 산만해지지 않도록 하기 위해, 점화 스위치를 켜면 LED가 꺼진다. 따라서 이러한 가짜 도난 방지장치는 "자동 설정"이며, 점화 스위치를 끄고 평소대로 키를 빼는 것을 제외하고는 차량을 떠날 때 이를 활성화하기 위한 다른 조치가 필요 없다.

다이오드와 트랜지스터 시험 방법
How to Test Diodes and Transistors

시험기 다이오드와 트랜지스터는 저항계를 사용하여 테스트할 수 있다. 결과가 의미 있으려면 시험할 다이오드 또는 트랜지스터를 회로에서 분리해야 한다.

- 디지털 멀티미터에서 다이오드 점검 위치를 사용한다.
- 디지털 멀티미터의 다이오드 점검 위치에서, 멀티미터는 저항 시험 기능을 선택했을 때보다 더 높은 전압을 인가한다.
- 이 약간 높은 전압(약 2~3V)은 트랜지스터의 P-N 접합이나 다이오드를 순방향 바이어스하기에 충분하다.

다이오드 다이오드 시험 위치를 사용하여 멀티미터는 전압을 인가한다. 디스플레이는 다이오드 P-N 접합에 걸친 전압 강하를 표시한다. 양호한 다이오드는 한 방향으로 다이오드의 각 단자에 측정 단자를 사용해 한계 초과(over limit, OL) 판독값을 제공하고, 단자가 반대로 될 경우 전압 판독값은 0.400~0.600V이어야 한다. 이 판독값은 다이오드의 P-N 접합에서 발생하는 전압 강하 또는 장벽 전압이다.

1. 멀티미터 측정 단자를 연결하여 다이오드를 양쪽 방향으로 측정하여 모두 저전압 판독값을 읽으면, 이것은 다이오드가 단락되었고, 다이오드를 교체해야 함을 의미한다.

2. 멀티미터 측정 단자를 연결하여 다이오드를 양쪽 방향으로 측정하여 모두 OL 판독값을 읽으면, 이것은 다이오드가 개방되었고, 반드시 교체해야 한다는 것을 의미한다.
   ● 그림 14-31 참조.

트랜지스터 다이오드 점검 위치로 설정된 디지털 멀티미터를 사용하여, 다음 단자들 사이에서 양호한 트랜지스터는 0.400~0.600V 강하를 보여 주어야 한다.

- 멀티미터가 한 방향으로 연결되어, 이미터(E) 및 베이스(B), 그리고 베이스(B)와 컬렉터(C) 사이, 그리고 멀티미터의 측정 단자를 바꾸면 OL을 보여 주어야 한다.
- 이미터(E)와 컬렉터(C) 사이에서 트랜지스터를 시험할 때, 양쪽 방향 모두에서 OL 판독값(통전성 없음). (가능한 경우 트랜지스터 시험기도 사용할 수 있다.)
  ● 그림 14-32 참조.

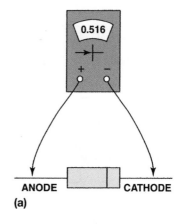

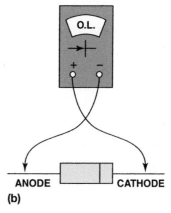

그림 14-31 다이오드를 시험하려면 디지털 멀티미터에서 "다이오드 점검"을 선택한다. 디스플레이에 계측기 리드 사이의 전압 강하(차이)가 표시된다. 멀티미터 자체는 저전압 신호(대개 3V)를 인가하고 디스플레이에 차이를 표시한다. (a) 다이오드가 순방향으로 바이어스되면, 멀티미터는 0.500~0.700V 사이의 전압을 표시해야 한다. (b) 멀티미터 측정 단자가 반대로 연결되면, 다이오드가 역방향 바이어스가 되어 전류 흐름을 차단하기 때문에 멀티미터는 한계 초과(OL)를 표시해야 한다.

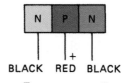

그림 14-32 저항계의 적색(양극) 단자(또는 다이오드 점검으로 설정된 멀티미터)를 중앙에 접촉하고 검정색(음극 단자)을 전극 양쪽 끝에 접촉시키면, 멀티미터는 P-N 접합을 순방향 바이어스하게 되고, 멀티미터에 낮은 저항이 표시된다. 멀티미터가 고저항을 판독하는 경우, 멀티미터 단자를 반대로 해서 검은색을 중앙 단자에 놓고 양쪽 단부 리드에 적색을 놓는다. 멀티미터에 낮은 저항이 표시되면 트랜지스터는 양호한 PNP 형태이다. P-N 접합을 모두 동일한 방식으로 점검한다.

컨버터와 인버터
Converters and Inverters

컨버터 DC-DC 컨버터(converter)는 직류 전압을 한 레벨에서 다른 높은 레벨 또는 낮은 레벨로 변환하는 데 사용되는 전자 소자이다. 이들은 단일 전력 버스(또는 전압원)를 통해 차량 전체에 다양한 수준의 직류 전압을 분배하는 데 사용된다.

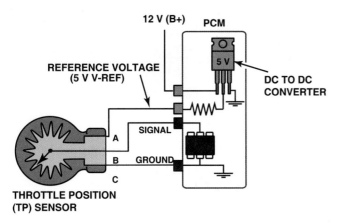

그림 14–33 DC-DC 컨버터는 대부분의 파워트레인 제어 모듈(PCM)에 내장되어 있으며, 내연 엔진(internal combustion engine)을 제어하는 데 사용되는 여러 센서에 V-ref라고 하는 기준 전압 5V를 제공하는 데 사용된다.

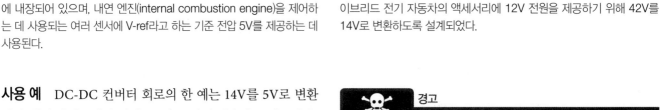

그림 14–34 이 DC-DC 컨버터는 42V 전기 시스템으로 작동하는 하이브리드 전기 자동차의 액세서리에 12V 전원을 제공하기 위해 42V를 14V로 변환하도록 설계되었다.

사용 예 DC-DC 컨버터 회로의 한 예는 14V를 5V로 변환하기 위해 파워트레인 제어 모듈(PCM)이 사용하는 회로이다. 5V는 기준 전압(reference voltage, V-ref)이라고 하며, 컴퓨터 제어 엔진 관리 시스템에서 여러 센서에 전원을 공급하는 데 사용된다. 스로틀 위치(TP) 센서 회로를 갖는 일반적인 5V 기준 전압 연결 방식의 도식이 ●그림 14–33에 제시되어 있다.

스로틀 위치(TP) 센서 및 기타 장치에 일정한 5V의 센서 기준 전압을 제공하기 위하여 PCM은 DC 변환의 원리를 사용하여 14V에서 작동한다. TP 센서는 전류를 거의 필요로 하지 않으므로, V-ref 회로는 1W 범위의 저전력 DC 전압 컨버터이다. PCM은 DC-DC 컨버터를 사용하는데, 이는 전압 조정기(voltage regulator)라고 하는 작은 반도체 소자로 충전 전압의 변화에 관계없이 배터리 전압을 일정한 5V로 변환하도록 설계되었다.

하이브리드 전기 차량은 더 높거나 더 낮은 직류 전압 레벨 및 전류 요구 사항을 제공하기 위하여 DC-DC 컨버터를 사용한다.

고출력 DC-DC 컨버터의 도면이 ●그림 14–34에 제시되어 있으며, 비전자식 DC-DC 컨버터의 작동 방식을 나타낸다.

컨버터의 중심 부품은 입력(42V)을 출력(14V)으로부터 물리적으로 고립시키는 변압기이다. 전력 트랜지스터는 변압기의 고전압 코일에 펄스를 공급하고 그에 따라 자기장이 변화하면 변압기의 저전압 측의 코일 권선에 전압이 유도된다. 다이오드와 커패시터는 회로의 전압과 주파수를 제어하고 제한하는 데 도움이 된다.

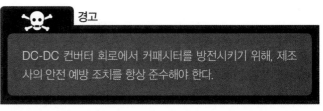

⚠ 경고

DC-DC 컨버터 회로에서 커패시터를 방전시키기 위해, 제조사의 안전 예방 조치를 항상 준수해야 한다.

DC-DC 컨버터 회로 시험 대개 직류 제어 전압이 사용되는데, 이 전압은 컨버터를 제어하기 위한 전압 레벨을 이동시키기 위해 디지털 논리 회로에 의해 공급된다. 전압 시험은 컨버터를 켜고 끌 때 올바른 전압이 존재하는지 여부를 나타낼 수 있다.

전압 측정은 보통 DC-DC 컨버터 시스템을 진단하기 위해 명시된다. CAT III 정격의 디지털 멀티미터(DMM)가 사용되어야 한다.

고전압 회로 주의 사항 고전압 회로 또는 그 근처에서 작업할 때, 항상 다음을 준수해야 한다.

1. 고전압 회로 작업 시 항상 제조업체의 안전 예방 조치를 따라야 한다. 이러한 회로는 대개 주황색 배선으로 표시된다.
2. DC-DC 컨버터 회로에서 다른 회로를 위한 전력에 연결하기 위해 배선을 분기하지 않아야 한다.
3. DC-DC 컨버터 회로에서 다른 회로를 위한 접지에 연결하기 위해 배선을 분기하지 않아야 한다.
4. DC-DC 컨버터 방열판으로 공기 흐름을 차단하지 않아야 한다.

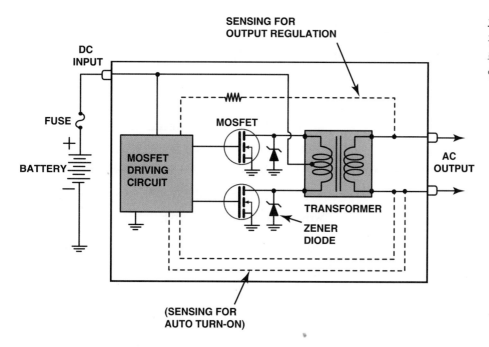

그림 14-35 하이브리드 전기 자동차의 전기 모터에서 사용하기 위해 배터리의 직류를 교류로 변환하도록 설계된 인버터의 일반적인 회로.

5. 계량기, 스코프, 또는 부속품 연결을 위한 접지 연결에 절대로 방열판을 사용하지 않아야 한다.
6. DC-DC 컨버터에 전원이 공급되고 있는 동안 DC-DC 컨버터를 연결하거나 분리하지 않아야 한다.
7. DC-DC 컨버터를 명시된 것보다 큰 전원에 연결하지 않아야 한다.

인버터 인버터(inverter)는 직류(DC)를 교류(AC)로 변환하는 전자 회로이다. 대부분의 DC-AC 인버터에서, 대개 MOS-FET인 스위칭 트랜지스터가 짧은 펄스에 대해 교대로 ON 된다. 결과적으로, 변압기는 실제 사인 파형이 아닌 변형된 사인파 출력을 생성한다. ●그림 14-35 참조.

인버터에 의해 생성되는 파형은 가정용 AC의 완벽한 사인파가 아니라, 변압기 및 유도 모터의 사인파 AC와 유사하게 반응하는 펄스로 변화하는 DC와 더 비슷하다. ●그림 14-36 참조.

☠ **경고**

인버터에 전력을 공급하도록 사용되고 있는 배터리 단자를 만져서는 안 된다. 모터나 인버터가 고장을 일으킬 경우, 이러한 배터리 단자는 배터리 자체로부터 발생하는 것보다 훨씬 더 큰 충격을 전달할 수 있는 위험이 상존한다.

PEAK TO PEAK VOLTAGE

그림 14-36 스위칭(펄스 공급된) MOSFET이 변형된 사인 파형(실선)이라고 하는 파형을 생성한다. 실제 사인 파형(점선)과 비교.

인버터는 AC 모터에 전력을 공급한다. 인버터는 필요한 주파수 및 진폭에서 DC 전력을 AC 전력으로 변환한다. 인버터는 세 개의 하프브리지(half-bridge) 유닛으로 구성되어 있으며, 대부분 PWM(펄스폭 변조) 기술에 의해 출력 전압이 생성된다. 3상 전압 파형은 3상 각각에 전력을 공급하기 위해 서로 120도씩 어긋나 있다.

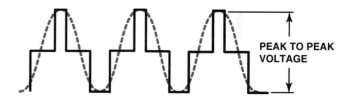

정전기 방전 Electrostatic Discharge

정의 정전기 방전(electrostatic discharge, ESD)은 움직임이 일어날 때 인체에 정전하가 축적될 때 발생한다. 카펫이나 비닐 바닥에 옷이 마찰되거나 신발이 움직일 때 높은 전압이 축적되게 된다. 그때 문손잡이 같은 전도성 물질을 만지면 정전하가 빠르게 방전된다. 우리에게는 약간 고통스러운 정도지만, 이러한 전하들은 섬세한 전자 부품에 심각한 손상을 입히는 원인이 될 수 있다. 전형적인 정전압들이 다음에 나열되어 있다.

- 만약 당신이 그것을 느낄 수 있다면, 그것은 최소한 3,000V이다.
- 만약 당신이 소리를 들을 수 있다면, 그것은 최소 5,000V 이다.
- 만약 당신이 그것을 볼 수 있다면, 그것은 최소 10,000V 이다.

이러한 전압이 높아 보이지만, 전류(암페어)는 매우 낮다. 하지만 자동차의 컴퓨터, 라디오, 계기판 클러스터 등과 같은 민감한 전자 부품들은 30V 정도의 작은 전압에 노출되어도 고장 날 수 있다. 이는 부품들이 우리가 느낄 수 있는 것보다 낮은 전압에서 손상을 입을 수 있기 때문에 문제가 된다.

정전기 방지 부품 손상을 방지하는 데 도움이 되도록, 아래

단계들을 준수해야 한다.

1. 교체용 전자 부품은 설치하기 직전까지 보호 포장 그대로 보관한다.
2. 전자 부품을 취급하기 전에 직접 금속 표면을 만져 스스로 를 접지하여 정전기를 모두 배출한다.
3. 전자 부품의 단자를 만지지 않아야 한다.
4. 단자와 접촉할 수 있는 구역에서 작업하는 경우, 전자 부품 매장에서 구매 가능한 정전기 접지 손목 스트랩(grounding wrist strap)을 착용하도록 한다.

이러한 주의 사항을 지키면 정전기에 의한 손상을 피하거나 줄일 수 있다. 어떤 부품이 만져진 후에 그 부품이 동작한다고 하여 손상이 일어나지 않는다는 것을 의미하는 것은 아니라는 점을 기억하라. 종종, 어떤 전자 부품의 한 부분은 손상을 입었어도 며칠 또는 몇 주가 지날 때까지 고장 나지 않을 수도 있다.

요약 Summary

1. 반도체는 실리콘과 같은 반도체 물질을 도핑함으로써 제조된다.
2. N–형 및 P–형 물질은 다이오드, 트랜지스터, SCR 및 컴퓨터 칩을 형성하도록 결합될 수 있다.
3. 다이오드는 회로에서 전류 흐름의 방향을 결정, 제어하고 스파이크 방지 보호 기능을 제공하는 데 사용할 수 있다.

4. 트랜지스터는 신호를 증폭할 수 있는 전자식 릴레이이다.
5. 과도한 전압, 전류 또는 열에 노출되면, 모든 반도체는 손상될 수 있다.
6. 컴퓨터나 전자 소자의 단자를 만지지 않아야 한다. 정전기는 전자 부품을 손상시킬 수 있다.

복습문제 Review Questions

1. P–형 물질과 N–형 물질의 차이점은 무엇인가?
2. 코일이 포함된 차량 부품이나 회로에서 고전압 서지(surge)를 억제하기 위해 다이오드를 사용하는 방법은 무엇인가?

3. 트랜지스터의 작동에 대해 설명하라.
4. 전자 회로 및 컴퓨터 회로가 손상되지 않도록 모든 서비스 기술자가 준수해야 할 주의 사항은 무엇인가?

14장 퀴즈 Chapter Quiz

1. 반도체는 _____ 물질이다.
   a. 원자의 바깥쪽 궤도에서 전자의 수가 4개 이하인
   b. 원자의 바깥쪽 궤도에서 전자의 수가 4개 이상인
   c. 원자의 바깥쪽 궤도에서 전자의 수가 정확히 4개인
   d. 전자의 수 외에 다른 요인에 의해 결정되는

2. 반도체 소자에 대한 기호에서 화살표는 _____.
   a. 음극 방향으로 지시한다
   b. 음극으로부터 나가는 방향을 지시한다
   c. 트랜지스터에서 이미터에 연결되어 있다
   d. a와 c둘 다

3. 음극이 배터리 양극에 연결된 코일을 가로질러 설치된 다이오드를 _____(이)라고 한다.

    a. 클램핑 다이오드

    b. 순방향 바이어스 다이오드

    c. SCR

    d. 트랜지스터

4. 트랜지스터는 _____에서 극성 및 전류에 의해 제어된다.

    a. 컬렉터

    b. 이미터

    c. 베이스

    d. a와 b 둘 다

5. 트랜지스터는 _____ 할 수 있다.

    a. ON-OFF 스위칭

    b. 증폭

    c. 스로틀

    d. 위의 내용 모두

6. 클램핑 다이오드는 _____.

    a. 음극에 양극(+) 전원으로, 양극에는 음극(-) 전압으로 회로에 연결된다

    b. 스파이크방지 다이오드라고도 한다

    c. 과도 전압을 억제할 수 있다

    d. 위의 내용 모두

7. 일반적으로 제너 다이오드는 전압 조절에 사용된다. 하지만 제너 다이오드는 _____ 연결하는 경우, 고전압 스파이크 보호를 위해서도 사용될 수 있다.

    a. 양의 전압을 양극에, 음의 전압을 음극에

    b. 양의 전압을 음극에, 접지를 양극에

    c. 음의 전압을 양극에, 음극을 저항에, 그 다음에 더 낮은 전압 단자에

    d. a와 c 둘 다

8. LED에 필요한 순방향 바이어스 전압은 _____이다.

    a. 0.3~0.5V

    b. 0.5~0.7V

    c. 1.5~2.2V

    d. 4.5~5.1V

9. LED는 _____에 사용될 수 있다.

    a. 전조등

    b. 미등

    c. 브레이크등

    d. 위의 모든 것

10. 접지에 대한 다른 명칭은 _____이다.

    a. 로직 low

    b. 0

    c. 기준 low

    d. 위의 모든 것

컴퓨터 기초 Computer Fundamentals

목적과 기능 현대의 차량 제어 시스템은 파워트레인 및 차량 지원 시스템을 조절하도록 설계된 전자 센서, 액추에이터 및 컴퓨터 모듈의 네트워크로 구성된다. 온보드 자동차 컴퓨터는 많은 이름을 가지고 있다. 제조업체 및 컴퓨터 응용 프로그램에 따라, **전자 컨트롤 유닛**(electronic control unit, ECU), **전자 컨트롤 모듈**(electronic control module, ECM), **전자 컨트롤 어셈블리**(electronic control assembly, ECA), 또는 **제어장치**(controller)라고 부른다. **자동차공학회**(Society of Automotive Engineers, SAE) 공고문 J1930은 이 이름을 **파워트레인 제어 모듈**(powertrain control module, PCM)로 표준화하였다. PCM은 엔진과 변속기 작동을 조정하고, 데이터를 처리하고, 통신을 유지하고, 차량 작동을 유지하는 데 필요한 제어 결정을 수행한다. 엔진 및 변속기를 작동할 수 있을 뿐만 아니라, 다음을 수행할 수도 있다.

- 자가 테스트(컴퓨팅 성능의 40%가 진단에 사용됨)
- 고장 진단 코드(diagnostic trouble code, DTC)를 설정 및 저장
- 스캔 도구를 사용하여 기술자와 통신

전압 신호 자동차 컴퓨터는 전압을 사용하여 정보를 보내고 받는다. 전압은 전기적 압력이며 회로를 통해 흐르지 않지만, 전압을 신호로 사용할 수 있다. 컴퓨터는 입력 정보나 데이터를 숫자 조합을 나타내는 전압 신호 조합으로 변환한다. 컴퓨터는 입력 전압 신호를 수신하여, 그 전압이 의미하는 것을 계산하여 처리하고 난 후, 데이터를 계산되거나 처리된 형태로 전달한다.

컴퓨터 기능 Computer Functions

기본 기능 모든 컴퓨터의 작동은 네 가지 기본 기능으로 분류할 수 있다. ●그림 15-1 참조.

- **입력**. 센서로부터 전압 신호 수신
- **처리**. 수학적 계산 수행
- **저장**. 단기 메모리 및 장기 메모리 포함

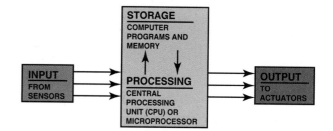

그림 15-1 모든 컴퓨터 시스템은 입력, 처리, 저장, 출력의 네 가지 기본 기능을 수행한다.

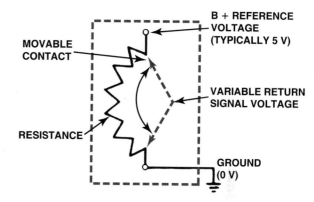

그림 15-2 전위차계(potentiometer)는 이동 가능한 접점을 사용하여 저항을 변화시키고, PCM에 적절한 아날로그 전압을 전송한다.

- **출력**. 출력 장치 on/off 제어

입력 기능 첫째, 컴퓨터는 입력 장치로부터 전압 신호(입력)를 받는다. **입력**(input)은 계기판의 버튼이나 스위치 또는 자동차 엔진의 센서처럼 간단한 장치에서 보내는 신호이다. 차량 센서의 일반적인 유형은 ●그림 15-2 참조.

자동차는 다양한 기계식, 전기 및 자기 센서를 사용하여 자동차 속도, 스로틀 위치, 엔진 RPM, 공기압, 배기가스의 산소 함량, 공기 흐름, 엔진 냉각수 온도, 전기 회로 상태(on/off)와 같은 요소들을 측정한다. 각 센서는 전압 신호의 형태로 정보를 전송한다. 컴퓨터는 이러한 전압 신호를 수신하지만, 신호를 사용하기 전에 신호는 **입력 조절**(input conditioning)이라는 과정을 거쳐야 한다. 이 과정은 컴퓨터 회로가 처리하기에 너무 작은 전압 신호를 증폭하는 것을 포함한다. 입력 조절 장치는 일반적으로 컴퓨터 내부에 위치하지만, 일부 센서에는 자체 입력 조절 회로가 있다.

디지털 컴퓨터는 **아날로그-디지털 컨버터**(analog-to-digital converter, ADC) 회로를 통해 아날로그 입력 신호(전압)를 디지털 비트(이진수) 정보로 변환한다. 이진 디지털 숫자

는 컴퓨터의 계산이나 로직 네트워크에서 사용된다. ●그림 15-3 참조.

처리 처리(processing)라는 용어는 프로그래밍된 명령으로 유지되는 일련의 전자 논리회로를 통해 컴퓨터가 수신하는 입력 전압 신호를 다루는 방법을 설명하는 데 사용된다. 이러한 논리 회로는 입력 전압 신호 또는 데이터를 출력 전압 신호 또는 명령으로 변경한다.

저장 저장 장치는 컴퓨터의 프로그램 명령어들이 전자 메모리에 저장되는 장소이다. 일부 프로그램은 나중에 참조하거나 처리하기 위해 특정 입력 데이터를 저장해야 할 수 있다. 또 다른 경우는, 출력 명령이 시스템의 다른 기기로 전송되기 전에 지연되거나 저장될 수 있다.

컴퓨터는 두 종류의 메모리를 가지고 있다.

1. 영구적 메모리는 컴퓨터가 내용만 읽을 수 있고 내용에 저장된 데이터를 변경할 수 없기 때문에 **읽기전용 메모리(read-only memory, ROM)**라고 한다. 이 데이터는 시스템의 전원이 꺼지는 경우에도 유지된다. ROM의 일부는 컴퓨터에 내장되어 있으며, 나머지는 **PROM(programmable read-only memory)** 또는 보정 어셈블리(calibration assembly)라 불리는 집적 회로(IC) 칩에 위치하고 있다. 많은 칩들이 소거 가능하며, 이는 프로그램을 변경할 수 있다는 것을 의미한다. 이러한 칩을 소거 및 프로그램 가능 읽기전용 메모리(erasable programmable ROM) 또는 EPROM이라고 한다. 1990년대 초 이후로 대부분의 프로그램 가능 메모리는 전자적으로 소거 가능한 메모리였으며, 이는 스캔 도구와 적절한 소프트웨어를 사용하여 칩에 있는 프로그램을 다시 프로그래밍할 수 있다는 것을 의미한다. 이러한 컴퓨터 재프로그래밍은 대개 **재점멸(reflashing)**이라고 한다. 이 칩들을 전기적 소거 및 프로그램 가능 읽기전용 메모리(electrically erasable programmable read-only memory), 줄여서 **EEPROM** 또는 **E²PROM**이라고 부른다.

   OBD-II라고 불리는 온보드 진단 2세대가 장착된 모든 차량에는 EEPROM이 제공된다.

2. 임시 메모리는 **RAM(random-access memory)**이라고 불리는데, 이는 컴퓨터 프로그램의 지시대로 새 데이터를 쓰거나 저장할 수 있을 뿐만 아니라, 이미 들어 있는 데이터도 읽을 수 있기 때문이다. 자동차 컴퓨터는 두 가지 종류

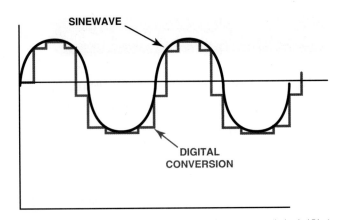

그림 15-3 ADC는 아날로그(가변) 전압 신호를 PCM에서 처리할 수 있는 디지털 신호로 변환한다.

의 RAM 메모리를 사용한다.

- 휘발성 RAM 메모리는 점화 스위치가 꺼질 때마다 손실된다. 그러나 **KAM(keep-alive memory)**이라고 불리는 일종의 휘발성 RAM은 배터리 전력에 직접 연결될 수 있다. 이는 점화 스위치가 꺼져 있을 때 해당 데이터가 지워지는 것을 방지한다. RAM과 KAM의 한 예는 배터리가 분리되었을 때 프로그램 가능한 라디오에서 방송국 설정값의 손실이다. 모든 설정이 RAM에 저장되기 때문에 배터리를 재연결할 경우 재설정해야 한다. 시스템 고장 코드는 일반적으로 RAM에 저장되며, 배터리를 분리하면 삭제할 수 있다.

- **비휘발성 RAM(nonvolatile RAM)** 메모리는 배터리가 연결되어 있지 않을 때에도 정보를 유지할 수 있다. 이러한 RAM 유형의 한 가지 용도는 전자식 속도계에서 주행 기록계 정보를 저장하는 것이다. 메모리 칩은 차량에 의해 누적된 주행 거리를 유지한다. 속도계 교체가 필요한 경우, 주행 기록계 칩이 탈거되어 새로운 속도계 유닛에 장착된다. KAM은 주로 적응형 장치들과 함께 사용된다.

출력 기능 컴퓨터는 입력 신호를 처리한 후, 전압 신호 또는 명령을 시스템 액추에이터와 같은 시스템의 다른 장치로 보낸다. **액추에이터(actuator)**는 다음과 같이 전기에너지를 기계적 동작으로 변환하는 전기 또는 기계적 출력 장치이다.

- 엔진 공회전 속도 조정
- 연료 분사기 작동
- 점화 타이밍 제어

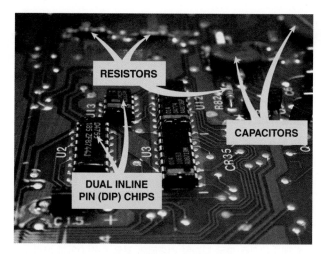

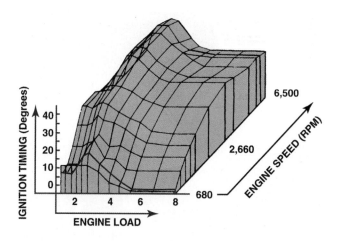

그림 15-4 칩, 저항, 커패시터들을 포함하는 전형적인 자동차용 컴퓨터를 구성하기 위해 많은 전자 부품들이 사용된다.

그림 15-5 모든 엔진 속도와 부하 조합에 대한 최적의 점화 타이밍을 제공하기 위해 시험으로부터 개발되고 차량 컴퓨터에 의해 사용되는 전형적인 엔진 맵.

- 서스펜션 높이 변경

컴퓨터 통신 일반적인 차량은 모듈 또는 컨트롤러라고도 하는 많은 컴퓨터를 가질 수 있다. 컴퓨터는 또한 출력과 입력 기능을 통해 서로 통신하고 제어할 수 있다. 이는 한 컴퓨터 시스템의 출력 신호가 데이터 네트워크를 통해 다른 컴퓨터 시스템의 입력 신호가 될 수 있음을 의미한다. 네트워크 통신에 대한 자세한 내용은 16장을 참조하기 바란다.

디지털 컴퓨터 Digital Computers

컴퓨터 부품 소프트웨어는 컴퓨터의 회로에 저장된 프로그램과 논리 기능으로 구성되어 있다. 하드웨어는 컴퓨터의 기계 부품과 전자 부품들이다.

- **중앙 처리 장치.** 마이크로프로세서는 컴퓨터의 **중앙 처리 장치**(central processing unit, CPU)이다. CPU는 처리 기능을 이루는 필수적인 수학적인 연산과 논리적인 결정을 수행하기 때문에, 컴퓨터의 두뇌로 간주될 수 있다. 어떤 컴퓨터들은 코프로세서(coprocessor)라고 불리는 하나 이상의 마이크로프로세서를 사용한다. 이 디지털 컴퓨터는 회로가 전압 신호를 10억분의 1초 만에 켜고 끌 수 있기 때문에 초당 수천 개의 디지털 신호를 처리할 수 있다. 이를 **디지털 컴퓨터**(digital computer)라고 하는 이유는

0과 1(digits)을 처리하고 작동하기 위해서는 아날로그 입력이라는 변수 입력 신호를 디지털 형식으로 변환해야 하기 때문이다. ●그림 15-4 참조.
- **컴퓨터 메모리.** 다른 집적 회로(IC) 장치는 CPU 작동에 필요한 컴퓨터 운영 프로그램, 시스템 센서 입력 데이터 및 시스템 액추에이터 출력 데이터를 저장한다.
- **컴퓨터 프로그램.** 차량을 동력계(dynamometer)에서 작동시키고 수동으로 속도, 부하 및 스파크 타이밍과 같은 변수 인자들을 조정하면, 최고의 드라이빙 성능, 경제성 및 배기가스 배출 제어를 위한 최적의 출력 설정을 결정할 수 있다. 이를 엔진 매핑이라고 한다. ●그림 15-5 참조.

엔진 매핑(engine mapping)은 주어진 차량과 파워트레인 조합에 적용되는 3차원 성능 그래프를 생성한다. 각 조합은 이러한 방식으로 매핑되어 PROM 또는 EEPROM 보정을 생성한다. 이는 자동차 제조업체가 모든 모델에 기본적인 한 종류의 컴퓨터를 사용할 수 있게 해 준다. 많은 구형 차량 컴퓨터는 컴퓨터에 끼워진 단일 PROM을 사용했다.

참고: 컴퓨터를 교체해야 하는 경우, PROM 또는 보정 모듈은 결함이 있는 장치에서 탈거되어 교체 컴퓨터에 설치되어야 한다. 1990년대 중반 이후로, PCM은 제거 가능한 보정 PROM을 가지고 있지 않으며, 사용 전에 스캔 도구를 사용하여 프로그래밍하거나 *플래시*(flash)해야 한다.

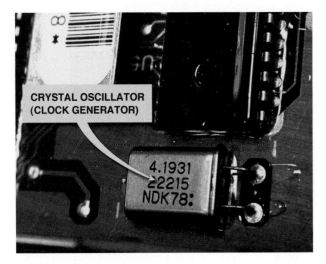

그림 15-6 시계 발생기(clock generator)는 마이크로프로세서와 다른 부품들이 서로 일정한 속도로 보조를 맞추기 위해 사용하는 일련의 펄스를 만들어 낸다.

? 자주 묻는 질문

이진 시스템

디지털 컴퓨터에서 신호는 간단히 높은 전압(high) 또는 낮은 전압(low), 참(yes) 또는 거짓(no), 켜짐(on) 또는 꺼짐(off) 신호로 표현된다. 디지털 신호 전압은 두 가지 전압 레벨, 즉 높은 전압 및 낮은 전압으로 제한된다. 높은 전압과 낮은 전압 사이에는 전압이나 전류의 간격 범위가 없기 때문에, 디지털 이진 신호는 "사각 파형"이다. 이 on-off 신호는 컴퓨터에 의해 숫자 1 또는 숫자 0으로 처리되기 때문에 "디지털"이라고 부른다. 이렇게 두 가지 수만을 포함하는 숫자 체계를 **이진 시스템**(binary system)이라고 한다. 어떠한 숫자 시스템 또는 언어 알파벳의 숫자나 문자들 모두 디지털 컴퓨터의 경우, 이진 0들과 이진 1들의 조합으로 표시될 수 있다. 디지털 컴퓨터는 AD 컨버터 회로를 통해 아날로그 입력 신호(전압)를 디지털 비트(이진수) 정보로 변환한다. 이진 디지털 숫자는 컴퓨터의 계산이나 로직 네트워크에서 사용된다. 출력 신호는 대개 시스템 액추에이터를 켜고 끄는 디지털 신호이다.

클럭 속도 및 타이밍 마이크로프로세서는 센서 입력 전압 신호를 수신하여 이를 처리하고 다른 메모리 장치의 정보를 사용하여 적절한 액추에이터로 전압 신호를 전송한다. 마이크로프로세서는 이진법 코드라 불리는 언어로 0과 1의 긴 흐름을 전송함으로써 통신한다. 하지만 마이크로프로세서는 한 신호가 언제 끝나고 다른 신호가 시작되는지를 알기 위한 어떤 방법이 있어야 한다. 그것은 **시계 발생기**(clock generator)라고 불리는 수정 발진기(crystal oscillator)의 일이다. ●그림 15-6 참조.

컴퓨터의 수정 진동자는 1비트 길이의 지속적인 펄스 흐름을 생성한다. 마이크로프로세서와 메모리 양쪽 모두 통신을 수행하는 동안 클럭 펄스를 감시한다. 이들은 각 전압 펄스의 길이가 얼마나 길어야 하는지 알기 때문에, 01과 0011을 구분할 수 있다. 이 과정을 완료하기 위해, 입력 및 출력 회로도 클럭 펄스를 관찰한다.

컴퓨터 속도 모든 컴퓨터가 같은 속도로 작동하는 것은 아니다—어떤 컴퓨터는 다른 컴퓨터보다 더 빠르다. 컴퓨터가 작동하는 속도는 특정 측정을 수행하는 데 필요한 사이클 시간(cycle time) 또는 클럭 속도(clock speed)로 명시된다. 사이클 타임 또는 클럭 속도는 MHz 단위로 측정된다(현재 대부분의 차량 컴퓨터의 클럭 속도는 4.7MHz, 8MHz, 15MHz, 18MHz 및 32MHz 중의 하나이다).

보드 속도 컴퓨터는 직렬 데이터 스트림의 비트를 정확한 간격으로 전송한다. 컴퓨터의 속도를 **보드 속도**(baud rate) 또는 초당 비트라고 한다. **보드 속도**는 문자당 5비트 전신 코드를 개발한 프랑스 전보 사업자인 J.M. Emile Baudot(1845~1903)의 이름을 따서 명명되었다. mph가 특정 거리를 이동하는 데 필요한 시간을 추정하는 데 도움이 되는 것과 마찬가지로, 전송 속도는 특정 컴퓨터가 다른 컴퓨터로 지정된 양의 데이터를 전송해야 하는 시간을 예측하는 데 유용하다. 자동차용 컴퓨터는 1980년대 초 사용되던 160 보드 속도로부터 일부 네트워크를 위한 50만 보드 속도까지 발전했다. 데이터 전송 속도는 시스템 작동과 시스템 문제해결 모두에 중요한 요소이다.

제어 모듈 위치 컴퓨터 하드웨어는 모두 하나 이상의 회로판에 장착되어 있으며, 전자파 간섭(EMI)으로부터 차폐하는 데 도움이 되도록 금속 케이스에 설치되어 있다. 컴퓨터를 센서와 액추에이터로 연결하는 배선 하니스는 회로 보드의 다중 핀 커넥터 또는 에지 커넥터로 연결된다.

온보드 컴퓨터는 단일 작동을 제어하는 단일 기능 장치부터 차량의 모든 개별(그렇지만 연결된) 전자 시스템을 관리하는 다기능 장치에 이르기까지 다양하다. 크기는 작은 모듈에

그림 15-7 이러한 파워트레인 제어 모듈(PCM)은 쉐보레 픽업트럭의 덮개 아래에 있다.

그림 15-8 크라이슬러 차량에 장착된 이 PCM은 냉각시키는 데 도움이 되도록 라디에이터 옆에 위치하고 공기 흐름 속에 있기 때문에 자동차를 들어 올려야만 볼 수 있다.

서 노트북 크기까지 다양하다. 대부분의 다른 종류의 엔진 컴퓨터는 계기판 아래 또는 측면 킥 패널 아래 조수석 구획에 장착되어 있어, 극한 온도, 오염, 진동으로 인한 물리적 손상 또는 다양한 높은 전류와 전압에 의한 간섭으로부터 차폐될 수 있다. ●그림 15-7과 15-8 참조.

차량 컴퓨터는 다음 센서들로부터 생성된 신호(전압 레벨)를 사용한다.

- **엔진 속도(분당 회전수 또는 RPM) 센서.** 이 신호는 점화 제어 모듈(ICM)의 주 점화 신호로부터 또는 크랭크축 위치(CKP) 센서로부터 직접 수신된다.
- **부속품 작동을 위한 스위치 또는 버튼.** 많은 부속품이 앞유리 와이퍼 또는 열선 내장 시트와 같은 액세서리를 켜거나 끄도록 차체 컴퓨터에 신호를 보내는 제어 버튼을 사용한다.
- **다기관 절대 압력(manifold absolute pressure, MAP) 센서.** 이 센서는 흡기 다기관에서 진공을 측정하는 센서로부터 생성된 신호를 사용하여 엔진 부하를 감지한다.
- **흡입 공기량(mass airflow, MAF) 센서.** 이 센서는 센서를 통과하여 엔진으로 유입되는 공기의 무게(질량 및 밀도)를 측정한다.
- **엔진 냉각수 온도(engine coolant temperature, ECT) 센서.** 이 센서는 엔진 냉각수의 온도를 측정한다. 이 센서는 엔진 제어 및 자동 에어컨 작동에 사용된다.
- **산소 센서(O2S).** 이 센서는 배기 흐름에서 산소를 측정한다. 일부 차량에는 4개의 산소 센서가 장착되어 있다.
- **스로틀 위치(throttle position, TP) 센서.** 이 센서는 스로틀 개방을 측정하며, 엔진 제어 및 차량 변속기/트랜스액슬의 변속 지점을 위해 컴퓨터에 의해 사용된다.
- **차량 속도(vehicle speed, VS) 센서.** 이 센서는 변속기/트랜스액슬의 출력에 위치한 센서를 사용하거나 휠 속도 센서를 모니터링하여 차량 속도를 측정한다. 이 센서는 속도계, 크루즈 컨트롤 및 에어백 시스템에서 사용된다.

컴퓨터 출력 Computer Outputs

출력 제어 컴퓨터가 입력 신호를 처리한 후, 다음과 같이 시스템의 다른 장치로 전압 신호를 보낸다.

- **액추에이터 작동**. 액추에이터는 엔진 공회전 속도, 서스펜션 높이, 점화 타이밍 및 기타 출력 장치를 제어하기 위해 전기에너지를 열, 빛 또는 운동으로 변환하는 전기 또는 기계 장치이다.
- **네트워크 통신**. 컴퓨터는 또한 네트워크를 통해 다른 컴퓨터 시스템과 통신할 수 있다. 차량용 컴퓨터는 두 가지 일만 수행할 수 있다.
  1. 장치를 켠다.
  2. 장치를 끈다.

  일반적인 출력 장치는 다음과 같다.
- **연료 분사기(fuel injector)**. 컴퓨터는 분사기가 열린 상태로 유지되는 시간(밀리초)을 변경하여 엔진에 공급되는 연료량을 제어할 수 있다.
- **송풍 모터(blower motor) 제어**. 대부분의 송풍 모터는 설정된 속도를 유지하기 위해 전류를 on/off시킴으로써 차체 컴퓨터에 의해 제어된다.
- **변속기 변속(transmission shifting)**. 이 컴퓨터는 변속 솔레노이드 및 토크 컨버터 클러치(TCC) 솔레노이드에 접지를 제공한다. 자동 변속기/트랜스액슬의 작동은 차량 센서 정보를 기반으로 최적화되어 있다.
- **공회전 속도(idle speed) 컨트롤**. 이 컴퓨터는 공회전 공기 제어(idle air control, IAC) 장치 또는 전자식 스로틀 컨트롤(ETC) 장치를 제어하여, 엔진 공회전 속도를 유지하고 필요에 따라 공회전 속도를 높일 수 있다.
- **증발 가스(evaporative emission) 제어 솔레노이드**. 이 컴퓨터는 OBD-II 시스템 요구 사항의 일부로 연료 시스템 누출 감지 시험을 수행하기 위해 활성탄 캐니스터(canister)로부터 엔진으로 가는 가솔린 증기 흐름을 제어하고 시스템을 밀폐할 수 있다.

  대부분의 출력은 다음 세 가지 방법 중 하나를 통해 전기적으로 작동한다.
  1. 디지털
  2. 펄스폭 변조(PWM)
  3. 스위치

디지털 제어는 주로 컴퓨터 통신에 사용되며, 패킷으로 송신하고 수신하는 전압 신호를 포함한다.

펄스폭 제어 방식은 장치에 공급되는 전력량을 변경하여 송풍 모터와 같은 장치를 가변 속도로 작동되게 할 수 있다.

스위칭된 출력은 on/off 중 하나의 출력이 된다. 많은 회로

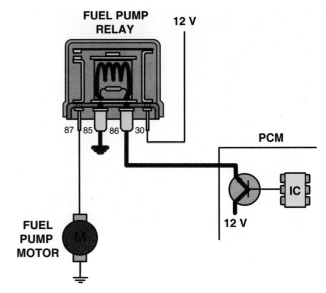

그림 15-9 전형적인 출력 드라이버. 이 경우 PCM은 연료 펌프에 전력을 공급하기 위해 연료 펌프 릴레이 코일에 전압을 인가한다.

에서 PCM은 릴레이를 사용하여 장치를 on/off하는데, 이는 릴레이가 고전류 장치를 on/off할 수 있는 저전류 장치이기 때문이다. 대부분의 컴퓨터 회로는 많은 양의 전류를 처리할 수 없다. 릴레이 회로를 사용하여 PCM은 릴레이로 출력 제어를 제공하고, 대신 릴레이도 장치에 출력 제어를 제공한다.

PCM에서 제어하는 릴레이 코일은 일반적으로 0.5A 미만의 전류를 소비한다. 릴레이가 제어하는 장치는 30A 이상의 전류를 소비할 수 있다. PCM 스위치는 실제로는 트랜지스터이며 출력 드라이버(output driver)라고도 한다. ●그림 15-9 참조.

출력 드라이버 출력 드라이버(output driver)에는 두 가지 기본 유형이 있다.

1. **저전압 측 드라이버**. 저전압 측 드라이버(low-side driver, LSD)는 컴퓨터 내부에서 릴레이 코일의 접지 경로를 완성하는 트랜지스터이다. 점화(키-on) 전압과 배터리 전압이 릴레이로 공급된다. 릴레이 코일의 접지 측은 컴퓨터 내부의 트랜지스터에 연결된다. 연료 펌프 릴레이의 예에서 트랜지스터가 "on"으로 켜질 때 릴레이 코일의 접지가 완성되고, 릴레이는 배터리 전력과 연료 펌프 사이의 전원 회로를 완성한다. 비교적 낮은 전류가 컴퓨터 내부에 있는 릴레이 코일 및 트랜지스터를 통해 흐른다. 이로 인해 릴레이가 스위칭되고, 연료 펌프에 배터리 전압을 공급한다. 스위칭된 출력 대부분은 주로 LSD였다. ●그림 15-10 참조.

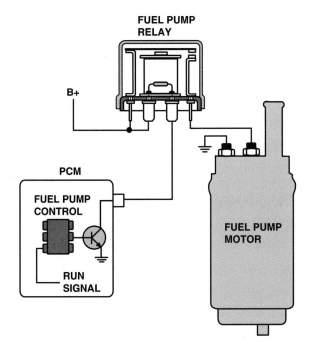

그림 15-10 릴레이 코일의 접지 측을 제어하기 위해 제어 모듈을 사용하는 전형적인 LSD.

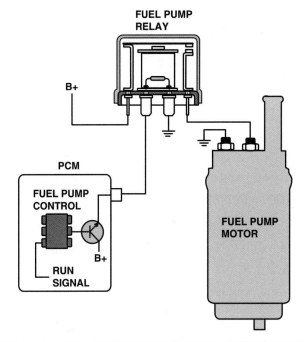

그림 15-11 모듈 자체가 장치에 전력을 공급하는 전형적인 모듈 제어식 HSD. 모듈 내부의 논리 회로는 회로의 연결을 포함하여 회로 고장을 감지할 수 있으며, 제어되는 회로에 단락 회로가 있는지 감지할 수 있다.

　　LSD는 릴레이의 제어 회로가 완전한지 확인하기 위해 종종 릴레이의 전압을 모니터링하여 진단 회로 점검을 수행할 수 있다. 그러나 LSD는 접지로 단락(short-to-ground)되었는지 감지할 수 없다.

2. **고전압 측 드라이버.** 고전압 측 드라이버(high-side drivers, HSD)는 회로의 전원 측을 제어한다. 이러한 응용에서 트랜지스터를 on 시키면, 장치에 전압이 인가된다. 장치에 접지가 제공되었으므로, HSD가 스위칭될 때 장치에 전원이 공급된다. 일부 용도에서 회로 보호를 개선하기 위해 LSD 대신 HSD가 사용된다. GM 차량은 연료 펌프 릴레이를 제어하기 위해 LSD 대신 HSD를 사용해 왔다. 사고가 발생할 경우 연료 펌프 릴레이 측 회로가 접지되면 HSD가 단락될 수 있는데, 이는 연료 펌프 릴레이의 전원을 차단하도록 할 수 있다. 모듈 내부의 HSD는 회로에 전원이 공급되지 않을 때의 연결 부재와 같은 전기적 고장을 감지할 수 있다. ●그림 15-11 참조.

펄스폭 변조　펄스폭 변조(pulse-width modulation, PWM)는 디지털 신호를 사용하여 출력을 제어하는 방법이다. 장치를 on/off 하는 대신, 컴퓨터가 가동 시간(on-time)을 제어할 수 있다. 예를 들면, 솔레노이드는 PWM 소자가 될 수 있

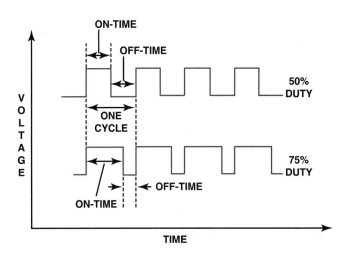

그림 15-12 상단 및 하단 패턴 모두 동일한 주파수를 가지고 있다. 그러나 가동 시간의 양은 다르다. 듀티 사이클(duty cycle)은 사이클 중에서 신호가 켜져 있는 시간의 비율이다.

다. 예를 들어 진공 솔레노이드가 스위칭되는 드라이버에 의해 제어되는 경우, 스위치를 켜거나 끄는 것은 솔레노이드를 통해 완전 진공 상태가 되거나, 진공이 전혀 통과하지 않는 것을 의미한다. 그러나 솔레노이드를 통해 흐르는 진공의 양을 제어하기 위해 PWM이 사용될 수 있다. PWM 신호는 디지털 신호이며, 일반적으로 0V 및 12V이고, 고정 주파수에

서 주기적으로 반복된다. 신호가 켜져 있는 시간의 길이에 변화를 주는 것은 출력의 가동 시간(on-time)과 정지 시간(off-time)을 변경할 수 있는 신호를 제공한다. 주기에 대한 가동 시간 비율을 **듀티 사이클(duty cycle)**이라고 한다. ●그림 15–12 참조.

일반적으로 고정되어 있는 신호의 주파수에 따라, 이 신호는 장치를 초당 정해진 횟수만큼 on/off 한다. 예를 들어 전압이 한 사이클 시간의 90% 동안 높고(12V), 나머지 10% 시간 동안 낮으면(0V), 이 신호의 듀티 사이클은 90%이다. 다시 말해 이 신호가 진공 솔레노이드에 적용된 경우, 솔레노이드는 90%의 시간 동안 "on" 상태가 된다. 이 상태는 더 많은 진공이 솔레노이드를 통해 흐르게 한다. 컴퓨터는 이러한 on/off 시간 또는 PWM을 0%에서 100% 사이의 비율로 변화시킬 수 있

다. PWM의 좋은 예는 냉각팬 속도 제어이다. 냉각팬 속도는 배터리 전압이 냉각팬 모터에 인가되는 가동 시간을 변화시켜 제어한다.

- 100% 듀티 사이클: 팬이 최대 속도로 동작한다.
- 75% 듀티 사이클: 팬이 3/4 속도로 동작한다.
- 50% 듀티 사이클: 팬이 1/2 속도로 동작한다.
- 25% 듀티 사이클: 팬이 1/4 속도로 동작한다.

따라서 PWM을 사용하면 출력 장치를 정밀하게 제어하여 필요한 냉각 정도를 달성하고, 필요한 경우 단순히 냉각팬을 높은 전압에서 켜는 경우와 비교하여 전기에너지를 절약한다. PWM은 솔레노이드를 통한 진공 제어, 증기 배출 솔레노이드의 배출량, 연료 펌프 모터의 속도, 선형 모터의 제어, 또는 전구의 강도 제어 등에 사용될 수 있다.

요약 Summary

1. 자동차공학회(SAE) 표준 J1930은 차량의 엔진 및 변속기를 제어하는 컴퓨터에 *파워트레인 제어 모듈(PCM)*이라는 용어를 사용하도록 명시하고 있다.
2. 네 가지 기본적인 컴퓨터 기능은 입력, 처리, 저장, 출력이다.
3. 메모리 유형에는 프로그램 가능한 읽기전용 메모리(ROM), 소거 가능 읽기전용 메모리(EPROM) 또는 전기적 소거 가능 읽기전용

메모리(EEPROM), 그리고 랜덤액세스 메모리(RAM) 및 KAM 등이 포함된다.
4. 컴퓨터 입력 센서에는 엔진 속도(RPM), MAP, MAF, ECT, O2S, TP 및 VS가 포함된다.
5. 컴퓨터는 기기를 켤 수도 있고 끌 수도 있지만, 둘 중 하나의 동작을 빠르게 수행할 수도 있다.

복습문제 Review Questions

1. 차량 컴퓨터의 어느 부분이 두뇌로 간주되는가?
2. 휘발성 RAM과 비휘발성 RAM의 차이점은 무엇인가?
3. 네 가지 입력 센서는 무엇인가?
4. 네 가지 출력 장치는 무엇인가?

15장 퀴즈 Chapter Quiz

1. 컴퓨터 신호로 사용되는 전기 단위는 무엇인가?
   a. 볼트(V)
   b. 옴(Ω)
   c. 암페어(A)
   d. 와트(W)
2. 네 가지 기본적인 컴퓨터 기능은 _____이다.
   a. 쓰기, 처리, 인쇄, 기억
   b. 입력, 처리, 저장, 출력
   c. 데이터 수집, 처리, 출력, 평가
   d. 감지, 계산, 작동, 처리

3. 모든 OBD-II 차량은 어떠한 읽기전용 메모리 유형을 사용하고 있나?
   a. ROM
   b. PROM
   c. EPROM
   d. EEPROM

4. 컴퓨터의 "두뇌"는 _____이다.
   a. PROM
   b. RAM
   c. CPU
   d. AD 컨버터

5. 컴퓨터 속도는 _____로 측정된다.
   a. 보드 속도(baud rate)
   b. 클럭 속도(clock speed)(Hz)
   c. 볼트(voltage)
   d. 바이트(byte)

6. 어느 항목이 컴퓨터 입력 센서인가?
   a. RPM
   b. 스로틀 위치
   c. 엔진 냉각수 온도
   d. 위의 모든 것

7. 어느 항목이 컴퓨터 출력 장치인가?
   a. 연료 분사기
   b. 변속기 변속 솔레노이드
   c. 증발 가스 제어 솔레노이드
   d. 위의 모든 것

8. 차량 컴퓨터에 대한 SAE 용어는 _____이다.
   a. PCM
   b. ECM
   c. ECA
   d. 제어장치

9. 차량용 컴퓨터가 (출력으로) 실제로 수행할 수 있는 두 가지 기능은 무엇인가?
   a. 정보를 저장하고 처리한다.
   b. 무언가를 켜거나 끈다.
   c. 온도를 계산하고 변경한다.
   d. 연료 및 타이밍만 제어한다.

10. 어떤 유형의 회로를 통해 센서의 아날로그 신호가 컴퓨터가 처리하기 위한 디지털 신호로 변경되나?
    a. 디지털
    b. 아날로그
    c. 아날로그–디지털 컨버터
    d. 프로그래밍 가능한 ROM(PROM)

이 장을 학습하고 나면,

1. 차량에 사용되는 네트워크 및 직렬 통신의 유형을 설명할 수 있다.
2. 네트워크가 데이터 링크 커넥터와 다른 모듈에 연결되는 방법에 대해 토론할 수 있다.
3. 모듈 통신 고장을 진단하는 방법을 설명할 수 있다.

GMLAN
UART
UART기반 프로토콜(UBP)
건강 상태(SOH)
꼬임쌍선
네트워크
노드
다중화
단일와이어 CAN(SWCAN)
버스(BUS)
브레이크아웃 박스(BOB)

스플라이스 팩
엔터테인먼트와 컴포트(E&C)
제어 영역 네트워크(CAN)
종단 저항
직렬 데이터
직렬 통신 인터페이스(SCI)
클래스 2
키워드
표준 기업 프로토콜(SCP)
프로그램 가능 컨트롤러 인터페
이스(PCI)

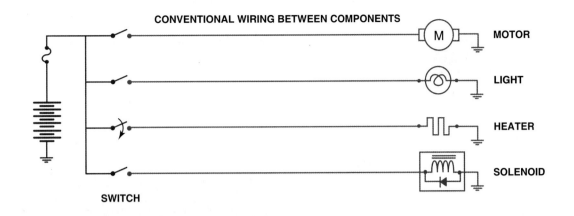

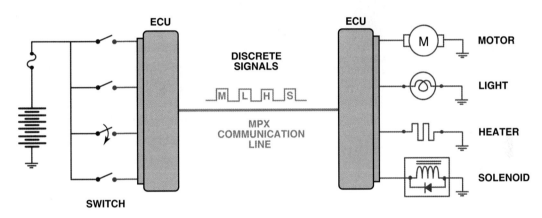

그림 16-1 모듈 통신은 다른 모듈에 신호를 보낼 때 간단한 저전류 스위치를 사용함으로써 다수의 전기 장치와 부속품들을 더욱 쉽게 제어할 수 있게 해 준다.

모듈 통신 및 네트워크
Module Communications and Networks

네트워크에 대한 요구 사항 1990년대 이후로, 차량은 대부분의 전기 구성 요소의 작동을 제어하기 위해 모듈을 사용해 왔다. 일반적인 차량에는 10개 이상의 모듈이 있으며, 적용 사례에 따라 데이터선 또는 장치 간 배선(hard wiring)을 통해 서로 통신한다.

장점 대부분의 모듈은 다음과 같은 장점 때문에 네트워크에 연결되어 있다.

- 전선의 개수를 줄이는 것이 필요하고, 중량과 비용이 절감되며, 공장 설치에 도움이 되고 복잡성을 줄여 서비스를 보다 쉽게 수행할 수 있다.
- 공통 센서 데이터는 차량 속도, 외부 공기 온도 및 엔진 냉

각수 온도와 같은 정보가 필요한 모듈과 공유할 수 있다.
- 그림 16-1 참조.

네트워크 기초
Network Fundamentals

모듈 및 노드 노드(node)라고도 하는 각 모듈은 다른 모듈과 통신해야 한다. 예를 들어, 운전자가 윈도우 하강 스위치를 누르면 파워 윈도우 스위치가 윈도우 하강 메시지를 차체 컨트롤 모듈로 송신한다. 그러면 차체 컨트롤 모듈이 운전석 측 윈도우 모듈에 요청을 보낸다. 이 모듈은 윈도우를 닫기 위해 현재 극성의 윈도우 리프트 모터에 전력 및 접지를 공급하여 작업을 수행하는 것을 책임진다. 또한 이 모듈은 모터를 통해 흐르는 전류를 모니터링하고, 방해물이 윈도우 모터로 하여금 정상 전류보다 더 많은 전류를 끌어당기도록 하면, 윈

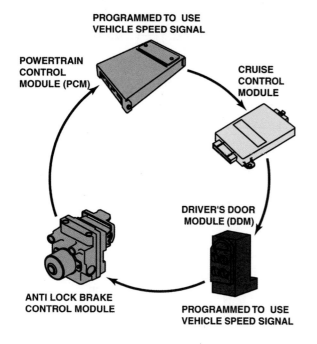

그림 16-2 네트워크는 모든 모듈들이 서로 통신할 수 있도록 한다.

도우 모터를 정지시키거나 후진시키는 회로를 포함한다.

통신 유형 통신 유형에는 다음이 포함된다.

- **차동(differential) 방식.** 전자파 통신의 차동 형식에서 전압 차이가 두 개의 배선에 가해지므로 전자기파 간섭(EMI)을 줄이기 위해 꼬여 있다. 이러한 전송선은 꼬임쌍선(twisted pair)이라고 한다.
- **병렬(parallel) 방식.** 병렬 버스(BUS) 통신의 병렬 형식에서 송신 및 수신 신호는 서로 다른 배선에 있다.
- **직렬 데이터(serial data) 방식.** 직렬 데이터는 직렬로 전송되는 데이터인데, 급격하게 변화하는 전압 신호는 로우에서 하이 또는 하이에서 하이까지 펄스로 전환된다.
- **다중화(multiplexing) 방식.** 다중 송신 프로세스는 다중 정보 신호를 신호 배선 위에 동시에 보내고 수신 종료 시에 신호를 분리하는 것을 포함한다.

컴퓨터 또는 프로세서의 상호 연결 시스템을 **네트워크(network)**라고 한다. ●그림 16-2 참조.

컴퓨터를 통신 네트워크에 연결하여, 정보를 쉽게 공유할 수 있다. 다중화는 다음과 같은 장점을 가지고 있다.

- 다중 센서에 대한 이중화 센서 및 전용 배선 제거
- 배선, 커넥터 및 회로 수 감소

- 새로운 차량에 더 많은 기능 및 옵션 내용 추가
- 더 적은 수의 구성 요소, 배선 및 커넥터로 인한 무게 감소로 인해 연비가 증가함
- 소프트웨어 업그레이드와 구성 요소 교체 기능이 포함된 변경 가능한 기능

모듈 통신 구성
Module Communications Configuration

차량에 사용되는 가장 일반적인 세 가지 유형의 네트워크는 다음과 같다.

1. **링 링크 네트워크(ring link network).** 링 형태 네트워크에서 모든 모듈은 링에 연결될 때까지 직렬 데이터 선에 의해 서로 연결된다. ●그림 16-3 참조.
2. **스타 링크 네트워크(star link network).** 스타 링크 네트워크에서 직렬 데이터 선은 각 모듈에 부착되고 각 모듈은 중앙 지점에 연결된다. 이 중앙 지점은 **스플라이스 팩(splice pack)**이라고 부르며, "SP 306"과 같은 축약형을 사용하여 "SP"라고 한다. 스플라이스 팩은 막대를 사용하여 모든 직렬 선을 함께 접합한다. 일부 GM 차량은 두 개 이상의 스플라이스 팩을 사용하여 모듈을 함께 연결한다. 하나 이상의 스플라이스 팩을 사용할 경우 직렬 데이터 선이 하나의 스플라이스 팩을 다른 스플라이스 팩들에 연결한다. 대부분의 응용 사례들에서 각 스플라이스 팩에 사용되는 버스 바는 제거될 수 있다. 버스 바가 탈거될 때, 탈거된 버스 바 대신 특수 공구(J42236)를 장착할 수 있다. 이 도구를 사용하여 각 모듈에 대한 직렬 데이터 선을 분리하고 가능한 문제를 시험할 수 있다. 스플라이스 팩에서 특수 공구를 사용하면 다른 유형의 네트워크를 보다 쉽게 진단할 수 있다. ●그림 16-4 참조.

? 자주 묻는 질문

버스는 무엇인가?

버스(BUS)는 통신망을 설명하는 데 사용되는 용어이다. 따라서 *버스로 연결(connection to BUS)*, *버스 통신(BUS communication)* 등의 용어가 있는데, 양쪽 모두 전자 모듈 또는 컴퓨터 사이에 전송되는 디지털 메시지와 관련되어 있다.

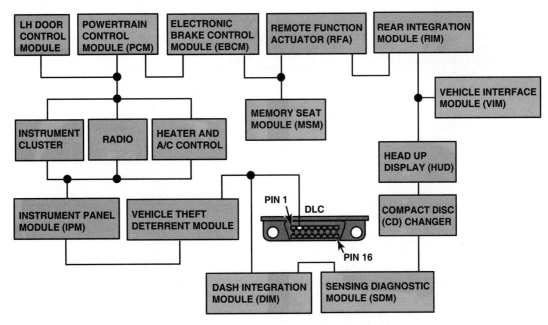

그림 16–3 링 링크 네트워크는 모든 모듈들을 상호 연결하는 데 사용하는 배선의 수를 감소시킨다.

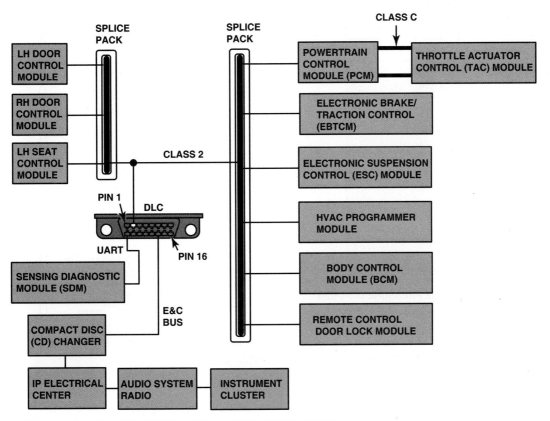

그림 16–4 스타 링크 네트워크에서 모든 모듈들은 스플라이스 팩을 사용하여 연결된다.

3. 링/스타 하이브리드(ring/star hybrid). 링/스타 네트워크에서 모듈은 두 가지 유형 모두의 네트워크 구성을 사용하여 연결된다. 이 네트워크가 진단 중인 차량에 연결되는 방법에 대한 자세한 내용은 서비스 정보(SI)를 확인하고, 항상 권장 진단 단계를 따라야 한다.

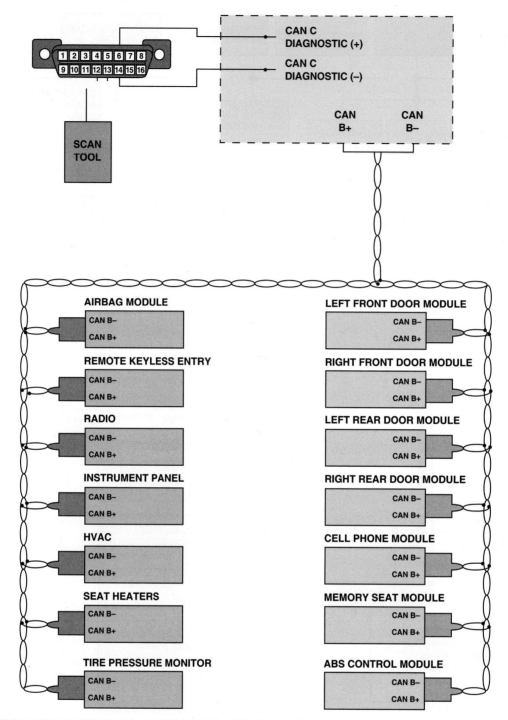

그림 16-5 모듈 CAN 통신과 꼬임쌍선(twisted pair)을 보여 주는 전형적인 버스 시스템.

? 자주 묻는 질문

프로토콜은 무엇인가?

프로토콜(protocol)은 컴퓨터 또는 전자 제어 모듈 사이에 사용되는 일련의 규칙 또는 표준이다. 프로토콜에는 전기 커넥터 유형, 전압 레벨 및 전송된 메시지의 주파수가 포함된다. 그러므로 프로토콜은 모듈 간에 통신하는 데 필요한 하드웨어와 소프트웨어를 모두 포함한다.

네트워크 통신 분류
Network Communications Classifications

SAE 표준은 차량 내 네트워크 통신망의 세 가지 범주를 포함한다.

클래스 A 저속 네트워크. 초당 10,000비트(10kbps) 미만의 저속 네트워크는 일반적으로 트립 컴퓨터, 엔터테인먼트 및 기타 편의 기능에 사용된다.

클래스 B 중속 네트워크. 평균 10,000~125,000bps(10~125kbps)를 의미하는 중간 속도는 일반적으로 계측기 클러스터, 온도 센서 데이터 및 기타 일반 용도와 같은 모듈 간의 정보 전송에 사용된다.

클래스 C 고속 네트워크. 125~1,000kbps를 의미하는 고속 네트워크는 일반적으로 실시간 파워트레인 및 차량 다이내믹 컨트롤에 사용된다. 고속 버스 통신 시스템은 이제 **제어 영역 네트워크(controller area network, CAN)**를 사용한다. ●그림 16-5 참조.

GM 통신 프로토콜
General Motors Communications Protocols

UART GM과 다른 회사들은 일부 전자 모듈이나 시스템에 UART 통신을 사용한다. **UART는 범용 비동기 수신 및 송신(universal asynchronous receive and transmit)**을 나타내는 직렬 데이터 통신 프로토콜이다. UART는 하나 이상의 원격 모듈에 연결된 마스터 컨트롤 모듈을 사용한다. 마스터 컨트

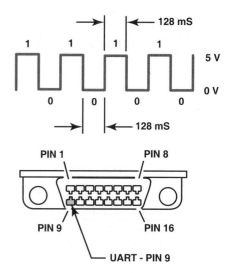

그림 16-6 UART 직렬 데이터 마스터 제어 모듈은 9번 핀을 통해 데이터 링크 커넥터(DLC)에 연결된다.

롤 모듈은 다른 모든 UART모듈을 트리거링하여 데이터 선에서 메시지 트래픽을 제어하는 데 사용된다. 원격 모듈은 응답 메시지를 마스터 모듈로 되돌려 보낸다.

UART는 0~5V 사이의 고정 펄스폭 스위칭을 사용한다. UART 데이터 버스는 8,192bps의 보드 속도로 작동한다. ● 그림 16-6 참조.

엔터테인먼트 및 컴포트 커뮤니케이션 GM 엔터테인먼트와 컴포트(entertainment and comfort, E&C) 직렬 데이터는 UART와 유사하지만 0~12V 토글을 사용한다. UART와 마찬가지로 E&C 직렬 데이터는 다른 원격 모듈에 연결된 마스터 컨트롤 모듈을 사용하는데, 원격 모듈은 다음을 포함할 수 있다.

- CD플레이어
- 계기판(instrument panel, IP) 전기 센터
- 오디오 시스템(라디오)
- 난방, 환기, 공조(heating, ventilation, and air-conditioning, HVAC) 프로그래머 및 제어 헤드
- 스티어링 휠 제어
- ●그림 16-7참조.

클래스 2 통신 클래스 2는 10.4kbps의 전송 속도로 0에서 7V 사이에서 동작하는 직렬 통신 시스템이다. 클래스 2는 파워트레인 컨트롤 모듈과 기타 컨트롤 모듈 사이의 고속 통신을 위해 사용되며, 스캔 도구로도 사용된다. 클래스 2는 GM-

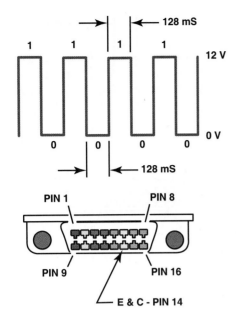

그림 16-7 E&C 직렬 데이터는 핀 14를 통해 데이터 링크 커넥터 (DLC)에 연결된다.

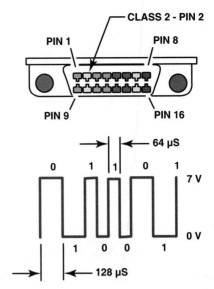

그림 16-8 클래스 2 직렬 데이터 통신은 핀 2에서 데이터 링크 커넥터(DLC)에 접근 가능하다.

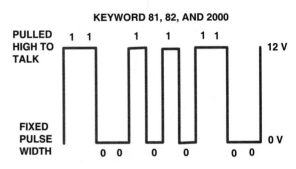

그림 16-9 키워드 82는 UART와 유사한 8,192bps의 속도로 작동하고, 키워드 2000은 10,400bps(클래스 2 통신기와 동일)의 보드 속도로 작동한다.

CAN(CAN)에서 사용하는 주요 고속 시리얼 통신 시스템이다. ●그림 16-8 참조.

키워드 통신 키워드(keyword) 81, 82 및 2000 시리얼 데이터는 GM 차량의 모듈 간 통신에도 사용된다. 통신 중일 때 키워드 데이터 버스 신호가 0~12V로 토글된다. 전압 또는 데이터 스트림은 통신하지 않을 때 0V이다. 키워드 직렬 통신은 시트 히터 모듈과 다른 용도로 사용되지만, 데이터 링크 커넥터(DLC)에 연결되어 있지 않다. ●그림 16-9 참조.

GMLAN 모든 차량 제조업체와 마찬가지로, GM은 2008년 모델부터 고속 시리얼 데이터를 사용해 모든 차량의 스캔 도구와 통신할 수 있어야 한다. 앞서 언급한 바와 같이 표준은 제어 영역 네트워크(CAN)로 불리는데, GM은 **GM local area network**를 뜻하는 **GMLAN**이라고 부른다.

GM은 두 가지 버전의 GMLAN을 사용한다.

- **저속 GMLAN.** 저속 버전은 파워 윈도우 및 도어 잠금 장치와 같은 운전자 제어 기능에 사용된다. 저속 GMLAN의 보드 속도는 33,300bps이다. GMLAN 저속 직렬 데이터는 데이터 링크 커넥터에 직접 연결되어 있지 않으며, 하나의 배선을 사용한다. 처음 12V 스파이크가 켜진 후 0V에서 5V 사이 전압이 토글되며, 이는 모듈이 켜지거나 웨이크업 상태에서 켜지고, 회선에서 데이터를 수신대기하는 것을 나타낸다. 저속 GMLAN은 **단일와이어 CAN(single-wire CAN)** 또는 **SWCAN**으로 알려져 있으며, DLC의 핀 1에 위치한다.

- **고속 GMLAN.** 보드 속도는 거의 500kbps이다. 이 직렬 데이터 방법은 핀 6 및 14의 데이터 링크 커넥터에 연결된 2개의 꼬임배선 회로를 사용한다. ●그림 16-10 참조.

CANDi(CAN diagnostic interface) 모듈을 사용하여 GMLAN이 장착된 GM 차량을 연결할 수 있도록 해야 한다. ●그림 16-12 참조.

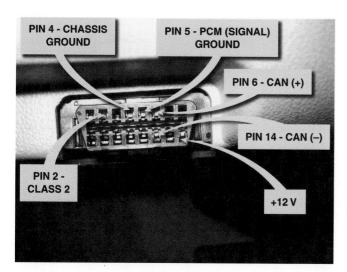

그림 16-10 GMLAN은 단자 6과 14의 핀을 사용한다. 핀 1은 2006년 신형 GM 자동차에서 저속 GMLAN으로 사용된다.

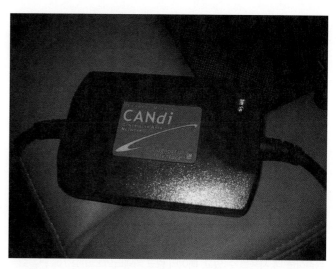

그림 16-12 통신이 감지되면 CANDi 모듈은 녹색 LED를 빠르게 점멸시킨다.

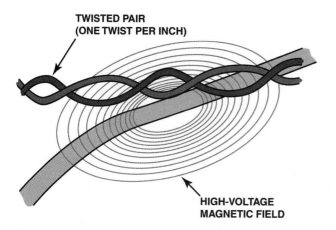

그림 16-11 꼬임쌍선은 주변의 전자기파 근원으로부터 도선에 유도될 수 있는 간섭을 감소시키기 위해 여러 다른 종류의 네트워크 통신 프로토콜에 사용된다.

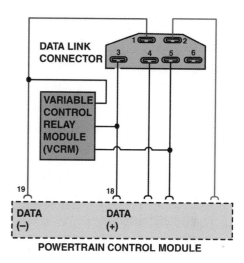

그림 16-13 SCP 통신이 캐비티 1(상단 왼쪽)과 3(하단 왼쪽)에 있는 단자를 사용하는 것을 보여 주는 포드 OBD-I 진단 링크 커넥터.

? 자주 묻는 질문

꼬임쌍선이 사용되는 이유는 무엇인가?

꼬임쌍선(twisted pair)은 두 개의 도선이 서로 맞물리도록 꼬여 있는 것인데, 전선을 통과하는 신호에 영향을 미치는 전자기파 복사를 방지하기 위한 것이다. 매 인치마다 두 도선을 한 번씩(9~16회/foot) 꼬아 주면, 인접 도선에 의한 간섭이 상쇄된다. ●그림 16-11 참조.

포드 네트워크 통신 규약
Ford Network Communications Protocols

표준 기업 프로토콜(SCP) 소수의 포드 차량만이 OBD-I 데이터 링크 커넥터를 통해 스캔 도구 데이터에 접근할 수 있다. 포드 차량에서 **표준 기업 프로토콜(standard corporate protocol, SCP)**을 지원하고 스캔 도구와 통신할 수 있는 OBD-I(1988~1995)을 확인하기 위해서는 DLC의 캐비티 1과 3의 터미널을 찾아야 한다. ●그림 16-13 참조.

SCP는 J-1850프로토콜을 사용하며 키 ON 상태에서 활성

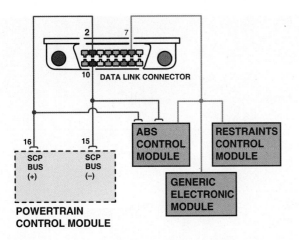

그림 16-14 스캔 도구는 터미널 2와 10을 통해 SCP 버스와 통신을 점검하는 데 사용될 수 있고, 데이터 링크 커넥터의 터미널 7에 연결되는 다른 모듈로 통신을 점검하는 데 사용될 수 있다.

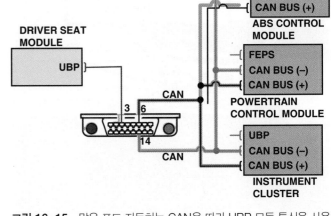

그림 16-15 많은 포드 자동차는 CAN을 따라 UBP 모듈 통신을 사용한다.

> ### ? 자주 묻는 질문
>
> **U코드는 무엇인가?**
>
> U 진단 고장 코드는 처음에는 "정의되지 않음"이었지만 이제 네트워크 관련 코드이다. 네트워크 코드를 사용하여 올바로 작동하지 않는 회로 또는 모듈을 정확하게 식별할 수 있다.

화된다. SCP 신호는 4V에서 4.3V까지의 양극에서 나오며, 단자에서 감지되는 신호에 대해 스캔 도구를 연결할 필요가 없다. OBD-II(EECV) 포드 차량은 SCP 모듈 통신을 사용하여 네트워크 통신용 16핀 데이터 링크 커넥터 2개(양극)와 10(음)의 단자를 사용한다.

UART기반 프로토콜(UBP) 최신 포드는 CAN을 사용하여 스캔 도구 진단을 수행하지만 일부 모듈에 대해 SCP 및 **UART기반 프로토콜(UART-based protocol, UBP)**을 유지한다. ●그림 16-14와 16-15 참조.

크라이슬러 통신 프로토콜
Chrysler Communications Protocols

크라이슬러 충돌 감지(CCD) 1980년대 후반 이후로 크라이슬러 충돌 감지(Chrysler collision detection, CCD) 멀티플렉스 네트워크는 스캔 도구와 모듈 통신에 사용된다. 이것은 차

동형 통신이며 꼬임쌍선을 도선으로 사용한다. 네트워크에 연결된 모듈은 각 도선에 바이어스 전압을 적용한다. CCD 신호는 더하기 및 빼기(CCD+, CCD-)로 분류되며, 전압 차이는 0.02V를 초과하지 않는다. 보드 속도는 7,812.5bps이다.

참고: 크라이슬러 충돌 감지 버스 통신의 "충돌"은 버스 내에서 정보 교환의 충돌을 방지하는 프로그램을 의미하며, 차량의 에어백 또는 다른 사고와 관련된 자동차 회로를 참조하지 않는다.

이 회로는 스캔 도구 명령 없이 활성화된다. ●그림 16-16 참조.

CCD 버스의 모듈은 종단 저항을 사용함으로써 각 도선에 바이어스 전압을 인가한다. ●그림16-17 참조.

CCD+와 CCD- 사이의 전압 차이는 20mV 미만이다. 예를 들어 검은색 미터기 리드를 접지에 연결하고, 데이터 링크 커넥터에 빨간색 미터기 리드를 부착한 디지털 미터기를 사용하면 다음과 같은 일반적인 판독값이 포함될 수 있다.

- 터미널 3 = 2.45V
- 터미널 11 = 2.47V

판독값이 20mV(0.020V)이기 때문에, 이 값은 허용되는 수치이다. 둘 다 정확히 2.5V가 되었다면, 두 데이터 배선이 함께 단락되었음을 나타낼 수 있다. 바이어스 전압을 제공하는 모듈은 일반적으로 차량의 차체 제어 모듈과 지프 및 트럭의 전방 제어 모듈이다.

프로그램 가능 컨트롤러 인터페이스(PCI) 크라이슬러의 프로그램 가능 컨트롤러 인터페이스(programmable controller

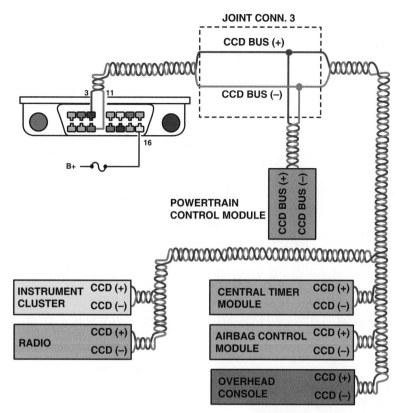

그림 16-16 CCD 신호는 +와 -로 라벨이 붙여지고, 꼬임쌍선을 사용한다. 데이터 링크 커넥터의 단자 3과 11은 스캔 도구로부터 CCD 버스에 접근하기 위해 사용된다. 핀 16이 스캔 도구로 12V를 공급하는 데 사용된다.

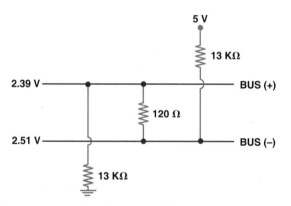

그림 16-17 CCD 버스에 대한 차동 전압은 모듈에서 저항을 사용하여 생성된다.

interface, PCI)는 OBD-II DLC를 터미널 2에서 연결하는 단선 통신 프로토콜이다. PCI 버스는 버스에 있는 모든 모듈에 스타 구성으로 연결되어 있으며 10,200bps의 보드 속도로 작동한다. 전압 신호는 7.5~0V 사이에서 토글된다. 이 전압이 OBD-II DLC의 단지 2번에서 확인되면, 약 1V의 전압은 평균 전압을 나타내며, 버스가 작동하고 있고 접지로 단락되어 있지 않음을 의미한다. PCI와 CCD는 종종 동일한 차량에서 사용된다. ●그림 16-18 참조.

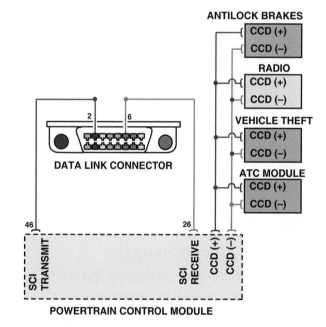

그림 16-18 많은 크라이슬러 자동차는 모듈 통신을 위해 SCI와 CCD 양쪽 모두를 사용한다.

직렬 통신 인터페이스(SCI) 크라이슬러는 직렬 통신 인터페이스(serial communications interface, SCI)가 CAN으로 교

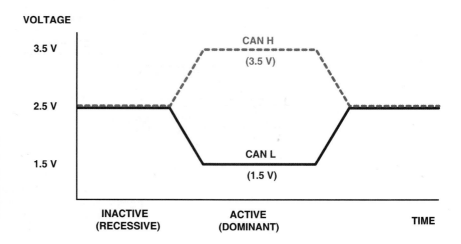

VOLTAGE

3.5 V

2.5 V

1.5 V

CAN H
(3.5 V)

CAN L
(1.5 V)

INACTIVE
(RECESSIVE)

ACTIVE
(DOMINANT)

TIME

그림 16-19 CAN은 한 도선의 전압과 크기는 같지만 부호가 반대인 전압을 다른 도선에 인가되는 차동 형식의 모듈 통신을 사용한다. 통신이 수행되지 않을 때, 양쪽 도선은 2.5V로 인가된 상태이다. CAN H는 3.5V로 상승하고, CAN L은 1.5V로 하강한다.

체될 때까지 대부분의 스캔 도구와 플래시 재프로그래밍 기능을 위해 SCI를 사용했다. SCI는 단자 6(SCI 수신기) 및 단자 2(SCI 송신기)에서 OBD-II DLC에 연결되어 있다. 회로를 시험하기 위해 스캔 도구를 반드시 연결해야 한다.

제어 영역 네트워크(CAN)
Controller Area Network

배경 Robert Bosch Corporation은 CAN 1.2라는 CAN(controller area network) 프로토콜을 1993년에 개발했다. CAN 프로토콜은 2003년 환경보호국(Environmental Protection Agency, EPA)에 의해 승인되었고, 최신 차량 진단을 거쳤으며, 2008년까지 모든 차량에 대한 법률적 요건이 되었다. CAN 진단 시스템은 표준 16핀 OBD-II(J-1962) 커넥터에서 핀 6 및 핀 14를 사용한다. CAN을 사용하기 전에는 각 제조사는 특정한 스캔 도구 프로토콜을 사용해 왔다.

CAN 특징 CAN 프로토콜은 다음과 같은 기능을 제공한다.

- 다른 버스 통신 프로토콜보다 빠르다.
- 사용하기 쉬운 시스템이기 때문에 비용 효율적이다.
- 전자기파 간섭에 의해 영향을 덜 받는다(꼬임쌍선이라는 두 개의 도선으로 데이터를 전송하여 EMI 간섭을 줄이는 데 도움이 됨).
- 주소를 기반으로 하기보다 메시지를 기반으로 함으로써 더욱 쉽게 확장할 수 있다.
- 2-배선 시스템이기 때문에 웨이크업이 필요 없다.
- 최대 15개의 모듈 및 스캔 도구 지원.

- 전기 잡음을 감소시키기 위해 각 쌍의 끝 부분에 120Ω저항을 사용한다.
- 두 도선 모두에서 2.5V를 인가한다—능동 상태일 때 H(하이)는 3.5V로 올라가며, L(로우)은 1.5V로 내려간다. ●그림 16-19 참조.

CAN 클래스 A, B, C CAN은 세 가지 등급이 있으며, 다른 속도로 작동한다. CAN A, B, C 네트워크는 모두 동일한 차량 내의 게이트웨이를 사용하여 연결될 수 있다. 게이트웨이는 일반적으로 차량의 여러 모듈 중 하나이다.

- **CAN A.** 이 클래스는 저속에서 단 하나의 배선으로만 작동하므로, 제작비용이 덜 든다. CAN A는 일반 모드에서 33.33kbps의 데이터 전송 속도와 최대 83.33kbps의 데이터 전송 속도를 제공한다. CAN A는 차량 접지를 신호 리턴 회로로 사용한다.
- **CAN B.** 이 클래스는 2-배선 네트워크에서 작동하며, 신호 리턴 회로로 차량 접지를 사용하지 않는다. CAN B는 데이터 전송 속도가 95.2kbps이다. 대신, CAN B(그리고 CAN C)는 차동 신호 송수신을 위해 두 개의 네트워크 배선을 사용한다. 즉, 두 개의 데이터 신호 전압이 서로 반대 방향으로 작용하고 지속적으로 비교됨으로써 오류 감지에 사용됨을 의미한다. 이 경우 CAN 데이터 배선 중 하나에서 신호 전압이 높음(CAN H)이 되면, 다른 하나는 낮음(CAN L)이 되고, 따라서 **차동 신호 송수신(differential signaling)**이라는 명칭을 갖는다. 차동 신호는 신호 배선 중 하나가 합선이 되는 경우에도, 이중화(redundancy)를 위해 사용된다.
- **CAN C.** 이 클래스는 최대 500kbps의 속도를 자랑하는

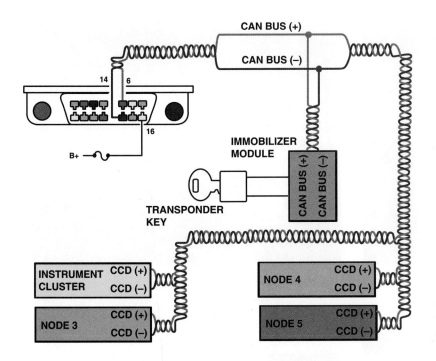

그림 16-20 CAN 버스가 자동차의 다양한 전기 부속품 및 시스템에 연결되어 있는 방식을 보여 주는 전형적인 시스템.

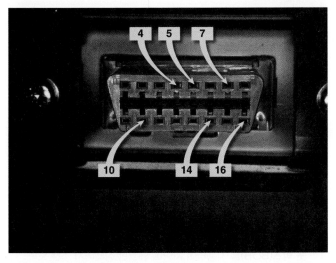

그림 16-21 pre-CAN 어큐라에 장착된 DLC. 캐비티 4, 5(접지), 7, 10, 14, 16(B+)에 연결 가능한 단자를 보여 주고 있다.

최고 속도 CAN 프로토콜이다. 2008년 모델부터는 미국에서 판매되는 모든 차량이 스캔 도구 통신을 위해 CAN 버스를 사용해야 한다. 대부분의 차량 제조업체는 구형 모델에서 CAN을 사용하기 시작했으며, 차량이 CAN을 장착하고 있는지 여부를 판단하는 것은 어렵지 않다. CAN 버스는 DLC의 단자 6및 단자 14를 통해 스캔 도구와 통신하여 차량에 CAN이 장착되어 있음을 나타낸다. ●그림 16-20 참조.

총 전압은 항상 일정하게 유지되고, 두 데이터 버스 라인의 전자기장 효과는 서로 상쇄된다. 데이터 버스 선은 수신된 전자파 방출로부터 보호되며 송신하는 전자파 방출에 거의 중성적이다.

혼다/토요타 통신
Honda/Toyota Communications

pre-CAN 장착 차량의 주된 버스 통신은 OBD-II DLC의 단자 7 및 단자 15를 사용하는 ISO 9141-2이다. ●그림 16-21 참조.

다수의 버스 메시지에 액세스하기 위해서 향상된 오리지널 장비(OE) 소프트웨어가 장착된 공장 스캔 도구 또는 애프터마켓 스캔 도구가 필요하다. ●그림 16-22 참조.

유럽형 버스 통신
European BUS Communications

고유한 진단 커넥터　많은 다른 유형의 모듈 통신 프로토콜들이 메르세데스-벤츠와 BMW 같은 유럽 차량에 사용된다.

대부분의 통신 버스 메시지는 데이터 링크 커넥터를 통해 접근할 수 없다. 개별 모듈의 작동을 점검하기 위해, 게이트웨

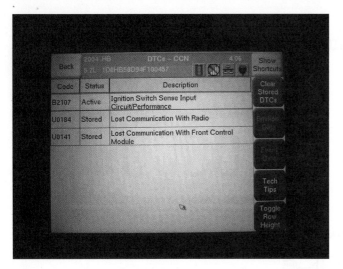

그림 16-22 버스와 관계된 문제들을 지시하는 B 코드와 두 개의 U 코드를 보여 주는 혼다 스캔 디스플레이.

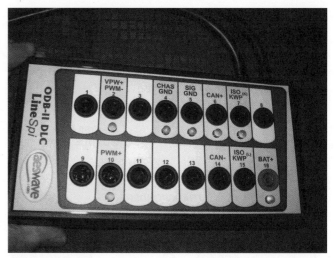

그림 16-24 모듈을 활성화하기 위한 스캔 도구를 사용한 상태에서 버스 단자에 접근하는 데 사용되는 브레이크아웃 박스(BOB). 이 브레이크아웃 박스는 회로가 활성화될 때 켜지는 LED를 장착하고 있다.

그림 16-23 많은 BMW 및 메르세데스 차량에서 확인되는 후드 하부의 전형적인 38-캐비티 진단 커넥터. 이 커넥터에 연결된 브레이크아웃 박스(breakout box, BOB)를 사용하는 것은 모듈 버스 정보로의 접근을 도와 줄 수 있다.

이 모듈을 통해 모듈과 통신하기 위해 공장 유형 소프트웨어가 장착된 스캔 도구가 필요하다. 모듈에 접근하기 위한 대체 방법을 위해 ●그림 16-23을 참조하라.

미디어-지향 시스템 전송(MOST) 버스

미디어-지향 시스템 전송(media-oriented system transport, MOST) 버스는 링 구성 또는 스타 구성에서 모듈 사이의 통신을 위해 광섬유 광학을 사용한다. 이 버스 시스템은 현재 차량의 비디오, CD 및 기타 미디어 시스템을 위한 엔터테인먼트 장비 데이터 통신용으로 사용되고 있다.

어떤 시스템이 사용되고 있는지 어떻게 알 수 있나?

서비스 정보를 이용하면 어떤 네트워크 통신 프로토콜이 사용되고 있는지 알 수 있다. 그러나 일부 차량은 다양한 시스템으로 인해 데이터 링크 연결을 살펴보는 것이 시스템을 알아내기가 더 쉬울 수 있다. 모든 OBD-II 차량은 다음과 같은 캐비티에 터미널이 있다.

Terminal 4: 섀시 접지
Terminal 5: 컴퓨터(신호) 접지
Terminal 16: 12V 양극

캐비티 6 및 캐비티 14의 단자들은 이 차량이 DLC에서 사용할 수 있는 유일한 모듈 통신 프로토콜로서 CAN을 장착하고 있음을 의미한다. 버스 시험을 수행하기 위해, **브레이크아웃 박스(BOB)**를 사용하여 차량에 연결한 상태에서 스캔 도구를 사용하여 단자들에 접근한다. ●그림 16-24 또는 일반적인 OBD-II 커넥터 브레이크아웃 박스(BOB) 참조.

모토롤라 인터커넥트(MI) 버스

모토롤라 인터커넥트(Motorola interconnect, MI)는 단일 마스터 컨트롤 모듈과 다수의 슬레이브 모듈을 사용하는 단일배선 직렬 통신 프로토콜이다. MI 버스 프로토콜의 전형적인 응용 사례는 전동 거울 및 메모리 거울, 좌석, 윈도우 및 전조등 조절 장치 등이다.

분산 시스템 인터페이스(DSI) 버스

분산 시스템 인터페이스(distributed system interface, DSI) 버스 프로토콜은 모토롤라에 의해 개발되었으며, 2선 직렬 버스를 사용한다. 현

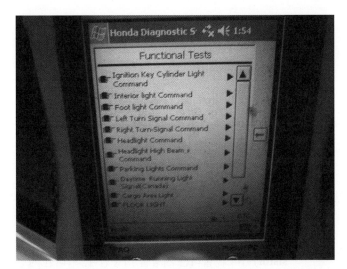

그림 16-25 혼다 스캔 도구는 기술자가 개별 전등을 켤 수 있게 해 주고, 개별 파워 윈도우와 버스 시스템에 연결된 부속품들을 동작시킬 수 있게 해 준다.

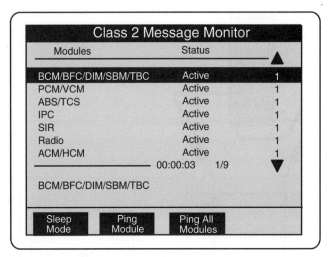

그림 16-26 GM 차량에 사용된 모듈들은 Tech 2 스캔 도구를 사용하여 "핑"될 수 있다.

재 DSI 버스 프로토콜은 안전관련 센서 및 부품에 사용되고 있다.

Bosch-Siemens-Temic(BST) 버스 보쉬-지멘스-테믹(Bosch-Siemens-Temic, BST) 버스는 에어백과 같은 차량 안전관련 부품 및 센서에 사용되는 또 다른 시스템이다. BST 버스는 2선 시스템이며 최대 250,000bps를 지원한다.

바이트플라이트 버스 바이트플라이트(byteflight) 버스는 에어백과 같은 안전 필수 부품에 사용되며, 플라스틱 광섬유(plastic optical fiber, POF)를 사용하여 1000만bps로 동작하는 시분할 다중 접속(time division multiple access, TDMA) 프로토콜을 사용한다.

플렉스레이 버스 플렉스레이(flexRay) 버스는 바이트플라이트 버스의 한 버전으로, 차량 내부 네트워크의 고속 직렬 통신 시스템이다. 플렉스레이 버스는 일반적으로 스티어-바이-와이어(steer-by-wire) 및 브레이크-바이-와이어(brake-by-wire) 시스템에 사용된다.

도메스틱 디지털 버스 일반적으로 도메스틱 디지털 버스(domestic digital BUS, D2B)는 단일링 구조에서 최대 5,600,000bps의 속도로 오디오, 비디오, 컴퓨터 및 전화 구성 요소를 연결하는 광학 버스 시스템이다.

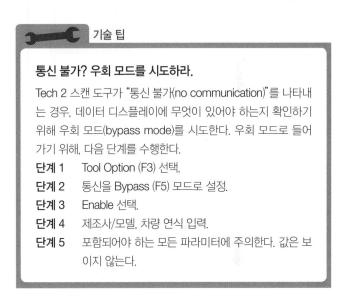

기술 팁

통신 불가? 우회 모드를 시도하라.

Tech 2 스캔 도구가 "통신 불가(no communication)"를 나타내는 경우, 데이터 디스플레이에 무엇이 있어야 하는지 확인하기 위해 우회 모드(bypass mode)를 시도한다. 우회 모드로 들어가기 위해, 다음 단계를 수행한다.

단계 1 Tool Option (F3) 선택.

단계 2 통신을 Bypass (F5) 모드로 설정.

단계 3 Enable 선택.

단계 4 제조사/모델, 차량 연식 입력.

단계 5 포함되어야 하는 모든 파라미터에 주의한다. 값은 보이지 않는다.

근거리 상호연결 네트워크(LIN) 버스 근거리 상호연결 네트워크(local interconnect network, LIN) 버스는 지능형 센서와 액추에이터 사이에 사용되는 버스 프로토콜로서, 19,200bps의 버스 속도를 가지고 있다.

네트워크 통신 진단
Network Communications Diagnosis

결함을 찾기 위한 단계 네트워크 통신 장애가 의심되면 다음 단계들을 수행한다.

단계 1 동작하는 것과 동작하지 않는 것을 확인한다. 종종

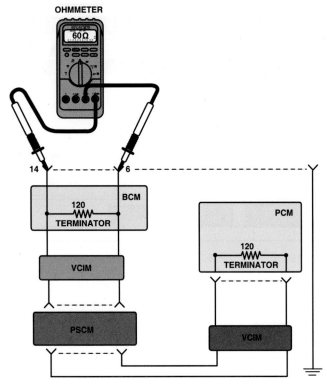

OHMMETER

60Ω

14 ···· 6

BCM

120
W W W
TERMINATOR

PCM

VCIM

120
W W W
TERMINATOR

PSCM

VCIM

그림 16-27 DLC에서 저항계를 사용한 종단 저항 측정.

연결되지 않은 것으로 보이는 부속품들은 어떤 모듈 또는 버스 회로 고장인지를 식별하는 데 도움이 될 수 있다.

단계 2 **모듈 상태 시험을 수행한다.** OE 기능을 지원하는 향상된 소프트웨어가 장착된 공장 수준 스캔 도구 또는 애프터마켓 스캔 도구를 사용한다. 스캔 도구를 사용하여 부품이나 시스템이 조작될 수 있는지 확인한다. ●그림 16-25 참조.

- **핑 모듈.** 스캔 도구를 사용하여 클래스 2 진단을 시작하고 **진단 회로 점검**(diagnostic circuit check)을 선택한다. 고장 진단 코드(DTC)가 표시되지 않으면, 통신 문제가 발생한 것일 수 있다. 클래스 2 버스 회로에 있는 모든 모듈의 상태를 표시하는 **메시지 모니터**(message monitor)를 선택한다. 깨어 있는(awake) 모듈은 활성(active) 상태로 표시되며, 스캔 도구를 사용하여 개별 모듈을 핑(ping)하거나 모든 모듈에 명령을 내릴 수 있다. 핑 명령은 상태를 "활성"에서 "비활성"으로 변경해야 한다. ●그림 16-26 참조.

참고: 과도한 기생 전류 소모가 진단되고 있는 경우, 스캔 도구를 사용하여 모듈 중 하나가 슬립 모드로 전환되지 않는지 확인하고 모듈 중 하나가 과도한 배터리 방전을 유발하는지 확인한다.

- **건강 상태 점검.** 클래스 2 버스 회로의 모든 모듈에는 **건강 상태**(state of health, SOH)를 보고하는 다른 모듈이 적어도 하나씩 있다. 모듈이 5초 이내에 SOH 메시지를 보내지 못하면, 동반 모듈이 응답하지 않은 모듈에 대한 DTC를 설정한다. 결함이 있는 모듈은 이 메시지를 전송할 수 없다.

단계 3 **종단 저항기의 저항을 점검한다.** 대부분의 고속 버스 시스템은 각 종단면에서 **종단 저항**(terminating resistor)이라고 불리는 저항을 사용한다. 이러한 저항은 차량의 다른 시스템에 대한 간섭을 줄이는 데 사용된다. 일반적으로 두 개의 120Ω 저항이 각 단부에 장착되며, 병렬로 연결된다. 병렬로 연결된 두 개의 120Ω 저항은 저항계를 사용하여 시험한 경우 60Ω으로 측정된다. ●그림 16-27 참조.

단계 4 **전압에 대하여 데이터 버스를 점검한다.** 통신을 모니터링하기 위해, 디지털 멀티미터를 DC 전압으로 설정하고, 버스가 적절한 작동을 하는지 점검한다. 일부 버스 조건들과 가능한 원인들은 다음과 같다.

- **신호는 항상 전압이 0V이다.** 하나의 모듈이 문제를 일으키는지 확인하기 위해, 한 번에 하나씩 모듈을 분리하여 접지로 단락을 점검한다.

- **신호는 항상 높음 또는 12V이다.** 버스 회로가 12V에 단락되었을 수 있다. 최근에 서비스 또는 차체 수리 작업이 진행되었는지 운전자에게 문의하여 확인한다. 어느 모듈이 통신 문제를 일으키는지 찾기 위해, 한 번에 하나씩 각 모듈을 분리해 본다.

- **보통 가변 전압은 메시지가 전송되고 있고 수신되고 있음을 나타낸다.** CAN 및 클래스 2는 캐비티 번호 2에 있는 데이터 링크 커넥터를 보고 식별할 수 있다. 점화 스위치가 켜져 있을 때 항상 클래스 2는 활성 상태이고, 따라서, 0~7V 사이의 전압 변동은 DC 전압을 판독하도록 설정된 DMM을 사용하여 측정될 수 있다. ●그림 16-28 참조.

단계 5 **버스 회로의 파형을 모니터링하기 위해 디지털 스토리지 오실로스코프를 사용한다.** 데이터 라인 터미널에 있는 스코프를 사용하면 통신이 전송되고 있는지 여부를 알 수 있다. 전형적인 결함과 원인은 다음을

그림 16-28 데이터 링크 커넥터에 접근하기 위해 프런트-프로브 단자를 사용한다. 서비스 정보에서 확인되는 것처럼, 항상 명시된 백-프로브와 프런트-프로브 절차를 따른다.

포함한다.

- **정상 작동.** 정상 작동은 데이터선에서 가변 전압 신호를 보여 준다. 어떤 정보가 전송되고 있는지 알 수 없지만, 짧은 비활동 구간을 갖는 활동이 존재하면, 이것은 정상적인 데이터선 전송 활동을 나타낸다. ●그림 16-29 참조.

- **고전압.** 어떠한 변화도 없는 일정한 고전압(high voltage) 신호가 있는 경우, 이것은 데이터선이 전압으로 단락되어 있는 것을 나타낸다.

- **0 또는 저전압.** 데이터선 전압이 0이거나 거의 0이고, 더 이상 고전압 신호가 표시되지 않으면, 데이터선이 접지로 단락된 것이다.

단계 6 **공장 서비스 정보 지침에 따라 고장 원인을 파악한다.** 버스 회로에서 접지로 단락 또는 단선의 원인이 되는지 확인하기 위해, 이 단계에서는 한 번에 하나씩 모듈을 분리한다.

(a)

CAN BUS LOOKS GOOD

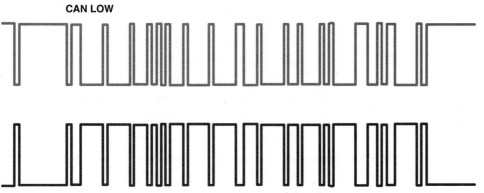

CAN LOW

CAN HIGH

(b)

그림 16-29 (a) 데이터는 패킷으로 송신되므로, 활동 구간을 확인하고 메시지들 사이의 평평한 구간을 확인하는 것이 일반적이다. (b) CAN 버스는 정상 통신 상태에 있을 때 반대가 되는 전압들을 나타내야 한다. CAN H 회로는 휴식 상태의 2.5V로부터 활동 상태의 3.5V로 올라가야 한다. CAN L 회로는 휴식 상태의 2.5V로부터 활동 상태의 1.5V로 내려가야 한다.

라디오가 원인인 시동 고장

2005년식 쉐보레 코발트(Cobalt)의 시동이 걸리지 않았다. 기술자는 핫라인 서비스를 통해 점검한 결과 클래스 2 데이터 회로의 고장으로 인해 엔진 시동이 걸리지 않는다는 것을 발견했다. 어드바이저는 한 번에 하나씩 모듈을 분리하여 그 중 하나가 데이터선을 접지선에 연결했는지 확인해야 한다고 제안하였다. 기술자가 첫 번째로 분리한 것은 라디오였다. 엔진이 시동되었고 작동하였다. 명백하게 클래스 2 직렬 데이터선이 라디오 내부에서 접지로 단락되어 있었는데, 그것이 전체 버스가 동작하지 않도록 하였다. 버스 통신이 끊어질 경우 PCM은 연료 펌프, 점화 장치, 또는 연료 분사기에 전력을 공급할 수 없고, 따라서 엔진이 시동되지 않을 수 있다. 시동 불가 상태를 해결하기 위해 라디오가 교체되었다.

개요:

- **불만 사항**—엔진 시동이 걸리지 않는다.
- **원인**—핫라인 서비스는 기술자가 클래스 2 데이터선을 접지에 연결하는 라디오의 고장 범위를 좁히는 데 도움이 되었다.
- **수리**—라디오가 교체되었고, 클래스 2 데이터 버스의 적절한 작동을 복원하였다.

OBD-II 데이터 링크 커넥터
OBD-II Data Link Connector

모든 OBD-II 자동차는 16핀 커넥터를 사용하며, 이 커넥터는 다음 핀들을 포함한다.

핀 4 = 섀시 접지

핀 5 = 신호 접지

핀 16 = 배터리 전원(최대 4A)

● 그림 16-30 참조.

GM 자동차

- SAE J-1850(VPW, Class 2, 10.4kbps) 표준. 이 표준은 핀 2, 핀 4, 핀 5, 핀 16을 사용하지만, 핀 10은 사용하지 않는다.
- GM 국내용 OBD-II

  핀 1과 핀 9: CCM(comprehensive component monitor) 저속 보드 속도, 8,192 UART(2006 이전)

  핀 1(2006 이후): 저속 GMLAN

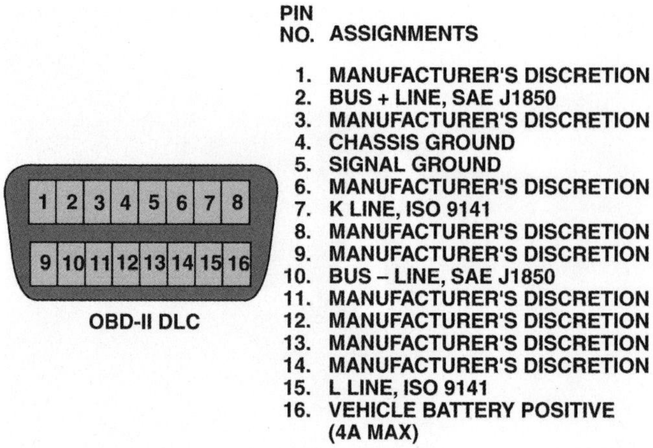

PIN
NO. ASSIGNMENTS

1. MANUFACTURER'S DISCRETION
2. BUS + LINE, SAE J1850
3. MANUFACTURER'S DISCRETION
4. CHASSIS GROUND
5. SIGNAL GROUND
6. MANUFACTURER'S DISCRETION
7. K LINE, ISO 9141
8. MANUFACTURER'S DISCRETION
9. MANUFACTURER'S DISCRETION
10. BUS – LINE, SAE J1850
11. MANUFACTURER'S DISCRETION
12. MANUFACTURER'S DISCRETION
13. MANUFACTURER'S DISCRETION
14. MANUFACTURER'S DISCRETION
15. L LINE, ISO 9141
16. VEHICLE BATTERY POSITIVE (4A MAX)

OBD-II DLC

그림 16-30 단자들이 표시된 16핀 OBD-II DLC. 스캔 도구는 전력 공급을 위해 전력 핀(16)과 접지 핀(4)을 사용한다.

핀 2와 핀 10: OEM 확장형, 고속, 40,500 보드 속도

핀 7과 핀 15: 일반형(generic) OBD-II, ISO 9141, 10,400 보드 속도

핀 6과 핀 14: GMLAN

아시아, 크라이슬러, 유럽 자동차

- ISO 9141-2 표준. 이 표준은 핀 4, 핀 5, 핀 7, 핀 15, 핀 16을 사용한다.
- 크라이슬러 국내용 OBD-II

  핀 2와 핀 10: CCM

  핀 3과 핀 14: OEM 확장형, 60,500 보드 속도

  핀 7과 핀 15: 일반형(generic) OBD-II, ISO 9141, 10,400 보드 속도

? 자주 묻는 질문

게이트웨이 모듈

게이트웨이 모듈은 다른 모듈과 통신하고 스캔 도구 데이터를 위한 메인 통신 모듈 역할을 담당한다. 대부분의 GM 자동차는 차체 컨트롤 모듈(body control module, BCM) 또는 계기판 컨트롤(instrument panel control, IPC) 모듈을 게이트웨이로 사용한다. 어느 모듈이 게이트웨이인지 확인하려면, 회로도를 확인하고 다음 조건 중 하나가 적용된 전압을 갖는 모듈을 찾는다.

- 키 온, 엔진 오프(key on, engine off, KOEO)
- 엔진 크랭킹
- 엔진 작동 중

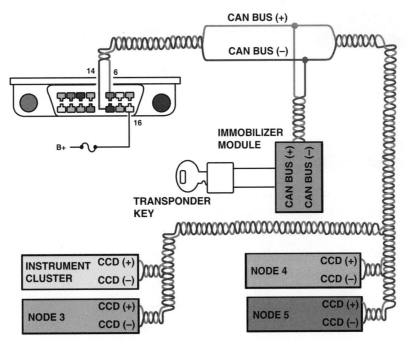

CAN BUS (+)
CAN BUS (−)

14 6

16

B+

IMMOBILIZER
MODULE

CAN BUS (+)
CAN BUS (−)

TRANSPONDER
KEY

INSTRUMENT
CLUSTER
CCD (+)
CCD (−)

NODE 4
CCD (+)
CCD (−)

NODE 3
CCD (+)
CCD (−)

NODE 5
CCD (+)
CCD (−)

그림 16-31 쉐보레 이쿼녹스(Equinox)의 회로도. 이 자동차는 GMLAN 버스(DLC 핀 6과 핀 14), 클래스 2(핀 2), UART를 사용함을 보여 주고 있다. 핀 1은 저속 GMLAN 네트워크로 연결된다.

포드 자동차

- SAE J-1850(PWM, 41.6kbps) 표준. 이 표준은 핀 2, 핀 4, 핀 5, 핀 10, 핀 16을 사용한다.
- 포드 국내용 OBD-II

  핀 2와 핀 10: CCM

  핀 6과 핀 14: OEM 확장형, Class C, 40,500 보드 속도

  핀 7과 핀 15: 일반형(generic) OBD-II, ISO 9141, 10,400 보드 속도

 **기술 팁**

컴퓨터 데이터선 회로도 점검

많은 GM 차량은 한 가지 유형 이상의 버스 통신 프로토콜이 사용된다. 서비스 정보(SI)를 점검하고, 모든 데이터선 회로도를 살펴본다. 이 회로도는 모든 데이터 버스선들 및 버스선과 DLC 로의 커넥터를 보여 준다. ●그림 16-31 참조.

요약 Summary

1. 모듈 통신을 위해 네트워크를 사용하면 필요한 배선과 연결 수를 줄일 수 있다.
2. 모듈 통신 구성 방식으로 링 링크, 스타 링크 및 링/스타 하이브리드 시스템이 포함된다.
3. 차량 통신 시스템의 SAE 통신 분류에는 클래스 A(저속), 클래스 B(중속) 및 클래스 C(고속)가 포함된다.
4. GM 차량에 사용되는 다양한 모듈 통신 방식은 UART, E&C, 클래스 2, 키워드 통신 및 GMLAN(CAN)이 포함된다.
5. 포드 차량에 사용되는 모듈 통신 유형은 SCP, UBP 및 CAN이 있다.
6. 크라이슬러 차량은 SCI, CCD, PCI 및 CAN 통신 프로토콜을 사용한다.
7. 많은 유럽식 차량은 브레이크아웃 박스(BOB) 또는 특수 시험기를 사용하여 전기 부품과 모듈에 접근하는 데 사용할 수 있는 후드 하부 전기 커넥터를 사용한다.
8. 네트워크 통신 진단은 종단 저항값을 점검하고 DLC의 전압 신호 변화 여부를 점검하는 것이 포함된다.

1. 왜 통신망이 사용되는가?
2. 네트워크 통신에 사용되는 두 전선이 꼬여 있는 이유는 무엇인가?
3. 게이트웨이 모듈은 왜 사용하는가?
4. U 코드란 무엇인가?

16장 퀴즈 Chapter Quiz

1. 기술자 A는 모듈 통신 네트워크가 차량의 배선 수를 줄이는 데 사용된다고 이야기한다. 기술자 B는 통신망이 많은 다양한 모듈에서 사용할 수 있는 센서로부터 데이터를 공유하는 데 사용된다고 이야기한다. 어느 기술자가 옳은가?
   a. 기술자 A만
   b. 기술자 B만
   c. 기술자 A와 B 모두
   d. 기술자 A와 B 둘 다 틀리다

2. 모듈은 _____(으)로도 알려져 있다.
   a. 버스
   b. 노드
   c. 터미네이터
   d. 저항 팩

3. 고속 CAN 버스 통신은 스캔 도구의 어느 단자를 통해 연결되나?
   a. 6과 14
   b. 2
   c. 7과 15
   d. 4와 16

4. UART는 0V를 토글하는 _____ 신호를 사용한다.
   a. 5V
   b. 7V
   c. 8V
   d. 12V

5. GM 클래스 2 통신은 _____ 사이에서 토글된다.
   a. 5V와 7V
   b. 0V와 12V
   c. 7V와 12V
   d. 0V와 7V

6. GM의 클래스 2 통신을 위해 사용하는 단자는 데이터 링크 커넥터의 어느 단자인가?
   a. 1
   b. 2
   c. 3
   d. 4

7. GMLAN은 GM의 어떤 형태의 모듈 통신을 위한 용어인가?
   a. UART
   b. 클래스 2
   c. 고속 CAN
   d. 키워드 2000

8. CAN H와 CAN L은 어떻게 동작하는가?
   a. CAN H는 전송하지 않을 때 2.5V이다.
   b. CAN L은 전송하지 않을 때 2.5V이다.
   c. CAN H는 전송할 때 3.5V가 된다.
   d. 위의 내용 모두.

9. 모든 차량에 대한 신호 접지 단자는 OBD-II 데이터 링크 커넥터의 어느 단자인가?
   a. 1
   b. 3
   c. 4
   d. 5

10. OBD-II 데이터 링크 커넥터의 16번 단자는 어떤 용도로 사용되나?
    a. 섀시 접지
    b. 양의 12V
    c. 모듈(신호 접지)
    d. 제조사 재량

소개 Introduction

목적과 기능 차량의 모든 전기 구성 요소는 배터리로부터 전류를 공급받는다. 배터리는 전기 시스템의 심장 또는 기초이기 때문에 차량의 가장 중요한 부분 중 하나이다. 차량 배터리의 일차직인 용도는 시동과 교류발전기 출력을 초과하는 전기적 수요를 위한 전력 공급원을 제공하는 것이다.

배터리가 중요한 이유 배터리는 전체 전기 시스템의 전압 안정 장치의 역할도 수행한다. 배터리는 시동 중에 많은 양의 전류(암페어)를 사용할 수도 있고, 충전 중 교류발전기로 변환될 수 있기 때문에 배터리는 전압 안정기 역할을 수행한다.

- 충전 및 크랭킹 시스템을 시험하기 전에 배터리가 양호한 (사용 가능한) 상태여야 한다. 예를 들어 배터리가 방전된 경우, 배터리 전압이 성능 사양 아래로 떨어질 수 있기 때문에 크랭킹 회로(스타터 모터)가 고장으로 진단될 수도 있다.
- 충전 회로는 약하거나 방전된 배터리 때문에 결함이 있는지 시험할 수도 있다. 크랭킹 또는 충전 시스템을 추가하기 전에 차량 배터리를 시험하는 것이 중요하다.

배터리 구조 Battery Construction

케이스 대부분의 자동차 배터리 케이스(용기 또는 덮개)는, 얇은 두께(약 0.08인치 또는 0.02mm)의 강하고 가벼운 플라스틱인 폴리프로필렌(polypropylene)으로 구성된다. 대조적으로, 산업용 배터리와 일부 트럭 배터리의 용기는 단단하고

? 자주 묻는 질문

Starting, Lighting, Ignition 배터리

때로는 *SLI*라는 용어가 배터리의 한 유형을 설명하는 데 사용된다. SLI는 **시동, 조명, 점화**(starting, lighting, ignition)를 의미하며, 일반적인 자동차 배터리의 사용을 설명한다. 일반적으로 다른 유형의 산업용 배터리는 대개 딥 사이클링을 위해 설계되었으며 일반적으로 차량 요구 사항에 적합하지 않다.

두꺼운 고무 재질로 되어 있다.

케이스 안에는 6개의 셀이 있다(12V 배터리). 각각의 셀은 양극과 음극을 가지고 있다. 많은 배터리의 바닥에 내장된 리브(rib)는 납판을 지탱하고 침전물이 침전될 수 있는 **침전물받이(sediment chamber)**를 제공한다. 이 공간은 사용된 활성 물질이 배터리 아래쪽에 있는 전극판 사이에서 단락을 유발하지 않도록 한다. ●그림 17-1 참조.

무보수 배터리(maintenance-free battery, MF 배터리)는 배터리 전극판 그리드(grid)를 구성하는 데 사용되는 합금 재료로 인해 정상적인 서비스 동안에 약간의 물을 사용한다. 유지보수가 필요 없는 배터리는 **낮은 물-손실 배터리(low-water-loss battery)**라고도 한다.

그리드 배터리에서 양극판 및 음극판은 주로 납으로 제작된 외형틀 또는 **그리드(grid)**에 구성된다. 납은 부드러운 소재로, 차량 배터리 그리드에 사용하기 위해서는 반드시 강화되어야 한다. 안티몬 또는 칼슘을 순수한 납에 추가하면 납 그리드의 강도를 증가시킨다. ●그림 17-2 참조.

배터리 그리드는 활성 물질을 보관하며, 전극판에 생성된 전류에 대한 전기 경로를 제공한다.

0.2%의 칼슘은 6%의 안티몬과 같은 강도를 가지고 있기 때문에 MF 배터리는 안티몬 대신 칼슘을 사용한다. 전형적인 납/칼슘 그리드는 0.09~0.12%의 칼슘만을 사용한다. 더 많은 양의 안티몬을 사용하는 대신 소량의 칼슘을 사용하는 것은 **가스발생(gassing)**을 감소시킨다. 가스발생은 충전 중에 일어나는 수소와 산소가 방출되는 것이며 수분을 사용하게 된다.

낮은 유지보수 배터리(low-maintenance battery)는 낮은 비율의 안티몬(약 2~3%)을 사용하거나, 단지 양극 그리드에 안티몬을 사용하고 음극 그리드에 칼슘을 사용한다. 전극판 그리드의 합금을 구성하는 비율은 표준형 배터리와 무보수 배터리(maintenance-free battery) 사이의 주된 차이를 구성한다. 각 배터리 내에서 발생하는 화학 반응은 그리드 전극판을 구성하는 데 사용되는 재료 유형에 상관없이 동일하다.

양극판 양극판(positive plate)은 그리드 외형틀에 위치한 이산화납(lead dioxide peroxide)을 가지고 있다. 이 과정을 **부착하기(pasting)**라고 한다. 이 활성 물질은 배터리의 황산과 반응할 수 있으며 어두운 갈색이다.

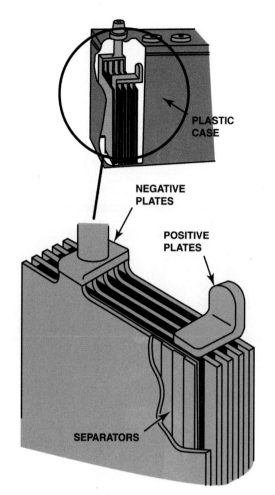

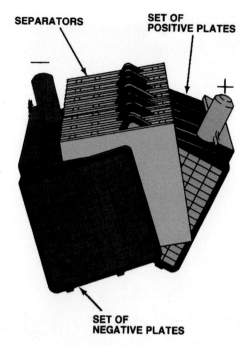

그림 17-3　두 그룹의 전극판이 배터리 엘리먼트를 구성하도록 결합된다.

분리기　양극판과 음극판은 서로 닿지 않고 번갈아 장착되어야 한다. 비전도성 분리기(separator)를 사용하여, 양쪽 전극판 소재가 산에 반응할 여지를 제공하면서도 단락을 방지하기 위해 전극판을 절연한다. 이러한 분리기는 다공성(작은 구멍이 많은)이며, 양극판을 마주하는 리브를 가지고 있다. 분리기는 수지가 코팅된 종이, 다공성 고무, 유리섬유 또는 팽창 플라스틱으로 제작된다. 많은 배터리는 봉투 형태의 분리기를 사용하는데 이는 전체 전극판을 감싸고 전극판에서 떨어지는 물질로 인해 전극판과 배터리 하단 사이의 단락이 발생하는 것을 방지한다.

셀　셀(cell)들은 각각의 전극판 사이에 절연 분리기가 있는 양극판과 음극판으로 구성되어 있다. 대부분의 배터리는 각 셀에 있는 양극판보다 하나 더 많은 음극판을 사용하지만, 많은 최신 배터리는 동일한 수의 양극판 및 음극판을 사용한다. 셀을 또한 엘리먼트(element)라고 부른다. 각 셀은 실제로 사용되는 양극판 또는 음극판 수에 관계없이 2.1V 배터리이다. 각 셀에 사용되는 전극판 수가 많을수록, 생산될 수 있는 전류의 양이 증가한다. 일반적인 배터리는 셀마다 4개의 양극판과 5개의 음극판을 가지고 있다. 12V 배터리는 직렬로 연결된 6개의 셀이 포함되어 있으며, 이로 인해 12.6V(6 × 2.1

그림 17-1　배터리는 셀로 그룹화된 판들로 구성되어 플라스틱 케이스에 설치된다.

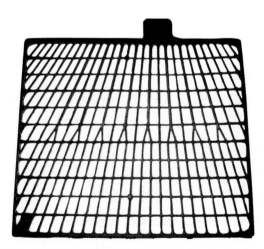

그림 17-2　양극판과 음극판 양쪽 모두에 사용되는 배터리의 그리드.

음극판　음극판(negative plate)은 스펀지 **납**(sponge lead)이라 불리는 **다공성 납**(porous lead)을 사용하여 그리드에 부착되며 색깔은 회색이다.

그림 17-4 파티션을 통해 서로 연결된 각 셀들을 보여 주는 배터리 단면도.

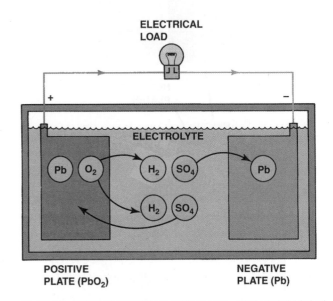

그림 17-5 연결된 발전기에 의해 충전되고 있는 완전 방전된 납산 배터리의 화학 반응.

= 12.6)이고, 54개의 전극판(셀당 9개의 전극판 × 6셀)이 포함된다. 동일한 12V 배터리에 5개의 양극판과 6개의 음극판(셀당 총 11개의 전극판(5 + 6) 또는 66개의 전극판(11개의 전극판 × 6셀)이 있는 경우, 배터리는 전압이 동일하게 되지만, 배터리가 생성할 수 있는 전류의 양이 증가한다. ●그림 17-3 참조.

배터리의 암페어 용량은 배터리에 포함되는 활성 전극판 소재의 양과 배터리의 전해액에 노출되는 전극판 소재의 면적에 따라 결정된다.

파티션 각 셀은 배터리의 외부 케이스와 동일한 소재로 만들어진 **파티션(partition)**으로 다른 셀과 분리된다. 셀 간 전기 연결은 파티션의 상단 위로 루프를 형성하고 셀의 전극판을 서로 연결하는 납 커넥터에 의해 제공된다. 많은 배터리가 파티션 커넥터를 통해 직접 셀을 연결하는데, 이 커넥터가 전류를 위한 가장 짧은 경로와 가장 낮은 저항을 제공한다. ● 그림 17-4 참조.

전해질 전해질(electrolyte)은 배터리의 산성 용액을 설명하는 데 사용되는 용어이다. 차량 배터리에 사용되는 전해액은 황산 36%와 물 64%의 혼합 용액(액체 조합)이다. 이 전해액은 납-안티몬 및 납-칼슘(유지보수가 필요 없는) 배터리 모두에 사용된다. 이 황산 용액의 화학 기호는 H_2SO_4이다.

H_2 = 수소의 기호(첨자 2는 수소 2개가 있음을 의미한다)
S = 황의 기호
O_4 = 산소의 기호(첨자 4는 산소에 4개의 원자가 있음을 나타낸다)

전해질은 적절한 비율로 미리 혼합되어 있으며, 공장에서 장착되거나, 배터리가 판매될 때 배터리에 추가된다. 원래 전해액을 채운 후에는 배터리에 전해액을 추가로 주입해서는 안 된다. 화학 반응의 결과로 충전 중에 물(H_2O)이 빠져나가는 것은 정상이다. 충전 또는 방전 중 배터리로부터의 가스가 방출되는 것을 가스발생(gassing)이라고 부른다. 배터리에는 순수한 증류수만 추가해야 한다. 증류수를 사용할 수 없는 경우, 깨끗한 음용수를 사용할 수 있다.

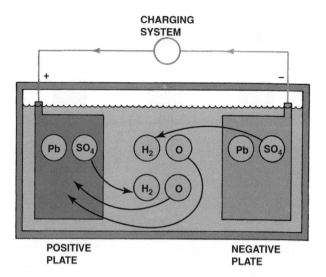

CHARGING SYSTEM

+   **−**

POSITIVE PLATE   **NEGATIVE PLATE**

그림 17-6 완전 방전된 납산 배터리(lead-acid battery)가 발전기에 연결되어 충전되는 동안 일어나는 화학 반응.

배터리 작동 방식
How a Battery Works

동작 원리 배터리가 작동하는 원리는 수년 전에 발견된 과학적 원리에 기초하고 있으며 이는 다음과 같다.

- 두 개의 이종 금속이 산성 물질 사이에 놓여 있을 때, 금속들끼리 회로가 연결되어 있다면 전자들은 그 금속들 사이로 흐른다.
- 이것은 강철못과 단단한 구리선을 레몬에 밀어 넣음으로써 증명할 수 있다. 전압계를 구리선과 못의 끝단에 연결하면 전압이 표시된다.

완전히 충전된 납산 배터리(lead-acid battery)는 납산으로 이루어진 양극판과 납으로 이루어진 음극판을 가지고 있는데, 이 전극들은 황산 용액(전해액)으로 둘러싸여 있다. 산성 용액 내의 과산화납과 납 사이의 전위(전압)차는 약 2.1V이다.

방전 중(during discharging) 양극판 이산화납(PbO_2)은 SO_4와 결합하여 전해액으로부터 황산납($PbSO_4$)을 형성하고 O_2를 전해액으로 내보내 H_2O를 생성한다. 또한 음극판은 전해액에서 SO_4와 결합하여 황산납($PbSO_4$)이 된다. ●그림 17-5 참조.

완전 방전 상태(fully discharged state) 배터리가 완전히

? 자주 묻는 질문

배터리가 어떻게 작동하는지 기억하는 쉬운 방법이 있나?

그렇다. 전해액에 축적된 황산 용액을 생각한다. 그리고 배터리의 양극판과 음극판으로부터 제거하는 것을 생각한다.

- 방전 중. 산(SO_4)은 전해액을 떠나 양쪽 극판으로 들어가고 있다.
- 충전 중. 산(SO_4)이 두 극판에서 제거되어 전해액으로 들어간다.

방전되면, 양극판 및 음극판 모두 황산납($PbSO_4$)이 되고 전해액은 물(H_2O)이 된다. 배터리가 방전됨에 따라, 전극판과 전해액이 완전히 방전된 상태에 근접한다. 또한 배터리가 방전되었을 때, 전해액 대부분이 물이기 때문에 동결의 위험도 있다.

주의: 충전 중에는 스파크가 튈 수 있으며 수소 가스가 얼음에 저장되어 점화될 수 있으므로, 절대로 얼어 있는 배터리를 충전하거나 점프 시동을 해서는 안 된다. 폭발이 일어날 수도 있다.

충전 중(during charging) 충전 중에는 산에서 나온 황산염은 양극판과 음극판을 모두 남기고 전해액으로 돌아가며, 이를 통해 정상 강도의 황산 용액이 된다. 양극판은 이산화납(PbO_2)으로 환원되고, 음극판은 다시 순수 납(Pb)으로 돌아가며, 전해액은 H_2SO_4가 된다. ●그림 17-6 참조.

비중 Specific Gravity

정의 전해액의 황산염 양은 전해액의 **비중(specific gravity)**에 따라 결정된다. 전해액의 비중은 물의 동일한 부피에 대한 액체의 중량에 대한 비율이다. 다시 말해서, 액체가 밀도가 높을수록 비중은 더 높아진다. 순수한 물이 이 측정의 기초가 되며, 27℃(80℉)에서 1.000의 비중을 갖는다. 순수한 황산 용액의 비중은 1.835이다. 물과 황산의 보정 농도(전해액—64%의 물, 36%의 황산)는 27℃(80℉)에서 1.260~1.280이다. 배터리의 비중이 높을수록 더 많이 충전된다. ●그림 17-7 참조.

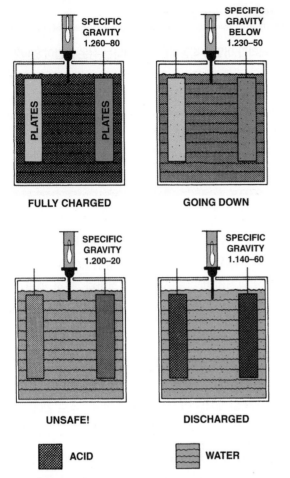

FULLY CHARGED / **GOING DOWN** / **UNSAFE!** / **DISCHARGED**

ACID   WATER

그림 17-7 배터리가 방전됨에 따라 배터리 산의 비중(specific gravity)이 감소한다. 방전될 때 전해액이 물에 가까워지기 때문에 완전 방전된 배터리는 추운 날씨에 얼 수 있다.

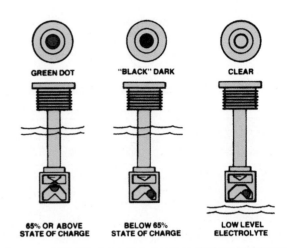

GREEN DOT / **"BLACK" DARK** / **CLEAR**

65% OR ABOVE STATE OF CHARGE / BELOW 65% STATE OF CHARGE / LOW LEVEL ELECTROLYTE

그림 17-8 전형적인 배터리 충전 표시 장치. 비중이 낮으면(배터리 방전) 반사 프리즘으로부터 공이 낮아진다. 배터리가 충분히 충전되면 공이 다시 떠오르고 표시 유리를 통해 공의 색깔(보통 녹색)이 반영되어 표시 유리가 어두워진다.

Specific Gravity	State of Charge	Battery Voltage (V)
1.265	Fully charged	12.6 or higher
1.225	75% charged	12.4
1.190	50% charged	12.2
1.155	25% charged	12.0
Lower than 1.120	Discharged	11.9 or lower

표 17-1

비중, 충전 상태, 배터리 전압 사이의 관계를 보여 주는 비교표.

충전 표시 장치 일부 배터리는 일반적으로 녹색 눈(green eyes)이라고 하는 충전 상태 표시 장치가 내장되어 있다. 이 표시 장치는 하나의 셀에 장착되는 작은 구형 비중계(hydrometer)이다. 이 비중계는 전해액 밀도가 충분할 경우(배터리가 약 65% 충전된 경우)에 전해액에서 뜨는 플라스틱 공을 사용한다. 공이 뜰 때 비중계의 표시 유리에 공이 나타나서 색상이 변경된다. ●그림 17-8 참조.

비중계가 하나의 셀만(12V 배터리의 경우 6개의 셀 중에서) 시험하기 때문에, 그리고 비중계 공은 한 위치에 쉽게 붙어 있을 수 있기 때문에, 배터리 충전 상태(state of charge, SOC)에 대한 정확한 정보라고 믿지 않아야 한다.

27℃(80℉)에서 비중, 충전 상태, 배터리 전압의 값이 ●표 17-1에 제시되어 있다.

주의: 방전된 배터리는 전해액이 대부분 물로 변하기 때문에 저온에서 얼어붙을 수 있다. 배터리가 얼면 폭발할 수 있으므로 충전해서는 안 된다.

밸브조절 납산 배터리
Valve-Regulated Lead-Acid Batteries

용어 밸브조절 납산(valve-regulated lead-acid, VRLA) 배터리는 밀폐형 밸브조절(sealed valve-regulated, SVR) 배터리 또는 밀폐형 납산(sealed lead-acid, SLA) 배터리라고도 불리며 기본적으로 두 가지 유형이 있다. 이 배터리는 과도한 가스를 방출하는 저압 환기 시스템을 사용하며, 과다 충전으로 인해 가스가 누적될 경우 자동으로 다시 밀봉된다. 다음과 같은 두 가지 유형이 있다.

- **흡수형 유리 매트.** 흡수형 유리 매트(absorbed glass mat, AGM) 배터리에 사용되는 산이 분리기(separator)에 완전히 흡수되어 배터리 누출을 방지하고 방수 기능을 제공한다. 배터리는 셀을 약 20%로 압축한 다음 용기에 삽입하여 조립한다. 압축 셀은 진동으로 인한 손상을 줄이는 데 도움을 주고 산을 전극판에 단단히 고정하도록 도와준다. 밀폐형 무보수(maintenance-free) 설계는 각 셀에 압력 방출 밸브를 사용한다. 액체 전해질을 사용하는 기존의 배터리인 **침수 셀 배터리(flooded cell battery)**와는 달리, 충전하는 동안 방출되는 수소와 산소의 대부분은 배터리 안에 남아 있다. 분리기 또는 매트는 전해액으로 90~95%만 포화되므로 매트 일부에 가스를 채울 수 있다. 가스 공간은 수소와 산소 가스가 빠르고 안전하게 재결합할 수 있는 통로를 제공한다. 이 산은 유리 매트 분리기에서 완전히 흡수되기 때문에, AGM 배터리는 어느 방향에서든 장착할 수 있다. AGM 배터리는 또한 종종 7년에서 10년에 이르는 보다 긴 수명을 가지고 있다. 쉐보레 콜벳(Corvette)이나 대부분의 토요타 하이브리드 차량과 같은 일부 차량에서 표준 장비로 사용되고 있다. ●그림 17-9 참조.
- **겔 전해액 배터리.** 겔 전해액 배터리(gelled electrolyte battery)에서, 실리카가 전해액에 첨가되어 전해액이 젤라틴과 유사한 물질로 변환된다. 이런 종류의 배터리를 **겔 배터리(gel battery)**라고도 한다.

밸브조절 납산(VRLA) 배터리의 두 가지 유형 모두는 **재조합형 배터리(recombinant battery)** 설계라고도 한다. 재조합 유형의 배터리는 양극판에서 생성되는 산소 가스가 조밀한 전해질을 통해 음극판으로 이동한다는 것을 의미한다. 산소가 음극판에 도달할 때 납과 반응하고, 납은 산소 가스를 소모하여 수소 가스가 형성되는 것을 방지한다. VRLA 배터리가 물을 사용하지 않는 것은 이러한 산소 재결합(oxygen recombination) 때문이다.

그림 17-9 AGM 배터리는 완전히 밀폐되고 기존의 납산 배터리보다 진동에 더 강하다.

년으로, 적절한 주의를 기울이면 배터리 수명을 늘릴 수 있지만, 남용은 수명을 줄일 수 있다. 정상 수명(normal life)보다 이른 배터리 고장의 주요 원인은 과충전(overcharging)이다.

충전 전압 교류발전기와 연결 배선으로 구성된 자동차 충전 회로는 배터리 손상을 방지하기 위해 정확하게 작동해야 한다.

- 충전 전압이 15.5V를 초과하면 과충전으로 인한 열로 전극판이 휘어져 배터리가 손상될 수 있다.
- 14.5V를 초과하는 전압으로 충전하면 AGM 배터리는 손상될 수 있다.

과충전은 또한 활성 전극판 소재가 분해되어 지지 그리드 틀에서 떨어지도록 한다. 진동 또는 범핑은 또한 과다한 충전으로 인해 발생하는 것과 유사한 내부 손상을 유발할 수 있다. 따라서 모든 차량 배터리는 차량의 배터리 고정 브래킷으로 단단히 고정하는 것이 중요하다. 셀 전극판의 단락은 예고 없이 발생할 수 있다. 12V 배터리의 6개 셀 중 하나가 단락되면, 결과적으로 배터리의 전압이 10V(12 − 2 = 10)가 된다. 10V만 사용할 수 있는 상태에서는 스타터는 대개 엔진을 시동할 수 없다.

배터리 고정 장치 모든 배터리는 배터리 손상을 방지하기 위해 차량에 안전하게 장착되어야 한다. 정상적인 차량 진동의 경우에도 배터리 내부의 활성 물질이 배출될 수 있다. 배터리 고정 클램프 또는 브래킷은 배터리의 용량과 수명을 크

배터리 고장 원인 및 유형
Causes and Types of Battery Failure

정상 수명 대부분의 차량 배터리는 사용 수명이 3년에서 7

게 감소시킬 수 있는 진동을 줄이는 데 도움이 된다. ●그림 17-10 참조.

배터리 정격 Battery Ratings

배터리는 특정 조건에서 생성할 수 있는 전류의 양에 따라 정격(rating)이 정해진다.

저온크랭킹 암페어 모든 차량 배터리는 추운 날씨에 엔진을 크랭킹하기에 충분한 전력을 공급할 수 있어야 하며, 점화 시스템을 시동할 수 있을 만큼 높은 배터리 전압을 계속 제공해야 한다. 배터리의 저온 크랭킹 암페어 정격은 배터리가 셀이나 전지당 1.2V의 전압을 유지하는 동안 −18℃(0℉)에서 30초 동안 배터리가 공급할 수 있는 암페어 수이다. 이는 배터리 전압이 12V 배터리의 경우 7.2V이고, 6V 배터리의 경우 3.6V임을 의미한다. 저온 크랭킹 성능 정격을 **저온크랭킹 암페어**(cold-cranking ampere, CCA)라고 한다. 비용 대비 CCA가 가장 높은 배터리를 구매하도록 한다. 권장 배터리 용량은 차량 제조업체의 사양을 참조한다.

크랭킹 암페어 크랭킹 암페어(cranking ampere, CA)는 0℃(32℉)에서 배터리가 공급할 수 있는 암페어 수를 말한다. 이 정격은 더 엄격한 CCA 등급보다 높은 수치가 된다. ●그림 17-11 참조.

해양 크랭킹 암페어 해양 크랭킹 암페어(marine cranking ampere, MCA)는 크랭킹 암페어와 유사하며 0℃(32℉)에서 시험된다.

예비 용량 배터리의 **예비 용량**(reserve capacity) 정격은 배터리가 25암페어의 전류를 생성할 수 있는 상태에서 셀당 1.75V의 배터리 전압(12V 배터리의 경우 10.5V)을 가질 수 있는 분(minute)으로 환산한 시간이다. 이 정격은 실제로 충전 시스템 고장 시 차량을 주행할 수 있는 시간을 측정한 것이다.

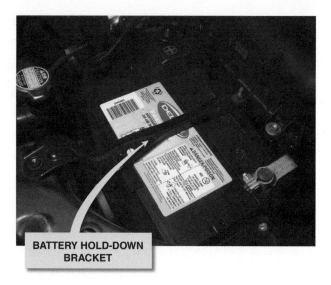

그림 17-10 전형적인 배터리 고정 브래킷. 모든 배터리는 진동과 충격에 의한 배터리 손상을 방지하기 위해 브래킷을 사용해야 한다.

그림 17-11 이 배터리의 CA 정격은 1,000이다. 이 값은 이 배터리가 셀당 최소 1.2V(12V 배터리의 경우 7.2V)의 전압 및 0℃(32℉)에서 30초 동안 배터리가 엔진을 크랭킹할 수 있음을 의미한다.

암페어시 암페어시(ampere-hour)는 오래된 배터리 정격 시스템으로, 일정 시간 동안 배터리가 생성할 수 있는 전류의 양을 측정한다. 예를 들어 정격이 50AH인 배터리는 1시간 동안 50A, 50시간 동안 1A, 또는 다른 50AH와 동일한 조합을 전달할 수 있다.

배터리 크기 Battery Sizes

BCI 그룹 크기 배터리 크기는 국제 배터리 협의회(Battery Council International, BCI)에 의해 표준화된다. 교체 배터

? 자주 묻는 질문

배터리 용량

배터리 용량은 배터리에 포함된 활성 전극판 소재의 양에 따라 결정된다. 많은 수의 얇은 판이 장착된 배터리는 단시간 동안 고전류를 생성할 수 있다. 적은 수의 두꺼운 전극판을 사용할 경우, 배터리는 오랫동안 저전류를 생성할 수 있다. 트롤링 모터 배터리는 반드시 오랫동안 저전류를 공급해야 한다. 차량 배터리는 크랭킹에 필요한 짧은 시간 동안 고전류를 생성해야 한다. 그러므로 모든 배터리는 특정 용도에 맞게 설계된다.

? 자주 묻는 질문

딥 사이클링은 무엇인가?

딥 사이클링(deep cycling)은 거의 완전히 배터리를 방전시킨 다음 완전히 충전하는 것을 의미한다. 골프 카트 배터리는 딥 사이클링 되도록 설계해야 하는 납산 배터리의 한 예이다. 골프 카트는 두 번의 18홀 골프를 담당할 수 있어야 하고 밤사이에 완전히 충전되어야 한다. 내부 열이 발생하여 극판 뒤틀림을 유발할 수 있으므로, 충전은 배터리에 무리가 된다. 그래서 특별히 설계된 배터리는 더 두꺼운 극판 그리드를 사용하여, 극판의 뒤틀림을 막아 준다. 일반적인 차량 배터리는 반복적인 딥 사이클링을 고려하여 설계되지 않는다.

리를 선택할 때는 서비스 정보에 지정된 그룹 번호, 부품 매장의 배터리 애플리케이션 차트 또는 사용자 매뉴얼을 확인해야 한다.

일반적인 그룹 크기 적용

- **24/24F(상단 단자).** 혼다, 어큐라, 인피니티, 렉서스, 닛산 및 토요타 차량에 적합.
- **34/78(이중 단자, 측면 및 상단 기둥).** GM 픽업과 SUV들뿐만 아니라 중형 및 대형 GM 세단과 대형 크라이슬러/닷지 차량에 적합.
- **35(상단 단자).** 많은 일본 브랜드 차량에 적합.

- **65(상단 단자).** 대부분의 대형 포드/머큐리 승객용 차량, 트럭 및 SUV에 적합.
- **75(측면 단자).** GM 소형 및 중형차와 크라이슬러/닷지 일부 차량에 적합.
- **78(측면 단자).** 많은 GM 픽업과 SUV뿐만 아니라 중형 및 대형 GM 세단에도 적합.

인터넷에서 BCI 배터리 크기를 검색하여 정확한 치수를 찾을 수 있다.

요약 Summary

1. 무보수(MF) 배터리는 가스 발생을 줄이기 위해 납–안티몬 그리드 대신 납–칼슘 그리드를 사용한다.
2. 배터리가 방전 중일 때, 산(SO_4)은 전해액을 떠나 전극판에 쌓인다. 배터리가 충전 중일 때, 산(SO_4)이 전극판을 떠나 전해액으로 되돌아간다.
3. 모든 배터리는 충전 시 수소와 산소를 방출한다.
4. 배터리는 CCA와 예비 용량에 따라 정격이 결정된다.

복습문제 Review Questions

1. 방전된 배터리가 얼게 되는 이유는 무엇인가?
2. 배터리 등급을 측정하는 방법은 무엇인가?

3. 불꽃이나 스파크에 노출되면 배터리가 폭발할 가능성이 있는 이유는 무엇인가?

1. 배터리가 완전히 방전되면 양극판과 음극판은 모두 _____이(가) 되고, 전해액은 _____이(가) 된다.
   a. H_2SO_4/Pb
   b. $PbSO_4$/H_2O
   c. PbO_2/H_2SO_4
   d. $PbSO_4$/H_2SO_4

2. 완전히 충전된 12V 배터리는 _____을(를) 나타내야 한다.
   a. 12.6V 또는 그 이상
   b. 1.265 또는 그 이상의 비중
   c. 12V
   d. a와 b 둘 다

3. 딥 사이클링(deep cycling)이 뜻하는 것은?
   a. 배터리 과충전
   b. 배터리에 물을 너무 많이 주입하거나 물이 부족함
   c. 배터리가 완전히 방전되었다가 재충전됨
   d. 배터리가 산(H_2SO_4)으로 과충전됨

4. 배터리를 "낮은 유지보수(low-maintenance)" 또는 "무보수(main-tenance-free)"로 만드는 것은 무엇인가?
   a. 그리드를 구성하는 데 사용되는 소재
   b. 서로 다른 금속으로 만들어져 있는 전극판
   c. 염산 용액인 전해액
   d. 추가적인 전해액을 넣을 공간을 만들기 위해 작아진 배터리 전극판

5. 배터리 양극판은 _____이다.
   a. 이산화납(lead dioxide)
   b. 갈색
   c. 때때로 과산화납(lead peroxide)
   d. 위의 모든 것

6. 다음 중 −18℃(0℉)에서 시험하는 배터리 정격은 무엇인가?
   a. 저온 크랭킹 암페어(CCA)
   b. 크랭킹 암페어(CA)
   c. 예비 용량
   d. 배터리 전압 시험

7. 분 단위로 표시되는 배터리 정격은 무엇인가?
   a. 저온 크랭킹 암페어(CCA)
   b. 크랭킹 암페어(CA)
   c. 예비 용량
   d. 배터리 전압 시험

8. 0℃(32℉)에서 시험되는 배터리 정격은 무엇인가?
   a. 저온 크랭킹 암페어(CCA)
   b. 크랭킹 암페어(CA)
   c. 예비 용량
   d. 배터리 전압 시험

9. 배터리가 충전 중일 때 배터리에서 방출되는 가스는 무엇인가?
   a. 산소
   b. 수소
   c. 질소와 산소
   d. 수소와 산소

10. 충전 표시 장치(눈)는 배터리가 충전될 때 녹색 또는 적색으로 표시되고, 배터리가 방전된 경우 검은색으로 표시되어 작동한다. 이 충전 표시 장치는 _____을(를) 감지한다.
    a. 배터리 전압
    b. 비중
    c. 전해질 산성도(pH)
    d. 셀 내부 저항

이 장을 학습하고 나면,

1. 배터리 작업 시 필요한 주의 사항을 설명할 수 있다.
2. 단자 및 고정 장치의 검사와 청소 방법에 대해 설명할 수 있다.
3. 배터리에서 단선 전압 및 비중을 시험하는 방법에 대해 논의할 수 있다.
4. 배터리 부하 시험 및 컨덕턴스 시험을 수행하는 방법을 설명할 수 있다.
5. 배터리를 안전하게 충전하고 점프 시동하는 방법을 설명할 수 있다.
6. 배터리 방전 시험을 수행하는 방법에 대해 논의할 수 있다.

3분 충전 시험	배터리 전기 방전 시험
개방 회로 전압	부하 시험
기생 부하 시험	비중계
동적 전압	점화 스위치 오프 드로우(IOD)

배터리 서비스 안전 고려 사항
Battery Service Safety Considerations

위험 배터리는 정상적인 충전 및 방전 사이클 동안 폭발성 가스(수소 및 산소)를 포함하고 있다.

안전 절차 신체적 부상이나 차량 손상을 예방하기 위해 항상 다음의 안전 절차를 준수해야 한다.

1. 차량의 전기 부품을 작업하는 경우, 배터리에서 음극 배터리 케이블을 분리한다. 음극 케이블이 분리되면 차량의 모든 전기 회로가 개방되어 전기 부품과 접지 사이의 우발적인 전기 접점을 방지한다. 전기 스파크는 폭발 및 부상을 유발할 가능성이 있다.
2. 배터리 주변에서 작업할 경우 보안경을 착용한다.
3. 배터리 산과 피부가 접촉하지 않도록 보호복을 착용한다.
4. 배터리 서비스 및 테스트에 사용되는 장비에 대한 서비스 절차에 명시된 모든 안전 예방 조치를 항상 준수한다.
5. 배터리 주변에서 흡연하거나 불을 사용하지 않는다.
6. 얼어 있는 배터리를 충전하거나 점프 시동하지 않는다.

약하거나 결함 있는 배터리의 증상
Symptoms of a Weak or Defective Battery

다음 징후들은 배터리가 수명이 거의 끝났음을 나타낸다.

- **하나 이상의 셀에 물을 사용해야 함.** 이는 전극판이 황산으로 처리되어 있고, 충전 과정에서 전해액의 물이 별도의 수소 및 산소 가스로 변환되고 있음을 나타낸다. ●그림 18-1 참조.
- **배터리 케이블 또는 연결부의 과도한 부식.** 배터리가 완전히 소모되면 부식이 발생할 가능성이 더 높으며, 이로 인해 전극판에 구멍이 생긴다. 배터리가 충전될 때는 산성 가스가 환기구 구멍을 통해 배터리 케이블, 연결부로 배출되며, 심지어 배터리 아래의 배터리 트레이에서도 방출된다. ●그림 18-2 참조.
- **정상적인 엔진 크랭킹 속도보다 느림.** 손상 또는 노후로 인해 배터리 용량이 감소하면, 특히 추운 날씨에, 엔진 시동에 필요한 전류를 공급할 수 없다.

그림 18-1 배터리를 육안으로 살펴보면, 전해액 수준이 모든 셀 내의 전극판보다 낮음을 알 수 있다.

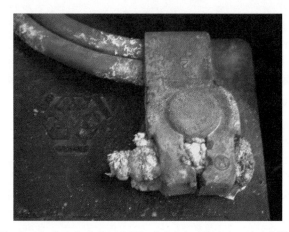

그림 18-2 배터리 케이블 부식은 배터리가 과충전되고 있거나 황산화되었다는 지표일 수 있다. 케이블 부식은 전해액의 가스 방출을 일으킬 수 있다.

배터리 유지보수
Battery Maintenance

유지보수 필요성 대부분의 신형 배터리는 납-안티몬 전극판 그리드 구조 대신, 납-칼슘을 사용하는 무보수(MF) 설계로 되어 있다. 납-칼슘 배터리는 구형 납-안티몬 배터리만큼 많은 가스를 방출하지 않기 때문에, 정상적인 사용 중에는 물을 덜 소모한다. 또한 가스 발생이 적으면 배터리 단자, 배선 및 지지대에서 부식이 덜 관찰된다. 전해액 레벨을 점검할 수 있다면, 그리고 전해액이 부족하다면 증류수만 보충한다. 모든 배터리 제조업체가 증류수를 권장하지만, 증류수를 사용

동적 전압 vs 개방 회로 전압

개방 회로 전압(open circuit voltage)은 부하를 가하지 않은 상태에서 존재하는 전압(대개 배터리)이다. **동적 전압**(dynamic voltage)은 회로가 작동하는 전원(배터리)의 전압이다. 예를 들어 차량 배터리는 12.6V 이상의 전압을 가지고 있음을 나타낼 수 있지만, 엔진 크랭킹과 같은 부하가 걸리면 전압이 떨어질 수 있다. 배터리 전압이 너무 많이 떨어지면, 스타터 모터가 더 느리게 회전하고 엔진 시동이 걸리지 않을 수 있다.

동적 전압이 명시된 것보다 낮으면, 배터리가 약하거나 결함이 있거나 회로에 결함이 있을 수 있다.

그림 18-3 베이킹소다와 물을 사용하는 방법 외에 무설탕 다이어트 소프트 음료가 배터리 산을 중화시키는 데 사용될 수 있다.

할 수 없는 경우에는 깨끗하고 미네랄 함량이 낮은 일반 식수를 사용할 수 있다.

배터리 유지보수에는 배터리 케이스가 깨끗한지 확인하고, 배터리 케이블과 고정 장치가 깨끗하고 단단히 조여져 있는지 점검하는 작업이 포함된다.

배터리 단자 청소　많은 배터리 관련 고장은 배터리의 전기 연결 불량으로 발생한다. 배터리 케이블 연결부를 점검하고 청소하여, 연결부에서 전압이 떨어지지 않도록 해야 한다. 엔진이 시동되지 않는 한 가지 공통적인 이유는 배터리 케이블 연결부가 느슨해지거나 부식되는 것이다. 점검을 수행하여 다음과 같은 상태를 확인한다.

- 배터리 단자의 느슨하거나 부식된 연결부(손으로 움직일 수 없어야 함)
- 엔진 블록의 접지 커넥터에서 느슨하거나 부식된 연결부
- 사운드 시스템 또는 기타 전기 액세서리의 보조 전력을 추가하기 위해 변형된 배선

연결부가 느슨하거나 부식된 경우, 베이킹소다 1스푼을 1리터의 물에 타서, 이 혼합물을 배터리와 하우징에 브러시로 발라 산을 중화시킨다. 기계적으로 연결부를 청소하고 물로 부위를 씻어 낸다. ●그림 18-3 참조.

배터리 고정 장치　또한 배터리 내부의 전극이 진동에 의해 손상되지 않도록 고정 브래킷으로 고정해야 한다. 고정 브래킷은 배터리가 움직이지 않을 정도로 충분히 밀착되어야 하지만, 케이스가 균열될 정도로 꽉 조여서는 안 된다. 공장에서 생산되는 고정 브래킷은 흔히 지역 자동차 딜러를 통해 구매할 수 있으며, 범용 고정 장치는 지역 자동차 부품 매장을 통해 구매할 수 있다.

배터리 전압 시험
Battery Voltage Test

충전 상태　전압계로 배터리 전압을 시험하는 것은 배터리의 충전 상태를 판단하는 간단한 방법이다. ●그림 18-4 참조. 배터리 전압이 반드시 배터리가 만족스럽게 작동할 수 있는지 여부를 나타내는 것은 아니지만, 이는 기술자에게 단순한 육안 검사 이상의 배터리 상태를 알려준다. "보기에 좋은" 배터리도 좋은 상태가 아닐 수 있다. 이 시험을 흔히 개방 회로 배터리 전압 시험(open circuit battery voltage test)이라고 하는데, 이는 이 시험이 개방 회로—전류가 흐르지 않고, 배터리에 부하가 가해지지 않는—상태에서 수행되기 때문이다.

1. 배터리가 막 충전되었거나 최근에 차량을 주행한 경우, 테스트하기 전에 배터리에서 표면 전하를 제거해야 한다. 표면 전하(surface charge)는 배터리 전극판 표면에 바로 있는 정상보다 높은 전압의 전하이다. 배터리에 부하가 연결되면 표면 전하가 빠르게 제거되므로, 배터리의 실제 충전 상태를 정확하게 나타내지 않는다.

2. 표면 전하를 제거하기 위해 전조등을 상향빔으로 1분간 켰다가 전조등을 끄고 2분간 기다린다.

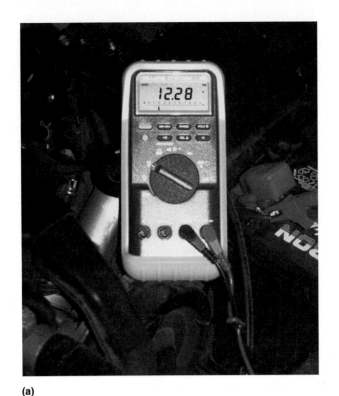

(a)

(b)

그림 18-4 (a) 12.28V 전압이 판독된 것은 배터리가 최대 충전 상태가 아니며 시험 전 충전되어야 함을 의미한다. (b) 표면 전하가 제거된 후 12.6V 또는 그 이상을 측정한 배터리는 100% 충전되어 있다.

3. 엔진과 모든 전기 부속품을 끄고 도어를 닫은 상태(실내등을 끄기 위해)에서 전압계를 배터리 단자에 연결한다. 빨간색 양극 리드를 양극 포스트에 연결하고 검은색 음극 리드를 음극 포스트에 연결한다.

　참고: 미터기가 음(−)으로 판독되는 경우, 배터리가 역충전(극성 반전)된 것이므로 교체되어야 한다. 또는 미터기가 잘못 연결된 것이다.

4. 전압계를 읽고 결과를 충전 상태(SOC)와 비교한다. 표시된 전압은 상온(21~27℃ 또는 70~80℉)의 배터리에 해당한다. ●표 18-1 참조.

비중계 시험 Hydrometer Testing

배터리에 탈착식 필러 캡이 있는 경우, 전해액의 비중도 점검할 수 있다. **비중계(hydrometer)**는 비중을 측정하는 계측기이다. ●그림 18-5 참조.

Battery Voltage (V)	State of Charge
12.6 or higher	100% charged
12.4	75% charged
12.2	50% charged
12.0	25% charged
11.9 or lower	Discharged

표 18-1

표면 전하가 제거된 후 12V 배터리의 충전 상태 추산.

　이 배터리의 필러 캡은 델코(델파이) 배터리에서 생산하는 것들을 제외하고는 제거가능하기 때문에, 이 시험은 대부분의 무보수 배터리에서도 수행할 수 있다. 비중 시험은 배터리 충전 상태를 나타내며, 하나 이상의 셀의 비중이 조명/트레이 셀 값에서 0.050 이상 차이가 있을 경우 배터리 결함을 나타낼 수 있다. ●표 18-2 참조.

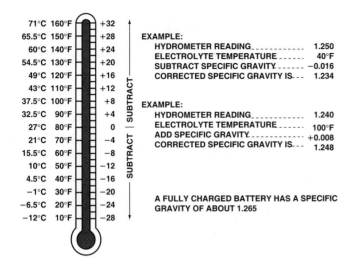

71°C	160°F	+32	
65.5°C	150°F	+28	EXAMPLE:
60°C	140°F	+24	HYDROMETER READING........... 1.250
54.5°C	130°F	+20	ELECTROLYTE TEMPERATURE...... 40°F
49°C	120°F	+16	SUBTRACT SPECIFIC GRAVITY..... −0.016
43°C	110°F	+12	CORRECTED SPECIFIC GRAVITY IS.. 1.234
37.5°C	100°F	+8	
32.5°C	90°F	+4	EXAMPLE:
27°C	80°F	0	HYDROMETER READING........... 1.240
21°C	70°F	−4	ELECTROLYTE TEMPERATURE...... 100°F
15.5°C	60°F	−8	ADD SPECIFIC GRAVITY.......... +0.008
10°C	50°F	−12	CORRECTED SPECIFIC GRAVITY IS.. 1.248
4.5°C	40°F	−16	
−1°C	30°F	−20	
−6.5°C	20°F	−24	A FULLY CHARGED BATTERY HAS A SPECIFIC
−12°C	10°F	−28	GRAVITY OF ABOUT 1.265

그림 18−5 비중계를 이용하여 배터리를 테스트할 때, 온도가 27℃ (80°F) 이하이거나 이상이면 판독값이 보정되어야 한다.

Specific Gravity	Battery Voltage (V)	State of Charge
1.265	12.6 or higher	100% charged
1.225	12.4	75% charged
1.190	12.2	50% charged
1.155	12.0	25% charged
Lower than 1.120	11.9 or lower	Discharged

표 18−2

비중 측정은 배터리 결함을 감지할 수 있다. 배터리는 부하 시험 수행 전에 최소 75% 충전되어 있어야 한다.

배터리 부하 시험
Battery Load Testing

용어 배터리 상태를 확인하기 위한 한 가지 시험은 **부하 시험(load test)**이다. 대부분의 차량 시동 및 충전 시험기는 탄소 더미(carbon pile)를 사용하여 배터리에 전기 부하를 생성한다. 부하의 양은 배터리의 원래 CCA 정격에 따라 결정되며, 부하 시험을 수행하기 전에 적어도 75%가 충전되어야 한다. 용량은 배터리가 −18℃(0°F)에서 30초 동안 공급할 수 있는 암페어 수인 저온크랭킹 암페어로 측정한다.

시험 절차 다음 단계들을 따라 배터리 부하 시험을 수행한다.

자주 묻는 질문

3분 충전 시험

3분 충전 시험(three-minute charge test)을 이용하여 배터리가 황산화되었는지 확인한다. 이는 다음과 같이 수행된다.

- 배터리 충전기와 전압계를 배터리 단자에 연결한다.
- 배터리를 3분 동안 40A의 비율로 충전한다.
- 3분이 끝나면 전압계를 읽는다.

결과: 전압이 15.5V를 초과하면, 배터리를 교체한다. 전압이 15.5V 미만일 경우, 배터리가 황산화되지 않았으며, 이를 충전하고 다시 테스트해야 한다.

이것은 델파이 프리덤(Delphi Freedom) 같은 많은 무보수(MF) 배터리에 유효한 테스트가 *아니다*. 높은 내부 저항 때문에 방전된 델파이 프리덤 배터리는 몇 시간 동안 충전이 시작되지 못할 수도 있다. 3분 충전 시험 결과에 따라 배터리를 폐기하기 전에 항상 다른 배터리 테스트 방법도 사용해야 한다.

단계 1 **배터리의 CCA 정격 결정.** 배터리 시험에 사용되는 적절한 전기 부하는 CCA 정격의 절반 또는 최소 150A 부하를 포함할 때 암페어시(ampere-hour) 정격의 3배이다. ●그림 18−6 참조.

단계 2 **부하 시험기를 배터리에 연결.** 사용 중인 시험기의 지침을 따른다.

단계 3 **15초 동안 부하 인가.** 부하 시험 중에 전압계를 관찰하고, 배터리가 여전히 부하 상태에 있는 동안 15초의 시간이 끝날 때 전압을 점검한다. 양호한 배터리는 9.6V 이상을 나타내야 한다.

단계 4 **시험 반복.** 많은 배터리 제조업체들은 배터리의 표면 전하를 제거하기 위해, 부하 시험을 두 번 수행할 것을 권장한다. 첫 번째 부하 기간 동안 배터리 표면 전하를 제거하고, 보다 정확한 배터리 상태를 제공하기 위해 두 번째 시험을 수행한다. 배터리가 회복되도록 시험 사이에 30초 정도 기다린다. ●그림 18−7 참조.

결과: 배터리가 부하 시험에 실패하면, 배터리를 재충전하고 다시 시험한다. 부하 시험이 다시 실패하면, 배터리를 교체해야 한다.

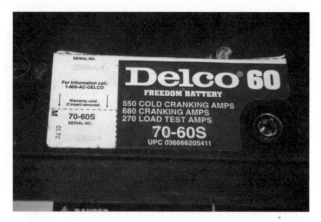

그림 18-6 이 배터리 정격은 550A의 저온크랭킹 암페어, 680A의 크랭킹 암페어, 270A의 부하 시험 암페어이다(그림의 배터리 표면 안내문 참조). 모든 배터리가 이렇게 완전한 정보를 제공하는 것은 아니다.

그림 18-7 교류발전기 정류기 배터리 시동 시험기(alternator regulator battery starter tester, ARBST)는 표면 전하를 제거하기 위해 15초 동안 고정 부하를 배터리에 인가한다. 그런 다음 배터리가 회복할 수 있도록 30초 동안 부하를 제거하고, 다음 15초 동안 다시 부하를 인가한다. 시험 결과가 그림에 제시되어 있다.

전자식 컨덕턴스 시험
Electronic Conductance Testing

용어 GM과 크라이슬러, 포드는 공장 보증 기간 중인 차량의 배터리 시험에 전자식 컨덕턴스 시험기를 사용하도록 명시하고 있다. 컨덕턴스(conductance)는 배터리가 전류를 얼마나 잘 생성할 수 있는지를 측정하는 척도이다. 이 시험기는 배터리를 통해 작은 신호를 보낸 다음 교류(AC) 응답의 일부

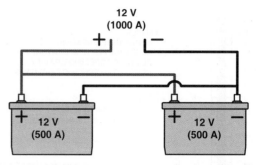

그림 18-8 두 개의 배터리를 장착한 대부분의 소형 차량은 보이는 바와 같이 병렬로 연결되어 있다. 두 개의 500A, 12V 배터리는 많은 디젤 엔진을 시동하는 데 필요한 1000A, 12V를 공급할 수 있다.

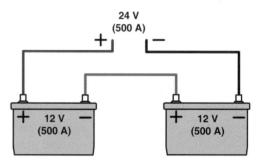

그림 18-9 대형 트럭과 버스들은 두 개의 12V 배터리를 직렬로 연결하여 24V를 공급한다.

? 자주 묻는 질문

배터리가 2개 장착된 차량의 배터리 시험

디젤 엔진이 장착된 많은 차량은 두 개의 배터리를 사용한다. 이러한 배터리는 대개 전기적으로 병렬 연결되어 동일한 전압에서 추가 전류(암페어)를 제공한다. ●그림 18-8 참조.

일부 대형 트럭과 버스는 두 개의 배터리를 직렬로 연결하여 하나의 배터리와 동일한 전류를 제공하지만 두 배의 전압을 제공한다. ●그림 18-9 참조.

배터리를 성공적으로 시험하기 위해서는 별도로 분리하여 시험해야 한다. 배터리 하나에 결함이 있는 것으로 판명되면, 대부분의 전문가들은 향후 문제를 예방하기 위해 두 배터리를 모두 교체할 것을 권한다. 두 배터리가 전기적으로 연결되어 있기 때문에, 하나의 배터리의 고장 때문에 좋은 배터리가 방전되어 결함 있는 배터리가 되게 할 수 있으며, 따라서 하나의 배터리만 고장 난 경우에도 양쪽 모두에 영향을 미칠 수 있다.

그림 18–10 컨덕턴스 시험기는 사용하기가 매우 쉽고, 연결이 적절히 설정된다면 배터리 상태를 정확하게 확인하는 것으로 검증되었다. 가장 좋은 결과를 위해 디스플레이의 지시 사항을 따라야 한다.

안전 팁

얼어 있는 배터리를 충전하거나 점프 시동하지 않아야 한다.

방전된 배터리는 전해액의 대부분이 물로 변하기 때문에 얼어붙을 수 있다. 얼어 있는 배터리가 장착된 차량을 충전하거나 점프 시동을 시도하지 않아야 한다. 배터리가 얼면, 물이 얼 때 약 9%의 부피로 팽창해서 물보다 더 많은 공간을 차지하는 얼음 결정체를 형성하기 때문에 종종 측면으로 불룩하게 된다. 이 결정은 배터리에서 화학적 과정 동안 생성되는 수소와 산소 거품을 가둘 수 있다. 얼어 있는 배터리를 충전하거나 점프 시동을 시도할 때, 이러한 가스주머니들이 폭발할 수 있다. 전해액이 팽창하기 때문에, 결빙 작용은 대개 전극을 파괴하고 그리드의 활성 물질을 느슨하게 할 수 있다. 냉동 배터리가 유용한 서비스로 복원되는 경우는 드물다.

를 측정한다. 배터리가 오래되면 전극판이 황산화되어 그리드에서 활성 물질이 떨어져 나갈 수 있고, 그에 따라 배터리 용량이 감소한다. 컨덕턴스 시험기를 사용하여 침수형 또는 흡수형 유리 매트 배터리를 시험할 수 있다. 이 장치는 배터리에 대한 다음과 같은 정보를 확인할 수 있다.

- CCA
- 충전 상태
- 배터리 전압
- 합선, 단락 등의 결함

그러나 컨덕턴스 시험기는 새 배터리의 충전 상태 또는 CCA 정격을 정확하게 판단하도록 설계되지는 않는다. 배터리 부하 시험과 달리, 방전된 배터리에 컨덕턴스 시험기를 사용할 수 있다. 이러한 유형의 시험기는 사용되어 온 배터리만 시험하는 데 사용해야 한다. ●그림 18–10 참조.

시험 절차

단계 1 배터리의 양극 단자와 음극 단자에 장치를 연결한다. 사이드 포스트 배터리를 시험하는 경우 항상 납 어댑터를 사용하고, 부정확한 측정값을 야기할 수 있는

강철 볼트를 사용하지 **않아야** 한다.

참고: 배터리에 적절하고 청결하게 연결하지 않을 경우, 디스플레이에 시험 결과가 잘못 보고될 수 있다. 또한, 모든 부속품들과 점화 스위치가 OFF 위치에 있는지 확인해야 한다.

단계 2 CCA 정격(알고 있는 경우)을 입력하고 화살표 키를 누른다.

단계 3 시험기는 다음 중 하나를 결정하고 표시한다.

- **양호한 배터리.** 배터리는 다시 사용할 수 있다.
- **충전 후 다시 시험.** 배터리를 완전히 재충전하고, 다시 사용한다.
- **배터리 교체.** 배터리는 서비스될 수 없으므로 교체해야 한다.
- **불량 셀 교체.** 배터리는 서비스될 수 없으므로 교체해야 한다.

일부 컨덕턴스 시험기는 충전 회로 및 크랭킹 회로도 점검할 수 있다.

Open Circuit Voltage	Battery Specific Gravity*	State of Charge	Charging Time to Full Charge at 80°F**					
			at 60 amps	at 50 amps	at 40 amps	at 30 amps	at 20 amps	at 10 amps
12.6	1.265	100%	Full Charge					
12.4	1.225	75%	15 min.	20 min.	27 min.	35 min.	48 min.	90 min.
12.2	1.190	50%	35 min.	45 min.	55 min.	75 min.	95 min.	180 min.
12.0	1.155	25%	50 min.	65 min.	85 min.	115 min.	145 min.	260 min.
11.8	1.120	0%	65 min.	85 min.	110 min.	150 min.	195 min.	370 min.

표 18–3

충전 상태, 온도, 충전율에 따라 달라지는 충전 시간을 보여 주는 배터리 충전 지침. 완전 방전된 배터리를 충전하는 데 8시간 또는 그 이상이 걸릴 수도 있다.

*온도 보정 필요.
**더 추우면, 더 오래 걸린다.

배터리 충전 Battery Charging

충전 절차 배터리 충전 상태가 낮은 경우, 충전해야 한다. 배터리의 과열로 인한 손상을 방지하기 위해서는 배터리 충전율을 늦추는 것이 가장 좋다. 다음 단계들을 따라 수행한다.

단계 1 **충전율 결정**. 충전율은 충전 및 충전 속도의 현재 상태에 기초한다. 권장 충전 속도를 위해 ●표 18–3을 참조하라.

단계 2 **배터리 충전기를 배터리에 연결**. 충전기를 배터리에 연결할 때 충전기가 연결되어 있지 않은지 확인한다. 올바른 사용을 위해 항상 배터리 충전기의 지침에 따른다.

단계 3 **충전율 설정**. 충전 과정을 시작하는 데 도움이 되도록, 초기 충전율은 30분 동안 약 35A여야 한다. 배터리를 빠르게 충전하면 배터리 온도가 증가하고, 배터리 내부의 전극판이 뒤틀릴 수 있다. 급속 충전은 또한 건강 문제와 화재 위험을 유발할 수 있는 가스 발생(수소와 산소 발생)을 증가시킬 수 있다. 배터리 온도가 125°F(만졌을 때 뜨거운 정도)를 초과하지 않도록 한다.

- 급속 충전: 최대 15A
- 저속 충전: 최대 5A
- ●그림 18–11 참조.

AGM 배터리 충전 AGM 배터리 충전은 침수형 배터리 충전

그림 18–11 전형적인 산업용 배터리 충전기. 어떠한 배터리 충전기든 연결하기 전에 점화 스위치가 OFF 상태인지 확인한다. 충전기를 전원 측에 연결하기 전에 충전기 케이블을 배터리에 연결한다. 이 방법은 충전기가 실수로 ON 상태인 경우 발생할 수 있는 전압 스파이크와 스파크를 방지하는 데 도움이 된다. 항상 배터리 충전기 제조사의 지시 사항을 따라야 한다.

에 사용되는 충전기와 다른 충전기를 요구한다. 차이점은 다음과 같다.

- AGM은 더 낮은 내부 저항으로 인해 암페어시 정격의 최대 75%에 이르는 고진류로 충진될 수 있다.
- 손상을 방지하기 위해 충전 전압을 14.4V 또는 그 이하로 유지해야 한다.

대부분의 기존 배터리 충전기는 16V 또는 그 이상의 충전 전압을 사용하기 때문에, AGM 배터리용으로 특별히 설계된 충전기를 사용해야 한다.

Make, Model (Years)	Auxiliary 12 volts Battery Location	HV Battery Pack Location (Voltage)	Type of 12 volts Battery
Cadillac Escalade (2008–2013) (two mode)	Under the hood; driver's side	Under second row seat (300 volts)	Flooded lead–acid
Chevrolet Malibu (2008+)	Under the hood; driver's side	Mounted behind rear seat under vehicle floor (36 volts)	Flooded lead–acid
Chevrolet Silverado (2004–2008) (PHT)	Under the hood; driver's side	Under second row seat (42 volts)	Flooded lead–acid
Chevrolet Tahoe (two mode)	Under the hood; driver's side	Under second row seat (300 volts)	Flooded lead–acid
Chrysler Aspen (2009)	Under driver's side door, under vehicle	Under rear seat; driver's side(288 volts)	Flooded lead–acid
Dodge Durango (2009)	Under driver's side door, under vehicle	Under rear seat; driver's side(288 volts)	Flooded lead–acid
Ford Escape (2005–2011)	Under the hood; driver's side	Cargo area in the rear under carpet (300 volts)	Flooded lead–acid
GMC Sierra (2004–2008) (PHT)	Under the hood; driver's side	Under second row seat (42 volts)	Flooded lead–acid
GMC Yukon (2008–2013) (two mode)	Under the hood; driver's side	Under second row seat (300 volts)	Flooded lead–acid
Honda Accord (2005–2007)	Under the hood; driver's side	Behind rear seat (144 volts)	Flooded lead–acid
Honda Civic (2003+)	Under the hood; driver's side	Behind rear seat(144 to 158 volts, 2006+)	Flooded lead–acid
Honda Insight (1999–2005)	Under the hood; center under windshield	144 volts; under hatch floor in the rear	Flooded lead–acid
Honda Insight (2010+)	Under the hood; driver's side	144 volts; under floor behind rear seat	Flooded lead–acid
Lexus GS450h (2007+)	In the trunk; driver's side, behind interior panel	Trunk behind rear seat (288 volts)	Absorbed glass mat (AGM)
Lexus LS 600h (2006+)	In the trunk; driver's side, behind interior panel	Trunk behind rear seat (288 volts)	Absorbed glass mat
Lexus RX400h (2006–2009)	Under the hood; passenger side	Under the second row seat(288 volts)	Flooded lead–acid
Mercury Mariner (2005–2011)	Under the hood; driver's side	Cargo area in the rear under carpet (300 volts)	Flooded lead–acid
Nissan Altima (2007–2011)	In the trunk; driver's side	Behind rear seat (245 volts)	Absorbed glass mat
Saturn AURA Hybrid (2007–2010)	Under the hood; driver's side	Behind the rear seat; under the vehicle floor (36 volts)	Flooded lead–acid
Saturn VUE Hybrid (2007–2010)	Under the hood; driver's side	Behind the rear seat; under the vehicle floor (36 volts)	Flooded lead–acid
Toyota Camry Hybrid (2007+)	In the trunk; passenger side	Behind the rear seat; under the vehicle floor (245 volts)	Absorbed glass mat
Toyota Highlander Hybrid (2006–2009)	Under the hood; passenger side	Under the second row seat (288 volts)	Flooded lead–acid
Toyota Prius (2001–2003)	In the trunk; driver's side	Behind rear seat (274 volts)	Absorbed glass mat
Toyota Prius (2004–2009)	In the trunk; driver's side	Behind rear seat (201 volts)	Absorbed glass mat
Toyota Prius (2010+)	In the trunk; driver's side	Behind rear seat (201.6 volts)	Absorbed glass mat

표 18–4

12V 배터리와 고전압 배터리, 꺼짐 스위치/플러그가 위치한 곳을 알려주는 요약 표. 단지 보조 12V 배터리들만 서비스되고 충전될 수 있다.

CCA 정격의 1%에서 배터리 충전

많은 배터리들이 과충전으로 인해 손상을 입고 있다 휘어 있는 전극판 및 과도한 유황냄새 가스 방출과 같은 손상을 방지하기 위해, 배터리를 CCA 정격의 1%에 해당하는 속도로 충전해야 한다. 예를 들면, 700 CCA 정격인 배터리는 7A(700 × 0.01 = 7A)로 충전해야 한다. 완전히 충전되는 데 더 오랜 시간이 걸리더라도 이 충전율로 배터리에 아무런 해가 미치지 않는다. 이는 배터리 용량 및 충전 상태(SOC)에 따라 배터리가 완전히 충전되는 데 8시간 이상 걸릴 수 있음을 의미한다.

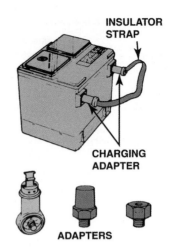

그림 18-12 충전할 때 측면 단자 배터리에 어댑터가 사용되어야 한다.

항상 측면 포스트 배터리에 어댑터를 사용하라.

차량에서 어댑터를 제거한 경우, 측면 포스트 배터리를 사용하려면 배터리를 충전할 때 어댑터를 사용해야 한다. 강철 볼트를 사용해서는 안 된다. 볼트가 단자에 연결되어 있는 경우, 배터리 단자에 접촉하는 나사산 부분만 모든 충전 전류를 도전시키게 된다. 배터리 단자에 완전히 접촉시키기 위해, 어댑터 또는 너트가 부착된 볼트가 필요하다. ●그림 18-12 참조.

AGM 배터리는 차량 내부에 배터리가 위치해 있을 때, 하이브리드 전기차에서 보조 배터리(auxiliary batteries)로 사용되는 경우가 많다. 12V 보조 배터리 및 고전압 배터리와 안전 스위치/플러그의 위치에 대한 요약은 ●표 18-4를 참조하라.

배터리를 콘크리트 바닥으로부터 떨어뜨려 놓아야 하는가?

모든 배터리는 사용하지 않을 때는 시원하고 건조한 장소에 보관해야 한다. 많은 기술자들이 콘크리트 바닥에 배터리를 놓거나 보관하지 말라는 경고를 받는다. 배터리 전문가에 따르면, 배터리 상단과 하단의 온도 차이는 배터리 상단(따뜻한 부분)과 하단(차가운 부분) 사이의 전압 전위의 차이를 야기한다. 이러한 온도 차이는 자기방전(self-discharge)이 일어나게 한다.

실제로, 잠수함은 배터리의 모든 부분이 같은 온도로 유지되도록 하기 위해서 배터리 주변의 바닷물을 순환시켜서 자기방전 예방을 돕는다.

그러므로 배터리를 항상 바닥으로부터 떨어진 곳에 보관하거나 동일한 온도로 보관할 수 있는 장소에 두어서 고열과 결빙을 피해야 한다. 배터리의 케이스는 매우 우수한 전기 절연체이기 때문에, 콘크리트가 배터리를 직접 방전시킬 수는 없다.

배터리 충전시간
Battery Charge Time

완전히 방전된 배터리를 충전하는 데 필요한 시간은 배터리의 분 단위 예비 용량 정격(reserve capacity rating)을 충전율(charging rate)로 나누어 추정할 수 있다.

충전 소요 시간 (시간) = 예비 용량 (분) ÷ 충전율 (A)

예를 들어 10A의 충전율이 90분의 예비 용량을 지닌 방전된 배터리에 적용되면, 배터리를 충전하는 데 필요한 시간은 9시간이 된다.

90분 ÷ 10A = 9시간

점프 시동 Jump Starting

방전된 배터리의 차량에 점프 시동을 걸기 위해, ●그림 18-13과 같이 고품질의 구리 점퍼 케이블 또는 점프 박스를 양호한 배터리와 방전된 배터리에 연결한다.

점퍼 케이블이나 배터리 점프 박스를 사용할 경우, 항상 마지막 연결은 엔진 블록 또는 방전된 차량의 (엔진으로부터 멀리 떨어진) 엔진 브래킷에 있어야 한다. ●그림 18-14 참조.

점퍼 케이블이 마침내 점프 회로를 완성할 때, 스파크가 발생하는 것이 정상이며, 이 스파크로 인해 배터리 주변의 가스 폭발을 일으킬 수 있다. 많은 신형 차량은 점프 시동 목적을

그림 18-13 차량의 점프 시동을 위해 사용되는 전형적인 배터리 점프 박스. 이러한 이동 가능한 장치로 인해 점퍼 케이블이 거의 사용되지 않는다.

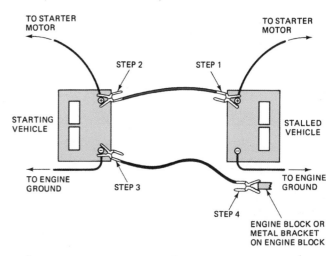

그림 18-14 점퍼 케이블 사용 지침. 보통 발생하는 스파크가 배터리로부터 나오는 가스에 점화시키는 것을 방지하기 위해서, 비활성화된 차량의 엔진 블록이 마지막 연결이어야 함에 주의한다.

위해 배터리에서 떨어진 곳에 특수 접지 및/또는 양극 전원 연결부가 장착되어 있다. 사용자 매뉴얼 또는 서비스 정보에서 정확한 위치를 확인해야 한다.

배터리 전기 방전 시험
Battery Electrical Drain Test

용어 배터리 전기 방전 시험(battery electrical drain test)은 모든 것이 OFF 상태일 때 차량의 어떤 부품이나 회로가 배터리 방전을 일으키는지 결정한다. 이 시험은 **점화 스위치 오프 드로우**(ignition off draw, IOD) 또는 **기생 부하 시험**(parasitic load test)이라고도 한다.

많은 전자 부품들은 점화 스위치가 꺼져 있을 때, 배터리로

그림 18-15 이 배터리의 스티커는 2012년 1월에 제조되었음을 나타낸다.

![기술 팁]

배터리 날짜 코드 확인

배터리 케이스에 있는 모든 주요 배터리 제조업체의 스탬프 코드는 제조 날짜 및 배터리에 대한 기타 정보를 표시한다. 대부분의 배터리 제조업체는 제조 연도를 나타내기 위해 숫자를 사용하고, 숫자 1과 혼동할 수 있기 때문에 문자 I를 제외하고는, 제조 월을 나타내는 문자를 사용한다. 예를 들면 다음과 같다.

A = January   G = July
B = February   H = August
C = March   J = September
D = April   K = October
E – May   L – November
F = June   M = December

     제조 공장의 선적 날짜는 대개 배터리 본체에 *스티커*로 표시되어 있다. 거의 모든 배터리 제조업체에서 월과 연도를 나타내기 위해 하나의 문자와 하나의 숫자만 사용한다. ●그림 18-15 참조.

부터 연속적이고 적은 양의 전류를 방전시킨다. 이러한 부품들에는 다음의 것들이 포함된다.

1. 스테이션 메모리 및 시계 회로용 전자 조정 라디오
2. 아주 적은 다이오드 누출을 통하여, 컴퓨터와 컨트롤러
3. 아주 적은 다이오드 누출을 통하여, 교류발전기

이러한 부품들로 인해 전압계가 음극 배터리 단자와 음극 배터리 케이블의 탈거된 단부 사이에 연결되어 있는 경우 전압계가 최대 배터리 전압을 판독하게 할 수 있다. 이러한 이유 때문에, 전압계를 배터리 방전 시험에 사용해서는 안 된다. 이 시험은 다음 조건들 중 하나가 존재하는 경우에 수행해야 한다.

1. 배터리를 충전 또는 교체할 때(배터리 방전이 배터리를 충전 또는 교체하는 원인이 될 수 있음)
2. 배터리 방전이 의심될 때

그림 18-16 이 소형 집게형(clamp-on) 디지털 멀티미터는 현재 존재하는 배터리 전기 방전량을 측정하는 데 사용된다. 이 경우, 20mA(멀티미터에 00.02A로 표시됨)의 판독값은 보통 20~30mA 범위에 있다. 집게를 장착하기 가장 쉬운 모든 양극 배터리 케이블 또는 모든 음극 배터리 케이블 주변에 고정해야 한다.

배터리 전기 방전 시험 절차

- **유도 직류 전류계(inductive DC ammeter).** 배터리의 전기 방전을 측정하는 가장 빠르고 쉬운 방법은 저전류(10mA)를 측정할 수 있는 유도 직류 전류계를 연결하는 것이다. ●그림 18-16은 배터리 방전을 측정하는 데 사용되는 집게형 디지털 멀티미터(digital multimeter, DMM)를 보여 준다.

- **mA 판독을 위한 DMM 설정.** 다음은 직류 전류를 판독하도록 설정된 DMM을 사용하여 배터리 전기 방전 시험을 수행하는 절차이다.

  단계 1 모든 조명, 부속품 및 점화 스위치가 꺼져 있는지 확인한다.

  단계 2 모든 차량 도어를 점검하여 실내등이 꺼져 있는지 확인한다.

  단계 3 ●그림 18-17과 같이 음극(–) 배터리 케이블을 분리하고, 기생 부하 도구를 설치한다.

  단계 4 엔진을 시동하고, 라디오를 포함한 모든 부대 장치와 조명이 켜져 있는지 확인하면서, 약 10분간 차량을 주행한다.

  단계 5 엔진을 끄고 후드 하부등을 포함한 모든 부속품을 끈다.

  단계 6 전류계를 기생 부하 도구 스위치에 연결하고, 모든 컴퓨터와 회로가 종료될 때까지 20분 정도

그림 18-17 차단 공구를 연결한 후, 엔진을 시동하고 모든 부속품을 동작시킨다. 엔진을 멈추고 모든 장치를 OFF한다. 차단 스위치를 가로질러 전류계를 병렬로 연결한다. 20분 정도 기다린다. 이 시간은 모든 전자 회로를 "시간 초과(time out)"시키거나 차단되도록 해 준다. 이제 스위치를 연다. 모든 전류는 전류계를 통해 흐른다. 명시된 값보다 큰 판독값(일반적으로 50mA 이상)은 수정되어야 하는 문제를 나타낸다.

기다린다.

단계 7 부하 도구의 스위치를 열고, 미터 디스플레이의 배터리 전기 방전을 읽는다.

성능 사양 결과:
- 정상 = 20~30mA
- 최대 허용 = 50mA

모든 메모리 기능 재설정 시계를 재설정하고, 윈도우를 "자

그림 18-18 이 어큐라(Acura)에서 배터리가 교체되었고, 교체 배터리를 설치할 때 라디오가 "code"를 표시하였다. 다행히 운전자는 라디오의 잠금을 해제하는 데 필요한 다섯 자리 코드를 가지고 있었다.

🚗 **사례연구**

쉐보레 배터리 이야기

2011년식 쉐보레 임팔라(Impala)의 동작하지 않는 배터리를 점검하는 중, 배터리 방전(기생 방전) 시험은 2.25A를 표시하였는데, 이는 분명히 허용 가능한 값의 0.050 또는 그 이하의 값을 초과한 것이다.

선임 기술자의 제안에 따라 기술자는 Tech 2 스캔 도구를 사용하여 점화 스위치가 꺼진 후 모든 컴퓨터와 모듈이 작동을 멈추었는지 확인하였다. 스캔 도구 디스플레이는 다른 모든 장치들이 수면 모드로 전환된 후에도 계기판(IP)이 켜진 상태로 유지되고 있음을 표시하였다. 계기판 클러스터 플러그를 뽑고, 차량의 전기 방전 시험을 다시 수행하였다. 이번에는 단지 32mA에 불과했고, 이것은 정상적인 범위 안의 값이었다. 계기판 클러스터를 교체한 후, 과도한 배터리 방전이 해결되었다.

개요:

- **불만 사항**—배터리가 동작하지 않는다.
- **원인**—과도한 배터리 방전(기생 방전)이 확인되었다. 스캔 도구를 사용하여 모듈을 시험한 결과, 점화 스위치가 꺼져 있을 때에도 계기판 클러스터(IPC)가 계속 켜짐 상태로 유지되어 전원이 꺼지지 않는 것이 확인되었다.
- **수리**—IPC를 교체하여 과도한 배터리 방전 문제를 해결하였다.

동 *상승*"시키고, 도난방지 라디오(장착된 경우)를 재설정한다. ●그림 18-18 참조.

배터리 방전 및 예비 용량　컴퓨터 메모리와 같이 배터리를

방전시키는 전기 부하가 없는 경우에도 배터리가 자기방전(self-discharge)되는 것은 정상적인 현상이다. GM에 따르면, 이 자기방전은 약 13mA 정도이다.

일부 차량 제조업체는 최대 허용 기생 전류 요구량(maximum allowable parasitic draw or battery drain) 또는 최대 허용 배터리 방전 전류(maximum allowable battery drain)는 배터리의 예비 용량(reserve capacity)에 기반한다. 사용된 계산은 배터리 예비 용량을 4로 나눈 값으로, 이는 최대 허용 배터리 방전(maximum allowable battery drain)과 같다. 예를 들어 예비 용량이 120분 정격인 배터리는 30mA의 최대 배터리 방전을 가져야 한다.

$$120분 \text{ 예비 용량} \div 4 = 30mA$$

방전 원인 찾기　방전이 있는 경우 다음 부품들을 점검하고 일시적으로 분리한다.

1. 후드 하부 조명
2. 글로브 컴파트먼트 조명
3. 트렁크 조명

이 세 가지 부품들을 분리한 후 배터리 방전 전류가 50mA 이상이 되면, 과도한 방전 전류가 정상으로 낮아질 때까지 퓨즈 박스에서 한 번에 하나씩 퓨즈를 분리한다.

참고: 퓨즈를 탈거한 후 다시 삽입하면 모듈이 "웨이크업" 상태가 되어 결론 없는 시험이 될 수 있으므로 퓨즈를 다시 삽입하지 않는다.

하나의 퓨즈를 분리한 후 과도한 배터리 방전이 멈추는 경우, 방전 원인이 퓨즈 박스에 표시된 대로 해당 회로에 위치하는 것이다. 테스트 램프가 꺼질 때까지 특정 회로에 포함된 각 부품으로부터 전원 측 배선 커넥터를 계속 분리한다. 그런 다음 배터리 방전의 원인을 개별 부품 또는 회로의 일부로 추적할 수 있다.

배터리 방전이 여전히 존재할 경우 해야 할 일　모든 퓨즈가 분리되었는데 여전히 방전이 되고 있는 경우, 방전의 원인이 배터리와 퓨즈 박스 사이에 존재해야 한다. 후드 하부에서 가장 공통적인 방전 원인은 다음을 포함한다.

1. **교류발전기**. 교류발전기(alternator) 배선을 분리하고 다시 시험한다. 이제 전류계가 정상적인 방전으로 판독하면, 문제는 교류발전기에 있는 고장 난 다이오드이다.
2. **스타터 솔레노이드(릴레이) 또는 부품들 주변 배선**. 이들은

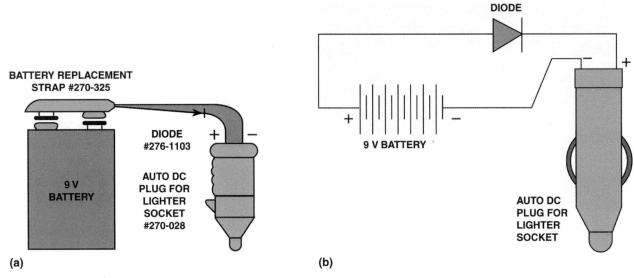

그림 18-19 (a) 메모리 세이버. 부품 번호는 RadioShack의 부품 번호를 나타낸다. (b) 동일한 메모리 세이버의 도식화된 도면이다. 일부 전문가들은 차량 배터리가 분리되어 있는 동안 도어가 열릴 경우, 충분한 전압을 유지하기 위해 작은 9V 배터리 대신 12V 랜턴 배터리를 사용할 것을 권장한다. 실내등은 작은 9V 배터리를 빠르게 방전시킬 수 있다.

 기술 팁

당신에게 일어날 수 있다!

토요타 차량 소유자가 배터리를 교체했다. 그 후에 소유자는 "에어백" 황색 경고등이 켜지고 라디오가 잠겨 있음을 알게 되었다. 소유자는 중고 차량을 구입했고 라디오 잠금 해제에 필요한 4자리 보안 코드를 알지 못했다. 이 문제를 해결하기로 결정한 소유자는 네 번 중 한 번은 성공하기를 바라며 세 번의 4자리 코드 입력을 시도했다. 하지만 세 번의 시도 후에 라디오는 영구적으로 비활성화되었다.

겁을 먹은 소유자는 딜러를 찾아갔고, 그 문제를 해결하는 데 300달러가 넘게 들었다. 에어백 램프를 제대로 재설정하려면 특수 공구가 필요했다. 라디오를 탈거하여 다른 주에 있는 공인 라디오 서비스 센터로 보낸 다음 차량에 재장착해야 했다.

그러니까, 배터리를 분리하기 전에는 보안 유형 라디오에 대한 보안 코드가 있는지 확인해야 한다. 배터리를 분리할 때 라디오의 전원을 계속 켜 두려면 "메모리 세이버"가 필요할 수 있다. ●그림 18-19 참조.

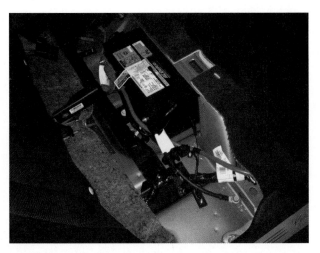

그림 18-20 많은 신형 자동차들은 때때로 배터리를 찾기 어렵다. 일부 부품은 후드 하부의 플라스틱 패널 아래, 프런트 펜더 아래, 또는 여기에 표시된 것처럼 뒷좌석 아래에 위치한다.

? **자주 묻는 질문**

배터리 위치는?

오늘날 많은 차량 제조사들은 배터리를 뒷좌석 아래, 프런트 펜더 아래, 또는 트렁크에 위치시킨다. ●그림 18-20 참조.

종종 배터리가 후드 아래에 위치한 경우에도 보이지 않는다. 차량을 시험하거나 점프 시동할 때, 배터리 접근 지점을 찾아야 한다.

고전류 흐름 및 열로 인해 배터리 방전의 공통적인 원인이 되기도 한다. 이러한 고전류 흐름이나 열은 배선 또는 절연재를 손상시킬 수 있다.

수명이 다한 배터리는 얼 수도 있다.

배터리가 방전되면 전해액이 얼 수 있다. 배터리가 방전될 때, "산"($PbSO_4$)이 전해액을 떠나 물만 남긴 채로 음극판 및 양극판 모두에 축적되기 때문에 이러한 결빙이 발생할 수 있다. 얼어 있는 배터리를 충전하거나 사용해서는 안 된다. 종종 케이스가 깨져 배터리를 교체해야 한다. 배터리가 얼어 있는 것으로 판명되면, 배터리를 환기가 잘 되는 따뜻한 방에 두어 해동시킨다.

만약 케이스에 금이 가지 않았다면, 몇 시간 동안 낮은 충전율로 충전하여 사용 가능한 서비스 상태로 복구될 수 있다. 필요에 따라 시험하고 재충전한다.

배터리 증상 가이드
Battery Symptom Guide

다음 목록은 기술자가 배터리 문제를 해결하는 데 도움을 줄 것이다.

문제	가능한 원인 및/또는 해결책
1. 전조등이 평상시보다 어둡다.	1. 배터리 방전, 또는 배터리, 엔진 또는 차체의 연결 불량.
2. 솔레노이드 딸깍 소리.	2. 배터리 방전 또는 배터리의 연결 불량, 유체 잠김을 야기하는 피스톤 상단의 냉각수와 같은 엔진 고장.
3. 엔진 크랭킹이 느리다.	3. 배터리 방전, 고저항 배터리 케이블, 또는 결함 있는 스타터 또는 솔레노이드.
4. 배터리가 충전되지 않는다.	4. 배터리 케이블 연결 가능성. (무보수 배터리의 경우, 몇 시간 동안 배터리를 빠르게 충전 시도. 배터리가 여전히 충전을 수용하지 않으면, 배터리를 교체한다.)
5. 배터리가 물을 사용하고 있다.	5. 충전 시스템의 전압이 너무 높은지 점검한다. (전압이 정상이면, 배터리가 점진적으로 고장의 징후를 보이고 있는 것임. 필요하다면 부하 시험을 수행하고 배터리를 교체한다.)

요약 Summary

1. 모든 배터리는 진동으로 인한 손상을 방지하기 위해 고정 브래킷으로 차량에 단단히 부착되어야 한다.
2. 배터리는 전압계로 시험하여 충전 상태를 확인할 수 있다. 배터리 부하 시험은 배터리에 CCA 정격의 절반까지 부하를 가한다. 양호한 배터리는 전체 15초의 시험 동안 9.6V 이상을 유지할 수 있어야 한다.
3. 배터리는 방전된 경우에도 컨덕턴스 시험기를 사용하여 시험할 수 있다.
4. 배터리가 방전된 경우 배터리 방전 시험을 수행해야 한다.
5. 배터리에 연결할 때는 배터리 충전기를 전원 단자로부터 분리했는지 확인해야 한다.

복습문제 Review Questions

1. 배터리의 진압계 시험 결과와 충진 상태를 긴단히 설명하라.
2. 배터리 부하 시험을 수행하기 위한 단계들을 설명하라.
3. 베디리 방전 시험은 이떻게 수행되는기?
4. 배터리를 빨리 충전해서는 안 되는 이유는 무엇인가?

1. 기술자 A는 전해액 레벨이 낮을 때는 배터리에 증류수 또는 깨끗한 식수를 추가해야 한다고 이야기한다. 기술자 B는 신선한 전해질(산과 물 혼합액)을 추가해야 한다고 이야기한다. 어느 기술자가 옳은가?
   a. 기술자 A만
   b. 기술자 B만
   c. 기술자 A와 B 모두
   d. 기술자 A와 B 둘 다 틀리다

2. 배터리의 물리적 손상을 방지하기 위해 모든 배터리는 차량에 볼트로 고정되는 안전한 브래킷 안에 있어야 한다.
   a. 맞다.
   b. 틀리다.

3. 배터리 날짜 코드 스티커에 D6라고 표시되어 있다. 이것은 무엇을 의미하는가?
   a. 공장으로부터 선적된 날짜가 2006년 12월이다.
   b. 공장으로부터 선적된 날짜가 2006년 4월이다.
   c. 배터리는 2002년 12월에 만료된다.
   d. 주의 둘째 날(화요일)에 제작된 것이다.

4. 많은 차량 제조업체는 _____을 시험할 때, 배터리와 배터리 케이블 사이에 특수한 전기 커넥터를 장착할 것을 권장한다.
   a. 배터리 방전(기생 방전)
   b. 비중
   c. 배터리 전압
   d. 배터리 충전율

5. 배터리 부하 시험을 수행할 때, 배터리에 적용할 부하를 결정하는 데 주로 사용되는 배터리 정격은 무엇인가?
   a. CA
   b. RC
   c. MCA
   d. CCA

6. 전해액의 비중을 측정할 때, 비중계의 최고 높이와 최저 높이 사이의 허용 가능한 최대 비중 판독값 차이는 _____이다.
   a. 0.010
   b. 0.020
   c. 0.050
   d. 0.50

7. 12V 배터리에 대해 배터리 고속 방전(부하 용량) 시험이 수행되고 있다. 기술자 A는 양호한 배터리의 전압 판독값은 15초 시험이 끝날 때 부하 상태에서 9.6V 이상이어야 한다고 이야기한다. 기술자 B는 배터리를 CCA 정격의 2배까지 방전(부하)해야 한다고 이야기한다. 어느 기술자가 옳은가?
   a. 기술자 A만
   b. 기술자 B만
   c. 기술자 A와 B 모두
   d. 기술자 A와 B 둘 다 틀리다

8. 납산 배터리(침수형)를 충전할 때, _____.
   a. 초기 충전율은 30분 동안 약 35A이어야 한다
   b. 배터리가 몇 시간 동안 충전을 수용하지 않을 수도 있지만, 여전히 양호한(사용 가능한) 배터리일 수 있다
   c. 배터리 온도가 51.67℃(125℉)(만졌을 때 뜨거운 정도)를 초과하지 않아야 한다
   d. 위의 모든 내용

9. 많은 컴퓨터 및 전자 회로를 장착한 차량의 정상적인 배터리 방전(기생 방전)은 _____이다.
   a. 20~30mA
   b. 2~3A
   c. 150~300mA
   d. 위 항목 중 어느 항목도 아님

10. 점프 시동을 걸 때, _____.
   a. 마지막 연결부는 방전된 배터리의 양극 단자여야 한다
   b. 마지막 연결부는 방전된 차량의 엔진 블록이어야 한다
   c. 양쪽 차량에서 교류발전기가 분리되어야 한다
   d. a와 c 둘 다

크랭크 시스템

Cranking System

학습목표

이 장을 학습하고 나면,

1. 크랭크 회로의 부품과 동작을 기술하고 컴퓨터제어 시동에 대해 설명할 수 있다.
2. 스타터 모터가 어떻게 전기적 파워를 기계적 파워로 변환하는지에 대해 논의할 수 있다.
3. 다른 종류의 스타터들을 나열할 수 있다.
4. 기어 감속 스타터와 스타터 구동장치의 기능을 기술할 수 있다.

핵심용어

관통볼트	절연 브러시
드라이브측 하우징	접지 브러시
메시 스프링	정류자 세그먼트
브러시	정류자측 하우징
브러시측 하우징	중립 안전 스위치
스타터 드라이브	폴슈(pole shoe)
스타터 솔레노이드	풀인 권선
압축 스프링	필드 코일(field coil)
역기전력(CEMF)	필드 폴(field pole)
오버러닝 클러치	필드 하우징
원격 자동차 시동(RVS)	홀드인 권선
전기자	

그림 19-1 전형적인 솔레노이드 작동형 스타터.

크랭크 회로 Cranking Circuit

관련 부품 엔진 시동을 위해 먼저 외부 전원을 사용하여 엔진을 회전시켜야 한다. 이는 엔진 시동에 필요한 힘을 생성하는 크랭크 회로의 목적 및 기능이고, 그 힘은 배터리로부터 스타터 모터(starter motor)로 전달되어 엔진을 회전시키게 된다.

크랭크 회로는 시동을 위해 엔진을 크랭크하는 데 필요한 기계 부품 및 전기 부품들을 포함한다. 1900년대 초기에는 운전자가 물리적으로 시동이 걸릴 때까지 엔진을 회전시켜야 했으므로, 크랭크 힘은 운전자의 팔 힘이 전부였다. 최근의 크랭크 회로는 다음 내용들을 포함한다.

1. **스타터 모터.** 스타터는 보통 0.5~2.6마력(0.4~2kW) 전기 모터인데, 이러한 모터는 차가운 엔진을 처음 시동할 경우, 매우 짧은 시간에 거의 8마력(6kW)을 출력할 수 있다. ● 그림 19-1 참조.

2. **배터리.** 배터리는 적합한 용량이어야 하며, 적절한 스타터 작동을 위해 필요한 전류 전압을 제공하기 위해 최소 75% 충전되어야 한다.

3. **스타터 솔레노이드 또는 릴레이.** 스타터에 필요한 고전류는 켜거나 끌 수 있어야 한다. 전류가 구동 회로에 의해 직접 제어되면, 큰 스위치가 필요하게 된다. 대신, 저전류 스위치(점화 스위치)가 스타터로 큰 전류 공급을 제어하는 솔레노이드(solenoid) 또는 릴레이(relay)를 동작시킨다.

4. **스타터 드라이브.** 스타터 드라이브(starter drive)는 작은 피니언 기어를 사용하는데, 이 피니언 기어는 플라이휠의 기

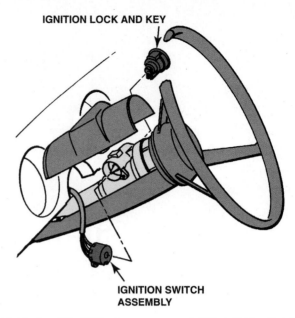

그림 19-2 칼럼-장착(column-mounted) 점화 스위치는 전기 점화 스위치에 직접 작용하는 반면에. 다른 것들은 잠금 실린더로부터 점화 스위치로 연결선을 사용하기도 한다.

어 톱니와 직접 접촉하여 엔진을 회전시키기 위한 스타터 모터의 파워를 전달한다.

5. **점화 스위치.** 점화 스위치(ignition switch)와 안전 제어 스위치는 스타터 모터 동작을 제어한다. ● 그림 19-2 참조.

제어 회로 부품과 동작 키-작동식 점화 스위치에 의해 제어되는 전기 모터가 엔진을 크랭크한다. 자동 변속기가 중립(neutral)이나 주차(park)에 위치하지 않거나 수동 변속기/트랜스액슬 차량에서 클러치 페달을 밟지 않으면, 점화 스위치는 스타터를 작동시키지 않는다. 이러한 방식은 엔진이 시동될 때 자동차가 전진 또는 후진함으로써 야기될 수 있는 사고를 방지하기 위한 것이다. 엔진 크랭크 시, 차량 이동을 확실히 방지하기 위해 사용하는 제어 방식들은 다음 내용을 포함한다.

- 많은 자동차 제조사들은 **중립 안전 스위치(neutral safety switch)**라고 부르는 전기 스위치를 사용하는데, 이 스위치는 기어 레버가 중립 또는 주차가 아닌 경우, 점화 스위치와 스타터 사이의 회로를 개방하여 스타터 모터의 동작을 막는다. 이 안전 스위치는 바닥면에 가까운 자동차 내부 스티어링 칼럼 또는 변속기 측면에 부착될 수 있다.

- 많은 자동차 제조사들은 기어 선택이 중립이나 주차가 아닌 경우 운전자가 키 스위치를 시동 위치로 돌리지 않도록 하는 기계적 차단 소자를 스티어링 칼럼에 사용한다.

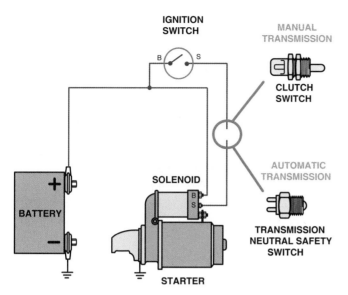

그림 19-3 엔진 크랭킹을 방지하기 위해, 점화 스위치와 스타터 솔레노이드 사이의 회로를 개방하기 위하여 전기 스위치가 설치된다. 제어 회로는 솔레노이드를 제어하기 위해 필요한 배선과 부품들을 포함한다. 스타터 솔레노이드는 전원 회로의 큰 배터리 케이블을 통해 전류 흐름을 제어하는데, 이 전원 회로가 스타터 모터를 동작시킨다.

- 많은 수동 변속기 차량들은 클러치를 밟았을 경우에만 크랭킹이 허용되도록 안전 스위치를 사용한다. 이 스위치를 흔히 클러치 안전 스위치(clutch safety switch)라고 한다. ●그림 19-3 참조.

컴퓨터제어 시동
Computer-Controlled Starting

동작 일부 키-작동식 점화 시스템과 대부분의 푸시버튼 시스템(push-button-to-start system)은 컴퓨터를 사용하여 엔진을 크랭킹할 수 있다. 시동 버튼의 점화 스위치 시동 위치는 파워트레인 제어 모듈(PCM)에 입력 신호로 사용된다. PCM이 엔진을 크랭킹하기 전에 다음 조건을 충족해야 한다.

- 브레이크 페달을 밟는다.
- 기어 레버는 주차 또는 중립에 위치한다.
- 차량 내부에 올바른 키 리모컨(코드)이 있다.

전형적인 푸시버튼 시스템은 다음과 같은 순서를 포함한다.

- 시동 키는 시동 위치로 돌릴 수 있으며, 원위치되고, PCM이 엔진 시동을 감지할 때까지 엔진을 크랭킹한다.
- PCM은 엔진 속도 신호를 확인하여 엔진이 시동되었음을

그림 19-4 엔진 시동에 시동 키를 사용하는 대신, 최근 차량들은 사진의 재규어와 같이 시동 버튼을 사용하며, 이 버튼은 엔진을 정지시킬 때도 사용된다.

그림 19-5 이 키 리모컨의 상단 버튼이 원격 시동 버튼이다.

감지할 수 있다.

- 정상적인 크랭킹 속도는 100~250 RPM 사이에서 변화될 수 있다. 엔진 속도가 400 RPM을 초과하면, PCM은 엔진이 시동되었다고 판단하여 스타터 모터를 정지시키는 스타터 솔레노이드의 "S"(시동) 단자 측 회로를 개방한다.

푸시버튼 시동을 사용하는 경우, 컴퓨터제어 시동은 거의 항상 시스템의 일부가 된다. ●그림 19-4 참조.

원격 시동 원격 자동차 시동(remote vehicle start, RVS)이라고도 하는 원격 시동(remote starting)은 운전자가 집안에서 또는 차량으로부터 약 65m 정도 떨어진 건물에서 차량의 엔진을 시동할 수 있도록 해 주는 시스템이다. 도난 가능성을 줄이기 위해 도어는 잠긴 상태로 있다. 이 기능을 사용하면 운전자가 도착하기 전에 난방 또는 에어컨 시스템을 시동할 수 있다. ●그림 19-5 참조.

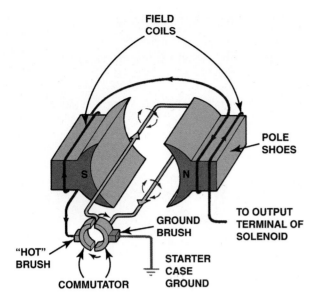

그림 19-6 이 직렬로 감은 전기 모터는 하나의 핫 브러시와 하나의 접지 브러시, 이렇게 오직 두 개의 브러시만으로 기본 동작을 보여 준다. 이 전류는 양쪽 필드 코일을 통과한 후, 접지 브러시를 통과하여 접지에 도달하기 전에, 핫 브러시와 전기자의 루프 권선을 통과한다.

주의: 대부분의 원격 시동 시스템은 리모컨을 사용하여 재설정하지 않은 경우 10분 후에 엔진을 정지시킨다.

스타터 모터 동작
Starter Motor Operation

원리 스타터 모터는 전자기학 원리를 사용하여 배터리의 전기에너지(최대 300A)를 기계적 파워(최대 8마력, 6kW)로 변환하여 엔진을 크랭킹할 수 있다. 스타터 모터 또는 전원 회로의 전류는 운전자가 조작한 점화 스위치에 의해 제어되는 솔레노이드 또는 릴레이에 의해 제어된다.

전류는 브러시를 통과하여 전기자 권선(armature winding)으로 이동하며, 전기자의 각 구리선 고리 주위에 다른 자기장이 생성된다. 스타터 하우징 내부에 형성된 두 개의 강한 자기장은 전기자를 회전시키는 힘을 생성한다.

스타터 하우징 내부에는 필드 코일 자석(field coil magnet)에 의해 생성되는 강한 자기장이 있다. 전기자와 계자 코일 사이에 여유 공간이 거의 없이, 도체인 전기자는 강력한 자기장 내부에 설치된다.

두 개의 자기장은 함께 작용하며, 자기력선들은 함께 모이거나 전기자 루프 도선의 한쪽 면에 강하게 작용하고 도체의

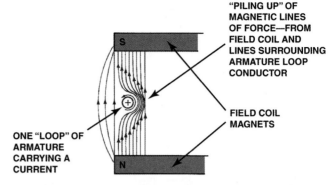

그림 19-7 전기자 루프와 필드 코일의 자기장들의 상호작용은 도체의 우측에 더 강한 자기장을 생성하는데, 이는 전기자 루프가 좌측으로 이동하게 한다.

다른 쪽 면에서 약하게 작용한다. 이렇게 하면 도체(전기자)는 강한 자기장 영역에서 약한 자기장 영역으로 이동하게 된다. ● 그림 19-6과 19-7 참조.

자기장 강도의 차이가 전기자를 회전하게 한다. 이 회전력(토크)은 스타터 모터를 통과하는 전류가 증가할수록 증가한다. 스타터의 토크는 스타터 내부의 자기장 강도에 의해 결정된다. 자기장 강도는 암페어-턴(ampere-turn)으로 측정된다. 전류 또는 도선의 권선수가 증가하면 자기장 강도도 증가한다.

스타터 모터의 자기장은 2개 또는 그 이상의 폴슈(pole shoe)와 계자 권선(field winding)에 의해 제공된다. 폴슈는 철로 만들어졌으며 큰 나사못으로 프레임에 부착되어 있다. ● 그림 19-8 참조.

● 그림 19-9는 4극 모터 내에서 자속선(magnetic flux line)의 경로를 보여 준다.

전류이동 용량과 전자기장 강도를 증가시키기 위해, 계자 권선은 일반적으로 무거운 구리 리본으로 구성되어 있다. ● 그림 19-10 참조.

자동차 스타터 모터는 일반적으로 4개의 폴슈와 2~4개의 계자 권선을 가지고 있으며, 모터 내부에 강한 자기장을 제공한다. 계자 권선이 없는 폴슈는 권선 폴로부터 나온 자속선에 의해 자화된다.

직렬 모터 직렬 모터(series motor)는 초기 시동(0 RPM)에서 최대 토크를 발생시키며, 속도가 증가할수록 토크가 감소한다.

- 직렬 모터는 높은 시동 파워 특성 때문에 일반적으로 자동차 스타터 모터로 사용된다.
- 전류는 배터리에서 나온 전류에 대항해서 작용하는 스타

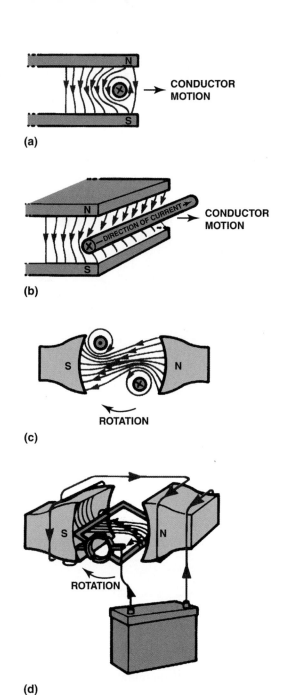

(a)

(b)

(c)

ROTATION

(d)

그림 19–8 전기자 루프는 자기장의 강도 차이로 인해 회전한다. 전기자 루프는 강한 자기장 강도로부터 약한 자기장 강도 방향으로 움직인다.

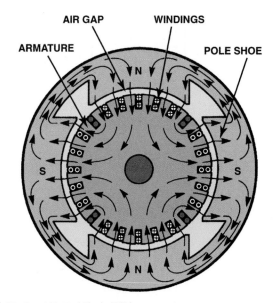

그림 19–9 4극 모터의 자기력선.

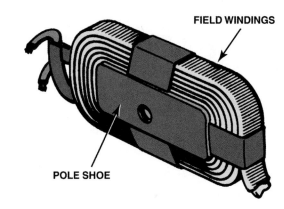

그림 19–10 폴슈(pole shoe)와 계자 권선.

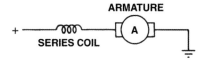

그림 19–11 이 배선 다이어그램은 직렬 권선 전기 모터의 구조를 설명한다. 모든 전류가 필드 코일을 통과하여 흐르고, 접지에 도달하기 전에 (직렬로) 전기자를 통과함에 주목하라.

터 자체에서 생성되기 때문에, 직렬 스타터 모터는 높은 RPM에서 적은 토크를 발생시킨다. 전류는 배터리의 전압과 반대로 작용하기 때문에, **역기전력(counter electro-motive force)** 또는 CEMF라고 한다. 이 역기전력은 전기자 도체의 전자기 유도(electromagnetic induction)에 의해 생성되며, 이 전기자 도체는 필드 코일에 의해 형성된 자기력선을 가로지르게 된다. 이렇게 유도된 전압은 배터리에 의해 공급되는 인가전압에 대항하여 작동하며,

이는 스타터에서 자기장의 강도를 감소시킨다.

■ 스타터의 힘(토크)은 자기장의 세기에 의존하기 때문에, 스타터 속도가 증가할수록 스타터의 토크가 감소한다. 직렬 권선 스타터는 더 높은 속도에서 디 적은 전류를 끌어들이며, 가벼운 부하 아래서 속도를 계속 증가시키게 된다. 이러한 현상이 제어되거나 방지되지 않는다면 스타터 모터의 파손을 초래할 수 있다. ●그림 19–11 참조.

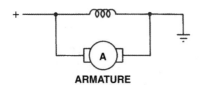

그림 19-12 이 배선 다이어그램은 분권형 전기 모터의 구조를 설명하며, 필드 코일이 병렬(또는 분로)로 전기자 양단에 연결된 것을 보여 준다.

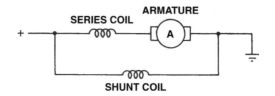

그림 19-13 복합 모터는 직렬 및 분권형의 조합으로, 필드 코일의 일부는 전기자에 직렬로 연결되고, 일부는 병렬(분로)로 연결된다.

분권형 모터 분권형(shunt-type) 전기 모터의 필드 코일은 전기자 양단에 병렬(또는 분로)로 연결되어 있다.

분권형 모터는 다음 특징을 갖는다.

- 분권형 모터는 더 높은 모터 RPM에서도 토크가 감소하지 않는다. 왜냐하면 전기자에서 생산된 역기전력이 자기장 강도를 감소시키지 않기 때문이다.
- 그러나 분권형 모터는 직렬 권선 모터에 의해 발생하는 만큼 높은 시동 토크를 발휘하지 않는다. 앞유리 와이퍼에 사용되는 일부 소형 전기 모터는 분권형 모터를 사용하지만 전자석보다는 영구 자석을 사용한다.
 ●그림 19-12 참조.

영구자석 모터 영구자석 스타터는 분권형 모터와 같이 일정한 자기장 강도를 유지하는 영구자석(permanent magnet, PM)을 사용하여, 동일한 작동 특성을 가지고 있다. 토크 부족을 보상하기 위해 모든 PM 스타터는 스타터 모터 토크를 증가시키기 위해 기어 감속(gear reduction)을 사용한다. 사용되는 영구자석은 네오디뮴, 철, 붕소의 합금이며, 이전에 사용되었던 영구자석보다 거의 10배 이상 강력하다.

복합 모터 일부 필드 코일이 직렬로 전기자에 연결되고, 일부(일반적으로 오직 하나) 필드 코일은 전기자와 병렬(분로)로 배터리에 직접 연결되기 때문에, 복합 권선 모터[또는 복합 모터(compound motor)]는 직렬 모터와 분권형 모터의 동작 특성을 보인다.

복합 권선 모터는 일반적으로 포드, 크라이슬러, 그리고 몇몇 GM 스타터에 사용된다. 분권형 필드 코일을 분로 코일(shunt coil)이라고 하는데, 스타터의 최대 속도를 제한하는 데 사용된다. 배터리 전류가 스타터로 전송되는 즉시 분로 코일에 에너지가 공급되기 때문에, 구형 포드의 양극 결합형 스타터의 구동장치를 구동하는 데 사용된다. ●그림 19-13 참조.

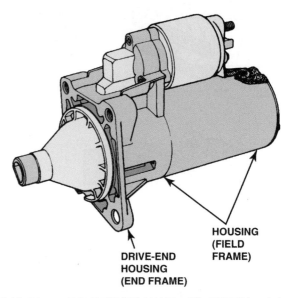

그림 19-14 드라이브측 하우징을 보여 주고 있는 전형적인 스타터 모터.

스타터 모터 작동
How the Starter Motor Works

관련 부품 스타터는 필드 하우징(field housing)이라 불리는 주요 구조적 받침으로 구성되어 있으며, 필드 하우징의 한쪽 끝은 **정류자측 하우징**(commutator-end housing) 또는 브러시측 하우징(brush-end housing)이라고 불리며, 다른 쪽 끝은 **드라이브측 하우징**(drive-end housing)이다. 드라이브측 하우징은 구동 피니언 기어를 포함하는데, 이것은 엔진을 시동하기 위해 엔진 플라이휠 기어 톱니와 맞물린다. 정류자측 판은 스타터 브러시를 포함하는 끝을 지지한다. **관통볼트**(through bolt)를 통해 세 개의 구성요소가 함께 고정된다. ●그림 19-14 참조.

- **필드 코일.** 스타터 모터의 강철 하우징에는 스타터 내부에 강한 자기장을 제공하기 위해 배터리의 양극 단자에 직접 연결되는 영구자석 또는 4개의 전자석이 포함되어 있다. 4개의 전자석은 두꺼운 구리선 또는 연철심(soft-

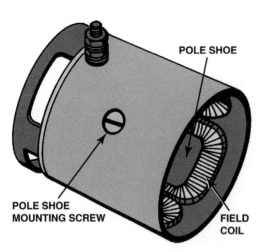

그림 19-15 하우징에 설치된 폴슈(pole shoe, 극편)와 계자 권선(field winding).

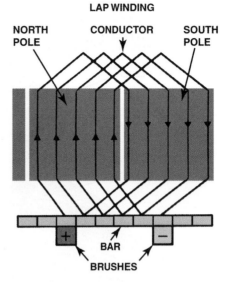

그림 19-17 구리 도선 루프가 정류자와 연결되는 방식을 보여 주는 전기자.

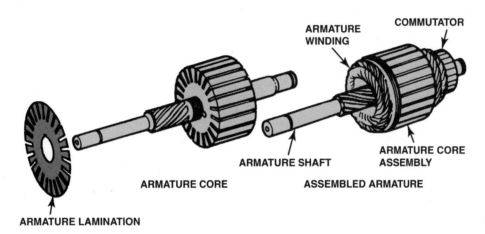

그림 19-16 전형적인 스타터 모터 전기자(armature). 전기자 심은 전기자 축에 조립된 얇은 금속판으로 만들어져 있으며, 자기장 강도를 증가시키기 위해 사용된다.

iron core) 주위에 감긴 알루미늄선을 사용하여, 스타터 틀의 둥근 내부 표면에 맞게 조정된다. 연철심을 **폴슈(pole shoe, 극편)**라고 한다. 4개의 폴슈 중 2개는 N극 자석을 만들기 위해 한 방향의 구리선으로 감싸져 있고, 다른 2개는 S극 자석을 만들기 위해 반대 방향으로 감싸져 있다. 이러한 전자석은 에너지가 공급될 때 스타터 하우징 내부에 강력한 자기장을 생성하므로, **필드 코일(field coil)**이라고 부른다. 연철심(폴슈, 극편)은 흔히 **필드 폴(field pole, 계자극)**이라고 불린다. ●그림 19-15 참조.

■ **전기자.** 필드 코일 내부에는 양쪽 끝에 있는 부싱(bushing) 또는 볼 베어링으로 지지되는 **전기자(armature)**가 있으며, 이를 통해 전기자가 회전할 수 있다. 전기자는 얇

은 적층형 원형 강철 디스크로 구성되어 있고, 무거운 절연 구리선으로 길이 방향으로 감겨 있다. 적층형 철심은 구리 루프를 지지하며 코일에 의해 생성되는 자기장이 집중되도록 도와준다. ●그림 19-16 참조.

얇은 판 사이의 절연은 코어에서 자기 효율을 높이는 데 도움이 된다. 저항을 감소시키기 위해 전기자 도체는 두꺼운 구리선으로 만들어진다. 각 도체의 양쪽 끝은 인접한 두 개의 인접한 정류자 막대에 부착된다.

정류자는 운모 또는 기타 절연 물질로 서로 절연된 구리 막대로 제작된다. ●그림 19-17 참조.

전기자 심, 권선 및 정류자는 긴 전기자 축에 조립된다. 또

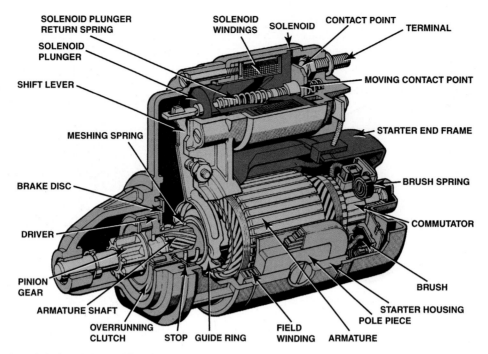

그림 19-18 정류자, 브러시 및 브러시 스프링을 보여 주는 일반적인 스타터 모터의 내부 모형(단면도).

한, 이 축은 엔진 플라이휠 링 기어와 맞물리는 피니언 기어가 들어 있다.

스타터 브러시　전기자에 적절한 전류를 공급하기 위해 4극 모터는 정류자에 4개의 브러시를 장착하고 있어야 한다. 대부분의 자동차 스타터는 접지된 2개의 브러시와 절연된 2개의 브러시를 가지고 있으며, 이는 스프링 힘에 의해 정류자에 버티고 있다.

　구리 전기자 권선의 끝부분은 **정류자 세그먼트(commutator segment)**에 납땜된다. 필드 코일을 통과하는 전류는 회전하는 전기자 세그먼트 위로 이동할 수 있는 브러시에 의해 전기자의 정류자로 전달된다. 이러한 **브러시(brush)**는 구리와 탄소의 조합으로 만들어진다.

- 여기에서 사용되는 구리는 좋은 도체이다.
- 스타터 브러시에 첨가된 탄소는 브러시 및 정류자 세그먼트의 마모를 줄이는 데 필요한 흑연형 윤활제 제공을 돕는다.

　스타터는 4개의 브러시를 사용한다—2개의 브러시는 필드 코일에서 전기자로 전류를 이동시키고, 2개의 브러시는 전기자를 통과하는 전류의 접지 귀환 경로를 제공한다.

　두 세트의 브러시는 다음을 포함한다.

기술 팁

스타터를 치지 말 것!

과거에는 서비스 기술자가 크랭크되지 않는 상태(no-crank condition)를 진단하기 위한 노력으로 스타터를 치는 것이 일반적이었다. 종종 스타터에 가해지는 충격이 브러시, 전기자 및 부싱을 정렬하거나 이동시킨다. 많은 경우, 짧은 시간 동안이라 하더라도, 스타터를 친 후에 제대로 동작을 한다.

　그러나 오늘날 대부분의 스타터는 영구자석 자기장을 사용하고, 자석은 치면 쉽게 깨질 수 있다. 깨진 자석은 두 개의 약한 자석이 된다. 일부 초기의 영구자석 스타터는 필드 하우징에 접착제로 붙여진 자석을 사용했다. 만약 무거운 공구로 두드리면 자석이 깨져 조각들이 전기자에 떨어지고 베어링 주머니 속으로 들어갈 수 있으며, 수리나 재조립이 불가능해질 수 있다. ●그림 19-19 참조.

1. 2개의 **절연 브러시(insulated brush)**. 지지대 내에 들어 있으며 하우징으로부터 절연되어 있다.
2. 2개의 **접지 브러시(ground brush)**. 브러시 연결에 피복이 없는 구리 연선(bare stranded copper wire) 연결을 사용한다. 접지 브러시 홀더는 절연되지 않으며 필드 하우징 또는 브러시측 하우징에 직접 부착된다.
　●그림 19-18 참조.

그림 19-19 이 스타터 영구자석의 필드 하우징은 작동하지 않는 스타터를 "수리"하려고 망치를 사용했다가 파손되었다. 이 경우, 전체 교체가 유일한 해결책이다.

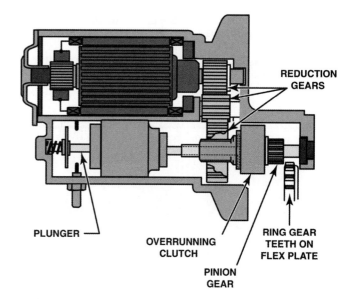

REDUCTION GEARS
PLUNGER
OVERRUNNING CLUTCH
PINION GEAR
RING GEAR TEETH ON FLEX PLATE

그림 19-20 전형적인 기어-감속 스타터.

영구자석 자기장 오늘날 스타터에 전자기장 코일과 폴슈를 대체하여 영구자석을 많이 사용한다. 그러면 모터 자기장 회로가 제거되므로, 필드 코일 고장과 기타 전기적 문제가 발생할 가능성을 없앨 수 있다. 모터에는 전기자 회로가 하나만 있다.

기어-감속 스타터
Gear-Reduction Starters

목적과 기능 대부분의 자동차 제조사는 기어-감속 스타터(gear-reduction starter)를 사용한다. 기어 감속(일반적으로 2:1~4:1)의 목적은 스타터 모터 속도를 높이고 엔진을 크랭킹하기 위해 필요한 토크 증가를 제공하는 것이다.

직렬 권선 모터(series-wound motor)는 회전 속도가 증가함에 따라, 스타터가 더 적은 파워를 생성한다. 그리고 스타터 속도가 증가함에 따라 전기자가 더 큰 역기전력(CEMF)을 생성하므로 배터리에서 전류가 덜 공급된다. 그러나 스타터 모터의 최대 용량 토크는 0 RPM에서 발생하며, RPM이 증가하면 토크는 감소한다. 기어 감속 설계를 사용하면 소형 스타터도 감소된 시동 전류 요구량에 필요한 크랭킹 파워를 생성할 수 있다. 낮은 전류 요구량은 더 작은 배터리 케이블을 사용할 수 있음을 의미한다. 많은 영구자석 스타터는 유성 기어 세트(planetary gear set, 기어 감속의 한 유형)를 사용하여 시동에 필요한 토크를 제공한다. ●그림 19-20 참조.

스타터 드라이브 Starter Drives

목적과 기능 스타터 드라이브(starter drive)에는 시동을 위해 엔진 플라이휠 또는 플렉스 판에 연결된 더 큰 기어와 맞물려 회전하는 작은 피니언 기어가 포함되어 있다. 스타터 기어 또는 엔진에 심각한 손상을 방지하기 위해, 스타터 모터가 회전하기 전에 엔진 기어와 느슨하게 맞물린 상태여야 한다. 그러나 엔진 시동 후엔 피니언 기어가 분리되어야 한다. 스타터 피니언 기어의 끝부분은 플라이휠 링 기어 톱니의 손상 없이 톱니 맞물림이 더 쉽도록 돕기 위해 테이퍼 형태로 점점 가늘게 되어 있다. ●그림 19-21 참조.

스타터 드라이브 기어비(gear ratio) 엔진 링 기어의 톱니 수에 대한 스타터 피니언의 톱니 수는 15:1과 20:1 사이에 있다. 일반적인 소형 스타터 피니언 기어에는 9개의 톱니가 있는데, 이 톱니들이 166개의 톱니를 갖는 엔진 링 기어를 회전시킨다. 이는 18:1의 기어 감속을 제공하므로, 스타터 모터가 엔진보다 약 18배 더 빠르게 회전한다. 엔진의 정상 크랭킹 속도는 200 RPM(70~250 RPM 사이에서 변화)이다. 이것은 스타터 모터의 속도가 3,600 RPM(200 × 18 = 3,600)임을 의미한다. 엔진이 시동되고 2,000 RPM(보통 저온 엔진 속도)으로 가속된 경우, 스타터가 엔진에서 분리되지 않는다면, 스타터가 너무 높은 속도(36,000 RPM)에 의해 파괴될 것이다. ●그림 19-22 참조.

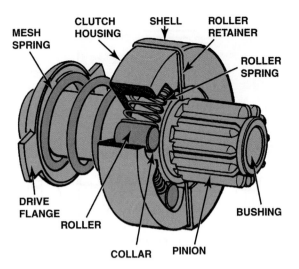

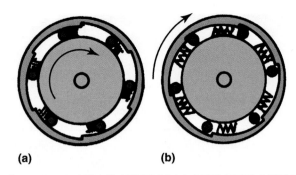

그림 19-21 내부의 모든 부품을 보여 주는 전형적인 스타터 드라이브의 내부 모형.

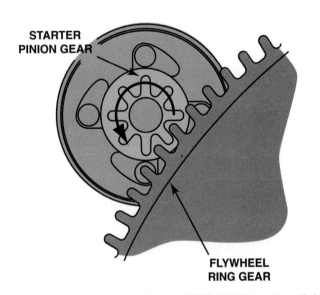

그림 19-22 링 기어 대 피니언 기어 비율은 일반적으로 15:1에서 20:1 사이이다.

그림 19-23 오버러닝 클러치의 동작. (a) 스타터 모터가 스타터 피니언을 구동하고 엔진을 크랭크한다. 롤러는 스프링 힘에 의해 슬롯에 끼워진다. (b) 엔진이 시동되고 스타터 전기자보다 빠르게 회전한다. 스프링 힘이 롤러를 밀어내어 롤러가 자유롭게 회전할 수 있다.

스타터 드라이브 동작 모든 스타터 드라이브 구동 메커니즘은 일종의 단방향 클러치를 사용하여 스타터가 엔진을 회전시킨다. 하지만 엔진 속도가 스타터 모터 속도보다 클 경우 자유롭게 회전하게 된다. **오버러닝 클러치(overrunning clutch)**라 불리는 이 클러치는 엔진 시동 후 점화 스위치가 시동 위치에 있는 경우 스타터 모터를 손상으로부터 보호한다. 스타터 구동장치의 일부로 내장된 오버러닝 클러치는 테이퍼 노치에 장착된 강철 공이나 롤러를 사용한다. ●그림 19-23 참조.

이 테이퍼는 엔진을 시동하는 데 필요한 방향으로 회전할 때, 볼이나 롤러에 홈으로 힘을 작용한다. 엔진이 스타터 피니언보다 더 빠르게 회전할 때, 볼이나 롤러가 좁아지는 홈 바깥 방향으로 힘을 받게 되면서 피니언 기어가 자유롭게 회전(오버런)할 수 있다.

구동 탱 또는 도르래와 오버러닝 클러치와 피니언 사이의 스프링을 **메시 스프링(mesh spring)**이라고 한다. 이 스프링은 엔진 플라이휠 기어를 사용하여 스타터 구동 피니언의 맞물림을 제어하고 완충하는 것을 도와준다. 또한, 이 스프링을 **압축 스프링(compression spring)**이라 하는데, 스타터 솔레노이드 또는 스타터 요크(yoke)가 스프링을 압축하여 스프링 장력이 스타터 피니언을 엔진 플라이휠에 맞물리도록 한다.

고장 형태 스타터 드라이브는 일반적으로 신뢰할 수 있는 장치이며, 결함이나 마모가 없는 경우 교체할 필요가 없다. 주요 마모는 스타터 구동장치의 오버러닝 클러치 부분에서 발생한다. 강철 볼 또는 롤러는 마모되어 종종 엔진 크랭킹에 필요한 만큼 테이퍼 노치에 단단히 고정되지 않는다. 스타터 구동장치가 마모되면, 스타터 모터가 작동하게 되고 엔진 크랭킹이 멈추고 "윙윙거리는" 잡음이 발생할 수 있다. 윙윙거림은 스타터 모터가 작동 중임을 의미하며 스타터 구동장치가 엔진 플라이휠을 회전시키지 않는다는 것을 의미한다. 전체 스타터 드라이브는 통째로 교체된다. 드라이브가 봉인되어 있는 단위이기 때문에, 스타터 드라이브의 오버러닝 클러치 부분은 별도로 점검되거나 수리될 수 없다. 엔진 시동을 위해 교체가 필요해질 때까지 스타터 드라이브는 간헐적으로 고장이 나다가 그 다음에는 더 자주 고장이 발생한다. 간헐적인 스타터 드라이브 고장(스타터의 윙윙거림)은 추운 날씨에 현저하게 종종 발생한다.

벤딕스(Bendix) 드라이브

구형 스타터는 종종 벤딕스 드라이브 메커니즘을 사용하였는데, 이 방식은 스타터 피니언 기어를 엔진 플라이휠 기어에 결합하는 데 관성(inertia)을 사용했다. 관성은 움직이도록 힘이 가해지지 않는 한, 무게 때문에 정지되어 있는 물체가 정지 상태로 있으려는 경향을 말한다. 이러한 오래된 스타터의 경우, 작은 스타터 피니언 기어는 나사산이 있는 샤프트에 장착되었으며, 이 기어의 중량은 기어로 하여금 나사산 샤프트를 따라 회전하여, 스타터 모터가 회전할 때마다 플라이휠과 맞물리게 된다. 엔진 속도가 스타터 속도보다 클 경우 피니언 기어가 나사산 샤프트를 따라 뒤로 밀리게 되어 플라이휠 기어와 맞물리지 않게 된다. 벤딕스 드라이브 메커니즘은 일반적으로 1960년대 초 이후로 사용되지 않지만, 일부 기술자는 스타터 드라이브를 설명할 때 이 용어를 사용한다.

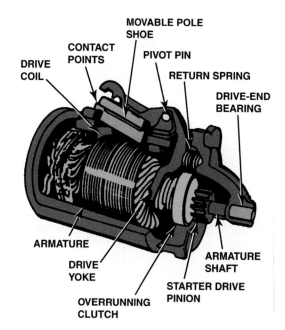

그림 19-24 포드의 이동형 폴슈(pole shoe) 스타터.

정접속 스타터
Positive Engagement Starter

동작 정접속 스타터[다이렉트 드라이브(direct drive)]는 1973년부터 1990년까지 포드 엔진에 사용되었다. 이 스타터는 분로 코일 권선(shunt coil winding)과 이동식 폴슈(pole shoe, 극편)를 사용하여 스타터 구동장치를 체결한다. 높은 스타터 전류는 점화 스위치로 동작하는 스타터 솔레노이드에 의해 제어되며, 일반적으로 이 솔레노이드는 배터리의 양극 포스트 근처에 장착된다. 이 제어 회로가 연결될 때 전류는 이동식 폴슈(극편)를 끌어당기는 속이 빈 코일(구동 코일이라고 함)을 통해 흐른다.

스타터 구동장치가 엔진 플라이휠과 체결되자마자 이동형 폴슈의 탱(tang)은 접점들을 "개방"한다. 접점은 구동 코일 동작을 위한 접지 귀환 경로를 제공한다. 이 접지 접점이 열린 후 모든 스타터 전류는 나머지 3개의 필드 코일과 브러시를 통해 전기자로 흐르며, 스타터가 동작하도록 한다.

이동형 폴슈는 메인 구동 코일 안쪽에 있는 작은 코일에 의해 (스타터 구동 부분이 체결되도록) 고정된다. 홀딩 코일(holding coil)이라고 불리는 이 코일은 충분히 강해서 스타터를 작동시키기 위한 최대 전류를 허용하면서 스타터 구동장치가 결합되도록 유지할 수 있다. ●그림 19-24 참조.

장점 이동식 금속 폴슈가 부착되어 스타터 드라이브가 레버(플런저 레버라 불리는)와 결합된다. 결과적으로 이 형태의 스타터는 스타터 드라이브를 체결하기 위해 솔레노이드를 사용하지 않는다.

단점 접지 접점이 심하게 움푹 파인 경우, 스타터는 구동 코일의 접지 불량으로 인해 스타터 드라이브 또는 스타터 모터를 동작시키지 못할 수 있다. 접점이 개방되지 않을 정도로 접점이 휘어지거나 손상되면, 스타터는 스타터 드라이브를 "체결"하지만 스타터 모터가 동작하지는 않을 것이다.

솔레노이드 작동식 스타터
Solenoid-Operated Starters

솔레노이드 동작 스타터 솔레노이드(starter solenoid)는 두 개의 개별적이지만 연결되어 있는 전자기 권선을 포함하는 전자파 스위치이다. 이 스위치는 스타터 드라이브를 체결하는 데 사용되고, 배터리에서 스타터 모터로 공급되는 전류를 제어한다.

솔레노이드 권선 두 개의 내부 권선은 대략 동일한 권선 수를 포함하지만, 다른 치수의 도선으로 만들어진다. 양쪽 권선 모두 금속 플런저를 솔레노이드로 끌어당기는 강한 자기장을

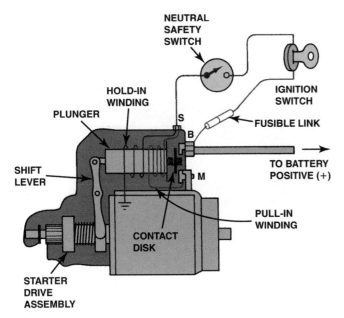

그림 19-26 손바닥 크기의 스타터 전기자.

그림 19-25 일반적인 스타터 솔레노이드의 배선 다이어그램. 점화 스위치를 처음 "시작" 위치로 돌리면 풀인 권선(pull-in winding)과 홀드인 권선(hold-in winding) 모두에 전원이 공급된다. 솔레노이드 접점 디스크가 B 단자와 M 단자 모두와 전기적으로 접촉하는 즉시 배터리 전류가 스타터 모터로 흐르게 되고 전기적으로 풀인 권선을 중화시킨다.

형성한다. 플런저는 시프트 포크 레버(shift fork lever)를 통해 스타터 드라이브에 부착된다. 점화 스위치가 시작 위치로 전환되면, 플런저가 솔레노이드 방향으로 움직여 스타터 구동장치가 플라이휠 링 기어와 맞물리도록 이동시킨다.

1. 플런저를 솔레노이드 방향으로 끌어당기기 위해 **풀인 권선**(pull-in winding)이라 부르는 더 굵은 권선이 필요하고, 이 권선은 스타터 모터를 통해 접지된다.

2. **홀드인 권선**(hold-in winding)이라 부르는 더 가벼운 권선은 스타터 프레임을 통해 접지되는데, 이 권선은 플런저를 제자리에 유지하기 위한 충분한 자력을 생성한다. 두 개의 분리된 권선을 사용하는 주된 목적은 스타터를 동작시킬 수 있는 충분한 전류를 허용하는 것이지만, 스타터 드라이브를 체결하도록 이동시키는 데 필요한 강한 자기장을 제공하는 것이다. ●그림 19-25 참조.

동작

1. 솔레노이드는 점화 또는 컴퓨터제어 릴레이가 "S(시동)" 단자에 전원을 공급하는 즉시 작동한다. 그 순간 플런저는 스

?   자주 묻는 질문

어떻게 스타터를 그렇게 작게 만들까?

차량의 성능과 연비를 높이는 데 도움이 되도록, 스타터와 대부분의 부품들은 가능한 한 작고 가볍게 만들어지고 있다. 스타터는 직선 구동 스타터와 동일한 크랭킹 토크를 달성하도록 기어 감속 및 영구자석을 사용하여 구성될 수 있다. 그렇지만, 훨씬 더 작은 부품들을 사용하여 구성할 수도 있다. 손바닥 크기의 자동차 스타터 전기자의 예는 ●그림 19-26을 참조하라.

타터 드라이브를 체결할 수 있을 정도로 충분히 솔레노이드 방향으로 당겨진다.

2. 플런저는 솔레노이드의 배터리 단자 포스트를 모터 단자에 연결하는 금속 디스크와 접점을 형성한다. 이 현상은 전체 배터리 전류가 솔레노이드를 통과하여 스타터 모터를 작동하도록 한다.

3. 또한 접촉 디스크는 풀인 권선을 전기적으로 분리한다. 솔레노이드는 스타터에 전류를 공급해야 한다. 따라서 스타터 모터가 전혀 작동하지 않으면, 솔레노이드가 작동하기는 하지만 외부의 높은 저항으로 인해 스타터 모터 작동이 느려질 수 있다.

요약 Summary

1. 모든 스타터 모터는 하우징에 연결된 필드 코일과 전기자의 자기장 사이의 자기장 상호작용 원리를 사용한다.

2. 제어 회로는 점화 스위치, 중립 안전 (클러치) 스위치 및 솔레노이드를 포함한다.

3. 전원 회로는 배터리, 배터리 케이블, 솔레노이드 및 스타터 모터를 포함한다.

4. 일반적인 스타터 부품은 메인 필드 하우징, 정류자측 하우징 또는 브러시측 하우징, 드라이브측 하우징, 브러시, 전기자 및 스타터 드라이브를 포함한다.

복습문제 Review Questions

1. 제어 회로와 일반적인 크랭킹 회로의 전원(모터) 회로 부분들 사이의 차이점은 무엇인가?

2. 일반적인 스타터의 부품들은 무엇인가?

3. 기어 감속 장치가 스타터 모터에 필요한 전류량을 감소시키는 이유는 무엇인가?

4. 결함이 있는 스타터 드라이브의 증상은 무엇인가?

19장 퀴즈 Chapter Quiz

1. 스타터 모터는 다음 원리에 따라 동작한다. 맞는 것은?
   a. 필드 코일은 전기자로부터 반대 방향으로 회전한다.
   b. 자기장의 반대 극은 반발한다.
   c. 같은 자기장 극들이 서로 반발한다.
   d. 전기자는 강한 자기장으로부터 약한 자기장 쪽으로 회전한다.

2. 직렬 권선 전기모터는 _____.
   a. 전력을 생산한다
   b. 0 RPM에서 최대 전력을 생산한다
   c. 높은 RPM에서 최대 전력을 생산한다
   d. 분권형 코일(shunt coil)을 사용한다.

3. 기술자 A는 결함이 있는 솔레노이드가 스타터 윙윙거림을 유발할 수 있다고 이야기한다. 기술자 B는 결함이 있는 스타터 드라이브가 스타터 윙윙거림을 일으킬 수 있다고 이야기한다. 어느 기술자가 옳은가?
   a. 기술자 A만
   b. 기술자 B만
   c. 기술자 A와 B 모두
   d. 기술자 A와 B 둘 다 틀리다

4. 중립 안전 스위치는 _____에 위치한다.
   a. 스타터 솔레노이드와 스타터 모터 사이
   b. 점화 스위치 자체 내부
   c. 점화 스위치와 스타터 솔레노이드 사이
   d. 배터리와 스타터 솔레노이드 사이의 배터리 케이블

5. 브러시는 _____ 사이에서 전력을 전달하는 데 사용된다.
   a. 필드 코일과 전기자   c. 솔레노이드와 필드 코일
   b. 정류자 세그먼트들   d. 전기자와 솔레노이드

6. 스타터 모터가 더 빨리 회전하면 _____.
   a. 배터리로부터 더 많은 전류를 소모한다
   b. 역기전력(CEMF)이 덜 생성된다
   c. 배터리로부터 더 적은 전류를 소모한다
   d. 발생하는 토크의 양이 커진다

7. 보통 엔진의 크랭크 속도는 약 _____이다.
   a. 2,000 RPM
   b. 1,500 RPM
   c. 1,000 RPM
   d. 200 RPM

8. 스타터 모터는 엔진보다 약 _____배 빠르게 회전한다.
   a. 18   c. 5
   b. 10   d. 2

9. 영구자석은 스타터의 어떤 부분에 공통으로 사용되는가?
   a. 전기자
   b. 솔레노이드
   c. 필드 코일
   d. 정류자

10. 어느 장치가 홀드인 권선(hold-in winding)과 풀인 권선(pull-in winding)을 포함하고 있나?
    a. 필드 코일
    b. 스타터 솔레노이드
    c. 전기자
    d. 점화 스위치

Chapter 20

크랭크 시스템 진단과 서비스

Cranking System Diagnosis and Service

학습목표

이 장을 학습하고 나면,

1. 크랭킹 회로에서 전압 강하 시험을 수행하는 방법에 대해 토론할 수 있다.
2. 제어 회로 시험 및 스타터 전류 시험을 수행하고 필요한 조치를 결정할 수 있다.
3. 스타터 모터 수리 및 벤치 테스트에 대해 설명할 수 있다.

핵심용어

그라울러	벤치 테스트
끼움쇠	전압 강하

시동 시스템 문제해결 절차
Starting System Troubleshooting Procedure

개요　시동 시스템의 적절한 작동은 양호한 배터리, 양호한 케이블 및 연결부, 양호한 스타터 모터에 달려 있다. 시동과 관련된 문제들은 시동 회로의 어디에서든 결함 있는 부품에 의해 발생할 수 있기 때문에, 문제를 신속하게 진단하고 수리하기 위해 회로의 각 부분에 대한 적절한 작동을 점검하는 것이 중요하다.

문제 진단 단계　크랭킹 회로의 고장을 진단하는 데 다음 단계들이 필요하다.

단계 1　**고객 불만 사항을 확인한다.** 때때로 고객은 크랭킹 시스템이 어떻게 작동하는지에 대해 알지 못한다. 특히 컴퓨터 제어 방식인 경우에 알지 못한다.

단계 2　**배터리 및 배터리 연결부를 육안으로 검사한다.** 스타터는 차량에서 가장 높은 암페어의 전류를 사용하는 장치이며, 배터리 단자 부식과 같은 어떠한 고장도 크랭킹 시스템 문제를 일으킬 수 있다.

단계 3　**배터리 상태를 시험한다.** 배터리가 스타터에 필요한 전류를 공급할 수 있는지 확인하기 위해, 배터리 부하 또는 컨덕턴스 시험을 실시한다.

단계 4　**제어 회로를 점검한다.** 제어 회로 내부 어디에서나 단선 또는 고저항이 발생하면 스타터 모터가 회전하지 않을 수 있다. 점검해야 할 항목들은 다음과 같다.

그림 20-1　대시보드의 도난 방지 경고등. 일반적으로 깜박이는 램프는 시스템의 고장을 나타내며, 엔진이 시동되지 않을 수 있다.

- 스타터 솔레노이드의 "S" 단자
- 중립 안전 또는 클러치 스위치
- 스타터 활성화 릴레이(설치되어 있는 경우)
- 도난 방지 시스템 고장[엔진이 크랭킹되지 않거나 시동이 걸리지 않고, 도난 표시등이 켜지거나 깜박이면 도난 억제 시스템이 고장 났을 가능성이 있다. 크랭킹 회로를 서비스(수리)하기 전에 수행할 정확한 절차에 대한 서비스 정보를 점검해야 한다. ●그림 20-1 참조.]

단계 5　**스타터 회로의 전압 강하를 점검한다.** 스타터 회로의 전원 측 또는 접지 측의 높은 저항은 스타터가 천천히 회전하거나 전혀 회전하지 않는 원인이 될 수 있다.

🔧　**기술 팁**

전압 강하는 저항을 의미함

많은 기술자들은 이렇게 질문한다. "저항계를 사용하여 저항을 쉽게 측정할 수 있을 때, 전압 강하를 왜 측정합니까?" 한 가닥을 제외하고 모든 가닥이 끊어진 배터리 케이블을 생각해 보자. 저항계를 사용하여 케이블 저항을 측정하는 경우, 판독값은 매우 작을 것이며, 아마도 1Ω 미만일 것이다. 그러나 케이블은 엔진을 크랭킹하기 위해 필요한 전류를 흐르게 할 수 없다. 덜 심각한 경우, 몇 가닥이 파손될 수 있고, 그에 따라 스타터 모터의 작동에 영향을 미치게 된다. 배터리 케이블의 저항이 증가하지 않음에도 불구하고 전류 흐름이 제한되는 것은 열을 발생시킬 수 있고, 스타터에서 가용한 전압 저하를 유발하게 될 것이다. 전류가 흐를 때까지 저항은 유효하지 않기 때문에, 전압 강하(두 지점 간 전압 차이)를 측정하는 것이 회로의 실제 저항을 결정하는 가장 정확한 방법이다.

얼마만큼 많은 것이 너무 많은 것인가? 보쉬(Bosch)사에 따르면, 모든 전기 회로는 저항에서 회로 전압의 최대 3%의 손실을 갖게 된다. 따라서 12V 회로에서 케이블 및 언결부의 최내 전압 손실은 0.36V(12 × 0.03 = 0.36V)가 된다. 나머지 97%의 회로 전압(11.64V)은 전기 장치(부하)를 작동시키는 데 사용할 수 있다. 다음을 기억하자.

- 낮은 전압 강하 = 작은 저항
- 높은 전압 강하 = 높은 저항

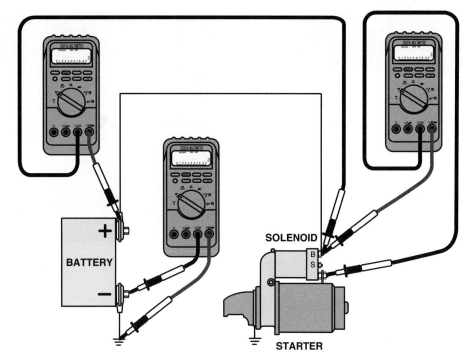

그림 20-2 솔레노이드형 크랭크 회로의 전압 강하 시험을 위한 전압계 배선 접속도.

전압 강하 시험
Voltage Drop Testing

목적 전압 강하(voltage drop)는 전류가 저항을 통과할 때 발생하는 전압의 낮아짐이다. 즉, 전압 강하는 전원 전압과 전류가 흐르는 전기 소자의 전압 사이의 차이를 나타낸다. 전압 강하가 클수록 회로의 저항은 더 크다. 어떠한 전기 회로에서든 전압 강하 시험을 수행할 수 있지만, 가장 일반적인 시험 분야는 크랭킹 회로와 충전 회로 배선 및 연결부이다. 전압 강하 시험은 회로의 전원 측과 접지 측 양쪽 모두에서 수행되어야 한다.

크랭킹 회로 배선의 높은 전압 강하(높은 저항)는 과잉 회로 저항으로 인해 정상적인 스타터 암페어 인출보다 적은 전류로 인해 엔진 크랭킹이 느려질 수 있다. 전압 강하가 지저분한 배터리 단자에 의해 발생하는 경우처럼 충분히 높은 경우, 스타터가 작동하지 않을 수 있다. 크랭크 회로에서 높은 저항의 전형적인 증상은 스타터 솔레노이드의 "딸깍거림"이다.

시험 절차 배선의 전압 강하 시험은 직류 전압을 판독하기 위해 높은 저항이 의심되는 케이블 끝단에 전압계 세트를 연결하고 엔진을 크랭킹하는 것을 포함한다. ●그림 20-2, 그

림 20-3, 그림 20-4 참조.

참고: 전압 차이(전압 강하)가 배터리 케이블 끝단 사이에서 측정되기 전에, 전류가 케이블을 통해 흐르고 있어야 한다. 전류가 흐르지 않으면 저항은 유효하지 않다. 엔진이 크랭크되지 않으면 전류가 배터리 케이블을 통과해 흐르지 않으며 전압 강하를 측정할 수 없다.

단계 1 다음과 같이 점화 또는 연료분사(fuel-injection)를 비활성화한다.
- 점화 모듈 또는 점화 코일로부터 1차(저전압) 전기 연결부를 분리한다.
- 연료분사 퓨즈 또는 릴레이, 모든 연료분사기로 이어지는 전기 연결부를 제거한다.

주의: 접지에 연결되지 않았다면 고전압 점화 배선을 분리해서는 안 된다. 크랭크 시 발생할 수 있는 고전압이 점화 코일에 고장(내부적으로 아크)을 일으킬 수 있다.

단계 2 전압계의 한쪽 측정단자를 스타터 모터 배터리 단자에 연결하고 다른 쪽 끝은 배터리 양극 단자에 연결한다.

단계 3 엔진을 크랭크한 후, 크랭킹하는 중에 판독값을 관찰한다(첫 번째 높은 판독치를 무시한다). 판독치는 0.20V 미만이어야 한다.

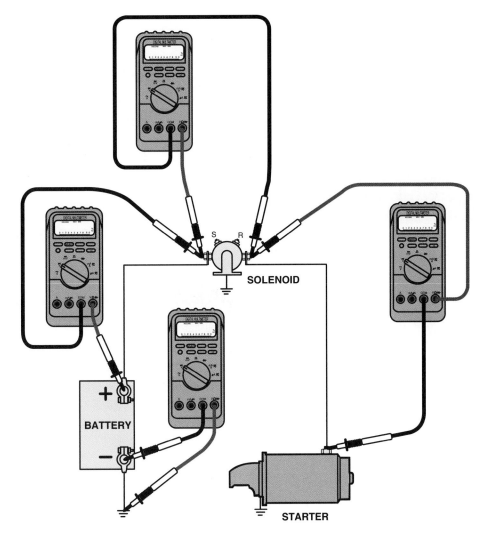

그림 20-3 포드 크랭크 회로의 전압 강하 시험을 위한 전압계 배선 접속도.

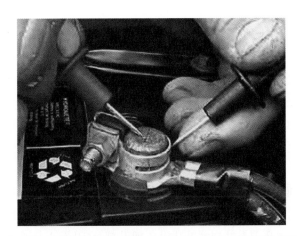

그림 20-4 배터리 케이블 연결의 전압 강하를 시험하기 위해 한쪽 배터리 단자에 전압계 측정단자 하나를 위치시키고 다른 전압계 측정단자를 케이블 끝단에 위치시킨 후 엔진을 크랭킹한다. 전압계는 두 측정단자 사이의 전압 차이를 판독하는데, 이 전압은 0.20V를 초과하지 않아야 한다.

단계 4 접근할 수 있는 경우, 엔진 크랭킹 중에 스타터 솔레노이드의 "B" 및 "M" 단자에 걸려 있는 전압 강하를 시험한다. 전압 강하는 0.20V 미만이어야 한다.

🔧 **기술 팁**

따뜻한 케이블은 높은 저항을 의미한다.

만졌을 때 케이블 또는 연결부가 따뜻하다면, 케이블 또는 연결부에 전기 저항이 있다는 것을 의미한다. 저항은 전기에너지를 열에너지로 변환한다. 따라서 전압계를 사용할 수 없는 경우에는 엔진을 크랭킹할 때 배터리 케이블과 연결부를 만져 본다. 케이블 또는 연결부가 만졌을 때 뜨거운 상태라면 청소를 하거나 교체해야 한다.

단계 5 전압계 측정단자 하나는 배터리 음극 단자에 연결하고, 다른 하나는 스타터 하우징에 연결하여 크랭킹 회로의 접지 측에서 전압 강하를 반복한다. 엔진을 크랭킹하고 전압계 디스플레이를 관찰한다. 전압 강하는 0.2V 미만이어야 한다.

제어 회로 시험
Control Circuit Testing

관련 부품 시동 회로의 제어 회로는 배터리, 점화 스위치, 중립 또는 클러치 안전 스위치, 도난 방지 시스템 및 스타터 솔레노이드를 포함한다. 점화 스위치가 시작 위치로 돌아가면, 전류가 점화 스위치와 중립 안전 스위치를 통과하여 솔레노이드를 작동시킨다. 그러면 높은 전류가 배터리로부터 솔레노이드를 통과하여 스타터 모터로 직접 흐르게 된다. 따라서 제어 회로 내부의 단선 또는 파열은 스타터 모터의 동작을 방해하게 된다.

스타터가 작동하지 않는 경우, 먼저 스타터 솔레노이드의 "S(시동)" 단자의 전압을 점검한다. 다음과 같은 고장이 있는지 확인한다.

- 중립 안전 또는 클러치 스위치
- 끊어진 크랭크 퓨즈
- 크랭크 위치에서 점화 스위치 개방

도난 방지 제어 기능을 사용하는 일부 모델은 스타터 작동을 방지하는 제어 회로를 개방하기 위해 릴레이를 사용한다.

스타터 전류 시험
Starter Amperage Test

스타터 전류 시험의 이유 저속 크랭킹 또는 크랭크 미작동의 이유가 스타터 모터 고장인지 아니면 다른 문제에 의한 고장인지 확인하기 위해 스타터를 시험해야 한다. 전압 강하 시험은 배터리 케이블 및 연결부가 정상인지 확인하기 위해 행해진다. 스타터 전류량(amperage draw) 시험은 스타터 모터가 저속 크랭킹 또는 크랭킹 미작동의 원인인지 여부를 판정한다.

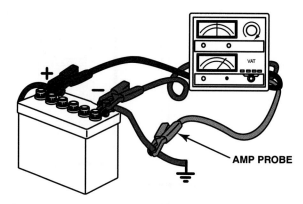

그림 20-5 스타터 전류 시험기(starter amperage tester)는 양극 또는 음극 배터리 케이블 주위에 전류 프로브를 사용한다.

기술 팁

실내등 점검

시동 관련 문제를 진단할 때는 차량의 도어를 열고 천장등 또는 실내등의 밝기를 관찰한다. 모든 전기 램프의 밝기는 배터리 전압에 비례한다. 스타터의 정상 작동은 실내등을 약간 흐려지게 한다. 조명이 밝은 상태로 유지되면 일반적으로 제어 회로의 단선이 문제인 경우이다. 조명이 꺼졌거나 거의 꺼진 상태이면 다음과 같은 문제일 수 있다.

- 스타터 내부 필드 코일의 단락 또는 접지된 전기자
- 느슨하거나 부식된 배터리 연결부 또는 케이블
- 약하거나 방전된 배터리

시험 준비 스타터 전류 시험(starter amperage test)을 수행하기 전에 배터리가 충분히(75% 이상) 충전되었고 충분한 시동 전류를 공급할 수 있는지 확인한다. 시험기의 설명서에 따라 스타터 전류 시험기를 연결한다. ●그림 20-5 참조.

스타터 전류 시험은 스타터가 정상적으로 작동하지 않거나(저속으로 크랭킹되거나), 일상적인 전기 시스템 검사의 일환으로 수행되어야 한다.

상세 사양 일부 서비스 매뉴얼은 차량에서 시험하는 스타터 모터의 정상적인 시동 전류를 명시하지만, 대부분의 서비스 매뉴얼은 부하가 가해지지 않은 벤치 테스트(bench test)를 위한 사양만을 제시한다. 이러한 사양은 수리된 스타터가 정확한 사양을 충족하는지 확인하는 데 도움이 되지만, 차량에 장착된 스타터 시험에는 적용되지 않는다. 만약 정확한 사양을 충족하지 않는 경우, 차량에 장착된 스타터를 시험하기 위한

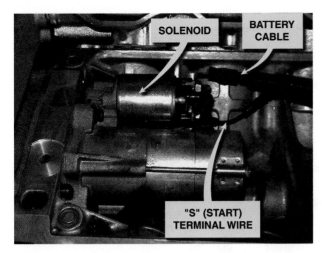

그림 20-6 이 캐딜락 노스스타(Northstar) 엔진에서 스타터는 흡기 다기관 아래에 위치한다.

일반적인 최대 전류량(amperage draw) 사양으로 다음 값들을 사용할 수 있다.

- **4기통 엔진** = 상온에서 150~185A(보통 100A 미만)
- **6기통 엔진** = 상온에서 160~200A(보통 125A 미만)
- **8기통 엔진** = 상온에서 185~250A(보통 150A 미만)

과도한 전류 요구량(current draw)은 다음 중 하나 이상을 의미할 수 있다.

1. 마모된 부싱(bushing)의 결과로서 스타터 전기자가 결속됨
2. 기상 조건에 따른 오일 농도가 너무 높음(점성이 너무 높음)
3. 단락 또는 접지된 스타터 권선 또는 케이블
4. 빡빡하거나 고착된(seized) 엔진
5. 단락된 스타터 모터(일반적으로 필드 코일 또는 전기자 고장에 의함)
   - 높은 기계적 저항 = 높은 스타터 전류 소비량(amperage draw)
   - 높은 전기 저항 = 낮은 스타터 전류 소비량(amperage draw)

낮은 전류 소비량과 저속 크랭킹 또는 크랭킹 미작동은 다음 중 하나 이상을 의미할 수 있다.

- 오염되거나 부식된 배터리 연결부
- 배터리 케이블의 내부 저항이 높음
- 내부 스타터 모터 저항이 높음
- 스타터 모터와 엔진 블록 사이의 접지 연결 불량

스타터 탈거 Starter Removal

절차 시험을 통해 스타터 모터를 교체해야 할 필요가 있음이 확인되면 대부분의 차량 제조사는 다음과 같은 일반적인 단계와 절차를 권장한다.

단계 1 음극 배터리 케이블을 분리한다.

단계 2 차량을 안전하게 들어 올린다(hoist).

   참고: 이 단계는 필요하지 않을 수 있다. 서비스 중인 차량에 대해 지정된 절차를 위한 서비스 정보를 확인한다. 일부 스타터는 흡기 다기관(intake manifold) 아래에 위치한다. ●그림 20-6 참조.

단계 3 스타터 고정 볼트를 제거하고, 스타터의 배선 연결부에 접근할 수 있도록 스타터를 낮춘다.

단계 4 스타터에서 배선을 분리하여 꼬리표를 붙인 후, 스타터를 탈거한다.

단계 5 링 기어 손상을 확인하기 위해 플라이휠(flexplate)을 자세히 살펴본다. 결합 구멍(mounting hole)이 깨끗하고 장착 플랜지(mounting flange)가 깨끗하고 매끄러운지 점검한다. 필요에 따라 수리한다.

스타터 모터 수리
Starter Motor Service

목적 대부분의 스타터 모터는 조립품으로 교체된다. 쉽게 분해되거나 수리되지 않는다. 그러나 특히 고성능 차량이나 수집가용 차량의 경우, 어떤 스타터들은 수리될 수도 있다.

분해 절차 스타터 모터의 분해는 일반적으로 다음 단계를 따른다.

단계 1 스타터 솔레노이드 조립품을 탈거한다.

단계 2 재조립 시 정렬하는 데 도움이 되도록 관통볼트의 위치를 필드 하우징에 표시한다.

단계 3 드라이브측 하우징을 탈거한 다음, 전기자 조립품을 탈거한다.

   ●그림 20-7 참조.

검사와 시험 부품들이 스타터를 수리 가능한 상태로 되돌리

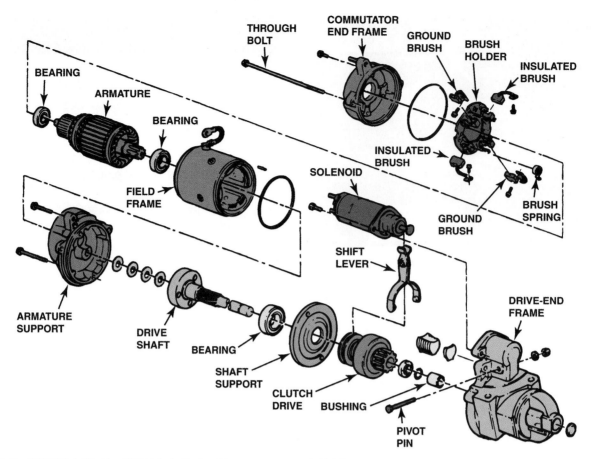

그림 20-7 전형적인 솔레노이드 작동식 스타터(solenoid-operated starter)의 분해도.

는 데 사용될 수 있는지 확인하기 위해, 다양한 부품들을 검사하고 시험하여야 한다.

- **솔레노이드.** 솔레노이드 권선의 저항을 점검한다. 솔레노이드(solenoid)는 저항계를 사용하여 시험할 수 있으며, 홀드인(hold-in) 권선 및 풀인(pull-in) 권선에서 적절한 저항을 점검할 수 있다. ●그림 20-8 참조.

대부분의 기술자는 스타터를 교체할 때마다 솔레노이드를 교체하는데, 보통 솔레노이드는 교체용 스타터에 포함되어 있다.

- **스타터 전기자.** 스타터 드라이브가 전기자(armature)에서 탈거된 후, 다이얼 표시기와 V-블록을 사용하여 런아웃(runout)을 점검할 수 있다. ●그림 20-9 참조.

- **그라울러.** 구리선 루프들이 스타터의 전기자에 연결되어 있기 때문에, **그라울러(growler)**를 사용해야만 전기자를 정확하게 시험할 수 있다. 그라울러는 전기자 주위에 60Hz의 교류 자기장을 생성하는 110V AC 시험 장치이다. 스타터 전기자는 구리선 코일로 둘러싸인 적층 연철심의 V형 상단 부분에 배치된다. 그라울러를 110V 전원

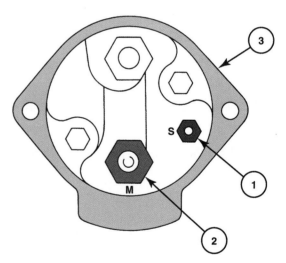

그림 20-8 GM 솔레노이드 저항계 점검. 1과 3(S 단자와 접지) 사이의 판독값은 0.4~0.6Ω(홀드인 권선)이어야 한다. 1과 2(S 단자와 M 단자) 사이의 판독값은 0.2~0.4Ω(풀인 권선)이어야 한다.

에 연결한 다음 전기자 시험 지침을 따른다.

- **스타터 모터 필드 코일.** 전기자를 스타터 모터에서 탈거한 상태에서, 전원이 인가된 테스트 램프 또는 저항계를

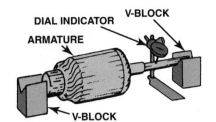

그림 20-9 다이얼 표시기와 V-블록을 사용하여 전기자 축(armature shaft)의 런아웃(runout)을 측정한다.

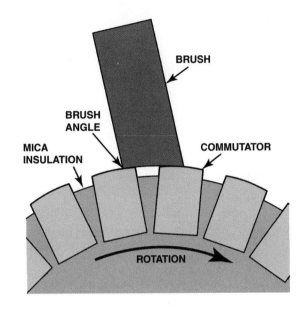

그림 20-10 교체용 스타터 브러시는 경사진 가장자리가 정류자 회전과 일치하도록 설치되어야 한다.

사용하여 필드 코일의 단선 또는 접지를 시험해야 한다. 접지된 필드 코일을 시험하려면, 시험기의 한쪽 측정단자를 필드 브러시(절연 또는 고온)에 접촉시키고, 다른 쪽 끝단을 스타터 필드 하우징에 접촉시킨다. 저항계는 무한대(통전성 없음)를 가리켜야 한다. 그리고 테스트 램프는 **켜지지 않아야** 한다. 통전성이 있는 경우, 필드 코일 하우징 조립품을 교체한다. 접지 브러시는 스타터 하우징에 통전성을 보여야 한다.

참고: 많은 스타터들은 제거 가능한 필드 코일을 사용한다. 이러한 코일은 적절한 장비와 절연재를 사용하여 되감겨야 한다. 일반적으로 결함이 있는 필드 코일 교체에 드는 비용은 교체용 스타터 비용을 초과한다.

- **스타터 브러시 검사.** 브러시 길이가 원래 길이의 절반(0.5인치 = 13mm) 미만이 되면 스타터 브러시를 교체해야 한다. 일부 스타터 모터의 모델 중 필드 브러시가 필드 코일 조립품과 함께 수리되고, 접지 브러시는 브러시 홀더와 함께 수리된다. 대부분의 스타터들은 나사로 고정

된 브러시를 사용하고 쉽게 교체할 수 있지만, 어떤 스타터는 브러시를 제거하고 교체하기 위해 납땜이 필요할 수 있다. ●그림 20-10 참조.

벤치 테스트 Bench Testing

모든 스타터는 차량에 장착하기 전에 시험되어야 한다. 일반적인 방법은 **벤치 테스트**(bench testing)로, 동작 중에 회전을 방지하기 위해 스타터를 바이스(vise)에 물려 놓고, 대용량 점퍼선(최소 4등급)을 좋은 배터리와 스타터 양쪽 모두에 연결한다. 스타터 모터는 성능 사양에 표시된 만큼 빠르게 회전해야 하며, 자유회전에 허용되는 전류값보다 큰 전류를 소모하지 않아야 한다. 일반적으로 (차량에 장착되지 않은) 작업대에서 시험되는 스타터에 대한 전류의 범위는 보통 60~100A이다.

스타터 설치 Starter Installation

스타터 어셈블리가 올바로 작동하는지 확인한 후, 배터리 음극 케이블이 분리되었는지 확인한다. 그런 다음, 필요한 경우 차량을 안전하게 들어올린다(hoist). 다음은 스타터를 설치하는 일반적인 단계들이다. 수리되는 차량에 대한 정확한 절차를 위해 서비스 정보를 확인한다.

단계 1 스타터 및/또는 솔레노이드에 대한 정확한 배선 연결에 대한 서비스 정보를 확인한다.

단계 2 스타터 모터 및/또는 솔레노이드의 모든 전기 연결부가 차량에 적합한지, 그리고 양호한 상태인지 확인한다.

> **참고:** 스터드(stud)에 잠금 너트(locking nut)가 단단히 조여져 있는지 확인한다. 배선을 스터드에 고정하는 고정 나사(retaining nut)가 올바르게 조여져 있을 것이다. 하지만 스터드 자체가 느슨해질 경우 크랭킹 문제가 발생할 수 있다.

단계 3 전원과 제어를 위한 배선들을 연결한다.

단계 4 스타터를 장착한다. 그리고 모든 체결 부품을 공장 사양에 맞춰 회전시켜 균일하게 조인다.

단계 5 스타터 전류 유입(amperage draw) 시험을 수행하고, 적절한 엔진 크랭킹 여부를 점검한다.

주의: 모든 날씨 및 주행 조건에서 문제가 없는 스타터 작동을 보장하기 위해, 모든 공장용 열 차폐판(heat shield)을 설치해야 한다.

스타터 드라이브-플라이휠 간극 Starter Drive-to-Flywheel Clearance

끼움쇠의 필요성 스타터가 적절히 동작하고 비정상적인 스타터 소음이 발생하지 않도록, 스타터 피니언과 엔진 플라이휠 링 기어 사이에 약간의 간극(clearance)이 있어야 한다. 스타터들은 **끼움쇠(shim)**를 사용하는데, 이것은 플라이휠과 엔진 블록 마운팅 패드 사이의 얇고 가느다란 금속 조각으로 적절한 간극을 제공한다. ●그림 20-11 참조.

일부 제조사들은 생산 중에 스타터 드라이브측 하우징 아래에 끼움쇠를 사용한다. 다른 제조사에서는 공장에서 마운팅

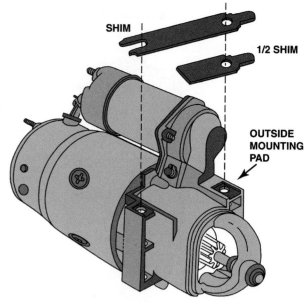

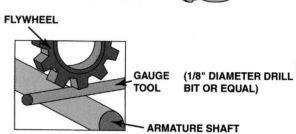

그림 20-11 엔진의 플라이휠 톱니와 스타터 피니언 톱니 사이에 적절한 간극(clearance)을 제공하기 위해 끼움쇠(또는 반쪽 끼움쇠)가 필요할 수 있다.

패드를 갈아서 적절한 스타터 피니언 기어 간극을 조절한다. GM 스타터를 교체한다면, 스타터 피니언을 점검하여 스타터 손상 및 과다한 소음을 방지하기 위해 필요한 만큼 점검하고 보정해야 한다.

간극 문제의 증상

- 간극이 너무 크면 스타터가 크랭킹 중에 고음의 윙윙거리는 잡음(whine)을 만들게 된다.
- 간극이 너무 작으면 엔진 시동이 걸린 후 스타터가 결속되거나 느리게 크랭크되고, 또는 고음의 윙윙거리는 잡음(whine)을 만들어 낼 수 있다.

적절한 간극을 위한 절차

끼움쇠가 스타터에 적절하게 장착되었는지 확인하기 위해 다음 절차를 따른다.

단계 1 스타터를 위치시키고 지지용 볼트(mounting bolt)를

드라이브측 하우징(drive-end housing) 재사용

대부분의 GM 스타터 모터는 패드 마운트를 사용하며, 드라이브측(노즈) 하우징을 통해 볼트로 엔진에 부착된다. GM 차량에서 스타터를 교체할 때, 많은 경우 피니언과 엔진플라이휠 링 기어의 간극이 적절하지 않기 때문에 스타터는 소음을 발생시킨다. 새 스타터에 끼움쇠를 넣으려고 많은 시간을 할애하는 대신, 원래 스타터로부터 드라이브측 하우징을 단순히 제거하고 교체용 스타터에 드라이브측 하우징을 장착한다. 필요한 경우 드라이브측 하우징에 있는 부싱(bushing)을 수리한다. 원래의 스타터는 과도한 기어 체결 소음을 일으키지 않았기 때문에, 교체용 스타터 역시 괜찮을 것이다. 원래의 스타터와 함께 사용되었던 끼움쇠를 재사용한다. 적절한 간극이 결정될 때까지 계속해서 교체용 스타터를 여러 번 탈거 및 재장착하는 것이 좋다.

손가락으로 조인다.

단계 2 1/8인치 지름의 드릴 날(또는 게이지 공구)을 사용하여 전기자 축과 엔진 플라이휠 톱니 사이에 삽입한다.

단계 3 게이지 공구를 삽입할 수 없는 경우, 양쪽 지지용 구멍(mounting hole)에 걸쳐 전체 길이의 끼움쇠를 사용하여 스타터를 플라이휠 바깥쪽으로 이동시킨다.

단계 4 게이지 공구가 축과 엔진 플라이휠의 톱니 사이에서 헐거워져 있다면 끼움쇠(들)를 제거한다.

단계 5 끼움쇠를 사용하지 않았고 게이지 공구의 어울림이 너무 느슨하면, 반쪽 끼움쇠(half shim)를 바깥쪽 패드에만 추가한다. 이렇게 하여 스타터를 엔진 플라이휠의 톱니 쪽으로 더 가깝게 이동시킨다.

시동 시스템 증상 가이드
Starting System Symptom Guide

다음 목록은 시동 시스템 문제를 해결하는 데 도움이 될 것이다.

문제	가능한 원인들
1. 스타터 모터 윙윙거림	1. 스타터 구동 불량 스타터 구동 맞물림 요크(yoke)가 낡았음 플라이휠 결함 스타터 구동부에서 플라이휠 간극이 적절하지 않음
2. 스타터 저속 회전	2. 배터리 케이블 또는 연결부에서 높은 저항 결함 있는 배터리 또는 방전된 배터리 스타터 전기자가 필드 코일에 질질 끌리게 할 수 있는 스타터 부싱 마모 마모된 스타터 브러시 또는 약한 스타터 브러시 스프링 결함 있는(단선 또는 단락) 필드 코일
3. 스타터 회전 실패	3. 고장 난 점화 스위치 또는 중립 안전 스위치 또는 스타터 모터 제어 회로에서 단선 도난 방지 시스템 고장 결함 있는 스타터 솔레노이드
4. 스타터 그라인딩 소음 발생	4. 스타터 구동 장치 결함 플라이휠 결함 스타터 피니언과 플라이휠 사이의 부정확한 거리 깨지거나 파손된 스타터 드라이브측 하우징 마모되거나 손상된 플라이휠 또는 링 기어 톱니
5. 체결 시 스타터의 딸깍거림	5. 낮은 배터리 전압 느슨하거나 부식된 배터리 연결부

1 이 지저분하고 기름 묻은 스타터는 유용한 정비로 복원될 수 있다.

2 솔레노이드와 스타터 사이의 연결 배선을 제거한다.

3 기존의 스타터 필드 하우징을 분해할 때, 스타터의 드라이브측 하우징을 지지하기 위해, 기존의 스타터 필드 하우징을 사용하고 있다. 이 기술자는 솔레노이드 체결장치를 제거하기 위해 전기 충격 렌치를 사용하고 있다.

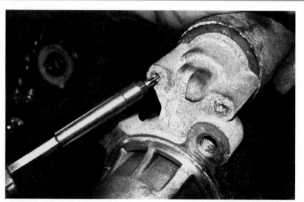

4 톡스(Torx) 드라이버를 사용하여 솔레노이드 부착 나사를 제거한다.

5 고정 나사가 제거된 후 솔레노이드는 스타터 모터로부터 분리될 수 있다. 이 기술자는 항상 솔레노이드를 교체한다.

6 관통볼트를 탈거하고 있다.

7 브러시 종단 판을 탈거한다.

8 전기자 어셈블리를 필드 틀로부터 제거한다.

9 직접−구동 스타터 전기자(상단)의 길이는, 지름이 작은 경우를 제외하고, 기어−감속 전기자의 전체 길이와 동일한 길이임을 주 목하라.

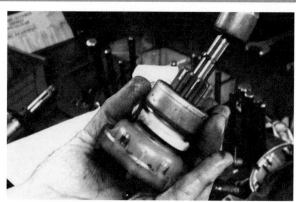

10 망치를 사용하여 가볍게 두드리면 기어−감속 조립품 중심 으로부터 전기자 추력 볼(손바닥에 있는)이 제자리에서 벗어 나도록 할 수 있다.

11 이 사진은 유성 링 기어 및 피니언 기어를 보여 준다.

12 유성 기어 중 하나를 근접 촬영한 사진으로, 내부에 있는 작 은 니들 베어링을 보여 준다.

(계속)

13 이 클립은 축에서 탈거되고, 유성 기어 조립품을 분리하여 검사할 수 있다.

14 축 조립품이 고정 기어 조립품으로부터 분리되고 있다.

15 전기자의 정류자가 변색되고 브러시가 세그먼트와 제대로 접촉하지 않았음을 수 있다.

16 모든 스타터 부품들은 수성 세정제가 들어 있는 텀블러에 위치한다. 전기자는 선반(lathe)에 장착되어 있으며, 정류자는 사포를 사용하여 표면 처리를 다시 한다.

17 처리가 완료된 정류자는 새것처럼 보인다.

18 스타터 재조립은 신품 스타터 드라이브를 축 조립품에 장착하는 것으로 시작한다. 그러면 스톱 링 및 스톱 링 유지 장치(retainer)가 장착된다.

(계속)

19 기어–감속 어셈블리는 변속 포크(구동 레버)와 함께 청소된 드라이브 하우징 내부에 배치된다.

20 기어–감속 조립품 위에 기어 유지 장치(retainer)를 장착한 후, 전기자가 장착된다.

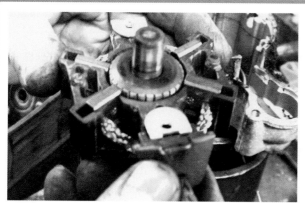

21 새 브러시가 브러시 홀더 어셈블리 내부에 장착되고 있다.

22 브러시의 접지 연결부가 깨끗하고 단단히 조여져 있는지 확인하면서 브러시측 판과 관통볼트를 설치한다.

23 솔레노이드, 브러시 및 스타터 구동 어셈블리를 교체하고, 재조립 시 철저한 청소와 세심한 주의를 기울여, 스타터는 훌륭한 상태로 복원되었다.

요약 Summary

1. 스타터 모터의 적절한 작동 및 시험은 최소 75% 이상 충전된 배터리, 적절한 크기(게이지)의 배터리 케이블, 그리고 단지 0.2V의 전압 강하에 달려 있다.
2. 전압 강하 시험은 엔진 크랭킹, 배터리에서 스타터까지의 전압 강하 측정, 배터리의 음극 단자에서 엔진 블록까지의 전압 강하 측정을 포함한다.
3. 크랭킹 회로는 적절한 전류 소모량(amperage draw)에 대해 시험되어야 한다.
4. 제어 회로의 개방은 스타터 모터 작동을 방해할 수 있다.

복습문제 Review Questions

1. 크랭킹 회로의 부품들은 무엇인가?
2. 크랭킹 회로의 전압 강하 시험을 위해 수행해야 하는 단계들을 설명하라.
3. 스타터를 교체하는 데 필요한 단계들을 설명하라.

20장 퀴즈 Chapter Quiz

1. 그라울러는 스타터의 어떤 구성요소를 시험하는 데 사용되는가?
   a. 필드 코일
   b. 전기자
   c. 정류자
   d. 솔레노이드

2. 두 명의 기술자가 저속 크랭킹과 과도한 전류량 요구의 원인에 대해 논의하고 있다. 기술자 A는 엔진 기계적 고장이 원인일 수 있다고 이야기한다. 기술자 B는 스타터 모터가 결속되었거나 결함이 있을 수 있다고 이야기한다. 어느 기술자가 옳은가?
   a. 기술자 A만
   b. 기술자 B만
   c. 기술자 A와 B 모두
   d. 기술자 A와 B 둘 다 틀리다

3. V-6가 스타터 전류량 소비를 위해 점검받는 중이다. 초기의 서지 전류(surge current)는 약 210A였고, 크랭킹 도중에는 약 160A였다. 기술자 A는 스타터가 불량이어서 전류가 200A를 초과하므로 교체해야 한다고 이야기한다. 기술자 B는 V-6 엔진의 스타터 모터에 대한 정상 전류 요구량이라고 이야기한다. 어느 기술자가 옳은가?
   a. 기술자 A만
   b. 기술자 B만
   c. 기술자 A와 B 모두
   d. 기술자 A와 B 둘 다 틀리다

4. 어떤 부품 또는 어떤 회로가 엔진 크랭킹을 방해할 수 있나?
   a. 도난 방지 시스템
   b. 솔레노이드
   c. 점화 스위치
   d. 위의 모든 것

5. 기술자 A는 방전된 배터리(일반 배터리 전압보다 낮음)가 솔레노이드 딸깍거림을 유발할 수 있다고 이야기한다. 기술자 B는 방전된 배터리 또는 지저분한(부식된) 배터리 케이블이 솔레노이드 딸깍거림을 유발할 수 있다고 이야기한다. 어느 기술자가 옳은가?
   a. 기술자 A만
   b. 기술자 B만
   c. 기술자 A와 B 모두
   d. 기술자 A와 B 둘 다 틀리다

6. 스타터에 의한 저속 크랭킹은 _____을(를) 제외한 모든 것에 의해 발생할 수 있다.
   a. 배터리가 부족하거나 방전된 경우
   b. 부식되거나 더러운 배터리 케이블
   c. 엔진의 기계적 문제
   d. 개방된 중립 안전 스위치

7. 스타터 벤치 테스트는 _____ 수행되어야 한다.
   a. 오래된 스타터를 재조립한 후에
   b. 새 스타터를 장착하기 전에
   c. 오래된 스타터를 탈거한 후에
   d. a와 b 둘 다

8. 스타터 피니언과 엔진 플라이휠 사이의 간극이 너무 클 경우,
   _____.
   a. 스타터가 크랭킹 도중 고음의 윙윙거리는 소음을 발생시킨다
   b. 시동이 걸린 후에 스타터에서 고음의 윙윙거리는 소음이 발생한다
   c. 스타터 드라이브가 전혀 회전하지 않는다
   d. 솔레노이드가 스타터 구동 장치와 체결되지 않는다

9. 기술자가 디지털 전압계의 한쪽 측정단자를 배터리의 양극(+) 단자에 연결하고 다른 쪽 미터 측정단자를 스타터 솔레노이드의 배터리 단자(B)에 연결한 다음 엔진을 크랭킹하였다. 크랭킹 도중 전압계에 878mV의 판독값이 표시된다. 기술자 A는 이 수치가 양극 배터리 케이블의 저항이 너무 높음을 나타낸다고 이야기한다. 기술자 B는 이 수치가 스타터에 결함이 있음을 나타낸다고 이야기한다. 어느 기술자가 옳은가?
   a. 기술자 A만
   b. 기술자 B만
   c. 기술자 A와 B 모두
   d. 기술자 A와 B 둘 다 틀리다

10. V–8 엔진이 장착된 차량이 시동이 걸릴 만큼 빠르게 크랭킹하지 않는다. 기술자 A는 배터리가 방전되었거나 결함이 있을 수 있다고 이야기한다. 기술자 B는 음극 케이블이 배터리에서 느슨해졌을 수 있다고 이야기한다. 어느 기술자가 옳은가?
    a. 기술자 A만
    b. 기술자 B만
    c. 기술자 A와 B 모두
    d. 기술자 A와 B 둘 다 틀리다

Chapter 21

충전 시스템

Charging System

학습목표

이 장을 학습하고 나면,

1. 교류발전기의 오버러닝 풀리에 대해 설명할 수 있다.
2. 교류발전기의 구성요소와 동작에 대해 설명할 수 있다
3. 교류발전기의 작동 방식을 설명할 수 있다.
4. 교류발전기에서 생성되는 전압을 조절하는 방법을 설명할 수 있다.
5. 컴퓨터로 제어되는 교류발전기에 대해 논의할 수 있다.

핵심용어

고정자
교류발전기
드라이브측 하우징(DE housing)
다이오드
델타 권선
듀티 사이클
로터
서미스터

슬립링측 하우징(SRE housing)
오버러닝 교류발전기 완충장치
　(OAD)
오버러닝 교류발전기 풀리
　(OAP)
전력 관리(EPM)
클로 폴

그림 21-1 쉐보레 V-8 엔진에 장착된 일반적인 교류발전기.

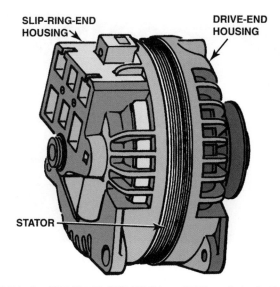

그림 21-2 구동 벨트를 향한 끝부분 프레임은 드라이브측 하우징 (drive-end housing)이라고 하며, 후면 섹션은 슬립링측 하우징(slip-ring-end housing)이라고 한다.

교류발전기 작동 원리
Principle of Alternator Operation

용어 충전 시스템의 목적 및 기능은 배터리가 완전히 충전된 상태를 유지하는 것이다. 전기를 발생시키는 장치를 지칭하는 자동차공학회(SAE)의 용어는 **발전기(generator)**이다. **교류발전기(alternator)**라는 용어는 상업 분야에서 가장 흔하게 사용되며 여기에서도 사용된다.

원리 모든 교류발전기는 전자기 유도의 원리를 이용하여 기계적 힘으로부터 전기적 힘을 발생시킨다. 전자기 유도는 도체가 자기장 내에서 이동할 때 도체 내의 전류 생성과 관련되어 있다. 생성되는 전류의 양은 다음과 같은 요인들에 의해 증가될 수 있다.
1. 자기장을 통과하는 도체의 속도 증가
2. 자기장을 통과하는 도체의 수 증가
3. 자기장의 강도 증가

교류를 직류로 변경 교류발전기가 회전하는 동안 전류가 극성을 바꾸기 때문에, 교류발전기는 교류(AC)를 생성한다. 하지만 배터리는 교류를 "저장"할 수 없기 때문에, 교류는 교류발전기 내부의 다이오드에 의해 직류(DC)로 변환된다. 다이오드는 전류가 한 방향으로만 흐를 수 있도록 해 주는 단일 방향 전기 검사 밸브이다.

교류발전기 구조
Alternator Construction

하우징 교류발전기는 2조각 주조 알루미늄 하우징(cast aluminum housing)을 사용하여 구성된다. 알루미늄은 가벼우며 비자성 특성 및 교류발전기의 냉각을 유지하는 데 필요한 열전달 특성 때문에 사용된다. 벨트-구동식 로터 어셈블리 (belt-driven rotor assembly)에 필요한 지지력 및 마찰 감소를 위해, **드라이브측 하우징(drive-end housing, DE housing)**이라 부르는 전면 하우징에 전면 볼 베어링(front ball bearing)이 압입되어 있다. 후면 하우징 또는 **슬립링측 하우징(slip-ring-end housing, SRE housing)**은 대개 로터를 위한 롤러 베어링 또는 볼 베어링 지지대, 그리고 브러시, 다이오드 및 내부 전압 레귤레이터(장착된 경우)를 위한 지지부를 포함한다. ●그림 21-1과 21-2 참조.

오버러닝 교류발전기 풀리
Overrunning Alternator Pulleys

목적과 기능 많은 교류발전기는 오버러닝 교류발전기 풀리 (overrunning alternator pulley, OAP)를 장착하고 있으며, 이를 오버러닝 클러치 풀리(overrunning clutch pulley) 또는 교

그림 21-3 쉐보레 코르벳(Corvette) 교류발전기의 OAP.

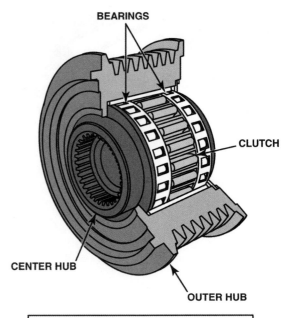

OVERRUNNING ALTERNATOR PULLEY (OAP)

그림 21-4 모든 내부 부품을 보여 주는 오버러닝 교류발전기 풀리(OAP)의 분해도.

 기술 팁

교류발전기 마력과 엔진 작동

기술자들은 특정 부속품들에 얼마나 많은 전력이 필요한지를 질문 받는다. 100A 교류발전기는 엔진으로부터 약 2마력을 필요로 한다. 1마력은 746W이다. 전력(W)은 암페어에 볼트를 곱해서 계산한다.

Power (watt) = 100 A × 14.5 V = 1,450 W

1 hp = 746 W

따라서 1,450W는 약 2마력이다.

약 20%의 기계적 및 전기적 손실 허용은 0.4마력을 추가하게 한다. 따라서 교류발전기로부터 100A를 생산하기 위해 얼마나 많은 전력이 필요한지 질문할 때. 대답은 2.4마력이다.

많은 교류발전기는 무거운 전기 부하가 걸릴 때 엔진이 진동하지 않도록 하기 위해 전기 부하를 지연시킨다. 전압 조정기 또는 차량 컴퓨터는 수분 동안 교류발전기의 출력을 점진적으로 높일 수 있다. 비록 2마력이 큰 전력처럼 느껴지지 않지만. 공회전 중인 엔진에서 2마력이 갑자기 요구되면 엔진이 거칠게 작동하거나 멈출 수 있다. 다양한 교류발전기의 부품 번호의 차이는 부하가 적용되는 시간 간격 지표가 되는 경우가 많다. 따라서 잘못된 교체용 교류발전기를 사용하면 엔진이 갑자기 멈출 수 있다!

하고자 하는 경향이 있지만, 전력 임펄스로 인해 엔진 크랭크축 속도는 약간 증가하거나 감소한다. 교류발전기 풀리의 단방향 클러치를 사용하여 벨트가 한 방향으로만 교류발전기에 전력을 공급할 수 있기 때문에 벨트의 요동이 감소한다. ●그림 21-3 및 21-4 참조.

기존의 구동 풀리는 너트 및 잠금 와셔(locking washer)로 교류발전기(로터)축에 부착된다. 오버러닝 클러치 풀리에서 클러치의 내륜(inner race)은 축에 나사로 고정되기 때문에 너트로 작용한다. 이 형태의 풀리를 탈거하고 장착하기 위해 특수 공구가 필요하다.

또 다른 형태의 교류발전기 풀리는 내부에 완충장치 스프링(dampener spring)과 단방향 클러치를 사용한다. 이러한 장치들은 다음과 같은 이름을 가지고 있다.

- 절연 차단기 풀리(isolating decoupler pulley, IDP)
- 능동 교류발전기 풀리(active alternator pulley, AAP)
- 교류발전기 차단기 풀리(alternator decoupler pulley, ADP)
- 교류발전기 오버런 차단기 풀리(alternator overrunning decoupler pulley)
- **오버러닝 교류발전기 완충장치(overrunning alternator dampener, OAD)**(가장 일반적인 용어)

류발전기 클러치 풀리(alternator clutch pulley)라고도 한다. 이 풀리의 목적은 특히 엔진이 공회전 중일 때 액세서리 구동 벨트 시스템에서 소음과 진동을 제거하는 데 도움이 되는 것이다. 공회전 시 엔진 임펄스가 액세서리 구동 벨트를 통해 교류발전기로 전송된다. 교류발전기 로터의 무게는 계속 회전

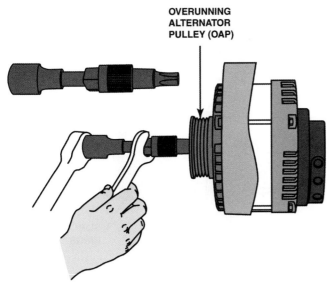

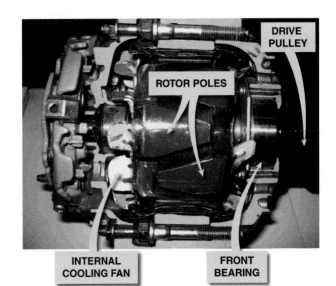

그림 21-5 오버러닝 교류발전기 풀리(OAP) 또는 완충장치를 제거 및 설치하기 위해 특수 공구가 필요하다.

그림 21-6 교류발전기의 단면도. 교류발전기가 배터리를 충전하고 차량에 전력을 공급할 때 발생하는 열을 제거하기 위해 공기가 교류발전기를 강제로 통과하도록 하는 데 사용되는 축과 냉각팬을 보여 준다.

자주 묻는 질문

내 교류발전기에 OAP 또는 OAD를 설치할 수 있나?

일반적으로, 설치할 수 없다. 교류발전기는 OAP 또는 OAD를 설치할 수 있도록 적절한 축이 장착되어야 할 필요가 있다. 이는 또한 기존의 풀리가 결함이 있는 오버런 교류발전기 풀리(OAP) 또는 완충장치를 교체하는 데 사용될 수 없는 경우가 종종 있다는 것을 의미한다. 따라야 할 정확한 절차를 서비스 정보에서 확인해야 한다.

기술 팁

항상 OAP 또는 OAD를 먼저 확인한다.

오버러닝 교류발전기 풀리(OAP)와 오버러닝 교류발전기 완충장치(OAD)는 고장 날 수 있다. 가장 일반적인 요인은 단방향 클러치이다. 고장이 발생할 경우 자유회전(freewheel)할 수 있고, 교류발전기에 전원을 공급하지 못할 수 있으며, 또는 설계된 대로 완충 기능을 제공하지 못할 수도 있다. 충전 시스템이 작동하지 않으면, 교류발전기 자체의 고장이라기보다 OAP 또는 OAD가 원인일 수 있다.

대부분의 경우 각 OAP 또는 OAD는 적용 사례마다 고유하며 양쪽 모두 탈거 및 교체를 위해 특수 공구가 필요하기 때문에, 교류발전기 어셈블리 전체를 교체하게 된다.

●그림 21-5 참조.

OAP 또는 OAD 풀리는 디젤 엔진이 장착된 차량 또는 소음과 진동이 최소로 유지되어야 하는 고급차에서 주로 사용된다. 양쪽 모두 다음과 같은 목적으로 설계되었다.

- 액세서리 구동 벨트 소음 감소
- 액세서리 구동 벨트의 수명 향상
- 엔진이 낮은 공회전 속도에서 작동하도록 함으로써 연비 개선

교류발전기 부품 및 동작
Alternator Components and Operation

로터 구조 로터(rotor)는 교류발전기의 회전부이며 액세서리 구동 벨트에 의해 구동된다. 로터가 교류발전기의 자기장을 생성하고, 정지된 고정자 권선(stator winding)에서 전자기 유도에 의해 전류를 생성한다. 로터는 철심에 니스 절연재로 코팅된 구리선을 여러 번 감아 만들어진다. 철심은 로터 축에 부착된다.

클로 폴(claw pole)(손톱형 극)이라고 불리는 삼각형 손가락을 갖는 권선 위로 휘어신 무서운 금속판이 로터 권선의 양쪽 끝에 있다. 이런 극 손톱은 서로 닿지 않고 번갈아 가며 엮여 있다. ●그림 21-6 참조.

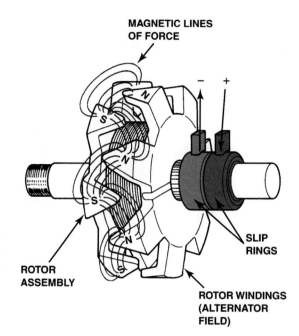

MAGNETIC LINES
OF FORCE

SLIP
RINGS

ROTOR
ASSEMBLY

ROTOR WINDINGS
(ALTERNATOR
FIELD)

그림 21-7 전형적인 교류발전기의 로터 어셈블리. 슬립 링을 통해 흐르는 전류는 로터의 "핑거"들이 N극 및 S극으로 번갈아 이동하게 된다. 로터가 회전하는 동안 이러한 자기력선은 고정자 권선에 전류를 유도한다.

로터가 자기장을 생성하는 방법 로터 권선의 두 끝단은 로터의 슬립 링에 연결되어 있다. 로터 전류는 배터리로부터 슬립 링 중 하나에 장착된 하나의 브러시로 흘러 들어가고, 로터 권선을 통해 흐른 다음, 다른 슬립 링 및 브러시를 통해 로터를 빠져나간다. 교류발전기 브러시 하나는 "포지티브" 브러시로 간주되고 다른 하나는 "네거티브" 또는 "접지" 브러시로 간주된다. 전압 조정기(voltage regulator)는 양극 브러시 또는 음극 브러시 중 하나에 연결되어 있으며, 교류발전기의 출력을 제어하는 로터를 통해 필드 전류를 제어한다.

전류가 로터 권선을 통해 흐르면, 로터의 각 단부에 있는 금속 극편(pole piece)들은 전자석이 된다. N극 자석이 되는지 아니면 S극 자석이 되는지는 배선 코일이 감기는 **방향**에 달려 있다. 극편들이 로터의 각 단부에 부착되어 있기 때문에, 극편 하나는 N극 자석이다. 다른 극편은 로터의 반대쪽 끝에 있으므로, 반대 방향으로 감긴 것으로 보이며 S극 자석이 된다. 따라서 로터 핑거(rotor finger)는 N극 및 S극을 번갈아 이동한다. 자기장은 교대로 극성이 바뀌는 극편 핑거들 사이에서 생성된다. 이러한 개별 사기장은 정지된 고정자 권선(stator winding)의 전자기 유도를 통해 전류를 생성한다. ●그림 21-7 참조.

로터 전류 필드(로터) 권선에 필요한 전류는 탄소 브러시와 함께 슬립 링을 통해 공급된다. 암페어로 표시한 최대 정격

교류발전기 출력은 로터 권선의 수와 치수에 의존한다. 한 교류발전기에서 다른 교류발전기로 로터를 교체하면 최대 출력에 큰 영향을 미칠 수 있다. 상업적으로 개조된 많은 교류발전기는 시험 수행 후 검증된 출력을 표시하기 위해 스티커가 부착된다. 하우징에 찍혀 있는 원본 정격은 지워진다.

필드의 전류는 전압 조정기에 의해 제어되며 탄소 브러시를 통해 슬립 링으로 전달된다. 브러시는 필드 전류만 통과시키며, 보통 2~5A 사이의 값이다.

고정자 구조 고정자(stator)는 교류발전기 내부에 있는 고정된 코일 권선으로 구성되어 있다. 고정자는 교류발전기 하우징의 두 절반 부분 사이에서 지지되며, 판형 금속 코어에 감겨 있는 세 개의 구리 배선의 권선을 포함한다.

로터가 회전하면 로터의 움직이는 자기장이 고정자 권선에 전류를 유도한다. ●그림 21-8 참조.

다이오드 다이오드(diode)는 반도체 물질(대개 실리콘)로 구성되며, 전류가 한 방향으로만 흐를 수 있도록 허용하는 단방향 전기적 점검 밸브로 작동한다. 교류발전기는 교류를 직류로 변환하기 위해 흔히 6개의 다이오드(고정자 권선 3개 각각에 양극 및 음극 세트 1개씩)를 사용한다.

교류발전기에 사용되는 다이오드는 정류기(rectifier) 또는 **정류기 브리지**(rectifier bridge)라는 단일 부품에 포함된다. 정

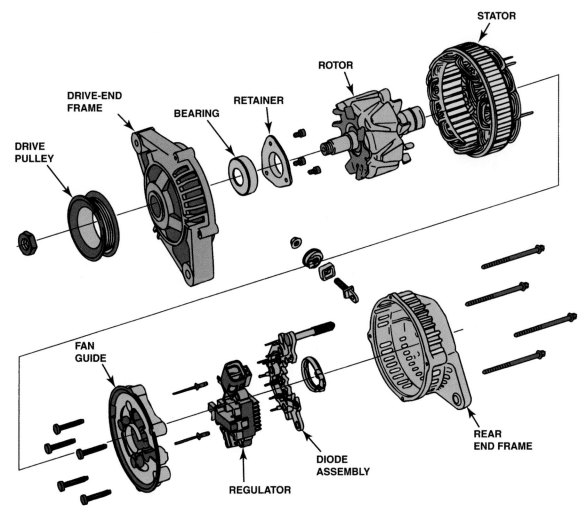

그림 21-8 고정자(stator) 권선을 포함하여 모든 내부 부품을 보여 주는 전형적인 교류발전기의 분해도.

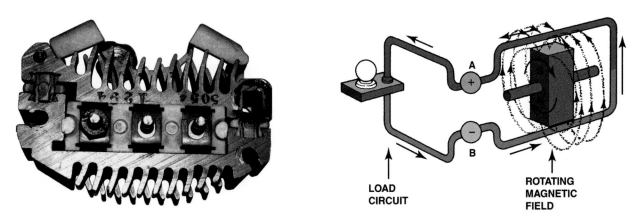

그림 21-9 정류기(rectifier)는 대개 하나의 어셈블리에 다이오드 6개를 포함하며, 고정자 권선의 교류 전압을 차량의 배터리 및 전기 장치가 사용하기에 적합한 직류 전압으로 정류하는 데 사용된다.

그림 21-10 도체를 가로질러 절단하는 자기력선은 도체에 전압과 전류를 유도한다.

류기는 다이오드(대개 6개)뿐만 아니라 고정자 권선 및 전압 조정기를 위한 냉각 핀 및 연결부도 포함하고 있다. ●그림 21-9 참조.

다이오드 트리오 일부 교류발전기는 고정자 권선으로부터 브러시로 전류를 공급하는 다이오드 트리오가 장착되어 있다. 다이오드 트리오(diode trio)는 하나의 하우징에 세 개의

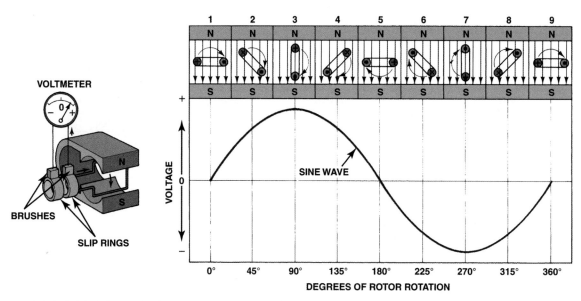

그림 21-11 권선이 자기장 내에서 회전하면서, 하나의 사인파 전압 곡선(측면에 볼 때 문자 S 모양을 하고 있는)은 권선의 한 번 회전에 의해 생성된다.

다이오드를 사용하며, 세 개의 고정자 권선마다 하나의 다이오드가 사용되고 그 다음에 출력 단자가 하나씩 있다.

교류발전기 작동 방식
How an Alternator Works

필드 전류 생성 교류발전기 내부의 로터는 벨트 및 구동 풀리(drive pulley)에 의해 회전하고, 구동 풀리는 엔진에 의해 회전한다. 로터의 자기장은 전자기 유도를 통해 고정자 권선에 전류를 생성한다. ●그림 21-10 참조.

슬립 링을 통해 로터로 흐르는 필드 전류(field current)는 교대로 N극 및 S극을 생성하는데, 자기장은 각 핑거 사이에 존재한다.

고정자에 유도되는 전류 로터의 교차되는 자기장 때문에 고정자 권선의 유도 전류는 교류가 된다. 자기장이 고정자의 각 권선에 전류를 유도하기 시작하면서 유도 전류는 증가하기 시작한다. 자기장이 가장 강헤질 때 전류기 최고점에 도달하고, 자기장이 고정자 권선으로부터 멀어지면서 전류가 감소하기 시작한다. 따라서 발생되는 전류는 사인파 형태의 교류 패턴으로 설명된다. ●그림 21-11 참조.

로터가 계속 회전함에 따라 이 사인파 전류가 고정자 세 개의 권선 각각에 유도된다.

세 개의 권선 각각은 사인파 전류를 생성하기 때문에, 결과로서 나타나는 전류들은 조합되어 3상 전압 출력(three-phase voltage output)을 형성한다. ●그림 21-12 참조.

고정자 권선에 유도되는 전류가 다이오드(단방향 전기식 체크 밸브)에 연결되어 교류발전기 출력 전류가 한쪽 방향으로만 흐르도록 한다. 모든 교류발전기는 세 개의 고정자 권선 각각에 대해 한 쌍의 다이오드(양극 및 음극 다이오드), 모두 6개의 다이오드를 포함한다. 일부 교류발전기는 8개의 다이오드가 포함되어 있는데, 추가된 한 쌍은 Y형 고정자(wye-type stator)의 중앙 연결부에 연결된다.

Y-연결(wye-connected) 고정자 Y형 또는 별모양은 가장 흔히 사용되는 교류발전기 고정자의 권선 연결 방식이다. ● 그림 21-13 참조.

Y형 고정자(wye-type stator) 연결로 출력되는 전류는 광범위한 교류발전기 속도 범위에서 일정하게 유지된다.

전류는 로터의 회전하는 자기장으로부터 전자기 유도됨으로써 각 권선에 유도된다. Y형 고정자 연결의 경우 두 개의 권선이 항상 직렬로 연결되기 때문에, 진류가 결합되어아 한다. ●그림 21-14 참조.

각 권선에서 생성된 전류가 다른 권선에 추가된 후 다이오드를 통해 교류발전기 출력 단자로 흐른다. 생성되는 전류의 1/2은 중립 접점(주로 고정자에 대해 "STA"로 표시됨)에서 사용 가능하다. 이 중심점의 전압은 일부 교류발전기 제조업체

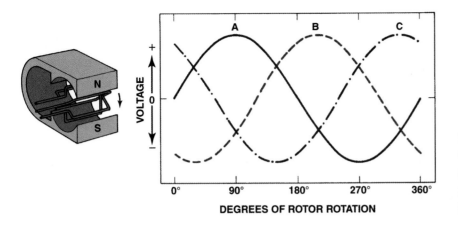

그림 21-12 고정자에 세 개의 권선(A, B, C)이 있는 경우, 결과로서 나타나는 전류 생성이 세 개의 사인파로 표시된다. 전압들은 서로 120도 위상 차이를 갖는다. 개별 위상의 연결은 3상 교류 전압을 생성한다.

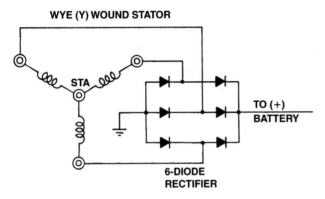

그림 21-13 Y-연결된 고정자 권선.

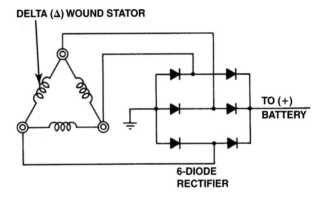

그림 21-15 델타-연결된 고정자 권선.

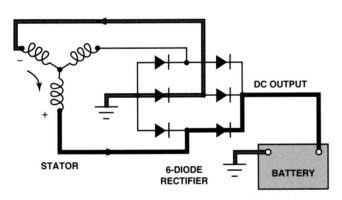

그림 21-14 로터에 생성된 자기장이 고정자의 권선을 가로질러 절단되면서 전류가 유도된다. 정류기 및 고정자를 통해 전체 회로가 완성되기 때문에, 전류 경로는 배터리로 가는 도중에 한 개의 양극(+) 다이오드를 통과하고 한 개의 음극(-) 다이오드가 포함하게 됨에 주목하라. 다이오드를 통해 생성되는 전류의 흐름으로, 고정자 권선에서 생성된 교류 전압을 교류발전기의 출력 단자에서 사용 가능한 직류 전압으로 변환하는 것은 다이오드를 통과하는 전류의 흐름이다.

(특히 포드)에 의해 충전 표시등을 제어하기 위해 사용되거나 또는 전압 조정기에 의해 로터 필드 전류를 제어하기 위해 사용된다.

델타-연결(delta-connected) 고정자 델타 권선(delta winding)은 삼각형 모양으로 연결되어 있다. 델타는 삼각형 모양의 그리스 문자이다. ●그림 21-15 참조.

각 권선에서 유도되는 전류는 병렬 회로의 다이오드로 흘러간다. (Y형 고정자 연결에서와 같은) 직렬 회로를 통해 흐를 수 있는 전류보다 두 개의 병렬 회로를 통해 더 많은 전류가 흐를 수 있다.

델타-연결 고정자는 교류발전기 RPM에서 높은 출력이 요구되는 교류발전기에서 사용된다. 델타-연결 교류발전기는 Y형 고정자 연결부를 갖는 동일한 교류발전기보다 73% 더 많은 전류를 생성할 수 있다. 예를 들어 Y-연결된 고정자를 갖는 교류발전기가 55A의 전류를 생성할 수 있다면, 델타-연결 고정자 권선을 갖는 **동일한** 교류발전기는 73% 더 많은 전류 또는 95A($55 \times 1.73 = 95$)의 전류를 생산할 수 있다. 그러나 델타-연결 교류발전기는 저속에서 더 낮은 전류를 생산하고, 최대 출력을 생성하기 위해서 높은 속도로 작동되어야 한다.

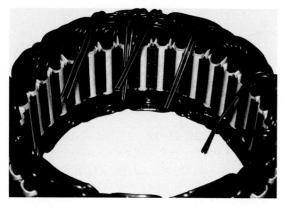

그림 21-16 보통의 3개가 아닌 6개의 권선을 갖는 고정자 어셈블리.

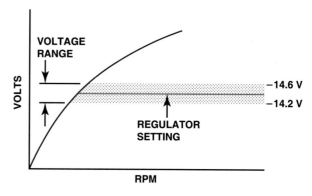

그림 21-17 전형적인 전압 조정기 범위.

교류발전기 출력 인자
Alternator Output Factors

교류발전기의 출력 전압과 전류는 다음 인자에 따라 달라진다.

1. **회전 속도.** 교류발전기의 출력은 교류발전기의 최대 가능 전류 출력까지 교류발전기 회전 속도(speed of rotation)에 따라 증가한다. 교류발전기는 벨트 구동에 사용되는 상대적인 풀리 크기에 따라 보통 엔진 속도보다 2~3배 빠른 속도로 회전한다. 예를 들어 엔진이 5,000 RPM에서 작동 중인 경우 교류발전기는 약 15,000 RPM에서 회전하게 된다.

2. **도체의 개수.** 고출력 교류발전기는 고정자 권선에 더 많은 권선 수를 포함한다. (Y든 델타든 상관없이) 고정자 권선 연결도 최대 교류발전기 출력에 영향을 준다. 3개가 아닌 6개의 권선을 갖는 고정자의 예를 확인하기 위해 ●그림 21-16을 참조하라. 6개의 권선은 교류발전기의 암페어 출력을 크게 증가시켜 준다.

3. **자기장의 강도.** 자기장이 강하면, 전자파 유도에 의해 생성되는 전류가 절단되는 자기력선의 수에 의존하기 때문에 높은 출력이 가능하다.

   a. 자기장의 세기는 로터에 감겨 있는 도체 배선의 권선 수를 늘려 증가될 수 있다. 더 높은 출력의 교류발전기 로터가 더 낮은 정격 출력의 교류발전기 로터보다 배선의 권선 수가 더 많다.

   b. 자기장의 세기는 필드 코일(로터)을 통과하는 전류에도 관계가 있다. 자기장 세기는 암페어-턴 단위로 측정되기 때문에, 암페어 수나 권선 수, 또는 양쪽 모두가 클수록 교류발전기 출력도 커진다.

교류발전기 전압 조정
Alternator Voltage Regulation

원리 차량 교류발전기는 배터리를 충전하기 위해 배터리 전압보다 높은 전기 압력(전압)을 생성할 수 있어야 한다. 과도하게 높은 전압은 배터리, 전기 부품, 그리고 차량 조명을 손상시킬 수 있다. 기본 원리는 다음을 포함한다.

- 교류발전기(로터)의 필드 코일에 걸쳐 전류가 존재하지 않을 경우(0A일 경우), 필드 전류가 없이 자기장이 존재하지 않으므로, 교류발전기 출력은 0이 된다.

- 대부분의 자동차 교류발전기에 의해 요구되는 필드 전류는 3A보다 작다. **필드 전류 조절**이 교류발전기의 출력을 제어한다.

- 로터의 전류는 배터리 양극 포스트로부터 로터 양극 브러시를 통해 로터 필드 권선으로 흘러 들어가고, 로터 접지 브러시를 통해 로터 권선을 빠져나간다. 대부분의 전압 조정기는 접지 브러시를 통해 필드 전류의 양을 제어함으로써 필드 전류를 제어한다.

- 전압이 미리 설정된 레벨에 도달하면 전압 조정기는 간단히 필드 회로를 연다. 그런 다음 올바른 충전 전압을 유지하기 위해 필요에 따라 다시 필드 회로를 닫는다. ●그림 21-17 참조.

- 로터를 통해 필드 전류를 정확히 제어하기 위해, 필요에 따라 전압 조정기 전자 회로는 **초당 10~7,000번** 사이에서 반복된다. 따라서 전압 조정기 전자 회로는 교류발전기 출력을 제어한다.

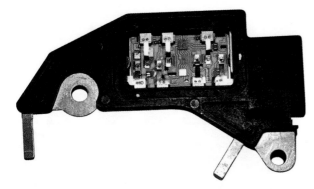

그림 21-18 덮개가 제거되어 내부 회로를 보여 주는 전형적인 전자식 전압 조정기.

조정기 동작

- 필드 전류 제어는 대부분의 교류발전기에서 로터를 통해 필드 회로의 접지 측을 열고 닫음으로써 수행한다.
- 제너 다이오드는 전압 조정이 가능하도록 해 주는 주요 전자 부품이다. 제너 다이오드는 특정 전압에 도달할 때까지 전류 흐름을 차단한 다음, 전류가 흐르도록 한다. 고정자 및 다이오드의 교류발전기 전압이 먼저 서미스터(thermistor)를 통해 전송되며, 서미스터는 온도에 따라 저항을 변화시킨다. 그런 다음 제너 다이오드에 연결된다. 상한 전압(upper-limit voltage)에 도달하면, 제너 다이오드가 트랜지스터로 전류를 전달하고, 트랜지스터는 필드(로터) 회로를 연다. 전자 회로는 대개 교류발전기 내부의 분리된 부분에 수용된다. ● 그림 21-18과 21-19 참조.

배터리 상태 및 충전 전압 방전된 차량 배터리의 전압은 완전 충전된 배터리의 전압보다 낮다. 교류발전기가 충전 전류를 공급하지만 최대 충전 전압에 도달하지 못할 수도 있다. 예를 들어 차량이 점프 시동되고 고속 공회전하면(2,000 RPM으로) 충전 전압은 12V에 불과할 수 있다. 이 경우 다음과 같은 상황이 발생할 수 있다.

- 배터리가 충전되고 배터리 전압이 증가함에 따라 전압 조정기 한계에 도달할 때까지 충전 전압도 증가한다.
- 그러면 전압 조정기가 충전 전압을 제어하기 시작한다. 양호하지만 방전된 배터리는 교류발전기가 생산할 수 있는 모든 전류를 화학에너지로 변환할 수 있어야 한다. 교류발전기 전압이 배터리 전압보다 높은 한 전류는 교류발전기(고전압)로부터 배터리(저전압)로 흘러간다.
- 따라서 엔진이 작동하는 방전된 배터리에 전압계가 연결

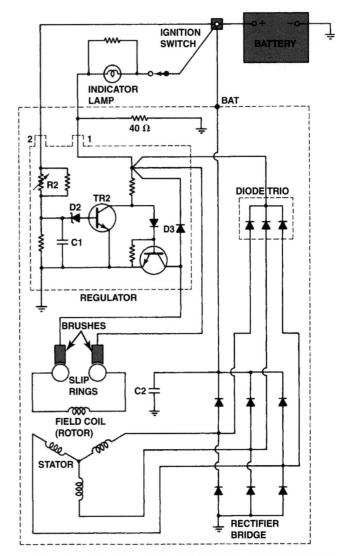

그림 21-19 통합 전압 조정기를 갖춘 전형적인 GM SI-형 교류발전기. 단자 2에 존재하는 전압은 TR2를 제어하는 제너 다이오드(D2)에 역방향 바이어스를 인가하는 데 사용된다. 점화 전류(단자 1)와 다이오드 트리오의 전류가 양극 브러시에 공급된다.

된 경우, 전압계는 보통 허용 가능한 것보다 낮은 충전 전압을 나타낼 수 있다.

다시 말하면, 배터리의 상태와 전압에 따라 교류발전기의 충전 비율이 결정된다. 배터리가 진정한 "전압 조정기(voltage regulator)"이고 전압 조정기는 단지 상한 전압 제어 기능으로서 동작한다고 말할 수 있다. 이것이 정확한 시험 결과를 보장하기 위해 모든 충전 시스템 시험이 최소 75% 충전된 신뢰할 수 있고 양호한 배터리로 수행되어야 하는 이유이다. 방전된 배터리가 충전 시스템 시험 중에 사용되면, 시험은 실수로 교류발전기 및/또는 전압 조정기에 결함이 있는 것으로 표시할 수 있다.

온도 보상(temperature compensation) 모든 전압 조정기는(기계식이든 전자식이든) 저온에서는 충전 전압을 약간 높이고 고온에서는 충전 전압을 낮추기 위한 방법을 제공한다. 화학적 반응 변화에 대한 저항 때문에 배터리는 저온에서 더 높은 충전 전압을 필요로 한다. 하지만 따뜻한 날씨에 충전 전압이 감소하지 않으면 배터리가 과충전될 수 있다. 전자식 전압 조정기는 온도에 민감한 저항을 조정기 회로에 사용한다. **서미스터(thermistor)**라고 불리는 이 저항은 온도가 증가하면 낮은 저항을 제공한다. 후드 하부 넓은 온도 범위에서 충전 전압을 제어하기 위해 서미스터는 전압 조정기의 전자 회로에 사용된다.

참고: 전압계 시험 결과는 온도에 따라 달라질 수 있다. 전압 조정기에 내장된 온도 보상 계수 때문에 0℃(32℉)에서 시험한 충전 전압은 27℃(80℉)에서 시험한 동일 차량에 대한 충전 전압보다 더 높을 것이다.

그림 21-20 엔진 냉각수가 교류발전기 후면 프레임을 통해 흐르는 호스 연결부를 보여 주는 냉각수 냉각식 교류발전기.

교류발전기 냉각 Alternator Cooling

정상적인 작동을 하는 동안 교류발전기는 열을 발생시키는데, 내부 부품들, 특히 다이오드와 전압 조정기의 보호를 위해 이 열은 제거되어야 한다. 냉각 형태는 다음과 같은 것들이 있다.

- 외부 팬
- 내부 팬(들)
- 외부 팬과 내부 팬 둘 다
- 냉각수를 통한 냉각 (●그림 21-20 참조)

컴퓨터제어 교류발전기 Computer-Controlled Alternators

시스템 유형 컴퓨터는 세 가지 방법으로 충전 시스템과 접속될 수 있다.

1. 컴퓨터는 로터에 연결된 필드 전류를 켜고 끄는 방법으로 충전 시스템을 **활성화**할 수 있다. 다시 말해, 대개 파워트레인 제어 모듈(PCM)인 컴퓨터는 로터에 연결된 필드 전류를 제어한다.
2. 컴퓨터는 교류발전기의 작동을 **모니터**할 수 있다. 그리고

교류발전기에 의해 과부하가 요구되는 조건 동안, 필요한 만큼 컴퓨터는 엔진 속도를 증가시킬 수 있다.
3. 컴퓨터는 교류발전기 출력을 전기 시스템의 필요에 맞게 조절하기 위해 교류발전기를 **제어**할 수 있다. 이 시스템은 차량의 전기적 요구를 감지하고, 교류발전기에게 연비를 개선하기 위해 필요한 경우에만 충전하도록 명령한다.

GM의 전력 관리 시스템(EPM system) 일부 GM 자동차에 사용되는 전형적인 시스템을 **전력 관리(electrical power management, EPM)**라고 한다. 배터리로 들어오고 나가는 전류를 측정하기 위해 이 시스템은 음극 또는 양극 배터리 케이블에 부착된 홀효과(Hall-effect) 센서를 사용한다. ●그림 21-21 참조.

엔진 제어 모듈(engine control module, ECM)은 로터를 통과하는 전류의 동작 시간(on-time)을 변경하여 교류발전기를 제어한다. ●그림 21-22 참조.

듀티 사이클(duty cycle)이라고 불리는 작동 시간(on-time)은 5%에서 95%까지 변화한다. ●표 21-1 참조.

이 시스템은 6가지 모드로 작동한다.

1. **충전 모드.** 충전 모드는 다음 중 하나가 발생할 때 활성화된다.
   - 전동 냉각팬이 고속 작동 중

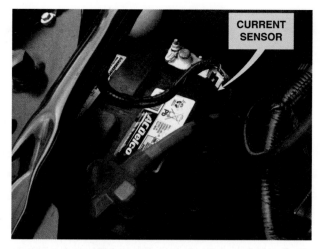

그림 21-21 양극 배터리 케이블에 부착된 홀효과(Hall-effect) 전류 센서가 EPM 시스템의 일부로 사용된다.

명령 듀티 사이클	교류발전기 출력 전압
10%	11.0 V
20%	11.6 V
30%	12.1 V
40%	12.7 V
50%	13.3 V
60%	13.8 V
70%	14.4 V
80%	14.9 V
90%	15.5 V

표 21-1

출력 전압은 PCM에 의해 제어되는 듀티 사이클을 변화시킴으로써 제어된다.

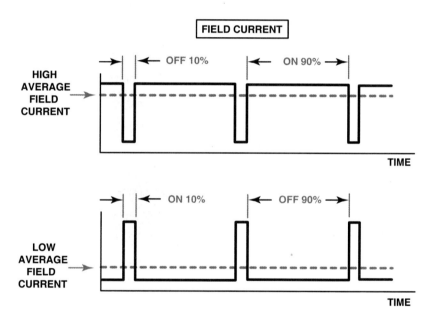

그림 21-22 필드(로터)를 통과하여 전류가 흐르는 총 시간이 교류발전기 출력을 결정한다.

- 후방유리 김서림 방지장치가 켜져 있음
- 배터리 충전 상태(state of charge, SOC)가 80% 미만
- 외부(주변) 온도가 0℃(32℉) 미만

2. **연비 모드**. 이 모드는 최대의 연료 경제성을 위해 교류발전기로부터 엔진으로 전달되는 부하를 감소시킨다. 이 모드는 다음 조건들이 충족되면 활성화된다.
- 주변 온도가 0℃(32℉)를 초과
- 배터리의 충전 상태(SOC)가 80% 이상
- 냉각팬과 후방 김서림 방지장치가 꺼져 있음
목표 전압은 13V이며, 필요한 경우 충전 모드로 되돌아간다.

3. **전압 감소 모드**. 이 모드는 부하가 낮은 조건에서 배터리에 가해지는 부하를 감소시키기 위해 명령된다. 이 모드는 다음 조건들이 충족되면 활성화된다.
- 주변 온도가 0℃(32℉)를 초과
- 배터리 방전 속도가 7A 미만
- 후방 김서림 방지장치가 꺼져 있음
- 냉각팬이 낮거나 꺼져 있음
- 목표 전압이 12.7V로 제한됨

4. **시작 모드**. 이 모드는 엔진 시동 후에 선택되며, 30초 동안 14.5V의 충전 전압을 명령한다. 30초 후에, 모드가 조건에 따라 변경된다.

5. **배터리 황산화 모드**. 이 모드는 45분 동안 출력 전압이 13.2V 미만이면 명령되는데, 이는 황산화된 판이 원인일 수 있음을 나타낸다. 목표 전압은 3분 동안 13.9~15.5V이다. 3분 후, 시스템은 조건에 따라 다른 모드로 되돌아간다.

6. **전조등 모드**. 이 모드는 전조등이 켜지고, 목표 전압이 14.5V일 때 선택된다.

컴퓨터제어 충전 시스템 충전 시스템의 컴퓨터 제어는 다음과 같은 장점을 가지고 있다.

1. 컴퓨터는 교류발전기의 필드를 제어한다. 그리고 이 컴퓨터는 최대 효율을 위해 필요에 따라 교류발전기를 켜고 끄는 펄스 신호를 송신할 수 있기 때문에 연료가 절약된다.

참고: 혼다/어큐라와 같은 일부 차량 제조사는 감속 시 교류발전기를 켜는 *전자 부하 제어*(electronic load control, ELC) 장치를 사용하며, 이 제어 장치는 차량 속도를 낮추기 위해 간단히 엔진에 추가 부하를 사용한다. 이를 통해 엔진에 부하를 주지 않고 배터리를 충전할 수 있으며, 이는 연비 향상에 도움이 된다.

2. 에어컨 시스템과 같은 전기 부하가 켜지면, 교류발전기를 갑자기 켜는 것이 아니라 천천히 켜는 것을 통해서도 엔진 공회전(engine idle)이 개선될 수 있다.

3. 또한 대부분의 컴퓨터는 요구사항이 충전 시스템의 용량을 초과하면, 팬 속도를 줄이거나, 후방 김서림 방지장치를 차단하거나, 또는 교류발전기가 전류 출력을 증가시키도록 엔

진 속도를 높임으로써 전기 시스템의 부하를 줄일 수 있다.

참고: 명령된 정상 속도보다 높은 공회전 속도는 비정상적인 전기 부하를 컴퓨터가 보상하는 결과 때문일 수 있다. 이렇게 높은 공회전 속도는 배터리 결함 또는 다른 전기 시스템의 고장을 의미할 수도 있다.

4. 컴퓨터는 충전 시스템을 모니터링하며, 고장이 감지될 경우 고장 진단 코드(DTC)를 설정할 수 있다. 많은 시스템들이 서비스 기술자로 하여금 스캔 도구를 사용하여 교류발전기 충전을 제어하도록 허용한다.

5. 충전 시스템은 컴퓨터로 제어되기 때문에, 스캔 도구를 사용하여 점검될 수 있다. 일부 차량 시스템에서는 스캔 도구가 교류발전기 필드를 활성화한 다음 고장 위치를 감지하는 데 도움이 되도록 출력을 모니터링한다. 항상 차량 제조업체의 진단 절차를 따라야 한다.

요약 Summary

1. 교류발전기 속도가 증가하면 교류발전기 출력은 증가한다.
2. 일반적인 교류발전기의 부품은 드라이브측(DE) 하우징, 슬립링측(SRE) 하우징, 로터 어셈블리, 고정자, 정류기 브리지, 브러시 및 전압 조정기를 포함한다.
3. 자기장은 로터에서 생성된다.
4. 교류발전기 출력 전류는 고정자 권선에 생성된다.
5. 전압 조정기는 로터 권선을 통과하는 전류 흐름을 제어한다.

복습문제 Review Questions

1. 작은 전자식 전압 조정기가 일반적인 100A 교류발전기의 출력을 어떻게 제어할 수 있는가?
2. 일반적인 교류발전기의 부품들은 무엇인가?
3. 컴퓨터가 교류발전기를 제어하는 데 어떻게 사용되는가?
4. 전압 조정기가 온도 보상을 포함하는 이유는 무엇인가?
5. 어떻게 교류발전기 내부의 교류 전압이 출력 단자에서 직류 전압으로 변경되는가?
6. OAP나 OAD의 목적은 무엇인가?

1. 기술자 A는 다이오드가 교류발전기 출력 전압을 조정한다고 이야기한다. 기술자 B는 필드 전류를 컴퓨터가 제어할 수 있다고 이야기한다. 어느 기술자가 옳은가?
   a. 기술자 A만
   b. 기술자 B만
   c. 기술자 A와 B 모두
   d. 기술자 A와 B 둘 다 틀리다

2. 자기장은 교류발전기(AC 발전기)의 _____에 생성된다.
   a. 고정자
   b. 다이오드
   c. 로터
   d. 드라이브측 프레임(drive-end frame)

3. 전압 조정기(voltage regulator)는 _____을(를) 통해 전류를 제어한다.
   a. 교류발전기 브러시
   c. 교류발전기 필드
   b. 로터
   d. 위의 모든 것

4. 기술자 A는 각 고정자 권선 리드마다 두 개의 다이오드가 필요하다고 이야기한다. 기술자 B는 다이오드가 교류를 직류로 변환한다고 이야기한다. 어느 기술자가 옳은가?
   a. 기술자 A만
   b. 기술자 B만
   c. 기술자 A와 B 모두
   d. 기술자 A와 B 둘 다 틀리다

5. 교류발전기 출력 전류는 _____에서 발생한다.
   a. 고정자
   c. 브러시
   b. 로터
   d. 다이오드(정류기 브리지)

6. 교류발전기 브러시는 _____(으)로부터 제작된다.
   a. 구리
   c. 탄소
   b. 알루미늄
   d. 은−구리 합금

7. 교류발전기 브러시를 통해 흐르는 전류는 얼마인가?
   a. 모든 교류발전기 출력이 브러시를 통해 흐른다.
   b. 차량에 따라 25~35A
   c. 10~15A
   d. 2~5A

8. 기술자 A는 오버러닝 교류발전기 풀리(overrunning pulley)가 진동과 소음을 줄이는 데 사용된다고 이야기한다. 기술자 B는 오버러닝 교류발전기 풀리(overrunning alternator pulley) 또는 완충장치(dampener)가 단방향 클러치가 사용된다고 이야기한다. 어느 기술자가 옳은가?
   a. 기술자 A만
   b. 기술자 B만
   c. 기술자 A와 B 모두
   d. 기술자 A와 B 둘 다 틀리다

9. 결함 있는 배터리를 작동한 차량에서 교류발전기를 가동하는 것은 _____에 손상을 줄 수 있다.
   a. 다이오드(정류기 브리지)
   b. 고정자
   c. 전압 조정기
   d. 브러시

10. 기술자 A에 따르면 Y형 고정자가 다른 델타 권선 고정자가 장착된 동일한 교류발전기보다 더 많은 최대 출력을 제공한다. 기술자 B는 델타 권선 고정자를 장착한 교류발전기가 Y형 권선 고정자보다 더 많은 최대 출력을 생성한다고 이야기한다. 어느 기술자가 옳은가?
   a. 기술자 A만
   b. 기술자 B만
   c. 기술자 A와 B 모두
   d. 기술자 A와 B 둘 다 틀리다

Chapter 22

충전 시스템 진단과 서비스

Charging System Diagnosis and Service

학습목표

이 장을 학습하고 나면,

1. 충전 시스템을 시험하기 위하여, 다양한 방법을 논의할 수 있다.
2. 교류발전기 출력 시험에 대해 논의할 수 있다.
3. 교류발전기를 분해하는 방법과 부품들을 시험하는 방법을 설명할 수 있다.

핵심용어

교류 리플 전압	코어
충전 전압 시험	

그림 22-1 디지털 멀티미터는 빨간색 측정단자가 배터리의 양극(+) 단자에 연결되고 검은색 측정단자가 배터리의 음극(-) 단자에 연결된 상태에서 직류 (DC) 전압을 읽도록 설정되어야 한다.

그림 22-2 충전 시스템 문제들을 점검하기 위해 스캔 도구가 사용될 수 있다.

충전 시스템 시험과 서비스
Charging System Testing and Service

배터리 충전 상태 충전 시스템은 일상적인 차량 검사의 일부로 또는 충전 회로 성능이 저하되거나 충전이 되지 않는 이유를 확인하기 위해 시험될 수 있다. 교류발전기와 충전 시스템을 시험하기 전에 배터리는 최소 75% 충전되어야 한다. 배터리가 약하거나 결함이 있으면 시험 결과가 부정확할 수 있다. 의심스러운 경우, 시험을 위해 배터리를 알려진 양호한 상태의 판매용 배터리로 교체한다.

충전 전압 시험 충전 전압 시험(charging voltage test)은 배터리에서 충전 시스템 전압을 점검하는 가장 쉬운 방법이다. 전압을 점검하기 위해 다음과 같이 디지털 멀티미터를 사용한다.

단계 1 직류(DC) 전압을 선택한다.

단계 2 멀티미터의 빨간색 측정단자를 배터리의 양극(+) 단자에 연결하고 검은색 측정단자를 배터리의 음극(-) 단자에 연결한다.

참고: 디지털 멀티미터를 사용할 때, 미터의 측정단자의 극성은 그다지 중요하지 않다. 멀티미터 측정단자가 배터리에 반대 방향으로 연결된 경우, 결과 판독치는 전압 판독치 앞에 단지 음(-)의 기호를 표시하게 된다.

단계 3 엔진을 시동하고 엔진 속도를 약 2,000 RPM(빠른

공회전)으로 높이고 충전 전압을 기록한다. ●그림 22-1 참조.

충전 전압 사양 = 13.5~15V

- 전압이 너무 높으면, 교류발전기가 제대로 접지되었는지 확인한다.
- 전압이 사양보다 낮으면, 배선이나 교류발전기에 고장이 있다.
- 배선, 퓨즈 및 연결부가 정상이면, 근본 원인을 정확히 찾아내기 위해 추가 시험이 요구된다. 충전 전압이 공장에서 지정한 사양을 벗어날 경우 교류발전기 및/또는 배터리 교체가 종종 요구된다.
- 교류발전기가 컴퓨터로 제어되는 경우, 전류 센서 또는 PCM의 결함이 충전되지 않는 상태(no-charge condition)에 대한 원인일 수 있다.

충전 회로의 스캔 시험 컴퓨터로 제어되는 충전 시스템을 사용하는 대부분의 차량은 스캔 도구를 이용하여 진단할 수 있다. 충전 전압이 모니터링될 수 있을 뿐 아니라, 많은 차량에서 필드 회로를 제어할 수 있다. 그리고 시스템이 올바르게 작동하고 있는지 점검하기 위해 출력 전압이 모니터링될 수 있다. ●그림 22-2 참조.

참고: 대부분의 혼다/어큐라 차량의 것과 같은 일부 충전 시스템은 전기 부하가 감지될 때에만 필드 회로에 전력을 공급하는 전자 부하

풀필딩(full-fielding) 시험

풀필딩(full-fielding)은 교류발전기가 설계된 출력을 낼 수 있는지 여부를 판단하기 위해 사용할 수 있는 전압 조정기를 우회하기 위해 구형의 비컴퓨터화 차량에 사용되는 절차이다. 이 테스트는 다음과 같은 이유로 더 이상 수행되지 않는다.

- 전압 조정기가 교류발전기에 내장되어 있기 때문에, 조정기에만 결함이 있는 경우에도 전체 어셈블리를 교체해야 된다.
- 조정기가 우회될 때, 교류발전기가 고전압(경우에 따라 100V 이상)을 생성할 수 있다. 이 고전압은 차량의 모든 전자 회로를 손상시킬 수 있다.

  항상 차량 제조업체의 권장 시험 절차를 따라야 한다.

퓨즈 링크 결함 점검을 위한 테스트 램프 사용

대부분의 교류발전기는 출력 단자와 배터리의 양극(+) 단자 사이에 퓨즈 링크(fusible link) 또는 메가 퓨즈(mega fuse)를 사용한다. 이 퓨즈 링크 또는 퓨즈에 결함이 있으면(끊어져 있으면) 충전 시스템이 전혀 작동하지 않을 것이다. 이후에도 계속해서 퓨즈 링크가 끊어진 것이 발견되지 않았기 때문에, 많은 교류발전기가 반복적으로 교체되었다. 퓨즈 링크가 정상인지 확인하기 위한 빠르고 쉬운 시험은 출력 단자에 테스트 램프를 접촉시키는 것이다. 테스트 램프의 다른 쪽 끝을 좋은 접지에 연결한 상태에서 조명이 켜지면 가용 링크 또는 메가 퓨즈가 정상이다. 이 시험은 교류발전기와 배터리 사이의 회로가 연결되어 있는지 확인해 준다. ●그림 22–3 참조.

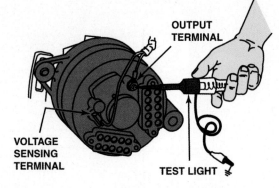

그림 22–3 현명한 기술자는 교류발전기를 교체하기 전에 출력 단자와 배터리 전압 감지 단자에 배터리 전압이 있는지 점검한다. 전압이 감지되지 않으면, 배선에 결함이 있는 것이다.

감지 회로(electronic load detection system)를 사용한다. 예를 들어 엔진이 작동하고 있고 부대장치들이 켜지지 않는다면, 배터리에서 판독되는 전압이 12.6V일 수 있으며, 이는 충전 시스템이 작동하고 있지 않음을 나타낼 수 있다. 이런 상황에서 전조등이나 부대장치를 켜는 것은 컴퓨터로 하여금 필드 회로를 활성화시키게 되며, 교류발전기는 정상적인 충전 전압을 생성해야 한다.

구동 벨트 검사 및 조정
Drive Belt Inspection and Adjustment

벨트 육안 검사   모든 벨트를 정기적으로 검사하고, 필요에 따라 교체하는 것이 일반적으로 권장된다. 3인치 길이에서 나타나는 어떤 날에서 3개 이상의 균열을 갖는 벨트를 교체한다. 지정된 절차와 권장 교체 주기에 대한 서비스 정보를 점검한다. ●그림 22–4 참조.

벨트 장력 측정   차량이 벨트 장력 조절 장치(belt tensioner)를 사용하고 있지 않으면, 지정된 벨트 장력을 얻기 위해 벨트 장력 게이지(belt tension gauge)가 필요하다. 벨트를 장착하고 모든 부대장치를 켠 상태에서 최소 5분 동안 엔진을 작동시킨다. 부대장치 구동 벨트의 장력을 공장 사양으로 조정하거나, 벨트 크기에 따른 적절한 장력의 예를 위해 다음의 ●표 22–1을 사용하라.

차량 제조업체가 벨트 장력이 공장 사양 이내라고 명시하는 방법으로 네 가지가 있다.

1. **벨트 장력 게이지.** 벨트 장력 게이지는 장력이 명시된 벨트 장력에 있는지 확인하는 데 필요하다. 벨트를 길들이기 위해, 벨트를 장착하고 모든 부대장치를 켠 상태에서 최소 5분 동안 엔진을 작동시킨다. 부대장치 구동 벨트의 장력을 공장 사양으로 조정하거나, 벨트 크기에 따른 적절한 장력의 예를 위해 ●표 22–1을 참조하라.

그림 22-4 이 부대장치의 구동 벨트는 마모되었고 교체가 필요하다. 새로운 벨트는 에틸렌 프로필렌 다이엔 모노머(ethylene propylene diene monomer, EPDM)로 만들어진다. 날이 낡아서 미끄러짐을 유발할 수 있음에도 불구하고, 이 고무는 기존의 벨트처럼 균열이 발생하지 않으며 마모를 보이지 않을 수 있다.

그림 22-5 올바른 벨트 장력을 위해 장력 조절 장치(tensioner)가 위치해야 하는 정확한 표시에 대해 서비스 정보를 확인하라.

기술 팁

손세정제 요령

정상보다 낮은 교류발전기 출력은 구동 벨트가 느슨하거나 미끄러지는 결과일 수 있다. 모든 벨트(V-벨트 및 서펜타인 다중 홈 벨트)는 벨트의 Vs 각도와 풀리의 Vs 각도 사이의 간섭각(interference angle)을 사용한다. 벨트가 마모됨에 따라 간섭각들은 벨트의 양쪽 가장자리에서 마모된다. 결과적으로 벨트가 미끄러지기 시작하고, 장력이 적절하게 적용되었다 하더라도, 끼익하는 소리를 낼 수 있다.

소음이 벨트와 관련이 있는지 여부를 판단하기 위해 사용되는 일반적인 요령은 모래-형태(grit-type) 손세정제 또는 연마용 분말(scouring power)을 사용하는 것이다. 엔진이 꺼진 상태에서 벨트의 풀리 쪽에 분말을 뿌린 다음 엔진을 시동한다. 여분의 가루가 공기 중으로 날아가게 되므로, 엔진이 시동될 때 후드 하부로부터 멀리 떨어져 있도록 한다. 이제 벨트가 더 조용해졌다면, 소음을 만든 것은 윤기 나는 벨트였다는 것을 알게 될 것이다.

정확히 말하면 그 소음은 시끄러운 베어링 소리와 같다. 따라서 부품을 탈거하고 교체하기 전에, 손세정제 요령을 먼저 시도해 보기 바란다.

종종 손세정제의 알갱이로 인해 벨트의 광택이 없어져서 소음이 다시 발생하지 않는다. 그러나 벨트가 마모되거나 느슨해지면 다시 소음이 발생하므로 벨트를 교체해야 한다. 소음이 벨트에서 발생하는지 확인할 수 있는 빠른 대체 방법은 엔진 가동 중인 상태에서 물뿌리개로 벨트에 물을 분사하는 것이다. 만약 소음이 멈추면, 벨트가 소음의 원인이다. 물은 빠르게 증발하므로 알갱이가 있는 손세정제와는 달리 간단히 문제를 찾아 주지만 단기 해결책을 제공하지는 않는다.

2. **장력 조절 장치의 표시.** 많은 장력 조절 장치(tensioner)는 부대장치 구동 벨트의 정상적인 작동 장력 범위를 나타내는 표시를 가지고 있다. 장력 조절 장치 표시의 선호 위치는 서비스 정보에서 확인할 수 있다. ●그림 22-5 참조.

3. **토크 렌치 측정값.** 일부 차량 제조업체는 장력 조절 장치를 회전시키는 데 필요한 토크를 결정하기 위해 빔 유형(beam-type) 토크 렌치를 사용하도록 명시하고 있다. 토크 판독값이 사양 미만이면, 장력 조절 장치가 교체되어야 한다.

4. **편차.** 가장 멀리 떨어져 있는 두 풀리 사이에서 벨트를

서펜타인 벨트	
날의 수	사용된 장력 범위(lb)
3	45-60
4	60-80
5	75-100
6	90-125
7	105-145
V-벨트	
V-벨트 상부 폭(인치)	장력 범위(lb)
1/4	45-65
5/16	60-85
25/64	85-115
31/64	105-145

표 22-1

다양한 폭의 벨트에 대한 일반적인 벨트 장력(belt tension). 장력은 벨트 장력 게이지에 표시된 대로 벨트를 눌러 주는 데 필요한 힘이다.

그림 22-6 이 오버러닝 교류발전기 완충장치(OAD)는 완충장치 스프링(dampener spring)과 단방향 클러치(one-way clutch)가 포함되어 있어 오버러닝 교류발전기 풀리(OAP)보다 더 길다. 한 방향으로 잠기는지 확인한다.

🔧 기술 팁

오버러닝 클러치 점검

교류발전기 출력이 낮거나 출력이 없는 것을 발견하면, 교류발전기 구동 벨트를 탈거하고 적절한 작동을 위해 오버러닝 교류발전기 풀리(OAP) 또는 오버러닝 교류발전기 완충장치(OAD)를 점검한다. 두 형태의 오버러닝 클러치 모두 단방향 클러치를 사용한다. 따라서 풀리는 한 방향으로 자유회전을 해야 하고, 반대 방향으로 회전될 때 교류발전기 로터를 회전시킨다. ●그림 22-6 참조.

누른다. 신축성(flex) 또는 편차(deflection)가 1/2인치 (13mm)가 되어야 한다.

교류 리플 전압 점검
AC Ripple Voltage Check

원리 양호한 교류발전기는 매우 낮은 교류 전압 또는 전류 출력을 생성하여야 한다. 교류발전기의 다이오드의 목적은 대부분의 교류 전압을 직류 전압으로 정류하거나 변환하는 것이다. 교류발전기로부터 교류 전압을 측정하는 것이 일반적이지만, 교류 리플(AC ripple)이라고 하는 과도한 AC 전압 (excessive AC voltage)은 바람직하지 않으며, 교류발전기 내부의 정류기 다이오드 또는 고정자 권선의 결함을 나타낸다.

MEASURING THE AC RIPPLE FROM THE ALTERNATOR TELLS A LOT ABOUT ITS CONDITION. IF THE AC RIPPLE IS ABOVE 500 MILLIVOLTS, OR 0.5 VOLT, LOOK FOR A PROBLEM IN THE DIODES OR STATOR. IF THE RIPPLE IS BELOW 500 MILLIVOLTS, CHECK THE ALTERNATOR OUTPUT TO DETERMINE ITS CONDITION.

그림 22-7 교류발전기의 출력 단자에서 교류 리플(AC ripple)을 테스트하는 것이 배터리에서 시험하는 것보다 더 정확한데, 이것은 교류발전기와 배터리 사이의 배선 저항 때문이다. 교류 전압으로 설정된 미터 판독값은 78mV에 불과하며, 이는 다이오드에 결함이 있는 경우의 판독값보다 훨씬 낮은 것이다.

교류 리플 전압 시험 교류 리플 전압(AC ripple voltage)을 점검하는 절차는 다음 단계들을 포함한다.

단계 1 디지털 미터가 AC 전압을 읽도록 설정한다.

단계 2 엔진을 시동하고 2,000 RPM(빠른 공회전)에서 동작시킨다.

단계 3 전압계 측정단자를 양극 및 음극 배터리 단자에 연결한다.

단계 4 교류발전기에 전기 부하를 제공하기 위해 전조등을 켠다.

참고: 미터 측정단자를 교류발전기의 출력 또는 "배터리" 단자에 접촉하면 더 정확한 판독값을 얻을 수 있다. ●그림 22-7 참조.

결과는 다음과 같이 해석되어야 한다. 정류기 다이오드가 양호한 경우, 전압계는 교류 400mV(0.4V) 미만을 판독해야 한다. 만약 판독값이 교류 500mV 이상이면, 정류기 다이오드가 결함이 있는 것이다.

참고: 미드트로닉(Midtronic) 및 스냅-온(Snap-On)과 같은 많은 컨덕턴스 시험기들은 자동으로 교류 리플(AC ripple)을 테스트한다.

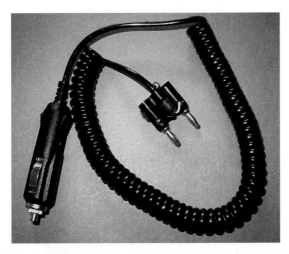

그림 22-8 이중 바나나 플러그를 통해 점화기 플러그를 전압계에 연결함으로써, 충전 시스템 전압은 점화기 플러그에서 쉽게 점검될 수 있다.

그림 22-9 여기에 105.2A로 표시된 것처럼, 교류발전기 출력을 측정하기 위해 미니 집게형 미터가 사용될 수 있다. 회전 다이얼에서 교류 암페어를 선택함으로써 교류 전류 리플을 점검하기 위해 미터가 사용될 수 있다. 교류 리플 전류는 직류 전류 출력의 10% 미만이어야 한다.

교류 리플 전류 시험
Testing AC Ripple Current

다이오드와 고정자 권선이 올바르게 작동하고 있다면, 모든 교류발전기는 직류(DC)를 생성해야 한다. 교류 전류를 측정할 수 있는 미니 집게형(clamp-on) 미터는 교류발전기를 점검하기 위해 사용될 수 있다. 양호한 교류발전기는 정격 전류 출력의 10% 미만의 교류 리플 전류를 생성해야 한다. 예를 들어 100A 정격의 교류발전기는 10A(100A × 10% = 10A)보다 큰 교류 리플을 생성해서는 안 된다. 양호한 교류발전기가 배터리로 3~4A의 교류 리플 전류를 생성하는 것은 정상이다. 교류 리플 전류가 교류발전기 정격의 10%를 초과하는 경우에만, 교류발전기가 수리되거나 교체되어야 한다.

시험 절차 배터리에 연결된 AC 전류를 측정하기 위해, 다음 단계들을 수행한다.

단계 1 엔진 시동을 걸고, 교류발전기에 전기 부하를 생성하기 위해 조명을 켠다.

단계 2 미니 집게형 디지털 멀티미터를 사용하여, 모든 양극(+) 배터리 케이블 또는 모든 음극(−) 배터리 케이블 주위에 클램프를 위치시킨다.

　교류/직류 전류 클램프 어댑터는 직류 mV 눈금에 설정된 기존 디지털 멀티미터와 함께 사용될 수도 있다.

단계 3 교류 전류 리플을 확인하기 위해, 미터의 스위치를

점화기 플러그 요령

배터리 전압 측정은 점화기(라이터) 소켓을 통해 판독될 수 있다. 일정 길이의 2개의 도체 배선의 한쪽 끝과 이중 바나나 플러그에 연결된 다른 쪽 끝에서 점화기 플러그를 사용하여 간단하게 시험 도구를 구성한다. 이중 바나나 플러그는 공통(COM) 단자와 미터의 전압 단자에서 대부분의 미터와 잘 맞는다. 이 기능은 실생활 조건 하에서 차량 도로 주행 동안 유용하다. 직류 전압과 교류 리플 전압 양쪽 모두 측정될 수 있다. ●그림 22-8 참조.

켜고 교류 암페어를 읽어 판독값을 기록한다. 미터 디스플레이를 읽는다.

단계 4 결과는 명시된 교류발전기 정격의 10% 이내에 있어야 한다. 교류 10A 이상의 판독값은 결함 있는 교류발전기 다이오드임을 나타낸다. ●그림 22-9 참조.

충전 시스템 전압 강하 시험
Charging System Voltage Drop Testing

교류발전기 배선 충전 시스템의 적절한 작동을 위해, 배터리 양극 단자와 교류발전기 출력 단자 사이에 양호한 전기 연결부가 있어야 한다. 교류발전기도 엔진 블록에 올바르게 접

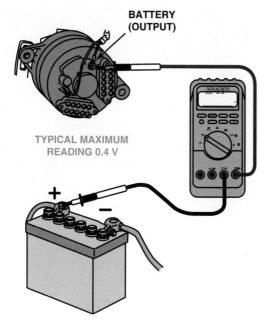

BATTERY
(OUTPUT)

TYPICAL MAXIMUM
READING 0.4 V

VOLTAGE DROP—INSULATED CHARGING CIRCUIT

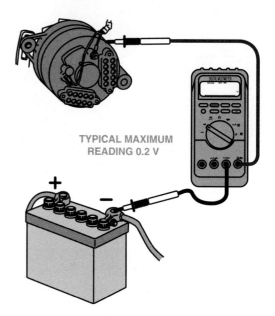

ENGINE AT 2000 RPM.
CHARGING SYSTEM
LOADED TO 20 A

TYPICAL MAXIMUM
READING 0.2 V

VOLTAGE DROP—CHARGING GROUND CIRCUIT

그림 22-10 충전 회로의 전압 강하를 시험하기 위한 전압계 접속 방법.

지되어야 한다.

많은 차량 제조업체가 교류발전기의 출력 단자로부터 배터리의 양극 단자에 전기적으로 연결된 다른 연결부 또는 접합 블록까지 측정단자를 연결한다. 이러한 연결부 또는 배선 자체에 고저항(높은 전압 강하)이 있는 경우, 배터리가 적절히 충전되지 않는다.

전압 강하 시험 절차 의심되는 충전 시스템 문제가 있는 경우(충전 표시등이 켜지면서 또는 켜지지 않으면서), 절연된 (전원 측) 충전 회로의 전압 강하를 측정하기 위해 단순히 다음 단계들을 따른다.

단계 1 엔진을 시동하고, 빠른 공회전(약 2,000 RPM)으로 엔진을 작동시킨다.

단계 2 충전 시스템에 전기 부하가 걸리는지 확인하기 위해 전조등을 켠다.

단계 3 직류 전압을 판독하도록 설정된 전압계를 사용하여, 양극 테스트 측정단자(빨간색)를 교류발전기의 출력 단자에 연결한다. 음극 테스트 측정단자(검은색)를 배터리의 양극 단자에 연결한다.

결과는 다음과 같이 해석되어야 한다.

1. 판독값이 0.4V 미만이면, 모든 배선과 연결부가 양호하다.

2. 전압계 판독값이 0.4V를 초과하는 경우, 교류발전기 출력 단자와 배터리 양극 단자 사이에 과도한 저항(전압 강하)이 있다.

3. 전압계가 배터리 전압(또는 배터리 전압에 가까운 전압)을 판독하는 경우, 배터리와 교류발전기 출력 단자 사이에 단선이 있다.

교류발전기가 올바르게 접지되어 있는지 확인하기 위해, 전조등을 켠 상태에서 엔진 속도를 2,000 RPM으로 유지한다. 전압계 양극 측정단자를 교류발전기의 케이스에 연결하고, 전압계 음극 측정단자를 배터리의 음극 단자에 연결한다. 교류발전기가 적절히 접지되었다면, 전압계는 0.2V 미만을 판독하여야 한다. 판독값이 0.2V를 초과한다면, 보조 접지 배선의 한쪽 끝을 교류발전기의 케이스에 연결하고 다른 쪽 끝을 양호한 엔진 접지에 연결한다. ●그림 22-10 참조.

기술 팁

퓨즈 장착 점퍼선을 점검 도구로 사용하라.

교류발전기 충전 문제를 진단할 때, 교류발전기의 양극 및 음극 단자를 배터리의 양극 단자에 직접 연결하기 위해, 퓨즈 장착 점퍼선 사용을 시도한다. 분명한 개선 사항이 발견되면, 문제는 차량 배선에 있는 것이다. 부식된 연결부, 느슨한 접지로 인한 고저항(high resistance)이 교류발전기의 출력 저하, 조정기의 반복적인 고장, 느린 크랭킹 속도, 배터리 방전의 원인이 될 수 있다. 충전 시스템의 전압 강하 시험은 충전 회로에서 과도한 저항(높은 전압 강하)을 찾는 데 사용될 수도 있지만, 퓨즈 장착 점퍼선을 사용하는 것이 더 빠르고 쉬운 경우가 많다.

그림 22-11 일반적인 시험기는 크랭킹 및 충전 시스템 뿐 아니라 배터리를 시험하는 데 사용된다. 항상 작동 지침을 따라야 한다.

교류발전기 출력 시험
Alternator Output Test

예비 점검 교류발전기 출력 시험은 교류발전기의 전류(암페어)를 측정한다. 충전 회로는 정확한 충전 회로 전압을 생성할 수 있지만, 적절한 암페어 출력을 생성할 수는 없다. 충전 시스템 출력에 대해 의문이 있는 경우, 먼저 교류발전기 구동 벨트의 상태를 점검한다. 엔진이 꺼진 상태에서 손으로 교류발전기의 팬을 회전시켜 본다. 교류발전기 팬이 이런 식으로 회전될 수 있는 경우, 구동 벨트를 교체하거나 조이도록 한다.

카본 파일 시험 절차 카본 파일(carbon pile) 시험기는 전기 부하를 만들기 위해 탄소판을 사용한다. 카본 파일 시험은 배터리 및/또는 교류발전기의 부하 시험에 사용된다. ●그림 22-11 참조.

교류발전기 출력 시험 절차는 다음과 같다.

단계 1 제조업체의 지침에 따라 시동 및 충전 시험 측정단자를 연결한다. 여기에는 보통 교류발전기 근처의 출력 배선 주위에 전류 클램프를 장착하는 것이 포함된다.

단계 2 시험기가 교류발전기의 실제 출력을 측정하고 있는지 확인하기 위해 모든 전기 부대장치를 끈다.

단계 3 엔진을 시동하고 2,000 RPM(빠른 공회전)으로 동작시킨다. 전류계 눈금에서 가장 높은 판독값을 얻기 위해, 부하 증가 제어를 천천히 돌린다. 전압이 12.6V 이하로 떨어지지 않도록 한다. 전류 판독값을 기록한다.

단계 4 5~7A의 전류를 판독값에 추가한다. 왜냐하면 이 전류량이 엔진 작동을 위해 점화 시스템에서 사용되기 때문이다.

단계 5 출력 판독값을 공장 사양과 비교한다. 정격 출력은 교류발전기에 스탬프로 표시되어 있거나 서비스 정보에서 찾을 수 있다.

주의: 엔진이 작동 중인 상태에서 배터리 케이블을 분리해서는 *안 된다.* 모든 차량 제조업체는 이렇게 하지 말라고 경고한다. 왜냐하면 교류발전기 전에, 이는 발전기가 배터리 없이 점화 시스템을 작동시키기 위해 전류를 공급할 수 있는지 알기 위해 오래된 시험이었기 때문이다. 배터리 케이블을 제거할 때, 교류발전기(또는 PCM)에서 배터리 전압 감지 신호가 손실될 것이다. 배터리 전압 감지 회로가 없으면, 교류발전기는 차량 제조업체와 모델에 따라 다음 두 가지 중 하나를 수행한다.

- 교류발전기 출력은 100V를 초과할 수 있다. 이 고전압은 교류발전기뿐만 아니라 PCM 및 모든 전자 장치를 포함한 차량의 전기 부품들도 손상시킬 수 있다.

- 교류발전기는 과도하게 높은 전압으로 인해 교류발전기와 차량에 있는 모든 전자 장치가 손상되지 않도록 보호하기 위해 안전 장치를 갖춘 조치로서 충전을 중지한다.

최소 요구 교류발전기 출력
Minimum Required Alternator Output

목적 모든 충전 시스템은 전기 시스템의 전기적 수요를 충족시킬 수 있어야 한다. 조명 및 부대장치가 계속 사용되고 교류발전기가 필요한 암페어 출력을 공급할 수 없으면, 배터리가 방전될 것이다. 최소 전기 부하 요구사항을 확인하기 위해, 유도 전류계 프로브를 배터리 케이블 또는 교류발전기 출력 케이블에 연결한다. ●그림 22–12 참조.

참고: 유도형 픽업 전류계(inductive pickup ammeter)를 사용하는 경우, 픽업이 배터리 단자로부터 나가는 *모든* 배선 위에 있는지 확인한다.

음극 배터리 단자로부터 차체 또는 소형 양극 배선(양극 측으로부터 시험하는 경우)으로 연결되는 소형 차체 접지 배선을 포함하는 고장은 전류 흐름 판독값을 *크게 감소*시키게 된다.

절차 배터리 회로에서 전류계를 올바르게 연결한 후, 다음과 같이 계속한다.

1. 엔진을 시동하고 약 2,000 RPM(빠른 공회전)으로 동작시킨다.
2. 온도 선택을 에어컨(에어컨이 차량에 장착이 되어 있다면)으로 돌린다.
3. 송풍 모터(blower motor)를 고속으로 돌린다.
4. 전조등을 밝게 켠다.
5. 후방 김서림 방지장치(defogger)를 켠다.
6. 앞유리 와이퍼를 켠다.
7. 연속적으로 사용할 수 있는 다른 부대장치를 켠다(경음기, 파워 도어 잠금장치 또는 수초 이상 사용되지 않는 다른 장치들을 작동시키지 않는다).
8. 전류계를 관찰한다. 표시된 전류는 교류발전기가 배터리를 완전 충전 상태로 유지하기 위해 초과할 수 있는 전기 부하이다.

시험 결과 최소 허용 교류발전기 출력은 부대장치 부하보다 5A 더 크다. 음의 (방전) 판독값은 교류발전기가 필요한 전류(암페어)를 공급할 수 없다는 것을 나타낸다.

그림 22–12 충전 시스템 시험기의 전류 프로브를 장착하기에 가장 좋은 위치는 교류발전기 출력 단자 배선 주변이다.

🔧 기술 팁

클수록 항상 더 좋은 것은 아니다.

많은 기술자들이 비상 장비나 고출력 음향 시스템과 같은 고전류 장비를 허용하기 위해 더 높은 출력 교류발전기를 설치할 것을 요청받는다.

많은 고출력 장치를 물리적으로 장착할 수 있긴 하지만, 교류발전기 회로의 배선과 퓨즈 링크(fusible link)를 업그레이드하는 것을 잊지 않는 것이 중요하다. 배선을 업그레이드하지 않는 것은 과열(overheating)을 유발할 수 있다. 일반적인 고장 위치는 분기점 또는 전기 연결부이다.

교류발전기 탈거 Alternator Removal

충전 시스템 진단을 통해 교류발전기에 고장이 있는 것으로 판단되면, 교류발전기를 차량에서 안전하게 탈거해야 한다. 서비스 중인 차량에서 따라야 할 정확한 절차를 서비스 정보에서 항상 확인해야 한다. 일반적인 탈거 절차는 다음과 같다.

단계 1 음극 배터리 케이블을 분리하기 전에 테스트 램프 또는 전압계를 사용하여 교류발전기의 출력 단자에서 베터리 전압을 점검한다. 교류발전기와 배터리 사이에 완전한 회로가 구성되어 있어야 한다. 교류발전기 출력 단자에서 전압이 측정되지 않는 경우에는 끊어진 퓨즈 링크 또는 기타 전기 회로 고장 여부를 점검한다.

단계 2 배터리로부터 음극(–) 단자를 분리한다(메모리 보호

그림 22-13 교류발전기를 교체하는 일이 교류발전기에 접근하기 쉬운 뷰익 3800 V-6에서 교체하는 것처럼 항상 쉽지는 않다. 교류발전기의 대다수는 접근이 어려우며 다른 부품들의 탈거가 필요하다.

그림 22-14 올바른 재조립을 위해 분해하기 전에 항상 교류발전기의 케이스에 표시해야 한다.

기술 팁

냄새 테스트

교류발전기 고장의 근본 원인을 점검할 때 기술자가 수행할 수 있는 한 가지 방법은 교류발전기의 냄새를 맡는 것이다. 교류발전기에서 죽은 생쥐(산패한 냄새)와 같은 냄새가 나면, 방전되었거나 결함이 있는 배터리를 충전하려고 시도하다가 고정자 권선이 과열되었던 것일 수 있다. 배터리 전압이 계속 낮은 경우, 전압 조정기는 교류발전기에 전자계 전류(full-field current)를 계속하여 공급할 것이다. 좁은 충전 시스템 전압 범위를 유지하기 위해, 전압 조정기는 on-off 사이클을 수행하도록 설계되었다.

배터리 전압이 계속해서 전압 조정기의 차단 지점 아래에 있다면, 교류발전기는 고정자 권선에서 전류를 지속적으로 생성하고 있다. 이러한 끊임없는 충전은 고정자를 과열시킬 수 있고, 고정자 권선을 덮고 있는 절연 광택제(insulating varnish)가 빈번히 연소될 수 있다. 교류발전기가 냄새 테스트에 실패하면, 기술자는 결함이 발견된 고정자 및 다른 교류발전기 부품들을 교체해야 한다. 그리고 배터리를 교체하거나 재충전하고 테스트해야 한다.

장치를 사용하여 라디오, 메모리 시트 및 기타 기능을 유지한다).

단계 3 교류발전기를 구동하는 부대장치 구동 벨트를 제거한다.

단계 4 필요에 따라 전기 배선, 고정 장치(fastener), 간격 유지 장치(spacer) 및 브래킷(bracket)을 제거하고, 차량으로부터 교류발전기를 탈거한다. ●그림 22-13 참조.

교류발전기 분해
Alternator Disassembly

분해 절차

단계 1 교류발전기 케이스를 올바르게 재조립하기 위해, 케이스에 긁힌 자국 또는 분필로 표시한다. ●그림 22-14 참조.

단계 2 관통볼트(through bolt)를 제거한 후, 두 개의 반쪽 부분을 조심스럽게 분리한다. 고정자 권선은 후면 케이스에 계속 연결되어 있어야 한다. 이렇게 할 때, 브러시와 스프링이 떨어지게 된다.

단계 3 정류기 어셈블리 및 전압 조정기를 제거한다.

로터 시험 로터에 있는 슬립 링은 부드러운 원형(완벽히 원형으로 0.002인치 이내)이어야 한다.

▪ 홈이 있는 경우, 브러시에 적합한 표면을 제공하도록 슬립 링은 가공될 수 있다. 제조업체에 의해 명시된 최소 슬립 링 치수를 초과하여 가공해서는 안 된다.

▪ 슬립 링이 변색되거나 더러우면 400-그릿 천 또는 미세한 금강사(연마용) 천을 사용하여 슬립 링을 청소할 수 있다. 슬립 링의 평평한 지점이 생기지 않도록, 슬립 링을 청소하는 동안 로터가 회전되어야 한다.

▪ 저항계를 사용하여 슬립 링 사이의 저항을 측정한다. 일반적인 저항값 및 결과는 다음과 같다.

1. 슬립 링과 강철 로터 샤프트 사이에서 측정되는 저항은

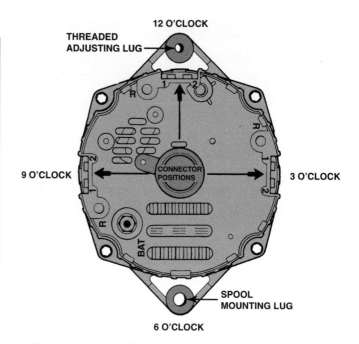

"시계 위치(clock position)"는 무엇인가?

특정 제조사의 교류발전기 대부분은 다양한 차량에서 사용될 수 있는데, 차량들은 다양한 곳에 위치한 배선 연결을 요구할 수 있다. 예를 들어 쉐보레와 뷰익의 교류발전기는 전기 연결부를 포함하는 후면 섹션의 위치를 제외하면 동일할 수 있다. 두 개의 반쪽 부분을 함께 고정시키는 4개의 관통볼트는 간격이 동일하다. 따라서 다양한 모델의 배선 요구에 부응하기 위하여, 후면 교류발전기 하우징은 4개의 위치 중 하나에 장착되어 있다. 항상 원래 장치의 시계 위치를 점검하고 교체 장치와 일치하는지 확인해야 한다. ●그림 22-15 참조.

그림 22-15 시계 위치(clock position)에 대한 설명. 4개의 관통볼트는 간격이 동일하기 때문에, 교류발전기가 4개의 서로 다른 시계 위치 중 하나에 장착되는 것이 가능하다. 커넥터 위치는 나사산 조정 돌출부가 위쪽 또는 12시 위치로 한 상태에서 다이오드 끝으로부터 교류발전기를 바라봄으로써 결정된다. 교체될 장치와 일치하도록 3시, 6시, 9시 또는 12시 위치를 선택한다.

무한대(OL)이어야 한다. 만약 슬립 링과 로터 샤프트가 연결되면 로터가 접지로 단락된다.

2. 로터 저항 범위는 보통 2.4~6Ω이다.

3. 저항이 사양 미만이면 로터가 단락된다.

4. 저항이 사양을 초과하면 로터 연결부가 부식되거나 단선된다.

로터가 불량으로 판명되면, 로터는 특수 작업장에서 교체되거나 수리되어야 한다. ●그림 22-16 참조.

참고: 로터 교체 비용이 재조립된 전체 교류발전기 비용을 초과할 수 있다. 하지만 재조립된 교류발전기가 원래 교류발전기만큼 같은 출력의 정격인지 확인한다.

고정자 시험

시험하기 전에 고정자(stator)를 다이오드(정류기)로부터 분리해야 한다. 고정자의 세 가지 권선은 모두 전기적으로(Y 또는 델타) 연결되어 있기 때문에, 저항계를 사용하여 고정자를 점검할 수 있다.

- 3개의 고정자 단자 모두에서 저항이 낮아야 한다(전기적 연결).

- 고정자 단자와 금속 고정자 코어 사이에서 고정자를 테스트할 때 연결되어 있어서는 안 된다(바꿔 말하면, 무한대 Ω의 미터 측정값이 있어야 함).

- 전기적으로 연결되어 있는 경우, 고정자가 접지로 단락된 것이며 수리 또는 교체되어야 한다. ●그림 22-17 참조.

참고: 정상 고정자의 경우 저항이 매우 낮기 때문에, 일반적으로 단락된(구리 대 구리) 고정자는 시험할 수 없다. 하지만 단락된 고정자

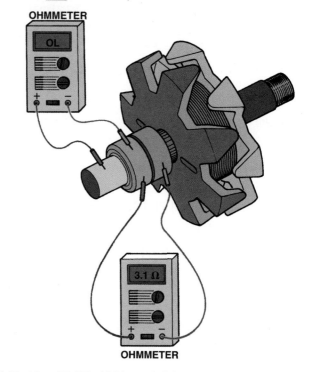

TESTING AN ALTERNATOR ROTOR USING AN OHMMETER

CHECKING FOR GROUNDS (SHOULD READ INFINITY IF ROTOR IS NOT GROUNDED)

그림 22-16 저항계를 사용한 교류발전기 로터 시험.

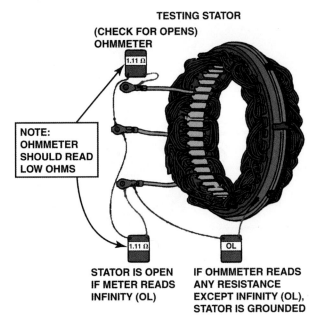

TESTING STATOR

(CHECK FOR OPENS)
OHMMETER

1.11 Ω

NOTE:
OHMMETER
SHOULD READ
LOW OHMS

1.11 Ω

OL

STATOR IS OPEN
IF METER READS
INFINITY (OL)

IF OHMMETER READS
ANY RESISTANCE
EXCEPT INFINITY (OL),
STATOR IS GROUNDED

그림 22-17 저항계가 세 개의 고정자 권선 중 두 개 사이에서 무한대를 판독한다면, 고정자가 단선된 것이고, 따라서 결함이 있는 것이다. 저항계는 고정자 단자와 강철 적층 사이에서 무한대 Ω을 판독해야 한다. 만약 판독값이 무한대 Ω 미만이면 고정자는 접지된 것이다. 정상 저항이 매우 낮기 때문에, 고정자 권선이 단락된 경우 시험할 수 없다.

는 교류발전기 출력을 크게 감소시킨다. 고정자가 델타 형태로 감겨 있는 경우, 저항계는 개방된 고정자를 감지할 수 없다. 세 개의 모든 권선들이 전기적으로 연결되어 있기 때문에, 저항계는 여전히 낮은 저항을 나타낸다.

다이오드 트리오 시험 많은 교류발전기들이 다이오드 트리오(diode trio)를 장착하고 있다. 다이오드는 전류가 한 방향으로만 흐를 수 있도록 허용하는 전기적 단방향 체크 밸브이다. 트리오는 "3"을 의미하기 때문에, 다이오드 트리오는 서로 연결된 3개의 다이오드이다. ●그림 22-18 참조.

다이오드 트리오는 세 개의 고정자 권선 모두에 연결된다. 고정자에서 생성된 전류는 다이오드 트리오를 통해 내부 전압 조정기로 흘러간다. 다이오드 트리오는 필드(로터)에 전류를 공급하도록 설계되었으며, 교류발전기 전압이 배터리 전압과 같거나 초과하면 충전 표시등을 끈다. 다이오드 트리오에 있는 3개의 다이오드 중 하나에 결함(대개 열린 상태)이 있는 경우, 교류발전기가 거의 정상상태와 가까운 출력을 생성할 수 있다. 하지만 충전 표시등은 희미하게 "on"될 것이다.

다이오드 트리오는 디지털 멀티미터를 사용하여 시험되어야 한다. 디지털 멀티미터는 "다이오드 체크" 위치로 설정해야

그림 22-18 전형적인 다이오드 트리오(diode trio). 다이오드 트리오의 한쪽 다리가 개방되면, 교류발전기가 정상 출력에 근접하게 생성될 수 있지만, 계기판의 충전 표시등이 흐릿하게 켜진다.

한다. 멀티미터는 한 방향에서 0.5~0.7V를 나타내야 하고, 시험 측정단자를 반전시켜 다이오드 트리오의 세 커넥터를 연결한 후 OL(범위초과)을 표시해야 한다.

정류기 시험 Testing the Rectifier

용어 정류기(rectifier) 어셈블리는 대개 양극 다이오드 3개와 음극 다이오드 3개를 포함하여 다이오드 6개를 장착하고 있다(고정자 권선 각각마다 양극 다이오드 1개와 음극 다이오드 1개).

미터 설정 정류기(다이오드)는 디지털 멀티미터(DMM)에서 "다이오드 체크" 위치로 설정된 멀티미터를 사용하여 테스트되어야 한다.

다이오드(정류기)는 전류가 한 방향으로만 흘러야 하므로, 다이오드 한 방향으로 전류가 흐르게 하고 반대 방향으로는 전류를 차단하는지 여부를 결정하기 위해 각각의 다이오드가 시험되어야 한다. 일부 교류발전기 다이오드를 시험하기 위해, 고정자 연결의 납땜을 제거할 필요가 있을 수도 있다. ●그림 22-19 참조.

다이오드가 다른 교류발전기 부품들로부터 전기적으로 분리되지 않으면 정확한 시험은 불가능하다.

그림 22-19 교체 가능한 하나의 어셈블리에 모두 6개 다이오드를 포함하는 전형적인 정류기 브리지.

시험 절차 측정단자를 다이오드(정류기 브리지의 피그테일 및 하우징)의 단자에 연결한다. 미터를 읽는다. 시험 측정단자를 반대로 연결한다. 양호한 다이오드는 한쪽 방향(역방향 바이어스)으로 고저항(OL)을, 반대 방향(순방향 바이어스)으로 0.5~0.7V 전압 강하를 가져야 한다.

결과 단선되거나 단락된 다이오드는 교체되어야 한다. 대부분의 교류발전기는 하나의 교체 가능한 하나의 정류기 부품에 모든 양극 다이오드 및 모든 음극 다이오드를 그룹화하거나 결합한다.

교류발전기 재조립
Reassembling the Alternator

브러시 홀더 교체 교류발전기 탄소 브러시는 대개 여러 해 동안 견디며, 예정된 유지보수가 필요 없다. 교류발전기 브러시는 보통 단지 2~5A 정도의 필드(로터) 전류만 전도하므로, 교류발전기 수명이 연장된다. 교류발전기 브러시는 교류발전기가 분해될 때 검사되어야 하며, 1/2인치 이하의 길이로 마모되었을 때 교체되어야 한다. 브러시는 대개 브러시 홀더(brush holder)에 함께 조립되어 구매된다. 브러시가 설치(대개 두 개 또는 세 개의 나사로 고정)되고, 로터가 교류발전기 하우징에 장착된 후, 브러시가 브러시 스프링에 의해 슬립 링에 눌려지도록 허용하며, 교류발전기 뒤쪽의 접근 구멍을 통해 브러시 고정 핀을 당겨 제거할 수 있다. ●그림 22-20 참조.

베어링 수리 및 교체 교류발전기의 베어링(bearing)은 로터를 지지하고 마찰을 감소시킬 수 있어야 한다. 교류발전기는

그림 22-20 새 브러시가 설치된 브러시 홀더 어셈블리. 브러시의 구멍은 교류발전기에 장착할 때 홀더에 브러시를 고정하는 데 사용된다. 로터가 장착된 후 고정 핀이 제거되는데 이는 브러시가 로터의 슬립 링과 접촉하도록 할 수 있다.

15,000 RPM까지 회전할 수 있어야 하며 구동 벨트에 의해 발생하는 힘을 견딜 수 있어야 한다. 대개 전방 베어링(front bearing)은 볼 베어링(ball bearing) 유형이며, 후방 베어링(rear bearing)은 더 작은 롤러 베어링(roller bearing) 또는 볼 베어링일 수 있다.

오래되거나 결함 있는 베어링은 전방 하우징에서 밀려날 수 있다. 그리고 베어링의 외측 가장자리(외측 레이스) 방향으로 소켓이나 파이프로 압력을 가하여 교체용 베어링을 밀어 넣을 수 있다. 교체용 베어링은 대개 미리 윤활유를 바른 상태로 장착된다. 많은 교류발전기 전방 베어링은 특수 풀러(puller)를 사용하여 로터로부터 제거되어야 한다.

교류발전기 조립 시험 또는 서비스 후, 아래의 단계에 따라 교류발전기 정류기, 전압 조정기, 고정자 및 브러시 홀더를 재조립해야 한다.

단계 1 브러시가 내부에 장착된 경우 브러시 홀더의 구멍에 배선을 삽입하여 브러시를 스프링에 고정한다.

단계 2 로터와 전방측 프레임(front-end frame)을 교류발전기 하우징 바깥쪽에 있는 표시와 적절하게 정렬하여 장착한다. 관통볼트를 장착한다. 브러시를 고정하는 철사 핀(wire pin)을 제거하기 전에 교류발전기 풀리를 돌린다. 교류발전기에서 소음이 발생하거나 자유롭게 회전하지 않으면 원인을 점검하기 위해 교류발전기를 다시 쉽게 분해할 수 있다. 교류발전기를 자

유롭게 회전시킨 후, 브러시 홀더 핀을 제거하고 교류발전기를 손으로 다시 돌려 준다. 브러시를 슬립링 위로 풀어 주면서 소음 레벨이 약간 더 높아질 수 있다.

단계 3 교류발전기는 차량에 재설치하기 전에 가능하다면 벤치 테스터에서 시험되어야 한다. 차량에 교류발전기를 장착할 때는 모든 마운팅 볼트와 너트가 단단히 조여져 있는지 확인해야 한다. 배터리 단자는 플라스틱 또는 고무 보호 캡으로 덮어 실수로 접지로 단락되는 것을 방지해야 한다. 단락되는 경우, 교류발전기가 심각하게 손상될 수 있다.

재생된 교류발전기
Remanufactured Alternators

재생 또는 재구성된 교류발전기는 완전히 분해되고 재구성된다. 일부 마모된 부품을 모두 교체하지 않을 수도 있는 소규모 제작자가 많이 있지만, 전국적인 주요 재생업체들이 교류발전기를 완전하게 재생한다. 오래된 교류발전기[**코어(core)**라고 함]는 완전히 분해되어 청소된다. 양쪽 베어링이 교체되고 모든 부품들이 시험된다. 필요한 경우 로터는 원래 사양으로 되감긴다. 로터 권선은 계수되지 않지만, 올바른 치수의 구리 배선을 사용하여 원 제조자에 의해 명시된 **중량**까지 로터 "스풀(spool)"에 되감기게 된다. 필요에 따라 새 슬립 링으로 교체되어 로터 스풀 권선에 납땜하여 가공된다. 로터의 바깥지름이 사양을 충족하는지 확인하기 위해, 균형이 잡힌 후 측정된다. 최대 출력을 위해 자기장이 고정자 권선에 근접해야 하기 때문에, 미달된 크기의 로터는 교류발전기 출력을 더 적게 생성한다. 필요한 경우 브리지 정류기가 교체된다. 그런 다음 모든 교류발전기를 조립하고, 적절한 출력에 대해 시험하고, 상자에 담아 창고로 발송된다. 개별 부품 가게들은 다양한 지역 창고업자 또는 동네 창고업자로부터 부품을 구매한다.

교류발전기 설치
Alternator Installation

교체용 교류발전기(replacement alternator)를 장착하기 전

사례연구

2분 교류발전기 수리

한 운전자가 쉐보레 픽업트럭을 정기 점검 서비스를 받기 위해 정비소로 가지고 갔다. 그 운전자는 1주일 주차 후에 점프 시동을 걸어야 했다고 말했다. 기술자는 소형 휴대용 디지털 멀티미터를 사용하여 배터리와 충전 시스템 전압을 시험하였다. 배터리 전압은 12.4V(약 75% 충전)였으나, 2,000 RPM에서 측정된 충전 전압도 12.4V였다. 정상적인 충전 전압은 13.5~15V 사이여야 하므로, 충전 시스템이 올바르게 작동하지 않음이 분명했다.

기술자가 계기를 확인한 결과 "충전" 표시등이 켜져 있지 않음을 발견하였다. 기술자는 서비스를 위해 교류발전기를 탈거하기 전, 교류발전기의 배선 연결을 점검했다. 커넥터를 제거하였을 때 녹이 슬었음이 밝혀졌다. 접점이 청소된 후, 충전 시스템이 정상 작동으로 복원되었다. 기술자는 크고 비싼 수리를 시작하기 전에 항상 간단한 작업부터 먼저 점검해야 한다는 사실을 알게 되었다.

개요:

- **불만 사항**—고객은 1주일 동안 주차 후, 트럭 배터리가 점프 시동이 되어야만 했다고 이야기했다.
- **원인**—시험 결과, 교류발전기가 충전되고 있지 않았으며, 육안 검사 중에 교류발전기에서 녹슨 연결부가 발견되었다.
- **수리**—교류발전기에서 전기 단자를 청소했더니 충전 시스템이 올바로 작동하였다.

에, 정비를 받는 차량에 대해 따라야 할 정확한 절차에 대한 서비스 정보를 확인하도록 한다. 일반적인 설치 절차는 다음과 같다.

단계 1 교체용 교류발전기가 차량에 적합한 장치인지 확인한다.

단계 2 교류발전기에 배선을 설치하고 교류발전기를 설치한다.

단계 3 필요한 경우, 구동 벨트의 상태를 점검하고 교체한다. 구동 벨트를 구동 풀리 위에 설치한다.

단계 4 구동 벨트를 적절히 팽팽하게 한다.

단계 5 모든 고정 장치를 공장 사양에 맞춰 조인다.

단계 6 모든 고정 장치가 올바르게 조여져 있는지 재확인하고, 엔진 구획 근처로부터 모든 공구를 지운다.

단계 7 음극 배터리 케이블을 다시 연결한다.

단계 8 엔진을 시동하고 적절한 충전 회로 작동을 확인한다.

1 교류발전기를 분해하기 전에 회전 시험(spin test)을 수행하고 스코프(scope)에 연결하여 가능한 결함 부품을 점검한다.

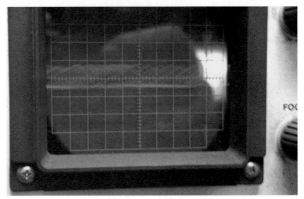

2 스코프 패턴은 전압 출력이 일반적인 패턴과 전혀 다르다는 것을 보여 준다. 이 패턴은 정류기 다이오드의 심각한 고장을 나타낸다.

3 첫 번째 단계는 구동 풀리를 제거하는 것이다. 이 작업자는 전기 충격 렌치를 사용하여 작업을 수행하고 있다.

4 구동 벨트로부터 박힌 고무 손상에 대해 드라이브 갤리(drive galley)를 주의하여 검사한다. 아주 경미한 고장도 교류발전기에 진동, 소음, 또는 가능한 손상을 일으킬 수 있다.

5 사진과 같이 외부 팬(장착된 경우), 그 다음에 간격 조정 장치(spacer)를 제거한다.

6 고정자/정류기 연결부를 덮고 있는 플라스틱 덮개(실드)를 연다.

7 덮개가 제거된 후 정류기에 대한 고정자 연결 부분이 보인다.

8 대각선 절단기(diagonal cutter)를 사용하여 용접 부위(weld)를 절단하여 정류기로부터 고정자를 분리한다.

9 케이스의 절반을 분리하기 전 기술자가 펀치(punch)를 사용하여 양쪽 모두에 표시를 하고 있다.

10 케이스에 표시한 후 관통볼트를 제거한다.

11 드라이브측(DE) 하우징과 고정자가 후면(슬립링측) 하우징에서 분리된다.

12 고정자에 변색이나 기타 물리적 손상이 있는지 육안으로 검사한 다음, 저항계를 사용하여 권선이 접지로 단락되었는지 확인한다.

(계속)

13 프레스를 사용하여 DE 하우징으로부터 전방 베어링을 제거한다.

14 검은색 플라스틱 실드를 보여 주는 슬립링측(SRE) 하우징의 모습. 정류기를 통과하는 직접적인 공기 흐름을 돕는다.

15 펀치를 사용하여 플라스틱 실드 고정 클립(plastic shield retaining clip)을 탈거한다.

16 실드를 탈거한 후, 고정 나사를 제거함으로써, 정류기, 전압 조정기 및 브러시 홀더 어셈블리가 제거될 수 있다.

17 후면 하우징으로부터 정류기 어셈블리를 들어 올리면 열전달 그리스(heat transfer grease)가 보인다.

18 부품들을 세척하기 위해 세라믹 스톤(ceramic stone)과 수성 용제(water-based solvent)가 사용되는 텀블러에 넣는다.

(계속)

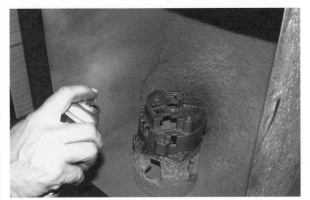

19 재생된 교류발전기를 새것처럼 보이게 하기 위해 작업자가 고품질 산업용 스프레이 페인트를 사용하여 하우징에 색을 입히고 있다.

20 로터의 슬립 링이 선반(lathe)에서 가공되고 있다.

21 저항계를 사용하여 로터를 측정하고 있다. CS-130의 슬립 링 사이의 저항 사양은 2.2~3.5Ω이다.

22 로터는 슬립 링과 로터 샤프트 사이에서도 시험된다. 이 판독값은 무한대여야 한다.

23 새로운 정류기. 이 교체용 장치는 원래 장치와 상당히 다르지만, 원래 장치를 교체하도록 설계되어 원래의 공장 사양을 만족한다.

24 실리콘 열전달 화합물이 새 정류기의 히트 싱크(heat sink)에 사용된다.

(계속)

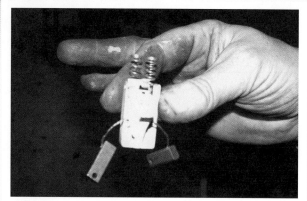

25 교체용 브러시 및 스프링이 브러시 홀더에 조립되어 있다.

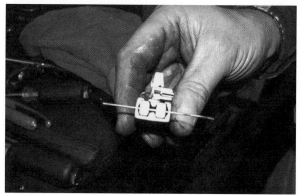

26 브러시를 브러시 홀더에 밀어 넣어 곧은 철사로 고정한다. 이 철사는 교류발전기의 후면 하우징을 통과하여 길게 나와 있다. 이 철사는 장치가 조립될 때 뽑아서 제거한다.

27 새로운 브러시 홀더 어셈블리, 정류기 브리지 및 전압 조정기를 장착한 후의 CS 교류발전기의 모습이다.

28 정류기 브리지와 전압 조정기 사이의 접합부가 납땜되고 있다.

29 플라스틱 디플렉터 실드(plastic deflector shield)는 무딘 끝과 망치를 사용하여 제자리에 다시 고정한다. 이 실드는 정류기 브리지 및 전압 조정기 위로 팬으로부터 공기 흐름의 방향을 조정한다.

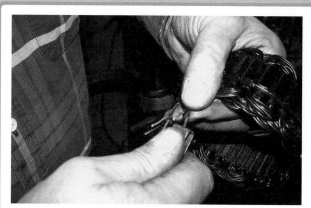

30 고정자 권선을 정류기 브리지에 납땜하기 전에, 광택 절연재(varnish insulation)를 단자 끝으로부터 제거한다.

(계속)

31 고정자를 후면 하우징에 삽입한 후, 고정자 단자를 정류기 브리지의 구리 돌출부에 납땜한다.

32 새 베어링을 장착한다. 간격 조절 장치(spacer)는 베어링과 슬립 링 사이에 배치되어, 베어링이 샤프트에서 이동하거나 슬립 링에 단락될 가능성을 방지한다.

33 슬립링측(SRE) 하우징을 분해 중에 해 놓은 표시에 맞추어 드라이브측(DE) 하우징에 압입한다.

34 고정 볼트(retaining bolt)가 장착되는데, 고정 볼트는 교류 발전기 후면으로부터 드라이브측 하우징으로 돌려서 끼워 진다.

35 외측 팬과 구동 풀리가 장착되고 고정 너트가 로터 샤프트 에 조여진다.

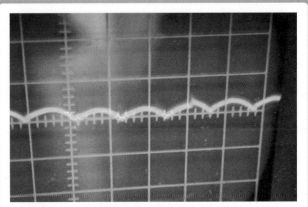

36 스코프 패턴은 다이오드와 고정자가 올바르게 작동하고 있음을 보여 주며, 전압 점검은 전압 조정기도 올바로 작동하고 있음을 나타낸다.

1. 정확한 시험 결과를 확인하기 위해, 충전 시스템 시험은 배터리가 75% 이상 충전될 것을 요구한다. 정상적인 충전 전압(엔진 2,000 RPM)은 13.5~15V이다.

2. 교류발전기와 배터리 사이의 배선에서 과도한 저항을 점검하기 위해서는 전압 강하 시험을 수행해야 한다.

3. 회로에 의해 요구되지 않는다면 교류발전기는 최대 정격 출력을 생성하지 않는다. 따라서 최대 교류발전기 출력을 시험하기 위해서는 교류발전기가 최대 출력을 생성하도록 배터리에 부하를 가해야 한다.

4. 각 교류발전기는 재조립 시 적절한 "시계 위치(clock position)"를 확실히 하기 위해 분해 전에 케이스에 표시되어야 한다. 분해 후에는 저항계를 사용하여 모든 교류발전기 내부 부품들을 시험해야 한다. 다음 부품들이 시험되어야 한다.
   a. 고정자(stator)
   b. 로터(rotor)
   c. 다이오드(diode)
   d. 다이오드 트리오(diode trio)(교류발전기에 장착되어 있다면)
   e. 베어링(bearing)
   f. 브러시(brush)(1/2인치 길이 이상이어야 함)

복습문제 Review Questions

1. 기술자는 충전 회로의 전압 강하를 어떻게 시험하는가?
2. 기술자는 교류발전기의 암페어 출력을 어떻게 측정하는가?

3. 차량에서 교류발전기를 제거하기 전에, 다이오드 또는 고정자에 결함이 있는지 여부를 판단하기 위해 어떤 시험을 수행할 수 있는가?

22장 퀴즈 Chapter Quiz

1. 충전 전압을 점검하려면 디지털 멀티미터(DMM)를 배터리의 양극(+) 단자와 음극(–) 단자에 연결하고 _____을(를) 선택한다.
   a. 직류(DC) 전압   c. 직류(DC) 전류
   b. 교류(AC) 전압   d. 교류(AC) 전류

2. 교류발전기로부터 리플 전압을 점검하려면 디지털 멀티미터(DMM)를 연결하고 _____을(를) 선택한다.
   a. 직류(DC) 전압   c. 직류(DC) 전류
   b. 교류(AC) 전압   d. 교류(AC) 전류

3. 교류발전기로부터 배터리로 전송되는 최대 허용 교류(AC) 전류는 _____이다.
   a. 0.4A   c. 3~4A
   b. 1~3A   d. 교류발전기 정격 출력의 10%

4. 교류발전기로부터 리플 전압 또는 교류를 점검할 때 조명을 켜야 하는 이유는 무엇인가?
   a. 배터리를 가열하기 위해
   b. 배터리가 완전히 충전되었는지 확인하기 위해
   c. 교류발전기에 대한 전기 부하를 생성하기 위해
   d. 다른 시험을 수행하기 전에 배터리를 시험하기 위해

5. 12V 시스템에서 허용 가능한 충전 회로 전압은 _____이다.
   a. 13.5~15V   c. 12~14V
   b. 12.6~15.6V   d. 14.9~16.1V

6. 기술자 A는 컴퓨터를 사용하여 필드 전류를 제어함으로써 교류발전기의 출력을 제어할 수 있다고 이야기한다. 기술자 B는 로터를 통해 필드 전류를 제어함으로써 전압 조정기가 교류발전기 출력을 제어한다고 이야기한다. 어느 기술자가 옳은가?
   a. 기술자 A만   c. 기술자 A와 B 모두
   b. 기술자 B만   d. 기술자 A와 B 둘 다 틀리다

7. 기술자 A는 전류가 회로를 통과하여 흐를 때만 충전 회로의 전압 강하 시험을 수행해야 한다고 이야기한다. 기술자 B는 충전 시스템의 전압 강하를 측정하기 위해 전압계 측정단자를 배터리의 양극 및 음극 단자에 연결하라고 이야기한다. 어느 기술자가 옳은가?
   a. 기술자 A만   c. 기술자 A와 B 모두
   b. 기술자 B만   d. 기술자 A와 B 둘 다 틀리다

8. 교류발전기 로터를 시험할 때, 한쪽 미터 측정단자는 슬립 링에 부착되고 다른 쪽 미터 측정단자는 로터 샤프트에 접촉된 상태에서 저항계가 0Ω을 표시하면, 로터가 _____이다.
   a. 문제없는 것(정상)
   b. 결함이 있는 것(접지로 단락됨)
   c. 결함이 있는 것(전압으로 단락됨)
   d. 문제없는 것(로터 권선이 단선됨)

9. 다이오드 점검 위치로 설정된 디지털 멀티미터를 사용하여 교류 발전기 다이오드가 시험되고 있다. 측정단자가 다이오드를 가로질러 한 방향으로 연결된 경우 양호한 다이오드의 판독값은 _____이고, 측정단자가 반대로 연결된 경우 양호한 다이오드의 판독값은 _____이다.

a. 300/300

b. 0.475/0.475

c. OL/OL

d. 0.551/OL

10. 교류발전기는 정상보다 낮은 출력을 생성하면서 점검될 수 있지만, 만약 _____ 문제는 없는 것이다.

a. 배터리가 약하거나 결함이 있는 경우에도

b. 시험하는 동안 엔진 속도가 충분히 높지 않은 경우에도

c. 구동 벨트가 느슨하거나 미끄러지는 경우에도

d. 위의 모든 내용이 해당되는 경우에도

Chapter 23

조명 및 신호 회로

Lighting and Signaling Circuits

학습목표

이 장을 학습하고 나면,

1. 자동차의 적응형 전방 조명 및 기타 조명 시스템을 설명할 수 있다.
2. 외부 조명 시스템의 작동 방식을 설명할 수 있다.
3. 전구 차트를 읽고 해석할 수 있다.
4. 브레이크등과 방향지시등의 작동에 대해 토론할 수 있다.
5. 전조등 및 전구를 검사하고, 교체하고, 조명의 방향 설정을 수행할 수 있다.
6. 조명 및 신호 회로에 대한 문제해결 절차를 설명할 수 있다.

핵심용어

LED(light-emitting diode)
거래 번호
고휘도 방전(HID)
교통부(DOT)
리오스탯
복합 전조등
브레이크등
섬유 광학
위험경고등 점멸기
적응형 전방 조명 시스템(AFS)

제논 전조등
주간주행등
중앙 고장착 정지등(CHMSL)
촉광
커티시등
컬러 변이
켈빈(Kelvin, K)
트록슬러 효과
피드백
하이브리드 점멸기

소개 Introduction

차량에는 각각 고유한 부품 및 동작 특성을 갖는 다양한 조명 및 신호 시스템이 있다. 이 장에서 다루는 주요 조명 관련 회로 및 시스템은 다음 내용들을 포함한다.

- 외부 조명
- 전조등(할로겐, HID, LED)
- 전구 거래 번호
- 브레이크등
- 방향지시등 및 점멸장치
- 실내등
- 밝기조절 실내 후사경

외부 조명 Exterior Lighting

전조등 스위치 제어   외부 조명(exterior lighting)은 대부분의 차량에서 배터리에 직접 연결되는 전조등 스위치에 의해 제어된다. 따라서 조명 스위치를 수동으로 켜면 램프가 배터리를 방전시킬 수 있다. 구형 전조등은 내장형 회로 차단기를 포함하고 있다. 과도한 전류가 전조등 회로를 통과하면, 회로 차단기가 잠깐 동안 단선시켰다가 다시 닫아 준다. 그 결과는 빠르게 깜빡거리는 전조등이 된다. 이 기능은 전류 과부하에도 불구하고 전조등이 안전 조치로서 작동하도록 한다.

전조등 스위치는 대개 모듈을 통해 대부분의 차량에서 다음과 같은 조명을 제어한다.

1. 전조등(headlight)
2. 미등(taillight)
3. 측면표시등(side-marker light)
4. 전방주차등(front parking light)
5. 계기등(dash light)
6. 실내등(interior light)[천장등(dome light)]

컴퓨터제어 조명   조명들은 실수로 배터리를 쉽게 방전시킬 수 있기 때문에, 많은 신형 차량들은 컴퓨터 모듈을 통해 이들 조명을 제어한다. 컴퓨터 모듈은 조명이 켜져 있는 시간을 추적하며, 시간이 초과되면 조명을 끌 수 있다. 컴퓨터는 회로의 전원 측 또는 접지 측을 제어할 수 있다.

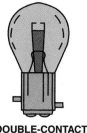

**DOUBLE-CONTACT
1157/2057 BULBS**

**SINGLE-CONTACT
1156 BULBS**

**WEDGE
194 BULB**

그림 23-1   이중 필라멘트(이중 접촉) 전구는 후미등 또는 주차등을 위한 저강도 필라멘트와 브레이크등과 방향지시등을 위한 고강도 필라멘트를 모두 포함하고 있다. 전구들은 다양한 모양과 크기로 되어 있다. 표시된 숫자들은 거래 번호(trade number)이다.

예를 들어 일반적인 컴퓨터제어 조명 시스템은 보통 다음과 같은 단계를 포함한다.

단계 1   운전자는 전조등 스위치를 누르거나 회전시킨다.
단계 2   전조등 스위치의 신호가 가장 가까운 제어 모듈로 전송된다.
단계 3   그러면 제어 모듈은 전조등, 전방주차등 및 측면표시등을 점등하기 위해 전조등 제어 모듈로 요청을 송신한다.

데이터 버스를 통해 후방 제어 모듈은 신호 빛을 수신하여 차량 후방의 조명을 점등한다.

단계 4   모든 모듈은 회로를 통해 전류 흐름을 감시하며, 단선된 전구(open bulb) 또는 회로 고장이 감지되면 전구 고장 경고등(bulb failure warning light)을 점등한다.
단계 5   점화 스위치가 꺼지면 배터리 방전을 방지하기 위해 일정 시간이 지나면 제어 모듈들이 조명을 소등한다.

전구 번호 Bulb Numbers

거래 번호   자동차 전구에 사용되는 숫자를 전구 **거래 번호 (trade number)**라고 하는데, 미국 국립 표준 협회(American National Standards Institute, ANSI)와 함께 표기된다. 번호는 제조업체와 상관없이 동일하다. ●그림 23-1 참조.

촉광 거래 번호는 또한 크기, 형태, 필라멘트 수, **촉광(can-dlepower)**으로 측정한 방출하는 빛의 양을 확인해 준다. 예를 들어 1156 전구는 일반적으로 후진등(backup light)에 사용되며 32 촉광이다. 194 전구는 계기등이나 측면표시등에 흔히 사용되며, 정격이 2 촉광에 불과하다. 전구에 의해 생성되는 빛의 양은 필라멘트선의 저항에 의해 결정되는데, 이는 전구에서 요구되는 전류량(암페어)에 영향을 준다.

회로 또는 부품의 손상을 방지하기 위해 항상 올바른 거래 번호의 전구를 사용하는 것이 중요하다. 차량의 올바른 교체용 전구는 일반적으로 사용자 또는 서비스 매뉴얼에 목록으로 제시되어 있다. 대부분의 차량에서 사용되는 공통 전구 목록과 사양은 ●표 23-1을 참조하라.

전구 번호 접미사 전구들은 동일한 크기와 광출력 사양을 유지하면서 전구의 일부 특징을 나타내는 접미사를 가지고 있다.

대표적인 전구 접미사는 다음과 같은 것들이다.

- NA(natural amber): 천연 호박색(호박 유리)

Bulb Number	Filaments	Amperage low/high	Wattage low/high	Candlepower low/high
Headlights				
1255/H1	1	4.58	55.00	129.00
1255/H3	1	4.58	55.00	121.00
6024	2	2.73/4.69	35.00/60.00	27,000/35,000
6054	2	2.73/5.08	35.00/65.00	35,000/40,000
9003	2	4.58/5.00	55.00/60.00	72.00/120.00
9004	2	3.52/5.08	45.00/65.00	56.00/95.00
9005	1	5.08	65.00	136.00
9006	1	4.30	55.00	80.00
9007	2	4.30/5.08	55.00/65.00	80.00/107.00
9008	2	4.30/5.08	55.00/65.00	80.00/107.00
9011	1	5.08	65.00	163.50
Headlights (HID–Xenon)				
D2R	Air Gap	0.41	35.00	222.75
D2S	Air Gap	0.41	35.00	254.57

표 23-1

Bulb Number	Filaments	Amperage low/high	Wattage low/high	Candlepower low/high
Taillights, Stop, and Turn Lamps				
1156	1	2.10	26.88	32.00
1157	2	0.59/2.10	8.26/26.88	3.00/32.00
2057	2	0.49/2.10	6.86/26.88	2.00/32.00
3057	2	0.48/2.10	6.72/26.88	1.50/24.00
3155	1	1.60	20.48	21.00
3157	2	0.59/2.10	8.26/26.88	2.20/24.00
4157	2	0.59/2.10	8.26/26.88	3.00/32.00
7440	1	1.75	21.00	36.60
7443	2	0.42/1.75	5.00/21.00	2.80/36.60
17131	1	0.33	4.00	2.80
17635	1	1.75	21.00	37.00
17916	2	0.42/1.75	5.00/21.00	1.20/35.00
Parking, Daytime Running Lamps				
24	1	0.24	3.36	2.00
67	1	0.59	7.97	4.00
168	1	0.35	4.90	3.00
194	1	0.27	3.78	2.00
889	1	3.90	49.92	43.00
912	1	1.00	12.80	12.00
916	1	0.54	7.29	2.00
1034	2	0.59/1.80	8.26/23.04	3.00/32.00
1156	1	2.10	26.88	32.00
1157	2	0.59/2.10	8.26/26.88	3.00/32.00
2040	1	0.63	8.00	10.50
2057	2	0.49/2.10	6.86/26.88	1.50/24.00
2357	2	0.59/2.23	8.26/28.54	3.00/40.00
3157	2	0.59/2.10	8.26/26.88	3.00/32.00
3357	2	0.59/2.23	8.26/28.54	3.00/40.00
3457	2	0.59/2.23	8.26/28.51	3.00/40.00
3496	2	0.66/2.24	8.00/27.00	3.00/45.00
3652	1	0.42	5.00	6.00
4114	2	0.59/2.23	8.26/31.20	3.00/32.00
4157	2	0.59/2.10	8.26/26.88	3.00/32.00
7443	2	0.42/1.75	5.00/21.00	2.80/36.60
17131	1	0.33	4.00	2.80
17171	1	0.42	5.00	4.00
17177	1	0.42	5.00	4.00
17311	1	0.83	10.00	10.00

(계속)

일반적인 용도에 따라 정렬한 전구 차트. 사용할 정확한 전구에 대한 사용자 설명서, 서비스 정보 또는 전구 제조업체의 적용 차트를 확인하기 바란다.

Bulb Number	Filaments	Amperage low/high	Wattage low/high	Candlepower low/high
17916	2	0.42/1.75	5.00/21.00	1.20/35.00
68161	1	0.50	6.00	10.00

Center High-Mounted Stop Lamp (CHMSL)

Bulb Number	Filaments	Amperage low/high	Wattage low/high	Candlepower low/high
70	1	0.15	2.10	1.50
168	1	0.35	4.90	3.00
175	1	0.58	8.12	5.00
211-2	1	0.97	12.42	12.00
577	1	1.40	17.92	21.00
579	1	0.80	10.20	9.00
889	1	3.90	49.92	43.00
891	1	0.63	8.00	11.00
906	1	0.69	8.97	6.00
912	1	1.00	12.80	12.00
921	1	1.40	17.92	21.00
922	1	0.98	12.54	15.00
1141	1	1.44	18.43	21.00
1156	1	2.10	26.88	32.00
2723	1	0.20	2.40	1.50
3155	1	1.60	20.48	21.00
3156	1	2.10	26.88	32.00
3497	1	2.24	27.00	45.00
7440	1	1.75	21.00	36.60
17177	1	0.42	5.00	4.00
17635	1	1.75	21.00	37.00

License Plate, Glove Box, Dome, Side Marker, Trunk, Map, Ashtray, Step/Courtesy, and Underhood

Bulb Number	Filaments	Amperage low/high	Wattage low/high	Candlepower low/high
37	1	0.09	1.26	0.50
67	1	0.59	7.97	4.00
74	1	0.10	1.40	.070
98	1	0.62	8.06	6.00
105	1	1.00	12.80	12.00
124	1	0.27	3.78	1.50
161	1	0.19	2.66	1.00
168	1	0.35	4.90	3.00
192	1	0.33	4.29	3.00
194	1	0.27	3.78	2.00
211-1	1	0.968	12.40	12.00
212-2	1	0.74	9.99	6.00
214-2	1	0.52	7.02	4.00

(계속)

Bulb Number	Filaments	Amperage low/high	Wattage low/high	Candlepower low/high
293	1	0.33	4.62	2.00
561	1	0.97	12.42	12.00
562	1	0.74	9.99	6.00
578	1	0.78	9.98	9.00
579	1	0.80	10.20	9.00
PC579	1	0.80	10.20	9.00
906	1	0.69	8.97	6.00
912	1	1.00	12.80	12.00
917	1	1.20	14.40	10.00
921	1	1.40	17.92	21.00
1003	1	0.94	12.03	15.00
1155	1	0.59	7.97	4.00
1210/H2	1	8.33	100.00	239.00
1210/H3	1	8.33	100.00	192.00
1445	1	0.14	2.02	0.70
1891	1	0.24	3.36	2.00
1895	1	0.27	3.78	2.00
3652	1	0.42	5.00	6.00
11005	1	0.39	5.07	4.00
11006	1	0.24	3.36	2.00
12100	1	0.77	10.01	9.55
13050	1	0.38	4.94	3.00
17036	1	0.10	1.20	0.48
17097	1	0.25	3.00	1.76
17131	1	0.33	4.00	2.80
17177	1	0.42	5.00	4.00
17314	1	0.83	10.00	8.00
17916	2	0.42/1.75	5.00/21.00	1.20/35.00
47830	1	0.39	5.00	6.70

Instrument Panel

Bulb Number	Filaments	Amperage low/high	Wattage low/high	Candlepower low/high
37	1	0.09	1.26	0.50
73	1	0.08	1.12	0.30
74	1	0.10	1.40	0.70
PC74	1	0.10	1.40	0.70
PC118	1	0.12	1.68	0.70
124	1	0.27	3.78	1.50
158	1	0.24	3.36	2.00
161	1	0.19	2.66	1.00
192	1	0.33	4.29	3.00

(계속)

Bulb Number	Filaments	Amperage low/high	Wattage low/high	Candlepower low/high
194	1	0.27	3.78	2.00
PC194	1	0.27	3.78	2.00
PC195	1	0.27	3.78	1.80
1210/H1	1	8.33	100.00	217.00
1210/H3	1	8.33	100.00	192.00
17037	1	0.10	1.20	0.48
17097	1	0.25	3.00	1.76
17314	1	0.83	10.00	8.00
Backup, Cornering, and Fog/Driving Lamps				
67	1	0.59	7.97	4.00
579	1	0.80	10.20	9.00
880	1	2.10	26.88	43.00
881	1	2.10	26.88	43.00
885	1	3.90	49.92	100.00
886	1	3.90	49.92	100.00
893	1	2.93	37.50	75.00
896	1	2.93	37.50	75.00
898	1	2.93	37.50	60.00
899	1	2.93	37.50	60.00
921	1	1.40	17.92	21.00
1073	1	1.80	23.04	32.00
1156	1	2.10	26.88	32.00
1157	2	0.59/2.10	8.26/26.88	3.00/32.00
1210/H1	1	8.33	100.00	217.00
1255/H1	1	4.58	55.00	129.00
1255/H3	1	4.58	55.00	121.00
1255/H11	1	4.17	55.00	107.00
2057	2	0.49/2.10	6.86/26.88	1.50/24.00
3057	2	0.48/2.10	6.72/26.88	2.00/32.00
3155	1	1.60	20.48	21.00
3156	1	2.10	26.88	32.00
3157	2	0.59/2.10	8.26/26.88	3.00/32.00
4157	2	0.59/2.10	8.26/26/88	3.00/32.00
7440	1	1.75	21.00	36.00
9003	2	4.58/5.00	55.00/60.00	72.00/120.00
9006	1	4.30	55.00	80.00
9145	1	3.52	45.00	65.00
17635	1	1.75	21.00	37.00

그림 23-2 동일한 거래 번호를 가진 전구는 동일한 작동 전압과 소비 전력량을 갖는다. NA는 전구가 투명한 방향지시 렌즈를 갖는 천연 호박색 유리 앰플을 사용한다는 것을 의미한다.

 사례연구

이상한 문제—쉬운 해결
GM 미니밴은 다음과 같은 전기적 문제를 가지고 있었다.
- 왼쪽 방향지시등이 빠르게 깜빡였다.
- 시동 키를 끈 상태에서 브레이크 페달을 밟았을 때 점등상태 (light-on) 경고음이 울렸다.
- 브레이크 페달을 밟았을 때 실내 천장등(dome light)이 켜졌다.

이러한 모든 문제의 원인은 결함이 있는 2057 이중–필라멘트 전구 한 개였다. ●그림 23-3 참조.

명백하게, 필라멘트 하나가 끊어져 다른 필라멘트에 녹아 붙어서 두 개의 필라멘트가 전기적으로 연결되었다. 이로 인해 전류가 브레이크등 필라멘트로부터 후미등 회로로 다시 공급되어 모든 문제가 발생했다.

개요:
- **불만 사항**—고객들은 많은 전기적 문제들이 있었다고 진술했다.
- **원인**—육안 검사 도중 결함이 있는 전구를 발견했다.
- **수리**—전구 교체가 전기 관련 문제들을 모두 수정하였다.

- A(amber): 호박색(도장 유리)
- HD(heavy duty): 두꺼운
- LL(long life): 긴 수명
- IF(inside frosted): 내부 젖빛의
- R(red): 적색

- B(blue): 청색
- G(green): 녹색
- ●그림 23-2 참조.

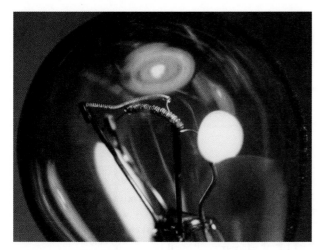

그림 23-3 고장 난 2057 이중—필라멘트(이중—접촉) 전구의 근접 촬영 사진. 위쪽 필라멘트가 지지대로부터 떨어져 아래쪽 필라멘트에 녹아 붙어 있는 점에 주목하라. 이 전구가 브레이크가 작동될 때마다 계기등(dash light)이 켜지게 했다.

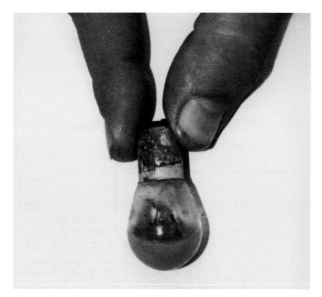

그림 23-5 종종 최상의 진단은 철저한 육안 검사이다. 이 전구는 물이 들어가 있는 것으로 밝혀졌는데, 이것은 이상한 문제를 일으켰다.

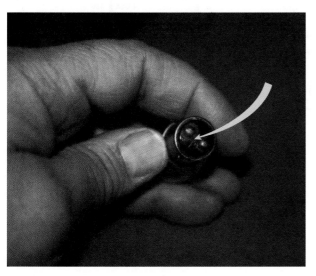

그림 23-4 부식으로 인해 이중—필라멘트 전구의 두 단자가 전기적으로 연결되었다.

전구 시험 전구는 두 가지 기본 테스트를 사용하여 시험한다.

1. 모든 전구의 육안 검사(visual inspection)를 수행한다. 단락된 필라멘트, 커넥터 부식 또는 물과 같은 많은 결함들은 흔히 배선 문제로 여겨지는 이상한 문제들의 원인이 될 수 있다.
   - ●그림 23-4와 23-5 참조.
2. 저항계를 사용하여 필라멘트 저항을 확인하여 전구를 테스트할 수 있다. 대부분의 전구는 전구에 따라 실내 온도에서 0.5~20Ω의 낮은 저항을 보인다. 시험 결과는 다음을 포함

그림 23-6 단일—필라멘트 전구가 저항을 옴으로 판독하도록 설정된 디지털 멀티미터를 사용하여 시험되고 있다. 1.1Ω의 판독값은 차가운 상태에서 전구의 저항이다. 전류가 필라멘트를 통과하자마자 저항은 약 10배 증가한다. 전구가 냉각되었을 때 필라멘트를 통과하는 초기 전류 급증 현상이 나타나는데, 이것은 차가운 날씨에 감소된 저항의 결과로서 많은 전구 고장의 원인이 된다. 온도가 상승하면 저항은 증가한다.

한다.

- **정상 저항**. 전구는 양호한 상태임. 2—필라멘트 전구인 경우 양쪽 필라멘트를 모두 점검한다.
- ●그림 23-6 참조.
- **0Ω**. 전구 필라멘트가 단락될 가능성은 낮지만 가능하다.
- **OL(전기적 개방)**. 판독값은 전구 필라멘트가 파손되었음을 나타낸다.

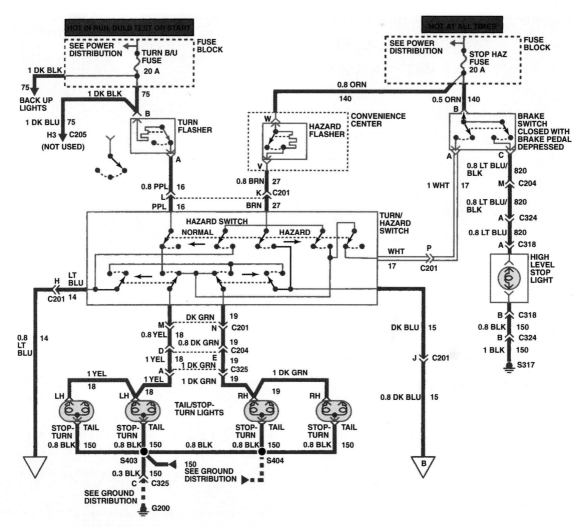

그림 23-7 브레이크 스위치와 관련된 모든 회로 부품들을 보여 주는 일반적인 브레이크등 및 미등 회로.

브레이크등 Brake Light

동작 정지등(stop light)이라고도 불리는 **브레이크등(brake light)**은 이중-필라멘트 전구의 고조도 필라멘트(high-intensity filament)를 사용한다(저조도 필라멘트는 미등을 위한 것이다). 브레이크를 밟으면 브레이크 스위치가 닫히면서 브레이크등이 켜진다. 브레이크 스위치는 항상 연결된 퓨즈로부터 전류를 받는다. 브레이크등 스위치는 정상개방(normally open, N.O.)된 스위치이지만, 운전자가 브레이크 페달을 밟으면 닫힌 상태가 된다. 1986년 이후 미국에서 판매되는 모든 차량은 흔히 **중앙 고장착 정지등(center high-mounted stop light, CHMSL)**으로 불리는 세 번째 브레이크등을 가지고 있다. ●그림 23-7 참조.

브레이크 스위치는 다음 내용을 위한 입력 스위치(신호)로

그림 23-8 교체용 LED 미등 전구는 여러 개의 소형 개별 LED로 구성되어 있다.

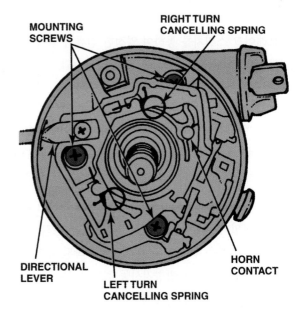

MOUNTING SCREWS
RIGHT TURN CANCELLING SPRING
DIRECTIONAL LEVER
LEFT TURN CANCELLING SPRING
HORN CONTACT

그림 23-9 일반적인 방향지시등 스위치에는 스위치를 제어하고 방향 전환이 완료된 후에 스위치를 취소하는 다양한 스프링 및 캠이 포함되어 있다.

도 사용된다.

1. 크루즈 컨트롤(브레이크 페달을 밟을 때 비활성화됨)
2. 잠김방지 브레이크(antilock brakes, ABS) 시스템
3. 브레이크 변속 인터록(브레이크 페달을 밟지 않으면, 주차 위치로부터 변속을 방지함)

방향지시등 Turn Signals

동작 방향지시등(turn signal) 회로는 점화 스위치에서 전원을 공급받으며 레버 및 스위치로 작동한다. ●그림 23-9 참조.

방향지시등 스위치가 한쪽 방향으로 이동하면, 해당 방향지시등이 점멸장치 유닛을 통해 전류를 수신한다. 단속되는(interrupted) 전류로 방향지시등이 on-off되는 동안, 점멸장치(flasher unit)가 전류를 흐르게 하고 멈추게 한다.

단일-필라멘트 정지/방향지시 전구 많은 차량에서 정지등과 방향지시등은 둘 다 하나의 필라멘트로 제공된다. 방향지시등 스위치가 켜지면(닫히면), 필라멘트가 점멸장치를 통해 단속된 전류를 수신한다. 브레이크 페달을 밟으면, 브레이크 스위치에서 전류가 직접 공급되는 고장착 정지등을 제외

하면, 먼저 전류가 방향지시등 스위치로 흐른다. 방향지시등이 켜지지 않으면, 방향지시등 스위치를 통과한 전류는 양쪽 후방 브레이크등으로 흐른다. 방향지시등 스위치를 작동하면(좌측 또는 우측으로 돌리면), 선택한 쪽에 있는 점멸장치를 통과하여 반대편에 있는 브레이크등으로 전류가 직접 흐른다. 브레이크 페달을 밟지 않으면, 전류가 점멸장치를 통과하여 한쪽으로만 흐른다. ●그림 23-10 참조.

레버를 위쪽 또는 아래쪽으로 움직이는 것은 점멸장치를 통과하여 적절한 방향지시등으로 회로를 완성시킨다. 방향지시등 스위치에는 방향 전환이 완료된 후 방향지시 신호를 취소하는 캠과 스프링이 포함된다. 스티어링 휠(steering wheel)이 방향지시 신호 방향으로 회전하고 정상 위치로 돌아오면, 캠과 스프링은 방향지시등 스위치 접점을 열고 회로를 개방한다.

이중-필라멘트 정지/방향지시 전구 정지등과 방향지시등을 위한 별도의 필라멘트를 사용하는 시스템에서는 브레이크 및 방향지시등 스위치들이 연결되어 있지 않다. 차량이 두 가지 목적으로 동일한 필라멘트를 사용하는 경우, 브레이크 스위치 전류가 전환 신호 스위치 내의 접점을 통해 경로가 설정된다. 특정 접점을 연결하기 위해, 어느 쪽 방향지시등이 전등되는지에 따라 전구는 브레이크 스위치 전류를 수신할 수도 있고 점멸기 전류를 수신할 수도 있다.

예를 들어 ●그림 23-11은 브레이크 스위치가 닫혀 있고

우측 방향지시등이 켜질 때, 스위치를 통한 전류 흐름을 보여준다. 브레이크 스위치를 통하여 일정한 전류가 좌측 브레이크 램프로 전송된다. 방향지시등으로부터 단속되는 전류가 우측 방향지시등으로 전송된다.

점멸장치 방향지시등 점멸장치(flasher unit)는 금속 또는 플라스틱 캔으로, 방향지시등 회로를 개폐하는 스위치를 포함하고 있다. 차량에는 다양한 종류의 점멸장치가 장착될 수 있다. ●그림 23-12 참조.

- **DOT 점멸기.** 이 방향지시등 점멸장치는 운전자가 "딸깍" 소리를 들을 수 있도록 계기판에 부착된 금속 클립에 종종 장착되어 있다. 방향지시등 점멸장치는 한 번에 한쪽 측면에 대한 전방 및 후방 전구를 켜는 방식으로 전류를 전달하도록 설계되어 있다. 미국 **교통부(Department of Transportation, DOT)** 규정은 방향지시등이 작동하지 않을 때 운전자에게 경고를 보낼 것을 요구한다. 이는 직렬식 점멸장치(series-type flasher unit)를 사용하여 수행된다. 점멸장치는 점멸하기 위해 두 개의 전구(전방 하나 및 후방 하나)를 통과하는 크기의 전류 흐름을 필요로 한다. 전구 하나가 타서 꺼지면, 하나의 전구만 통과하는 전류 흐름은 점멸기를 점멸시키는 데 충분하지 않다—점멸기는 계속 점등되어 있게 된다. 이러한 방향지시등을 흔히 DOT 점멸기(DOT flasher)라고 한다.

- **바이메탈 점멸기.** 바이메탈 점멸기(bimetal flasher)는 하이브리드 점멸기나 반도체 점멸기보다 낮은 가격이지만 더 짧은 기대 수명을 갖는다. 이 점멸기의 작동은 전류에 민감하다. 즉, 전구 중 하나가 고장 났을 때 점멸기는 점멸을 멈추게 되고, 추가적인 부하가 더해질 때 더 빠른 속도로 점멸할 것이다. 바이메탈 소자는 온도 변화에 따라 뒤틀리는 두 개의 금속으로 된 샌드위치이며, 회로 차단기(circuit breaker)와 유사하다. 방향지시등 전류가 바이메탈을 통과하면 열을 발생시키게 된다. 각 금속이 충분히 뜨거워지면 바이메탈이 뒤틀리고 접점이 열리고 램프가 꺼진다. 바이메탈이 냉각되면 원래 형태로 되돌아가게 되며 접점을 닫고 램프를 다시 켠다. 이 순서는 부하가 제거될 때까지 반복된다. 전구 하나가 타서 끊어지면, 계기판의 방향지시등 램프는 켜진 채로 유지된다. 점멸기가 가열되어 접점이 열리게 되기엔 남아있는 하나의 전구를 통한 전류 흐름이 충분하지 않기 때문에 점멸기는 점멸하지 않

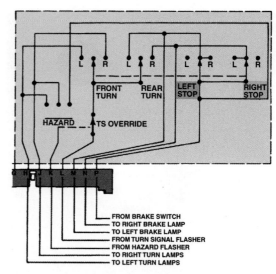

그림 23-10 정지등과 방향지시등이 공통 전구 필라멘트를 공유할 때, 정지등 전류는 방향지시등 스위치를 통해 전류가 흐른다.

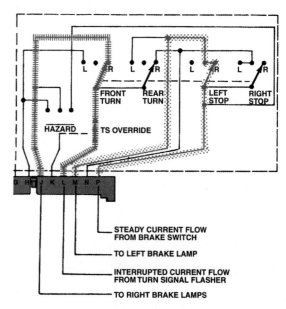

그림 23-11 우측 방향지시등이 켜지면 방향지시등 스위치 접점이 점멸기 전류를 우측 필라멘트로 전달하고 브레이크 스위치 전류를 좌측 필라멘트로 전달한다.

그림 23-12 세 가지 형태의 점멸장치(flasher unit).

는다.

- **하이브리드 점멸기.** 하이브리드 점멸기(hybrid flasher)는 내부 전기 기계식 릴레이를 작동하기 위한 전자식 점멸기 제어 회로를 가지고 있으며 흔히 점멸 릴레이(flasher relay)라고 한다. 이러한 유형의 점멸기는 합리적인 가격으로 광범위한 작동 전압과 온도 범위를 가능하게 하는 안정적인 전자 타이밍 회로를 갖추고 있다. 기대 수명은 바이메탈 점멸기에 비해 상당히 길고 부하 개폐를 위해 내부적으로 사용되는 부하 및 릴레이에 의존한다. 하이브리드 점멸기는 전구가 타서 꺼졌을 때 점멸 속도가 두 배로 증가하는 램프 전류 감지 회로를 가지고 있다.
- **반도체 점멸기.** 반도체 점멸기(solid-state flasher)는 타이밍을 위한 내부 전자 회로와 부하 스위칭을 위한 반도체 전원 출력 장치를 갖추고 있다. 기계적 고장을 유발하는 이동 부품이 없기 때문에 다른 점멸기보다 기대 수명이 길다. 반도체 점멸기의 가장 큰 단점은 높은 가격이다. 하나의 전구가 타서 꺼지면, 반도체 점멸장치는 방향표시기를 빠르게 점멸하도록 한다.

전자식 점멸기 교체 부품 오래된 차량(그리고 몇 종류의 최신 차량)은 스위치를 켜고 끄는 데 열을 사용하는 열(바이메탈) 점멸기를 사용한다. 대부분의 방향지시등 점멸장치는 대시보드에 부착된 금속 클립에 장착된다. 대시보드는 점멸하는 보드의 소리를 높여 주는 음향판으로 동작한다. 대부분의 4식 비상 점멸장치(four-way hazard flasher unit)는 퓨즈 패널에 꽂혀 있다. 일부 방향지시등 점멸장치들은 퓨즈 패널에 꽂혀 있다. 점멸장치의 위치를 확인할 필요가 있다. 방향지시 신호와 점화 스위치를 모두 켠 상태에서, 점멸장치에서 딸깍 소리를 확인한다. 또한 일부 서비스 매뉴얼은 점멸장치를 배치할 수 있는 일반적인 위치를 제시한다.

최신 차량에는 마이크로칩을 사용하여 on-off 기능을 제어하는 전자식 점멸장치가 있다. 전자식 점멸장치는 오래된 시스템과 호환되며, 전자식 점멸장치를 사용하는 것은 다음과 같은 이유에서 현명한 일이다.

1. 전자식 점멸기는 타서 끊어지지 않으며, 그들은 방향지시 신호가 더 빠르게 "점멸"되도록 한다.
2. LED 미등 또는 LED 조명으로 업그레이드하는 경우, 회로에 저항이 추가되지 않으면, LED 전구들만 전자식 점멸기와 동작한다.

그림 23-13 위험경고등 점멸기(hazard warning flasher)는 접점에서 병렬 저항을 사용하여, 회로에 사용되는 전구 수에 관계없이 일정한 점멸률을 제공한다.

? 자주 묻는 질문

점멸장치 위치

많은 신형 차량들은 점멸장치를 사용하지 않는다. 2006년 이후 GM 차량과 같은 많은 차량에서, 방향지시 신호스위치는 차체 제어 모듈(body control module, BCM)에 대한 입력 신호가 된다. BCM은 데이터선을 통해 신호를 조명 모듈로 전송하여 조명을 점멸한다. 또한 라디오가 꺼져 있더라도 BCM은 라디오로 신호를 보내 운전자의 측면 스피커에 딸깍하는 소리가 나도록 한다.

위험경고등 점멸기 위험경고등 점멸기(hazard warning flasher)는 위험경고등 스위치가 활성화되었을 때 좌측 및 우측 방향지시등을 모두 점멸하도록 하는 중요 기능을 갖는 차량 조명 시스템에 장착된 장치이다. 보조 기능은 비상 시스템에 대한 가시적인 계기판 지시장치(visible dash indicator)와 점멸기가 작동하는 시점을 나타내는 청각 신호를 포함할 수 있다. 일반적인 위험경고등 점멸기는 병렬 점멸기(parallel flasher) 또는 **가변 부하 점멸기**(variable load flasher)라고도 하는데, 이는 제어 부하를 제공하기 위해 접점에 병렬로 연결되어 있기 때문이다. 따라서 점멸하는 전구의 수와 관계없이 일정한 점멸률(flash rate)을 제공한다. ●그림 23-13 참조.

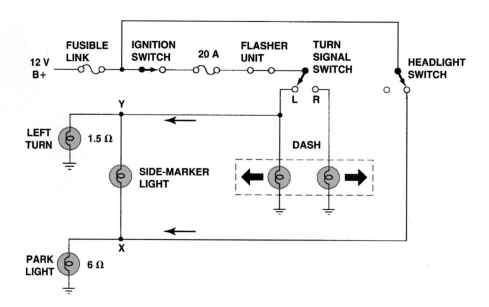

그림 23-14 X와 Y 양쪽 지점 모두에 전압이 걸려 있을 때마다 측면표시등은 꺼진다. 이렇게 반대되는 전압은 측면표시등을 통해 전류 흐름을 중지시킨다. 좌측 방향지시등과 좌측 주차등은 실제로 동일한 전구(대개 2057)이며, 많은 차량에서 측면표시등이 어떻게 작동하는지 설명하기 위해 별도로 표시되어 있다.

? 자주 묻는 질문

왜 측면표시등은 교대로 점멸되는가?

기술자들이 자주 받는 질문은 왜 방향지시등이 켜질 때 측면표시등은 꺼지고, 방향지시등이 꺼질 때 측면표시등은 교대로 켜지는가 하는 것이다. 일부 차량 소유자는 차량에 고장이 있다고 생각하지만, 이는 정상적인 작동이다. 방향지시등이 켜져 있을 때, 측면표시등이 꺼지고 방향지시등이 점멸한다. 전구의 양쪽 모두에 12V의 전압이 있기 때문이다(●그림 23-14에서 X와 Y 지점 참조).

　일반적으로 측면표시등은 방향지시등 전구를 통해 접지된다.

방향지시등 및 위험경고등 복합 점멸기 복합 점멸기(combination flasher)는 방향지시등 점멸기와 위험경고등 점멸기의 기능을 하나로 결합한 장치로서, 보통 세 개의 전기 단자를 사용한다.

전조등 Headlights

전조등 스위치 전조등 스위치는 대부분의 차량의 외부 및 내부 조명을 작동시킨다. 컴퓨터제어 방식이 아닌 조명 시스템에서는 전조등 스위치가 퓨즈 링크를 통해 배터리에 직접 연결되어 있으며, 연속적인 전원 공급 장치를 갖추고 있거나 항상 "전원 공급" 상태이다. 대부분의 구형 전조등 스위치는 전조등 회로를 보호하기 위해 회로 차단기(circuit breaker)를

내장하고 있다. ●그림 23-15 참조.
　전조등 스위치는 다음을 포함할 수 있다.

- 전조등 스위치 노브(headlight switch knob)를 돌려서 또는 **리오스탯**(rheostat)이라고 부르는 가변 저항기를 제어하는 다른 회전 노브를 돌려서 수동으로 실내 계기등을 희미하게 표시할 수 있다. 가변 저항기가 계기판 조명에 공급되는 전압을 낮춘다. 전압 강하(증가된 저항)가 있을 때마다 열이 발생한다. 코일 저항 배선은 스위치 나머지 부분이 열로부터 절연되도록 설계된 세라믹 하우징에 내장되어 있으며 열이 방출되도록 한다.

- 또한 전조등 스위치는 단락(short circuit)이 발생할 경우 전조등을 켜고 끌 수 있는 내장형 회로 차단기를 포함한다. 이는 전조등이 완전히 손상되는 것을 방지한다. 전조등이 빠르게 점멸되는 경우, 단락 여부를 확인하기 위해 전체 전조등 회로를 점검해야 한다. 회로 차단기는 전조등만을 제어한다. 전조등 스위치(미등, 계기등, 주차표시등)에 의해 제어되는 다른 램프들은 별도로 퓨즈에 연결된다. 또한 점멸하는 전조등은 내장형 회로 차단기의 고장으로 인해 발생할 수 있으며, 이러한 경우 스위치 어셈블리를 교체해야 한다.

자동 전조등 컴퓨터제어 조명은 전조등을 켤 때 컴퓨터로 신호를 보내는 광센서를 사용한다. 센서는 계기판 또는 거울에 장착된다. 종종 이러한 시스템은 다양한 조명 수준에서 점등되도록 조명을 고려하는 운전자 조정식 감도 제어(driv-

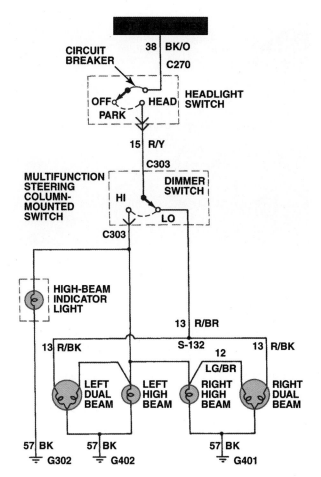

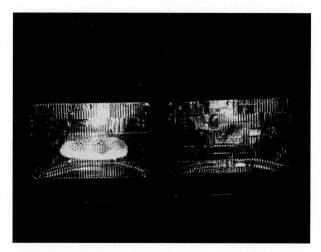

그림 23-16 밀폐형 빔 전조등(sealed beam headlight)을 사용한 전형적인 4-전조등 시스템.

그림 23-15 일반적인 전조등 회로도. 전조등 스위치는 스위치를 동작시키는 다른 회로(계기등과 같은)를 나타내기 위해 점선으로 표시되었다.

er-adjusted sensitivity control) 기능을 가지고 있다. 대부분의 시스템은 점화 스위치가 꺼지고 마지막 도어가 닫힌 후에도 일정 시간 동안 조명이 켜져 있도록 컴퓨터 모듈을 제어한다. 이 시간 지연을 변경하려면 스캔 도구가 필요하다.

밀폐형 빔 전조등 밀폐형 빔 전조등(sealed beam headlight)은 빔에 적절히 초점을 맞추기 위해 전구, 반사면 및 프리즘 렌즈를 포함하는 밀폐형 유리 또는 플라스틱 어셈블리로 구성된다. 하향빔 전조등은 두 개의 필라멘트와 세 개의 전기 단자를 포함한다.

- 하향빔을 위한 하나의 단자
- 상향빔을 위한 하나의 단자
- 공통 접지

상향빔 전조등은 필라멘트 하나와 두 개의 단자만을 포함한다. 하향빔 전조등은 상향빔 필라멘트도 포함되어 있기 때문에, 둘 중 하나의 필라멘트에 결함이 있을 경우, 전체 전조등 어셈블리를 교체해야 한다. ●그림 23-16 참조.

양호한 전구는 접지 단자와 양쪽 전원 측 단자들 사이에서 낮은 저항값을 표시한다. 상향빔 또는 하향빔 필라멘트 중 어떤 것이라도 타서 끊어지게 되면, 저항계는 무한대(OL)를 표시하게 된다.

할로겐 밀폐형 빔 전조등 할로겐 밀폐형 빔 전조등(halogen sealed beam headlight)은 일반 전조등보다 더 밝고 가격도 비싸다. 그들의 여분의 밝기로 인해, 네 개의 할로겐 전조등을 동시에 모두 켜면, 전조등 밝기가 최대 미국 연방 기준을 초과하기 때문에, 한 번에 두 개의 전조등만을 켜는 것이 일반적이다. 그러므로 네 개의 램프 중 단 두 개만 켜지는 문제를 수리하기 전에 사용 설명서에서 적절한 작동인지 확인한다.

주의: 모든 전조등을 함께 배선하려 시도해서는 안 된다. 추가적인 전류 흐름은 전조등 스위치로부터 밝기조절 스위치(dimmer switch)를 통해 전조등으로 연결되는 배선을 과열시킬 수 있다. 과부하된 회로는 화재를 일으킬 수 있다.

복합 전조등 복합 전조등(composite headlight)은 교체 가능한 전구(replaceable bulb)와 차량의 일부인 고정 렌즈 커버(fixed lens cover)를 사용하여 구성된다. 복합 전조등은 차량의 공기 역학적 스타일 변화의 결과이다. ●그림 23-17 참조.

교체 가능한 전구는 일반적으로 밝은 할로겐전구이다. 할로겐전구는 작동되는 동안 260~700℃(500~1,300℉) 온도로 매우 뜨거워진다. 유리 전구 표면에 묻어 있는 천연 오일이 정

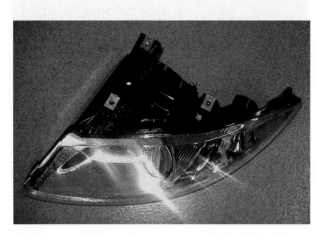

그림 23-17 전형적인 복합 전조등(composite headlight) 어셈블리. 일반적으로 렌즈, 하우징 및 전구 소켓은 전체 어셈블리로 포함된다.

그림 23-18 피부의 기름이 유리에 닿지 않도록 하기 위해 할로겐전구의 아래쪽 부분을 잡고 다룬다.

상 작동 중 가열될 때 전구를 깨뜨릴 수 있기 때문에, 맨손으로 어떠한 종류든 할로겐전구의 유리를 만지지 않는 것이 매우 중요하다.

🔧 **기술 팁**

전구 고장 진단

할로겐전구는 다양한 이유로 고장을 일으킬 수 있다. 할로겐전구 고장의 원인과 표시는 다음과 같다.

- **회색.** 전구 측 저전압(부식된 소켓 또는 커넥터 점검)
- **흰색(흐린 색).** 공기 누출 표시
- **끊어진 필라멘트.** 보통 과도한 진동으로 인해 발생
- **기포 생긴 유리.** 누군가가 유리에 손을 댔다는 표시

참고: *어떤 할로겐전구든 유리(앰플)는 절대 손대지 않아야 한다. 당신의 손가락 피부에서 나오는 기름은 작동하는 동안 유리의 불균등한 가열을 초래할 수 있으며, 그것은 일반적인 것보다 더 짧은 서비스 수명을 초래한다.* ●그림 23-18 참조.

고휘도 방전 전조등
High-Intensity Discharge Headlights

부품 및 동작 고휘도 방전(high-intensity discharge, HID) 전조등은 할로겐 전조등에 의해 생성되는 빛보다 더 선명하고 밝은 회색빛을 발산하는 독특한 푸른빛을 발산한다.

HID 램프는 일반적인 전기 전구와 같은 필라멘트를 사용하지 않지만, 0.2인치(5mm) 떨어진 두 개의 전극을 포함한다. 고전압 펄스가 전구로 전송되고, 빛을 생성하는 전극의 끝부분에 걸쳐 아크 방전을 발생시킨다.

이는 가스 충전식 아크 튜브에 있는 두 전극 사이의 전기 방전으로부터 빛을 생성한다. 그것은 기존 할로겐전구보다 적은 전기적 입력량으로 두 배의 빛을 생산한다.

HID 조명 시스템은 방전 아크 전원(discharge arc source), 점화기(igniter), 안정기(ballast) 및 전조등 어셈블리로 구성된다. ●그림 23-19 참조.

이 두 전극은 제논 가스, 수은 및 메탈할라이드염류(metal halide salts)로 채워진 작은 수정 캡슐에 포함되어 있다. HID 전조등은 **제논 전조등(xenon headlight)**으로도 부른다. 전조등 조명과 관련 전자부품은 비싸지만 물리적으로 손상되지 않는 한, 차량의 수명만큼 지속된다.

HID 전조등은 파란색이 포함된 흰색 빛을 생성한다. 빛의 색은 켈빈 눈금을 사용하여 온도로 표현된다. **켈빈(Kelvin, K)** 온도는 섭씨온도에 173도를 더한 값이다. 일반적인 색상 온도는 다음을 포함한다.

- 햇빛: 5,400°K
- HID: 4,100°K
- 할로겐: 3,200°K
- 백열등(텅스텐): 2,800°K
- ●그림 23-20 참조.

HID 안정기는 차체 컨트롤 모듈의 전조등 스위치로부터

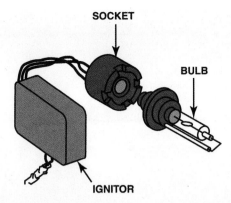

그림 23-19 점화기(igniter)에는 아크 튜브 전구에 고전압 펄스를 공급하는 데 필요한 안정기와 변압기가 내장되어 있다.

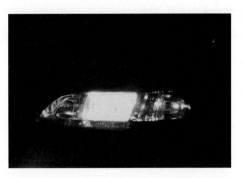

그림 23-20 HID (제논) 전조등은 할로겐 전조등에 비해 빛보다 더 밝은 흰색 빛을 방출하며, 일반적으로 할로겐전구에 비해 파란색으로 보인다.

공급된 12V 전원으로 구동된다. HID 전조등은 세 가지 단계 또는 세 가지 상태에서 작동한다.

1. 시동(start-up) 또는 스트로크(stroke) 상태
2. 준비(run-up) 상태
3. 정상(steady) 상태

시동 또는 스트로크 상태   전조등 스위치를 on 위치로 돌리면 안정기가 12V에서 최대 20A까지 전류를 끌어올 수 있다. 안정기는 여러 개의 고전압 펄스를 아크 튜브에 보내, 전구 내부에서 아크를 발생시키기 시작한다. 시동 상태에서 안정기에 의해 제공되는 전압은 −600V∼+600V이며, 이 전압은 변압기에서 약 25,000V로 증가한다. 증가된 전압은 전구의 전극 사이에 아크를 발생시키는 데 사용된다.

준비 상태   아크가 생성된 후 안정기는 전구의 점등 상태를 유지하기 위해 아크 튜브에 정상 상태 전압보다 높은 전압을 공급한다. 차가운 전구에서는 이 상태가 40초 정도 지속될 수 있다. 뜨거운 전구에서는 준비 상태가 15초 정도 지속될 수 있다. 준비 상태 중의 요구 조건은 안정기로부터 약 360V이며, 약 75와트의 전력 수준이다.

정상 상태   정상 상태는 전구의 전력 요구량이 35W로 떨어질 때 시작된다. 안정기는 정상 상태 작동 시 최소 55V를 전구에 제공한다.

이중-제논 전조등   일부 차량은 이중-제논 전조등(bi-xenon headlight)을 장착하는데, 이는 하향빔 작동 시 셔터를 사용하여 일부 조명을 차단하고, 상향빔 작동을 위해 전구에서 더

? 자주 묻는 질문

빛의 온도와 밝기 차이
빛의 온도는 빛의 색을 나타낸다. 조명의 밝기는 루멘(lumen)으로 측정된다. 표준 100W 백열전구는 약 1,700루멘을 방출한다. 일반적인 할로겐 전조등은 약 2,000루멘을 생성하며, 일반적으로 HID 전구는 약 2,800루멘을 생성한다.

많은 조명을 노출시키기 위해 기계적으로 움직인다. 제논 전조등은 작동 시작이 상대적으로 느리기 때문에, 이중-제논 전조등을 장착한 차량은 "섬광통과(flash-to-pass)" 특징을 위해 두 개의 할로겐 조명을 사용한다.

고장 증상   다음 증상들은 전구 고장을 나타낸다.

- 빛이 깜빡거린다.
- 조명이 꺼진다[안정기 어셈블리가 반복적인 전구 재점호(repeated bulb restrike)를 감지할 경우 발생].
- 색이 흐릿한 분홍빛으로 변한다.

전구 고장은 이따금 발생하며 반복되기 어렵다. 하지만 고장 징후들이 시간이 지남에 따라 더 악화되면 전구 고장일 가능성이 있다. 항상 차량 제조업체의 권장 시험 및 서비스 절차를 따라야 한다.

진단 및 서비스   HID 전조등은 오래 사용하면 색상이 약간 변할 것이다. 이러한 **컬러 변이(color shift)**는 충돌 수리로 인해 한쪽의 전조등 아크 튜브 어셈블리(headlight arc tube assembly)가 교체되지 않으면 대개 눈에 띄지 않는다. 그리고

색상의 차이는 나중에 알아차리게 될 수도 있다. 색상 차이는 점차적으로 아크 튜브 사용 기간에 따라 변하며, 대부분의 고객들에게 확연히 눈에 띄지 않는다. 아크 튜브 어셈블리가 수명이 거의 다하면, 꺼진 후 즉시 다시 켜면 곧바로 켜지지 않을 수 있다. 이 시험은 "핫 재점호(hot restrike)"라고 불리며, 핫 재점호가 실패한 경우, 교체용 아크 튜브 어셈블리가 필요할 수도 있고, 양호하지 않은 전기 연결부와 같이 점검되어야 할 다른 고장이 있을 수도 있다.

 경고

안정기 어셈블리의 고전압 출력은 상해 또는 사망을 초래할 수 있으므로 항상 모든 경고를 준수해야 한다.

LED 전조등 LED Headlights

몇몇 렉서스 모델들을 포함하여 일부 차량들은 표준형 장비(렉서스 LS600h) 또는 선택형 장치로 LED 전조등을 사용한다. ●그림 23-21 참조.

장점들은 다음과 같다.

- 긴 수명
- 필요 전력 감소

다음과 같은 단점이 있다.

- 높은 비용
- 필요한 조명 출력을 생성하는 데 필요한 많은 LED

전조등 조향 Headlight Aiming

미국 연방법에 따르면, 모양에 관계없이 모든 전조등은 전조등 조향 장비를 사용하여 조향될 수 있어야 한다. 밀폐형 빔 전조등(sealed beam headlight)이 장착된 구형 차량은 전조등 자체에 부착된 전조등 조향 시스템을 사용한다. ●그림 23-22와 23-23 참조. 또한, 이 장의 끝부분에 있는 전조등에 관한 연속 사진을 참조하라.

그림 23-21 LED 전조등은 보통 이 렉서스 LS600h에서 보이는 것처럼 필요한 조명을 제공하기 위해 여러 개의 장치를 필요로 한다.

적응형 전방 조명 시스템 Adaptive Front Lighting System

부품 및 동작 전방 휠의 방향에 따라 전조등을 기계적으로 움직여 주는 시스템을 **적응형(또는 고급) 전방 조명 시스템** (adaptive front light system, AFS)라고 한다. AFS는 코너링 중에 넓은 범위의 시야를 제공한다. 전조등은 대개 왼쪽으로 15도, 오른쪽으로 5도 회전할 수 있다(어떤 시스템의 경우는 각각 14도 및 9도 회전). AFS를 사용하는 차량들로 렉서스, 메르세데스, 그리고 일부 국내용 모델들이 있는데, 보통은 추가적인 비용을 지불하는 선택 사양으로 제공된다. ●그림 23-24 참조.

참고: 영국, 일본, 오스트레일리아 및 뉴질랜드와 같이 도로 왼쪽으로 주행하는 국가에서 판매되는 차량의 경우 이 각도가 반전된다.

차량은 미리 결정된 속도(보통 30km/h) 이상으로 주행해야 하고, 속도가 약 3mph(5km/h) 아래로 떨어질 때 조명 이동이 멈춘다.

AFS는 차량이 어떻게 적재되는지 관계없이 전조등이 적절히 소준된 상태로 유지되도록 자체 레벨링 모터(self-leveling motor)에 추가되어 사용되는 경우가 많다. 자체 레벨링 기능이 없는 경우, 차량의 후면이 심하게 적재된 경우 전조등이 평소보다 높은 곳을 비추게 된다. ●그림 23-25 참조.

차량에 적응형 전방 조명 시스템(AFS)이 장착된 경우, 조명은 시스템 시험을 위해 전조등 제어장치에 의해 안팎으로

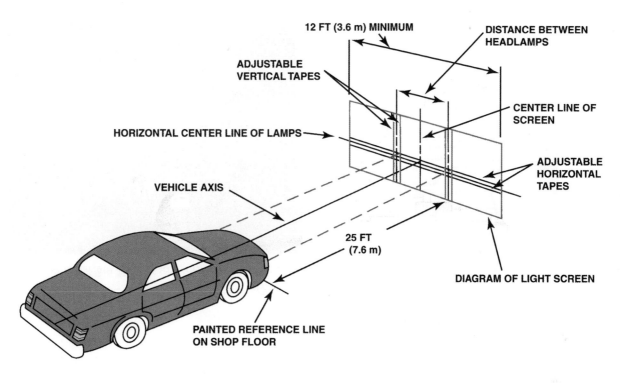

ADJUSTING PATTERN FOR LOW BEAM

ADJUSTING PATTERN FOR HIGH BEAM

그림 23-22 서비스 정보에 나오는 대표적인 전조등 조향 도표.

그림 23-23 많은 복합 전조등(composite headlight)은 조준을 쉽고 정확하게 하기 위해 기포 수준(bubble level)을 내장하고 있다.

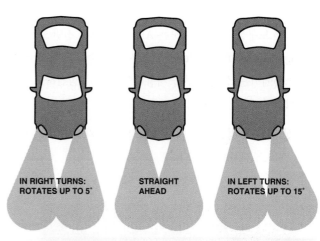

그림 23-24 적응형 전방 조명 시스템(AFS)은 하향빔 전조등을 주행 방향으로 회전시킨다.

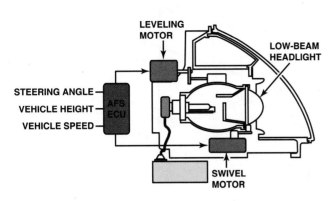

그림 23-25 전형적인 적응형 전방 조명 시스템(AFS)은 두 개의 모터를 사용한다—하나는 상하 이동을 위한 모터이고 다른 하나는 하향빔 전조등을 좌우로 회전시키기 위한 모터이다.

그림 23-26 운전자가 전면 조명 시스템을 비활성화할 수 있는 대표적인 계기판 장착 스위치.

이동할 뿐만 아니라 상하로 이동한다. 이 작동은 운전자에게 뚜렷하며, 정상적인 시스템 작동이다.

진단 및 서비스 AFS 고장을 진단하는 첫 번째 단계는 다음의 육안 검사를 수행하는 것이다.

- 먼저 AFS가 켜져 있는지 확인한다. 대부분의 AFS 전조등에는 운전자가 시스템을 켜고 끌 수 있는 스위치가 장착되어 있다. ●그림 23-26 참조.
- 시동 중 시스템이 자가 테스트를 수행하는지 확인한다.
- 하향빔과 상향빔 조명이 모두 올바르게 작동하는지 확인한다. 이 시스템은 전조등 중 하나에서 고장이 감지되면 비활성화될 수 있다.
- 스캔 도구를 사용하여 모든 AFS 관련 고장 진단 코드(diagnostic trouble code)에 대한 시험을 수행한다. 일부 시스템에서는 스캔 도구를 사용하여 AFS를 점검하고 작동시킬 수 있다.

항상 서비스 정보에서 차량 제조업체가 지정한 권장 테스트 및 서비스 절차를 따른다.

주간주행등 Daytime Running Lights

목적과 기능 주간주행등(daytime running light, DRL)은 다음 장치들의 작동을 포함한다.

- 전방주차등
- 별도의 DRL 전구
- 주행 중인 차량의 전조등(대개 전류 및 전압이 감소한 상태)

캐나다는 1990년 이후로 모든 신차에 주간주행등(DRL) 장착을 요구해 왔다. 연구에 따르면, DRL이 사용된 곳에서 사고가 감소되는 경향을 보였다.

주간주행등은 주로 하향빔 또는 상향빔 전조등을 켜거나 별도의 주간주행등을 켜는 제어 모듈을 사용한다. 엔진이 시동되면 일부 차량은 조명이 켜진다. 다른 차량은 엔진이 작동 중일 때 램프를 켜지만, 차량 속도 센서의 신호가 차량이 움직이고 있음을 지시할 때까지 작동을 지연시킨다.

서비스 중에 조명이 켜져 있는 것을 방지하기 위해 일부 시스템은 주차 브레이크가 작동된 상태에서 점화 스위치가 꺼졌다가 다시 켜질 때 전조등을 끈다. 다른 장치는 차량이 구동 기어(drive gear) 상태에 있을 때만 전조등을 켠다. ●그림 23-27 참조.

주의: 대부분의 공장 주간주행등은 전조등 강도를 낮추어 작동시킨다. 이들은 야간에 사용하도록 설계되지 않았다. 전조등의 일반적인 강도(및 기타 외부 램프의 작동)는 평소대로 전조등을 켬으로써 작동한다.

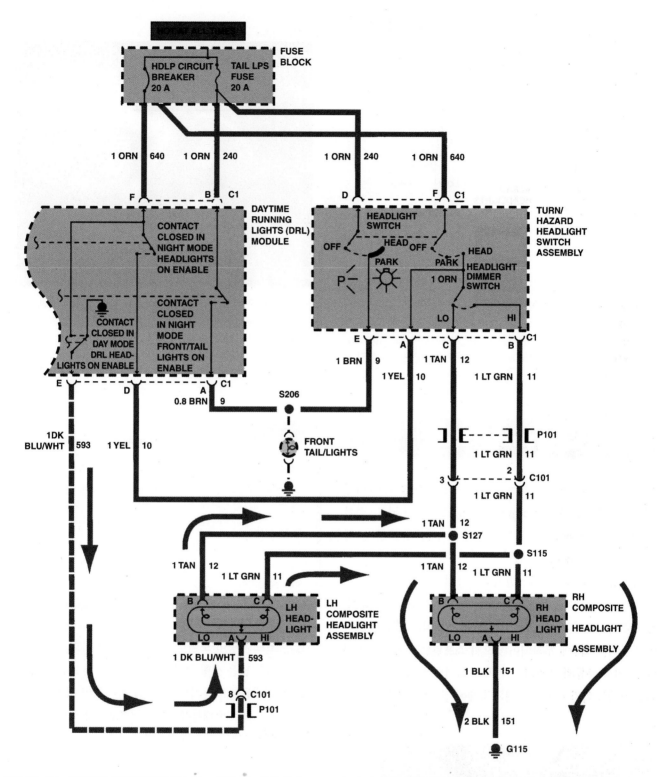

그림 23-27 전형적인 주간주행등(DRL) 회로. 양쪽 전조등을 통해 DRL 모듈의 화살표를 따라간다. 좌측 및 우측 전조등이 직렬로 연결되어 있으므로, 정상 조명에 비해 저항이 증가하고 전류 흐름이 감소하며 정상 조명에 비해 더 약하다. 정상적인 전조등이 켜지면, 두 전조등 모두 최대 배터리 전압을 공급받으며, 좌측 전조등은 DRL 모듈을 통해 접지된다.

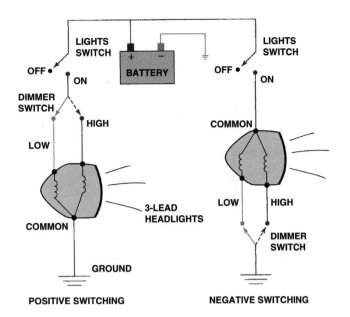

그림 23-28 대부분의 자동차는 상향빔과 하향빔 전조등을 양스위칭 (positive switching) 방식으로 사용하고 있다. 양쪽 필라멘트가 동일한 접지 연결을 공유한다는 점에 유의한다. 일부 차량에서는 음스위칭(negative switching) 방식을 사용하며 조광기 스위치를 필라멘트와 접지 사이에 배치한다.

그림 23-29 전형적인 커티시등(courtesy light) 문설주 스위치. 신형 차량은 도어 스위치를 차량 컴퓨터에 대한 입력으로 사용하고, 컴퓨터가 실내등을 켜거나 끈다. 컴퓨터로 조명을 제어함으로써, 차량 엔지니어는 도어가 닫힌 후 점등을 지연시키고 일정 시간이 지난 후 조명을 차단하여 배터리 방전을 방지할 수 있다.

조광기 스위치 Dimmer Switches

전조등 스위치는 전조등 회로의 전원 측을 제어한다. 그러면 전류가 조광기 스위치(dimmer switch)로 흐르게 되고, 전류가 전조등 전구의 상향빔 또는 하향빔 필라멘트로 흐를 수 있도록 한다. ●그림 23-28 참조.

상향빔을 선택하면, 계기판에 표시등이 켜진다.

조광기 스위치는 대개 스티어링 칼럼의 손잡이에 의해 수동으로 작동된다. 일부 스티어링 칼럼 스위치는 실제로 스티어링 칼럼의 외부에 부착되어 있으며 스프링으로 연결되어 있다. 이러한 종류의 조광기 스위치를 교체하기 위해서는 스티어링 칼럼을 약간 내려야 스위치 자체에 접근할 수 있다.

커티시등 Courtesy Lights

커티시등(courtesy light)은 천장과 계기판 아래 전등을 포함한 실내등에 주로 사용되는 일반 용어이다. 이러한 실내등은 차량 도어의 문설주에 위치한 작동 스위치 또는 계기판의 스위치로 제어한다. ●그림 23-29 참조.

많은 포드 차량이 도어 스위치를 사용하여 회로의 전원 측을 개폐한다. 많은 신형 차량들은 차량 컴퓨터 또는 전자 모듈을 통해 실내등을 작동한다. 이러한 장치들의 정확한 배선과 작동이 서로 다르기 때문에, 서비스 정보에서 서비스 대상 차량의 정확한 모델을 참조해야 한다.

조명 출입 장치 Illuminated Entry

일부 차량에는 조명 출입 장치(illuminated entry)가 장착되어 있어, 문이 잠겨 있는 동안에도 외부 문손잡이가 작동하면 일

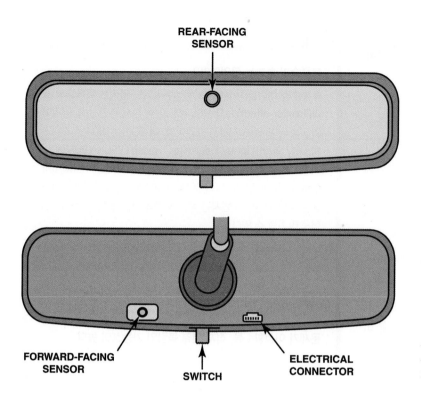

REAR-FACING SENSOR

FORWARD-FACING SENSOR

SWITCH

ELECTRICAL CONNECTOR

그림 23-30 자동 조광 거울(automatic dimming mirror)은 차량 전방의 빛의 양과 차량 후방의 빛의 양을 비교하여 젤이 거울을 어둡게 하도록 하는 전압을 연결하여 준다.

정 시간 동안 실내등이 켜진다. 조명 출입 장치가 장착된 대부분의 차량은 외부 도어 열쇠 구멍에 조명을 밝힐 수도 있다. 차체 컴퓨터가 장착된 차량은 차체 컴퓨터에 대한 전원 공급 장치를 "깨우기 위해" 전자키 키 리모컨의 입력을 사용한다.

수 있으며, 이는 전구 하나를 사용하여 여러 영역을 비출 수 있다는 것을 의미한다. 특별한 전구 클립은 대개 전구 근처에 광섬유 플라스틱 튜브를 유지하는 데 사용된다.

섬유 광학 Fiber Optics

섬유 광학(fiber optics)은 특수 플라스틱(폴리메틸 메타크릴산)을 통해 빛을 투과하는 것으로, 플라스틱이 매듭에 묶여 있는 경우에도 빛을 평행하게 유지한다. 이러한 플라스틱 가닥은 운전자에게 특정한 조명이 작동하고 있다는 것을 알려 주는 지표로 자동차에서 흔히 사용된다. 예를 들어 일부 차량에는 조명이나 방향지시등이 작동할 때 켜지는 펜더장착 유닛(fender-mounted unit)이 장착되어 있다. 흔히 표준 전선처럼 보이는 플라스틱 광섬유 가닥은 운전자가 특정한 조명이 작동하고 있는지 여부를 판단할 수 있도록 전구의 조명을 펜더 상단의 표시등으로 전송한다. 광섬유 가닥은 배선처럼 작동하여 계기판이나 콘솔의 모든 전등의 작동을 표시할 수도 있다. 광섬유 가닥은 또한 주로 재떨이, 바깥 문잠금 장치(outside door locks) 및 적은 양의 빛이 필요한 다른 장소를 밝히는 데도 사용된다. 이 조명의 전원은 정상적으로 작동하는 전구일

자동 조광 거울 Automatic Dimming Mirrors

부품 및 동작 자동 조광 거울(automatic dimming mirror)은 전기변색 기술(electrochromic technology)을 사용하여 뒤쪽에 있는 다른 차량의 전조등 불빛에 의한 눈부심에 비례하여 거울을 어둡게 한다. 젠텍스(Gentex)사에서 개발한 전기변색 기술은 두 개의 유리판 사이에 빛에 의해 변하는 젤을 사용한다. 한쪽 유리는 반사경 역할을 하고, 다른 쪽 유리는 투명한 전기 전도성(electrically conductive) 코팅이 되어 있다. 또한 실내 후사경(inside rearview mirror)은 어두움을 감지하여, 후방 센서가 뒤쪽 차량의 전조등으로부터 눈부심을 감지하도록 신호를 보내는 전방 광센서(forward-facing light sensor)를 장착하고 있다. 후방 센서는 감지된 섬광의 양에 비례하는 전압을 거울의 전기변색 젤(electrochromic gel)로 보낸다. 거울은 섬광(glare)에 비례하여 어두워진 다음, 더 이상 섬광이 감지되지 않을 때 표준 후방 거울처럼 된다. 외부에

자동 조광 거울을 사용하는 경우, 내부 거울과 전자부품에 장착된 센서는 내부 거울과 외부 거울을 모두 제어하는 데 사용된다. ●그림 23-30 참조.

진단 및 서비스 고객 불만 사항에서, 뒤쪽에서 밝은 전조등에 노출되어도 거울이 어두워지지 않는다면, 원인은 센서나 거울 자체일 수 있다. 거울에 전원이 공급되고 있는지 확인해야 한다. 대부분의 차량 조광 거울은 전력 공급 상태를 알려주기 위한 녹색 등을 가지고 있다. 거울에서 전압이 확인되지 않는 경우, 원인을 찾기 위해 표준 문제해결 절차를 따른다. 거울에 전압이 공급되고 있는 경우, 전방 조명 센서(forward-facing light sensor) 위에 테이프를 놓아 진단을 시작한다. 키 온, 엔진 오프(key on, engine off, KOEO) 상태를 설정하고, 손전등이나 문제 탐지등(trouble light)이 거울에 비춰질 때 거울의 동작을 관찰한다. 거울이 반응하고 어두워지면, 전방 지향 센서에 결함이 있는 것이다. 대부분의 경우, 센서 또는 거울 고장 중 어떤 것이라도 발견되면, 전체 거울 어셈블리를 교체해야 한다.

자동 조광 거울과 관련된 한 가지 일반적인 고장은 거울 어셈블리에 균열이 발생할 수 있다는 것인데, 이 경우 젤이 두 유리 층 사이에서 빠져나갈 수 있다. 이 젤은 계기판이나 센터 콘솔에 떨어져 표면에 손상을 줄 수 있다. 젤 누출 징후가 나타나면 거울을 교체해야 한다.

피드백 Feedback

정의 전류가 좋은 접지에 연결되지 않아 배터리로 귀환 경로(접지)를 찾아 회로의 전원 측을 따라 역류하는 경우, 이러한 역류를 **피드백(feedback)** 또는 **역바이어스(reverse-bias)** 전류 흐름이라고 한다. 피드백은 실제로 동작되어서는 안 되는 다른 조명이나 게이지를 동작하게 할 수 있다.

피드백의 예 한 고객이 전조등이 켜진 상태에서도 계기판의 좌측 방향지시등이 계속 켜져 있다는 불만을 제기했다. 원인은 좌측 전방주차등 소켓의 접지 연결 불량인 것으로 밝혀졌다. 전방주차등 전구는 이중 필라멘트로, 주차등용 필라멘트 하나(흐림)와 방향지시등 작동을 위한 필라멘트 하나(밝음)로 구성되어 있다. 부식된 소켓은 전구의 주차등용 흐릿한 필라

멘트를 점등하는 데 필요한 모든 전류를 전도하기에 충분한 접지를 제공하지 않았다.

전구의 두 필라멘트는 접지 연결을 공유하며 전기적으로 연결되어 있다. 모든 전류가 소켓의 전구 접지를 통해 흐를 수 없을 때, 접지를 찾아 다른 필라멘트를 통해 전류가 피드백되거나 거꾸로 흐르게 한다. 방향지시등 필라멘트는 계기판 표시등에 전기적으로 연결되므로, 접지 방향으로 흐르는 경로에서 역류하는 전류가 방향지시등 조명을 켤 수 있다. 소켓의 접지선이 섀시 접지에 안전하게 연결되어 있다면, 대개 소켓 청소 또는 교체에 의해 문제가 해결된다.

조명 시스템 진단 Lighting System Diagnosis

조명 및 신호 시스템의 어떠한 고장 진단이든 보통 다음 단계들을 포함한다.

단계 1 고객 불만 사항을 확인한다.

단계 2 육안 검사를 수행하고, 충돌 손상이나 조명 회로 작동에 영향을 미칠 수 있는 다른 가능한 원인을 점검한다.

단계 3 공장 도구 또는 컴퓨터 모듈의 양방향 제어 장치를 보유한 향상된 스캔 도구를 연결하여 영향을 받는 조명 회로가 제대로 작동하는지 점검한다.

단계 4 문제의 근본 원인을 확인하기 위해, 서비스 정보에 나와 있는 진단 절차를 따른다.

조명 시스템 증상 가이드
Lighting System Symptom Guide

다음 목록은 조명 시스템의 문제해결에 도움을 줄 것이다.

문제점	가능한 원인 및 해결책	문제점	가능한 원인 및 해결책
한쪽 전조등이 흐리다.	1. 차체의 접지 연결 불량 2. 부식된 커넥터	실내등이 작동하지 않는다.	1. 전구가 타서 끊어짐 2. 전원 측 회로의 단선(퓨즈 단선) 3. 도어/잼 스위치에서 단선
전조등 하나가 켜지지 않는다(하향빔 또는 상향빔).	1. 전조등 필라멘트가 연소됨(저항계로 전조등을 점검한다. 전원 측 연결부와 전구의 접지 단자 사이에서 낮은 저항이 측정되어야 함) 2. 단선(전구 측 12V 없음)	실내등이 계속 켜져 있다.	1. 단락된 도어/잼 스위치 2. 단락된 제어 스위치
상향빔과 하향빔 전조등 모두 켜지지 않는다.	1. 전구가 연소됨(전조등 측 배선 커넥터에서 전압을 점검하여 전조등 측 단선 또는 조광기 스위치 단선(결함) 가능성을 점검) 2. 단선(전구 측 12V 없음)	브레이크등이 작동하지 않는다.	1. 결함 있는 브레이크 스위치 2. 결함 있는 방향지시등 스위치 3. 브레이크등 전구가 타 버림 4. 단선 또는 접지 연결부 불량 5. 퓨즈 단선
모든 전조등이 작동하지 않는다.	1. 모든 전조등에서 필라멘트가 연소(과다한 충전 시스템 전압 점검) 2. 조광기 스위치 결함 3. 전조등 스위치 결함	위험경고등이 작동하지 않는다.	1. 결함 있는 위험경고등 점멸장치 2. 위험경고등 회로의 단선 3. 퓨즈 단선 4. 결함 있는 위험경고등 스위치
방향지시등 작동이 느리다.	1. 결함 있는 점멸장치 2. 소켓 또는 접지 와이어 연결부의 고저항 3. 잘못된 전구 번호	위험경고등이 너무 빨리 깜빡인다.	1. 부정확한 점멸장치 2. 전방 조명 또는 후방 조명 측 배선 단락 3. 잘못된 전구 번호
한쪽 방향지시등만 작동한다.	1. 영향을 받는 쪽의 전구가 타서 끊어짐 2. 영향을 받는 쪽의 접지 연결 불량 또는 소켓 결함 3. 영향을 받는 쪽의 잘못된 전구 번호 4. 결함 있는 방향지시등 스위치		

후미등 전구 교체

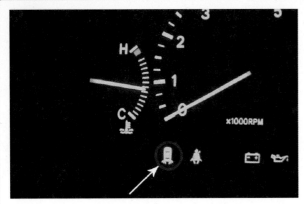

1 운전자는 조명이 켜질 때마다 대시보드의 후미등 고장 표시등(아이콘)이 켜지는 것을 발견했다.

2 차량 후면의 육안 검사에서 우측 후미등 전구가 켜지지 않는 것으로 확인되었다. 플라스틱 커버에서 나사 몇 개를 제거하면 후미등 어셈블리가 드러난다.

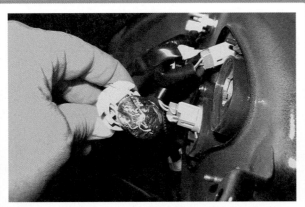

3 전구 소켓은 전구의 아랫부분을 반시계 방향으로 부드럽게 비틀어 후미등 어셈블리에서 탈거한다.

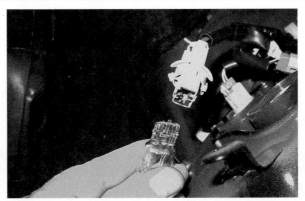

4 전구를 부드럽게 쥐고 소켓에서 직접 잡아당기면 전구가 소켓에서 분리된다. 많은 전구는 고정된 전구를 분리하기 위해 전구를 90°(1/4회전) 회전시켜야 한다.

5 차량에 장착하기 전, 안전한지 확인하기 위해 신품 7443 교체용 전구를 저항계를 사용하여 점검하고 있다.

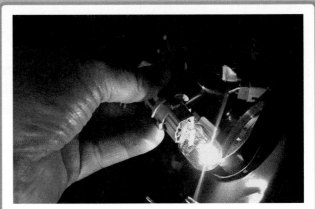

6 부품들을 제자리에 다시 넣기 전, 올바르게 작동하는지 확인하기 위해, 교체용 전구를 후미등 소켓에 삽입하고 조명을 켠다.

1 전조등 조향을 위해 차량을 점검하기 전에, 모든 타이어가 올바른 팽창 압력에 있고 서스펜션이 양호한 작동 상태인지 확인한다.

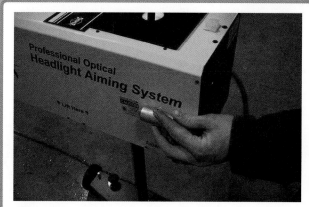

2 전조등 조향장치는 정비 서비스 구역의 바닥 기울기에 맞춰 조정되어야 한다. 조향장치 몸체 측면에 있는 레이저 조명 발생기를 켜는 것으로 이 과정을 시작한다.

3 레이저 빔의 높이를 보면서 야드자(yardstick) 또는 측정 테이프를 수직으로 전방 휠 중심 앞에 수직으로 위치시킨다.

4 야드자를 후방 휠 중심 앞으로 옮겨 이 지점에서 레이저 빔의 높이를 측정한다. 전방 휠과 후방 휠의 높이는 같아야 한다.

5 레이저 빔 높이가 같지 않은 경우, 조향장치의 바닥 기울기를 조정해야 한다. 측정값이 같아질 때까지 바닥 기울기 노브(knob)를 돌린다.

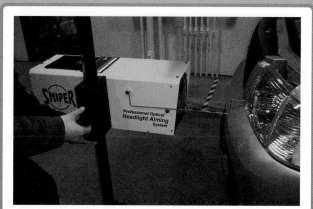

6 점검할 전조등 앞 25~35cm 거리에 조향장치를 위치시킨다. 조향 포인터를 사용하여 조향장치의 높이를 전조등의 중간으로 조정한다.

(계속)

7 조향장치를 전조등의 중심에 맞추기 위해 포인터를 사용하여 조향장치를 수평으로 정렬한다.

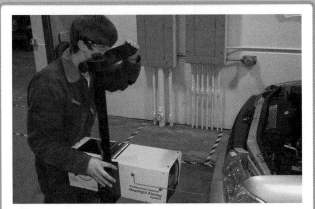

8 횡방향 정렬(조향장치 몸체를 차량의 차체와 정렬)은 상부 조준기(upper visor)를 통해 보면서 수행된다. 상부 조준기에 있는 선은 차체에 있는 대칭점과 정렬된다.

9 차량 전조등을 켜고 조향할 전조등의 정확한 빔 위치를 선택한다.

10 조향장치 창을 통해 조명 빔을 본다. 조명 패턴의 위치는 상향빔과 하향빔에 따라 달라진다.

11 첫 번째 전조등이 적절하게 조향되었다면, 조향장치를 반대쪽 전조등으로 옮긴다. 이전 단계에 따라 조향장치를 적절하게 배치한다.

12 조정이 필요한 경우, 특수 공구 또는 1/4인치 구동 래칫/소켓 조합을 사용하여 전조등 조정 나사를 움직인다. 조정 상태를 확인하기 위해, 조향장치 창을 통해 조명 빔을 관찰한다.

1. 자동차 전구는 거래 번호로 식별된다.
2. 전구 거래 번호는 해당 번호의 사양이 전구 제조업체에 관계없이 동일하다는 것을 의미한다.
3. 주간주행등(DRL)은 많은 차량에서 사용된다.
4. 고휘도 방전(HID) 전조등은 더 밝고 파란색 색조를 갖는다.
5. 방향지시등 점멸기는 다양한 유형과 구조로 이루어진다.

복습문제 Review Questions

1. 교체용으로 정확하게 동일한 전구의 거래 번호를 사용해야 하는 이유는 무엇인가?
2. 할로겐전구를 손으로 만지지 않아야 하는 중요한 이유는 무엇인가?
3. 방향지시등 작동 문제를 어떻게 진단하는가?
4. 공기 역학적 스타일의 전조등이 장착된 차량의 전조등을 어떻게 조향하는가?

23장 퀴즈 Chapter Quiz

1. 기술자 A는 전구 거래 번호가 같은 크기의 모든 전구에 대해 동일하다고 이야기한다. 기술자 B는 이중-필라멘트 전구가 각 필라멘트마다 다른 정격 촉광을 가지고 있다고 이야기한다. 어느 기술자가 옳은가?
   a. 기술자 A만
   b. 기술자 B만
   c. 기술자 A와 B 모두
   d. 기술자 A와 B 둘 다 틀리다

2. 두 명의 기술자가 점멸장치에 대해 논의하고 있다. 기술자 A는 DOT-승인된 점멸장치만 방향지시등에 사용되어야 한다고 이야기한다. 기술자 B는 전구가 타서 꺼지게 되는 경우 운전자에게 경고하지는 않지만 병렬(가변 부하) 점멸기가 방향지시등 사용을 위해 작동할 것이라고 이야기한다. 어느 기술자가 옳은가?
   a. 기술자 A만
   b. 기술자 B만
   c. 기술자 A와 B 모두
   d. 기술자 A와 B 둘 다 틀리다

3. 실내등(천장등)은 _____ 차량 도어의 문설주에 있는 스위치로 작동된다.
   a. 회로의 전원 측을 완성하는
   b. 회로의 접지 측을 완성하는
   c. 전구를 전원 및 접지와 접촉하도록 움직이는
   d. 적용 분야에 따라 a 또는 b 해당

4. 전기적 피드백은 대개 _____의 결과이다.
   a. 회로에서 너무 높은 전압
   b. 회로에서 너무 많은 전류(암페어)
   c. 적절한 접지의 부재
   d. a와 b 둘 다

5. 표 23-1에 따르면, 어느 전구가 가장 밝은가?
   a. 194
   b. 168
   c. 194NA
   d. 1157

6. 2057 전구 대신에 1157 전구가 전방 좌측 주차등 소켓에 장착되는 경우, 가장 가능성이 높은 결과는 무엇인가?
   a. 좌측 방향지시등이 더 빨리 깜빡인다.
   b. 좌측 방향지시등이 더 느리게 깜빡인다.
   c. 좌측 주차등이 약간 더 밝아질 것이다.
   d. 좌측 주차등이 약간 더 흐려질 것이다.

7. 한 기술자가 1157NA 전구를 1157A 전구로 교체했다. 어떤 결과가 가장 가능성이 높은가?
   a. 1157A 촉광이 더 높기 때문에 전구가 더 밝다.
   b. 전구의 호박색은 다른 모양을 갖는다.
   c. 1157A 촉광이 더 낮기 때문에 전구가 더 흐리다.
   d. b와 c 둘 다.

8. 한 운전자가 차량의 조명을 켤 때마다 계기판의 좌측 방향지시 표시등이 계속 켜져 있다고 불평했다. 가상 가능성이 높은 원인은 _____ 이다.

    a. 좌측 주차등(또는 후미등) 전구 측 접지 불량

    b. 전류가 좌측 조명으로 흐르는 원인이 되는 우측 주차등(또는 후미등) 전구 측 접지 불량

    c. 좌측 주차등(또는 후미등) 전구의 결함(단선)

    d. a와 c 둘 다

9. 후미등 또는 전방주차등 전구에 결함이 있을 경우 _____의 원인이 될 수 있다.

    a. 조명이 켜질 때 계기판의 방향지시 표시등이 켜짐

    b. 브레이크등이 켜질 때 계기등이 켜짐

    c. 브레이크 페달을 밟을 경우 점등 경고음이 울림

    d. 위의 모든 내용

10. 결함 있는 브레이크 스위치는 _____의 올바른 작동을 막을 수 있다.

    a. 크루즈 컨트롤

    b. ABS 브레이크

    c. 변속 인터록

    d. 위의 모든 것

운전자 정보 및 내비게이션 시스템

Driver Information and Navigation Systems

학습목표

이 장을 학습하고 나면,

1. 오일 압력 램프, 온도 램프, 브레이크 경고등 및 기타 아날로그 계기 장치들의 진단에 대해 토론할 수 있다.
2. 헤드업 디스플레이, 나이트 비전 및 디지털 전자 디스플레이의 작동에 대해 논의할 수 있다.
3. 계기판 경고 기호의 의미를 식별할 수 있다.
4. 온스타(OnStar), 백업 카메라, 백업 센서 및 차선 이탈 경고 시스템의 작동 및 진단에 대해 설명할 수 있다.
5. 내비게이션 시스템의 작동 방식을 설명할 수 있다.
6. 오작동하는 계기 장치의 문제를 해결하는 방법을 설명할 수 있다.

핵심용어

CFL
LED
PM 발전기
WOW 디스플레이
계기판(IP)
백업 카메라
비휘발성 RAM(NVRAM)
스테퍼 모터
압력 차동 스위치
액정 디스플레이(LCD)

위성 위치 확인 시스템(GPS)
음극선관(CRT)
전기적 소거 및 프로그램 가능
읽기전용 메모리(EEPROM)
조합 밸브
진공관 형광(VTF)
차선 이탈 경고 시스템(LDWS)
헤드업 디스플레이(HUD)
형광체
후방 주차 보조장치(RPA)

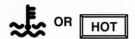

그림 24-1 엔진 냉각수 온도가 너무 높음.

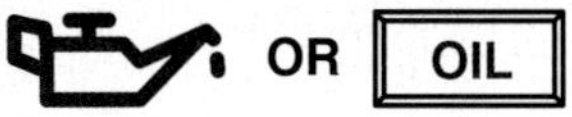

그림 24-3 연료에서 물 감지. 이 경고등은 디젤 엔진이 장착된 차량의 연료 필터 어셈블리에서 물을 배출하라는 것을 지시한다.

MAINT
REQD

그림 24-4 유지보수 요구 경고등. 이것은 대개 엔진오일이 교체될 시기이거나 다른 일상적인 서비스 항목이 교체되거나 점검되어야 함을 의미한다.

계기 경고 기호
Dash Warning Symbols

목적과 기능 모든 자동차는 운전자를 종종 혼란스럽게 하는 경고등을 장착하고 있다. 많은 자동차들이 전 세계적으로 팔리고 있기 때문에, 단어 대신 기호들이 경고등으로 사용되고 있다. 이 계기 경고등은 운전자에게 상황이나 고장을 알리기 위해 사용되기 때문에 흔히 **텔테일**(telltale) 조명으로 부른다.

전구 시험 점화 스위치를 처음 켜면, 자체 시험의 일환으로, 그리고 운전자나 기술자가 타서 개방되었을 수 있는 경고등을 식별하는 데 도움을 주기 위해 모든 경고등이 켜진다. 어떤 조명들이 켜지는지 잘 알고 있는 기술자나 운전자는 점화 스위치를 처음 켤 때 하나의 경고등이 켜지지 않는지 여러 개의 경고등이 켜지지 않는지 판단할 수 있다. 대부분의 공장 스캔 도구를 사용하면 모든 경고등을 켜서 어떤 경고등이 작동하지 않는지 여부를 확인할 수 있다.

엔진 고장 경고 엔진 고장 경고등은 다음을 포함한다.

- **엔진 냉각수 온도**. 점화 스위치를 켤 때 전구 점검으로서 이 경고등이 켜진다. 그리고 제조업체 및 모델에 따라 냉각수 온도가 120~126℃(248~258℉)까지 도달하면 이 경고등이 켜져야 한다. ●그림 24-1 참조.
  주행 중에 엔진 냉각수 온도 경고등이 켜지면, 온도를 낮추기 위해 다음을 수행해야 한다.
  1. 에어컨을 끈다.
  2. 히터를 켠다.
  3. 온도가 높다는 경고등 조명이 계속 켜져 있는 경우, 안전한 위치로 이동한 후, 심각한 엔진 손상을 방지하기 위해 엔진을 끄고 엔진이 냉각되도록 한다.
- **엔진오일 압력**. 점화 스위치를 켤 때 전구 점검으로서 이 경고등이 켜진다. 주행할 때 엔진오일 압력 램프가 켜지는 경우라면 다음을 수행해야 한다.
  1. 가능한 한 빨리 도로에서 벗어난다.
  2. 엔진을 정지한다.
  3. 오일 레벨을 점검한다.
  4. 엔진오일 램프가 켜진 상태에서 차량을 주행하지 않는다. 계속 주행하게 되면 심각한 엔진 손상이 발생할 수 있다.
- ●그림 24-2 참조.
- **디젤 연료 내 수분**. 점화 스위치를 켤 때 전구 점검으로서 이 경고등이 켜진다. 또는 디젤 연료에서 수분이 감지되면 이 경고등이 켜진다. 이 램프는 디젤 엔진이 장착된 차량에서만 사용되거나 작동한다.
  디젤 연료 내 수분 경고등이 켜지면 다음을 수행해야 한다.
  1. 대개 연료 필터의 일부인 내장 배수장치(built-in drain)를 사용하여 물을 제거한다.
  2. 서비스 정보를 확인하여 정확한 절차를 따른다.
- ●그림 24-3 참조.
- **유지보수 요구**. 유지보수 요구등(maintenance required lamp)은 점화 스위치를 처음 켤 때 전구 점검으로서 켜진다. 그리고 차량에 서비스가 필요한 경우에 켜진다. 필요한 서비스에는 다음과 같은 것들이 포함될 수 있다.
  1. 오일 및 오일 필터 교체
  2. 타이어 회전
  3. 검사
  필요한 정확한 서비스를 알기 위해 서비스 정보를 확인한다.
- ●그림 24-4 참조.
- **오작동 표시등(malfunction indicator lamp, MIL)—엔**

그림 24-5 오작동 표시등(MIL). 엔진 점검(check engine) 경고등이라고도 한다. 이 표시등은 엔진 제어 컴퓨터가 고장을 감지했음을 의미한다.

그림 24-6 충전 시스템 고장이 감지됨.

그림 24-7 안전벨트 착용 경고등.

그림 24-8 보조 안전(에어백) 시스템에서 감지된 고장.

그림 24-9 베이스 브레이크 시스템에서 감지된 고장.

진 점검(check engine) 경고등 또는 SES(service engine soon) 경고등이라고도 함. 점화 스위치를 켤 때 전구 점검으로서 켜진다. 그리고 파워트레인 제어 모듈(PCM)에서 고장이 감지된 경우에만 이 경고등이 켜진다. 만약 주행 중 MIL이 켜지면, 차량을 멈출 필요는 없지만, 엔진 또는 엔진 제어 시스템에 손상을 주지 않기 위해 가능한 한 빨리 경고등이 켜진 이유를 확인해야 한다. MIL은 다음 중 하나가 감지된 경우에 켜질 수 있다.

1. 센서 또는 액추에이터(actuator)가 전기적으로 단선 또는 단락된 경우
2. 센서가 예상값의 범위를 벗어난 경우
3. 느슨한 배기가스 뚜껑 등 배기가스 제어 시스템 고장이 발생한 경우

MIL이 켜진 경우, 고장 진단 코드가 설정된 것이다. 고장 진단 코드를 검색하고 따라야 하는 정확한 절차에 대한 서비스 정보를 확인하기 위해 스캔 도구를 사용한다. ● 그림 24-5 참조.

전기 시스템 관련 경고등

- **충전 시스템 고장.** 점화 스위치를 켤 때 전구 점검으로서 켜진다. 그리고 충전 시스템에서 고장이 감지된 경우에 이 경고등이 켜진다. 이 램프에는 다음과 같은 고장이 포함될 수 있다.
  1. 배터리 충전 상태(SOC), 전기 연결부, 또는 배터리 자체
  2. 교류발전기 또는 관련 배선
  ● 그림 24-6 참조.
  충전 시스템 경고등이 켜지면, 안전하게 길 한쪽으로 차를 세울 수 있을 때까지 계속 주행한다. 차량은 보통 배터리 전원만 사용하여 수 마일을 주행할 수 있다.

육안 검사를 통해 다음 사항을 확인한다.

1. 교류발전기 구동 벨트
2. 배터리의 느슨하거나 부식된 전기 연결부
3. 교류발전기 측 배선이 느슨하거나 부식됨
4. 결함 있는 교류발전기

안전 관련 경고등 안전 관련 경고등은 다음을 포함한다.

- **안전벨트 경고등.** 운전석 또는 조수석 측 안전벨트가 채워지지 않은 경우, 이를 운전자에게 알리기 위해 안전벨트 경고등이 켜지고 경고음이 울릴 것이다. 또한, 안전벨트 회로의 고장을 나타내는 데도 사용된다. 벨트를 맸는데도 안전벨트 경고등이 계속 켜져 있을 경우에는 따라야 할 정확한 절차를 서비스 정보에서 확인한다. ● 그림 24-7 참조.
- **에어백 경고등.** 에어백 경고등은 시스템 자체 시험의 일환으로 점화 스위치를 처음 켤 때 켜지고 깜박인다. 자체 시험 후에도 에어백 경고등이 계속 켜져 있으면, 에어백 제어기가 고장을 감지한 것이다. 에어백 경고등이 켜진 경우, 따라야 할 정확한 절차를 서비스 정보에서 확인한다. ● 그림 24-8 참조.

참고: 조수석 측 에어백 경고등은 승객이 있거나 좌석 센서를 작동할 수 있을 만큼 무거운 물체가 있는 경우 켜지거나 꺼질 수 있다.

- **적색 브레이크 고장 경고능.** 모는 자농자는 베이스(유압) 브레이크 시스템에서 고장이 감지되면 켜지는 적색 브레이크 경고(red brake warning, RBW) 표시등을 장착하고 있다. 이 경고등을 켜는 데 세 가지 유형의 센서가 사

그림 24-10 브레이크등 전구 고장이 감지됨.

그림 24-11 외부 조명 전구 고장이 감지됨.

그림 24-12 브레이크 패드 또는 브레이크 라이닝의 마모가 감지됨.

그림 24-13 ABS에서 감지된 고장.

그림 24-14 낮은 타이어 공기압이 감지됨.

그림 24-15 도어 열림 또는 덜 닫힘.

그림 24-16 앞유리창 워셔액 부족.

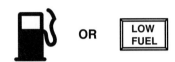

그림 24-17 연료 부족.

용된다.

1. 마스터 실린더 브레이크 오일 탱크에 위치한 브레이크 오일 레벨 센서

2. 전방 및 후방 또는 대각 브레이크 시스템 간의 압력 차이를 감지하는 압력 차동 스위치(pressure differential switch)에 위치한 압력 스위치

3. 주차 브레이크가 작동되었을 수 있다. ●그림 24-9 참조.

적색 브레이크 경고등이 켜지면 원인이 확인되어 해결될 때까지 차량을 주행하지 말아야 한다.

- **브레이크등 전구 고장.** 일부 차량은 브레이크등이 타서 꺼진 것을 감지할 수 있다. 이런 상황이 발생하면 경고등이 운전자에게 경고를 보낸다. ●그림 24-10 참조.

- **외부 조명 전구 고장.** 많은 차량이 차체 제어 모듈(body control module, BCM)을 사용하여 모든 외부 조명을 통과하는 전류 흐름을 모니터링하므로 전구가 작동하는지 아닌지 간지할 수 있다. ●그림 24-11 참조.

- **브레이크 패드 마모.** 일부 차량에는 계기 경고등을 켜는 데 사용되는 센서가 디스크 브레이크 패드에 내장되어 있다. 경고등은 점화 스위치를 처음 켤 때 전구 점검으로서 켜진 후 꺼진다. 만약 브레이크 패드 경고등이 켜지면, 준수해야 할 정확한 서비스 절차를 서비스 정보에서 확인한다. ●그림 24-12 참조.

기술 팁

예비 타이어 점검

일반치수의(full-sized) 예비 타이어가 장착된 일부 차량은 예비 타이어에도 센서가 장착되어 있다. 경고등이 켜지고 타이어 4개가 모두 적절히 팽창되어 있는지, 예비 타이어를 점검한다.

- **ABS(잠김방지 브레이크 시스템) 고장.** ABS 제어기가 ABS 제동 시스템의 고장을 감지하면 황색 ABS 경고등이 켜진다. 경고등이 작동되는 경우의 예는 다음과 같다.

1. 휠 속도 센서 결함

2. 유압 제어 유닛 어셈블리의 브레이크 오일 레벨 낮음

3. 시스템의 어딘가에서 전기적 고장이 감지됨

●그림 24-13 참조.

황색 ABS 경고등이 켜진 경우 차량을 주행하는 것은 안전하지만 잠김방지 부분이 작동하지 않을 수 있다.

- **타이어 공기압 부족 경고.** 타이어의 팽창 압력이 25%(약 8psi)만큼 감소하면 타이어 공기압 감시 시스템(tire pressure monitoring system, TPMS)이 경고등을 켠다. 저압력 타이어 경고등이나 메시지가 표시되면 주행하기 전에 타이어 공기압을 점검한다. 팽창 압력이 낮은 경우 타이어를 수리하거나 교체한다. ●그림 24-14 참조.

그림 24-18 전조등 켜짐.

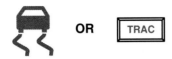

그림 24-19 마찰력(traction) 부족이 감지됨. 트랙션 제어 시스템(TCS)이 마찰력을 복원하기 위해 작동하고 있다(보통 마찰력 복원을 위한 능동 작동 시 깜박임).

VSC

그림 24-20 표시등이 점등되면 차량 안정성 제어(VSC) 시스템이 꺼지거나 켜짐.

운전자 정보 시스템

- **도어 열림 경고등.** 도어가 열려 있거나 덜 닫혔을 경우에 운전자에게 이를 알리기 위해 도어 열림 경고등(door open or ajar warning light)이 켜진다. 주행하기 전에 모든 도어와 뒷문(tailgate)을 점검하고 닫아야 한다. ●그림 24-15 참조.
- **앞유리창 워셔액 부족.** 앞유리창 워셔액 탱크의 센서는 워셔액 부족 경고등을 켜는 데 사용된다. ●그림 24-16 참조.
- **연료 부족 경고.** 연료 부족 경고등은 운전자에게 연료 레벨이 낮음을 경고하기 위해 사용된다. 대부분의 차량에서 연료가 3.8~11리터 정도 남아 있을 때 경고등이 켜진다. ●그림 24-17 참조.
- **전조등 켜짐.** 이 계기 지시등은 전조등이 켜질 때마다 켜진다. ●그림 24-18 참조.

  참고: 전조등 스위치를 자동 위치로 설정해 두면, 전조등이 켜지는 것을 나타낼 수도 있고 아닐 수도 있다.

- **마찰력 부족 감지.** 트랙션 제어 시스템(traction control system, TCS)이 장착된 차량에서는 시스템이 마찰력(traction)을 복원하기 위해 작동할 때마다 계기 표시등이 깜박인다. 마찰력 부족 경고등이 깜박이는 경우 가속도 비율을 줄여 시스템은 구동 휠이 노면과의 마찰력을 복원하는 데 도움을 준다. ●그림 24-19 참조.
- **전자 안정성 제어.** 차량 안정성 제어(vehicle stability control, VSC)라고도 하는 전자 안정성 제어(electronic stability control, ESC) 시스템이 장착된 경우, 시스템이

TRAC OFF

그림 24-21 트랙션 제어 시스템(TCS)이 꺼져 있음.

CRUISE

그림 24-22 크루즈 컨트롤(cruise control)이 켜져 있고 설정된 경우, 차량 속도를 유지할 수 있음을 나타냄.

차량 안정성을 복원하려고 하면 계기 표시등이 깜박인다. ●그림 24-20 참조.

- **트랙션 꺼짐.** 트랙션 제어 시스템(TCS)을 운전자가 끄면, TCS가 꺼져 있고 트랙션이 손실되었을 때 트랙션을 복원할 수 없다는 것을 운전자에게 알리기 위해, 트랙션 꺼짐(traction off) 표시등이 켜진다. 시동 스위치를 끄면 시스템이 다시 켜지고, 트랙션 꺼짐 버튼을 누르면 다시 켜진다. ●그림 24-21 참조.
- **크루즈 표시등.** 대부분의 차량에는 크루즈 컨트롤(cruise control)을 켜는 스위치가 장착되어 있다. 크루즈 (속도) 컨트롤 시스템은 우연히 작동하는 것을 방지하기 위해 켜지 않는 한 작동하지 않는다. 크루즈 컨트롤이 켜지면, 크루즈 표시등이 켜진다. ●그림 24-22 참조.

오일 압력 경고 장치
Oil Pressure Warning Devices

작동 오일 압력(oil pressure) 램프는 엔진 블록에 나사로 고정된 오일 압력 센서 유닛을 사용하여 작동되며, 오일 압력이 3~7psi(20~50 kPa)로 낮아지면 전기 회로를 접지시키고 계기 경고등을 켠다. 정상적인 오일 압력은 일반적으로 10~60psi(70~400 kPa)이다. 일부 차량에는 단순한 압력 스위치가 아닌 가변 전압 오일 압력 센서(variable voltage oil pressure sensor)가 장착되어 있다. ●그림 24-23 참조.

오일 압력 램프 진단 오일 압력 경고 회로의 작동을 시험하기 위해, 점화 스위치를 켠 상태에서 대개 오일 필터 근처에 있는 오일 압력 송신 장치로부터 배선을 분리한다. 배선이 송신 장치에서 분리된 상태에서 경고등은 꺼져야 한다. 배선을 접지에 접촉시키면 경고등이 켜져야 한다. 오일 압력 경고등의 작동에 의심이 가면, 항상 오일 압력 송신 장치의 나사를

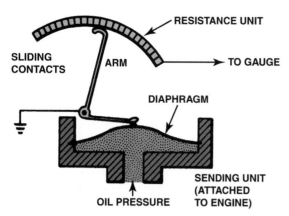

그림 24-23 전형적인 오일 압력 송신 장치는 엔진오일 압력이 변화할 때 다양한 저항값을 제공한다. 센서로부터 출력은 가변 전압이다.

그림 24-24 특정 차량 및 엔진에 따라 82.2~101.67℃(180~215℉)의 정상 작동 온도를 나타내는 온도 게이지.

푼 후에 남아 있는 열린 부분에 나사로 고정시킬 수 있는 게이지를 사용하여 실제 엔진오일 압력을 점검한다. 송신 장치를 제거할 때는 대부분의 자동차 부품 판매점에 있는 특수 소켓들이 사용되며, 대부분의 장치에 1인치 또는 1과 1/16인치 6-포인트 소켓이 사용될 수 있다.

온도 램프 진단
Temperature Lamp Diagnosis

엔진 냉각수 온도가 120~126℃(248~258℉) 사이에 해당될 때마다 엔진 냉각수 과열 경고등이 운전자에게 경고한다. 대부분의 차량은 엔진 온도 게이지 작동을 위해 엔진 냉각수 온도(engine coolant temperature, ECT) 센서를 사용한다. 이 센서를 시험하려면 스캔 도구를 사용하여 적절한 엔진 온도를

낮은 오일 압력

쉐보레 V-8 모델의 밸브 커버 개스킷을 교체한 후 기술자는 오일 압력 경고등이 켜져 있는 것을 발견했다. 오일 레벨을 점검하고 별 문제가 없다는 것을 확인했는데, 기술자는 밸브 커버 아래에 전선이 끼어 있는 것을 발견했다.

전선은 오일 압력 송신 장치(oil pressure sending unit)로 연결되었다. 밸브 커버의 가장자리가 절연체를 통해 절단되어 오일 램프에서 나오는 전류가 엔진을 통해 접지되었다. 일반적으로 오일 램프는 송신 장치가 램프에서 배선을 접지할 때 켜진다.

기술자는 끼어 있는 전선을 풀어 주고 부식 손상을 방지하기 위해 절단 부위를 실리콘 밀폐제(silicone sealant)로 덮어 주었다.

개요:

- **불만 사항**—기술자가 밸브 커버 개스킷을 교체한 후에 오일 압력 경고등이 켜져 있음을 알게 되었다.
- **원인**—육안 검사에서 오일 압력 스위치에 연결된 끼인 전선이 원인으로 발견되었다.
- **수리**—끼어 있던 전선을 풀어 주고 절단 부위를 실리콘 밀폐제로 덮어 오일 압력 경고등 회로를 복원하였다.

확인하고, 차량 제조업체의 권장 시험 절차를 준수한다. ●그림 24-24 참조.

브레이크 경고등
Brake Warning Lamp

1967년 이후 미국에서 판매된 모든 차량에는 유압 브레이크 시스템(hydraulic brake system)의 한 부분에서 운전자에게 고장을 알리기 위해 이중 브레이크 시스템(dual brake system)과 계기판 경고등이 장착되어 있다. 경고등을 작동하는 스위치를 **압력 차동 스위치**(pressure differential switch)라고 한다. 이 스위치는 보통 **조합 밸브**(combination valve)라고 하는 다목적 브레이크 부품의 중심부에 있다. 브레이크 시스템에 유압이 균일하지 않을 경우, 이 스위치는 대개 브레이크 경고등을 위한 접지 경로를 제공하며 램프가 켜진다. ●그림 24-25 참조.

안타깝게도 계기 경고등은 종종 운전자에게 주차 브레이크가 작동 중임을 경고하는 데 사용되는 램프와 동일한 램프이다. 경고등은 경고등 회로의 접지를 완성하기 위해 대개 주차

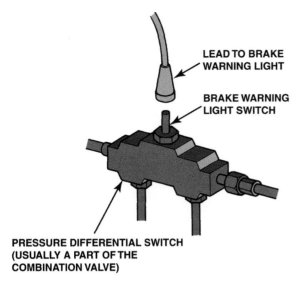

그림 24-25 마스터 브레이크 실린더 위 또는 근처에 위치한 전형적인 브레이크 경고등 스위치.

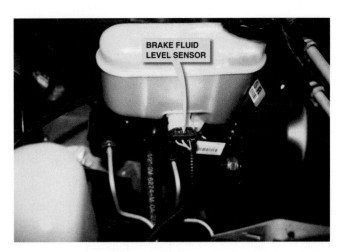

그림 24-26 브레이크 오일 레벨이 낮은 경우, 적색 브레이크 경고등이 켜질 수 있다.

브레이크 레버(parking brake lever) 또는 브레이크 유압 스위치(brake hydraulic pressure switch)를 사용하여 작동된다. 경고등이 켜지면 먼저 주차 브레이크가 완전히 해제되었는지를 점검한다. 주차 브레이크가 완전히 해제된 경우, 결함 있는 주차 브레이크 스위치 또는 유압 브레이크 문제일 수 있다. 어떤 시스템이 램프를 계속 켜 놓고 있는지 점검하기 위해, 밸브나 스위치로부터 전선을 뽑기만 하면 된다. 압력 차동 스위치의 전선이 분리되어 있고 경고등이 계속 켜져 있는 경우, 문제는 결함이 있거나 잘못 조정된 주차 브레이크 스위치에 기인한다. 하지만 브레이크 스위치에서 전선을 제거할 때 경고등이 꺼진다면, 유압 브레이크 고장으로 인해 압력 차동 스위치가 경고등 회로를 완성하게 된 것이 문제가 된다. 브레이크 오일이 부족할 경우 적색 브레이크 경고등도 켜질 수 있다. ●그림 24-26은 브레이크 오일 레벨 센서의 예를 보여 준다.

아날로그 계기 장치들
Analog Dash Instruments

아날로그 디스플레이는 값을 나타내기 위해 바늘을 사용하는 반면, 디지털 디스플레이는 숫자를 사용한다. 아날로그 전자기 계기 장치(analog electromagnetic dash instrument)들은 연료 레벨, 수온 및 오일 압력을 위한 송신 장치에 연결된 소형 전자기 코일을 사용한다. 사용하는 디스플레이 유형에 관계없이 동일한 유형의 센서를 사용한다. 센서의 저항은 측정

대상에 따라 달라진다. ●그림 24-27은 전형적인 전자식 연료 게이지 작동을 보여 준다.

네트워크 통신
Network Communication

설명 많은 계기판은 엔진 제어 컴퓨터와 통신하여 분당 회전수(RPM) 및 엔진 온도와 같은 엔진 데이터를 얻는 전자 제어 장치에 의해 작동된다. 이러한 전자식 **계기판(instrument panel, IP)**은 연료 레벨을 결정하기 위해 연료 게이지의 전압과 같은 가변 저항 센서의 전압 변화를 사용한다. 따라서 연료 탱크의 센서가 동일하더라도, 디스플레이 자체는 컴퓨터로 제어될 수 있다. 데이터는 직렬 데이터선을 통해 계기판(instrument cluster)과 파워트레인 제어 모듈로 전송된다. 모든 센서 입력이 상호 연결되어 있기 때문에, 기술자는 항상 공장에서 권장하는 진단 절차를 준수해야 한다. ●그림 24-28 참조.

스테퍼 모터 아날로그 게이지
Stepper Motor Analog Gauges

설명 대부분의 아날로그 계기 디스플레이(analog dash display)는 바늘을 움직이는 스테퍼 모터를 사용한다. **스테퍼 모터(stepper motor)**는 컴퓨터의 신호를 기반으로 작은 간격으

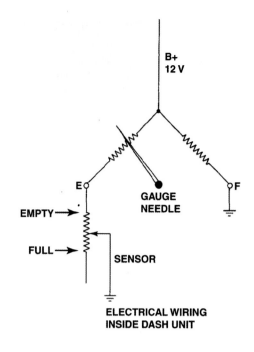

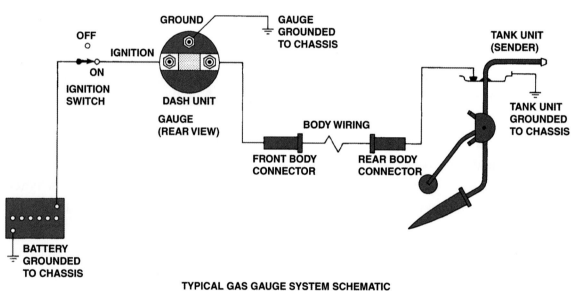

TYPICAL GAS GAUGE SYSTEM SCHEMATIC

그림 24-27 전자기 연료 게이지 배선. 센서 배선이 분리되고 접지되면, 바늘이 "E(empty)"를 가리켜야 한다. 센서 배선이 분리되고 접지에서 멀리 떨어진 상태로 유지된 경우, 바늘은 "F(full)"를 가리켜야 한다.

로 회전하도록 설계된 전기 모터의 한 유형이다. 이런 종류의 게이지는 매우 정확하다.

작동 디지털 출력은 스테퍼 모터를 제어하는 데 사용된다. 스테퍼 모터는 전원이 차단된 상태(전압 없음)로부터 완전 에너지가 공급된 상태(최대 전압)까지 고정 간격 또는 증분으로 움직이는 직류 모터이다. 스테퍼 모터는 흔히 120단계로 움직인다. PCM에 의해 제어되는 스테퍼 모터를 사용하는 경우, PCM에서 스테퍼 모터의 위치를 추적하는 것이 매우 쉽

다. 스테퍼 모터로 전송된 단계 수를 계산하여, PCM이 모터의 상대적 위치를 결정할 수 있다. PCM이 실제로 스테퍼 모터에서 피드백 신호를 수신하지 않는 반면에, 모터가 얼마나 많은 단계를 앞뒤로 이동해야 하는지 알고 있다.

일반적인 스테퍼 모터는 영구자석 한 개와 전자석 두 개를 사용한다. 두 개의 전자기 권선 각각은 컴퓨터에 의해 제어된다. 컴퓨터가 권선에 펄스를 보내고 권선의 극성을 변경하여 스테퍼 모터의 전기자를 한 번에 90도 회전되도록 한다. 컴퓨터는 각 90도 펄스를 "횟수(count)" 또는 "간격(step)"으로 기

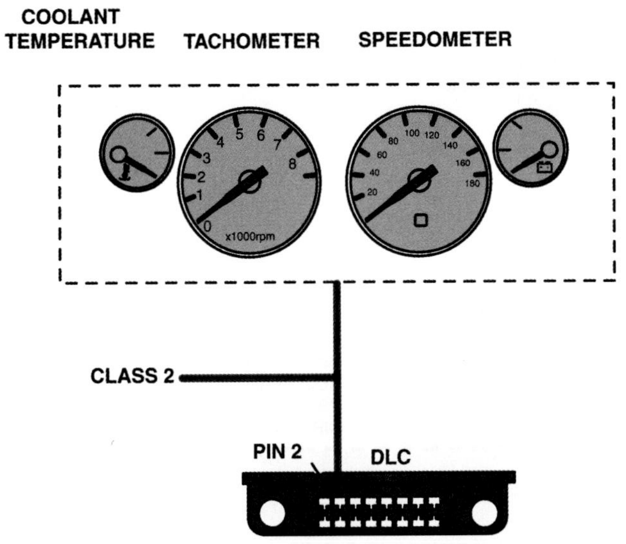

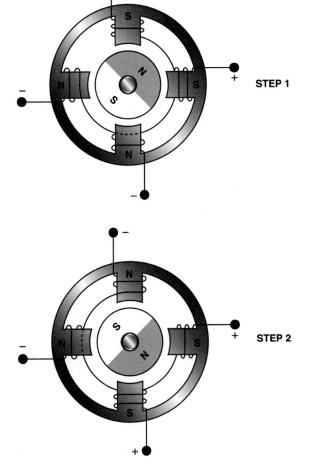

COOLANT TEMPERATURE   TACHOMETER   SPEEDOMETER

CLASS 2

PIN 2   DLC

그림 24-28 일반적인 계측기 디스플레이는 직렬 데이터선을 통해 개별 게이지로 전송되는 센서 데이터를 사용한다.

STEP 1

STEP 2

그림 24-29 대부분의 스테퍼 모터(stepper motor)는 전기자를 단계적으로 회전시키기 위해 컴퓨터에 의해 펄스를 공급하는 4개의 전선을 사용한다.

록하는데, 이것이 이러한 모터 유형의 이름을 설명한다. ●그림 24-29 참조.

참고: 많은 전자식 게이지 클러스터(electronic gauge cluster)는 키가 켜진(key on) 상태에서 점검되는데, 이 경우 계기 디스플레이 바늘이 정상 판독값으로 돌아가기 전에 1/4, 1/2, 3/4 및 최대 위치로 이동하도록 설정된다. 작동하지 않는 게이지를 수리하기 위해 전체 계기판 클러스터를 교체해야 할 필요가 있는 경우에도, 이 자체 테스트를 통해 서비스 기술자는 각 개별 게이지의 작동을 점검할 수 있다.

진단 계기 전자 회로는 배선 다이어그램에 표시하기에 너무 복잡한 경우가 많다. 대신에 모든 관련 전자 회로는 단순히 그림에 "전자 모듈(electronic module)"로 표시된 실선 상자로 표시된다. 모든 전자 회로가 배선 다이어그램에 표시되어 있다 하더라도, 회로가 정확히 어떻게 작동하도록 설계되었는지를 결정하기 위해 전자 엔지니어의 기술이 필요할 것이다. ●그림 24-30 참조.

"오일 점검(check oil)" 계기 표시등의 접지는 전자식 버퍼를 통해 수행된다. 경과 시간 등 점화 스위치가 꺼진 이후의 정확한 조건은 기술자가 알 수 없다. 이러한 유형의 회로 문제를 올바르게 진단하기 위해 기술자는 차량 제조업체에서 지정한 서면 진단 절차를 읽고 이해하며 준수해야 한다.

헤드업 디스플레이 Head-Up Display

헤드업 디스플레이(head-up display, HUD)는 차량 속도를 투영하는 보조 디스플레이로, 때때로 방향지시등 정보와 같은 기타 데이터를 앞유리창(windshield)에 투사한다. 투사된 이미지는 마치 전방에 어느 정도 거리 앞에 있는 것처럼 보이기 때문에 운전자가 더 가까이 있는 계기 디스플레이에 따로 초점을 맞출 필요 없이 쉽게 볼 수 있다. ●그림 24-31과 24-32 참조.

또한 HUD를 사용하는 대부분의 차량에서 HUD의 밝기를 조절할 수 있다. HUD 장치는 계기판에 장착되어 있고, 앞유리창 내부 표면에 차량 정보를 투사하기 위해 거울을 사용한다. ●그림 24-33 참조.

HUD에서 고장이 발견되면, 차량 제조업체가 권장하는 진단 및 시험 절차를 준수한다.

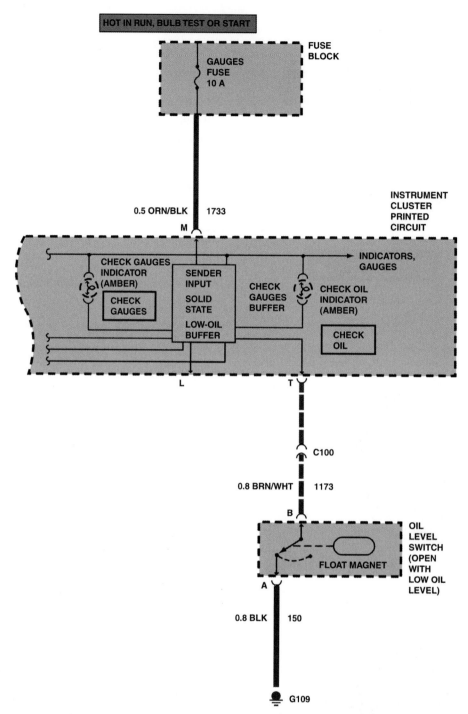

HOT IN RUN, BULB TEST OR START

FUSE
BLOCK

GAUGES
FUSE
10 A

0.5 ORN/BLK   1733

M

INSTRUMENT
CLUSTER
PRINTED
CIRCUIT

CHECK GAUGES
INDICATOR
(AMBER)

CHECK
GAUGES

SENDER
INPUT

SOLID
STATE

LOW-OIL
BUFFER

CHECK
GAUGES
BUFFER

INDICATORS,
GAUGES

CHECK OIL
INDICATOR
(AMBER)

CHECK
OIL

L

T

C100

0.8 BRN/WHT   1173

B

OIL
LEVEL
SWITCH
(OPEN
WITH
LOW OIL
LEVEL)

FLOAT MAGNET

A

0.8 BLK   150

G109

그림 24–30 "오일 점검(check oil)" 표시등에 대한 접지는 전자식 저오일 버퍼(electronic low-oil buffer)에 의해 제어된다. 이 버퍼가 오일 레벨 센서에 연결되어 있음에도 불구하고 버퍼는 엔진이 정지된 시간과 엔진 온도를 고려한다. 이 회로의 문제를 올바르게 진단하는 유일한 방법은 차량 제조업체가 명시한 절차를 따르는 것이다.

나이트 비전 Night Vision

부품 및 동작 나이트 비전 시스템(night vision system)은 운전자가 야간에 운전하는 것을 돕기 위해 어둠 속에서도 물체를 관찰할 수 있는 카메라를 사용한다. 야간의 주요 조명 장치는 전조등(headlight)이다. 야간 감시 옵션은 전조등 범위를 넘어 운전자의 시야를 개선하기 위해 헤드업 디스플레이(HUD)를 사용한다. HUD를 사용하는 것은 운전자가 최대한의 안전을 위해 도로를 계속 주시하고 휠에 손을 올릴 수 있

그림 24-31　시간당 0마일의 속도를 보여 주는 전형적인 헤드업 디스플레이(HUD)로, 실제로는 계기판의 HUD로 앞유리창에 투사된다.

그림 24-32　이 캐딜락에 탑재된 HUD의 계기판 장착 조정기(dash-mounted control)를 통해 운전자는 최적의 시야를 위해 앞유리창에서 이미지를 위아래로 움직일 수 있다.

게 해 준다.

　HUD 외에도 나이트 비전 카메라(night vision camera)는 열 이미징(thermal imaging) 또는 적외선 기술(infrared technology)을 사용한다. 이 카메라는 차량 전면 그릴 뒤에 장착된다. ●그림 24-34 참조.

　이러한 카메라는 일반적인 광학 카메라처럼 물체에 반사되는 빛에 의해서가 아니라 물체에 의해서 방출되는 열에너지를 바탕으로 영상을 생성한다. 이 영상은 뜨거운(열에너지가 높

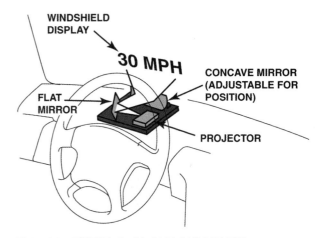

그림 24-33　전형적인 헤드업 디스플레이(HUD) 장치.

그림 24-34　캐딜락 그릴 뒤에 장착된 야간 감시 카메라(night vision camera).

은) 물체가 밝게 또는 하얀색으로 보이고 차가운 물체는 어둡게 또는 검게 보일 때, 음의 흑백 사진(black and white photo negative)처럼 보인다. 야간 감시 시스템의 다른 부분은 다음 내용을 포함한다.

- **on/off 및 조광 스위치(dimming switch).** 이를 통해 운전자는 디스플레이의 밝기를 조정하고 필요에 따라 디스플레이를 켜거나 끌 수 있다.
- **up/down 스위치.** 야간 감시용 HUD 시스템에는 앞유리창에 있는 이미지를 위나 아래로 조정할 수 있는 전기식 기울기 조정 모터(electric tilt adjust motor)가 있다.

주의: 나이트 비전 시스템에 익숙해지는 것은 어려울 수 있으며, HUD를 보는 것에 익숙해지는 데 며칠 밤이 걸릴 수도 있다.

진단 및 서비스 야간 감시 시스템과 관계된 고장을 진단하는 첫 번째 단계는 문제를 확인하는 것이다. 정상적으로 작동하는지 사용자 매뉴얼 또는 서비스 정보를 확인한다. 예를 들어 캐딜락 야간 감시 시스템이 기능을 발휘하기 위해서 다음과 같은 조치가 필요하다.

1. 점화 스위치가 켜짐(실행) 위치에 있어야 한다.
2. 트와일라이트 센티넬(Twilight Sentinel) 광전지(photocell)가 어두운 상태임을 나타내고 있어야 한다.
3. 전조등이 켜져 있어야 한다.
4. 야간 감시 시스템 스위치가 켜져 있고 영상이 제대로 표시되도록 밝기(brightness)가 조정되어 있어야 한다.

　야간 감시 시스템은 차량 전방에 있는 카메라를 사용하며, 그릴을 통해 도로 파편으로부터 보호된다. 하지만 작은 돌 또는 다른 파편들이 그릴을 통과하여 카메라의 렌즈를 손상시킬 수 있다. 카메라가 손상된 경우 별도의 부품이 없으므로 카메라 어셈블리를 교체해야 한다. 항상 차량 제조업체의 권장 테스트 및 서비스 절차를 따른다.

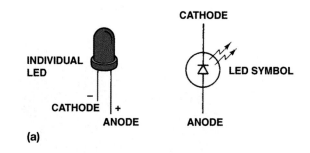

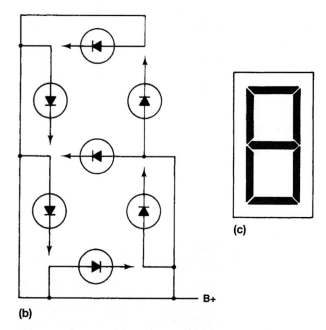

그림 24-35 (a) 전형적인 발광 다이오드(LED)의 기호 및 배선도. (b) 7개의 세그먼트로 그룹화된 이 배열을 공통 양극(양극 연결)을 갖는 7-세그먼트 LED 디스플레이라고 한다. 계기 컴퓨터는 숫자와 문자를 표시하기 위해 각 개별 세그먼트의 캐소드(음극) 측을 토글한다. (c) 모든 세그먼트가 켜지면 숫자 8이 표시된다.

디지털 전자 디스플레이 동작
Digital Electronic Display Operation

유형

- 기계식 또는 전기기계식 계기판 장치는 케이블, 기계식 변환기 및 센서를 이용하여 특정 기기를 작동시킨다.
- 디지털 계기판 기기는 다양한 전기/전자 센서를 사용하여 전자 디스플레이의 세그먼트나 섹션을 활성화한다. 대부분의 전자식 계기 클러스터는 컴퓨터 칩과 다양한 전자회로를 사용하여 작동하여 내부 전원 공급 장치, 센서 전압 및 디스플레이 전압을 제어한다.
- 전자식 계기 디스플레이 시스템은 발광 다이오드(LED), LCD(액정 디스플레이), VTF(진공관 형광) 및 CRT(음극선관)와 같은 여러 종류의 디스플레이를 사용한다.

LED 디지털 디스플레이 모든 다이오드는 작동 중에 어떤 형태의 에너지를 방출하며, **LED(light-emitting diode)**는 에너지를 빛의 형태로 발산하도록 설계된 반도체이다. LED는 다양한 색상을 방출하도록 제작될 수 있지만, 가장 인기 있는 색상은 적색, 녹색 및 황색이다. 적색은 직사 태양광 아래서

는 잘 보이지 않는다. 따라서 대부분의 차량 제조업체는 황색을 사용한다. LED는 7개로 이루어진 그룹으로 배치될 수 있으며, 이는 숫자와 문자를 모두 표시하는 데 사용될 수 있다. ●그림 24-35 참조.

　LED 디스플레이는 다른 유형의 전자 디스플레이보다 더 많은 전력을 필요로 한다. 일반적인 LED 디스플레이는 각 세그먼트에 30mA가 필요하다. 따라서 표시되는 각 숫자 또는 문자는 210mA를 필요로 할 수 있다.

액정 디스플레이 액정 디스플레이(liquid crystal display, LCD)는 문자, 숫자, 막대그래프 등 다양한 형태로 구성될 수 있다.

- LCD 구조는 두 장의 편광 유리(polarized glass) 사이에

그림 24-36 전형적인 내비게이션 시스템 디스플레이.

장착된 특별한 유체로 구성되어 있다. 유리판 사이의 특수 오일은 유리와 합판으로 된 도체 박막을 통해 오일에 작은 전압이 공급될 경우 빛이 통과할 수 있도록 한다.

- LCD 뒤에 있는 매우 밝은 할로겐전구의 빛은 LCD의 각 세그먼트를 통해 빛을 비추는데, LCD는 빛이 이 세그먼트를 통과하도록 편광시켜 주며, 이는 숫자나 문자를 보여 준다. 디스플레이 앞에 컬러 필터를 배치하여 디지털 타코미터(digital tachometer)의 최대 엔진 속도와 같은 디스플레이의 특정 세그먼트의 색상을 변경할 수 있다.

주의: LCD를 청소할 때는 특수한 오일이 덮인 유리판을 누르지 않도록 주의한다. 유리에 과도한 압력이 가해지면 디스플레이가 영구적으로 뒤틀릴(distorted) 수 있다. 유리가 깨지면 오일이 누출되어 강력한 알카라인(alkaline) 특성으로 인해 차량의 다른 부품을 손상시킬 수 있다. LCD를 청소할 때는 부드럽고 젖은 천을 사용한다.

- LCD 디지털 계기의 주요 단점은 낮은 온도에서 숫자나 문자가 느리게 반응하거나 변화된다는 점이다. ●그림 24-36 참조.

진공관 형광 디스플레이　진공관 형광(vacuum tube fluorescent, VTF) 디스플레이는 매우 밝고 강한 햇빛에서 잘 볼 수 있기 때문에, 자동차 및 가전제품에 보편적으로 사용되는 디스플레이이다. 일반적인 VTF 디스플레이는 녹색이지만, 흰색도 가전제품에 많이 사용된다.

- VTF 디스플레이는 **형광체(phosphor)**라 불리는 화학 물질로 코팅된 발광 소자가 고속 전자와 부딪히는 TV 화면과 유사한 방법으로 밝은 빛을 발생시킨다.
- VTF 디스플레이는 매우 밝아서, 고밀도 필터를 사용하거나 디스플레이에 인가되는 전압을 제어하여 흐리게 조절해야 한다. 일반적인 VTF 계기는 주차 브레이크등이나 전조등이 켜질 때마다 75% 밝기로 흐리게 조정된다. 일부 디스플레이는 광전지(photocell)를 사용하여 주간 보기(daylight viewing) 동안 디스플레이의 강도를 감지하고 조정한다. 대부분의 VTF 디스플레이는 대부분의 조명 조건에서 최상의 보기를 위해 녹색으로 표시된다.

음극선관　음극선관(cathode ray tube, CRT) 계기 디스플레이는 TV 또는 LCD 디스플레이와 마찬가지로 편리한 장소에서 수백 개의 제어장치 및 진단 메시지를 표시할 수 있도록 한다.

터치 감지식(touch-sensitive) 음극선관을 통해 운전자나 기술자는 라디오, 실내 온도, 운행 및 대시 계측기 정보를 포함한 여러 다양한 디스플레이에서 선택할 수 있다. 운전자는 이러한 모든 기능에 쉽게 접근할 수 있다. 적절한 에어컨 제어장치의 조합이 터치되면 CRT에 추가 진단 정보가 표시된다. 이러한 디스플레이에 대한 진단 절차는, 진단 메뉴에 접근하기 위해 두 개 또는 그 이상의 버튼을 동시에 누르는 작업이 포함된다. 항상 공장 서비스 매뉴얼의 권장 사항을 따르도록 한다.

냉음극 형광 디스플레이　많은 차량 제조업체들은 후면 조명을 위해 냉음극 형광(cold cathode fluorescent lighting) 디스플레이를 사용한다. 전류 소비량은 평균 수명 40,000시간에 대해 3~5mA 범위이다. CFL(cathode fluorescent lighting)은 기존의 백열등을 대체하고 있다.

전자 아날로그 디스플레이　1990년대 초 이후 대부분의 아날로그 계기 디스플레이는 전자적으로 또는 컴퓨터 방식으로 제어된다. 센서는 동일할 수 있지만, 센서 정보는 데이터 버스를 통해 차체 또는 차량 컴퓨터로 전송되고, 컴퓨터는 게이지의 바늘을 움직이는 작은 전자석을 통해 전류를 제어한다. ●그림 24-37 참조. 스캔 도구가 컴퓨터제어 아날로그 계기 디스플레이의 작동을 진단하는 데 종종 필요하다.

(a)

(b)

(c)

그림 24-37 (a) 계기판을 탈거한 상태에서의 차량 계기판 모습. 때로는 계기판의 뒤쪽에 접근할 수 있도록 패딩 처리된 대시 커버(충돌 패드)를 탈거하여 계기판 계측기를 수리할 수 있다. (b) 전자식 아날로그 계기 디스플레이의 전면 모습. (c) 수리 가능한 전구가 여러 개 있는 계기 디스플레이의 후면. 그러나 그렇지 않은 경우에는 장치가 하나의 어셈블리로 수리된다.

WOW 디스플레이 디지털 계기가 장착된 차량을 시동하면 전자 디스플레이의 모든 세그먼트가 1초 또는 2초 동안 최대 밝기로 켜진다. 이것은 보통 **WOW 디스플레이**라고 불리며, 디스플레이의 뛰어난 기능을 뽐내는 데 사용된다. 숫자가 디스플레이의 일부인 경우 숫자 8이 표시되는데, 이는 숫자 8이 숫자 디스플레이의 모든 세그먼트를 사용하기 때문이다. 기술자는 WOW 디스플레이를 사용하여 모든 전자식 디스플레이가 올바르게 작동하고 있는지 여부를 판단할 수 있다.

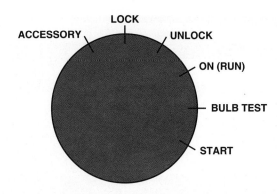

그림 24-38 전형적인 점화 스위치 위치. "ON(RUN)"과 "START" 사이에 있는 전구 시험 위치에 주목하라. 이러한 입력은 종종 차체 제어 모듈에 대한 전압 신호이며, 스캔 도구를 사용하여 점검할 수 있다.

그림 24-39 많은 신형 차량들은 점화 스위치를 계기판에 장착하고 도난 방지 제어 기능(antitheft control)을 통합한다. "ACC(accessory)" 위치를 주목하라.

🔧 **기술 팁**

전구 시험

많은 점화 스위치에는 6개의 위치가 있다. 전구 시험 위치를 확인한다("ON"과 "START" 사이). 점화 스위치를 "ON"으로 돌리면 일부 계기 경고등에 조명이 들어온다. 전구 시험 위치에 도달하면 종종 추가적인 계기 경고등이 켜진다. 기술자는 이 점화 스위치 위치를 이용하여 다양한 회로를 보호하는 퓨즈의 작동을 점검한다. 계기 경고등이 모두 동일한 퓨즈를 통해 전원이 공급되는 것은 아니다. 전기 부품 또는 회로가 작동하지 않는 경우, 문제 회로와 공통 퓨즈를 공유하는 계기등의 작동을 관찰하여 전원 측(퓨즈)을 신속히 점검할 수 있다. 시험할 정확한 회로의 퓨즈 정보는 배선 다이어그램을 참조하라. ●그림 24-38과 24-39 참조.

그림 24-40 변속기 익스텐션 하우징에 위치한 차량 속도 센서. 일부 차량에서는 휠 속도 센서(wheel speed sensor)를 차량 속도 정보로 사용한다.

 사례연구

회전속도계(tachometer)처럼 작동하는 속도계

링컨 타운카의 운전자는 속도계(speedometer)의 바늘이 자동차의 속도보다 오히려 엔진의 속도에 따라 올라가고 내려간다고 불평했다. 실제로 기어 레버가 "주차" 위치에 있고 차량이 안 움직이는데도 속도계 바늘이 엔진 속도에 따라 올라가고 내려가는 과정이 반복되었다. 몇 시간 동안 문제해결 시도를 하다가 서비스 기술자는 기본적인 사항을 점검하기 시작했고 교류발전기의 다이오드가 불량하다는 것을 발견했다. 기술자는 집계형 AC/DC 전류계를 사용하여 1V 이상의 AC 전압과 10A 이상의 AC 리플 전류를 측정하였다. 교류발전기를 교체한 후 속도계가 제대로 작동하게 되었다.

개요:
- **불만 사항**—소비자는 차량 속도가 아니라 엔진 속도에 따라 속도계가 움직인다고 불평하였다.
- **원인**—시험 결과, 교류발전기가 다이오드 불량으로 인해 과도한 AC 전압을 생성하고 있음이 확인되었다.
- **수리**—교류발전기를 교체하자 속도계가 제대로 작동하였다.

전자식 속도계
Electronic Speedometers

동작 전자식 계기 디스플레이는 보통 변속기의 출력축 상에서 작은 기어에 의해 구동되는 전기 차량 속도 센서(electric vehicle speed sensor)를 사용한다. 이러한 속도 센서는 영구

 기술 팁

납땜건 요령

디지털 계기 또는 전자식 계기와 관련된 문제를 진단하는 것은 어려울 수 있다. 문제를 격리시키는 데 도움이 되는 일반적인 요령은 영구자석 발전기(PM generator) 근처에서 납땜건(soldering gun)을 사용하는 것이다.

PM 발전기는 배선 코일을 포함한다. 내부의 자석이 회전하면 전압이 생성된다. 이 전압의 주파수는 계기(또는 엔진) 컴퓨터가 차량 속도를 계산하는 데 사용한다.

교류 110V에 연결된 납땜건은 납땜건 주위에 강력하고 *변화하는* 자기장을 생성하게 된다. 이 자기장은 초당 60사이클의 속도로 지속적으로 변화한다. 자기장의 이러한 주파수는 PM 발전기의 권선에 전압을 유도한다.

전자 속도계를 시험하기 위해, 점화 스위치를 "on"(엔진은 꺼진 상태)으로 돌리고 PM 발전기 근처에서 납땜건을 유지한다.

주의: 납땜건의 끝부분은 뜨거워질 수 있으므로 뜨거운 팁으로 인해 손상될 수 있는 배선이나 부품들로부터 멀리 유지해야 한다.

PM 발전기, 배선, 컴퓨터 및 계기가 정상이면 속도계는 대개 시속 87km의 속도를 기록해야 한다. 차량 주행 시 속도계가 작동하지 않는 경우는 PM 발전기 구동에 문제가 있는 것이다.

납땜건이 이용되어도 속도계가 속도를 기록하지 않는다면, 다음과 같은 원인으로 인해 발생되는 문제일 수 있다.
1. 결함 있는 PM 발전기(저항계를 사용하여 권선 점검)
2. PM 발전기로부터 컴퓨터로 연결되는 배선 결함(개방 또는 단락)
3. 결함 있는 컴퓨터 또는 계기 회로

자석(permanent magnet, PM)을 포함하고 차량 속도에 비례하여 전압을 생성한다. 이러한 속도 센서를 흔히 **PM 발전기(PM generator)**라고 한다. ●그림 24-40 참조.

PM 발전기 속도 센서의 출력은 차량 속도가 증가함에 따라 주파수 및 진폭이 변화하는 AC 전압이다. PM 발전기 속도 신호는 계기판 클러스터 전자 회로로 전송된다. 이러한 특수 전자 회로는 속도 센서의 변수 사인파 전압을 차량 속도를 나타내기 위해 다른 전자 회로에서 사용될 수 있는 on/off 신호로 변환하는 버퍼 증폭기 회로(buffer amplifier circuit)를 포함한다. 그러면 전자식 바늘형 속도계 또는 디지털 디스플레이의 숫자로 차량 속도가 표시된다.

토요타 트럭 이야기

토요타 트럭 운전자가 다음과 같은 몇 가지 전기적 문제로 인해 트럭에 문제가 생겼다고 불평했다.

1. 크루즈(속도) 컨트롤이 간헐적으로 갑자기 튀어나가는 경우 가 있다.
2. 적색 브레이크 경고등이 특히 추운 날씨에 켜진다.

　　숙련된 기술자가 서비스 정보에서 배선도를 점검했다. 경고 등 회로를 점검한 결과 기술자는 동일한 배선이 브레이크액 레 벨 센서(brake fluid level sensor)로 연결되었음을 알게 되었 다. 브레이크액은 최소 레벨에 있었다. 마스터 실린더를 최대한 깨끗한 브레이크 오일로 채움으로써 두 문제가 모두 해결되었 다. 적색 브레이크 경고등이 안전 조치로서 켜졌을 때, 크루즈 컨트롤의 전자 장치는 동작을 멈추었다.

개요:

- **불만 사항**—고객은 트럭에 전기적인 문제가 두세 가지 있다 고 말했다.
- **원인**—육안 검사에서 브레이크액 레벨이 낮은 상태였고, 이 것이 적색 브레이크 경고등과 크루즈 컨트롤을 트리거하는 것을 발견했다.
- **수리**—브레이크 오일을 추가함으로써 적절한 전기 시스템 동작이 회복되었다.

(a)

(b)

그림 24–41　(a) 일부 주행기록계는 기계식이며 스테퍼 모터(stepper motor)에 의해 작동된다. (b) 많은 차량들에 전자식 주행기록계가 장착되 어 있다.

전자식 주행기록계
Electronic Odometers

목적과 기능　주행기록계(odometer)는 차량이 주행한 총 거 리를 나타내는 계기 디스플레이이다. 전자식 계기 디스플 레이는 전기 구동식 기계식 주행기록계(electrically driven mechanical odometer) 또는 디지털 디스플레이 주행기록계 (digital display odometer)를 사용하여 주행 거리를 나타낼 수 있다. 기계식 주행기록계에서는 스테퍼 모터(stepper motor) 라고 하는 소형 전기 모터가 기계식 주행기록계의 숫자 휠을 회전시키는 데 사용된다. 펄스 전압이 이 스테퍼 모터로 공급 되고, 스테퍼 모터는 이동 거리에 따라 움직인다. ●그림 24– 41 참조.

　　디지털 주행기록계는 LED, LCD 또는 VTF 디스플레이 를 사용하여 주행 거리를 표시한다. 점화 스위치를 끄거나 배 터리를 분리했을 때에도 총 마일을 유지해야 하기 때문에, 주

행 거리를 유지할 수 있는 특수 전자 칩을 사용하여야 한다. 이러한 특수 칩을 **비휘발성 RAM(nonvolatile RAM 또는 NVRAM)**이라고 한다. 비휘발성(nonvolatile)은 전력이 끊길 때에도 전자 칩에 저장된 정보가 손실되지 않는다는 것을 의 미한다. 일부 차량은 **전기적 소거 및 프로그램 가능 읽기전용 메모리(electrically erasable programmable read-only mem- ory, EEPROM)**라는 칩을 사용한다. 대부분의 디지털 주행기 록계는 999,999.9km까지 읽을 수 있으며, 그 이상은 디스플 레이에 오류가 표시된다. 칩이 손상되거나 정전기에 노출되면 작동하지 않고 "오류(error)"가 표시될 수 있다.

속도계/주행기록계 점검　속도계 및 주행기록계가 작동하지 않으면 다음과 같이 점검한다.

정비 이력 확인

한 기술자가 폰티악 그랜드 AM(Grand Am)의 속도계를 수리해 달라는 요청을 받았는데, 이 속도계는 실제 속도의 약 두 배의 속도를 나타내고 있었다. 이전의 수리 작업으로는 새로운 차량 속도(vehicle speed, VS) 센서 및 컴퓨터가 있었다. 아무런 특별한 차이가 없었다. 고객은 그 문제가 갑자기 발생했다고 말했다. 문제해결을 위해 몇 시간이 지난 후, 고객이 속도계 문제가 생기기 직전에 자동 트랜스액슬(automatic transaxle)을 수리했다는 말을 했다. 이 문제의 근본 원인은 기술자가 4T60–E 트랜스액슬의 최종 구동 어셈블리가 3T–40 트랜스액슬에 장착되었다는 사실을 알았을 때 발견되었다. 4T60–E 최종 구동 어셈블리는 릴럭터 톱니가 13개인 반면, 3T–40은 톱니가 7개이다. 이러한 톱니 수 차이가 속도계의 속도가 실제 차량 속도의 거의 두 배가 되는 속도로 표시하도록 한 것이다. 올바른 부품을 장착한 후 속도계는 올바르게 작동했다. 이제 기술자는 진단을 수행하기 전에 항상 차량에서 최근에 수행한 작업이 있는지 여부를 묻는다.

개요:

- **불만 사항**—고객은 속도계가 실제 속도의 약 두 배 정도를 나타낸다고 말했다.
- **원인**—릴럭터 톱니 수가 맞지 않는 트랜스액슬을 수리하는 중에, 올바르지 않은 최종 드라이브가 장착되었다.
- **수리**—최종 드라이브를 올바른 부품으로 교체하여 속도계 오류 문제를 해결하였다.

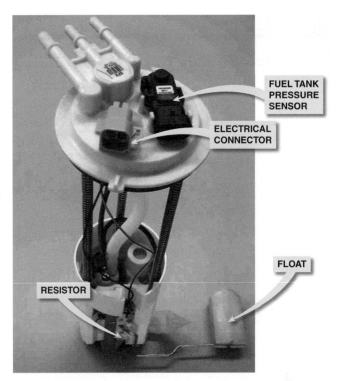

그림 24-42 연료 펌프와 연료 레벨 센서를 하나의 어셈블리로 포함하고 있는 연료 탱크 모듈 어셈블리.

지털 주행기록계가 작동하지 않지만 속도계가 올바르게 작동하면, 대시 클러스터를 탈거하여 전문 수리 시설로 보내야 한다.

전자식 연료 레벨 게이지
Electronic Fuel Level Gauges

작동 전자식 연료 레벨 게이지는 일반적으로 기존 연료 게이지와 동일한 연료 탱크 송신 장치를 사용한다. 탱크 유닛은 가변 저항기에 부착된 플로트(float)로 구성된다. 연료 레벨이 변화함에 따라 송신 장치의 저항도 변화한다. 탱크 유닛의 저항이 변화함에 따라 계기판에 장착된 게이지도 변한다. 디지털 연료 레벨 게이지와 기존 바늘 형태의 유일한 차이점은 디스플레이에 있다. 디지털 연료 레벨 게이지는 수치 표시(탱크에 남아 있는 리터 수를 나타냄) 또는 막대그래프 표시 중 하나가 될 수 있다. ●그림 24-42 참조.

문제의 진단은 앞서 기존 연료 게이지에서 설명했던 것과 동일하다. 시험에서 대시 장치에 결함이 있는 것으로 나타나는 경우에는 대개 전체 계기 게이지 어셈블리를 교체해야 한다.

- 속도 센서가 첫 번째 점검 항목이어야 한다. 차량을 안전하게 지상에서 들어 올린 상태에서 스캔 도구를 사용하여 차량 속도를 점검한다. 스캔 도구를 사용할 수 없는 경우에는 변속기의 출력축 근처에 있는 속도 센서로부터 배선을 분리한다. 교류 전압으로 설정된 멀티미터를 속도 센서의 단자에 연결하고, 변속기를 중립 위치에 둔 상태에서 구동 휠(drive wheel)을 회전시킨다. 양호한 속도 센서는 구동 휠이 손으로 회전되는 경우 교류 전압 약 2V를 가리켜야 한다.
- 속도 센서가 작동하면, 속도 센서로부터 계기 클러스터로 연결되는 배선을 점검한다. 배선이 양호한 경우, 계기판(IP)을 전문 수리 시설로 보내야 한다.
- 속도계가 올바르게 작동하지만 기계식 주행기록계가 작동하지 않는 경우는 주행기록계 스테퍼 모터, 휠 어셈블리 또는 스테퍼 모터 제어 회로에 결함이 있는 것이다. 디

전자 소자는 물에 약하다.

닷지 미니밴의 소유자는 차량의 안팎을 청소한 후 온도 게이지, 연료 게이지, 속도계가 작동을 멈추었다고 불평했다. 차량 속도 센서를 점검하자 속도 센서가 차량 속도에 따라 변화하는 사각파(square wave) 신호를 공급하고 있는 것으로 확인되었다. 스캔 도구는 속도를 나타냈지만, 속도계는 항상 0을 표시하였다. 마침내 기술자가 가속 페달의 오른쪽에 있는 차체 제어 모듈(body control module, BCM)을 점검하여 내부 청소 과정에서 BCM이 젖게 되었음을 발견했다. BCM을 건조시키는 것으로는 문제를 해결할 수 없었고, BCM을 교체했더니 모든 문제가 해결되었다. 미니밴 소유자는 전자 소자들이 물에 약하다는 것을 알게 되었다.

개요:

- **불만 사항**—차량 안팎을 세차한 후 게이지 작동이 중지되었다는 고객 불만이 제기되었다.
- **원인**—차체 제어 모듈(BCM)이 물에 젖은 것이 발견되었다.
- **수리**—문제를 해결하기 위해 BCM 교체가 요구되었다.

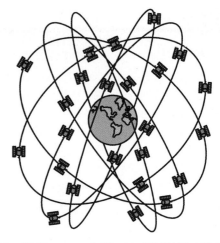

그림 24-43 GPS는 고고도에 있는 24개의 위성을 사용하며, 이 위성의 신호가 내비게이션 시스템에 의해 포착된다. 그러면 내비게이션 시스템 컴퓨터가 위성 오버헤드(satellite overhead)의 위치를 기준으로 위치를 계산한다.

? 자주 묻는 질문

정부가 내 위치를 알고 있을까?

아니다. 내비게이션 시스템은 위성에서 보내는 신호를 사용하고 3개 또는 그 이상의 신호를 사용하여 위치를 확인한다. 차량에 온스타(OnStar)가 장착되어 있는 경우, 온스타 콜센터로의 휴대전화 링크를 통해 차량 위치를 모니터링할 수 있다. 차량이 바깥세상과 연결된 휴대전화를 가지고 있지 않다면, 차량의 위치를 알 수 있는 유일한 사람은 차안에서 내비게이션 화면을 보고 있는 사람뿐이다.

내비게이션과 GPS
Navigation and GPS

목적과 기능 위성 위치 확인 시스템(global positioning system, GPS)은 지구 궤도에서 24개의 위성을 사용하여 내비게이션 장치를 위한 신호를 제공한다. GPS는 미국 국방부에 의해 자금 지원을 받고 통제된다. 이 시스템은 GPS 수신기를 가지고 있는 누구나 사용할 수 있지만, 이것은 미군을 위해 설계되었고 운용된다. ●그림 24-43 참조.

배경 현재의 GPS는 민간 비행기인 대한항공 007편이 1983년 소련 상공을 비행하다가 격추된 후에 개발되었고 1991년에 완전히 가동에 들어갔다. 같은 해에 민간에서의 GPS 사용이 허용되었지만, 군대에서 사용하는 시스템보다 덜 정확했다.

2000년까지 GPS의 비군사적 사용은 위성 송신 신호에 내장된 S/A(Selection Availability)라는 컴퓨터 프로그램에 의해 의도적으로 저하되었다. 2000년 이후 S/A가 공식적으로 차단되어, 비군사적 사용자들이 GPS 수신기로부터 보다 정확한 위치 정보를 얻을 수 있게 되었다.

내비게이션 시스템 부품 및 동작 내비게이션 시스템은 기본 위치 정보를 위해 GPS 위성을 사용한다. 차량 후면에 위치한 내비게이션 제어장치는 디지털화된 지도를 포함하여 다른 센서를 사용하여 차량의 위치를 표시한다.

- **GPS 위성 신호.** 차량의 위치를 알기 위해서는 적어도 3개 이상의 위성에서 수신한 위성 신호가 필요하다.
- **요(yaw) 센서.** 이 센서는 종종 코너링 중에 차량의 움직임을 감지하기 위해 내비게이션 장치 내부에서 사용된다. 이 센서는 힘을 측정하기 때문에 "g" 센서라고도 불리며, 1g는 중력의 힘이다.
- **차량 속도 센서.** 이 센서 입력은 내비게이션 제어장치가 차량 주행 속도 및 거리를 판단하는 데 사용한다. 이 정보는 수집되어 차량을 찾기 위한 디지털 지도 및 GPS 위성 입력과 비교된다.

그림 24-44 차량의 위치를 보여 주는 일반적인 GPS 디스플레이 화면.

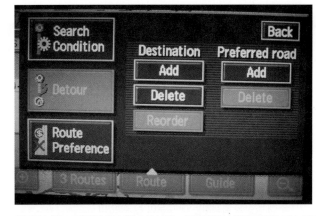

그림 24-45 다양한 옵션을 보여 주는 전형적인 내비게이션 디스플레이. 일부 시스템은 이러한 기능에 액세스할 수 없다.

기술 팁

윈도우 틴팅으로 인한 GPS 수신율 저하

공장에서 설치되어 온 내비게이션 시스템의 대부분은 후면 유리 내부 아래 또는 후면 패키지 서랍 아래에 위치한 GPS 안테나를 사용한다. 후면 유리에 금속화된 유리 틴팅(metalized window tint)을 적용하면 GPS 위성의 신호 강도를 감소시킬 수 있다. 고객 불만 사항에 부정확하거나 제대로 기능하지 않는 내비게이션이 포함되어 있는 경우에는 윈도우 틴팅(window tinting)을 점검해 보아야 한다.

기술 팁

터치스크린

대부분의 차량 내비게이션 시스템은 운전자(또는 승객)가 정보를 입력하거나 기타 화면에 나타나는 프롬프트를 입력할 때 터치스크린을 사용한다. 대부분의 터치스크린은 상단과 하단에 더하여 스크린을 가로질러 투사된 적외선 빔을 사용하여 그리드를 형성한다. 이 시스템은 스크린에서 절단된 빔의 위치를 통해 손가락이 위치하는 위치를 감지한다. 장치가 응답하지 않거나 디스플레이 장치가 손상될 수 있으므로 디스플레이를 세게 누르면 안 된다. 화면을 가볍게 누를 때 아무런 반응이 감지되지 않으면 손가락을 돌려 적외선 빔이 잘리도록 한다.

- **오디오 출력/입력.** 공장에서 설치된 음성-활성화 장치는 앞유리창 중앙 상단에 내장된 마이크와 오디오 스피커 음성 출력을 사용한다.

내비게이션 시스템은 다음 부품들을 포함하고 있다.

1. 화면 디스플레이 ●그림 24-44 참조.
2. GPS 안테나
3. 내비게이션 컨트롤 유닛(대개 DVD의 지도 정보 포함)

DVD는 거리 이름과 다음 정보들을 가지고 있다.

1. 현금 자동 지급기(ATM), 식당, 학교, 박물관, 쇼핑몰, 공항 등을 포함한 관심 지점(points of interest, POI)들과 차량 판매점 위치
2. 호텔과 식당을 포함한 상업용 주소와 전화번호(전화번호가 상업용 전화번호부에 제시되어 있으면 대개 내비게이션 화면에 표시된다. 사업자의 전화번호를 알고 있는 경우 위치를 표시할 수 있다.)

참고: 개인 주택 또는 휴대전화 번호는 내비게이션 시스템 DVD에 저장된 전화번호 데이터베이스에 포함되지 않는다.

3. 다음에 의해 선택되는 주소로의 상세 방향 지시
   - 관심 지점(POI)
   - 디스플레이에 표시되는 키보드를 사용하여 입력

그런 다음 내비게이션 장치를 통해 사용자가 목적지로 가는 가장 빠른 방법이나 최단 경로를 선택하거나, 유료 도로를 피해 가는 방법을 도움 받을 수 있다. ●그림 24-45 참조.

진단 및 점검 내비게이션 시스템이 올바르게 작동하려면 세 가지 입력이 필요하다.

- 위치
- 방향
- 속도

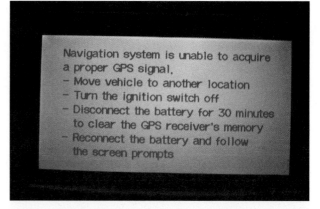

그림 24-46 GPS 위성으로부터 사용 가능한 신호를 획득할 수 없는 내비게이션 시스템의 화면 디스플레이.

자주 묻는 질문

내비게이션-확장형 실내 온도 조절 시스템

어큐라 RL과 같은 일부 차량은 자동 실내 온도 조절 시스템 (automatic climate control system)을 제어하는 데 도움이 되도록 내비게이션 시스템이 제공하는 데이터를 사용한다. 차량 위치에 대한 데이터는 다음을 포함한다.

- **시간과 날짜**. 내비게이션 시스템은 자동 실내 온도 조절 시스템이 태양의 위치를 판단할 수 있도록 해 준다.
- **주행 방향**. 내비게이션 시스템은 실내 온도 조절 시스템이 주행 방향을 결정하는 데 도움이 될 수 있다.

내비게이션 시스템으로부터의 입력 결과로 자동 실내 온도 조절 시스템은 차량의 다른 다양한 센서에 더하여 실내 온도를 제어할 수 있다. 예를 들어 7월 늦은 오후에 차량이 남쪽으로 이동하는 경우 실내 온도 조절 시스템은 차량의 조수석 쪽이 운전석 쪽보다 태양열로 더 많이 더워지는 것으로 가정할 수 있고, 이를 보완하도록 하기 위해 승객 쪽 공기 흐름을 증가시킬 수 있다.

내비게이션 시스템은 GPS 위성 및 지도 데이터를 사용하여 위치를 확인한다. 방향 및 속도는 위성과 요 센서(yaw sensor) 및 차량 속도 센서로부터의 입력을 통해 내비게이션 컴퓨터가 결정한다. 다음과 같은 증상이 발생할 수 있으며, 이는 고객 불만 사항이 될 수 있다. 시스템 오작동의 원인을 파악하는 것이 가장 가능성이 높은 원인을 판단하는 데 도움이 된다.

- 차량 아이콘이 도로를 따라서 점프하는 경우, 대개 차량 속도(VS) 센서 입력에 고장이 표시된다.
- 아이콘이 화면에서 회전하지만 차량이 원형으로 주행하고 있지 않은 경우, 내비게이션 제어장치에 대한 요 센서 또는 요 센서 입력 고장이 발생할 가능성이 높다.
- 아이콘이 코스를 벗어나 차량이 없는 도로에 전시된 경우, GPS 안테나의 고장이 가장 일반적인 이유이다.

때때로 내비게이션 시스템 자체가 위성으로부터 수신되지 않고 있다는 경고를 표시한다. 항상 표시된 지침을 따른다. ●그림 24-46 참조.

온스타 OnStar

부품 및 동작 온스타는 다음 기능을 포함하는 시스템이다.

1. 휴대전화
2. GPS 안테나 및 컴퓨터

온스타는 대부분의 GM 차량과 선택 브랜드 및 모델에서 표준 또는 선택 품목으로서, 비상 상황에서 운전자를 돕거나 기타 서비스를 제공하기 위한 것이다. 휴대전화는 서비스 센터에서 상담원을 통해 운전자와 통신하는 데 사용된다. 서비스 센터의 상담원은 디스플레이를 통해 차량의 GPS 안테나 및 컴퓨터 시스템으로부터 전송되는 차량의 위치를 볼 수 있다. 내비게이션 시스템이 장착되지 않으면, 온스타는 운전자에게 차량의 위치를 표시하지 않는다.

대부분의 내비게이션 시스템과 달리 온스타 시스템은 월 수수료를 요구한다. 온스타는 1996년에 일부 캐딜락 모델에 대한 옵션으로 처음 소개되었다. 초기 버전에서는 핸드헬드 휴대전화를 사용했으며, 이후 버전에서는 내부 백미러에 장착된 버튼 세 개와 핸즈프리 휴대전화를 사용하였다. ●그림 24-47 참조.

첫 번째 버전은 아날로그 휴대전화 서비스를 사용한 반면, 이후 버전은 2007년까지 듀얼 모드(아날로그 및 디지털) 서비스를 사용했다. 2007년부터 모든 온스타 시스템은 디지털 셀룰러 서비스를 사용하고 있으며, 이는 아날로그 방식의 구형 시스템만 업그레이드하면 된다는 것을 의미한다.

온스타 시스템에는 다음과 같은 특징들이 있으며, 이는 원

그림 24-47 3버튼 온스타 제어장치는 내부 백미러에 장착되어 있다. 핸즈프리 휴대폰 통화를 할 경우에는 왼쪽 버튼(전화기 아이콘)을 누른다. 가운데 버튼을 눌러 온스타 상담원에게 연락하며, 오른쪽 비상 버튼은 차량 위치로 도움을 요청하는 데 사용된다.

하는 서비스 수준과 월 수수료에 따라 달라질 수 있다.

- **에어백 전개에 대한 자동 알림.** 에어백이 전개되면 상담원에게 즉시 알려져 차량에 전화를 시도한다. 응답이 없거나, 탑승자가 비상 상황을 보고하는 경우 상담원이 비상 서비스에 연락을 취하여 차량의 위치를 알려 준다.
- **비상 서비스.** 빨간색 버튼을 누르면 온스타가 즉시 차량의 위치를 찾아 가장 가까운 비상 서비스 에이전시에 연결한다.
- **도난 차량 위치 지원.** 차량 도난 신고가 접수되면 콜센터 상담원이 차량을 추적할 수 있다.
- **원격 도어 잠금 해제.** 온스타 상담원은 필요한 경우 차량의 잠금 해제를 위해 휴대전화 메시지를 차량으로 송신할 수 있다.
- **도로변 지원.** 이 서비스를 부르면 온스타 상담원은 견인차 회사를 찾거나 휘발유를 가지고 오거나 펑크 난 타이어를 교체할 수 있는 업체를 찾을 수 있다.
- **사고 지원.** 온스타 상담원은 사고를 처리하기 위한 최선의 방법으로 도와줄 수 있다. 상담원은 해야 할 일에 대한 단계별 체크리스트를 제공할 수 있으며, 필요하다면 보험회사에 전화를 걸 수도 있다.
- **원격 경음기 및 조명.** 온스타 시스템은 조명 및 경음기 회로에 연결되어 있기 때문에 주차장이나 차고에서 소유자가 차량 위치를 찾는 도움을 요청할 경우 원격으로 경음기 및 조명을 활성화할 수 있다.
- **차량 진단.** 온스타 시스템이 PCM에 연결되어 있기 때문에 고장이 감지된 경우 진단을 지원할 수 있다. 이 시스템은 다음과 같이 작동한다.

- 오작동 표시등(malfunction indicator light, MIL)(엔진 점검)이 켜지고 운전자에게 고장이 감지되었음을 알린다.
- 운전자가 온스타 버튼을 눌러 상담원과 대화를 하고 진단을 요청할 수 있다.
- 온스타 상담원은 파워트레인 제어 모듈과 ABS 제어장치 및 에어백 모듈 제어기의 상태를 요청하는 신호를 차량으로 보낸다.
- 그런 다음 차량이 모든 고장 진단 코드(diagnostic trouble code, DTC)를 상담원에게 보낸다. 상담원은 운전자에게 문제의 중요성을 알리고 문제해결 방법에 대한 조언을 제공할 수 있다.

진단 및 점검 다음의 상황 중 어떤 것이 발생하는 경우에는 온스타 시스템이 고객의 요구 사항을 충족하지 못할 수 있다.

1. 그 지역에서의 휴대전화 서비스 부재.
2. GPS 신호 불량. 이것은 온스타 상담원이 차량의 위치를 판단하는 데 방해가 될 수 있다.
3. 트럭이나 페리를 통한 차량 이동. 상담원이 적절히 차량을 추적할 수 있도록 하기 위한 GPS 위성과 접촉하지 못한다.

위의 모든 사항이 정상이면서 문제가 여전히 존재하는 경우에는 서비스 정보의 진단 및 수리 절차를 따라야 한다. 차량에 새로운 차량 통신 인터페이스 모듈(vehicle communication interface module, VCIM)이 장착된 경우, 전자식 일련번호(electronic serial number, ESN)를 차량에 연결해야 한다. 서비스 정보 지침에서 따라야 할 정확한 절차를 확인한다.

그림 24-48 백업 카메라(backup camera)에서 내비게이션 화면에 표시되는 일반적인 영상.

그림 24-49 자동차 뒤쪽 가운데 번호판 근처에 위치한 일반적인 어안 (fisheye) 형태의 백업 카메라.

백업 카메라 Backup Camera

부품 및 동작 백업 카메라(backup camera)는 기어 레버를 후진 위치에 놓을 때 계기판의 화면 디스플레이에 차량 뒤쪽 영역을 표시하는 데 사용된다. 백업 카메라는 **후진 카메라** (reversing camera) 또는 **후면 카메라**(rearview camera)라고 도 한다.

백업 카메라는 계기판에 표시되는 이미지가 뒤집어지게 되어 차량 뒤쪽에 있는 장면의 거울 이미지가 된다는 점에서 일반 카메라와 다르다. 운전자와 카메라가 서로 반대 방향을 향하고 있기 때문에 이러한 이미지의 반전이 필요하다. 백업 카메라는 캠핑카와 같이 후방 시야가 제한된 대형 차량에 처음 사용되었다. 오늘날 내비게이션 시스템이 장착된 많은 차량은 후진 시의 안전을 위해 백업 카메라를 장착하고 있다. ●그림 24-48 참조.

백업 카메라는 가장 넓은 시야를 제공하는 광각 렌즈 (wide-angle lens) 또는 어안 렌즈(fisheye lens)를 포함하고 있다. 대부분의 백업 카메라는 아래쪽을 향하기 때문에 벽면은 물론 지상의 물체가 표시된다. ●그림 24-49 참조.

진단 및 점검 백업 카메라 시스템의 고장은 카메라 자체, 디스플레이 또는 연결 배선과 관련이 있다. 디스플레이 장치에 대한 주요 입력은 변속기가 후진으로 전환될 때 백업 카메라에 신호를 보내는 변속기 범위 스위치(transmission range switch)에서 나온다. 변속기 범위 스위치를 점검하려면 다음

을 수행한다.

1. 키 온, 엔진 오프(key on, engine off, KOEO) 상태에서 기어 레버를 후진 위치에 놓았을 때 백업(후진) 조명이 작동하는지 점검한다.
2. 선택 장치를 후진으로 놓았을 때 변속기/트랜스액슬이 완전히 후진으로 체결되는지 점검한다.

다른 진단의 대부분은 육안 검사이다.

1. 백업 카메라의 손상 여부를 점검한다.
2. 화면 디스플레이가 제대로 작동하는지 점검한다.
3. 후방 카메라에서 차체로 연결되는 배선이 절단되거나 손상되지 않았는지 점검한다.

항상 차량 제조업체가 권장하는 진단 및 수리 절차를 따른다.

백업 센서 Backup Sensors

부품 백업 센서(backup sensor)는 후진 중에 차량 뒤쪽에 물체가 있을 경우 운전자에게 경고하기 위해 사용된다. GM 차량에 사용되는 시스템은 **후방 주차 보조장치**(rear park assist, RPA)라고 하며, 다음 부품들로 이루어진다.

- 후면 범퍼 어셈블리에 내장된 초음파 물체 센서(ultrasonic object sensor)
- 보통 뒷유리창 위쪽 내부에 세 개의 조명이 있고 백미러로 운전자가 볼 수 있는 디스플레이
- 변속기 범위 스위치의 입력을 사용하고 차량 기어 레버가 후진 중일 때 필요한 경고등을 켜는 전자 제어 모듈

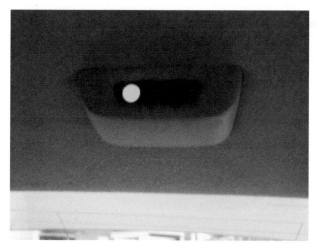

그림 24-50 차량 내부의 후면 유리창 위에 위치한 일반적인 백업 센서 디스플레이. 경고등은 내부 백미러로 볼 수 있다.

그림 24-51 후방 범퍼의 작은 원형 버튼은 물체에 대한 거리를 감지하는 데 사용되는 초음파 센서이다.

🔧 **기술 팁**

재도장된 범퍼 점검

페인트가 센서를 덮기 때문에, 범퍼에 내장된 초음파 센서는 도장 두께에 민감하다. 이 시스템이 물체에 반응하지 않는 것 같다면, 그리고 범퍼가 다시 도색되었다면, 비철 페인트 두께 게이지(nonferrous paint thickness gauge)를 사용하여 도장 두께를 측정한다. 최대 허용 가능 도장 두께는 0.15mm이다.

작동 세 개의 조명 디스플레이는 황색 조명 두 개와 적색 조명 한 개를 포함한다. 후면 범퍼로부터 거리에 따라 다음 조명이 표시된다.

- 차량이 후진 중일 때, 5km/h 미만의 속도로 주행하고 센서가 후방 범퍼에서 102~152cm 떨어진 물체를 감지하면, 황색 램프 하나가 켜진다. 또한 물체가 감지되면 차임벨이 한 번 울리면서 운전자에게 후방 주차 보조장치(RPA) 디스플레이를 볼 것을 경고한다. ●그림 24-50 참조.
- 후방 범퍼와 물체 사이의 거리가 50~100cm일 때, 황색 램프 두 개가 켜지고 차임벨이 다시 울린다.
- 황색 램프 두 개와 적색 램프가 켜지고, 물체와 후방 범퍼 사이의 거리가 28~50cm일 때 차임벨이 계속하여 울린다.

후방 범퍼와 물체 사이의 거리가 28cm 미만이면 모든 표시등이 깜박이고 차임벨이 계속 울린다.

후방 범퍼에 내장된 초음파 센서는 150밀리초마다(초당 27회) 개별적으로 작동한다. ●그림 24-51 참조.

센서는 신호를 보내고 리턴 신호를 수신한 다음 다시 신호 송신을 준비하는데, 차례대로 좌측 센서에서 우측 센서로 진행한다. 각 센서에는 다음과 같은 3개의 배선이 있다.

1. 센서에 전력을 공급하는 데 사용되는 RPA 모듈로부터의 8V 공급 배선
2. 낮은 기준 또는 접지 배선
3. RPA 모듈로 명령을 주고받는 데 사용하는 신호선

진단 RPA 제어 모듈은 고장을 감지하고 고장 진단 코드를 저장할 수 있다. 제어 모듈에서 고장을 감지한 경우 빨간색 램프가 깜박이고 시스템이 비활성화된다. RPA 모듈은 대개 스캔 도구를 사용하여 접근할 수 없으므로 서비스 정보 진단 절차를 따른다. 대부분의 시스템은 고장 코드를 나타내기 위해 경고등을 사용한다.

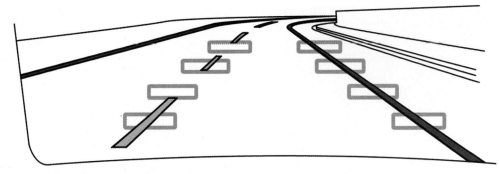

그림 24-52 차선 이탈 경고 시스템은 흔히 카메라를 사용하여 차로를 감지하고, 방향 지시등이 켜지지 않은 상태에서 차량이 차로 내에 있지 않으면 운전자에게 경고한다.

차선 이탈 경고 시스템
Lane Departure Warning System

부품 및 동작 차선 이탈 경고 시스템(lane departure warning system, LDWS)은 차량이 포장도로의 차선을 넘어가고 있는지 여부를 감지하기 위해 카메라를 사용한다. 일부 시스템은 두 대의 카메라를 사용하는데, 후미등 외부에 각각 한 대씩 장착된다. 일부 시스템은 프런트 범퍼 아래에 위치한 적외선 센서를 사용하여 노면의 차로 표시를 감시한다. 시스템 명칭은 차량 제조업체에 따라 다른데, 다음과 같다.

혼다/어큐라: 차선 유지 지원 시스템(lane keep assist system, LKAS)

토요타/렉서스: 레인 모니터링 시스템(lane monitoring system, LMS)

GM: 차선 이탈 경고(lane departure warning, LDW)

포드: 차선 이탈 경고(lane departure warning, LDW)

닛산/인피니티: 차선 이탈 방지(lane departure prevention, LDP) 시스템

카메라가 차량이 차선(lane dividing line)을 넘기 시작하는 것을 감지하면 경고음이 울리거나 이탈이 감지되는 쪽에 있는 운전석 쿠션에 장착된 진동 메커니즘이 작동되기 시작한다. 감지된 것과 동일한 방향의 방향지시등이 켜지는 경우에는 이 경고가 발생하지 않는다. ●그림 24-52 참조.

진단 및 수리 차선 이탈 경고 시스템(LDWS) 고장을 서비스하거나 수리하기 전에, 서비스 정보에서 시스템이 작동하는 방식에 대한 설명을 확인한다. 시스템이 설계대로 작동하지 않는 경우에는 센서 또는 카메라를 육안으로 검사하여 센서에 영향을 미칠 수 있는 도로 이물질에 의한 손상 또는 차체 손상을 점검한다. 육안 검사 후에 차량 제조업체의 권장 진단 절차에 따라 시스템에서 고장을 찾아 수리한다.

전자식 계기판 기기의 진단 및 문제 해결 Electronic Dash Instrument Diagnosis and Troubleshooting

하나 이상의 전자식 계기 게이지가 올바르게 작동하지 않는 경우, 먼저 점화 스위치를 처음 켤 때마다 모든 세그먼트가 최대 밝기로 켜지는 WOW 디스플레이를 점검한다. 디스플레이의 모든 세그먼트가 작동하지 않는다면 대부분의 경우 전체 전자 클러스터를 교체해야 한다. WOW 디스플레이 도중 모든 세그먼트가 작동하지만 이후에 올바르게 작동하지 않는 경우, 이 문제는 대부분 센서 결함 또는 결함 있는 배선이 센서로 연결된 경우이다.

전압계를 제외한 모든 계기판 기기는 감시 중인 시스템에 대한 센서로 가변 저항 장치를 사용한다. 대부분의 신차 판매자는 기술자가 의심되는 회로에 다양한 고정 저항값을 삽입할 수 있는 시험 장치를 포함한 필수 시험 장비를 구입해야 한다. 예를 들어 0~90Ω을 측정하는 연료 게이지 회로에 45Ω의 저항을 삽입하는 경우, 적절히 작동하는 계기 유닛은 1/2 탱크를 나타내야 한다. 동일한 시험기가 고정 신호를 생성하여 속도계(speedometer) 및 타코미터(tachometer)의 작동을 시험할 수 있다. 이러한 유형의 특수 시험 장비를 사용할 수 없는 경우에는 다음 절차를 사용하여 전자식 계기판 기기를 시험할

전체 타이어 지름 재고 유지

더 크거나 더 작은 휠이나 타이어가 장착될 때마다. 속도계 (speedometer) 및 주행기록계(odometer)의 보정이 취소된다. 이는 다음과 같이 요약할 수 있다.

- **지름이 더 큰 타이어.** 속도계에 나타나는 속도가 실제 속도보다 느리다. 주행기록계 수치가 실제보다 짧은 주행 거리를 보여 준다.
- **지름이 더 작은 타이어.** 속도계에 나타나는 속도가 실제 속도보다 빠르다. 주행기록계 수치가 실제 주행 거리보다 더 긴 거리를 보여 준다.

GM 트럭은 재보정 키트(1988~1991) 또는 대시 보드에 위치한 디지털 비율 어댑터 컨트롤러(digital ratio adapter controller, DRAC)라는 교체 컨트롤러 어셈블리를 사용하여 재보정될 수 있다. 1988년 이전 모델 또는 변속기의 구동 기어를 교체하여 속도계 케이블을 사용하는 차량에서 속도계와 주행기록계를 재보정할 수 있다. 서비스 정보에서 서비스 중인 차량의 절차를 확인하라.

수 있다.

1. 점화 스위치를 끈 상태에서 시험할 기능에 해당되는 센서에서 배선을 분리한다. 예를 들어 오일 압력 게이지가 올바르게 작동하지 않는 경우, 오일 압력 송신 장치에서 배선 연결부를 분리한다.
2. 센서 배선을 분리한 상태에서 점화 스위치를 켜고 WOW 디스플레이가 중지될 때까지 기다린다. 대상 장치의 디스플레이는 차량 제조업체와 센서의 유형에 따라 완전하게 조명된 세그먼트 또는 조명되지 않은 세그먼트를 표시해야 한다.
3. 점화 스위치를 끈다. 센서 배선을 접지에 연결하고 점화 스

위치를 켠다. WOW 디스플레이 후에, 2단계의 결과와 반대로 표시되어야 한다(모두 켜짐 또는 꺼짐).

시험 결과 센서가 분리되어 접지된 상태에서 전자 디스플레이가 완전히 켜지고 꺼진다면, 문제는 센서의 결함이다. 센서 배선을 개방시키고 접지했을 때 전자 디스플레이 기능이 완전히 켜지거나 꺼지지 않는다면 대개 센서에서 전자식 계기로 연결하는 배선에 문제가 있거나 전자 클러스터에 결함이 있는 것이다.

주의: 어떤 유형이든 전자식 계기판 디스플레이에서 또는 그 근처에서 작업할 때는 항상 정전기로 전자식 계기가 손상되지 않도록 좋은 차체 접지에 연결된 손목 스트랩(wrist strap)을 착용한다.

유지보수 알림 표시등
Maintenance Reminder Lamps

유지보수 알림 표시등은 오일을 교환해야 하거나 다른 서비스가 필요함을 나타낸다. 유지보수 알림 표시등을 끄는 방법은 다양하다. 어떤 방법들은 특별한 도구를 사용해야 한다. 항상 사용자 매뉴얼 또는 서비스 정보에서 서비스 중인 차량의 정확한 절차를 확인한다. 예를 들어 여러 GM 차량에서 오일 서비스 알림 표시등을 재설정하려면 다음을 수행해야 한다.

단계 1 시동 키를 on으로 돌린다(엔진 꺼짐).
단계 2 가속 페달을 세 번 밟고 네 번째에서 밟은 상태를 유지한다.
단계 3 알림 표시등이 깜박일 때 가속 페달을 놓는다.
단계 4 시동 키를 off 위치로 돌린다.
단계 5 엔진 시동을 걸면 조명이 꺼져야 한다.

연료 게이지 진단

1 연료 게이지를 관찰한다. 이 GM 차량은 탱크의 반을 약간 상회하는 게이지를 보여 주고 있다.

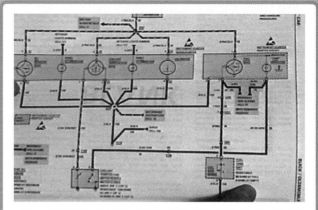

2 상세 사양, 배선 색상 및 권장 시험 절차는 공장 서비스 매뉴얼을 참조한다.

3 서비스 매뉴얼에서 연료 게이지 송신 장치의 커넥터는 차량의 후방 하부에 위치해 있었다. 육안 검사에서 전기 배선과 커넥터는 손상되거나 부식되지 않은 것으로 나타났다.

4 송신 장치(탱크 장치)의 저항을 시험하기 위해, 디지털 멀티미터를 사용하고 옴(Ω)을 선택한다.

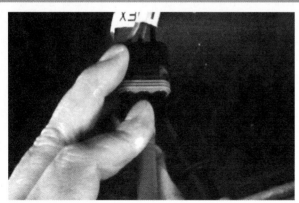

5 서비스 매뉴얼의 회로도에 따라, 송신 장치 저항을 커넥터의 분홍색 선과 검은색 배선 사이에서 측정할 수 있다.

6 멀티미터는 50Ω 또는 0Ω(비어 있음)에서 90Ω(가득 참) 사이의 중간값보다 약간 높은 값을 표시한다.

7 대시 유닛이 움직일 수 있는지 점검하기 위해, 커넥터는 시동 키가 on 상태(엔진 꺼짐 상태)로 분리된다.

8 커넥터가 분리되면, 대시 유닛의 바늘이 최대까지 이동한다.

9 약 2~3초 후에 바늘은 전체 판독값을 넘어 사라진다. 개방 커넥터는 무한대 Ω을 나타내며, 정상 최대 판독값은 탱크 유닛이 90Ω을 판독할 때 나타난다. 기술자가 바늘이 사라질 수 있다는 것을 알지 못하면 잘못된 진단이 수행될 수 있다.

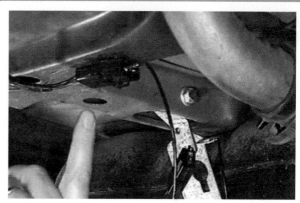

10 대시 유닛이 비어 있는 상태(empty)를 읽을 수 있는지 확인하기 위해, 커넥터의 계기 끝에 있는 신호 배선과 양호한 섀시 접지 사이에 퓨즈 점퍼선을 연결한다.

11 대시 유닛의 점검 결과 바늘이 정확히 비어 있는 상태(empty)로 판독되는 것으로 나타났다.

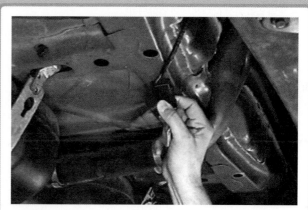

12 시험 후, 전기 커넥터를 다시 연결하고 연료 레벨 게이지가 제대로 작동하는지 확인한다.

1. 대부분의 디지털 및 아날로그(바늘형) 계기판 게이지는 가변 저항 센서를 사용한다.

2. 계기 경고등을 텔테일(telltale) 조명이라고 부른다.

3. 전자적으로 작동하거나 컴퓨터가 작동하는 다수의 계기판 표시 장치에서는 정확한 진단을 수행하는 데 서비스 매뉴얼을 사용해야 한다.

4. 영구자석 발전기는 교류 신호를 생성하며 차량 속도 및 휠 속도 센서에 사용된다.

5. 내비게이션 시스템과 경고 시스템은 많은 차량에서 운전자 정보 시스템의 일부를 구성한다.

복습문제 Review Questions

1. 스테퍼 모터 아날로그 계기 게이지는 어떻게 작동하는가?
2. LED, LCD, VTF, CRT 계기 디스플레이는 무엇인가? 각각 설명하라.
3. 적색 브레이크 경고등 문제는 어떻게 진단하는가?
4. 연료 게이지의 계기 유닛을 시험하는 방법은 무엇인가?
5. 내비게이션 시스템은 차량의 위치를 어떻게 결정하는가?

24장 퀴즈 Chapter Quiz

1. 두 명의 기술자가 GM 차량의 연료 게이지에 대해 논의하고 있다. 기술자 A에 따르면, 연료 탱크 송신 유닛에 대한 접지 배선 연결부가 녹이 슬거나 부식되면 연료 게이지가 정상보다 낮게 판독된다. 기술자 B는 연료 탱크 송신 유닛 측 전력선이 탱크 유닛에서 분리되어 접지된 경우(점화 스위치 on), 연료 게이지가 비어 있는 것으로 간주한다. 어느 기술자가 옳은가?

   a. 기술자 A만
   b. 기술자 B만
   c. 기술자 A와 B 모두
   d. 기술자 A와 B 둘 다 틀리다

2. GM 차량의 오일 압력 경고등이 항상 켜져 있지만 엔진오일 압력이 정상이면, 문제는 _____일 수 있다.

   a. 오일 압력 송신 장치(센서)의 결함(단락)
   b. 오일 압력 송신 장치(센서)의 결함(개방)
   c. 송신 장치(센서)와 계기 경고등 사이의 배선의 접지로 단락
   d. a와 c 둘 다

3. 오일 압력이 3~7psi로 떨어졌을 때, 오일 압력 경고등은 _____에 의해 켜진다.

   a. 회로 개방
   b. 회로 단락
   c. 회로 접지
   d. 오일을 통해 대시 램프로 전류 전달

4. 점화 스위치가 켜질 때마다 계기판의 브레이크 경고등이 켜진 상태로 유지된다. 압력 차동 스위치로 연결되는 배선(대개 조합 밸브의 일부이거나 마스터 실린더에 내장됨)이 분리되면 계기등이 꺼진다. 기술자 A는 이는 유압 브레이크 시스템의 고장을 나타내는 징후라고 이야기한다. 기술자 B는 주차 브레이크 케이블 스위치가 고착되어 문제가 발생한 것 같다고 이야기한다. 어느 기술자가 옳은가?

   a. 기술자 A만
   b. 기술자 B만
   c. 기술자 A와 B 모두
   d. 기술자 A와 B 둘 다 틀리다

5. 운전자가 차량에서 조명이 켜질 때마다 계기 디스플레이가 어두워진다는 불만을 제기하고 있다. 가장 가능성 있는 설명은 무엇인가?

   a. LED 계기 디스플레이의 정상적인 동작
   b. VTF 계기 디스플레이의 정상적인 동작
   c. 조명 회로의 접지 불량으로 계기 램프 측 전압 강하를 유발함
   d. 전조등과 계기 디스플레이 사이에서 전압으로 단락되어 발생할 수 있는 피드백 문제

6. 기술자 A는 낮은 온도에서는 LCD가 느리게 작동할 수 있다고 이야기한다. 기술자 B는 청소하는 동안 디스플레이 전면에 압력이 가해지면 LCD 계기 디스플레이가 손상될 수 있다고 말한다. 어느 기술자가 옳은가?

   a. 기술자 A만
   b. 기술자 B만
   c. 기술자 A와 B 모두
   d. 기술자 A와 B 둘 다 틀리다

7. 기술자 A는 백업 센서가 LED를 사용하여 물체를 감지한다고 이야기한다. 기술자 B는 페인트가 0.006인치보다 두껍다면 백업 센서가 제대로 작동하지 않을 것이라고 이야기한다. 어느 기술자가 옳은가?

    a. 기술자 A만

    b. 기술자 B만

    c. 기술자 A와 B 모두

    d. 기술자 A와 B 둘 다 틀리다

8. 기술자 A는 금속 형태의 틴팅이 내비게이션 시스템에 영향을 줄 수 있다고 이야기한다. 기술자 B는 대부분의 내비게이션 시스템이 GPS 위성을 사용하기 위해서 매달 수수료를 지불해야 한다고 이야기한다. 어느 기술자가 옳은가?

    a. 기술자 A만

    b. 기술자 B만

    c. 기술자 A와 B 모두

    d. 기술자 A와 B 둘 다 틀리다

9. 기술자 A는 계기에 표시되는 데이터가 엔진 컴퓨터에서 가져온 데이터일 수 있다고 이야기한다. 기술자 B는 장치 하나가 고장 나더라도 전체 계기 어셈블리를 교체해야 할 수 있다고 이야기한다. 어느 기술자가 옳은가?

    a. 기술자 A만

    b. 기술자 B만

    c. 기술자 A와 B 모두

    d. 기술자 A와 B 둘 다 틀리다

10. 타이어 크기를 변경하면 속도계 수치에 어떤 영향을 주게 되는가?

    a. 지름이 더 작은 타이어를 장착하면 속도계가 실제 속도보다 빠르게 판독되고 주행기록계에서 실제 주행 거리보다 더 많게 판독된다.

    b. 지름이 더 작은 타이어를 장착하면 속도계가 실제 속도보다 느리게 판독되고 주행기록계에서 실제 주행 거리보다 더 적게 판독된다.

    c. 지름이 더 큰 타이어를 장착하면 속도계가 실제 속도보다 빠르게 판독되고 주행기록계에서 실제 주행 거리보다 더 많게 판독된다.

    d. 지름이 더 큰 타이어를 장착하면 속도계가 실제 속도보다 느리게 판독되고 주행기록계에서 실제 주행 거리보다 더 많게 판독된다.

Chapter 25

경음기, 와이퍼, 송풍기 모터 회로

Horn, Wiper, and Blower Motor Circuits

학습목표

이 장을 학습하고 나면,

1. 경음기 작동 방식을 설명하고, 경음기 작동을 진단할 수 있다.
2. 앞유리 와이퍼 및 앞유리창 워셔의 시험 및 진단에 대해 설명할 수 있다.
3. 송풍기 모터의 작동 및 진단에 대해 설명할 수 있다.

핵심용어

가변-지연 와이퍼
강우 감지 와이퍼 시스템
경음기
션트 권선 필드

앞유리 와이퍼
직렬 권선 필드
펄스 와이퍼

경음기 | Horns

목적과 기능 경음기(horn)는 해당 지역의 다른 운전자나 사람들에게 경고하기 위해 사용되는 큰 소리를 내는 전기 장치이다. 경음기는 1,800Hz에서 3,550Hz에 이르는 몇 가지 다른 음색으로 만들어진다. 차량 제조업체는 특정 차량의 소음에 대한 다양한 경음기를 선택한다. ●그림 25-1 참조.
두 개의 경음기를 사용할 경우 개별적으로 작동할 때 각각 다른 톤으로 작동하지만, 두 경음기가 모두 작동할 경우 음이 결합된다.

경음기 회로 자동차 경음기는 대개 배터리에서 연결된 전체 배터리 전압에서 퓨즈, 스위치를 통해 경음기로 연결된 후 작동한다. 대부분의 차량은 경음기 릴레이(relay)를 사용한다. 릴레이를 사용하면 스티어링 휠이나 칼럼의 경음기 버튼을 눌러 릴레이를 닫는 접지 회로가 완성되고, 경음기에 필요한 고전류가 릴레이에서 경음기로 흐른다. 경음기 릴레이가 없으면 경음기의 고전류가 스티어링 휠 경음기 스위치를 통해 흘러야 한다. ●그림 25-2 참조. 경음기 릴레이도 차체 컨트롤 모듈(BCM)에 연결되어 있으며, 키 리모컨을 사용하여 차량이 잠기거나 잠금 해제될 때 "경고음"을 발생시킨다.

경음기 작동 차량 경음기는 전기 신호를 소리로 변환하는 액추에이터이다. 경음기 회로에는 전기자(도선 코일)와 다이어프램(diaphragm)에 부착된 접점이 포함된다. 전원이 공급되면 전기자가 다이어프램을 위로 움직이게 하여 전기자 회로의 전원을 차단하는 접점 세트를 열어 준다. 다이어프램이 아래로 움직임으로써 접점이 닫히고 전기자 회로의 전원이 다시 공급되며 다이어프램이 다시 위로 움직인다. 이렇게 신속한 접점 개폐로 인해 다이어프램이 가청 주파수에서 진동한다. 다이어프램에 의해 생성된 소리는 다이어프램 챔버에 부착된 트럼펫을 통해 이동할 때 더욱 커지게 된다. 대부분의 경음기 시스템은 일반적으로 하나 또는 두 개의 경음기를 사용하지만, 어떤 경음기는 최대 네 개까지 사용할 수 있다. 여러 개의 경음기가 있는 경음기를 사용하는 경우 고음 및 저음용 유닛을 모두 사용하여 조화로운 음색을 발생시킨다. 단일 경음기를 사용하는 경우 고주파수 장치만 사용된다. 경음기 어셈블리에는 피치 식별(pitch identification)을 위해 "H" 또는 "L"이 표시되어 있다.

경음기 시스템 진단 경음기 고장에는 네 가지 유형이 있다.

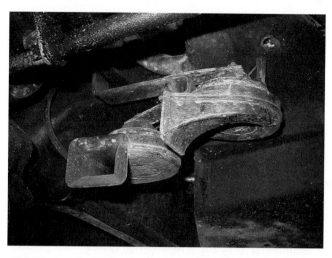

그림 25-1 이 차량에는 두 개의 경음기(horn)가 사용된다. 대부분의 차량은 경음기를 하나만 사용하며, 차량 하부에 숨겨지는 경우가 많다.

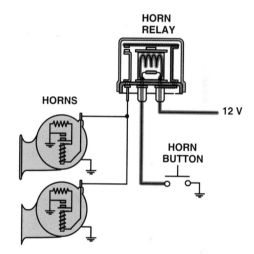

그림 25-2 전형적인 경음기 회로. 경음기 버튼을 눌러 릴레이의 접지 회로를 완성하는 것에 주목하라.

- 경음 작동 안함
- 간헐적 동작
- 상시 동작
- 약하거나 작은 볼륨 소리

만약 경음기가 전혀 동작하지 않는다면 다음을 체크한다.
- 연소된 퓨즈 또는 퓨즈 링크
- 열린회로
- 경음기 결함
- 고장 난 릴레이
- 경음기 스위치 결함
- 접지 불량(경음기 장착 불량)
- 부식되거나 녹슨 전기 커넥터

경음기가 간헐적으로 작동하는 경우 다음 사항을 점검한다.

- 스위치의 느슨한 접점
- 느슨하거나 마모되거나 끊어진 배선
- 결함 있는 릴레이

계속 울리는 경음기 연속적으로 울리고 멈출 수 없는 경음기는 폐쇄 상태로 고착된 경음기 스위치 접점 또는 제어 회로에서 접지로 단락됨 때문에 발생한다. 이는 경음기 스위치 고장 또는 릴레이 고장 때문일 수 있다. 고착된 릴레이 접점은 회로를 완전하게 유지하여 경음기가 계속 울리도록 한다. 경음기를 분리하고 경음기 스위치 및 릴레이를 통한 통전성(continuity)을 점검하여 문제의 원인을 찾는다.

작동하지 않는 경음기 경음기가 작동하지 않는 원인을 확인하는 데 도움이 되도록 퓨즈 장착 점퍼선(fused jumper wire)을 사용하여 한쪽 끝을 배터리 양극 포스트에 연결하고 다른쪽 끝을 경음기 자체의 배선 단자에 연결한다. 또한 퓨즈 장착 점퍼선을 사용하여 접지 경로를 대체하여 불량한 접지 회로의 가능성을 시험하거나 확인한다. 경음기가 연결되어 있는 점퍼선과 함께 작동하는 경우, 접지 배선 및 연결을 점검한다.

- 경음기가 작동하면, 경음기에 전류를 공급하는 회로에 문제가 있는 것이다.
- 경음기가 작동하지 않으면, 경음기 자체에 결함이 있거나, 마운팅 브래킷이 양호한 접지를 제공하지 않을 수 있다.

경음기 점검 경음기가 오작동하는 경우 회로 시험을 수행하여 경음기, 릴레이, 스위치 또는 배선이 고장의 원인인지 확인한다. 일반적으로 DMM(디지털 멀티미터)은 전압 강하 및 회로 연결 점검을 수행하여 고장을 분리하는 데 사용된다.

- **스위치와 릴레이.** 일시적 접촉 스위치를 사용하여 경음기 소리를 발생시킨다. 경음기 스위치는 일부 모델에서 스티어링 칼럼 중앙의 스티어링 휠에 장착되며, 스티어링 칼럼에 장착된 다기능 스위치의 일부이다.

주의: 경음기 회로를 진단하거나 수리하기 위해 스티어링 휠을 탈거해야 하는 경우, 스티어링 휠을 탈거하기 전에 에어백 회로를 해제하고 지정된 시험 장비를 사용할 수 있도록 하는 서비스 정보 절차를 따른다.

대부분의 최신 모델 차량에서 경음기 릴레이는 중앙집중식 배전 센터(centralized power distribution center)에 위치하며, 다른 릴레이, 회로 차단기 및 퓨즈도 함께 있다. 경음기 릴레이는 기존 차량의 엔진실에 있는 내측 펜더(inner fender) 또

는 벌크헤드(bulkhead)에 볼트로 고정된다. 릴레이를 점검하여 코일에 전력이 공급되고 있는지, 경음기 스위치를 누르고 있을 때 전류가 전원 회로를 통과하는지 확인한다.

경음기 회로의 전기 회로도를 참조하고 전압계를 사용하여 입력, 출력 및 제어 전압을 시험한다.

- **회로 시험.** 회로 시험에는 다음 단계가 포함된다.

단계 1 회로 문제를 해결하기 전에 퓨즈나 퓨즈 링크가 정상인지 확인한다.

단계 2 경음기의 접지 연결부가 깨끗하고 단단히 조여져 있는지 점검한다. 대부분의 경음기는 마운팅 볼트를 통해 섀시에 접지된다. 부식, 노면 오염물 또는 느슨한 고정 장치로 인한 접지 회로 저항이 높을 경우 경음기 작동이 불가능하거나 간헐적으로 이루어질 수 있다.

단계 3 릴레이가 있는 시스템에서 출력 회로와 제어 회로를 시험한다. 경음기에서 사용 가능한 전압, 릴레이에서 사용 가능한 전압 및 스위치를 통한 회로 연결을 점검한다. 릴레이가 사용되지 않을 때 경음기 스위치로 연결되는 배선이 두 개 있으며, 스티어링 휠에 이중 접점 슬립 링(double contact slip ring)을 연결한다. 이 시스템의 시험 지점은 릴레이가 있는 시스템의 지점과 유사하지만 제어 회로가 없다.

경음기 교체 경음기는 일반적으로 볼트, 너트, 또는 판금 나사(sheet metal screw)로 라디에이터 코어 지지대(radiator core support)에 장착된다. 경음기 마운팅 나사에 접근하려면 그릴 또는 기타 부품을 탈거해야 할 수 있다. 교체 경음기가 필요한 경우에는 원래 경음기와 동일한 톤의 경음기를 사용한다. 톤은 대개 경음기 본체에 스탬프로 찍힌 숫자 또는 문자로 표시된다. 경음기를 교체하려면 고정 장치를 탈거하고 마운팅 브래킷에서 기존 경음기를 들어 올리면 된다.

새 경음기를 장착하기 전에 마운팅 브래킷과 섀시의 부착 부위를 청소해야 한다. 일부 모델은 접지 연결을 보장하기 위해 부식방지 마운팅 볼트(corrosion-resistant mounting bolt)를 사용한다. ●그림 25-3 참조.

앞유리 와이퍼 및 워셔 시스템
Windshield Wiper and Washer System

목적과 기능 앞유리 와이퍼(windshield wiper)는 앞유리창

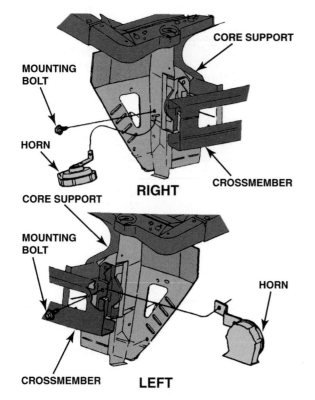

그림 25-3 경음기는 일반적으로 차량 전면의 라디에이터 코어 지지대 또는 브래킷에 장착된다.

의 가시 영역이 비로부터 깨끗하도록 유지하는 데 사용된다. 앞유리 와이퍼 시스템 및 회로는 제조업체와 모델에 따라 크게 다르다. 일부 차량에서는 앞유리 와이퍼 및 앞유리창 워셔 기능을 단일 시스템으로 결합한다. 또한 많은 소형 차량과 스포츠 유틸리티 차량(SUV)은 앞유리 시스템과 독립적으로 작동하는 뒷유리 와이퍼 및 워셔 시스템이 장착되어 있다. 설계상의 차이에도 불구하고 모든 앞유리창과 후방유리창 와이퍼 및 워셔 시스템은 비슷한 방식으로 작동한다.

컴퓨터 제어   1990년대 이후 대부분의 와이퍼는 와이퍼 실제 작동을 제어하기 위하여 차체 컴퓨터를 사용하여 왔다. 와이퍼 제어는 컴퓨터에 대한 명령일 뿐이다. 컴퓨터는 또한 와이퍼가 켜질 때마다 전조등을 켤 수도 있는데, 이는 일부 주에서만 법으로 적용한다. ●그림 25-4 참조.

와이퍼 및 워셔 부품   일반적인 조합 와이퍼 및 워셔 시스템은 다음과 같이 구성되이 있다.

- 와이퍼 모터
- 기어박스
- 와이퍼 팔(wiper arm)과 연결 부분(linkage)

- 워셔 펌프(washer pump)
- 호스 및 제트(노즐)
- 유체 저장기(fluid reservoir)
- 조합 스위치(combination switch)
- 배선 및 전기 커넥터
- 전자식 제어 모듈

모터 및 변속기 어셈블리는 계기판 또는 스티어링 칼럼의 와이퍼 스위치 또는 와이퍼 제어 모듈에 배선되어 있다. ●그림 25-5 참조.

일부 시스템에서는 1단 또는 2단 와이퍼 모터를 사용하는 반면, 다른 시스템에는 가변 속도 모터가 있다.

앞유리 와이퍼 모터   앞유리 와이퍼는 보통 특수한 2단 전기 모터를 사용한다. 대부분은 서로 다른 두 가지 속도를 제공하는 모터 유형인 복합 권선 모터(compound-wound motor)이다.

- 직렬 권선 필드
- 션트 권선 필드

한 속도는 직렬 권선 필드(series-wound field)에서 달성되고, 다른 속도는 션트 권선 필드(shunt-wound field)에서 달성된다. 와이퍼 스위치는 어느 모터 속도든 필요한 전기 연결을 제공한다. 기계식 와이퍼 모터 어셈블리의 스위치는 와이퍼의 "파킹" 및 "숨기기"에 필요한 작동을 제공한다. 전형적인 와이퍼 모터 어셈블리에 대해서는 ●그림 25-6 참조.

- **와이퍼 모터 작동.** 대부분의 와이퍼 모터는 저속 + 브러시와 고속 + 브러시를 포함하는 영구자석 모터를 사용한다. 브러시는 배터리를 모터의 내부 권선에 연결하며, 두 브러시는 서로 다른 두 가지 모터 속도를 제공한다.

   접지 브러시(ground brush)는 저속 브러시(low-speed brush)와 정반대로 배치된다. 고속 브러시(high-speed brush)는 저속 브러시의 측면에 있다. 전류가 고속 브러시를 통해 흐를 때, 핫 브러시와 접지 브러시 사이에서 전기자의 켜는 횟수가 줄어들기 때문에 저항이 줄어든다. 저항이 작을수록 더 많은 전류가 흐르고 전기자가 더 빨리 회전한다. ●그림 25-7 및 25-8 참조.

- **가변 와이퍼.** 가변-지연 와이퍼(variable-delay wipers)는 펄스 와이퍼(pulse wipers)라고도 하며, 커패시터의 충전 및 방전 시간을 제어하는 가변 저항이 있는 전자 회로를 사용한다. 커패시터의 충전 및 방전은 와이퍼 모터 작동을 위한 회로를 제어한다. ●그림 25-9 참조.

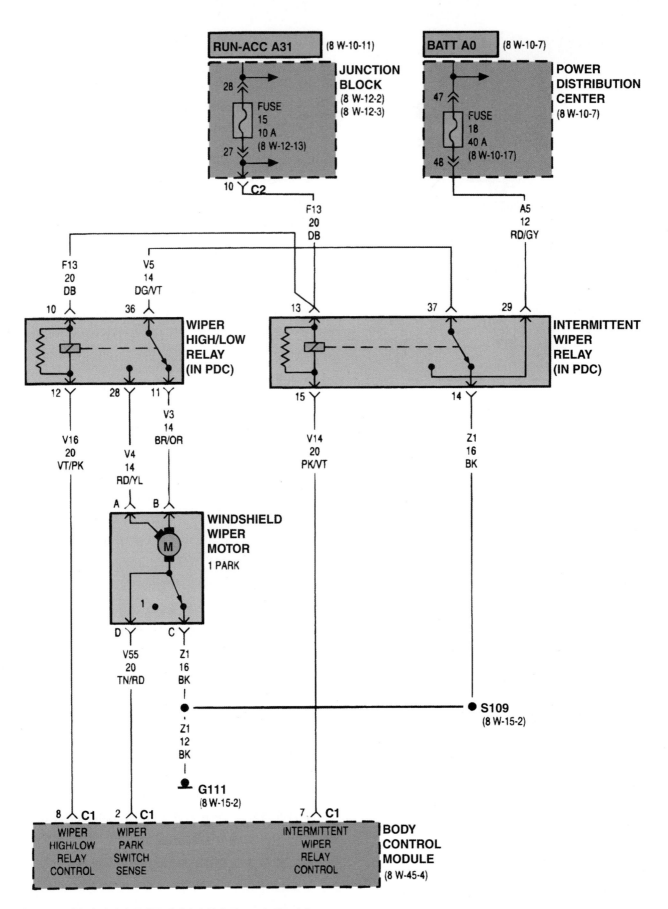

그림 25-4 앞유리 와이퍼 문제를 해결하기 위해 회로도가 필요하다.

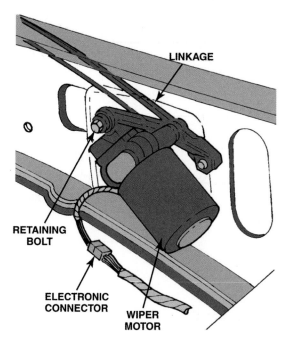

그림 25-6 하우징 커버가 탈거된 일반적인 와이퍼 모터이다. 모터 자체는 작은 중간 기어를 회전시키는 축에 웜 기어(worm gear)가 있으며, 이 기어가 기어 및 튜브 어셈블리를 회전시키고, 기어 및 튜브 어셈블리는 와이퍼 연결 부분과 연결되는 크랭크 암(표시되지 않음)을 회전시킨다.

그림 25-5 모터 및 연결 부분 볼트는 차체에 연결되고 배선 하니스로 스위치에 연결된다.

숨겨지는 와이퍼 일부 차량에는 off될 때 숨겨지는 와이퍼가 장착되어 있다. 이러한 와이퍼를 **누름 와이퍼**(depressed wipers)라고도 한다. 기어 박스에는 숨겨지는 와이퍼를 위한 정지 기능을 제공하는 추가 연결부 팔이 있다. 이 연결부는 모터가 작동 방향의 반대 방향으로 회전할 때 와이퍼를 정지 위치로 이동하도록 확장된다. 누름 정지와 함께, 모터 어셈블리는 내부 정지 스위치를 포함한다. 정지 스위치는 앞유리 와이퍼 스위치가 꺼질 때, 모터 전기자 극성을 역방향으로 하는 회로를 완성

한다. 와이퍼 팔이 정지 위치에 있으면, 정지 회로가 열린 상태로 된다. 누름 정지 특징 대신, 어떤 시스템은 와이퍼의 고무판을 단순히 후드 선 아래로 확장시키는 경우도 있다.

앞유리 와이퍼 진단 앞유리 와이퍼 고장은 전기적 고장 또는 바인딩 연결과 같은 기계적 문제의 결과일 수 있다. 와이퍼가 하나의 속도 설정에서만 작동하고 다른 속도 설정에서는 작동하지 않는 경우, 일반적으로 문제는 전기적인 것이다.

전기적 또는 기계적 문제가 있는지 확인하기 위해, 모터 어셈블리에 접근하여 모터 및 변속기에서 와이퍼 팔 연결을 분리한다. 차량의 종류에 따라 이 절차는 다음 내용들이 포함된다.

- 연결 커넥터에 접근할 수 있도록 앞유리창 하단의 덮개로 덮

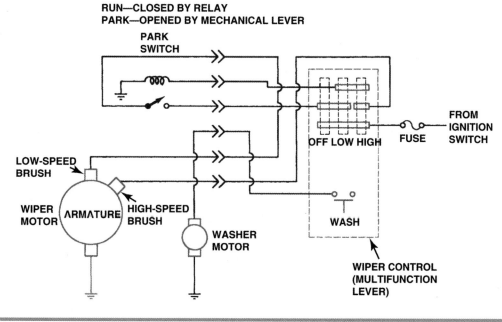

그림 25-7 3-브러시, 2-속도모터를 사용한 2단 앞유리 와이퍼 회로의 회로도이다. 다기능 레버에 대한 점선은 표시된 회로가 스티어링 칼럼 레버(steering column lever)의 전체 기능 중 일부일 뿐임을 나타낸다.

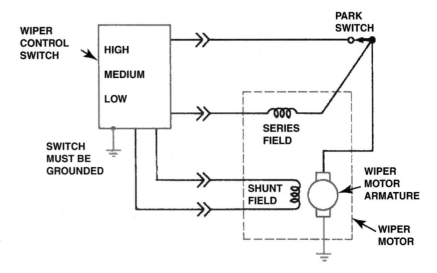

그림 25-8 2-브러시 모터를 사용하는 3단 앞유리 와이퍼 회로의 회로도이다. 직렬 권선과 션트 권선 코일을 모두 사용한다.

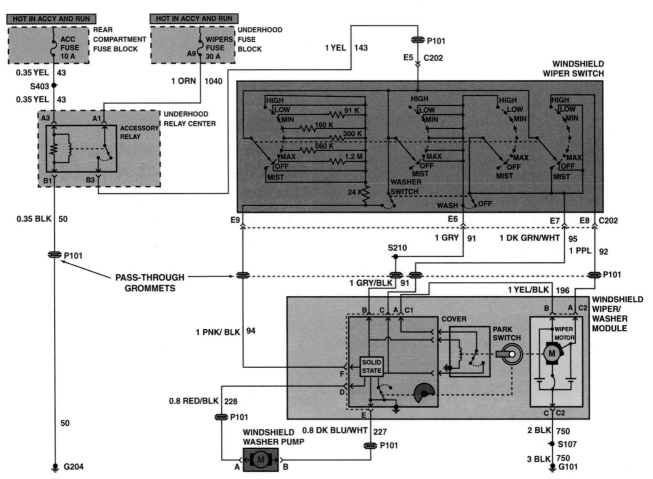

그림 25-9 가변 펄스율 앞유리 와이퍼 회로. 배선은 조수석 구획에서 통과용 구멍을 통해 후드 하부로 이동한다.

인 구역에서 차체 트림 패널(body trim panel)을 탈거한다.

- 모터를 각각의 속도로 켠다(모터가 모든 속도에서 작동한 다면 이 문제는 기계적인 것이다. 모터가 여전히 작동하 지 않으면 문제는 전기적인 것이다).

와이퍼 모터가 전혀 작동하지 않는 경우에는 다음 사항을

점검한다.

- 접지 혹은 작동하지 않는 스위치
- 모터 결함
- 회로 배선 고장
- 전기 접지 연결 불량

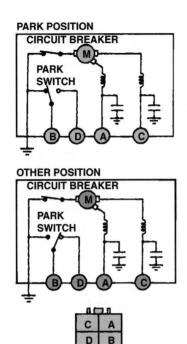

PARK POSITION

CIRCUIT BREAKER

PARK
SWITCH

B D A C

OTHER POSITION

CIRCUIT BREAKER

PARK
SWITCH

B D A C

C A
D B

TERMINAL	OPERATION SPEED
C	LOW
A	HIGH

그림 25-10 와이퍼 모터 커넥터 핀 배열.

자주 묻는 질문

와이퍼는 어떻게 정지하나?

일부 차량은 정상 작동 위치보다 낮게 정지되어 있는 와이퍼 팔이 장착되어 있어서 작동하지 않을 때는 후드 아래에 숨겨진다. 이를 누름 정지 위치(depressed parking position)라고 한다. 와이퍼 모터가 꺼졌을 때, 와이퍼 팔이 앞유리창 하단 가장자리에 도달할 때까지 정지 스위치는 모터가 계속 회전하는 것을 허용한다. 그 후 정지 스위치는 와이퍼 모터를 통과하는 전류 흐름을 반대로 함으로써, 반대 방향으로 부분적인 회전을 만든다. 와이퍼 연결은 와이퍼 팔을 후드 수준 아래로 끌어당기고, 모터를 정지시키면서 정지 스위치는 열린다.

모터가 작동하지만 와이퍼가 작동하지 않는 경우에는 다음 사항을 점검한다.

- 변속기의 기어가 떨어져 있거나 연결부가 분리됨
- 모터-변속기 연결이 느슨하거나 분리됨
- 모터 연결부 측 느슨한 링크

모터가 꺼지지 않는다면 다음 사항을 점검한다.

- 모터 내부의 주차 스위치 결함
- 결함 있는 와이퍼 스위치
- 와이퍼 스위치의 접지 연결 불량

앞유리 와이퍼 시험 링크가 분리된 상태에서 와이퍼 모터가 작동하지 않는 경우 다음 단계들을 수행하여 고장을 확인하라. ●그림 25-10 참조.

와이퍼 시스템을 시험하려면 아래의 단계들을 수행한다.

단계 1 전압 측정을 위한 시험 지점을 결정하기 위해 서비스 중인 차량의 회로도 또는 커넥터 핀 배열을 참조한다.

단계 2 점화 스위치를 켜고 와이퍼 스위치를 모터가 작동하지 않는 속도로 설정한다.

단계 3 적절한 와이퍼 모터 단자에서 선택한 속도로 배터리 전압을 사용할 수 있는지 점검한다. 모터에서 전압이 사용 가능하면, 내부 모터 문제를 의미한다. 전압이 사용 가능하지 않다는 것은 스위치 또는 회로 고장을 의미한다.

단계 4 접지가 올바르게 연결되었는지 점검한다.

단계 5 와이퍼 스위치의 모터 측에서 배터리 전압을 사용할 수 있는지 점검한다. 배터리 전압을 사용할 수 있는 경우, 스위치와 모터 사이의 회로가 열린다. 사용 가능한 전압이 없다는 것은 고장 난 스위치 또는 전원 공급 장치 문제를 의미한다.

단계 6 와이퍼 스위치의 전원 입력 측에서 배터리 전압을 사용할 수 있는지 점검한다. 전압이 사용 가능한 경우, 스위치에 결함이 있는 것이므로 스위치를 교체한다. 스위치에 사용할 수 있는 전압이 없으면, 배터리와 스위치 사이의 회로 문제를 의미한다.

앞유리 와이퍼 수리 와이퍼 모터가 고장 난 경우 교체한다. 모터는 대개 벌크헤드(방화벽)에 장착된다. 벌크헤드 장착 유닛은 후드 아래에서 접근 가능하며, 덮개판(cowl panel)은 덮개(cowl)에 장착된 모터를 서비스하기 위해 탈거해야 한다. ●그림 25-11 참조.

모터에 접근한 후, 제거 작업은 단지 전기 커넥터를 분리하고 모터 볼트를 풀어 연결을 분리하는 문제이다. 와이퍼 연결부를 손으로 끝까지 움직이면서 새 모터를 장착하기 전에 바인딩 여부를 점검한다.

후방 윈도우 와이퍼 모터는 일반적으로 스테이션왜건의 뒷문 패널 내부 또는 해치백 또는 리프트 게이트 장착 차량의 후

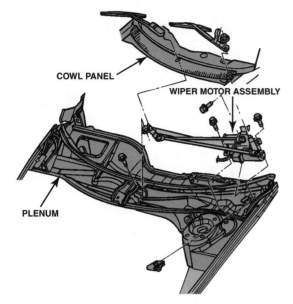

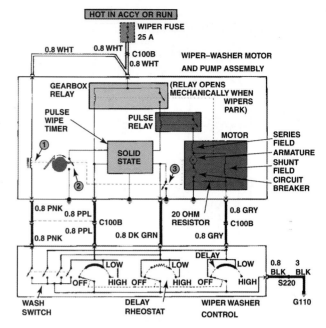

그림 25-11 와이퍼 모터 및 연결부는 많은 차량에서 덮개판(cowl panel) 아래에 장착되어 있다.

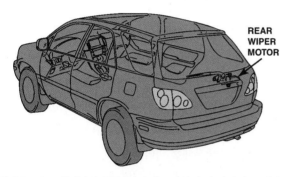

그림 25-12 대부분의 후방 와이퍼는 와이퍼 팔 하나가 모터에 직접 장착된다.

① RATCHET RELEASE SOLENOID
   (OPERATED WHEN WASH SWITCH IS DEPRESSED)
② WASHER OVERRIDE SWITCH
   (CLOSED DURING WASH CYCLE)
③ HOLDING SWITCH
   (OPEN AT THE END OF EACH SWEEP)

그림 25-13 가감 저항 제어(rheostat-controlled) 전자적 타이밍 설정 간격 와이퍼의 회로도.

방 해치 패널 내부에 위치한다. ●그림 25-12 참조.

모터를 덮고 있는 트림 패널을 탈거한 후 교체하는 것은 기본적으로 전방 와이퍼 모터를 교체하는 것과 동일하다.

와이퍼 제어 스위치는 스티어링 칼럼 또는 계기판에 장착되어 있다.

스티어링 칼럼 와이퍼 스위치는 레버 끝의 제어장치(일반적으로 다기능 스위치라고 함)에 의해 작동되며 교체하려면 스티어링 칼럼의 일부를 분해해야 한다.

펄스 와이퍼 시스템 앞유리 와이퍼에는 "펄스 와이퍼 작동"이라는 일반적인 기능인 지연(delay) 또는 간헐적 작동(intermittent operation)이 포함되어 있을 수 있다. 지연 시간이나 간헐적 작동의 빈도는 일부 시스템에서 조정할 수 있다. 펄스 와이퍼 시스템(pulse wiper system)은 가변 저항 스위치와 같은 간단한 전기 제어 장치나 제어 모듈을 통해 전자적으로 제

어할 수 있다.

전자 제어 시스템을 사용할 경우에는 제조업체가 특정 차량에 대해 권장하는 진단 및 시험 절차를 따르는 것이 중요하다.

일반적인 펄스 와이퍼 시스템 또는 주기적 와이퍼 시스템(interval wiper system)은 가변 저항기나 가감 저항기(rheostat) 및 커패시터가 포함된 거버너(governor) 또는 반도체 모듈을 사용한다. 이 모듈은 와이퍼 스위치와 와이퍼 모터 사이의 전기 회로에 연결된다. 가변 저항기 또는 가감 저항기는 와이퍼 펄스 사이의 간격 길이를 제어한다. 반도체 펄스 와이퍼 작동 타이머는 펄스 릴레이의 제어 회로를 조절하여 지정된 간격으로 모터로 전류를 보낸다. ●그림 25-13 참조.

대부분의 모델에 다음과 같은 문제해결 절차가 적용된다.

단계 1 와이퍼가 전혀 동작하지 않는 경우에는 와이퍼 퓨즈, 퓨즈 링크, 회로 차단기를 점검하고, 전압을 스위치에서 사용할 수 있는지 확인한다.

단계 2 스위치의 배선 다이어그램을 참조하여 다양한 위치에서 스위치를 통해 모터로 전류가 전달되는 방식을 확인한다.

단계 3 스위치를 분리하고 퓨즈를 통해 다른 속도 회로에 연결된 모터에 직접 전력을 공급한다.

스캔 도구를 사용하여 액세서리 회로를 점검

2000년 이후 제조된 대부분의 차량은 스캔 도구를 사용하여 조명 및 액세서리 회로를 점검할 수 있다. 기술자는 다음의 것들을 사용할 수 있다.

- 다음과 같은 공장 스캔 도구:
  - Tech 2 또는 MDI(Multiple Diagnostic Interface)(GM 차량)
  - DRB Ⅲ, Star Scan, Star Mobile 또는 WiTech(크라이슬러–지프 차량)
  - New Generation Star 또는 IDS(포드)
  - HDS(Honda Diagnostic System)
  - TIS Tech Stream(토요타/렉서스)
- 다음을 포함한 차체 양방향 제어 기능을 갖춘 향상된 애프터마켓 스캔 도구:
  - Snap-on Modis, Solus, Verus
  - OTC Genisys
  - Autoengenuity

양방향 스캔 도구를 사용하면 기술자가 윈도우, 조명, 와이퍼와 같은 전기 부속품의 작동을 명령할 수 있다. 스캔 도구의 명령을 받을 때는 회로가 올바르게 작동하는데 스위치를 사용하는 경우 작동하지 않는다면, 서비스 정보 지침에 따라 스위치 회로를 진단한다.

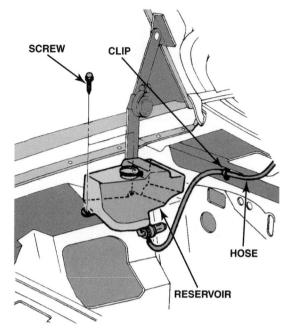

그림 25-14 펌프에서 호스를 분리하고 스위치를 작동하여 워셔 펌프를 점검한다.

- 모터가 작동하면, 스위치 또는 모듈에 문제가 있는 것이다.
- 와이퍼 모터가 일부 속도에서만 작동하는 경우, 제어–접지(control-to-ground)를 통해 각각의 속도에 대한 회로 연결성을 점검한다.

앞유리창 워셔 작동　대부분의 차량은 워셔 탱크에 위치한 능동식 변위(positive-displacement) 또는 원심형(centrifugal-type) 워셔 펌프를 사용한다. 종종 스티어링 칼럼–장착형 콤비네이션 스위치 어셈블리의 일부인 순간 접촉 스위치(momentary contact switch)가 워셔 펌프에 전원을 공급한다. 워셔 펌프 스위치는 스티어링 칼럼 또는 계기판에 장착된다. 노즐은 차량에 따라 벌크헤드 또는 후드에 위치할 수 있다.

앞유리창 워셔 진단　다음과 같은 원인으로 앞유리창 워셔가 작동하지 않을 수 있다.

- 끊어진 퓨즈 또는 단선

- 워셔액 통이 비어 있음
- 막힌 노즐
- 파손, 압착 혹은 막힌 호스
- 느슨하거나 끊어진 배선
- 워셔액 통 스크린이 막힘
- 워셔액 통의 누수
- 펌프 불량

워셔 시스템을 진단하기 위해서는 다음 단계들을 포함하는 서비스 정보 절차를 따른다.

단계 1　워셔 시스템을 빠르게 점검하기 위해, 워셔액 통에 용액이 있고 얼지 않았는지 확인한 다음 펌프 호스를 분리하고 워셔 스위치를 작동한다.

주의: 오염된 오일이 워셔 펌프를 손상시키지 않도록 항상 밀폐된 용기에 들어 있는 양질의 앞유리창 워셔액을 사용한다. 라디에이터 부동액(에틸렌글리콜)은 앞유리 와이퍼 시스템에 사용해서는 안 된다.

●그림 25-14 참조.

단계 2　펌프에서 액체가 뿜어져 나오면 모터, 스위치 또는 회로가 아닌 공급 시스템에 고장이 발생한 것이나.

단계 3　펌프에서 액체가 뿜어져 나오지 않는 경우는 대부분 회로 고장, 결함 있는 펌프 또는 고장 난 스위치가 문제가 된다.

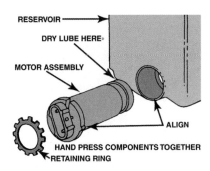

그림 25-15 워셔 펌프는 대개 탱크에 장착되며 고정용 링으로 제자리에 고정된다.

단계 4 워셔액 통 스크린이 막혀 워셔액이 펌프로 유입되지 못할 수도 있다.

앞유리창 워셔 수리 워셔액 공급 문제가 표시되면 다음을 점검한다.

- 호스 막힘, 압착, 파손 또는 분리
- 노즐 막힘
- 워셔 펌프 출구 막힘

펌프 모터가 작동하지 않는 경우, 워셔 스위치를 작동하는 동안 펌프에서 배터리 전압을 사용할 수 있는지 점검한다. 전압이 사용 가능하고 펌프가 작동하지 않는 경우, 펌프 접지 회로의 회로 연결을 점검한다. 접지 회로에 전압 강하가 없는 경우, 펌프 모터를 교체한다.

모터에서 배터리 전압을 사용할 수 없는 경우, 워셔 스위치를 통해 전원이 공급되는지 점검한다. 스위치를 통해 사용 가능한 전압이 있는 경우 스위치와 펌프 사이의 배선에 문제가 있는 것이다. 전압 강하 시험을 수행하여 고장을 찾는다. 필요에 따라 배선을 수리하고 다시 시험한다.

워셔 모터는 수리가 불가능하여, 결함이 있는 경우 교체한다. 원심 펌프(centrifugal pump) 또는 능동식 변위 펌프(positive-displacement pump)는 워셔 탱크 내부 또는 탱크 커버 내부에 위치하며 고정용 링이나 고정용 너트로 고정된다. ●그림 25-15 참조.

강우 감지 와이퍼 시스템
Rain Sense Wiper System

부품 및 동작 강우 감지 와이퍼 시스템(rain sense wiper system)은 앞유리창 상단의 내부에 위치한 센서를 사용하여 빗방울을 감지한다. 이 센서는 GM에서 제공하는 강우 감지

그림 25-16 일반적인 강우 감지 모듈(RSM)은 앞유리창 내부의 백미러 근처에 위치한다.

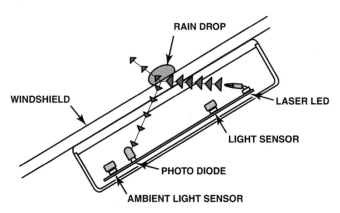

그림 25-17 강우 감지 와이퍼 모듈의 전자 장치는 다양한 조명 조건에서 빗방울의 존재를 감지할 수 있다.

모듈(rain sense module, RSM)이라고 한다. 이것은 와이퍼가 앞유리창에서 감지하는 빗물의 양에 따라 와이퍼의 시간 지연을 결정하고 조정한다. 와이퍼 스위치는 항상 감지 위치에 있을 수 있으며 빗물이 감지되지 않으면 와이퍼가 작동하지 않는다. ●그림 25-16과 25-17 참조.

컨트롤 노브(control knob)는 원하는 와이퍼 감도 수준으로 회전한다.

RSM의 마이크로프로세서가 차체 제어 모듈에 명령을 전송한다. RSM은 삼각형 모양의 검은 색 플라스틱 하우징이다. 하우징의 앞유리창 측면에 있는 미세한 구멍은 8개의 볼록 투명 플라스틱 렌즈를 장착하고 있다. 이 장치는 4개의 적외선(IR) 다이오드, 2개의 광전지(photocell) 및 마이크로프로세서를 포함하고 있다.

적외선 다이오드는 모듈 베이스 근처에 있는 볼록 렌즈 4개에 의해 조준되며 앞유리창을 통해 목표로 하는 적외선 빔을 생성한다. RSM의 상단 근처에 있는 추가적인 4개의 볼록 렌즈는 앞유

리창 바깥쪽에 있는 적외선 빔에 초점을 맞추고 있으며, 2개의 광전지가 적외선 빔의 강도 변화를 감지한다. 충분한 습기가 누적되면 RSM이 모니터링되는 적외선 빔의 강도 변화를 감지한다. RSM은 데이터 버스를 통해 와이퍼의 동작 명령을 처리한다.

진단 및 서비스　강우 감지 와이퍼가 올바르게 작동하지 않는다는 불만이 제기되는 경우에는 올바로 설정 및 조정이 되었는지 사용자 매뉴얼을 점검한다. 또한 강우 감지 회로를 진단하기 전에, 앞유리 와이퍼가 모든 속도에서 올바르게 작동하는지 확인한다. 항상 차량 제조업체가 권장하는 진단 및 시험 절차를 따르도록 한다.

송풍기 모터 Blower Motor

목적과 기능　동일한 송풍기 모터(blower motor)가 다음 기능을 위해 차량 내부의 공기를 이동시킨다.

1. 에어컨 동작
2. 열
3. 성에 제거
4. 김서림 제거
5. 조수석 환기

　모터는 다람쥐 쳇바퀴 형태의 팬을 회전시킨다. 다람쥐 쳇바퀴 형태의 팬은 많은 소음을 만들어 내지 않고 공기를 이동시킬 수 있다. 팬 스위치는 전류가 송풍기 모터로 이어지는 경로를 제어한다. ●그림 25-18 참조.

부품 및 동작　모터는 대개 영구자석으로, 최대 속도로 작동하며 최대 배터리 전압으로 작동한다. 스위치는 점화 스위치가 켜진 상태에서 퓨즈 패널로부터 전류를 공급받고 고속으로 최대 배터리 전압을 송풍기 모터로 연결하고 낮은 속도의 저항을 통해 송풍기 모터로 전류를 유도한다.

가변 속도 제어　팬 스위치는 저항 팩을 통해 전류 경로를 제어하여 송풍기 모터의 다양한 팬 속도를 얻는다. 전기 경로는 다음과 같을 수 있다.

- 고속 작동을 위한 최대 배터리 전압
- 전압 및 전류를 감소시키기 위하여 하나 이상의 저항을 통해 더 느린 속도로 회전하는 송풍기 모터로 연결

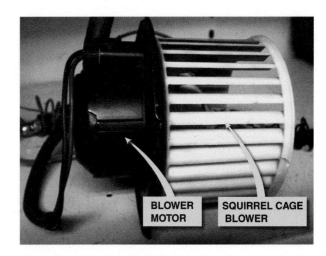

그림 25-18　다람쥐 쳇바퀴 형태의 송풍기 모터(blower motor). 교체용 송풍기 모터에는 보통 다람쥐 쳇바퀴 모양 송풍기가 포함되어 있지 않으므로 기존 모터에 있던 것을 장착해야 한다.

　저항은 송풍기 모터 근처에 위치하며 송풍기에서 나오는 공기가 저항을 냉각할 수 있는 덕트에 장착된다. 저항을 통과하는 전류 흐름은 스위치에 의해 제어되며 종종 릴레이를 사용하여 팬에 전원을 공급하는 데 필요한 고전류(10~12A)를 운반한다. 정상 작동은 다음과 같다.

- **저속**. 전류가 직렬로 세 개의 저항을 통해 흘러 전압을 약 4V, 4A로 낮춘다.
- **중저속**. 전류는 직렬로 두 저항을 통해 유도되어 전압을 약 6V, 6A로 낮춘다.
- **중고속**. 전류는 하나의 저항을 통해 유도되어 약 9V, 9A 전압을 발생시킨다.
- **고속**. 대개 릴레이를 통해 연결되는 최대 배터리 전압이 송풍기 모터에 인가되어 약 12A의 전류를 발생시킨다.
- ●그림 25-19와 25-20 참조.

참고: 대부분의 포드 차량과 일부 다른 차량은 송풍기 모터 저항을 모터 회로의 접지 측에 위치시킨다. 직렬로 연결되어 있으므로 저항의 위치는 작동에 영향을 주지 않는다.

　일부 송풍기 모터는 차체 컨트롤 모듈이 전자적으로 제어하며, 가변 속도를 달성하기 위해 전자 회로를 포함한다. ●그림 25-21 참조.

송풍기 모터 진단　송풍기 모터가 어떤 속도에서도 작동하지 않는다면 문제는 다음 중 하나일 수 있다.

1. 접지 와이어 또는 접지 와이어 연결부 결함
2. 결함 있는 송풍기 모터(수리 불가, 반드시 교체해야 함)

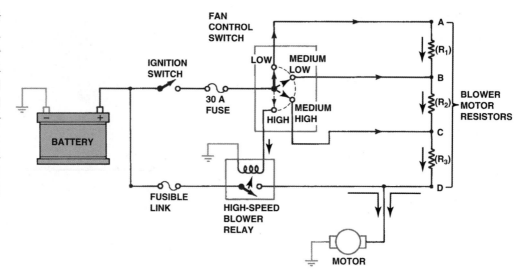

그림 25-19 4단 변속 기능을 갖는 일반적인 송풍기 모터 회로. 팬 속도가 가장 낮은 3개의 팬 속도(저속, 중저속 및 중고속)는 모터로 연결되는 전압을 낮춰 모터로 공급되는 전류를 감소시키기 위해 송풍기 모터 저항을 사용한다. "high"에서 저항이 우회된다. 팬 스위치의 "high" 위치는 퓨즈 링크를 통해 "high"에서 송풍기 전류를 공급하는 릴레이에 전원을 공급한다.

그림 25-20 송풍기 모터 속도를 제어하는 데 사용되는 일반적인 송풍기 모터 저항 팩. 일부 송풍기 모터 저항은 평평하고 신용카드처럼 생겼으며 이를 "신용카드 저항"이라고 한다.

그림 25-21 본체 컴퓨터를 사용하여 속도를 제어하는 브러시리스 DC 모터.

20A 퓨즈 시험

대부분의 송풍기 모터는 약 12A의 속도로 고속으로 작동한다. 모터 전기자의 부싱(베어링)이 마모되거나 건조해지면 모터가 더 느리게 회전한다. 모터는 회전할 때 역기전력(counterelectromotive force, CEMF)도 발생시키기 때문에, 회전 속도가 느린 모터는 실제로 고속 회전하는 모터보다 더 많은 전류를 소모한다.

송풍기 모터가 너무 많은 전류를 소모하면 송풍기 모터를 제어하는 저항 또는 전자 회로가 고장 날 수 있다. 전류 요구량이 대부분의 디지털 미터 허용치를 초과하기 때문에 모터의 실제 전류 요구량을 시험하는 것이 어려운 경우도 있다.

GM에서 권장하는 한 가지 시험은 모터의 전원 단자를 분리하고(모터의 접지 유지), 배터리의 양극 단자와 모터 단자의 다른 쪽 끝에 연결된 퓨즈 장착 점퍼 단자를 사용하는 것이다. 시험 단자에 20A의 퓨즈를 사용하고 모터를 몇 분 동안 작동시킨다. 송풍기 모터가 20A 이상의 전류를 소비하면 퓨즈가 끊어진다. 일부 전문가들은 15A의 퓨즈를 사용할 것을 추천한다. 15A의 퓨즈가 끊어지고 20A의 퓨즈가 끊어지지 않는다면, 대략적인 송풍기 모터 전류 요구량을 알게 된다.

3. 퓨즈, 배선 또는 팬 스위치를 포함한 전원 측 회로의 단선

송풍기가 저속에서는 작동하지만 고속에서는 작동하지 않는 경우, 일반적으로 문제는 고속 작동을 위해 고전류 흐름을 제어하는 인라인 퓨즈(inline fuse)나 고속 릴레이(high-speed relay)에 있다. 고속 퓨즈 또는 릴레이는 대개 내부 송풍기 모터 부싱 마모로 인해 고장이 발생하여, 모터 회전에 대한 과도한 저항을 유발한다. 느린 송풍기 속도에서는 저항이 그만큼 눈에

띄지 않고 송풍기가 정상적으로 작동한다. 송풍기 모터는 밀폐된 장치이며, 결함이 있는 경우에는 장치 전체 단위로 교체해야 한다. 다람쥐 쳇바퀴 팬은 보통 구형 모터에서 분리하여 교체용 모터에 부착해야 한다. 송풍기 모터가 고속에서는 정상적으로 작동하나 더 낮은 속도에서는 작동하지 않는다면 이 문제는 녹아 버린 배선 저항 또는 결함이 있는 스위치일 수 있다.

송풍기 모터는 집게형 DC 전류계를 사용하여 시험할 수 있다. ●그림 25-22 참조.

대부분의 송풍기 모터는 고속에서 15A 이상의 전류를 소비하지 않는다. 마모되거나 결함이 있는 모터는 보통 정상보다 더 많은 전류를 소비하여 송풍기 모터 저항기를 손상시키거나 교체하지 않은 경우 퓨즈를 끊어지게 할 수 있다.

그림 25-22 미니 AC/DC 집게형 멀티미터를 사용하여 송풍기 모터가 인가하는 전류를 측정한다.

전기 액세서리 증상 가이드
Electrical Accessory Symptom Guide

다음 목록은 기술자가 전기 액세서리 시스템 문제를 해결하는 데 도움을 줄 것이다.

송풍기 모터 문제	가능한 원인 그리고/또는 해결책
송풍기 모터가 동작하지 않는다.	1. 끊어진 퓨즈 2. 송풍기 모터의 접지 연결 불량 3. 모터 결함[배터리 양극 단자와 송풍기 모터 전원 단자 연결부 사이에 연결된 퓨즈 점퍼선(리드 분리)을 사용하여 송풍기 모터 작동을 점검한다.] 4. 제어 스위치 결함 5. 저항 블록 단선 또는 결함 있는 송풍기 모터 제어 모듈
송풍기 모터가 고속에서만 동작한다.	1. 송풍기 모터 근처의 에어 박스에 위치한 저항에서 개방 2. 고속 릴레이 고착 또는 결함 3. 송풍기 모터 제어 스위치 결함
송풍기 모터가 고속이 아닌 낮은 속도에서만 동작한다.	1. 고속 릴레이 결함 또는 송풍기 고속 퓨즈 결함 **참고:** 고속 퓨즈가 두 번째 끊어지면, 모터에 의해 소모되는 전류를 점검하고 전류 요구량이 사양을 초과하는 경우 송풍기 모터를 교체한다. 후방유리 김서림 방지장치가 작동하지 않는 경우, 가능한 정상 작동에 대해 점검한다. 어떤 자동차는 전기 부하 감소를 돕기 위해 고속 송풍기 모터와 후방유리 김서림 방지장치의 동시 작동을 전기적으로 방지한다.
앞유리 와이퍼 또는 워셔 문제	**가능한 원인 그리고/또는 해결책**
앞유리 와이퍼가 동작하지 않는다.	1. 끊어진 퓨즈 2. 와이퍼 모터 또는 제어 스위치에서 접지 불량 3. 모터 결함 또는 연결 문제
앞유리 와이퍼가 고속 또는 저속에서만 동작한다.	1. 스위치 결함 2. 모터 어셈블리 결함 3. 와이퍼 제어 스위치에서 접지 불량
앞유리창 워셔가 동작하지 않는다.	1. 스위치 결함 2. 비어 있는 워셔액 통, 관 막힘, 또는 배출 노즐 막힘 3. 워셔 펌프 모터에서 접지 불량
경음기 문제	**가능한 원인 그리고/또는 해결책**
경음기가 동작하지 않는다.	1. 경음기에서 접지 불량 2. (사용된다면) 릴레이 결함; 스티어링 칼럼에서 개방 회로 3. 경음기 불량[배터리의 양극 단자와 경음기(경음기 배선 분리) 사이에 연결된 퓨즈 장착 점퍼선을 사용하여 경음기의 적절한 동작을 점검한다.]
경음기 소리가 작거ㅏ 이상한 소리를 낸다.	1. 경음기에서 접지 불량 2. 경음기 주파수 이상
경음기가 계속 소리를 낸다.	1. (사용되고 있다면) 경음기 릴레이 고착 2. 배선에서 경음기 버튼에 접지로 단락됨

요약 Summary

1. 경음기 주파수는 1,800~3,550Hz 범위이다.
2. 대부분의 경음기 회로는 릴레이를 사용하며, 릴레이 코일을 통과하는 전류는 경음기 스위치에 의해 제어된다.
3. 대부분의 앞유리 와이퍼는 3-브러시 2-속도 모터를 사용한다.
4. 앞유리창 워셔 진단은 펌프의 올바른 작동 여부를 전기적 및 기계

적으로 점검하는 작업이 포함된다.

5. 많은 송풍기 모터가 직렬로 연결된 저항을 사용하여 송풍기 모터 속도를 제어한다.
6. 좋은 송풍기 모터는 20A 미만의 전류를 소모해야 한다.

복습문제 Review Questions

1. 경음기 고장의 세 가지 유형은 무엇인가?
2. 경음기 스위치를 사용하여 경음기를 작동하는 방법은 무엇인가?
3. 앞유리 와이퍼 문제가 전기적인지 아니면 기계적인지를 어떻게 판

단하는가?

4. 결함 있는 송풍기 모터가 좋은 모터보다 더 많은 전류(암페어)를 소모하는 이유는 무엇인가?

25장 퀴즈 Chapter Quiz

1. 기술자 A는 고속 송풍기 모터 릴레이가 고장 나면 고속 송풍기 작동이 방해될 수 있지만 저속에서 정상적으로 작동될 수 있다고 이야기한다. 기술자 B는 결함이 있는(개방된) 송풍기 모터 저항이 저속 송풍기 작동을 방지하면서도 정상적인 고속 작동을 허용할 수 있다고 말한다. 어느 기술자가 옳은가?
   a. 기술자 A만   c. 기술자 A와 B 모두
   b. 기술자 B만   d. 기술자 A와 B 둘 다 틀리다

2. 앞유리 와이퍼 문제가 전기적 문제인지 아니면 기계적 문제인지를 확인하기 위해 서비스 기술자는 _____.
   a. 앞유리 와이퍼 모터에서 연결부 팔을 분리하고 앞유리 와이퍼를 작동한다
   b. 퓨즈가 끊어졌는지 확인한다
   c. 와이퍼 블레이드의 상태를 점검한다
   d. 워셔액이 오염되었는지 점검한다

3. 경적이 약한 것으로 진단되고 있다. 기술자 A는 경음기 자체의 접지 커넥터 불량이 원인일 수 있다고 이야기한다. 기술자 B는 개방 릴레이가 원인일 수 있다고 이야기한다. 어느 기술자의 말이 옳은가?
   a. 기술자 A만   c. 기술자 A와 B 모두
   b. 기술자 B만   d. 기술자 A와 B 둘 다 틀리다

4. 펄스 와이퍼 시스템의 작동을 제어하는 것은 무엇인가?
   a. 와이퍼 모터로 가는 전류 흐름을 제어하는 저항
   b. 전자식 모듈
   c. 가변 속도 스위치 세트
   d. 트랜지스터

5. 단일 경음기 용도로 사용되는 피치 혼(pitch horn)은 무엇인가?
   a. 높은 피치
   b. 낮은 피치

6. 경음기 릴레이를 사용하는 차량의 스티어링 휠에 있는 경음기 스위치는 _____.
   a. 경음기로 전력을 공급한다
   b. 경음기를 위한 접지 회로를 제공한다
   c. 경음기 릴레이 코일을 접지시킨다
   d. 경음기 릴레이로 전원(12V)을 공급한다

7. 강우 감지 와이퍼 시스템은 대개 _____에 장착되는 강우 센서를 사용한다.
   a. 그릴 뒤   c. 상단 앞유리창 내부
   b. 상단 앞유리창 바깥쪽   d. 지붕 위

8. 기술자 A는 송풍기 모터를 퓨즈 장착 점퍼 단자를 사용하여 테스트할 수 있다고 이야기한다. 기술자 B는 송풍기 모터를 집게형 전류계를 사용하여 시험할 수 있다고 이야기한다. 어느 기술자가 옳은가?
   a. 기술자 A만   c. 기술자 A와 B 모두
   b. 기술자 B만   d. 기술자 A와 B 둘 다 틀리다

9. 결함이 있는 송풍기 모터는 _____ 때문에 좋은 모터보다 더 많은 전류를 소비한다.
   a. 모터 속도가 증가하기
   b. 역기전력(CEMF)이 감소하기
   c. 공기의 흐름이 느려져서 모터의 냉각이 감소하기
   d. a와 c 둘 다

10. 다음 중 앞유리창 워셔 펌프가 손상될 수 있는 원인은 무엇인가?
    a. 추운 날씨에 깨끗한 물을 사용한다.
    b. 오염된 앞유리창 워셔액을 사용한다.
    c. 에틸렌글리콜(부동액)을 사용한다.
    d. 위의 모든 내용

액세서리 회로

Accessory Circuits

그림 26-1 이 크루즈 컨트롤 서보 장치(servo unit)는 차량에 따라 크루즈 컨트롤 모듈 또는 차량 컴퓨터로 연결되는 배선과의 전기적 연결을 제공한다. 진공 호스는 엔진 다기관 진공을 스로틀 연결장치를 움직이는 고무 격막(rubber diaphragm)으로 공급하여 사전 설정 속도를 유지한다.

그림 26-2 토요타/렉서스에 사용되는 크루즈 컨트롤.

> ☠ **경고**
>
> 대부분의 차량 제조업체들은 비가 오거나 도로가 미끄러울 경우 크루즈 컨트롤을 사용하면 안 된다고 사용 설명서에서 경고하고 있다. 크루즈 컨트롤 시스템은 스로틀을 작동시키고, 만약 구동 휠이 수상 활주를 시작하면, 차량 속도가 느려지는데, 이는 크루즈 컨트롤 장치가 엔진 가속의 원인이 된다. 엔진이 가속되고 구동 휠이 미끄러운 노면에 있을 때, 차량 안정성이 손실되어 충돌을 일으킬 수 있다.

크루즈 컨트롤 Cruise Control

관련 부품 크루즈 컨트롤(cruise control)—주행 제어(speed control)라고도 함—은 운전자가 가속 페달을 밟지 않아도 설정된 차량 속도를 일정하게 유지하도록 설계된 전기 및 기계 부품의 조합이다. 일반적인 크루즈 컨트롤 시스템의 주요 부품들은 다음을 포함한다.

1. **서보 장치.** 서보 장치(servo unit)는 케이블 또는 체인을 통해 스로틀 연결장치에 부착된다.

   서보 장치는 제어 모듈로부터 진공 제어 양을 수신하여 스로틀의 이동을 제어한다. ●그림 26-1 참조.

   일부 시스템은 스테퍼 모터를 사용하고 엔진 진공을 사용하지 않는다.

2. **컴퓨터 또는 크루즈 컨트롤 모듈.** 이 장치는 브레이크 스위치, 스로틀 위치(TP) 센서 및 차량 속도 센서로부터 입력을 수신한다. 솔레노이드 또는 스테퍼 모터를 작동하여 설정 속도를 유지한다.

3. **속도 설정 컨트롤.** 속도 설정 컨트롤(speed set control)은 스티어링 칼럼, 스티어링 휠, 계기 또는 콘솔에 위치한 스위치 또는 제어장치이다. 많은 크루즈 컨트롤 장치가 관성, 가속 및 기능 재개 등의 특징을 갖고 있다. ●그림 26-2 참조.

4. **안전 해제 스위치.** 브레이크 페달을 밟을 때, 크루즈 컨트롤 시스템이 전기 또는 진공 스위치를 통해 해제되며, 이는 대개 브레이크 페달 브래킷에 위치한다. 전기 및 진공 해제

양쪽 모두가 해제 스위치 중 하나에 고장이 발생하는 경우에도 반드시 크루즈 컨트롤 시스템이 해제되도록 하는 데 사용된다.

크루즈 컨트롤 작동 일반적인 크루즈 컨트롤 시스템은 차량 속도가 48km/h 이상인 경우에만 설정할 수 있다. 컴퓨터 비작동 시스템(noncomputer-operated system)에서 변환기(transducer)는 변환기의 속도 감지 부분이 최소 작동 속도를 초과하는 속도를 감지할 때 닫히는 저속 전기 스위치(low-speed electrical switch)를 포함하고 있다.

참고: 차량 속도가 40km/h 미만으로 떨어질 경우, 토요타 제조 차량은 설정 속도를 메모리에 유지하지 않는다. 운전자는 원하는 속도를 다시 설정해야 한다. 이는 정상적인 작동이며, 크루즈 컨트롤 시스템의 고장이 아니다.

크루즈 컨트롤에서 설정 버튼을 누를 때, 서보 장치의 솔레노이드 밸브는 엔진 진공이 다이어프램의 한쪽에 인가되도록 하는데, 다이어프램은 케이블 또는 연결장치를 통해 엔진의 스로틀 플레이트(throttle plate)에 부착된다. 서보 장치는 대

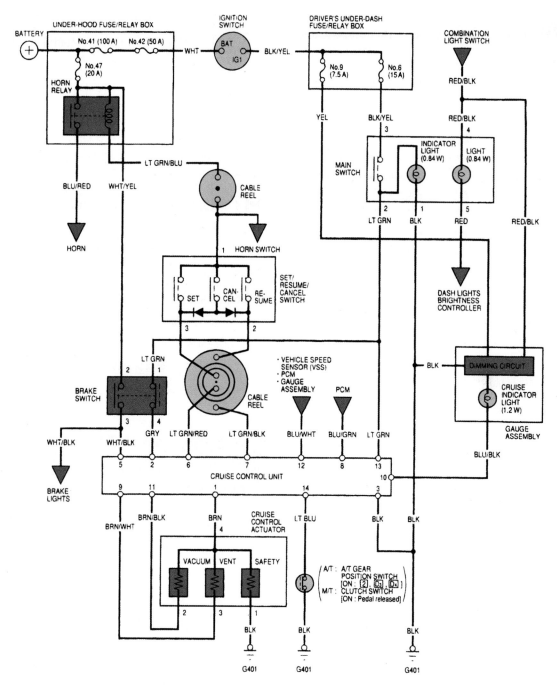

그림 26-3 전형적인 전자식 크루즈 컨트롤 시스템의 회로 다이어그램.

개 스로틀의 개폐를 제어하기 위해 2개의 솔레노이드를 포함한다.

- 통로를 제어하기 위해, 하나의 솔레노이드가 열리고 닫히며, 이로 인해 엔진 진공이 서보 장치의 다이어프램에 인가되어 스로틀 개방을 증가시킨다.
- 스로틀 개방을 감소시키기 위해, 하나의 솔레노이드가 센서 챔버로 돌아가는 공기를 거꾸로 흘러 들어가게 한다.

스로틀 위치 센서(throttle position sensor) 또는 위치 센서(position sensor)는 서보 장치 내부에서 크루즈 컨트롤 모듈로 스로틀 위치 정보를 전송한다.

대부분의 컴퓨터제어 크루즈 컨트롤 시스템은 속도 기준을 위해 엔진 제어 컴퓨터에 대한 차량 속도 센서 입력을 사용한다. 컴퓨터제어 크루즈 컨트롤 시스템도 스로틀 제어용 서보 장치, 크루즈 컨트롤 기능의 운전자 제어를 위한 제어 스위치, 전기 및 진공 브레이크 페달 해제 스위치 모두를 사용한다. ● 그림 26-3 참조.

노면 범프 문제

크루즈 컨트롤 문제 진단은 복잡한 일련의 점검 및 시험을 포함할 수 있다. 문제해결 절차는 제조업체(및 연도)에 따라 다르므로, 기술자는 항상 점검되는 정확한 차량에 대한 서비스 매뉴얼을 참조해야 한다. 하지만 모든 크루즈 컨트롤 시스템은 브레이크 안전 스위치(brake safety switch)를 사용하며, 차량에 수동 변속기가 있는 경우 클러치 안전 스위치(clutch safety switch)를 사용한다. 이러한 안전 스위치의 목적은 브레이크나 클러치가 인가되는 경우, 크루즈 컨트롤 시스템이 비활성화되도록 하기 위한 것이다. 일부 시스템은 두 가지 중복 브레이크 페달 안전 스위치를 사용하는데, 하나는 시스템에 공급되는 전원을 차단하기 위한 전기 스위치, 또 다른 하나는 작동 장치로부터 진공을 빼내는 데 사용되는 진공 스위치이다.

크루즈 컨트롤이 울퉁불퉁한 도로를 주행하는 동안 "작동을 중단"하거나 자체적으로 해제한다면, 가장 일반적인 원인은 잘못 조정된 브레이크 (및/또는 클러치) 안전 스위치이다. 종종, 이러한 안전 스위치를 간단히 재조정하면 간간이 일어나는 크루즈 컨트롤 해제 문제를 해결할 수 있다.

주의: 항상 제조업체가 권장하는 안전 스위치 조정 절차를 따라야 한다. 브레이크 안전 스위치가 잘못 조정되면, 마스터 브레이크 실린더(master brake cylinder)에 압력이 계속 공급될 수 있고, 이런 경우 브레이크 시스템이 심각하게 손상될 수 있다.

세 번째 브레이크등 점검

많은 GM 차량에서, 세 번째 브레이크등이 꺼지면 크루즈 컨트롤이 작동하지 않는다. 이 세 번째 브레이크등을 **중앙 고장착 정지등(center high-mounted stop light, CHMSL)**이라고 부른다. GM 차량에서 크루즈 컨트롤이 작동하지 않는 경우에는 항상 브레이크등을 먼저 점검해야 한다.

크루즈 컨트롤 문제해결
Troubleshooting Cruise Control

크루즈 컨트롤 시스템 문제해결은 대개 차량 제조업체가 지정하는 단계별 절차를 사용하여 수행된다.

작동하지 않거나 잘못 작동하고 있는 기계식 크루즈 컨트롤을 진단하는 일반적 단계는 다음과 같다.

단계 1 크루즈 컨트롤 고장 진단 코드(DTC)를 검색하기 위해서 공장 스캔 도구 또는 확장 스캔 도구를 사용한다. 스캔 도구를 사용하여 가능하다면 양방향 시험을 수행한다.

단계 2 크루즈 컨트롤 퓨즈가 끊어지지 않았는지, 그리고 크루즈 컨트롤을 켰을 때 크루즈 컨트롤 계기등(dash light)이 켜지는지를 점검한다.

단계 3 브레이크 및/또는 클러치 스위치가 적절히 작동하는지 점검한다.

단계 4 결합(binding) 또는 고착(sticking) 없이 올바르게 작동하는지 확인하기 위해, 센서 유닛과 스로틀 플레이트 사이의 스로틀 케이블 및 연결장치를 점검한다.

단계 5 진공 호스에서 균열 또는 기타 고장 여부를 점검한다.

단계 6 진공 서보 장치가 (장착된 경우) 손으로 작동하는 진공 펌프를 사용하여 누출 없이 진공을 유지할 수 있는지 점검한다.

단계 7 저항 측정 점검을 포함하여, 서보 솔레노이드가 올바로 작동하는지 점검한다.

전자식 스로틀 크루즈 컨트롤
Electronic Throttle Cruise Control

부품 및 동작 많은 차량에 **전자식 스로틀 컨트롤(electronic throttle control, ETC)** 시스템이 장착되어 있다. ETC 시스템을 장착한 차량은 크루즈 컨트롤에 스로틀 액추에이터를 사용하지 않는다. ETC 시스템은 모든 엔진 작동 조건에서 스로틀을 동작시킨다. ETC 시스템은 직류 전기 모터를 사용하여 부분적으로 열린 위치로 스프링이 장착된 스로틀 플레이트를 이동시킨다. 모터는 실제로 스프링 압력에 맞서 공회전 시 스로틀을 닫는다. 스프링이 장착된 위치가 기본 위치이며, 이로 인해 공회전 속도가 높아진다. 파워트레인 제어 모듈(PCM)은 **가속 페달 위치(accelerator pedal position, APP)** 센서의 입력 신호를 사용하여 원하는 스로틀 위치를 결정한다. 그 후 PCM은 스로틀 플레이트의 필요한 위치로 스로틀을 명령한다. ●그림 26-4 참조.

ETC 시스템을 장착한 차량의 크루즈 컨트롤은 원하는 속도를 설정하는 스위치로 구성된다. PCM은 VS(차량 속도) 센서로부터 차량 속도 정보를 수신하고, 설정 속도를 유지하기 위해 ETC 시스템을 사용한다.

그림 26-4 보호 덮개를 제거한 전형적인 전자 스로틀.

그림 26-5 변속기 트레일러 견인 모드(trailer tow mode)를 선택하자 캐딜락의 계기판에 트레일러 아이콘이 켜진 모습.

기술 팁

트레일러 견인 모드

일부 고객은 언덕이 많은 지역이나 산악 지역에서 주행하는 동안 크루즈 컨트롤을 사용할 때, 차량 속도가 때때로 설정 속도 미만으로 8~13km/h 더 내려간다고 불만을 제기한다. 자동 변속기가 저속기어로 내려가게 되고, 엔진 속도가 증가하며, 차량이 설정 속도로 되돌아간다. 감속 및 급격한 가속을 방지하기 위해 고객에게 트레일러 견인 위치를 선택하도록 요청한다. 이 트레일러 견인 모드(trailer tow mode)를 선택하면 차량 속도가 감소하기 시작하는 즉시 자동 변속기가 저속기어로 내려간다. 결과적으로 작동이 더 부드러워지고 운전자와 탑승자 모두 덜 알아차리게 된다. ●그림 26-5 참조.

진단 및 서비스 APP 센서 또는 ETC 시스템에서 고장이 발생하면, 크루즈 컨트롤 기능이 비활성화된다. 항상 지정된 문제해결 절차를 따라야 한다. 이러한 해결 절차는 일반적으로 스캔 도구를 사용하여 ETC 시스템을 적절하게 진단하는 것을 포함한다.

레이더 크루즈 컨트롤
Radar Cruise Control

목적과 기능 레이더 크루즈 컨트롤 시스템(radar cruise control system)의 목적은 전방 차량 뒤에 확실한 거리를 유지함으로써, 운전자가 차량을 더 확실하게 제어할 수 있도록 하는 것이다. 전방의 차량이 느려지면, 레이더 크루즈 컨트롤이

감속하는 차량을 감지하고 안전거리를 유지하기 위해 차량 속도를 자동으로 줄인다. 차량 속도가 빨라지면 레이더 크루즈 컨트롤이 차량으로 하여금 사전 설정된 속도로 높이도록 할 수 있다. 이것은 혼잡한 지역에서의 운전을 더 쉽고 덜 피곤하게 해 준다.

용어 제조업체에 따라 레이더 크루즈 컨트롤을 다음과 같이 부르기도 한다.

- **어댑티브 크루즈 컨트롤(adaptive cruise control)**: 아우디, 포드, GM, 현대
- **다이나믹 크루즈 컨트롤(dynamic cruise control)**: BMW, 토요타/렉서스
- **액티브 크루즈 컨트롤(active cruise control)**: 미니 쿠퍼, BMW
- **자율형 크루즈 컨트롤(autonomous cruise control)**: 메르세데스

전방 차량까지의 거리를 감지하고 확실한 거리를 유지하기 위해, 전방 지향 레이더(forward-looking radar)를 사용한다. 이런 유형의 크루즈 컨트롤 시스템은 다음과 같은 조건에서 작동한다.

1. 속도 범위가 30~161km/h임
2. 150m 이상 떨어진 물체를 감지하도록 설계됨

크루즈 컨트롤 시스템은 거리와 상대 속도를 모두 감시할 수 있다. ●그림 26-6 참조.

부품 및 동작 레이더 크루즈 컨트롤 시스템은 장거리 레이

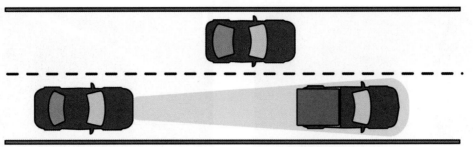

그림 26-6 교통이 느려질 때에도 레이더 크루즈 컨트롤(radar cruise control)은 센서를 사용하여 거리를 동일하게 유지한다.

? 자주 묻는 질문

레이더 크루즈 컨트롤에 의한 경찰 레이더 검출기 작동

의문의 여지가 있다. 레이더 크루즈 컨트롤 시스템에 사용되는 레이더는 경찰 레이더 검출기가 탐지할 수 없는 주파수에서 작동한다. 크루즈 컨트롤 레이더는 다음 주파수에서 작동한다.

- 76~77GHz(장거리)
- 24GHz(단거리)

다양한 유형의 경찰 레이더에 사용되는 주파수는 다음과 같다.

- X-밴드: 8~12GHz
- K-밴드: 24GHz
- Ka-밴드: 33~36GHz

간섭이 있을 수 있는 유일한 때는 충돌 방지 시스템(precollision system)의 일부로 레이더 크루즈 컨트롤이 24GHz 주파수에서 단거리 레이더(short-range radar, SRR)를 사용하기 시작할 때이다. 이는 레이더 검출기를 작동시키지만, 발생 가능성이 희박한 사건이며, 당신을 향해 다가오는 차량과 충돌 가능성이 있기 직전에 일어나게 된다.

더(long-range radar, LRR)를 사용하여 움직이는 차량 앞에 있는 멀리 떨어진 물체를 감지한다. 일부 시스템은 단거리 레이더(SRR) 및/또는 적외선(IR) 카메라 또는 광학 카메라를 사용하여 움직이는 차량과 전방의 다른 차량 사이의 거리가 줄어들 때의 거리를 감지한다. ●그림 26-7 참조.

레이더 주파수는 다음 주파수를 포함한다.

- 76~77GHz(장거리 레이더)
- 4GHz(단거리 레이더)

충돌 방지 시스템 Precollision System

목적과 기능 충돌 방지 시스템(precollision system)의 목적

및 기능은 전방의 도로를 모니터링하여 충돌을 방지하고 운전자와 승객을 보호하는 것이다. 충돌 방지 시스템은 다음 시스템들을 사용한다.

1. 차량 전방의 물체를 감지하기 위해, 레이더 크루즈 컨트롤 시스템에 의해 사용되는 장거리 및 단거리 레이더 시스템 또는 감지 시스템
2. 잠김방지 브레이크 시스템(ABS)
3. 어댑티브 (레이더) 크루즈 컨트롤
4. 브레이크 어시스트 시스템

용어 충돌 방지 시스템은 차량 제조업체에 따라 다양한 이름으로 불린다. 충돌 방지 시스템(precollision system) 또는 사고 방지 시스템(precrash system)에 대해 일반적으로 사용되는 이름들은 다음과 같다.

- **포드/링컨**: 브레이크 지원 충돌 경고(Collision Warning with Brake Support)
- **혼다/어큐라**: 충돌 완화 브레이크 시스템(Collision Mitigation Brake System, CMBS)
- **메르세데스-벤츠**: 사전 안전 지원(Pre-Safe or Attention Assist)
- **토요타/렉서스**: 충돌 방지 시스템(Pre-Collision System, PCS) 또는 고급 충돌 방지 시스템(Advanced Pre-Collision System, APCS)
- **GM**: 충돌 방지 시스템(Pre-Collision System, PCS)
- **볼보**: 브레이크 지원 충돌 경고(Collision Warning with Brake Support) 또는 브레이크 지원 충돌 경고(Collision Warning with Brake Assist)

동작 이 시스템은 차량 전방에 있는 물체를 모니터링하여 작동하며, 다음 조치들에 의해 충돌을 방지할 수 있다.

- 경보음을 울린다.

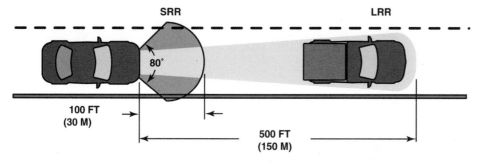

그림 26-7 대부분의 레이더 크루즈 컨트롤 시스템은 장거리 레이더와 단거리 레이더 모두를 사용한다. 어떤 시스템은 물체를 감지하기 위해 광학 카메라(optical camera) 또는 적외선 카메라(infrared camera)를 사용한다.

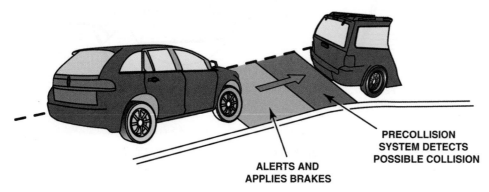

그림 26-8 충돌 방지 시스템(pre-collision system)은 먼저 충돌을 방지하도록 설계된다. 그리고 필요한 경우 충돌을 대비하여 상호 작용한다.

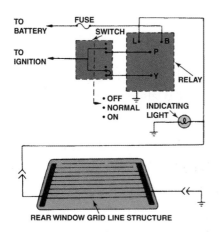

REAR WINDOW GRID LINE STRUCTURE

그림 26-9 스위치 및 릴레이는 후방유리 김서림 방지장치(rear window defogger)의 열선을 통과하는 전류를 제어한다.

- 경고등을 깜박인다.
- 운전자가 반응하지 않으면, 브레이크를 작동하고 차량을 완전히 정지시킨다(필요한 경우).
  ● 그림 26-8 참조.

시스템이 충돌을 방지할 수 없는 경우에는 다음 작업들을 수행할 것이다.

1. 브레이크를 최대한 세게 작동하여 차량 속도를 최대한 줄인다.
2. 모든 창문 및 선루프를 닫아 탑승자가 차량으로부터 튀어나가는 것을 방지한다.
3. 시트를 똑바로 세운다.
4. (전기적으로 구동되는 경우) 머리받침(headrest)을 올린다.
5. 안전벨트를 팽팽하게 한다.
6. 에어백과 안전벨트 텐셔너(장력 조절 장치)는 충돌 시 설계대로 작동한다.

열선내장 후방유리 김서림 방지장치
Heated Rear Window Defoggers

부품 및 동작 전기 가열식 후방유리 김서림 방지장치(rear window defogger)는 유리에 장착된 전기 열선을 사용하여 유리를 약 29℃까지 가열함으로써 김이나 서리를 제거한다. 후방유리 김서림 방지장치는 운전석 스위치 및 타이머 릴레이를 통해 제어된다. ● 그림 26-9 참조.

유리창 전기 열선이 최대 30A까지 소비할 수 있고, 연속적인 작동은 배터리와 충전 시스템에 부담을 주기 때문에, 타이머 릴레이가 필요하다. 일반적으로 타이머 릴레이는 10분 동안만 유리창 전기 열선에 전류가 흐르도록 한다. 10분 후에도 윈도우에 김이 사라지지 않으면 운전자는 김서림 방지장치를 다시 켤 수 있지만, 처음 10분이 지나면 추가적인 김서림 방지장치 작동이 5분으로 제한된다.

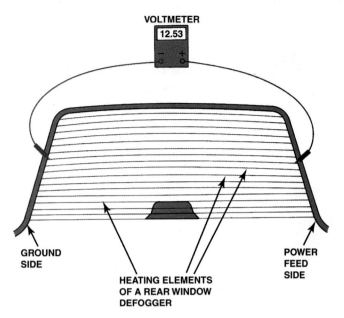

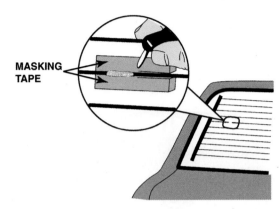

그림 26-10 전압계를 사용하여 후방유리 김서림 방지장치 전기 열선을 시험하여 미터 리드가 전원 측에서 접지 측으로 이동할 때 감소하는 전압을 확인할 수 있다. (차량 내부에서) 열선을 따라 전압계의 양극 리드가 이동함에 따라 전압계 판독값은 전압계가 열선의 접지 측으로 접근하면서 지속적으로 감소해야 한다.

그림 26-11 전형적인 수리 재료는 은으로 채워진 전도성 고분자 화합물(conductive silver-filled polymer)을 포함하며, 이 고분자 화합물은 10분 내에 마르고 30분 후면 사용할 수 있다.

예방책 전기식 그리드형 후방유리 김서림 방지장치는 후방유리의 안쪽을 부주의하게 청소하거나 긁으면 쉽게 손상될 수 있다. 후방유리 열선의 짧게 절단된 구간은 특수한 에폭시기반 전도성 소재를 사용하여 수리할 수 있다. 만약 한 부분 이상이 손상되었거나, 손상된 열선의 길이가 약 1.5인치(3.8cm)를 초과하는 경우에는 적절한 작동을 위해 후방유리 교체가 필요할 수 있다.

열선을 통과하는 전류는 부분적으로 열선 도체의 온도에 따라 달라진다. 온도가 낮아지면 열선의 저항이 감소하고 전류 흐름이 증가하여 후방유리가 따뜻해진다. 유리의 온도가 증가함에 따라 도체 그리드의 저항이 증가하고 전류 흐름이 감소한다. 따라서 김서림 방지 시스템은 김서림 방지의 필요에 맞게 전류 요구 사항을 자체조절(self-regulate)하는 경향이 있다.

참고: 일부 차량은 후방유리 김서림 방지장치의 열선을 라디오 안테나로 사용한다. 따라서 열선이 손상되면 라디오 수신도 영향을 받을 수 있다.

열선내장 후방유리 김서림 방지장치 진단 기능하지 않는 후방유리 김서림 방지장치의 문제를 해결하는 것은 테스트 램프나 전압계를 사용하여 열선 전압을 확인하는 과정을 포함한다. 후방유리에서 전압이 측정되지 않는 경우에는 스위치와 릴레이 타이머 어셈블리에서 전압을 점검한다. 전원 측으로부터 열선 반대쪽의 접지 연결이 불량할 경우 후방유리 김서림 방지장치가 작동하지 않는 원인이 될 수도 있다. 대부분의 김서림 방지장치 회로는 지시등 스위치와 릴레이 타이머를 사용하기 때문에, 후방유리창 열선에서 배선이 분리된 경우라 하더라도 지시등 조명을 켤 수 있다. 전압계를 사용하여 후방유리 김서림 방지장치 열선의 작동을 시험할 수 있다. ● 그림 26-10 참조.

음극 시험 단자가 양호한 차체 접지에 부착된 상태에서 조심스럽게 열선 도체를 측정한다. 프로브가 열선의 전원("hot") 측에서 열선의 접지 측으로 이동할 때 전압 판독값이 감소해야 한다.

수리 또는 교체 열선이 끊어진 경우, 수리 키트에 들어 있는 전기 전도성 재료(electrically conductive substance)를 사용하여 수리할 수 있다.

대부분의 차량 제조업체는 길이 2인치(5cm) 미만의 열선은 수리할 것을 권장한다. 불량 부분이 2인치를 초과하는 경우에는 전체 후방유리창을 교체해야 한다. ● 그림 26-11 참조.

입김 테스트

후방유리창 전체에 김이 서리지 않는 한 후방유리 김서림 방지 장치의 모든 열선이 제대로 동작을 하는지 테스트하는 것은 어렵다. 일반적으로 이용하는 편법은 김서림 방지장치를 켜고 후 방유리창의 유리 바깥쪽으로 입김을 부는 것이다. 입김을 불어 안경을 닦는 것과 같은 방법으로, 이렇게 하면 유리에 일시적으로 김이 서려서 후방 열선의 모든 부분이 제대로 작동하는지 빠르게 점검할 수 있다.

그림 26-12 전형적인 홈링크(HomeLink) 차고문 개폐기 버튼. 홈링크 시스템을 사용하여 차량으로부터 서로 다른 세 장치를 제어할 수 있다.

가열식 거울 Heated Mirrors

목적과 기능 가열식 외부 거울(heated outside mirror)의 목적 및 기능은 거울 표면을 가열하여 표면의 습기를 증발시키는 것이다. 이 열은 얼음과 김이 거울에 닿지 않게 하여 운전자가 더 잘 볼 수 있게 한다.

부품 및 동작 가열식 외부 거울은 종종 후방유리 김서림 방지장치와 동일한 전기 회로에 연결된다. 따라서 후방 김서림 방지장치를 켜면 거울 뒷면의 가열 열선도 켜진다. 일부 차량은 각 거울에 스위치를 사용한다.

진단 진단 절차의 첫 번째 단계는 고객 불만 사항을 확인하는 것이다. 가열식 거울을 켜기 위해 사용할 수 있는 적절한 방법에 대해 사용자 설명서나 서비스 정보를 확인한다.

참고: 가열식 거울은 눈이나 두꺼운 얼음층을 녹이도록 설계되지 않았다.

고장이 감지된 경우에는 서비스 정보 지침에서 따라야 할 정확한 절차를 확인한다. 거울 자체에서 결함이 발견된 경우에는 보통 수리하는 대신에 어셈블리를 교체한다.

홈링크 차고문 개폐기 HomeLink Garage Door Opener

작동 홈링크(HomeLink)는 차고문 개폐기의 무선 주파수 코드를 복제하는 장치로서, 여러 신형 차량에 장착되고 있다.

홈링크가 작동할 수 있는 주파수 범위는 288~418MHz이다. 전형적인 차량 차고문 개폐 시스템은 다음 장치들 중 하나 이상을 작동시킬 수 있는 세 개의 버튼이 있다.

1. 무선 송신 전기 개폐기가 장착된 차고문
2. 출입문
3. 출입문 잠금장치
4. 조명 또는 소형 전기 기기

이 장치들에는 대개 구형 장치인 고정 주파수 장치와 롤링 (암호화) 코드 장치가 모두 포함된다. ●그림 26-12 참조.

차량 차고문 개폐기 프로그래밍하기 차량을 구입한 후 차고문 개폐기 또는 기타 장치를 위해 송신기를 사용하여 프로그래밍을 해야 한다.

참고: 홈링크 차고문 개폐 제어기는 송신기를 사용하여 프로그래밍할 수 있다. 자동 차고문 시스템에 원격 송신기가 없으면 홈링크를 프로그래밍할 수 없다.

일반적으로는 고객이 차고문 개폐기에 홈링크를 프로그래밍할 책임이 있다. 하지만 일부 고객들은 서비스 부서의 도움이 필요할 수도 있다. 차량의 홈링크를 차고문 개폐기에 프로그래밍하는 데 관련된 단계들은 다음과 같다.

단계 1 모터가 손상될 수 있는 on/off 사이클을 방지하기 위해, 프로그래밍 중에 차고문 개폐기 플러그를 분리한다.

단계 2 휴대용 송신기의 주파수가 288MHz에서 418MHz 사이인지 확인한다.

단계 3 차량의 홈링크 모듈로 송신되는 강력한 신호를 확인하기 위해 송신기에 새 배터리를 장착한다.

단계 4 점화 스위치를 on 위치로 하고 엔진을 끈다(KOEO).

단계 5 홈링크 버튼으로부터 4~6인치 떨어진 곳에서 송신기를 누른 채로, 2초마다 휴대용 송신기를 눌렀다 놓았다 하면서 홈링크 버튼을 누르고 유지한다. 홈링크 버튼 근처의 표시등 조명이 느린 깜박임에서 빠른 깜박임으로 바뀔 때까지 송신기를 눌렀다 놓았다 하는 것을 계속 반복한다.

단계 6 차량 차고문 시스템(홈링크) 버튼이 프로그래밍되었는지 확인한다. 차고문 버튼을 누르고 유지한다. 표시등이 2초간 빠르게 깜박인 다음 계속 켜져 있으면, 롤링 코드 설계를 사용하여 시스템이 성공적으로 프로그래밍된 것이다. 표시등이 켜져 있다면, 고정 주파수 장치에 성공적으로 프로그래밍된 것이다.

진단 및 수리 홈링크 시스템에 고장이 발생하면 먼저 차고문 개폐기가 제대로 작동하는지 확인한다. 또한 차고문 개폐기 리모컨이 문을 작동시킬 수 있는지 확인한다. 필요에 따라 차고문 개폐기 시스템을 수리한다.

문제가 여전히 계속되면, 리모컨에 새 배터리를 장착하고 홈링크 차량 시스템 재프로그래밍을 시도한다.

파워 윈도우 Power Windows

스위치와 제어기 파워 윈도우(power window)는 도어 유리를 올리고 내리는 데 전기 모터를 사용한다. 이들은 운전자 옆에 위치한 **마스터 제어 스위치(master control switch)**, 그리고 각 파워 윈도우들에 대해 있는 추가적인 **독립 스위치(independent switch)** 양쪽 모두에 의해 작동될 수 있다. 일부 파워 윈도우 시스템은 독립 스위치들에서 파워 윈도우가 작동되지 않도록 운전석 컨트롤에 위치한 **잠금 스위치(lock-out switch)**를 사용한다. 일부 제조업체는 점화 스위치가 꺼진 후 부대장치 전원을 위해 시간 지연을 사용하지만, 파워 윈도우는 점화 스위치가 on(실행) 위치에 있을 때만 작동하도록 설계되었다. 이 특징은 운전자와 승객이 점화 스위치가 꺼진 후 약 10분 동안 또는 차량 도어가 열릴 때까지 모든 윈도우를 닫거나 다른 부대장치를 작동할 수 있는 기회를 허용한다. 이 특징을 **유지 부대장치 전원(retained accessory power)**이라고 한다.

파워 윈도우 모터 대부분의 파워 윈도우는 **영구자석(PM) 전기 모터**를 사용한다. 단지 모터로 연결되는 두 배선의 극성을 반대로 함으로써, PM 모터를 반대 방향으로 구동하는 것이 가능하다. 대부분의 파워 윈도우 모터는 모터가 차량의 차체(도어)에 접지될 필요가 없다. 대부분의 경우 모든 파워 윈도우의 접지는 운전석 마스터 제어 스위치 근처에 집중된다. 개별 윈도우 모터의 상하 운동은 이극 쌍투식(double-pole double-throw, DPDT) 스위치를 통해 제어된다. 이러한 DPDT 스위치는 5개의 접점이 있어서 배터리 전압이 파워 윈도우 모터에 인가되도록 하고, 모터의 극성 및 방향을 반대가 되도록 한다. 각 모터는 전자식 회로 차단기(electronic circuit breaker)로 보호된다. 이러한 회로 차단기는 모터 어셈블리에 내장되어 있으며, 분리된 교체 부품이 아니다. ● 그림 26-13 참조.

파워 윈도우 모터는 **윈도우 조정기(window regulator)**라고 하는 메커니즘을 회전시킨다. 윈도우 조정기는 도어 유리창에 장착되어 유리창의 개폐를 제어한다. 유리 기울기(glass tilt), 상부 정지(upper stop) 및 하부 정지(lower stop)와 같은 도어 유리창 조정은 대개 파워 윈도우 및 수동 윈도우 모두에서 동일하다. ● 그림 26-14 참조.

자동 상승/하강 특징 많은 파워 윈도우에는 제어 스위치를 멈춤쇠(detent)로 이동하거나 0.3초 이상 억제(held down)하면 모든 범위에서 윈도우를 내릴 수 있는 자동 하강(auto down) 기능이 장착되어 있다. 그러면 윈도우가 완전히 내려가고 모터가 정지한다.

많은 차량들이 자동 상승(auto up) 기능을 장착하고 있는데, 이 기능은 버튼을 한 번만 누르면 운전자가 운전자 측 윈도우 또는 모든 윈도우를 올릴 수 있게 한다. 윈도우 모터 회로의 센서가 모터를 통과하는 전류를 측정한다. 윈도우가 손이나 손가락과 같은 물체에 닿으면, 회로가 열린다. 윈도우가 상단에 도달하거나 물체에 부딪히면 윈도우 모터를 통과하는 전류가 증가한다. 상한 암페어 소비값(upper limit amperage draw)에 도달하면 모터 회로가 열리고 윈도우가 정지하거나 반대로 이동한다. 대부분의 최신 파워 윈도우는 네트워크 통신 모듈을 사용하여 파워 윈도우를 작동하며, 스위치는 개별 윈도우 모터에 전류를 공급하는 모듈에 대한 단순한 전압 신호를 사용한다. ● 그림 26-15 참조.

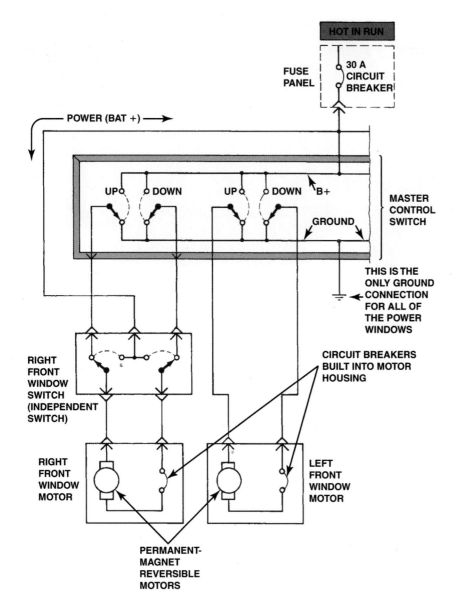

HOT IN RUN

FUSE PANEL

30 A CIRCUIT BREAKER

POWER (BAT +)

UP DOWN UP DOWN B+

MASTER CONTROL SWITCH

GROUND

THIS IS THE ONLY GROUND CONNECTION FOR ALL OF THE POWER WINDOWS

RIGHT FRONT WINDOW SWITCH (INDEPENDENT SWITCH)

CIRCUIT BREAKERS BUILT INTO MOTOR HOUSING

RIGHT FRONT WINDOW MOTOR

LEFT FRONT WINDOW MOTOR

PERMANENT-MAGNET REVERSIBLE MOTORS

그림 26-13 PM 모터를 사용하는 전형적인 파워 윈도우 회로. 윈도우 작동 방향 제어는 비접지된 모터를 통해 전류의 극성 방향을 바꿈으로써 수행된다. 전체 시스템의 유일한 접지는 마스터 제어(운전석 측) 스위치 어셈블리에 위치한다.

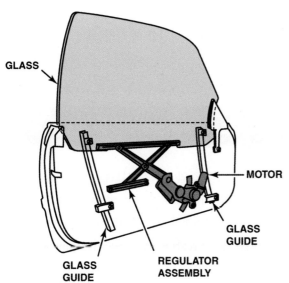

GLASS

MOTOR

GLASS GUIDE

GLASS GUIDE

REGULATOR ASSEMBLY

그림 26-14 전동 모터와 조정기 어셈블리는 파워 윈도우에서 유리를 올리고 내린다.

파워 윈도우 문제해결 파워 윈도우 문제를 해결하기 전에 모든 파워 윈도우가 제대로 작동하는지를 확인한다. 정확한 절차를 서비스 정보에서 확인한다. 최신 시스템에서는 스캔 도구를 사용하여 다음을 수행할 수 있다.

- B(차체) 또는 U(네트워크) 고장 진단 코드(DTC)가 있는지 확인한다.
- 양방향 제어 기능을 사용하여 파워 윈도우를 작동시킨다.
- 배터리를 분리한 다음 파워 윈도우의 작동을 재학습하거나 프로그래밍한다.

구형 시스템의 경우, 독립 스위치로부터 마스터 스위치로 연결되는 **제어 배선(control wire)** 중 하나가 끊어지면(개방), 파워 윈도우가 한 방향으로만 작동할 수 있다. 창이 내려

그림 26-15 버튼과 커버를 제거한 파워 윈도우 마스터 컨트롤 패널.

갈 수는 있지만 올라오지 않을 수도 있고, 그 반대일 수도 있다. 그러나 독립 스위치에서 모터로 연결되는 **방향지시 배선(direction wire)** 중 하나가 끊어지면(개방), 윈도우는 어느 방향으로든 작동하지 않는다. 방향지시 배선과 모터는 도어에서 전동식 리프트 모터가 작동 및 방향변경을 할 수 있도록 전기적으로 연결되어야 한다.

1. **양쪽 뒷문 윈도우가 독립 스위치로 작동되지 않는 경우에는** 윈도우 잠금장치(차량에 장착된 경우)와 마스터 제어 스위치의 작동을 점검한다.

2. **한쪽 윈도우가 한 방향으로만 움직일 수 있다면,** 제어 배선 (독립 제어 스위치와 마스터 제어 스위치 사이의 배선)의 연결성을 점검한다.

3. **모든 윈도우가 작동하지 않거나 가끔씩 작동하지 않는 경우,** 운전석 내부 도어 패널 후면 또는 운전석 측 계기판 아래에 있는 접지선을 점검하고 청소하고 조여야 한다. 또한 퓨즈나 회로 차단기에 결함이 있으면 모든 윈도우가 작동하지 않을 수 있다.

4. **한 윈도우가 양방향으로 작동하지 않으면,** 윈도우 리프트 모터에 결함이 있을 수 있다. 윈도우가 문의 트랙에 고착될 수 있는데, 이것은 모터에 내장된 회로 차단기가 회로를 여는 원인이 될 수 있고, 배선, 스위치 및 모터의 손상을 방지할 수 있다. 도어 유리창이 고착되었는지 점검하기 위해, 도어 유리창을 위아래로, 앞뒤로, 측면마다 움직이도록 시도한다. 윈도우 유리가 모든 방향으로 약간 움직일 수 있다면, 파워 윈도우 모터가 유리를 움직일 수 있어야 한다.

5. 파워 윈도우 회로를 진단할 때 항상 서비스 정보를 참조하고 준수해야 한다.

전동 시트 Power Seats

부품 및 동작 전형적인 전동식 시트는 가역적(reversible) 전기 모터와 6개의 시트 조정기(seat adjuster)를 회전시키는 3개의 솔레노이드와 6개의 **구동 케이블**(drive cable)을 가진 변속기 어셈블리를 포함한다. 6단 전동 시트(power seat)는 앞뒤로 시트를 움직일 수 있을 뿐만 아니라, 앞쪽과 뒤쪽에서 시트 쿠션을 상하로 움직일 수 있는 기능을 제공한다. 구동 케이블은 케이블 하우징 내부에서 회전하고 시트 변속기의

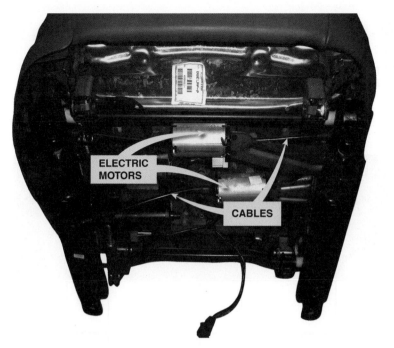

ELECTRIC MOTORS

CABLES

그림 26-16 전동 시트(power seat)는 좌석 아래에 있는 전기 모터를 사용하며, 이 모터는 시트를 앞뒤로 이동하도록 나사 잭(상하) 또는 기어를 동작시키기 위해 확장된 케이블을 구동한다.

출력을 시트를 움직이는 기어 어셈블리 또는 나사 잭(screw jack) 어셈블리에 연결하기 때문에, 속도계 케이블과 비슷하다. ●그림 26-16 참조.

종종 **나사 잭 어셈블리(screw jack assembly)**를 기어 너트(gear nut)라고 한다. 이것은 시트 쿠션의 앞쪽이나 뒤쪽을 위아래로 움직이는 데 사용된다.

고무 커플링(rubber coupling)은 대개 전기 모터와 변속기 사이에 위치하며, 시트가 걸리는 상황이 있을 경우 전기 모터 손상을 방지한다. 이 커플링은 모터 손상을 방지하도록 설계되었다.

대부분의 전동 시트는 시트 스위치에 의해 모터로 전송되는 전류 극성만 역전시키면 반전시킬 수 있는 영구자석 모터를 사용한다. ●그림 26-17 참조.

전동 시트 모터　대부분의 PM 모터는 모터의 과열을 방지하기 위해, 내장형 회로 차단기(built-in circuit breaker) 또는 PTC 회로 보호기(PTC circuit protector)를 내장하고 있다. 많은 포드 전동 시트 모터는 하나의 큰 영구자석 필드 하우징 안에 세 개의 분리된 전기자를 사용한다. 일부 전동 시트는 두 개의 별도 필드 코일이 있는 직렬 권선형(series-wound) 전기 모터를 사용하며, 각 회전 방향에 대해 필드 코일 하나씩을 사용한다. 이런 형태의 전동 시트 모터는 시트 스위치에서 시트 모터의 해당 필드 코일로 전류 방향을 제어하기 위해 일반적으로 릴레이를 사용한다. 이런 형태의 전동 시트는

시트 스위치가 상승 위치로부터 하강 위치로 변경되거나 앞뒤로 변경될 때 또는 반대로 될 때 들리는 "딸깍" 소리에 의해 식별될 수 있다. 딸깍 소리는 필드 코일 전류를 스위칭하는 릴레이의 소리이다. 일부 전동 시트는 일반적인 6인치 전동 시트 기능에 더하여 머리받침 높이, 시트 길이 및 측면 베개받침을 포함하여 좌석의 모든 기능을 작동하는 최대 8개의 개별적인 PM 모터를 사용한다.

참고: 일부 전동 시트는 작은 공기 펌프를 사용해 척추의 요추 부분을 받쳐 주기 때문에 **요추(lumbar)**라고 불리는 시트 뒷면 하단부의 백(또는 여러 개의 백)을 팽창시킨다. 운전자가 시트의 하단 뒷부분을 변경할 수 있도록 움직일 수 있는 레버나 노브를 사용하여 시트 요추 부분을 변경할 수도 있다.

메모리 시트　메모리 시트(memory seat)는 시트의 위치를 감지하기 위해 전위차계(potentiometer)를 사용한다. 시트 위치는 차체 제어 모듈(BCM) 또는 메모리 시트 모듈로 프로그래밍하여 위치 번호 1, 2 또는 3으로 저장될 수 있다. 운전자가 원하는 버튼을 누르면 시트가 저장된 위치로 움직인다. ●그림 26-18 참조.

일부 차량에서는 메모리 시트 위치가 원격 키리스 엔트리(remote keyless entry, RKE) 키 리모컨에 프로그래밍된다.

전동 시트 문제해결　전동 시트는 대개 퓨즈 패널에서 배선

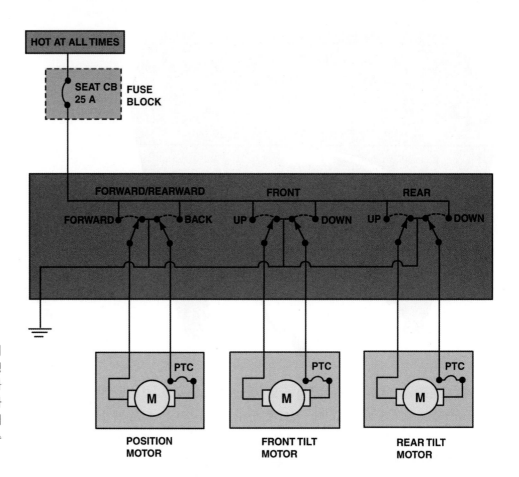

HOT AT ALL TIMES

SEAT CB
25 A

FUSE
BLOCK

FORWARD/REARWARD   FRONT   REAR

FORWARD   BACK   UP   DOWN   UP   DOWN

PTC   PTC   PTC

M   M   M

**POSITION
MOTOR**

**FRONT TILT
MOTOR**

**REAR TILT
MOTOR**

그림 26-17 전형적인 전동 시트 회로 다이어그램. 각 모터에는 내장형 전자식(반도체) PTC 회로 보호기가 있다. 시트 컨트롤 스위치는 전류가 모터를 통해 흐르는 방향을 반대로 해서 모터가 작동하는 방향을 변경할 수 있다.

되기 때문에, 점화 스위치를 켜지 않고도 작동(on)시킬 수 있다. 전동 시트가 작동하지 않거나 소음이 발생하는 경우에는 회로 차단기(또는 장착된 경우, 퓨즈)를 먼저 점검해야 한다. 점검 단계는 일반적으로 다음과 같다.

단계 1 전동 시트 진단 시 따라야 할 정확한 절차를 서비스 정보에서 확인한다. 시트 릴레이가 딸깍 소리를 내면, 회로 차단기가 작동하고 있지만 릴레이 또는 전기 모터에 결함이 있을 수 있다.

단계 2 내측 도어 패널 또는 시트에 컨트롤을 고정하는 나사 또는 클립을 탈거하고, 시트 컨트롤에서 전압을 점검한다.

단계 3 변속기 및 클러치 제어 솔레노이드(장착된 경우)에서 접지 연결부를 점검한다. 전동 시트 회로가 동작하도록, 솔레노이드가 차체에 올바르게 접지되어야 한다.

전동 시트 모터가 작동하지만 시트를 움직이지 못하는 경우, 가장 가능성이 높은 고장은 전동 시트 모터와 변속기 사이에서 마모되거나 결함이 있는 고무 클러치 슬리브(rubber clutch sleeve)이다.

시트 릴레이가 딸깍거리지만 시트 모터가 작동하지 않는다

기술 팁

간편 하차 시트 프로그래밍하기

일부 차량에는 차에서 쉽게 내릴 수 있도록 하기 위해, 점화 스위치를 끌 때 좌석을 뒤쪽으로 이동시키는 메모리 시트가 장착되어 있다. 이 기능이 있는 차량은 두 운전자 각각에 대해 원하는 운전석 외부/내부 위치를 프로그래밍하는 데 사용하는 *exit/ entry* 버튼을 가지고 있다.

차량에 이 기능이 장착되어 있지 않고 운전자 한 명만 주로 차량을 사용하는 경우, 두 번째 메모리 위치를 간편 하차 및 간편 탑승을 위해 프로그래밍할 수 있다. 위치 1번을 원하는 시트 위치로 설정하고 위치 2번을 입구/출구 위치로 설정하기만 하면 된다. 그런 다음, 차에서 내릴 때 메모리 2를 눌러 다음에 쉽게 내리고 탈 수 있도록 한다. 메모리 1을 눌러 시트 메모리를 원하는 주행 위치로 되돌린다.

면, 문제는 대개 결함 있는 시트 모터에 있거나 모터와 릴레이 사이의 배선에 있다. 전동 시트가 모터 릴레이를 사용한다면, 모터에는 모터 방향을 반대로 할 수 있는 이중 역권선 필드 (double reverse-wound field)가 있다. 이러한 형태의 전기 모

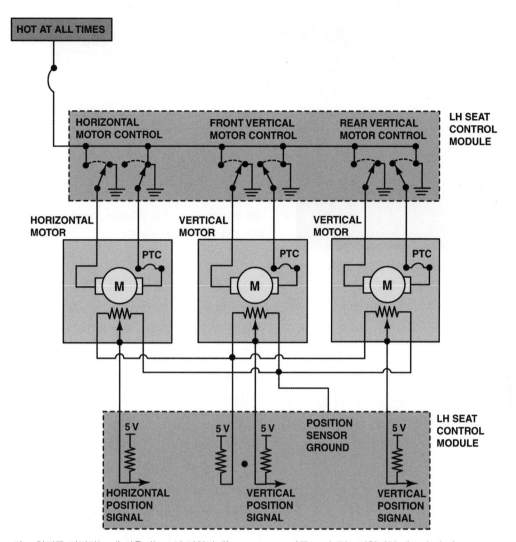

HOT AT ALL TIMES

HORIZONTAL MOTOR CONTROL   **FRONT VERTICAL MOTOR CONTROL**   **REAR VERTICAL MOTOR CONTROL**   **LH SEAT CONTROL MODULE**

HORIZONTAL MOTOR   **VERTICAL MOTOR**   **VERTICAL MOTOR**

PTC   PTC   PTC

M   M   M

5 V   5 V   5 V   **POSITION SENSOR GROUND**   5 V   **LH SEAT CONTROL MODULE**

HORIZONTAL POSITION SIGNAL   **VERTICAL POSITION SIGNAL**   **VERTICAL POSITION SIGNAL**

그림 26-18 시트 위치를 결정하는 데 사용되는 3선 전위차계(potentiometer)를 보여 주는 전형적인 메모리 시트(memory seat) 모듈.

터는 올바르게 접지되어야 한다. 영구자석 모터는 동작을 위한 접지가 필요 없다.

참고: 작업 공간이 제한되어 있기 때문에 전동 시트는 서비스에 어려운 경우가 많다. 트랙 볼트(track bolt)가 덮여 있어 전체 시트를 차량에서 탈거할 수 없다면, 전동 시트 어셈블리의 상단으로부터 시트를 탈거한다. 이러한 볼트들은 거의 항상 시트 위치에 관계없이 접근 가능하다.

전기 가열 시트
Electrically Heated Seats

부품 및 동작 가열식 시트(heated seat)는 많은 차량의 시트 등받이뿐 아니라 시트 하단에 있는 전기 가열 소자(electric

---

heating element)를 사용한다. 가열 소자는 시드 및/또는 시트 등받이를 약 37.7℃(100℉)까지 또는 정상 체온(37℃ = 98.6℉)에 근접하게 가열하도록 설계되어 있다. 또한 많은 가열식 시트가 고온 설정 또는 가변 온도 설정을 포함하기 때문

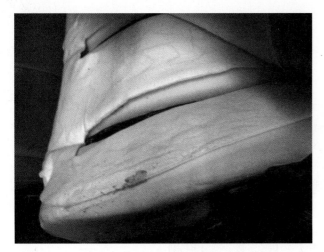

그림 26-19 가열식 시트(heated seat)의 가열 소자는 교체 가능한 부품이지만, 서비스를 위해서는 덮개를 탈거해야 한다. 노란색 부분은 시트 발포 소재(seat foam material)이며, 흰색 커버 전체는 교체 가능한 가열 소자이다. 그 다음, 시트 소재로 덮는다.

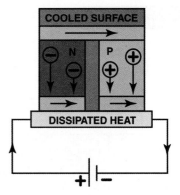

그림 26-20 펠티에 효과(Peltier effect) 소자는 인가 전류의 극성에 따라 가열 또는 냉각이 가능하다.

에, 시트 온도가 최대 43.3℃(110℉)까지 높아질 수 있다.

시트 쿠션의 온도 센서는 온도를 조절하는 데 사용된다. 이 센서는 온도에 따라 변화하는 가변 저항으로, 가열식 시트 제어 모듈에 대한 입력 신호로 사용된다. 가열식 시트 모듈은 시트 온도 입력뿐만 아니라 고온-저온(또는 가변) 온도 제어부로부터의 입력을 사용하여 시트의 가열 소자에 전류를 공급하거나 차단한다. 일부 차량은 뒷좌석과 앞좌석 모두에 가열식 시트가 장착되어 있다.

진단 및 서비스 가열식 시트 문제를 진단할 때에는 스위치가 on 위치에 있는지, 시트 온도가 정상 온도보다 낮은지를 확인하는 것부터 시작한다. 서비스 정보를 사용하여, 제어 모듈의 전원 및 접지와 시트의 가열 소자를 점검한다. 대부분의 차량 제조업체는 결함이 있는 경우, 전체 가열 소자를 교체할 것을 권장한다. ●그림 26-19 참조.

가열/냉각 시트
Heated and Cooled Seats

부품 및 동작 대부분의 전동식 가열 및 냉각 시트는 시트 쿠션 및 시트 등받이 아래에 위치한 열전 소자(thermoelectric device, TED)를 사용한다. 열전 소자는 두 개의 세라믹 판 사이에 양극 및 음극 연결부로 구성된다. 각 세라믹 판은 구

리 날개를 가지고 있어, 열이 소자를 통과하여 공기 중으로 전달되게 하고 시트 쿠션으로 유도할 수 있다. 열전 소자는 프랑스 시계 제조업자이자 발명가인 Jean C. A. Peltier의 이름을 딴 **펠티에 효과(Peltier effect)**를 이용한다. 전류가 모듈을 통해 흐르면 한쪽은 가열되고 다른 쪽은 냉각된다. 전류의 극성을 반대로 하면, 가열되는 측면이 변경된다. ●그림 26-20 참조.

가열 및 냉각 시트가 장착된 대부분의 차량은 시트마다 두 개의 모듈을 사용하는데, 하나는 시트 쿠션용이고 다른 하나는 시트 등받이용이다. 가열 및 냉각 시트가 켜질 때, 공기가 필터를 통과한 후에 열전 모듈을 통과하도록 강제로 공급된다. 그런 다음 공기는 시트 쿠션과 시트 등받이의 발포 고무 안에 있는 통로를 통해 전달된다. 각 열전 소자에는 서미스터(thermistor)라는 온도 센서가 있다. 제어 모듈은 센서를 사용하여 열전 소자의 날개 온도를 확인함으로써 제어기가 설정 온도를 유지할 수 있도록 한다.

진단 및 서비스 진단의 첫 번째 단계는 가열-냉각 시트 시스템(heated-cooled seat system)이 작동하지 않는지 확인하는 것이다. 지정된 절차를 위해 소유자의 매뉴얼 또는 서비스 정보를 확인한다. 시스템이 부분적으로 작동한다면, 대개 각 열전 소자의 시트 아래에 있는 공기 필터를 점검한다. 필터가 부분적으로 막히면 공기 흐름이 제한되고, 가열 또는 냉각 효과가 감소될 수 있다. 시스템 제어 표시등이 켜져 있지 않거나 시스템이 전혀 동작하지 않으면 열전 소자의 전원 및 접지를 점검한다. 항상 차량 제조업체의 권장 진단 및 서비스 절차를 따르도록 한다.

시트 필터 점검

전가열 및 냉각 시트는 종종 필터를 사용하여 공기 통로를 청결하게 유지하는 데 도움이 되도록 먼지와 이물질을 모아 둔다. 고객이 시트의 난방 또는 냉방 속도가 느리다는 불만을 제기한다면, 공기 필터를 점검하고 필요에 따라 교체 또는 청소한다. 필터의 정확한 위치를 파악하기 위해 서비스 정보를 확인하고 필터를 탈거 및/또는 교체하는 방법에 대한 지침을 확인한다.

가열식 스티어링 휠
Heated Steering Wheel

관련 부품 가열식 스티어링 휠은 대개 다음 부품들로 구성된다.

- 테두리에 내장형 히터가 있는 스티어링 휠
- 가열식 스티어링 휠 제어 스위치
- 가열식 스티어링 휠 제어 모듈

작동 스티어링 휠 히터 제어 스위치를 켜면 신호가 제어 모듈로 전송되고 전류가 스티어링 휠 테두리에 있는 가열 소자를 통해 흐른다. ●그림 26-21 참조.

점화 스위치를 끄거나 운전자가 제어 스위치를 끌 때까지 시스템은 켜진 상태로 유지된다. 스티어링 휠의 온도는 보통 약 32℃(90℉)로 유지되도록 보정되며, 외부 온도에 따라 설정 온도에 도달하는 데 3~4분 정도 걸린다.

진단 및 서비스 가열식 스티어링 휠의 진단은 가열식 스티어링 휠이 설계대로 작동하지 않는지 확인하는 것으로부터 시작된다.

참고: 차량 내부 온도가 약 32℃(90℉) 이상이면, 대부분의 가열식 스티어링 휠이 작동하지 않는다.

가열식 스티어링 휠이 작동하지 않는 경우에는 서비스 정보에 있는 시험 절차를 따라야 한다. 여기에는 다음 사항들에 대한 점검이 포함된다.

1. 가열식 스티어링 휠 제어 스위치가 제대로 작동하는지 점검한다. 이 점검은 대개 스위치의 양쪽 단자에서 전압을 점검하여 수행된다. 스위치의 두 단자 중 하나에서만 전압이 가능하고 스위치가 켜지고 꺼지고 했다면, 개방(결함 있는)

그림 26-21 이 차량에서 가열식 스티어링 휠은 스티어링 휠에 있는 스위치로 제어된다.

스위치가 표시된다.

2. 가열 소자로 연결되는 단자에서 전압 및 접지를 점검한다. 가열 소자에서 전압을 사용할 수 있고 접지가 좋은 새시 접지로 0.2V 이하의 전압 강하를 갖는 경우, 가열 소자에 결함이 있는 것이다. 부품에 결함이 있는 경우, 전체 스티어링 휠을 교체해야 한다.

항상 차량 제조업체의 권장 진단 및 시험 절차를 따라야 한다.

조절가능 페달 Adjustable Pedals

목적과 기능 전기식 조절 페달(electric adjustable pedal, EAP)이라고도 하는 **조절가능 페달**(adjustable pedal)은 브레이크 페달과 가속 페달을 모터로 작동하는 이동 가능한 브래킷 위에 위치시킨다. 일반적으로 조절가능 페달 시스템은 다음과 같은 부품들을 포함한다.

- **조절가능 페달 위치 스위치.** 운전자가 페달 위치를 조정할 수 있다.
- **조절가능 페달 어셈블리.** 모터, 나사형 조절 막대 및 페달 위치 센서를 포함한다.
- ●그림 26-22 참조.

시트 시스템의 위치뿐 아니라 페달 위치는 대개 메모리 시트(memory seat) 기능의 일부로 포함되며, 두 명 이상의 운전자가 선택할 수 있다.

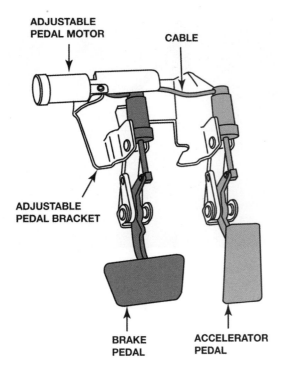

그림 26-22 전형적인 조절가능 페달 어셈블리. 가속 페달과 브레이크 페달은 모두 조절가능 페달 위치 스위치를 사용하여 앞뒤로 이동시킬 수 있다.

 기술 팁

리모컨 점검

메모리 기능은 특정 키 리모컨(key fob remote)에 프로그래밍 될 수 있으며, 이 리모컨은 조절가능 페달이 메모리에 설정된 위치로 움직이도록 명령한다. 문제가 아닐 수도 있는 문제를 수리하려고 하기 전, 항상 양쪽 원격 설정을 점검한다.

진단 및 서비스 조절가능 페달의 기능에 대해 고객이 우려할 때 진단의 첫 번째 단계는 장치가 설계한 대로 작동하지 않는지 확인하는 것이다. 정상적으로 작동하는지 사용자 매뉴얼 또는 서비스 정보를 점검한다. 차량 제조업체의 권장 문제해결 절차를 따른다. 많은 진단 절차는 이 시스템을 점검하기 위한 양방향 제어 기능이 있는 공장 스캔 도구의 사용이 포함된다.

외부 접이식 거울
Outside Folding Mirrors

안쪽으로 전기적으로 접힐 수 있는 거울은 특히 큰 스포츠 유틸리티 차량에서 인기 있는 기능이다. 차고나 좁은 주차 공간

그림 26-23 접힌 상태의 전동 접이식 거울.

그림 26-24 캐딜락 에스컬레이드(Escalade)의 전기식 거울 제어장치는 운전석 측 도어 패널에 있다.

 사례연구

유령 거울 사건

어떤 운전자가 운전을 하는 동안 버튼을 하나도 누르지 않았는데 외부 거울이 접힌다고 불평했다. 고객의 불만 사항을 확인할 수 없기 때문에 서비스 기술자는 거울이 정확히 어떻게 작동하도록 되어 있었는지를 알기 위해 사용자 매뉴얼을 살펴보았다. 매뉴얼의 주의 사항 설명에 따르면, 거울이 전기적으로 안쪽으로 접힌 다음 수동으로 밀어 펴면 거울이 제자리에 잠기지 않는다는 것이다. 전동 접이식 거울은 스위치를 사용하여 전기적으로 바깥쪽으로 껐다가 켜서 고정해야 한다. 양쪽 거울을 안팎으로 전기적으로 돌린 후에 문제가 해결되었다. ●그림 26-23과 26-24 참조.

개요:

- **불만 사항**—운전자는 외부 전동 접이식 거울이 때때로 저절로 접힌다고 이야기했다.
- **원인**—거울은 전기적으로 움직여야 하며, 제대로 작동하려면 수동으로 움직여서는 안 된다.
- **수리**—거울을 전기적으로 접고 펴기를 반복하여 옳은 동작을 회복하였다.

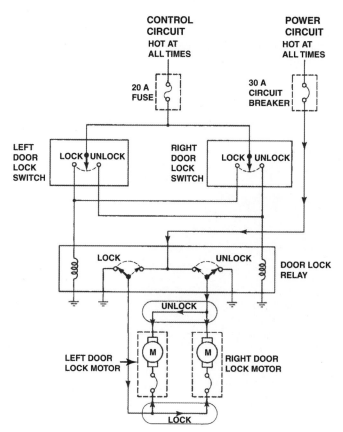

그림 26-25 전형적인 전동식 도어 잠금장치 회로의 다이어그램. 제어 회로는 퓨즈로 보호되는 반면, 전원 회로는 회로 차단기로 보호된다. 파워 윈도우의 작동과 마찬가지로 전동식 도어 잠금장치는 전형적으로 가역적 영구자석 비접지 전기 모터(reversible PM nongrounded electric motor)를 사용한다. 이 모터들은 잠금-해제 메커니즘에 기계적으로 연결되어 있다.

에 들어갈 때 필요한 경우 내부의 제어장치를 사용하여 양쪽 거울을 안쪽으로 접을 수 있다. 외부 접이식 거울의 진단 및 서비스를 위해, 자세한 내용은 서비스 정보를 참조한다.

전동식 도어 잠금장치
Electric Power Door Locks

전동식 도어 잠금장치는 영구자석 가역 모터(PM reversible motor)를 사용하여 제어 스위치 또는 스위치로부터 모든 차량 도어 잠금장치를 잠그거나 잠금 해제한다.

전기 모터는 내장형 회로 차단기를 사용하며 잠금-활성화 막대(lock-activating rod)를 동작시킨다. 파워 윈도우와 마찬가지로 모터 제어장치는 두 개의 모터 배선을 통한 전류의 극성에 의해 결정되기 때문에, PM 가역 모터는 접지가 필요하

그림 26-26 키 리모컨(key fob).

지 않다. ●그림 26-25 참조.

일부 2-도어 차량은 두 개의 PM 모터만을 위한 전류 흐름이 도어 잠금 스위치를 통해 처리될 수 있기 때문에, 전동식 도어 잠금 릴레이를 사용하지 않는다. 그러나 대부분의 뒷문 및 옆문에 전동식 잠금장치가 있는 4-도어 차량과 밴은 릴레이를 사용하여 4개 이상의 전동식 도어 잠금 모터를 작동하는 데 필요한 전류 흐름을 제어한다. 도어 잠금 릴레이는 도어 잠금 스위치로 제어되며, 일반적으로 전체 도어 잠금 회로에 대한 1개의 접지 연결부만 있다.

키리스(무열쇠) 승차
Keyless Entry

일부 포드 차량은 도어 바깥쪽에 위치한 키패드를 사용하지만, 대부분의 키리스 엔트리 시스템(keyless entry system)은 키 또는 키 리모컨에 내장된 무선 송신기를 사용한다. **키 리모컨(key fob)**은 키 체인의 장식용 물건이다. ●그림 26-26 참조.

송신기는 전자식 제어 모듈이 수신하는 신호를 송신하며, 이 전자식 제어 모듈은 일반적으로 트렁크 또는 계기판 아래에 장착된다. ●그림 26-27 참조.

전자 제어 장치는 문에 있는 도어 잠금 액추에이터(door lock actuator)로 전압 신호를 전송한다. 일반적으로 송신기 잠금 해제 버튼을 한 번 누르면, 운전석 도어만 잠금 해제된다. 잠금 해제 버튼을 두 번 누르면, 모든 도어가 잠금 해제된다.

롤링 코드 재설정 절차 많은 키리스 원격 시스템이 롤링 코

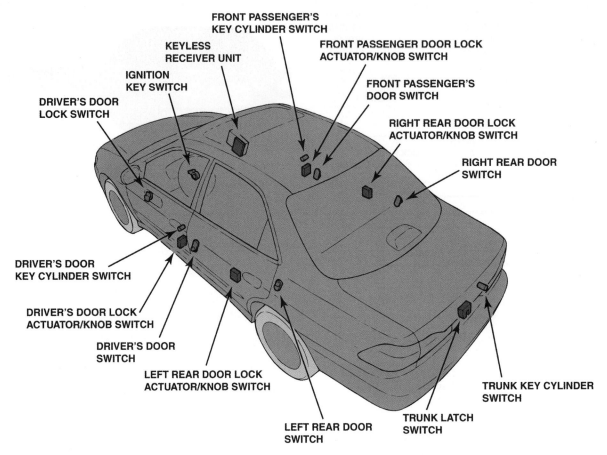

그림 26-27 원격 키리스 엔트리 시스템(keyless entry system)의 다양한 부품들의 위치를 보여 주는 차량 그림.

드(rolling code) 유형의 송신기 및 수신기를 사용한다. 재래식 시스템에서 송신기는 특정한 고정 주파수를 방출하며, 이 주파수는 차량 제어 모듈에 의해 수신된다. 이러한 단일 주파수는 가로채여(intercepted) 차량을 열기 위해 재전송(rebroadcast)될 수 있다.

송신기의 롤링 코드 형태는 송신기 버튼을 누를 때마다 다른 주파수를 방출한 다음, 이를 가로챌 수 없도록 다른 주파수로 넘어간다(roll over). 송신기와 수신기 양쪽 모두 동기화된 순서로 유지되어야 원격 기능이 올바르게 작동한다.

송신기가 차량으로부터 수신 범위 밖에 있을 때 송신기가 눌리면, 적절한 주파수가 수신기에 의해 인식되지 않을 수 있다. 이 경우 송신기가 눌리면 새로운 주파수로 넘어가지 않는다. 송신기가 작동하지 않으면, 수신기 범위 내에 있을 때 잠금 및 잠금 해제 버튼을 모두 누르면서 10초 동안 유지하여 송신기를 수신기에 다시 동기화한다.

키리스 엔트리 진단 작은 배터리가 송신기에 전원을 공급하는데, 약해진 배터리는 원격 전원 잠금장치가 작동하지 않는 일반적인 원인이다. 송신기 배터리 교체 후에도 키리스 엔트리 시스템이 작동하지 않으면, 다음 항목들을 점검한다.

- 도어 잠금장치의 기계적 바인딩
- 낮은 차량 배터리 전압
- 끊어진 퓨즈
- 제어 모듈 측 회로 단선
- 결함 있는 제어 모듈
- 결함 있는 송신기

새 리모컨의 프로그래밍 새 송신기 또는 추가 원격 송신기를 사용하려는 경우에는 반드시 차량에 프로그래밍을 해야 한다. 프로그래밍 절차는 다양하며 스캔 도구를 사용해야 할 수도 있다. 서비스 정보에서 따라야 할 정확한 절차를 확인한다. ●표 26-1 참조.

제조사/모델	설명	절차
Acura RSX MDX 3.2TL RSX **Honda** Accord Civic CR-V Odyssey	단계 사이의 시간 제한을 유지하도록 주의한다. 후드, 뒷문(tailgate) 및 도어가 닫혀 있는지 확인한다. 송신기가 파워 윈도우 마스터 스위치의 수신기를 향하도록 한다. 키리스 수신기는 최대 3개의 코드를 저장할 수 있다. 네 번째 코드가 저장되면 입력된 첫 번째 코드가 지워진다.	1. 점화 스위치를 ON으로 돌린다. 2. 1~4초 내에 잠금 또는 잠금 해제 버튼을 누른다. 3. 1~4초 내에 점화 스위치를 OFF로 돌린다. 4. 단계 1부터 3을 두 번 더 반복한다. 5. 1~4초 내에 점화 스위치를 ON으로 돌린다(네 번째). 6. 1~4초 내에 잠금 또는 잠금 해제 버튼을 누른다. 7. 도어 잠금 액추에이터가 반복되어야 한다. 8. 코드를 저장하기 위해 잠금 또는 잠금 해제 버튼을 1~4초 내에 두 번 누른다. 9. 추가 송신기의 경우, 단계 6, 7, 8을 반복한다. 10. 프로그래밍 모드를 종료하기 위해 점화 스위치를 끄고 키를 제거한다.
BMW All models with transmitter in key head	최대 4개의 송신기를 프로그래밍할 수 있다. 모든 송신기는 동시에 프로그래밍되어야 한다. 이 절차는 저장된 송신기를 모두 지운다.	1. 중앙 잠금 시스템을 잠금 해제하기 위해 차량 키를 사용한다. 2. 차량에 탑승하고 모든 도어를 닫는다. 3. 점화 스위치에 키를 삽입하고 점화 스위치를 위치 1로 돌린 다음 5초 내에 다시 OFF로 돌린다. 4. 키 버튼 2(화살표 버튼)를 길게 누른다. 5. 버튼 2를 누르고 있는 동안, 버튼 1(BMW 로고)을 10초 내에 세 번 누른다. 6. 버튼 2를 놓는다. 7. 잠금장치가 반복되면서 프로그래밍을 확인한다. 8. 추가 송신기에 대해 30초 내에 단계 4~7을 반복한다. 9. 버튼을 누르지 않은 상태에서 30초 후에 프로그래밍 모드가 종료된다.
Buick Rendezvous Lucerne LaCrosse **Chevrolet** Blazer Impala Monte Carlo Uplander **Pontiac** Grand Prix Montana **Saturn** Relay	스캔 도구가 필요하다. 총 4개의 송신기를 프로그래밍할 수 있다. 사용할 모든 송신기는 동시에 프로그래밍되어야 한다. 프로그래밍 모드를 활성화하면 이전에 저장된 코드를 지운다.	1. 스캔 도구를 설치하고, BCM Special Functions, Lift Gate Module(L-GM), 또는 Module Setup에 접근하여, Program Key Fobs 메뉴를 선택한다. 2. 스캔 도구에서 시작 키를 누른다. 3. 첫 번째 송신기의 잠금 및 잠금 해제 버튼을 모두 길게 누른다. 5~10초 내에 스캔 도구가 송신기가 프로그래밍되었다고 보고한다. 4. 단계 3을 반복하여 최대 4개의 송신기를 프로그래밍한다. 5. 프로그래밍 모드를 종료하려면 스캔 도구를 끄고 제거한다.
Buick Rainier **Cadillac** Escalade **Chevrolet** C/K Trucks Suburban Tahoe Trailblazer **Saab** 9-7(some)	스캔 도구를 사용하여 키 리모컨을 프로그래밍할 수도 있다. 사용할 모든 리모컨은 동시에 프로그래밍해야 한다. 첫 번째로 학습된 리모컨이 리모컨 1이 되고, 두 번째로 학습된 리모컨은 리모컨 2가 된다.	1. 차량에 탑승하고 모든 도어를 닫는다. 2. 키를 점화 잠금장치에 삽입한다. 3. 도어 잠금 해제 스위치를 누른 채로 점화 스위치를 켜고 끈다. 잠금 해제 스위치를 놓는다. 4. 도어 잠금장치가 한 번 반복되어 프로그래밍 모드를 확인한다. 5. 키 리모컨의 잠금 및 잠금 해제 버튼을 누른 후 약 15초간 유지한다. 6. 잠금장치는 리모컨에 학습된 후 한 번씩 반복한다. 7. 단계 5와 6을 반복하여 추가 리모컨을 프로그래밍한다. 8. 시동 키를 돌려 프로그래밍 모드를 종료한다.

표 26-1

인기 있는 차량을 위한 원격 키리스 프로그래밍 단계. 동일한 제조업체가 제작한 유사 차량에도 이 절차가 적용될 수 있다. 항상 해당 차량에 대한 서비스 정보를 참조한다.

제조사/모델	설명	절차
Cadillac CTS SRX	프로그래밍된 모든 키 리모컨이 지워진다. 이 절차 중에 프로그래밍할 모든 송신기는 다시 학습되어야 한다. 최대 4개의 리모컨을 프로그래밍할 수 있다. 첫 번째로 학습된 리모컨이 리모컨 1이 되고, 두 번째로 학습된 리모컨은 리모컨 2가 된다.	1. 스캔 도구를 설치하고 점화 스위치를 켠다. 2. 차체, RFA(또는 RCDLR), Special Functions, Program Key Fobs 메뉴로 이동한다. 3. 스캔 도구의 지시에 따라 송신기를 프로그래밍한다.
Cadillac Deville Seville **Pontiac** Bonneville Grand Am	최대 4개의 송신기를 프로그래밍할 수 있다. 사용할 모든 리모컨은 동시에 프로그래밍되어야 한다. 첫 번째로 학습된 리모컨이 리모컨 1이 되고, 두 번째로 학습된 리모컨은 리모컨 2가 된다.	1. 스캔 도구를 설치하고 점화 스위치를 켠다. 2. Remote Function Actuator(RFA) 모듈, Special Functions, Program Key Fobs 메뉴로 이동하여 프로그램 모드를 활성화한다. 3. 도어가 잠기고 잠금 해제되어 프로그래밍 모드를 나타낸다. 4. 리모컨의 잠금 및 잠금 해제 버튼을 길게 누른다. 도어 잠금장치가 순환하여 리모컨이 학습되었음을 나타낸다. 5. 추가 리모컨에 대해 단계 4를 반복한다. 6. 프로그래밍 모드를 종료하기 위해 스캔 도구를 끄고 제거한다.
Cadillac STS XLR **Chevrolet** Corvette	스캔 도구를 사용하여 키 리모컨을 프로그래밍할 수도 있다. 이 절차를 완료하는 데 30분 정도 소요된다. 프로그래밍된 모든 키 리모컨이 지워진다. 이 절차 중에 프로그래밍할 모든 송신기가 다시 학습되어야 한다. 최대 4개의 리모컨을 프로그래밍할 수 있다. 첫 번째로 학습된 리모컨이 리모컨 1이 되고, 두 번째로 학습된 리모컨은 리모컨 2가 된다.	1. 차량을 끈 상태에서 시동을 건다. 2. 기억시킬 리모컨을 버튼이 앞을 향하도록 한 상태에서 콘솔 포켓에 위치시킨다. 3. 차량 키를 운전석 도어 잠금 실린더에 삽입하고 5초 내에 5회 반복한다. DIC는 "OFF/ACC To LEARN"을 표시한다. 4. 점화 버튼의 OFF/ACC 부분을 누른다. 5. DIC는 "WAIT 10 MINUTES"를 표시할 것이며, 그 다음에는 1분에 한 번, 0까지 센다. 디스플레이가 "OFF/ACC TO LEARN"으로 변경된다. 6. 총 30분 동안 단계 4와 5를 두 번 이상 반복한다. 7. DIC에 "OFF/ACC TO LEARN"이 네 번째로 표시될 때 OFF/ACC 버튼을 다시 누른다. DIC는 "READY FOR FOB 1"을 표시한다. 8. 리모컨 1이 학습되면 삐 소리가 나고 DIC에 "READY FOR FOB 2"가 표시된다. 9. 콘솔 포켓에서 리모컨 1을 꺼내고 리모컨 2를 삽입한다. 리모컨이 학습을 마치면 삐 소리가 날 것이다. 10. 추가 리모컨에 대해 단계 8과 9를 반복한다. 11. 프로그래밍을 종료하기 위해 점화 버튼의 OFF/ACC 부분을 누른다.
Chevrolet Cavalier Equinox Malibu SSR S/T Trucks **Saab** 9–7(some models) **Saturn** Vue	스캔 도구가 필요하다. 최대 4개의 송신기를 프로그래밍할 수 있다. 개인화 기능이 있는 차량에서는 송신기의 번호가 1과 2이다. 첫 번째로 프로그래밍되는 송신기는 운전자 1이 되고 두 번째 송신기는 운전자 2가 된다.	1. 스캔 도구를 설치하고 BCM 또는 RFA, Special Functions 메뉴로 이동하여 Program Key Fobs를 선택한다. 2. Add/Replace Key Fob를 선택하여 새 리모컨이나 추가 리모컨을 프로그래밍한다. 3. Clear Memory and Program All Fobs 옵션을 선택하여 모든 리모컨을 교체하거나 운전자 1과 운전자 2 리모컨을 다시 코딩한다. 4. 스캔 도구 지침에 따라 프로그래밍을 완료한다.

표 26-1(계속)

제조사/모델	설명	절차
Chevrolet Venture van GM "U" vans	사용할 모든 리모컨은 동시에 프로그래밍해야 한다. 최대 4개의 송신기를 프로그래밍할 수 있다. BCM이 단계 5에서 DTC를 표시하는 경우, 프로그래밍을 계속하기 전에 이를 해결해야 할 수도 있다.	1. 시동 키를 점화 스위치에서 뺀 상태에서 조수석 측 퓨즈 블록에서 BCM PRGRM 퓨즈를 제거한다. 2. 차량에 탑승하고 모든 도어를 닫는다. 3. 키를 삽입하고 점화 스위치를 ACC로 돌린다. 4. 안전벨트 표시등과 차임벨은 차량의 BCM 종류에 따라 두 번이나 세 번 또는 네 번 작동한다. 5. 키를 OFF로 돌리고 1초 내에 ACC로 다시 돌아간다. BCM에 저장된 DTC가 있는 경우, DTC는 현재 차임벨과 벨트 표시장치에 의해 표시된다. 6. 아무 문이든 열었다 닫는다. 차임벨이 울려 프로그래밍 모드를 표시한다. 7. 리모컨 잠금 및 잠금 해제 버튼을 누른 후 약 14초간 유지한다. 리모컨이 학습되면 BCM에서 차임벨이 울린다. 8. 최대 4개의 모든 송신기에 대해 단계 7을 반복한다. 9. 프로그래밍 후 시동 키를 제거하고 BCM PRGRM 퓨즈를 다시 설치한다.
Chrysler PT Cruiser Concorde	동작하고 있는 송신기가 없는 경우, 스캔 도구가 필요하다. 최대 4개의 송신기를 프로그래밍할 수 있다. 프로그래밍 모드는 30초 후에 종료된다.	1. 점화 스위치를 켜고 차임벨이 멈출 때까지 기다리거나 안전벨트를 착용하여 차임벨을 해제한다. 2. 원본인 작동하는 송신기를 사용하여 잠금 해제 버튼을 누른 후 4~10초간 유지한다. 3. 잠금 해제 버튼을 누른 채로 패닉 버튼을 1초간 누른다. 프로그래밍 모드가 준비되었음을 알리는 차임벨이 울릴 것이다. 4. 프로그래밍할 송신기의 버튼을 눌렀다 놓는다. 이때 이전에 프로그래밍한 송신기를 포함하여 모든 송신기를 프로그래밍해야 한다. 각 프로그래밍이 성공한 후 차임벨이 울린다. 5. 프로그래밍을 종료하려면 점화 스위치를 끈다.
Chrysler Sebring Town and Country **Dodge** Pickup R1500 Stratus R/T Caravan Dakota Durango **Jeep** Liberty	프로그래밍은 스캔 도구 또는 "고객 학습" 모드에 의해 수행된다. 기능하는 송신기를 사용할 수 없는 경우 스캔 도구를 사용해야 한다. 프로그래밍 모드는 단계 3에서 차임벨이 멈춘 후 60초 후에 취소된다. 모든 프로그래밍은 이 시간 내에 완료되어야 한다. 송신기는 최대 4개까지 저장될 수 있다.	**고객 학습 모드** 1. 점화 스위치를 켜고 차임벨이 멈출 때까지 기다리거나 안전벨트를 착용하여 차임벨을 해제한다. 2. 원본인 작동하는 송신기를 사용하여 잠금 해제 버튼을 누른 후 4~10초간 유지한다. 3. 잠금 해제 버튼을 누른 채로 패닉 버튼을 1초간 누른다. 프로그래밍 모드가 준비되었음을 알리는 차임벨이 3초간 울린다. 4. 잠금 및 잠금 해제 버튼을 함께 1초간 눌렀다 놓는다. 5. 동일한 송신기에서 아무 버튼이나 눌렀다 놓는다. 코드가 성공적으로 학습되면 차임벨이 울린다. 6. 추가 송신기를 프로그래밍하려면 단계 4와 5를 반복한다. 7. 점화 스위치를 끈다.
Ford Focus	최대 4개의 송신기를 프로그래밍할 수 있다. 모든 송신기는 동시에 프로그래밍해야 한다. 다음과 같은 경우 프로그래밍 모드가 종료된다. • 엔진이 시동된다. • 10초의 시간이 만료된다. • 송신기 4개가 프로그래밍된다.	1. 차량에 탑승한다. 모든 도어를 닫는다. 2. 점화 스위치를 ACC에서 run으로 돌린다(6초 내에 4회). 3. 점화 스위치를 끈다. 4. 차임벨이 울려 프로그래밍 준비가 되었음을 알린다. 5. 10초 내에 송신기의 아무 버튼이나 누른다. 차임벨이 울려 코드가 승인되었음을 알린다. 6. 추가 송신기를 프로그래밍하려면 단계 5를 반복한다.

표 26-1 (계속)

제조사/모델	설명	절차
Ford 　F150 Pickup 　Explorer 　Taurus 　Escape 　Expedition 　Excursion 　Ranger **Lincoln** 　Navigator **Mazda** 　B2300 **Mercury** 　Mountaineer 　Mariner	모든 송신기는 동시에 프로그래밍되어야 한다. RKE 송신기는 스캔 도구를 사용해 프로그래밍될 수 있다. 다음과 같은 경우 프로그래밍 모드가 종료된다. • 키를 OFF 상태로 돌린다. • 20초의 시간이 만료된다. • 최대 개수의 송신기가 프로그래밍된다(차량에 따라 다름).	1. 도어 잠금 스위치의 RKF 송신기를 사용해 도어를 전기적으로 잠금 해제한다. 2. 키를 OFF 상태에서 run으로 돌리고(10초 내에 8회), 키를 ON으로 하여 종료한다. 모듈이 프로그램 모드를 표시하면서 도어를 잠그고 잠금 해제한다. 3. 20초 내에 송신기의 아무 버튼이나 누른다. 잠금장치가 순환하여 송신기가 학습되었음을 나타낸다. 4. 추가 RKE 송신기에 대해 단계 3을 반복한다. 5. 프로그래밍 모드를 종료하려면 키를 OFF로 돌린다.
Infiniti 　G20 　G35 　FX35 　Q45	키 리모컨 코드를 점검하고 스캔 도구를 사용하여 변경할 수 있다. 단계 2가 너무 빠르게 수행되면, 시스템이 프로그래밍 모드로 전환되지 않는다. 5개까지 키 리모컨을 등록할 수 있다. 입력이 5개 이상이면, 가장 오래된 ID 코드는 덮어써진다. 5개의 메모리에 동일한 키 코드를 모두 입력할 수 있다. 필요한 경우 이 방법은 리모컨의 잃어버린 ID 코드를 삭제하는 데 사용할 수 있다.	1. 차량에 탑승하고 모든 도어를 닫는다. 2. 점화 실린더에 키를 삽입한 다음 완전히 제거한다(10초 내에 6회 이상). 위험 경고등이 두 번 깜박거림으로써 프로그래밍 모드가 활성 상태임을 알린다. 3. 키를 삽입하고 점화 스위치를 ACC로 돌린다. 4. 리모컨의 아무 키나 한 번 누른다. 위험 경고등이 깜박거림으로써 코드를 저장했음을 알린다. 5. 프로그래밍 모드를 종료하려면 운전석 도어를 연다. 추가 리모컨을 프로그래밍하려면 단계 6으로 진행한다(운전석 도어를 열지 않는다). 6. 추가 코드를 입력하기 위해, 윈도우 메인 스위치를 사용하여 운전석 도어를 잠금 해제했다가 다시 잠근다. 7. 추가 리모컨의 아무 버튼이나 누른다. 위험 경고등이 두 번 깜박거림으로써 코드가 학습되었음을 알린다. 8. 다른 키 리모컨 코드를 입력하기 위해 단계 6과 7을 반복한다. 9. 운전석 도어를 열어 프로그래밍 모드를 종료한다.
Lincoln 　Town Car 　Continental 　Navigator **Mercury** 　Grand Marquis	모든 RKE 송신기는 동시에 프로그램되어야 한다. RKE 송신기는 스캔 도구를 사용해 프로그래밍할 수도 있다. 추가 송신기는 7초 내에 프로그래밍되어야 한다. 그렇지 않으면 단계 1부터 이 과정을 반복해야 한다. RKE 송신기를 시험하기 위해, 프로그래밍 모드를 종료한 후 최소 20초 동안 기다린다.	1. 키를 OFF 상태에서 run으로 돌리고(10초 내에 8회, 초기 시스템의 경우 4회), 키를 ON으로 하여 종료한다. 모듈이 프로그램 모드를 표시하면서 도어를 잠그고 잠금 해제한다. 2. 송신기의 아무 버튼이나 누른다. 도어가 잠기고 잠금 해제되어 프로그래밍이 성공했음을 알린다. 3. 추가 코드를 프로그래밍하기 위해, 7초 내에 단계 2를 반복한다. 4. 7초간 기다리거나 키를 OFF로 돌려 프로그래밍 모드를 종료한다.
Mazda 　5 　6	키를 빼고 모든 도어와 트렁크 덮개 및 리프트 게이트를 닫은 상태에서 시작한다. 총 3개의 송신기를 프로그래밍할 수 있다. 이전에 프로그래밍된 송신기가 이 절차 중에 지워질 수 있다. 가능하다면, 원하는 송신기를 모두 동시에 프로그래밍한다.	1. 운전석 측 도어를 연다. 2. 키를 점화 잠금장치에 넣고 점화 스위치를 "ON"으로 돌린 후 다시 잠금 위치로 세 번 돌린다(키가 점화 스위치에 있을 때 잠금 위치에서 끝남). 3. 운전석 도어를 세 번 닫았다가 다시 열고, 도어를 연 채로 종료한다. 도어 잠금장치가 잠기고 잠금 해제된다. 4. 송신기의 잠금 해제 버튼을 두 번 누른다. 도어 잠금장치가 잠기고 잠금 해제되어 프로그래밍이 정상인지 확인한다. 5. 프로그래밍할 추가 송신기에 대해 단계 4를 반복한다. 6. 프로그래밍될 마지막 송신기가 학습되었을 때, 해당 송신기에서 잠금 해제 버튼을 두 번 눌러 프로그래밍 모드를 종료한다.

표 26-1 (계속)

제조사/모델	설명	절차
Mazda 626 Millenia Protégé	키를 빼고 모든 도어와 트렁크 덮개 및 리프트 게이트를 닫은 상태에서 시작한다. 총 3개의 송신기를 프로그래밍할 수 있다. 이전에 프로그래밍된 송신기가 이 절차 중에 지워질 수 있다. 가능하다면, 원하는 송신기를 모두 동시에 프로그래밍한다. Protégé는 버저를 울리는 대신 잠금장치를 순환한다.	1. 운전석 측 도어를 연다. 2. 점화 잠금장치에 키를 넣고, 점화 스위치를 "ON"으로 돌린 다음, 다시 잠금 위치로 세 번 돌리고 키를 제거한다. 3. 세 번 도어를 닫았다가 다시 열고, 도어를 연 채로 종료한다. CPU로부터 버저가 울릴 것이다. 4. 송신기의 아무 버튼이나 두 번 누른다. 프로그래밍이 정상인지 확인하기 위해 버저가 한 번 울린다. 5. 프로그래밍할 추가 송신기에 대해 단계 4를 반복한다. 6. 프로그래밍될 마지막 송신기가 학습되었을 때, 해당 송신기에서 아무 버튼이나 두 번 누른다. 버저가 두 번 울리고 프로그래밍 모드를 종료한다.
Nissan Altima Armada Frontier Maxima Murano Titan	키 리모컨 코드를 점검하고 스캔 도구를 사용하여 변경할 수 있다. 단계 2가 너무 빠르게 수행되면, 시스템이 프로그래밍 모드로 전환되지 않는다. 5개까지 키 리모컨을 등록할 수 있다. 입력이 5개 이상이면, 가장 오래된 ID 코드는 덮어써진다. 5개의 메모리에 동일한 키 코드를 모두 입력할 수 있다. 필요한 경우 이 방법은 리모컨의 잃어버린 ID 코드를 삭제하는 데 사용할 수 있다.	1. 차량에 탑승하고 모든 도어를 닫는다. 2. 점화 실린더에 키를 삽입한 다음 10초 내에 6회 이상 완전히 제거한다. 위험 경고등이 두 번 깜박임으로써 프로그래밍 모드가 활성 상태임을 알린다. 3. 키를 삽입하고 점화 스위치를 ACC로 돌린다. 4. 리모컨의 아무 키나 한 번 누른다. 위험 경고등이 깜박거림으로써 코드를 저장했음을 알린다. 5. 프로그래밍 모드를 종료하려면 운전석 도어를 연다. 추가 리모컨을 프로그래밍하려면 단계 6으로 진행한다(운전석 도어를 열지 않는다). 6. 추가 코드를 입력하기 위해. 윈도우 메인 스위치를 사용하여 운전석 도어를 잠금 해제했다가 다시 잠근다. 7. 추가 리모컨의 아무 버튼이나 누른다. 위험 경고등이 두 번 깜박임으로써 코드가 학습되었음을 알린다. 8. 다른 키 리모컨 코드를 입력하기 위해 단계 6과 7을 반복한다. 9. 운전석 도어를 열어 프로그래밍 모드를 종료한다.
Pontiac Vibe **Scion** xB **Toyota** Camry Corolla	최대 4개의 송신기를 프로그래밍할 수 있다. 송신기를 4개 이상 프로그래밍하면, 가장 오래된 송신기 코드는 덮어써진다. 다음과 같은 네 가지 프로그래밍 모드가 있다. • 추가 모드: 추가 송신기를 프로그래밍하는 데 사용된다. • 다시 쓰기 모드: 이전에 프로그래밍한 송신기를 모두 삭제한다. • 확인 모드: 이미 몇 개의 송신기가 프로그래밍되어 있는지 나타낸다. • 금지 모드: 학습된 모든 코드를 삭제하고 무선 입력 시스템을 비활성화한다. 확인 모드에서는 코드가 저장되지 않은 경우, 도어 잠금장치가 5번 순환한다. 프로그래밍 모드를 종료하려면 아무 도어나 연다.	1. 차량에 탑승하고, 키를 점화 스위치에서 빼고, 운전석 도어를 제외한 모든 도어를 닫는다. 2. 5초 내에 점화 스위치에서 키를 두 번 삽입하고 제거한다. 3. 40초 내에 운전석 도어를 두 번 닫고 연 다음 키를 삽입하고 제거한다. 4. 다시 운전석 도어를 두 번 닫고 연 다음, 시동 키를 삽입하고 도어를 닫는다. 5. 키를 잠금 위치로부터 "ON"으로 돌리고 다시 잠금 위치로 돌려 프로그래밍 모드를 선택한다. • 추가 모드에 1회 실시(단계 6으로 이동) • 다시 쓰기 모드에 2회 실시(단계 6으로 이동) • 확인 모드에 3회 실시(단계 10으로 이동) • 금지 모드에 5회 실시(단계 11 참조) 6. 점화 스위치에서 키를 제거한다. 7. 추가 모드를 위해 한 번 또는 다시 쓰기 모드를 위해 두 번, 도어가 잠금/잠금 해제된다. 8. 송신기를 프로그래밍하려면 잠금 및 잠금 해제 버튼을 1.5초간 눌렀다 놓는다. 그 후 3초 내에 두 버튼 중 하나를 눌러 프로그래밍을 확인한다. • 1회 잠금/잠금 해제 반복은 정상을 나타낸다. • 잠금/잠금 해제 사이클이 2회 반복되면 정상이 아님을 나타낸다; 이 단계를 반복한다. 9. 단계 8을 반복하여 추가 송신기를 프로그래밍한다.

표 26-1 (계속)

액세서리 회로 **421**

제조사/모델	설명	절차
		10. 확인 모드에서는 잠금/잠금 해제 사이클의 수가 이미 저장된 코드 개수를 나타내며 프로그래밍 모드가 종료된다. 예: 두 사이클은 두 개의 코드가 저장되어 있음을 나타낸다. 11. 금지 모드가 선택되면, 잠금이 다섯 번 순환하고 프로그래밍 모드가 종료된다.
Pontiac G6 **Saturn** Ion L300	스캔 도구는 키 리모컨을 프로그래밍하는 데 사용된다. 최대 4개의 송신기를 프로그래밍할 수 있다. 키 리모컨이 하나라도 프로그래밍되는 경우, 모든 리모컨을 동시에 프로그래밍해야 한다. 개인화 기능이 있는 차량에서는 송신기 1과 송신기 2로 번호가 붙는다. 첫 번째로 프로그래밍되는 송신기는 운전자 1이 되고 두 번째 송신기는 운전자 2가 된다.	1. 스캔 도구를 설치하고 Program Key Fobs 메뉴로 이동한다. 2. 프로그래밍할 리모컨의 수를 선택한다. 3. 프로그래밍할 첫 번째 리모컨에서 잠금 및 잠금 해제 버튼을 길게 누른다. 잠금은 순환하여 정상을 나타낸다. 참고: 이 리모컨이 운전자 1 키 리모컨이 된다. 4. 두 번째 리모컨에 대해 단계 3을 반복한다. 이 리모컨은 운전자 2 키 리모컨이 된다. 5. 프로그래밍할 다른 모든 키 리모컨에 대해 단계 3을 반복한다. 6. 프로그래밍을 종료하기 위해 스캔 도구를 끄고 제거한다.
Saab 9-2	최대 4개의 송신기를 프로그래밍할 수 있다.	1. 운전석에 앉아 모든 도어를 닫는다. 2. 운전석 도어를 열었다가 닫는다. 3. 점화 스위치를 "ON"에서 "잠금"으로 15초 내에 10회 돌린다. 경음기가 울려 프로그래밍 모드임을 나타낸다. 4. 운전석 도어를 열었다가 닫는다. 5. 프로그래밍할 리모컨의 아무 버튼이나 누른다. 6. 경음기가 두 번 울려 송신기가 학습되었음을 나타낸다. 7. 추가 송신기에 대해 단계 4, 5, 6을 반복한다. 8. 프로그래밍 모드를 종료하기 위해 점화 스위치에서 키를 제거한다. 확인하기 위해 경음기가 세 번 울려야 한다.
Subaru Forester Impreza Legacy Outback Tribeca	스캔 도구가 RKE 코드를 프로그램하는 데 사용된다. 최대 4개의 RKE 송신기를 등록할 수 있다. 8자리 코드는 송신기 내부의 회로판에 있는 새 송신기의 비닐 백에 있다.	1. 스캔 도구를 설치하고 키리스 송신기 ID 등록 메뉴로 이동한다. 2. 송신기 8자리 ID 번호를 스캔 도구에 입력한다. 3. 번호가 정확하면 yes를 누른다. 4. ID가 프로그래밍되면 스캔 도구에 "ID registration done"이 표시된다. 5. 스캔 도구 메뉴에 따라 추가 송신기를 프로그래밍한다.
Toyota Tundra Sequoia **Lexus** GS 430 RX 300	최대 4개의 송신기를 프로그래밍할 수 있다. 송신기를 4개 이상 프로그래밍하면, 가장 오래된 송신기 코드는 덮어써진다. 다음과 같은 네 가지 프로그래밍 모드가 있다. • 추가 모드: 추가 송신기를 프로그래밍하는 데 사용된다. • 다시 쓰기 모드: 이전에 프로그래밍한 송신기를 모두 삭제한다. • 확인 모드: 이미 몇 개의 송신기가 프로그래밍되어 있는지 나타낸다. • 금지 모드: 학습된 모든 코드를 삭제하고 무선 입력 시스템을 비활성화한다. 확인 모드에서는 코드가 저장되지 않은 경우, 도어 잠금장치가 5번 순환한다. 프로그래밍 모드를 종료하려면 아무 도어나 연다.	1. 차량에 탑승하고 키를 점화 스위치에서 빼고, 운전석 도어를 제외한 모든 도어를 닫는다. 2. 시동 키 실린더에 키를 삽입하고 제거한다. 3. 운전석 도어 잠금 제어 스위치를 사용하여 약 1초 간격으로 도어를 5번 잠그고 잠금 해제한다. 4. 운전석 도어를 닫고 연다. 5. 운전석 도어 잠금 제어 스위치를 사용하여 약 1초 간격으로 도어를 5번 잠그고 잠금 해제한다. 6. 시동 키를 삽입한다. 7. 키를 잠금 위치로부터 "ON"으로 돌리고 다시 잠금 위치로 돌려 프로그래밍 모드를 선택한다. • 추가 모드에 1회 실시(단계 10으로 이동) • 다시 쓰기 모드에 2회 실시(단계 10으로 이동) • 확인 모드에 3회 실시(단계 12로 이동) • 금지 모드에 5회 실시(단계 13 참조) 8. 점화 스위치에서 키를 제거한다. 9. 모드 확인을 위해 도어가 1회, 2회, 3회, 또는 5회 잠금/잠금 해제된다.

표 26-1(계속)

제조사/모델	설명	절차
		10. 송신기를 프로그래밍하려면 잠금 및 잠금 해제 버튼을 1.5초간 눌렀다 놓는다. 그 후 3초 내에 두 버튼 중 하나를 1초 이상 눌러 프로그래밍을 확인한다.
		• 1회 잠금/잠금 해제 반복은 정상을 나타낸다.
		• 잠금/잠금 해제 사이클이 2회 반복되면 정상이 아님을 나타낸다; 이 단계를 반복한다.
		11. 단계 10을 반복하여 추가 송신기를 프로그래밍한다.
		12. 확인 모드에서는 잠금/잠금 해제 사이클의 수가 이미 저장된 코드 개수를 나타내며 프로그래밍 모드가 종료된다. 예: 두 사이클은 두 개의 코드가 저장되어 있음을 나타낸다.
		13. 금지 모드가 선택되면, 잠금이 다섯 번 순환하고 프로그래밍 모드가 종료된다.

표 26-1

인기 있는 차량을 위한 원격 키리스 프로그래밍 단계. 동일한 제조업체가 제작한 유사 차량에도 이 절차가 적용될 수 있다. 항상 해당 차량에 대한 서비스 정보를 참조한다.

차량 보안 시스템
Vehicle Security Systems

목적과 기능 차량 보안 시스템(vehicle security system)의 목적과 기능은 차량의 무단 사용(도난)을 방지하기 위한 것이다. 이 기능은 다음과 같은 잠금을 설치하여 수행된다.

1. 차량 내부에 무단으로 들어가는 것을 방지하는 데 도움이 되는 도어 잠금장치.
2. 시동 잠금장치. 1970년부터 장착되기 시작. 엔진을 크랭킹하고 시동하고 스티어링 휠 잠금을 해제하려면 키가 필요함.

이러한 잠금장치가 작동되는 동안에도 내부에 접근하여 시동 스위치를 다루게 되면 여전히 차량이 쉽게 도난당할 수 있다. 침입자가 차량 내부에 접근하여 잠금 실린더(lock cylinder)에 맞는 키를 사용하려 하더라도 올바른 시동 키를 사용하지 않으면 차량이 시동되지 않도록 하는 것이 이모빌라이저(immobilizer, 차량 도난 방지장치) 시스템의 목적 및 기능이다.

차량 도난 방지장치로 인한 고장 가능성 이모빌라이저 시스템(immobilizer system)의 고장은 차량의 해당 제조업체 및 모델에 따라 다음 상태들 중 하나의 원인이 될 수 있다.

? 자주 묻는 질문

콘텐츠 도난 방지

콘텐츠 도난 방지(content theft protection)는 유리 파손 또는 차량 탑승을 감지하고 이러한 경우 경보를 울리는 센서를 포함하는 보안 시스템이다. 콘텐츠 도난 방지 시스템의 목적은 해당 리모컨 또는 키를 사용하지 않고 누군가 차량에 탑승했을 때 알람을 울려 차량 내부에 있는 물건의 도난을 방지하는 것이다. 대부분의 시스템은 콘텐츠 도난 방지 시스템을 위해 모션 감지기(motion detector)를 사용할 뿐 아니라 도어잼(doorjamb)과 트렁크, 후드의 스위치가 제어 모듈에 입력 신호를 제공한다. 도난 방지 시스템 중에는 더 복잡한 것도 있으며, 유리가 파손되거나 배터리 전류 요구량에 변화가 있으면 경보를 시작하게 하는 전자 센서도 있다. 또한 이러한 센서들은 입력 신호를 제어 모듈에 제공하며, 제어 모듈은 별도의 도난 방지장치일 수도 있고 PCM 또는 BCM에 통합되어 있을 수도 있다. ●그림 26-28 참조.

- 크랭크 없음 상태(스타터 모터가 작동하지 않음)
- 엔진이 크랭킹되지만 시동이 걸리지 않음(대부분의 차량에서 연료 사용 불가).
- 엔진이 시동되지만 거의 즉시 멈춤

고객 불만 사항에 이러한 상황이 포함되면 점화 시스템이나 연료 시스템의 고장이 아니라 이모빌라이저 시스템의 고장이 원인일 수 있다.

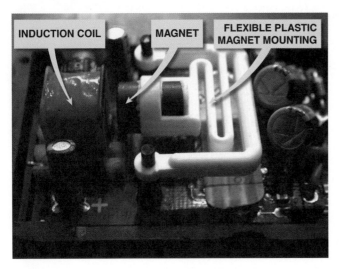

그림 26-28 경보 및 도난 방지 시스템에 사용되는 충격 센서. 차량이 움직이면 자석이 코일을 기준으로 이동하고 알람을 트리거하는 작은 전압을 발생시킨다.

그림 26-29 포드에서 사용되는 보안 시스템 기호. 기호는 제조업체, 모델 및 연도에 따라 다르므로, 서비스 정보를 확인하여 진단 중인 차량에 사용되는 기호를 확인한다.

이모빌라이저 시스템
Immobilizer Systems

정상 작동 이모빌라이저 시스템(immobilizer system)이 장착된 차량은 보통 다음과 같이 작동한다.

- 유효한 키를 사용하여 시동 위치로 돌리면, 엔진 크랭크와 시동이 되고, 계기판의 이모빌라이저 기호가 약 2초간 깜박거리다가 꺼진다. ●그림 26-29 참조.
- 유효하지 않은 키로 고장이 있는 경우에는 계기판 기호가 지속적으로 깜박거리고 엔진이 시동되지 않는다. 또는 시동이 걸린 경우에도 엔진이 계속 작동하지 않는다.

이모빌라이저 시스템의 부품들 오늘날 대부분의 보안 시스템은 **라디오 주파수 식별**(radio frequency identification, RFID) 보안을 사용하는데, 다음과 같은 두 가지 주요 부품을 포함하고 있다.

1. 키 리모컨은 키 링에서 장식으로 사용되는 물체이며, 대개 차량 잠금을 해제하는 데 사용되는 송신기를 포함한다. 키 리모컨의 **원격 키리스 엔트리**(remote keyless entry, RKE) 부품은 송신기에 전력을 공급하는 배터리를 포함하고 있지만, 키 리모컨의 RFID칩 부품은 기능하기 위한 배터리가 필요하지 않다. **트랜스폰더**(transponder)는 키 또는 키 리모컨 본체에 장착된다. 트랜스폰더는 안테나를 포함한다.

안테나는 배선 코일과 처리 전자 장치 및 데이터 메모리를 포함하는 회로 보드로 구성된다. ●그림 26-30 참조.

2. 트랜스폰더 키는 플라스틱 본체에 통합된 트랜스폰더 전자 장치를 포함한다. 트랜스폰더는 다음 부품으로 구성된다.

   - 마이크로칩은 고유한 내부 식별 번호(ID)를 포함하고 있다. ID 번호의 무단 스캔을 방지하기 위해 코드는 전송할 때마다 변경되며 수백만 개의 서로 다른 코딩 가능성을 사용한다. ●그림 26-31 참조.
   - 키의 코일 안테나는 링 케이스에 감겨 있는 구리 코일과 유도성 결합(inductive coupling)을 위한 고주파 교류 전압을 생성하기 위해 집적 회로로 구성된다. 유도성(전자기) 커플링을 통해 키의 데이터가 이모빌라이저 모듈로 전송된다.
   - 또 다른 코일이 잠금 실린더 주위에 설치되고 이모빌라이저 시스템의 제어 모듈에 연결된다. 이 코일은 코일 안테나/트랜시버(송수신기)를 통해 이모빌라이저 제어 모듈로부터 오고 가는 모든 데이터 신호를 송수신한다. 이 코일을 교체할 경우, 이모빌라이저 시스템에 다시 프로그래밍할 필요가 없다.
   - **트랜시버**(transceiver)는 차량 내부에 있으며 키의 트랜스폰더가 전송하는 신호를 수신한다. 트랜시버는 심사자(reviewer)와 송신기(transmitter) 둘 다로 작동한다. 트랜시버는 대개 스티어링 칼럼 어셈블리(steering column assembly)에 장착된다. 트랜시버용 안테나는 플라스틱 링 안에 장착된 배선 코일로, 잠금 실린더 주위에 장착된다. ●그림 26-32 참조.

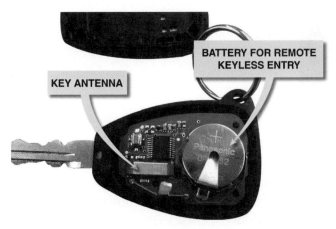

그림 26-30 도어 잠금장치와 이모빌라이저 시스템에 사용되는 안테나에 전원을 공급하는 데 사용되는 배터리를 보여 주는 일반적인 키. 커버를 제거한 모습.

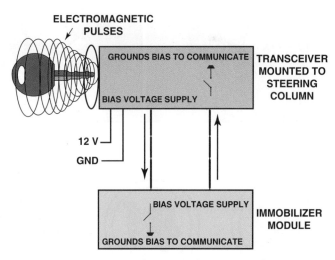

그림 26-32 키와 트랜시버(transceiver) 사이의 통신을 보여 주는 전형적인 이모빌라이저 회로. 트랜시버는 데이터 회선을 통해 이모빌라이저 모듈과 통신한다.

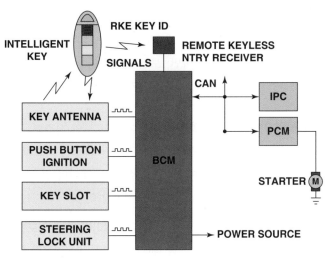

그림 26-31 원격 키리스 엔트리는 도어 잠금 해제에 사용될 뿐 아니라, 스타터 모터 및/또는 연료 시스템과 계기판 클러스터(IPC)의 경고등을 제어하기 위해 사용되는 파워트레인 제어 모듈(PCM)로 신호를 생성하는 데 사용된다.

이모빌라이저 시스템 동작 시동 키가 삽입되면 트랜시버가 전자기 에너지 펄스를 전송한다. 이 에너지 펄스는 키 트랜스폰더 내부의 코일에 의해 수신되며, 이로 인해 전압이 생성된다. 자기 펄스의 정보나 데이터는 주파수 변조 신호의 형태로 되어 있다.

전형적인 이모빌라이저 시스템은 트랜스폰더 키, 코일 안테나, 키 알림 스위치, 별도의 이모빌라이저 모듈, PCM 및 보안 조명으로 구성되어 있다. 대부분의 이모빌라이저 시스템은 다음과 같이 작동한다.

- 키 식별(ID) 번호는 이모빌라이저 모듈의 비휘발성 메모

자주 묻는 질문

수동형 키리스 엔트리 시스템

수동형 시스템은 키 리모컨을 송신기로 사용하며, 이는 차량에 가까이 접근할 때 차량과 통신한다. 키는 차량 본체 주변의 여러 안테나 중 하나와 키 하우징에 위치한 라디오 펄스 발생기를 사용하여 식별된다. 시스템에 따라 도어 손잡이 또는 트렁크 해제장치에 있는 버튼 또는 센서가 눌리면 차량이 자동으로 잠금 해제된다. ●그림 26-33 참조.

수동형(스마트) 키 시스템이 장착된 차량은 보통 키 리모컨에 내장된 키 블레이드의 형태로 기계적 백업도 제공할 수 있다. 운전자가 차량 내부에 키 리모컨을 가지고 있는 경우에는, 스마트 키 시스템이 있는 차량을 시동할 때 점화 스위치에 키를 꽂지 않아도 된다. 대부분의 차량에서는 시동 버튼을 누름으로써 이 과정을 수행한다. 스마트 키 시스템이 장착된 차량을 떠날 때, 차량의 제조 연도, 제조사에 따라, 다음 동작에 의해 차량이 잠긴다.

- 도어 손잡이 중 하나의 버튼을 누름
- 도어 손잡이의 용량성 구역(capacitive area)을 터치함
- 단지 차량에서 멀리 떨어진 곳으로 걸어가고 키 리모컨이 5미터 이상으로 멀어질 때 도어가 잠김

리(nonvolatile memory)에 저장된다. 시동 때마다 모듈은 사용된 트랜스폰더 키의 ID 번호를 메모리에 저장된 키와 비교한다.

- 확인이 성공적으로 완료되면, 이모빌라이저 모듈이 PCM으로 요청 신호를 전송하여 PCM에 등록된 번호와 키 ID

그림 26-33 (a) 도어 손잡이를 만질 때 수동형 키가 차량에서 약 5m 이내에 있으면, 도어가 잠금 해제되어 실내에 접근할 수 있다. (b) 스마트 키가 차량 내부에 있는 것으로 감지되면, 엔진 시동이 걸린다.

(a) ■ = PASSIVE KEY (b)

그림 26-34 (a) 키 상단 위쪽에 키 링이 있는 상황에서 키의 사용을 피한다. 이러한 방식은 이모빌라이저 시스템의 작동을 간섭할 수 있다. (b) 키에 전력을 공급하기 위해 사용되는 자기장과의 간섭을 방지하기 위해, 다른 키를 위쪽으로 기울이지 않아야 한다. (c) 사용 중인 키 근처에 다른 차량의 키를 두지 않는다.

(a) (b) (c)

 기술 팁

다른 키를 가까이 두지 말 것

이모빌라이저 시스템을 진단할 때는 항상 다른 키 리모컨을 이 영역으로부터 멀리 둔다. 다른 키 리모컨이 가까이 있는 경우, 차량에서 인식할 수 없는 신호를 전송하고 있을 수 있으며, 보안 시스템이 차량의 적절한 작동을 방해할 수 있다. 키 근처에 다른 금속 물체가 있어도 전자파 펄스의 강도에 영향을 미칠 수 있으며 이모빌라이저 시스템을 방해하여 설계된 대로 작동하지 못하게 방해할 수 있다. ●그림 26-34 참조.

번호를 비교한다.

- 각 이모빌라이저 모듈은 PCM에 저장되어 있는 고유한 코드 워드를 가지고 있다. ID 번호를 확인한 후 이모빌라이저 모듈이 PCM으로부터 코드 워드를 요청한다.
- 이모빌라이저 모듈이 스타터 회로와 보안 표시등을 제어하고 PCM에 신호를 보내 ID 번호 및 코드 워드 확인에 성공한 경우 연료 분사(fuel injection) 및 점화(ignition)를 활성화한다.
- 이모빌라이저 모듈과 PCM 사이의 신호는 직렬 데이터 선을 통해 전송된다.

보안 표시등 동작 보안 표시등(security light)의 정상 작동은 자체 시험을 포함하며, 점멸을 몇 번 반복한 후 꺼진다. 하지만 고장이 감지되면 보안 표시등이 계속 깜박이고 엔진 시동이 걸리지 않을 수 있다. 엔진이 작동 중일 때 이모빌라이저 시스템에 고장이 발생하면, 보안 표시등이 켜지지만 이 상태는 도난 시도가 아니므로 엔진이 꺼지지 않는다.

전형적인 이모빌라이저 회로 결함이 있는 보안 시스템 구성요소를 명확하게 식별하는 데 관련된 진단 과정은 빠르고 정확할 수 있다. 트랜시버에서 전원, 접지 및 데이터 전송선의 적절한 통신을 점검한다. ●그림 26-35 참조.

주의: 키를 점화 스위치에 꽂은 채로 두지 않아야 한다. 이모빌라이저 시스템이 활성화되어 차량 배터리가 방전되는 경우가 종종 있다. 차량에서 하차하는 경우에는 키를 점화 스위치에서 꺼내고, 일어날 수 있는 문제를 방지하기 위해 키를 5미터 떨어진 곳에 두어야 한다.

크라이슬러 SKIS 시스템
Chrysler SKIS System

1998년에 크라이슬러는 '센트리 키 이모빌라이저 시스템(Sentry key immobilizer system, SKIS)'이라는 보안 시스템을 시작했다. 차량 시동이 시도되면 온보드 컴퓨터는 키에 내장된 전자 트랜스폰더 칩에 의해 판독되는 무선주파수(RF) 신호를 송신한다. 그러면 트랜스폰더가 고유한 신호를 SKIS에 반환하고, SKIS는 OK 신호를 주어서 차량이 시동을 걸고 계속 작동할 수 있다. 이 모든 기능은 1초 이내에 이루어지며 차량 운전자에게 완전히 투명하다. 추가적인 보안을 위해 시스템에 추가 키를 등록하려면 두 개의 사전 프로그래밍된 키가 필요하다. 모든 키를 잃어버린 경우, 시스템에 새 키를 등록하려면 특수 프로그래밍 장비가 필요하다.

크라이슬러 추가 센트리 키(Sentry key)의 셀프 프로그래밍 (2개의 원본 키 필요)

빠른 단계:

단계 1 프로그래밍되지 않은 키(blank key)를 구매하여 잠금 실린더(lock cylinder)에 맞게 절단한다.

단계 2 원본 키 #1을 점화 스위치에 삽입하고 키를 ON 위치로 한다.

단계 3 5초간 기다린 후 키를 OFF 위치로 돌린다.

단계 4 즉시 원본 키 #2를 점화 스위치에 삽입하고 ON 위치로 돌린다.

단계 5 계기의 SKIS 표시가 깜박이기 시작할 때까지 10초간 기다린다.

단계 6 점화 스위치를 끄고 새로운 프로그래밍되지 않은 키를 삽입한 다음, 점화 스위치를 다시 켠다.

단계 7 SKIS 조명이 깜박임을 멈추고 꺼지면, 새로운 키가 프로그래밍된 것이다.

포드 PATS 시스템
Ford PATS System

포드는 **수동형 도난 방지 시스템**(passive antitheft system, PATS)이라고 하는 도난 방지 시스템을 위해 응답기 키(responder key)를 사용한다.

포드 추가(PATS) 키를 위한 프로그래밍 이 절차는 프로그래밍된 두 개 이상의 시동 키가 사용 가능할 때에만 작동한다. 프로그래밍 단계는 다음과 같다.

단계 1 첫 번째로 프로그래밍된 시동 키를 점화 잠금 실린더에 삽입한다. 점화 스위치를 LOCK으로부터 RUN 위치로 돌린다(점화 스위치는 RUN 위치에서 1초간 머물러야 한다). 점화 스위치를 LOCK 위치로 돌리고, 점화 잠금 실린더로부터 시동 키를 제거한다.

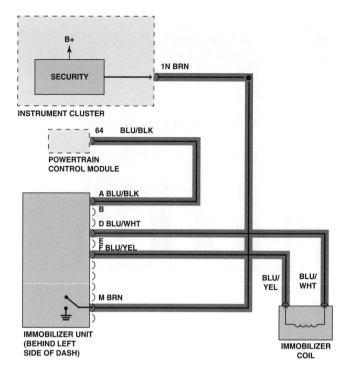

그림 26-35 시험하는 차량의 정확한 배선 다이어그램(개략도)을 서비스 정보에서 확인한다. 배선을 강조 표시하고 색상을 주의하면 지정된 시험 절차를 따를 때 유용하다.

단계 2 점화 스위치를 LOCK 위치로 돌린 후, 5초 이내에 두 번째 프로그래밍된 시동 키를 점화 잠금 실린더에 삽입한다. 점화 스위치를 LOCK에서 RUN 위치로 돌린다(점화 스위치는 RUN 위치에서 1초간 머물러야 한다). 점화 스위치를 LOCK 위치로 돌리고, 점화 잠금 실린더에서 두 번째 시동 키를 제거한다.

단계 3 점화 스위치를 LOCK 위치로 전환한 후 5초 이내에 새 프로그래밍되지 않은 시동 키를 점화 잠금 실린더에 삽입한다. 점화 스위치를 LOCK에서 RUN 위치로 돌린다(점화 스위치는 RUN 위치에서 1초간 머물러야 한다). 점화 스위치를 LOCK 위치로 돌리고, 점화 잠금 실린더에서 시동 키를 제거한다. 이제 새로운 시동 키가 프로그래밍되었다.

GM 도난 방지 시스템
General Motors Antitheft System

GM 차량에 사용되는 도난 방지 시스템 유형에는 시동 키에 저항 펠릿(resistor pellet)을 사용하는 도난 방지 시스템으로

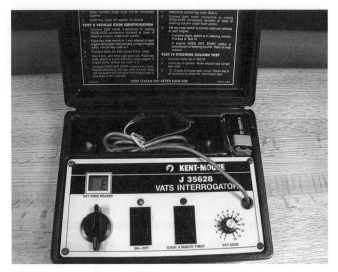

그림 26-36 GM VATS 보안 시스템 및 저항 펠릿(resistor pellet)을 포함하는 특수 키를 진단하기 위해서는 특수한 도구가 필요하다.

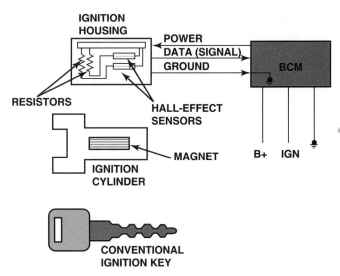

그림 26-37 GM 보안 시스템의 Passlock 시리즈는 기존 방식의 키를 사용한다. 자석은 점화 잠금 실린더 안에 위치하며 홀효과(Hall-effect) 센서를 트리거한다.

시작하는 여러 시스템을 포함하고 있다. 키가 잠금 실린더에 잘 맞고 저항이 올바르면, 엔진이 크랭크되고 시동이 걸린다. 이 시스템을 **차량 도난 방지 시스템(vehicle antitheft system)** 또는 **VATS**라고 한다. 이 시스템을 시험하기 위해서는 특수 시험기가 필요했다. ●그림 26-36 참조.

최신 시스템은 **Passkey I** 및 **Passkey II**를 포함하며, 또한 시동 키에서 저항 펠릿을 사용한다. **Passlock I, Passlock II** 및 **Passlock III** 시스템은 기존의 키를 가진 잠금 실린더에서 홀효과(Hall-effect) 센서와 자석을 사용한다. ●그림 26-37 참조.

이모빌라이저 시스템 시험
Testing Immobilizer Systems

진단 단계 대부분의 차량 제조업체는 이모빌라이저 시스템의 고장을 진단할 때, 기술자가 일련의 단계를 따르기를 권장한다.

단계 1 고객 불만 사항 확인—이모빌라이저 시스템에 고장이 발생하면, 엔진 시동이 걸리지 않거나 시동 후에 멈추는 경우가 종종 있다. 또한, 오류가 발생하고 대기 시간 후에 정상적으로 작동하면, 대부분의 시스템이 20분 후에 "시간 초과(time out)"가 되기 때문에 고장이 간헐적으로 발생할 수 있다. 이모빌라이저 시스템과 관련이 없는 "시동 불가(no-start)" 상태도 발

생할 수 있으며, 시동 불가 상태에 대해서는 차량 제조업체가 지정한 정상 진단 절차를 이용하여 처리되어야 한다.

단계 2 육안 검사—대부분의 차량 제조업체는 고객 불만 사항이 확인된 후 첫 번째 단계는 육안 검사(visual inspection)를 수행하는 것이라고 명시하고 있다. 육안 검사는 보안 표시등(security light) 상태 점검을 포함한다. 일반적인 보안 표시등 상태는 다음과 같다.

- **정상(normal)**—점화 스위치를 켜면 전구를 점검하기 위해 보안 표시등이 2~5초 동안 켜진 후에 꺼진다.

- **조작 모드(tamper mode)**—시스템에서 잘못된 키, 잠금 실린더 또는 보안 관련 배선 문제를 감지하면 보안 표시등이 초당 한 번씩 깜박인다. 엔진이 시동되지 않거나, 시동되는 경우에는 계속 작동하지 않는다.

- **고장 설정 모드(fail enable mode)**—차량이 작동 중 보안 시스템에 고장이 발생하는 경우, 보안 표시등은 계속 켜지지만 이모빌라이저 시스템은 도용 시도가 아닌 것으로 보이므로 비활성화된다. 따라서 계기판의 보안 경고등이 항상 켜지는 것을 제외하고 엔진이 정상적으로 시동되고 실행된다.

단계 3 DTC(고장 진단 코드) 확인—공장 또는 확장된 공장

고장 진단 코드(DTC)	고장 설명
P0513	잘못된 이모빌라이저 키
P1570	안테나 고장이 감지됨
P1517	참조 코드가 ECM과 호환되지 않음
P1572	ECM과 통신 장애
B2957	보안 시스템 데이터 회로 전압이 낮음
B2960	보안 시스템 데이터가 잘못되었지만 유효함

표 26-2

이모빌라이저 시스템에 대한 샘플 DTC(고장 진단 코드). 이 코드는 제조 연도, 제조사에 따라 다르므로 진단 중인 해당 차량에 대해 서비스 정보를 확인한다.

그림 26-38 저장된 DTC(고장 진단 코드)를 확인 후 기술자가 서비스 중인 차량과 관련 있을 수 있는 TSB(기술 서비스 공고)의 서비스 정보를 확인하고 있다.

수준 애프터마켓 스캔 도구를 사용하여 DTC를 검색한다. 서비스 중인 차량의 정확한 코드를 위해 서비스 정보를 확인한다. 일부 샘플 DTC 및 그 의미에 대해서는 ●표 26-2를 참조하라.

단계 4 TSB(기술 서비스 공고) 점검—차량 및 애프터마켓 제조업체가 기술자에게 상황이나 기술적 문제를 알리기 위해 기술 서비스 공고(technical service bulletin, TSB)를 발행하고, 수리 절차와 문제해결에 필요한 부품 목록을 제공한다. 많은 공고에는 어떤 DTC가 존재하고 존재하지 않는지 포함하고 있기 때문에, TSB를 확인하기 전에 DTC를 검색해야 한다. ●그림 26-38 참조.

단계 5 핀포인트 시험 수행—서비스 정보에 나와 있는 지정된 진단 단계를 따르고, 시스템의 각 부품들에 적절한 전압이 있는지 점검한다.

단계 6 근본 원인 확인—지정된 진단 순서와 방법을 따름으로써 종종 근본 원인을 확인할 수 있다. 모듈을 교체하는 경우에는 대개 시동 키를 수용하도록 프로그래밍해야 하며, 사용되었던 모듈이 새 모듈 대신 선택되면 큰 문제가 될 수 있다. 따라야 할 정확한 절차를 항상 서비스 정보에서 확인한다.

단계 7 수리 확인—수리 또는 서비스 절차가 수행된 후, 시스템이 설계대로 작동하는지 확인한다. 필요하다면, 수리를 검증하기 위해 고객 불만 사항이 해결되었을 때와 동일한 조건에서 차량을 작동한다. 작업 순서를 기록하고, 차량을 깨끗한 상태로 고객에게 반환한다.

1 도어 패널을 보면 고정 장치(fastener)가 없는 것처럼 보인다.

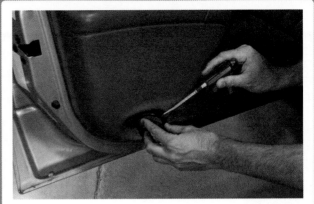

2 조명 가장자리를 천천히 잘 살펴보면, 조명이 딱 맞게 고정되어 있고 쉽게 제거될 수 있다는 것을 알 수 있다.

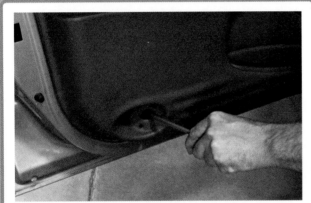

3 빨간색 "도어 열림" 경고등 아래에 고정 장치가 있다.

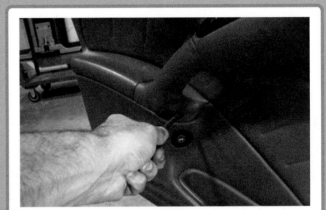

4 다른 나사는 팔걸이 아래에 있다.

5 나사가 내부 도어 손잡이 주위의 홈(bezel)에서 제거되고 있다.

6 전자식 제어 패널은 클립으로 고정된다.

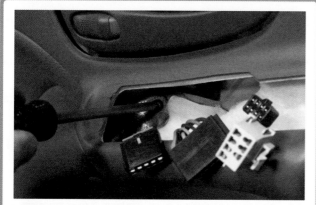

7 제어 패널을 분리하면 또 다른 나사가 있다.

8 외부 거울 옆의 패널을 부드럽게 들어 올려 제거한다.

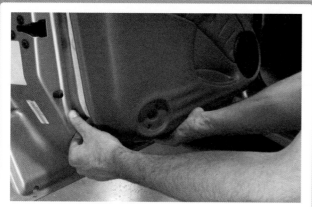

9 도어 패널을 부드럽게 잡아당기면 탈거된다.

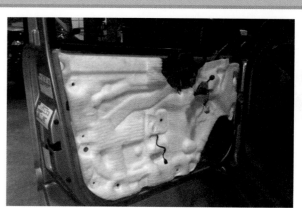

10 방음재는 습기 차단재(moisture barrier) 역할도 하며, 도어 내부의 부품들에 접근하려면 제거될 필요가 있다.

11 도어 패널을 다시 장착하기 전에 도어 패널 클립을 주의 깊게 검사한다.

12 도어 패널 클립을 정렬하고 구멍에 밀어 넣는다. 그리고 모든 고정 장치와 부품들을 다시 장착한다.

요약 Summary

1. 대부분의 파워 윈도우와 전동식 도어 잠금장치는 회로 차단기를 내장하고 있고, 가역적인 영구자석 모터를 사용한다. 제어 스위치 및 릴레이는 모터를 통해 전류를 보낸다.

2. 후방유리 김서림 방지장치를 통해 흐르는 전류는 대개 자체조절(self-regulate)된다. 열선 온도가 증가하면 저항도 증가하여 전류 흐름이 감소한다. 일부 후방유리 김서림 방지장치는 라디오 안테나로도 사용된다.

3. 레이더 크루즈 컨트롤 시스템은 충돌 방지 시스템과 동일한 많은 부품들을 사용한다.

4. 원격 키리스 엔트리 시스템은 키 리모컨에 내장된 무선 송신기를 사용하여 전동 도어 잠금장치를 작동시킨다.

5. 공장 도난 방지 시스템은 적절하게 엔진을 크랭크 및/또는 시작하도록 기능해야 한다.

복습문제 Review Questions

1. 4-도어 차량의 전동식 도어는 접지 배선 연결 하나만을 가지고 어떻게 기능하는가?

2. 후방유리 김서림 방지장치는 온도에 따라 열선을 통해 흐르는 전류를 어떻게 조정하는가?

3. 원격 키리스 엔트리 송신기를 다시 동기화하기 위해 따라야 하는 일반적인 절차는 무엇인가?

4. 가열 시트 및 냉각 시트는 어떻게 동작하는가?

26장 퀴즈 Chapter Quiz

1. 크루즈 컨트롤이 장착된 차량의 소유자는 거칠거나 울퉁불퉁한 도로 위를 주행할 때 크루즈 컨트롤이 종종 작동을 멈춘다고 불평한다. 기술자 A는 브레이크 스위치가 조정되지 않았을 수 있다고 이야기한다. 기술자 B는 결함 있는 서보 장치가 가장 유력한 원인이라고 이야기한다. 어느 기술자가 옳은가?

   a. 기술자 A만
   b. 기술자 B만
   c. 기술자 A와 B 모두
   d. 기술자 A와 B 둘 다 틀리다

2. 기술자 A는 ETC(전자식 스로틀 컨트롤) 시스템을 사용하는 차량의 크루즈 컨트롤이 서보를 사용하여 스로틀을 이동한다고 이야기한다. 기술자 B는 ETC가 장착된 차량의 크루즈 컨트롤이 APP 센서를 사용하여 속도를 설정한다고 이야기한다. 어느 기술자가 옳은가?

   a. 기술자 A만   c. 기술자 A와 B 모두
   b. 기술자 B만   d. 기술자 A와 B 둘 다 틀리다

3. 모든 파워 윈도우가 독립 스위치로는 작동이 안 되지만 마스터 스위치로는 동작한다. 기술자 A는 윈도우 잠금 스위치가 켜져 있을 수 있다고 이야기한다. 기술자 B는 파워 윈도우 릴레이에 결함이 있을 수 있다고 이야기한다. 어느 기술자가 옳은가?

   a. 기술자 A만   c. 기술자 A와 B 모두
   b. 기술자 B만   d. 기술자 A와 B 둘 다 틀리다

4. 기술자 A는 마스터 제어 스위치(운전석 측)에서 접지 연결이 모든 파워 윈도우의 고장 원인이 될 수 있다고 이야기한다. 기술자 B는 한 개의 제어 배선이 끊어지면 모든 윈도우가 작동하지 않을 것이라고 이야기한다. 어느 기술자가 옳은가?

   a. 기술자 A만
   b. 기술자 B만
   c. 기술자 A와 B 모두
   d. 기술자 A와 B 둘 다 틀리다

5. 전형적인 레이더 크루즈 컨트롤 시스템은 _____을(를) 사용한다.

   a. 장거리 레이더(LRR)
   b. 단거리 레이더(SRR)
   c. 차량 속도를 제어하기 위한 전자식 스로틀 제어 시스템
   d. 위의 모든 것

6. 전압계를 가지고 후방유리 김서림 방지장치의 동작을 점검할 때, _____.

   a. 전압계가 AC 전압을 읽도록 설정해야 한다
   b. 전압계는 열선을 따라 어느 곳에서나 배터리 전압에 근접하게 판독해야 한다
   c. 제어 회로가 히터 열선 회로의 접지 측만 완성하므로, 열선의 전원 측에서 언제든지 전압을 사용 가능해야 한다
   d. 전압계는 열선을 유리의 폭에 걸쳐 시험했을 때 감소하는 전압을 나타내야 한다

7. 파워 윈도우, 거울, 그리고 시트에 사용되는 PM 모터는 _____에 의해 거꾸로 동작할 수 있다.
   a. 역전된 필드 코일로 전류를 보냄
   b. 모터로 연결되는 전류의 극성을 역전시킴
   c. 후진(reverse) 릴레이 회로 사용
   d. 릴레이와 양방향 클러치 사용

8. 만약 전동식 도어 잠금장치가 하나만 작동하지 않는 경우 가능한 원인은 _____.
   a. 전동식 도어 잠금 릴레이의 접지 연결 불량이다
   b. 도어 잠금 모터(또는 솔레노이드) 결함이다
   c. 전원 회로용 회로 차단기의 결함(단선)이다
   d. 제어 회로용 결함 있는(개방) 퓨즈이다

9. 키리스(keyless) 리모컨이 작동을 멈추었다. 기술자 A는 리모컨의 배터리가 방전되었을 수 있다고 이야기한다. 기술자 B는 열쇠가 다시 동기화되어야 할지도 모른다고 말한다. 어느 기술자가 옳은가?
   a. 기술자 A만
   b. 기술자 B만
   c. 기술자 A와 B 모두
   d. 기술자 A와 B 둘 다 틀리다

10. 두 명의 기술자가 도난 방지 시스템에 대해 논의하고 있다. 기술자 A는 일부 시스템에 특수 키가 필요하다고 이야기한다. 기술자 B는 어떤 시스템들은 열쇠에 있는 컴퓨터 칩을 사용한다고 이야기한다. 어느 기술자가 옳은가?
   a. 기술자 A만
   b. 기술자 B만
   c. 기술자 A와 B 모두
   d. 기술자 A와 B 둘 다 틀리다

Chapter 27

에어백과 장력조절장치 회로

Airbag and Pretensioner Circuits

학습목표

이 장을 학습하고 나면,

1. 고장 난 안전벨트 및 리트랙터를 진단하고 수리할 수 있다.
2. 전방 에어백의 작동 방식을 설명할 수 있다.
3. 에어백 시스템의 일반적인 고장을 진단하고 수리하는 절차를 설명할 수 있다.
4. 차량 서비스를 위해 에어백 시스템을 비활성화하고 활성화할 수 있다.
5. 승객 감지 시스템(PPS)의 작동 방식을 설명할 수 있다.

핵심용어

감속 센서
보조 보호 장치(SRS)
보조 에어 보호 장치(SAR)
보조 팽창식 안전 장치(SIR)
승객 감지 시스템(PPS)
신관(스퀴브)
에어백

이벤트 데이터 기록장치(EDR)
이중단계 에어백
장전 센서
착석 감지 시스템(ODS)
클럭스프링
통합 센서
프리텐셔너

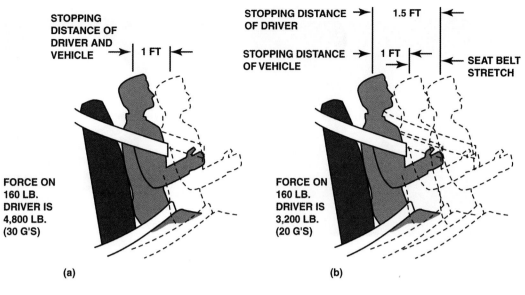

STOPPING
DISTANCE OF
DRIVER AND
VEHICLE

1 FT

STOPPING DISTANCE
OF DRIVER

1.5 FT

STOPPING DISTANCE
OF VEHICLE

1 FT

SEAT BELT
STRETCH

FORCE ON
160 LB.
DRIVER IS
4,800 LB.
(30 G'S)

FORCE ON
160 LB.
DRIVER IS
3,200 LB.
(20 G'S)

(a)

(b)

CRASH SCENARIO WITH A VEHICLE STOPPING IN
ONE FOOT DISTANCE FROM A SPEED OF 30 MPH.

그림 27-1 (a) 안전벨트는 중요한 보호 시스템(primary restraint system)이다. (b) 충돌 시 안전벨트를 잡아당기면 충돌 속도가 느려져 부상을 줄일 수 있다.

안전벨트 및 리트랙터
Safety Belts and Retractors

안전벨트 안전벨트(safety belt)는 충돌 시 운전자와 승객이 차량에 안전하게 유지될 수 있도록 하기 위해 사용된다. 대부분의 안전벨트는 3점식 지지대를 포함하고 있으며, 폭이 약 5cm인 나일론 직물띠(webbing)로 구성되어 있다. 세 개의 지지점은 허리 너머로 벨트를 위한 좌석의 어느 한쪽에 있는 두 개의 지점과 "B" 필러(pillar)나 좌석 등받이에 부착된 상단 몸통 위로 하나의 교차점을 포함한다. 모든 충돌은 세 가지 유형의 충돌로 구성된다.

충돌 1: 차량이 다른 차량이나 물체를 친 경우
충돌 2: 벨트를 매지 않은 경우, 운전자 및/또는 승객이 차량 내부의 물체를 친 경우
충돌 3: 신체의 내부 장기가 다른 장기나 뼈에 충돌하여 내부 부상을 유발하는 경우

안전벨트를 착용한다면, 벨트가 늘어나 충격을 많이 흡수함으로써 차량의 다른 물체와의 충돌을 방지하고 내부적인 부상을 줄인다. ●그림 27-1 참조.

벨트 리트랙터 안전벨트에도 다음과 같은 유형의 리트랙터(retractor) 중 하나가 장착되어 있다.

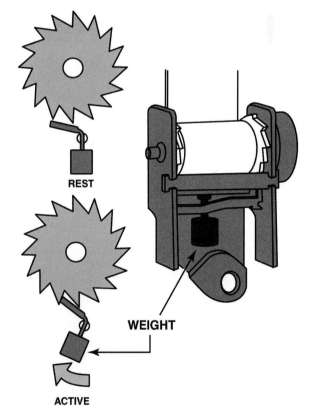

REST

WEIGHT

ACTIVE

그림 27-2 대부분의 안전벨트는 빠르게 움직일 경우 벨트를 잠그는 관성식 메커니즘을 가지고 있다.

■ 비상 잠금 리트랙터: 충돌 또는 전복 사고 시 안전벨트의 위치를 잠금

그림 27-3 일반적인 안전벨트 경고등.

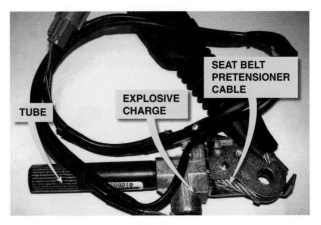

그림 27-4 프리텐셔너에서 폭발적으로 소량의 폭약이 충전되면 시트 벨트의 끝이 튜브를 따라 내려가며, 이로 인해 안전벨트의 느슨함을 모두 제거한다.

- 비상 및 웹 속도 감지 리트랙터: 운전자와 승객이 자유롭게 움직일 수 있지만, 차량이 너무 빠르게 가속하고 있거나 차량이 너무 빠르게 감속하고 있을 경우 잠금

관성식 안전벨트 잠금 방식(inertia-type seat belt locking mechanism)의 예는 ●그림 27-2 참조.

안전벨트 경고등과 차임벨 모든 최신형 차량은 대시 보드에 안전벨트 경고등을 장착하고 있으며, 벨트가 채워지지 않은 경우 차임벨이 울린다. ●그림 27-3 참조.

일부 차량은 운전자와 때로는 조수석 탑승자가 안전벨트를 착용할 때까지 간헐적으로 리마인더 라이트를 깜박이고 차임벨을 울린다.

프리텐셔너 프리텐셔너(pretensioner)는 시트 벨트 리트랙터 어셈블리의 일부인 폭발(폭약식) 장치로, 에어백이 전개되는 동안 안전벨트를 팽팽하게 한다. 프리텐셔너 장치의 목적은 탑승자가 좌석 등받이에 대해 다시 제자리로 움직이도록 하고 안전벨트의 느슨한 부분을 제거하는 것이다. ●그림 27-4 참조.

주의: 에어백이 전개될 경우, 안전벨트 프리텐셔너 어셈블리를 교체해야 한다. 항상 차량 제조업체의 권장 서비스 절차를 따라야 한다. 프리텐셔너는 단자에 전압이 인가되는 경우 점화될 수 있는 폭발 장치이다. 안전벨트 래치 배선 주위에서 점퍼선 또는 전원이 공급되는 테스트 램프를 사용해서는 안 된다. 항상 차량 제조업체의 권장 시험 절차를 따른다.

전방 에어백 Front Airbags

목적과 기능 에어백(airbag) 수동형 보호장치(passive restraint)는 정면충돌 시 운전자(또는 조수석 측이 장착된 경우 승객)에게 쿠션을 제공하도록 설계되었다. 이 시스템은 스티어링 휠, 대시 보드, 내부 패널 또는 차량의 사이드 필러에 위치한 구획에 접어 넣은 하나 이상의 나일론 백으로 구성된다. 충분한 힘의 충돌이 가해지는 동안, 가압된 가스가 즉시 에어백을 채우고, 탑승자를 심각한 부상으로부터 보호하기 위해 보관 구획 밖으로 전개된다. 이러한 에어백 시스템은 다음과 같은 다양한 이름으로 알려져 있다.

1. 보조 보호 장치: supplemental restraint system(SRS)
2. 보조 팽창식 안전 장치: supplemental inflatable restraint (SIR)
3. 보조 에어 보호 장치: supplemental air restraint(SAR)

대부분의 에어백은 충돌 시 안전벨트를 보완하도록 설계되었으며, 전방 에어백(front airbag)은 중앙의 30도 이내에서 정면충돌이 발생하는 경우에만 전개되도록 되어 있다. 전방(운전석 및 조수석 측) 에어백 시스템은 측면 또는 후방 충돌 시 팽창하도록 설계되지 않았다. 일반적인 에어백을 전개하는 데 필요한 힘은 16km/h가 넘는 속도로 벽에 부딪히는 차량의 힘과 거의 같다.

시스템 내에서 센서를 트리거하는 데 필요한 힘은 제동장치가 충돌하거나 브레이크가 빠르게 작동하는 경우에 우발적인 전개를 방지한다. 이 시스템은 우발적인 팽창을 방지하기

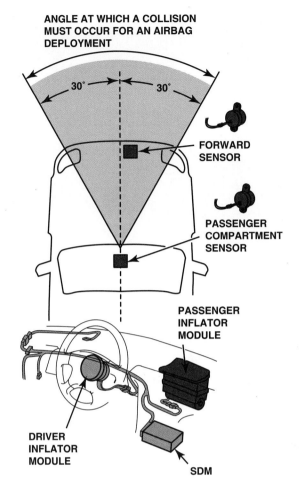

ANGLE AT WHICH A COLLISION MUST OCCUR FOR AN AIRBAG DEPLOYMENT

30° 30°

FORWARD SENSOR

PASSENGER COMPARTMENT SENSOR

PASSENGER INFLATOR MODULE

DRIVER INFLATOR MODULE

SDM

그림 27-5 일반적인 에어백 시스템의 구성. SDM(sensing and diagnostic module)은 "감지 및 진단 모듈"이며 장전 센서(arming sensor)와 회로의 연결성 및 에어백을 전개하기 위해 방전되는 커패시터를 지속적으로 점검하는 전자 장치를 포함한다.

위해 에어백을 전개하는 데 상당한 힘을 가해야 한다.

관련 부품 일반적인 에어백 시스템에 포함된 부품의 전체적인 구성은 ●그림 27-5를 참조하라.

다음과 같은 부품들이 포함된다.

1. 센서
2. 에어백(팽창장치) 모듈
3. 스티어링 칼럼에 위치한 클럭스프링(clockspring) 배선 코일
4. 제어 모듈
5. 배선 및 커넥터

동작 팽창(inflation)이 시작되기 위해서는 다음과 같은 사건들이 일어나야 한다.

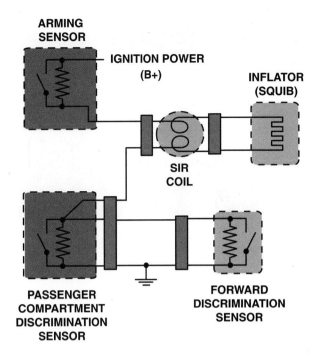

ARMING SENSOR

IGNITION POWER (B+)

INFLATOR (SQUIB)

SIR COIL

PASSENGER COMPARTMENT DISCRIMINATION SENSOR

FORWARD DISCRIMINATION SENSOR

그림 27-6 간소화된 에어백 전개 회로. 장전 센서(arming sensor)와 식별 센서(discriminating sensor)들 중 하나 이상이 동시에 활성화되어야 한다는 점에 주목하라. 장전 센서는 전력을 공급하며, 식별 센서 중 하나는 회로에 접지를 제공할 수 있다.

- 에어백이 전개되려면 두 개의 센서가 동시에 트리거되어야 한다. **장전 센서(arming sensor)**는 전력을 공급하는 데 사용되며, **전방 센서(forward sensor)** 또는 **식별 센서(discriminating sensor)**는 접지 연결을 제공하는 데 사용된다.
- 장전 센서는 팽창장치 모듈 내부의 **신관(squib, 스퀴브)**이라고 부르는 에어백 가열장치에 전력을 공급한다.
- 스퀴브는 전력을 사용하여 에어백을 팽창시키는 데 사용되는 추진제의 점화를 위해 이를 열로 변환한다.
- 그러나 에어백이 팽창할 수 있으려면 먼저 스퀴브 회로가 전방 센서 또는 식별 센서에 의해 제공되는 접지를 가지고 있어야 한다. 다시 말해, 에어백이 전개되기 전에 두 개의 센서(장전 센서 및 전방 센서)가 **동시에** 트리거되어야 한다. ●그림 27-6 참조.

에어백 팽창장치의 유형 에어백에 사용되는 팽창장치(inflator)에는 두 가지가 있다.

1. **고체 연료(solid fuel):** 이 타입은 아지드화나트륨(sodium azide) 펠릿(pellet)을 사용하고, 점화되었을 때 에어백을 빠르게 팽창시키는 많은 양의 질소 가스를 생성한다. 이 센서

그림 27-7 팽창장치 모듈이 에어백 하우징에서 탈거되고 있다. 팽창장치 모듈 내부의 스퀴브는 에어백을 채우기 위해 질소 가스를 빠르게 생성하는 폭약식 가스 발생기(pyrotechnic gas generator)에 점화하는 가열 소자이다.

그림 27-8 이 그림은 교육용 차량에서 전개된 측면 커튼 에어백을 보여 준다.

는 처음 사용된 유형이며, 여전히 운전석 및 조수석 측면 에어백 팽창장치 모듈에서 흔히 사용된다. ●그림 27-7 참조. 스퀴브는 대개 아지드화나트륨인 가스 생성 물질을 점화하기 위해 사용되는 전기 가열 소자이다. 가열 소자를 가열하고 팽창장치를 점화하려면 약 2A의 전류가 필요하다.

2. **압축가스(compressed gas):** 조수석 측면 에어백 및 천장 장착 시스템에 흔히 사용되는 압축가스 시스템은 아르곤 가스가 주입된 금속용기(canister)를 사용하며, 3000psi (435kPa)에서 저용량 헬륨을 사용한다. 소형 점화기는 버스트 디스크를 파열시켜 전원이 공급되면 가스를 방출한다. 압축가스 팽창장치는 계기판 내부, 시트 등받이, 도어 패널 또는 차량의 측면 레일 또는 필러를 따라 장착할 수 있는 긴 실린더이다. ●그림 27-8 참조.

팽창장치가 점화되면 나일론 백이 팽창장치에 의해 생성된 질소 가스를 사용하여 빠르게 팽창한다(약 0.03초). 실제 정면충돌 사고 중에 운전자가 자신의 추진력으로 스티어링 휠을 향해 튕겨 나가고 있다. 튼튼한 나일론 백이 동시에 팽창한다. 정지력(stopping force)이 분산되어 상체 전체 영역에 퍼지므로 신체적 상해는 감소한다. 보통의 접을 수 있는(collapsible) 스티어링 칼럼은 에어백 시스템이 장착된 경우에도 계속 작동하며 충돌 시 접혀진다. 이 백에는 큰 측면 통풍구 두 개가 장착되어 있어, 에어백이 충돌 시 탑승자를 쿠션으로 받쳐 주면 공기 주입 직후에 백이 감압될 수 있다.

에어백 전개 과정 시각표
다음은 에어백 전개에 필요한 시간이다.

1. 충돌이 발생함: 0.0초
2. 센서가 충돌을 감지함: 0.016초
3. 에어백이 전개되고 이음매 커버(seam cover)가 찢어짐: 0.040초
4. 에어백이 완전히 팽창됨: 0.100초
5. 에어백 감압: 0.250초

다시 말해, 에어백은 약 4분의 1초 만에 전개되고 완료된다.

센서 작동
세 센서 모두 기본적으로 활성화될 때 전기 회로를 완성하는 스위치이다. 센서의 구조와 작동 방식이 비슷하며, 센서의 위치에 따라 이름이 결정된다. 모든 에어백 센서는 차량에 견고하게 장착되고, 빠른 전방 감속도(rapid forward deceleration)를 감지할 수 있도록 하기 위해 화살표가 차량 전방을 향하도록 장착해야 한다. 에어백 센서에는 세 가지 기본 방식(디자인)이 있다.

1. **자기적으로 고정된 금도금 볼 센서.** 이 센서는 영구자석을 사용하여 금도금된(gold-plated) 두 개의 전기 접점으로부터 멀리 떨어진 곳에 금도금된 강철 공을 고정한다. ●그림 27-9 참조.

   차량(및 센서)이 충분히 빠르게 정지하는 경우, 충돌의 관성력(inertia force)이 강철 공에 가해지는 자력을 극복하고 금도금된 두 전극과 접촉하기에 충분하기 때문에 강철 공이 자석에서 분리된다. 강철 공은 자석과 접촉하도록 다시 빨려 들어가기 때문에 상대적으로 짧은 시간 동안만 전극과 접촉한 상태로 있다.

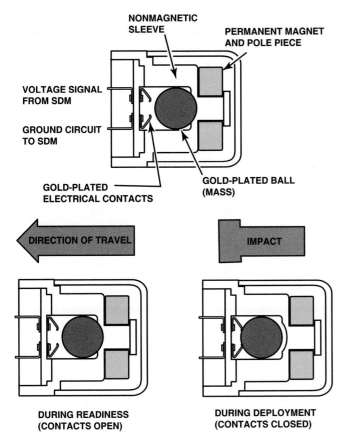

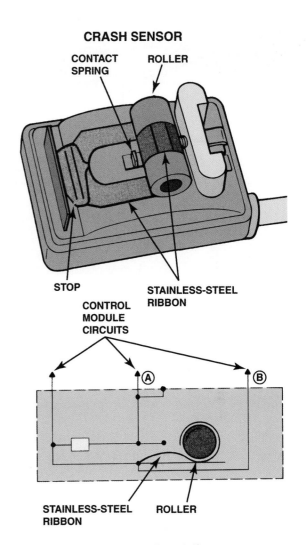

그림 27-9 에어백 자기 센서(airbag magnetic sensor).

그림 27-10 일부 차량은 리본형 충돌 센서(ribbon-type crash sensor)를 사용한다.

2. **롤업 스테인리스강 리본형 센서.** 이 센서는 센서 부품의 부식을 방지하기 위해 질소 가스가 들어 있는 밀폐된 패키지에 들어 있다. 차량(및 센서)이 빠르게 정지하면, 강철 롤이 "펼쳐지게(unrolling)" 되어 두 개의 금도금 접점에 접촉하게 된다. 힘이 멈추면 스테인리스강 롤이 원래 모양으로 다시 감긴다. ●그림 27-10 참조.

3. **통합 센서.** 일부 차량은 팽창장치 모듈에 내장되어 있는 **통합 센서(integral sensor)**라고 하는 전자식 **감속 센서(deceleration sensor)**를 사용한다. 예를 들어 일반 모터는 SDM(sensing and diagnostic module, **감지 및 진단 모듈)**이라는 용어를 사용하여 통합 센서/모듈 어셈블리를 설명한다. 이러한 장치에는 감속률을 측정하는 가속도계 유형 센서(accelerometer-type sensor)가 포함되어 있으며, 컴퓨터 로직을 통해 에어백을 전개할지 여부를 결정한다. ●그림 27-11 참조.

2단계 에어백 2단계 에어백은 종종 첨단 에어백(advanced airbag) 또는 스마트 에어백(smart airbag)이라고 불리며, 가

그림 27-11 가속도계(accelerometer)가 포함된 센서 및 진단 모듈.

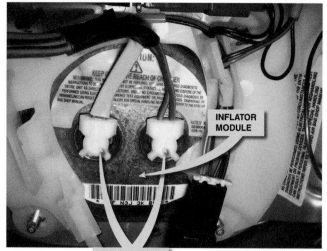

그림 27-12 팽창장치 커넥터 2개가 표시된 운전석 측면 에어백. 하나는 약력 팽창장치(lower force inflator)를 위한 것이고 다른 하나는 강력 팽창장치(higher force inflator)를 위한 것이다. 둘 중 하나만 점화될 수도 있고, 감속 센서가 심각한 충격을 감지하는 경우 둘 다 동시에 점화될 수도 있다.

속도계 유형 센서를 사용하여 충돌의 충격력(force of impact)을 감지한다. 이 유형의 센서는 차량의 실제 감속도율(deceleration rate)을 측정하며, 2단계 에어백의 구성요소 중 하나 또는 둘 다를 전개해야 하는지 여부를 결정하는 데 사용된다.

- **하위단(low-stage) 전개.** 이 하부 힘 전개는 가속도계가 저속 충돌을 감지하는 경우에 사용된다.
- **상위단(high-stage) 전개.** 이 단계는 가속도계가 더 높은 속도의 충돌 또는 더 빠른 감속률을 감지하는 경우에 사용된다.
- **상위단 및 하위단 전개.** 심각한 고속 충돌 시 두 단계를 모두 전개할 수 있다. ●그림 27-12 참조.

배선 배선과 커넥터는 적절한 식별과 수명 유지에 매우 중요하다. 에어백 관련 회로는 다음과 같은 특징을 가지고 있다.

- 에어백용 모든 전기 배선 커넥터와 도관은 노란색으로 되어 있다.
- 스티어링 휠에서 팽창장치 모듈과 적절한 전기적 연결을 위해 코일 어셈블리가 스티어링 칼럼에 사용된다. 이 코일은 구리선 리본으로, 스티어링 휠이 회전할 때 창문용 블라인드(window shade)처럼 작동한다. 스티어링 휠이 회전할 때 이 코일[보통 **클럭스프링(clockspring)**이라고 함]은 센서와 팽창장치 어셈블리 사이의 연결성이 끊어지

는 것을 방지한다.

- 노란색 플라스틱 에어백 커넥터 내부에는 부식을 방지하기 위해 사용되는 금도금된 단자가 있다. ●그림 27-13 참조.

또한 대부분의 에어백 시스템은 보조 전원 공급 장치(auxiliary power supply)를 포함하고 있으며, 이 장치는 충돌 시 차량에서 배터리가 분리된 경우 에어백을 팽창시키기 위한 전류를 제공하는 데 사용된다. 이 보조 전원 공급 장치는 보통 팽창 모듈의 신관을 통해 방전하는 커패시터를 사용한다. 점화 스위치를 끄면 이러한 커패시터는 방전된다. 따라서 주차되어 있는 중에 차량이 충돌하면, 몇 분 지난 후 에어백 시스템은 전개되지 않는다.

에어백 진단 도구 및 장비
Airbag Diagnosis Tools and Equipment

자가-시험 절차 에어백 시스템의 전기적 부분은 에어백 제어 유닛 내부 또는 에어백 제어기를 통해 지속적으로 점검된다. 전기 에어백 부품들은 에어백 제어기로부터 다양한 센서 및 부품들을 통해 작은 신호 전압을 인가하여 모니터링된다. 각 부품 및 센서는 부하 또는 개방 센서 스위치와 병렬로 연결된 저항을 사용하여 진단 신호에서 사용한다. 신호 연결이 존재하면, 시험 회로는 작은 전압 강하를 측정할 것이

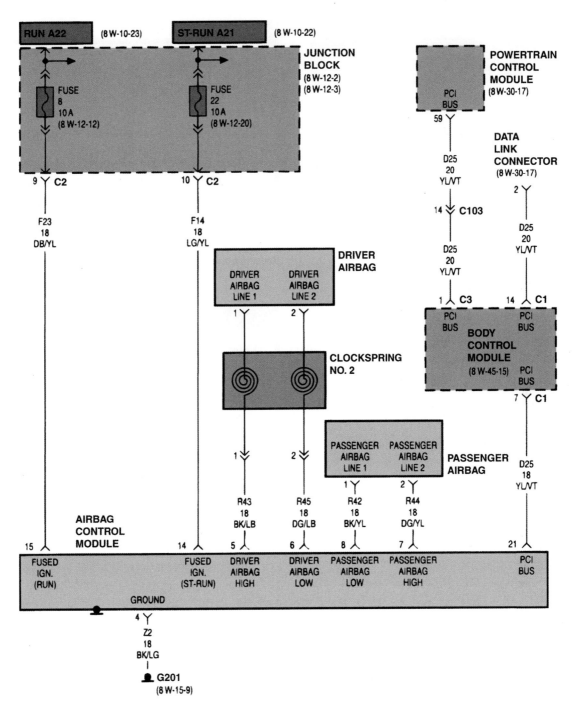

그림 27-13 에어백 제어 모듈은 이 크라이슬러 시스템의 PCM(파워트레인 제어 모듈)과 BCM(차체 제어 모듈)에 연결되어 있다. 클럭스프링을 통해 모듈과 에어백을 연결하는 에어백 배선에 주목하라. "운전석 에어백 높음(driver airbag high)"으로 표시된 전원과 "운전석 에어백 낮음(driver airbag low)"으로 표시된 접지 모두 클럭스프링을 통해 전력이 공급된다.

다. 단선 또는 단락이 발생하면, 대시 보드 경고등이 켜지고 DTC(고장 진단 코드)가 저장될 수 있다. 에어백 고장 진단 코드를 액세스하고 삭제하려면 제조업체의 권장 절차를 정확히 따른다.

에어백 시스템의 진단 및 서비스를 위해서 대개 다음 항목

중 일부 또는 전부가 필요하다.

- 디지털 멀티미터(DMM)
- 에어백 시뮬레이터—흔히 부하 도구(load tool)라고 함
- 스캔 도구
- 단락 바(shorting bar) 또는 단락 커넥터(shorting con-

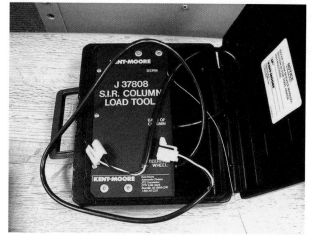

그림 27-14 에어백 진단 시험기. 플라스틱 상자에는 전기 커넥터와 문제해결 시 팽창장치 모듈을 대체하는 부하 도구(load tool)가 들어 있다.

nector)

- 에어백 시스템 시험기
- 차량별 시험 하니스(vehicle-specific test harness)
- 특수 와이어 수리 공구 또는 커넥터—예를 들면, 주름-밀폐 방식의 내후성 커넥터(crimp-and-seal weatherproof connector) ●그림 27-14 참조.

주의: 대부분의 차량 제조업체는 에어백 시험 또는 에어백 근처에서 작업할 때, 음극 배터리 단자가 제거되도록 명시한다. 컴퓨터와 라디오 메모리를 계속 보관하는 데 사용되는 메모리 보호 장치는 에어백이 팽창하는 데 충분한 전력을 공급할 수 있다.

주의 사항 에어백 또는 에어백 주변에서 작업할 때는 다음 주의 사항을 따라야 한다.

1. 에어백이 장착된 차량에서 항상 모든 주의 사항 및 경고 스티커를 따른다.
2. 예상치 않은 경우 의도하지 않은 에어백 팽창으로 인한 개인적 부상의 가능성을 방지하기 위해, 모든 에어백에서 안전한 작업 거리를 유지한다.
   - 측면 충격 에어백: 13cm 거리
   - 운전석 프런트 에어백: 25cm 거리
   - 조수석 프런트 에어백: 50cm 거리
3. 에어백이 전개되는 충돌이 발생할 경우, 팽창장치 모듈 및 모든 센서를 교체하여 시스템이 올바르게 향후 작동하도록 해야 한다.
4. 노란색 에어백 배선 주위에 자체적으로 전원이 공급되는

테스트 램프를 사용하지 않는다. 가능성은 매우 희박하지만 자체적으로 작동하는 테스트 램프가 팽창장치 모듈을 실수로 동작시키고 에어백을 전개시키는 데 필요한 전류를 공급할 수도 있다.

5. 팽창장치 모듈 섹션을 스티어링 휠에서 탈거할 때는 주의한다. 팽창장치를 항상 몸에서 멀리 떨어뜨려 놓는다.
6. 전개된 팽창장치 모듈을 취급하는 경우, 항상 장갑과 보안경을 착용하여 전개 후에 에어백에 윤활유로 사용되는 수산화나트륨(sodium hydroxide) 먼지로 인한 피부 자극을 방지한다.

7. 절대로 센서를 건드리거나 만지지 않는다. 센서 내부의 접점이 손상될 수 있으며, 충돌 시 에어백 시스템이 제대로 작동하지 않을 수 있다.

8. 차량에 센서를 장착할 때 센서의 화살표가 차량의 전면을 가리키는지 확인한다. 센서가 단단히 장착되었는지 확인해야 한다.

에어백 시스템 서비스
Airbag System Service

장전 해제(disarming) 다음 위치에서 서비스 작업을 수행할 때마다 에어백을 장전 해제(일시적으로 분리)해야 한다.

- 스티어링 휠
- 대시 또는 계기판
- 글러브 박스(계기판 보관 구획)

서비스 정보에서 다음 단계를 포함한 정확한 절차를 확인한다.

단계 1 음극 배터리 케이블을 분리한다.

단계 2 에어백 퓨즈(노란색 커버 포함)를 탈거한다.

단계 3 스티어링 칼럼 하단에 위치한 노란색 전기 커넥터를 분리하여 운전석 사이드 에어백을 비활성화한다.

단계 4 조수석 측면 에어백의 노란색 전기 커넥터를 분리한다.

이 절차는 대부분의 서비스 정보에서 "에어백 비활성화(disabling airbags)"라고 한다. 항상 차량 제조업체가 지정한 절차를 따른다.

진단 및 서비스 절차 에어백 시스템 부품들 및 부품들의 차량 내 위치는 시스템 설계에 따라 다르지만, 시험의 기본 원리는 다른 전기 회로와 동일하다. 서비스 정보를 사용하여 회로를 설계하는 방법과 따라야 할 올바른 시험 절차를 결정한다.

- 일부 에어백 시스템은 특수 시험기를 사용해야 한다. 이러한 시험기에 내장된 안전 회로가 에어백의 우발적 전개를 방지한다.
- 이러한 시험기를 사용할 수 없는 경우, 제조업체에서 지정한 권장 대안 시험 절차를 따라야 한다.
- 자체 진단 시스템에 접근하여 DTC(고장 진단 코드) 기록이 있는지 점검한다.

? 자주 묻는 질문

더 큰 휠로 변경할 경우, 무릎 보호대(받침)를 변경하는 이유는 무엇인가?

자동차에 더 큰 휠과 타이어를 장착할 수 있다. 하지만 휠/타이어 크기 변화에 영향을 받는 속도계 및 다른 시스템이 효과적으로 작동할 수 있도록 파워트레인 제어 모듈(PCM)은 다시 프로그래밍되어야 한다. GM 트럭이나 스포츠 유틸리티 차량(SUV)에 20인치 휠이 장착될 때, GM은 교체용 무릎 보호대(받침)를 설치하도록 명시한다. 무릎 보호대는 전방 충돌 시 운전자 또는 탑승자의 무릎이 부딪힐 수 있는 대시 하단에 위치한 패딩된(덧대어진) 영역이다. 무릎 보호대를 교체해야 하는 이유는 충돌 시험 결과를 유지하기 위한 것이다.

더 큰 20인치 휠은 정면충돌 시 조수석 구획으로 더 깊이 밀려드는 경향이 있다. 그러므로 정면충돌 등급 표준을 유지하기 위해서, 더 큰 무릎 보호대가 요구된다.

경고: 휠과 타이어를 교체할 때 지정된 변경을 수행하지 않으면, 차량이 원래 취득했던 충돌 시험 스타 등급에 의해 설계된 대로 탑승자를 보호하지 못할 수도 있다.

- 스캔 도구는 대부분의 시스템에서 데이터 흐름에 접근하는 데 필요하다.

자체 진단 모든 에어백 시스템은 시스템 전기적 고장을 감지할 수 있으며, 이 경우 시스템이 비활성화되고 계기판의 에어백 경고등을 통해 운전자에게 알릴 수 있다. 회로 설계에 따라 시스템 고장으로 인해 경고등이 켜지지 않거나, 계속 켜진 채로 유지되거나, 깜박일 수 있다. 일부 시스템에서는 시스템 고장이 발생하거나 경고등이 작동하지 않을 경우, 경고음을 발생시키는 톤 발생기(tone generator)를 사용한다.

전구를 점검하는 과정으로서 경고등은 시동 키가 켜지고 엔진이 꺼진 상태에서 켜져야 한다. 그렇지 않은 경우, 진단 모듈이 시스템을 비활성화할 수 있다. 에어백 경고등이 계속 켜진 상태로 유지되면 에어백이 특정 차량 및 감지된 고장에 따라 비활성화될 수도, 비활성화되지 않을 수도 있다. 일부 경고등 회로는 몇 초 후에 램프를 끄는 타이머를 장착하고 있다. 에어백 시스템은 일반적으로 부품들에 고장이 발생한 경우를 제외하고 서비스가 필요하지 않다. 단, 스티어링 휠-장착 에어백 모듈은 정기적으로 탈거하고 다른 칼럼-장착 장치들과 함께 사용하기 위해 교체된다.

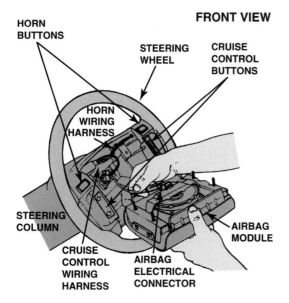

그림 27-15 스티어링 칼럼 하단에 있는 배터리와 노란색 커넥터를 분리한 후 에어백 팽창장치 모듈을 스티어링 휠에서 탈거하고 팽창장치 모듈의 노란색 에어백 전기 커넥터를 분리할 수 있다.

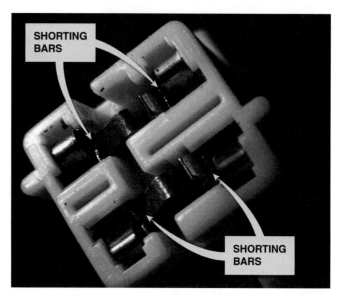

그림 27-16 대부분의 에어백 커넥터에는 단락 바(shorting bar)가 사용된다. 이 스프링 장착 클립(spring-loaded clip)은 에어백 커넥터를 분리할 때 양쪽 단자에서 단락을 일으키므로 에어백이 우발적으로 전개되는 것을 방지하는 데 도움이 된다. 전력이 단자에 공급된 경우, 단락 바가 다른 단자로 가는 저저항 경로를 제공할 뿐이며 전류가 커넥터를 통과하지 못하게 할 수 있다. 커넥터의 접합부는 커넥터를 다시 연결할 때 단락 바와 분리되어 펼쳐지는 테이퍼 피스(tapered piece)를 가지고 있다.

무릎 에어백 일부 차량은 대개 운전석 측에 무릎 에어백(knee airbag)을 장착하고 있다. 대시 보드에서 작업하는 경우에는 주의하고 항상 차량 제조업체의 지정된 서비스 절차를 따른다.

운전석 측면 에어백 모듈 교체
Driver Side Airbag Module Replacement

서비스 중인 특정 모델의 경우, 에어백 모듈을 비활성화하고 제거하기 위해 차량 제조업체가 제공하는 절차를 주의 깊게 따라야 한다. 그렇지 않으면 심각한 부상을 입고 차량이 광범위하게 손상될 수 있다. 방전된 에어백을 교체하는 것은 비용이 많이 드는 일이다. 다음 절차에서는 에어백 모듈을 탈거하는 기본 단계를 검토한다. 제조업체가 권장하는 특정 절차에 대해 이러한 일반적인 지침을 대체해서는 안 된다.

1. 전방 휠이 직진 주행 위치에 놓일 때까지 스티어링 휠을 돌린다. 스티어링 칼럼의 일부 부품들은 전방 휠이 직진일 때만 탈거된다.

2. 점화 스위치를 끄고 에어백 모듈 측 전원을 차단하는 음극 배터리 케이블을 분리한다.

3. 배터리를 분리한 후 제조업체에서 권장하는 만큼 기다린 후 계속 진행한다. 확실하지 않은 경우 10분 이상 기다려 커패시터가 완전히 방전되었는지 확인한다.

4. 에어백 모듈을 제자리에 고정시키는 너트 또는 나사를 풀고 제거한다. 일부 차량에서는 이러한 고정 장치가 스티어링 휠 뒤쪽에 위치한다. 다른 차량의 경우는 이 휠이 스티어링 휠의 각 측면에 위치한다. 고정 장치는 작은 스크루 드라이버로 밀어 올려야 하는 플라스틱 마감 커버로 덮여 있을 수 있다.

5. 스티어링 휠에서 에어백 모듈을 조심스럽게 들어 올리고 전기 커넥터를 분리한다. 커넥터 위치는 다양하다. 일부는 플라스틱 트림 커버 뒤의 스티어링 휠 아래에 있고, 다른 일부는 모듈 아래 칼럼 상단에 있다. ●그림 27-15와 27-16 참조.

6. 모듈 패드 측면을 위로 하여 차량 정비 중에 방해를 받거나 손상되지 않도록 안전한 곳에 보관한다. 에어백 모듈을 분해하려고 시도하지 않는다. 에어백에 결함이 있는 경우 전체 어셈블리를 교체한다.

에어백 모듈을 장착할 때는 클럭스프링이 올바른 위치에 있도록 하여 모듈과 칼럼의 연결성을 확실히 해야 한다. ●그

그림 27-17 평면 도체 배선을 보여 주는 에어백 클럭스프링. 올바르게 작동할 수 있도록 적절한 위치에 배치해야 한다.

림 27-17 참조.

　탈거하기 전과 같은 상태로 원래대로 배선해야 한다. 또한 모듈 시트가 스티어링 휠에 완전히 장착되었는지 확인한다. 명시되어 있으면, 새 고정 장치를 사용하여 어셈블리를 고정한다.

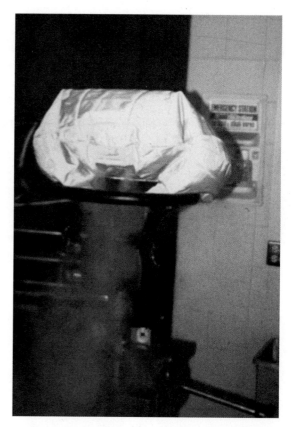

그림 27-18 차량 실험실에서 시연의 일환으로 에어백을 전개하고 있다.

수동으로 에어백 전개 시의 안전
Safety When Manually Deploying Airbags

에어백 모듈을 전개하지 않는 한 폐기할 수 없다. 에어백을 수동으로 전개할 때 부상을 방지하려면 다음과 같이 수행한다.

- 가능하면 에어백을 차량 외부에 전개한다. 차량 제조업체의 권장 사항을 따라야 한다.
- 차량 제조업체의 절차 및 장비 권장 사항을 따른다.
- 적절한 청력 및 눈 보호구를 착용한다.
- 트림 커버가 위를 향하도록 하여 에어백을 전개한다.
- 에어백에서 6m 이상 떨어져 있어야 한다(배선에 연결되고 차량 외부에서 배터리로 연결되는 긴 점퍼선을 사용한다).
- 에어백 모듈이 냉각되도록 둔다.
　● 그림 27-18 참조.

착석 감지 시스템
Occupant Detection Systems

목적과 기능　미국 연방 자동차 안전 표준 208(Federal Motor Vehicle Safety Standard 208, FMVSS 208)은 다음과 같은 조건에서 조수석 측면 에어백이 비활성화되거나 감소한 힘으로 전개되도록 명시한다. 이 시스템을 **착석 감지 시스템**(occupant detection system, ODS) 또는 **승객 감지 시스템**(passenger presence system, PPS)이라고 한다.

- 시트에 무게가 실리지 않고 안전벨트가 채워지지 않은 경우에는 조수석 측 에어백이 전개되지 않으며 조수석 에어백 지시등이 꺼져야 한다. ● 그림 27-19 참조.
- 조수석 측면 에어백은 비활성화되고, 비활성화된 에어백 지시등은 4.5~17kg이 조수석에 앉은 경우에만 "ON"이 되며, 이는 일반적으로 착석한 어린이를 나타낸다.
- 조수석에서 17~45kg이 감지되면 에어백이 감소된 힘으로 전개된다. 이는 어린이나 작은 성인이 앉아 있는 것을

그림 27-19 시트 센서에 의해 승객이 감지되지 않아 조수석 측면 에어백이 꺼져 있는 경우에는 대시 경고등이 켜진다.

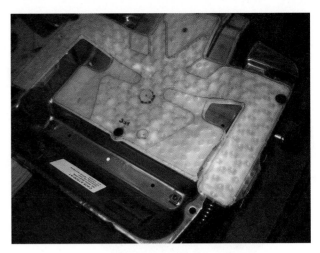

그림 27-21 압력 센서와 배선이 보이는 젤충전(블래더 형태) 승객 감지 센서.

그림 27-20 조수석에서 승객이 감지되면 조수석 측면 에어백 "ON" 표시등이 켜진다.

그림 27-22 저항 형태 승객 감지 센서. 승객의 무게가 시트에 부착된 이러한 저항에 스트레인을 가하고, 승객의 체중값을 모듈에 신호로 송신한다.

나타낸다.

- 조수석에서 45kg 이상이 감지되는 경우에 에어백은 충돌 강도, 차량 속도 및 이로 인한 에어백 전개 감소로 이어질 수 있는 기타 요인에 따라 최대 힘으로 전개된다.
  ● 그림 27-20 참조.

시트 센서의 형태   승객 감지 시스템(passenger presence system)은 세 가지 유형의 센서 중 하나를 사용한다.

- **젤충전 블래더 센서(gel-filled bladder sensor).** 이 승객 감지 센서 형태는 압력 센서가 부착된 실리콘 주입 백을 사용한다. 조수석의 무게는 에어백 전개를 제어하는 모듈로 전압 신호를 보내는 압력 센서에 의해 측정된다. 안전

벨트 장력 센서(safety belt tension sensor)는 젤충전 블래더 시스템과 함께 사용되어 벨트의 장력을 모니터링한다. 그 후 모듈은 블래더와 안전벨트 센서의 정보를 사용하여 어린이용 시트를 고정하기 위해 벨트를 조일 수 있는지 여부를 판단한다. ● 그림 27-21 참조.

- **정전용량형 스트립 센서(capacitive strip sensor).** 이 유형의 승객 센서는 시트 쿠션 아래에 유연한 전도성 금속 띠(metal strip)를 여러 개 사용한다. 이러한 센서 스트립은 낮은 레벨의 전기장을 전송하고 수신하며, 이 전기장은 조수석 시트 탑승자의 체중에 따라 달라진다. 모듈은 센서값을 기준으로 탑승자의 체중을 결정한다.

- **힘-감지 저항 센서(force-sensing resistor sensor).** 이 유형의 승객 센서는 저항을 사용하며, 이는 가해지는 스트레스에 따라 저항을 변화시킨다. 이러한 저항은 시트 구조의 일부이며, 모듈이 센서 저항의 변화를 기반으로 탑승자의 체중을 결정할 수 있다. ● 그림 27-22 참조.

주의: 저항은 시트 구조물의 일부이기 때문에 승객 감지 시스템의 적절한 작동을 보장하기 위해 모든 시트 고정 장치에 공장 사양을 적용하는 것이 매우 중요하다. *시트 트랙 위치(seat track posi-*

그림 27-23 크라이슬러 차량에서는 시험 중량이 승객 감지 시스템을 보정하기 위해 사용된다.

그림 27-24 시트 측면에서 전개되는 일반적인 시트(측면) 에어백이다.

tion, STP) 센서는 에어백 제어기가 시트의 위치를 결정하는 데 사용한다. 좌석이 에어백에 너무 가까이 있는 경우, 제어기가 에어백을 비활성화할 수 있다.

승객 감지 시스템 진단 이 시스템이 고장인 경우에는 시트에 무게가 실리지 않았는데도 조수석 측면 에어백 지시등이 켜질 수 있다. 스캔 도구를 사용하여 시트를 점검하거나 보정하는 경우가 많으며, 시트는 비어 있어야 한다. 즉, 모듈이 시트 센서를 다시 영점 조정하도록 명령하면 된다. 크라이슬러 차량과 같은 일부 시스템은 승객 감지 시스템을 보정하고 진단하기 위해 스캔 도구와 함께 다양한 중량을 가진 장치를 사용한다. ●그림 27-23 참조.

시트 및 측면 커튼 에어백
Seat and Side Curtain Airbags

시트 에어백 측면 및/또는 커튼 에어백(curtain airbag)은 다양한 센서를 사용하여 전개가 필요한지 여부를 판단한다. 측면 에어백은 두 가지 일반적인 위치 중 하나에 장착된다.

- 시트의 측면 받침(bolster)(●그림 27-24 참조)
- 도어 패널

대부분의 측면 에어백 센서는 전자식 가속도계(electronic accelerometer)를 사용하여 에어백이 전개되는 시기를 감지한다. 에어백은 대개 차량 안쪽 트림 패널 뒤의 좌측 및 우측 "B"

필러(프런트 도어 래치) 하단에 장착된다.

주의: 시스템의 부품 및 배선을 손상시키지 않도록, 측면 에어백이 장착된 차량에서 잠금 도구—예를 들면, "슬림 짐(slim jim)"—를 사용하지 않는다.

측면 커튼 에어백 측면 커튼 에어백은 대개 횡방향 가속도 센서(lateral acceleration sensor) 및 휠 속도 센서(wheel speed sensor)를 포함한 다양한 센서의 입력을 기반으로 모듈에 의해 전개된다. 예를 들어 포드 자동차가 사용하는 어떤 시스템에서 ABS 컨트롤러가 휠 속도 센서를 모니터링하는 동안 하강 압력(down pressure)을 사용하여 차량 한쪽에서 브레이크를 작동하도록 명령한다. 브레이크 압력이 거의 없이 휠 속도가 느려지면 컨트롤러가 차량이 전복될 수 있다고 가정하여 사이드 커튼 에어백을 전개한다.

이벤트 데이터 기록장치
Event Data Recorders

부품 및 동작 많은 차량에서 에어백 컨트롤러의 일부로, **이벤트 데이터 기록장치(event data recorder, EDR)**는 에어백 전개 직전 및 직후 변수(parameter)들을 기록하는 데 사용된다. 다음 파라미터가 기록된다.

- 차량 속도
- 브레이크 ON/OFF
- 안전벨트 착용
- 가속도계에 의해 측정된 G-force

항공기의 이벤트 데이터 기록장치와 달리, 차량 장치는 별도의 장치가 아니며 음성 대화를 녹음하지 않으며 모든 충돌 관련 변수를 포함하지도 않는다. 이것은 사고를 완전히 재구성하기 위해서는 스키드 마크(skid mark) 및 충돌 현장의 물리적 증거와 같은 추가적인 충돌 데이터가 필요하다는 것을 의미한다.

EDR(사건 데이터 기록장치)은 에어백 컨트롤러에 내장되어 있으며 다양한 센서로부터 변화하는 샘플링 속도로 데이터를 수신한다. 데이터는 지속적으로 메모리 버퍼에 저장되며 에어백 전개 명령이 내려진 경우가 아니라면 EPROM에 기록되지 않는다. 결합된 데이터를 **이벤트 파일(event file)**이라고 한다. 에어백은 주로 가속도계 센서의 입력을 기반으로 명령된다. 이 센서는 대개 에어백 컨트롤러에 내장되어 차량 내부에 있다. 가속도계는 차량 속도의 변화율을 계산한다. 이는 가속도 비율을 결정하며, 이 비율이 전방 에어백을 전개하기에 충분할 만큼 높은지를 예측하는 데 사용된다. 임계값인 g값(g-value)을 초과하면 에어백이 전개된다. 조수석 측면 에어백도 다음 중 하나에 의해 억제되지 않는 한 전개된다.

- 승객이 감지되지 않는다.
- 조수석 측면 에어백 스위치가 꺼져 있다.

데이터 추출 EDR(이벤트 데이터 기록장치)에서 에어백 컨트롤러의 데이터 추출(data extraction) 작업은 Vetronics Corporation이 제조한 충돌 데이터 검색 시스템(Crash Data Retrieval System)이라는 장비만 사용하여 수행할 수 있다. 이는 이벤트 파일을 검색할 수 있는 유일한 인증된 방법이며, 특정 기관에서만 데이터에 액세스할 수 있다. 이러한 그룹 또는 기관들은 다음을 포함한다.

- 원래 장비 제조업체의 대리기관
- 미국 고속도로안전관리국(National Highway Traffic Safety Administration)
- 사법 당국
- 재해 복구 업체

충돌 데이터 검색(crash data retrieval)은 숙련된 CDR 기술자 또는 분석가만 수행해야 한다. 기술자는 전문적인 훈련을 받고 시험에 통과해야 한다. 분석가는 CDR 분석가 인증을 획득하기 위해 기술자 교육 외의 추가 교육에 참석해야 한다.

요약 Summary

1. 에어백은 센서를 사용하여 감속도율(deceleration rate)이 신체에 위해를 가하기에 충분한지 판단한다.
2. 모든 에어백 전기 커넥터와 도관(conduit)은 노란색이며 모든 전기 단자는 부식을 방지하기 위해 금도금되어 있다(gold plated).
3. 항상 제조업체의 절차에 따라 에어백 시스템을 비활성화한 후에 시스템에 대한 작업을 수행하여야 한다.
4. 전방 에어백은 중앙에서 30도 이내에서만 작동하며 전복, 측면 또는 후방 충돌 시 전개되지 않는다.
5. 에어백이 동시에 전개되려면 두 개의 센서가 트리거되어야 한다. 많은 신형 시스템이 실제로 감속도(deceleration)를 측정하는 가속도계 형태의 충돌 센서(accelerometer-type crash sensor)를 사용한다.
6. 프리텐셔너는 안전벨트의 느슨한 부분을 제거하고 탑승자의 위치를 조정하는 데 도움이 되는 폭발 장치이다.
7. 승객 감지 시스템은 시트의 센서를 사용하여 에어백을 어느 정도로 전개할 것인지 결정한다.

1. 에어백 주변에서 작업할 때 준수해야 할 안전 주의 사항은 무엇인가?
2. 에어백 전개를 위해 어떤 센서가 트리거되어야 하는가?
3. 전개된 팽창장치 모듈은 어떻게 다루어져야 하는가?
4. 프리텐셔너의 용도는 무엇인가?

1. 에어백이 전개된 후 차량을 수리하고 있다. 기술자 A는 팽창장치 모듈이 여전히 활성 상태인 것처럼 취급되어야 한다고 이야기한다. 기술자 B는 피부 염증을 예방하기 위해서 고무장갑을 착용해야 한다고 이야기한다. 어느 기술자가 옳은가?
   a. 기술자 A만
   b. 기술자 B만
   c. 기술자 A와 B 모두
   d. 기술자 A와 B 둘 다 틀리다

2. 안전벨트 프리텐셔너는 _____이다.
   a. 폭발성 장약(explosive charge)을 포함하는 장치
   b. 충돌 시 안전벨트에서 느슨한 부분을 제거하기 위해 사용되는 장치
   c. 충돌 시 탑승자를 다시 좌석 등받이에 기대어 제자리로 미는 데 사용되는 장치
   d. 위의 모든 내용

3. 운전석 측면 에어백에 대한 전원 및 접지는 무엇인가?
   a. 꼬임쌍선
   b. 클럭스프링
   c. 스티어링 칼럼의 탄소 접점 및 황동 표면 플레이트
   d. 자기 리드(magnetic reed) 스위치

4. 두 명의 기술자가 이중단계 에어백에 대해 논의하고 있다. 기술자 A는 에어백이 전개된 단계에 관계없이 전개된 에어백이 안전하다고 이야기한다. 기술자 B는 두 단계 모두 점화되지만, 차량 속도에 따라 다른 속도에서 점화된다고 이야기한다. 어느 기술자가 옳은가?
   a. 기술자 A만
   b. 기술자 B만
   c. 기술자 A와 B 모두
   d. 기술자 A와 B 둘 다 틀리다

5. 단락 바(shorting bar)가 사용되는 곳은 어디인가?
   a. 프리텐셔너
   b. 에어백 커넥터
   c. 충돌 감지기(crash sensor)
   d. 에어백 컨트롤러

6. 기술자 A는 전개된 에어백을 다시 포장하고 재사용하며 차량에 다시 장착할 수 있다고 이야기한다. 기술자 B는 전개된 에어백을 폐기하고 전체 새 어셈블리로 교체해야 한다고 이야기한다. 어느 기술자가 옳은가?
   a. 기술자 A만
   b. 기술자 B만
   c. 기술자 A와 B 모두
   d. 기술자 A와 B 둘 다 틀리다

7. 에어백 전기 커넥터 및 도관의 색은 무엇인가?
   a. 파랑색
   b. 적색
   c. 노란색
   d. 오렌지색

8. 운전석 및/또는 조수석 전방 에어백은 정면충돌이 전방 직선 방향에서 몇 도까지 발생할 경우 전개되는가?
   a. 10도
   b. 30도
   c. 60도
   d. 90도

9. 에어백 전개를 위해 동시에 트리거되어야 하는 센서는 몇 개인가?
   a. 1개
   b. 2개
   c. 3개
   d. 4개

10. 에어백 시스템에 사용되는 전기 단자는 _____이므로 고유하다.
    a. 단단한 구리
    b. 주석도금 중간강
    c. 은도금
    d. 금도금

Chapter 28

오디오 시스템 동작과 진단

Audio System Operation and Diagnosis

학습목표

이 장을 학습하고 나면,

1. AM(진폭변조), FM(주파수변조) 및 위성 라디오의 동작 방식을 설명할 수 있다.
2. 안테나 및 그 진단에 대해 설명할 수 있다.
3. 스피커의 목적, 기능 및 유형에 대해 토론할 수 있다.
4. 크로스오버와 음성 인식 시스템에 대해 토론할 수 있다.
5. 블루투스 시스템의 작동 방식을 설명할 수 있다.
6. 라디오 노이즈 및 간섭의 원인과 수리에 대해 나열할 수 있다.

핵심용어

RMS(root-mean-square)
고역 통과 필터
교류발전기 윙윙거림
능동형 크로스오버
데시벨(dB)
라디오 주파수(RF)
라디오 초크
변조
보강 커패시터
블루투스
서브우퍼
스피커
위성 디지털 오디오 라디오 서비스(SDARS)

음성 인식
임피던스
저역 통과 필터
전력선 커패시터
주파수
주파수변조(FM)
지면
진폭변조(AM)
총 고조파 왜곡(THD)
크로스오버
트위터
플로팅 접지 시스템
헤르츠(Hz)

오디오 기초 Audio Fundamentals

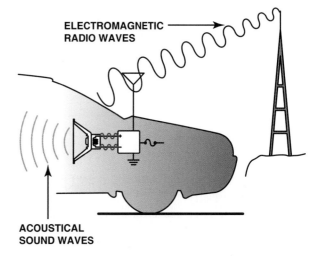

소개 오늘날의 차량 오디오 시스템은 안테나 시스템, 수신기, 앰프 및 스피커가 복합적으로 조합된 것으로, 이 모든 기능은 차량이 도시 내에서 주행하든 또는 고속도로를 주행하든 거실 형태의 음악 재생 기능을 제공한다.

오디오 시스템은 들을 수 있는 소리를 내며 다음을 포함한다.

- 라디오(AM, FM 및 위성)
- 무선으로 전자에너지 방송(electronic energy broadcast)을 포착하는 데 사용되는 안테나 시스템
- 스피커 시스템
- 오디오 시스템의 소리에너지 출력을 높이는 애프터마켓 확장 장치
- 오디오 관련 문제의 진단

많은 오디오 관련 문제를 서비스 기술자가 해결하고 수리할 수 있다.

그림 28-1 오디오 시스템은 전자파(electromagnetic radio wave)와 음파(sound wave)를 모두 사용하여 차량 내부에서 소리를 재생한다.

에너지의 유형 오디오 시스템에 영향을 미치는 에너지에는 두 가지 유형이 있다.

- **전자기에너지(electromagnetic energy) 또는 라디오파(radio wave).** 안테나는 전파를 포착하고, 그 다음에 증폭될 라디오 또는 수신기로 전송된다.
- **소리(sound)라고 불리는 음향에너지(acoustical energy).** 라디오 및 수신기는 전파 신호를 증폭하고 스피커를 구동하여 라디오파에 의해 송신되는 원래 소리를 재현한다.
●그림 28-1 참조.

용어 라디오파는 대략 빛의 속도로 이동하며(초당 298,051,200미터), 전자기파(electromagnetic)이다. 라디오파는 파장과 주파수라는 두 가지 방법으로 측정된다. 라디오파는 일련의 고점도(high point)와 저위도(low point)를 가지고 있다. 파장(wavelength)은 높은 점과 낮은 점 두 연속 점 사이의 시간과 거리를 말한다. 파장은 미터로 측정된다. **라디오 주파수(radio frequency, RF)**라고도 하는 **주파수(frequency)**는 특정 파형이 일정한 시간 내에 반복되는 횟수이고, **헤르츠(Hz)** 단위로 측정된다. 주파수가 1Hz인 신호는 초당 하

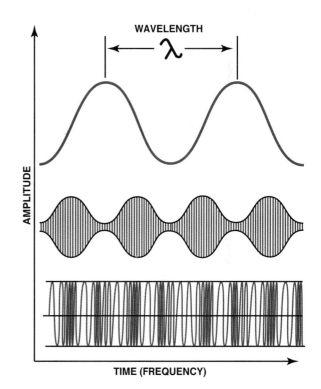

그림 28-2 파장, 주파수, 진폭 사이의 관계.

나의 파장을 갖는 신호이다. 라디오 주파수는 kHz(초당 수천 개의 파장), MHz(초당 백만 개의 파장) 등으로 측정된다. ●그림 28-2 참조.

- 수파수가 높을수록 파장은 짧아진다.
- 주파수가 낮을수록 파장은 길어진다.

더 긴 파장은 더 짧은 파장보다 더 먼 거리를 이동할 수 있

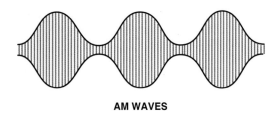

AM WAVES

그림 28-3   AM 방송의 진폭 변화.

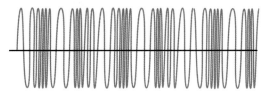

FM WAVES

그림 28-4   FM 방송의 주파수 변화와 진폭은 일정하게 유지된다.

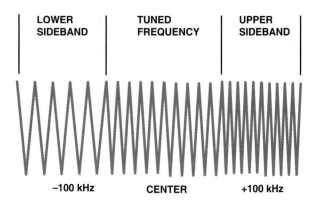

LOWER SIDEBAND	TUNED FREQUENCY	UPPER SIDEBAND
−100 kHz	CENTER	+100 kHz

그림 28-5   상부 및 하부 측파대역을 사용하는 것은 스테레오가 방송되는 것을 가능하게 한다. 수신기는 신호를 분리하여 좌우 채널을 제공한다.

다. 따라서 더 낮은 주파수는 더 먼 거리에서 더 나은 수신(reception)을 제공한다.

- AM 라디오 주파수의 범위는 530~1,710kHz이다.
- FM 라디오 주파수의 범위는 87.9~107.9MHz이다.

변조   변조(modulation)는 정보가 일정한 주파수에 추가될 때를 설명하는 데 사용되는 용어이다. RF에 사용되는 기본 라디오 주파수를 반송파(carrier wave)라고 한다. 반송파는 정보를 운반하기 위해 변화되는 무선 전파이다. 두 가지 유형의 변조는 다음과 같다.

- 진폭변조(amplitude modulation, AM)
- 주파수변조(frequency modulation, FM)

AM 전파는 수신기에 의해 변화, 전송 및 검출될 수 있는 진폭을 가진 무선 파형이다. 진폭은 오실로스코프에서 그래프로 표시된 파형의 높이이다. ●그림 28-3 참조.

FM 전파는 수신기가 변화시키고 전송하고 검출할 수 있는 주파수를 포함하는 무선 전파이기도 하다. 이 유형의 변조는 정보를 전달하기 위해 초당 사이클수 또는 주파수를 변경한다. ●그림 28-4 참조.

라디오파 전송   하나 이상의 신호가 전파에 의해 전달될 수 있다. 이 과정을 측파대 동작(sideband operation)이라고 한다. 측면 대역 주파수는 kHz로 측정된다. 할당된 주파수보다 높은 신호의 양은 상부 측파대(upper sideband)라고 한다. 배

정된 주파수보다 낮은 신호의 양을 하부 측파대(lower sideband)라고 한다. 이 기능은 라디오 신호가 스테레오 방송을 전송할 수 있게 한다. 스테레오 방송은 상부 측파대를 사용하여 스테레오 신호의 한 채널을 전송하고 하부 측파대는 다른 채널을 전송한다. 라디오에 의해 신호가 디코딩되면 이 두 신호가 오른쪽 및 왼쪽 채널이 된다. ●그림 28-5 참조.

잡음   전파는 전자기에너지의 한 형태이기 때문에, 다른 형태의 에너지가 전파에 영향을 미칠 수 있다. 예를 들어 번쩍하는 번개(bolt of lightening)는 라디오 주파수 간섭(radio frequency interference, RFI)이라고 하는 넓은 라디오 주파수 대역폭의 신호를 발생시킨다. RFI는 전자기파 간섭(electromagnetic interference, EMI)의 한 유형이며 라디오 전송을 방해하는 주파수 신호이다.

AM 특성   AM 라디오 수신은 주로 밤에 전파가 전리층(ionosphere)에서 반사될 수 있기 때문에 송신기로부터 먼 거리에 걸쳐 이루어질 수 있다. 낮 동안에도 AM 신호는 송신기에서 어느 정도 떨어진 거리에서 수신할 수 있다. AM 라디오 수신은 좋은 안테나에 의존한다. 안테나 회로에 고장이 발생한 경우 AM 수신이 가장 큰 영향을 받는다.

FM 특성   FM 전파는 RF 주파수가 높고 파장이 짧기 때문에 짧은 거리만 전달된다. 전파는 지구의 모양을 따를 수 없고 대신에 송신기에서 수신기로 직선으로 전달된다. FM 전파는 전리층을 통과하여 우주로 이동하며 AM 전파처럼 반사되어 지구로 돌아오지 않는다.

다중경로 다중경로(multipath)는 서로 다른 시간에 안테나에 도달하는 반사(reflected) 신호, 굴절(refracted) 신호 또는 가시성(line-of-sight) 신호에 의해 발생한다. 다중경로는 라디오가 동일한 주파수에서 처리할 두 개의 신호를 수신하는 결과를 초래한다. 이는 스피커에서 반향 효과(echo effect)를 유발한다. 흔히 "말뚝 울타리(picket fencing)"라고도 불리는 떨림(flutter)은 FM 신호의 일부가 차단되어 발생한다. 이러한 차단은 신호의 약화를 유발하여 신호의 일부만 안테나에 도달하게 되고, 온-어게인(on-again) 오프-어게인(off-again) 라디오 사운드를 유발한다. 또한 송신기와 수신 안테나가 멀리 떨어져 있을 때도 떨림이 발생한다.

라디오 및 수신기
Radios and Receivers

안테나는 매우 약하게 동요하는 전류로 변환되는 전파를 수신한다. 이 전류는 안테나 인입(lead-in)을 따라서 그 신호를 증폭하는 라디오로 이동한다. 그리고 이 신호가 음향에너지로 변환되는 스피커로 전송된다.

대부분의 최신 모델 라디오와 수신기는 5개의 입력/출력 회로를 사용한다.

1. **전력(power)**. 일반적으로 내부 클럭을 활성화하기 위해 지속적으로 12V를 공급한다.
2. **접지(ground)**. 이는 회로에서 가장 낮은 전압이며 배터리의 음극 단자에 간접적으로 연결된다.
3. **직렬 데이터(serial data)**. 제품을 켜고 끄고 스티어링 휠 컨트롤 조작과 같은 기타 기능을 제공하는 데 사용된다.
4. **안테나 입력(antenna input)**. 하나 또는 여러 대의 안테나로부터.
5. **스피커 출력(speaker output)**. 이러한 배선들은 수신기를 스피커로 또는 앰프에 입력으로 연결한다.

안테나 Antennas

안테나 유형 방송 안테나의 전형적인 무선 전자파에너지는 교류 약 $25\mu V$의 강도에 불과한 매우 작은 신호를 안테나에 유도한다. 라디오는 수신된 신호 강도를 사용 가능한 정보로 높이는 증폭기 회로를 포함하고 있다.

예를 들어, 차량에 사용되는 안테나의 다섯 가지 형태는 다음과 같다.

- **슬롯 안테나(slot antenna)**. 슬롯 안테나는 구형 GM 플라스틱 차체 밴과 같은 일부 플라스틱 차체 차량의 지붕에 숨겨져 있다. 이 안테나는 마일러(Mylar) 시트 위에 있는 금속으로 둘러싸여 있다.
- **후면유리 김서림 방지 열선 안테나(rear window defogger grid antenna)**. 이 유형의 시스템은 열선을 사용하여 신호를 수신하고 특수 회로를 통해 RF 신호를 DC 히터 회로로부터 분리한다.
- **파워 마스트 안테나(powered mast antenna)**. 이 안테나들은 라디오에 의해 제어된다. 라디오를 켜면 안테나가 올라가고, 라디오를 끄면 안테나가 접혀 들어간다. 안테나 시스템은 안테나 마스트와 릴레이를 통해 무선 "on" 신호에 의해 제어되는 구동 모터로 구성된다.
- **고정 마스트 안테나(fixed mast antenna)**. 이 안테나는 현재 전체적으로 사용 가능한 최고 성능을 제공한다. 안테나 마스트는 단순히 수직 막대일 뿐이다. 고정 마스트 안테나는 일반적으로 차량의 펜더 또는 후방 쿼터 패널에 위치한다.
- **통합 안테나(integrated antenna)**. 이런 유형의 안테나는 앞유리창에 장착되며 후방유리에 있는 덧대어져 있는 장식이다. 후방유리에 있는 안테나는 기본 안테나이며 AM 신호 및 FM 신호를 모두 수신한다. 보조 안테나는 일반적으로 차량의 조수석 측 앞유리에 위치한다. 이 안테나

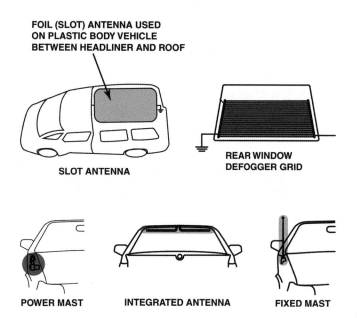

FOIL (SLOT) ANTENNA USED
ON PLASTIC BODY VEHICLE
BETWEEN HEADLINER AND ROOF

SLOT ANTENNA

REAR WINDOW
DEFOGGER GRID

POWER MAST   INTEGRATED ANTENNA   FIXED MAST

그림 28-6   GM 차량들에 사용되는 5개의 안테나 유형은 슬롯 안테나, 후방유리 김서림 방지 열선 안테나, 파워 마스트 안테나, 통합 안테나, 그리고 고정 마스트 안테나이다.

는 FM 신호만 수신한다.

●그림 28-6 참조.

자주 묻는 질문

접지면(ground plane)은 무엇인가?

공기를 통해서 송신 안테나로부터 방송되는 전자기에너지를 포착하기 위해 고안된 안테나는 대개 높이가 반파장(one-half wavelength)이고, 나머지 파장의 절반은 **접지면**(ground plane)이다. 접지면에서 반파장은 문자 그대로 땅속에 있다.

이상적인 수신을 위해서 수신 안테나 역시 신호의 파장과 같아야 한다. 이 길이는 실용적이지 않기 때문에, 설계상의 타협은 안테나 길이를 신호 파장의 4분의 1로 사용한다. 또한 차량 자체도 파장의 4분의 1이다. 그러므로 차량의 차체가 접지면이 된다. ●그림 28-7 참조.

접지면 회로(ground plane circuit)에서 다음과 같은 결함 조건은 접지면이 유효성을 잃게 하는 원인이 된다.

● 배터리 케이블 단자가 느슨하거나 부식됨
● 배터리 케이블의 산(acid) 축적
● 엔진이 고저항 접지됨
● 안테나 또는 오디오 시스템 접지 손실
● 교류발전기 결함으로 50mV를 초과하는 AC 리플 발생

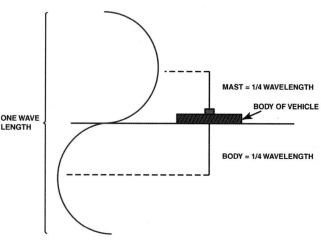

ONE WAVE
LENGTH

MAST = 1/4 WAVELENGTH

BODY OF VEHICLE

BODY = 1/4 WAVELENGTH

그림 28-7   접지면(ground plane)은 실제로 안테나의 절반이다.

안테나 진단 Antenna Diagnosis

안테나 높이   안테나는 모든 라디오 주파수 신호를 수집한다. AM 라디오는 안테나 길이가 길수록 가장 잘 작동하지만, FM 수신은 안테나 높이가 정확히 79cm일 때 가장 좋다. 대부분의 고정 길이 안테나(fixed length antennas)는 정확히 이 높이이다. 윈드실드 안테나(windshield antenna)의 수평 섹션도 길이가 79cm이다.

결함이 있는 안테나는,

▪ AM 라디오 수신에 큰 영향을 미친다.
▪ FM 라디오 수신에 영향을 줄 수 있다.

안테나 시험   안테나 또는 인입 케이블(lead-in cable)이 파손(개방)되면 FM 수신이 들리긴 하지만 수신이 약할 수 있으며, AM 수신은 안 될 수 있다. 저항계는 센터 안테나 단자와 안테나 케이스 사이에서 무한대 저항값을 판독해야 한다. 적절히 수신하고 노이즈가 없도록 하기 위해서, 안테나 케이스가 차체에 올바르게 접지되어야 한다. ●그림 28-8 참조.

파워 안테나 시험 및 서비스   대부분의 파워 안테나는 회로 차단기 및 릴레이를 사용하여 안테나 마스트에 부착된 나일론 코드를 이동시키는 가역적 영구자석(reversible PM) 전기모터를 구동한다. 일부 차량은 안테나 마스트 높이 및/또는 동작을 조절할 수 있는 대시 보드 장착 제어장치가 있는 반면, 많은 차량은 라디오를 켜고 끄면 자동으로 작동한다. 파

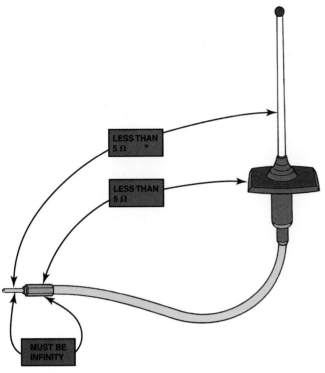

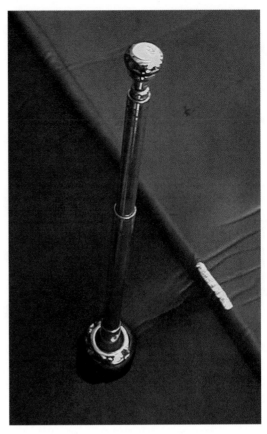

그림 28-8 모든 저항계 수치가 만족스러울 경우 안테나가 양호한 것이다.

그림 28-9 펜더 커버에 작은 구멍을 뚫는 것은 안테나를 교체하거나 수리할 때 차량을 보호하는 데 도움이 된다.

🔧 기술 팁

펜더 커버의 구멍 요령

일반적인 수리는 파워 안테나의 마스트를 교체하는 것이다. 차량의 차체 또는 도장 손상을 방지하기 위해, 펜더 커버에 구멍을 내고 안테나 위에 위치시킨다. ●그림 28-9 참조.
탈거 또는 장착 과정에서 렌치 또는 공구가 미끄러질 경우 차체가 보호된다.

그림 28-10 전형적인 파워 안테나 어셈블리. 안테나의 접지면(ground plane)이 양호한지 확인하는 데 사용되는 접지 배선에 유의한다.

워 안테나 어셈블리는 대개 외측 전방 펜더와 내측 펜더 사이 또는 리어 쿼터 패널에 장착된다. 이 장치는 모터, 코드에 사용되는 스풀, 상부-제한 및 하부-제한 스위치를 포함한다. 파워 안테나 마스트는 고정 마스트 안테나와 동일한 방식으로 시험한다(안테나를 중앙 안테나 단자와 하우징 또는 접지 사이에서 시험할 때 저항계에 무한 판독값이 기록되어야 한다). 청소 또는 마스트 교체의 경우를 제외하고 대부분의 파워 안테나는 유닛 또는 수리 전문품으로 교체된다. ●그림 28-10 참조.

모터 하우징의 배출 구멍(drain hole)에 하부 코팅, 나뭇잎 또는 먼지가 끼어 있지 않은지 확인하면 많은 파워 안테나 문제를 방지할 수 있다. 모든 파워 안테나는 부드러운 천으로 마스트를 닦고 WD-40 또는 이와 유사한 등급의 가벼운 오일로 부드럽게 문질러 깨끗하게 유지되어야 한다.

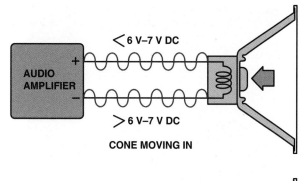

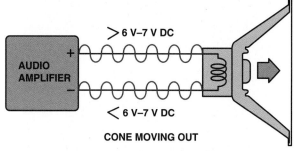

그림 28-11 각 스피커 단자에 6V에서 7V 사이의 전압이 인가되고 오디오 앰프가 한 단자의 전압을 증가시키는 동시에 다른 단자의 전압을 감소시켜 스피커 콘(speaker cone)이 움직이게 한다. 움직이는 콘은 공기를 움직여 소리를 생성한다.

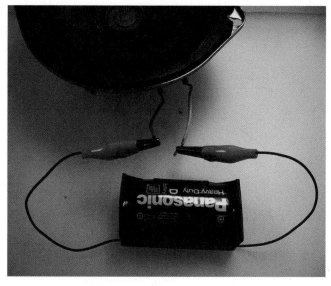

그림 28-12 두 개의 단자가 있는 일반적인 차량 스피커. 스피커의 극성(polarity)은 서비스 매뉴얼의 배선 다이어그램을 참조하거나 1.5V 배터리를 사용하여 확인할 수 있다. 배터리 양극이 스피커의 양극 단자에 인가되면 콘이 바깥쪽으로 움직인다. 배터리 단자가 반대로 되면 스피커 콘이 안쪽으로 이동한다.

스피커 Speakers

목적과 기능 어떤 종류든 스피커(speaker)의 목적은 원래 소리를 최대한 정확하게 재생하는 것이다. 스피커는 확성기(loudspeaker)라고도 한다. 인간의 귀는 20Hz(초당 사이클)의 매우 낮은 주파수로부터 20,000Hz까지의 소리를 들을 수 있다. 어떤 스피커도 이렇게 넓은 주파수 범위에 대해 소리를 재생할 수 없다. ●그림 28-11 참조.

양질의 스피커는 적절한 소리를 내는 라디오 또는 음향 시스템의 핵심이다. 교체용 스피커는 올바른 극성(polarity)에 따라 단단히 장착하고 배선해야 한다. ●그림 28-12 참조.

임피던스 정합(matching) 동일한 라디오 또는 앰프에 사용되는 모든 스피커는 **임피던스**(impedance)라고 하는 동일한 내부 코일 저항을 가져야 한다. 상이한 임피던스를 갖는 스피커들이 사용되면 음질이 저하되고 라디오에 심각한 손상이 있을 수 있다. ●그림 28-13 참조.

모든 스피커는 동일한 임피던스를 가져야 한다. 예를 들어 후면에 4Ω 스피커 2개를 사용하고 이들이 병렬로 연결되는 경우 총 임피던스는 2Ω이다.

$$R_T = \frac{4\Omega(각 스피커의 임피던스)}{2(병렬로 연결된 스피커의 수)} = 2\Omega$$

또한 전면 스피커는 라디오나 앰프로부터 2Ω 부하를 나타내야 한다. 다음 예를 참조한다.

전면 스피커 2개: 각각 2Ω

후면 스피커 2개: 각각 8Ω

정답: 총 임피던스가 4Ω(2Ω + 2Ω = 4Ω)이 되도록 전면 스피커를 직렬로 연결한다(한 스피커의 양극[+]을 다른 스피커의 음극[-]에 연결한다). 두 개의 후면 스피커를 병렬로 연결하여 총 임피던스가 4Ω(8Ω ÷ 2 = 4Ω)이 되도록 한다(각 스피커의 양극[+]과 각 스피커의 음극[-]을 함께 연결한다).

스피커 배선 스피커에 사용되는 배선은 최대 출력이 스피커에 도달하도록 보장하기 위해 실제 배선(AWG 게이지 번호만큼 작음)만큼 커야 한다. 전형적인 "스피커 배선"은 약 22게이지($0.35mm^2$)이지만, 오디오 엔지니어가 수행하는 시험에서 배선 게이지를 최대 4게이지($19mm^2$)까지 높이거나 더 크게

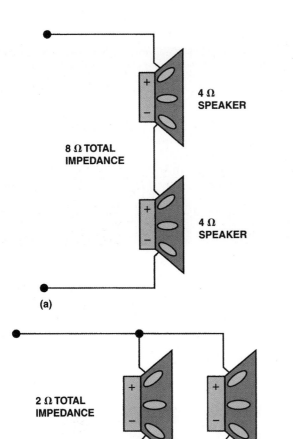

(a)

(b)

그림 28-13 (a) 직렬로 연결된 2개의 4Ω 스피커는 총 임피던스가 8Ω이 된다. (b) 병렬로 연결된 2개의 4Ω 스피커는 총 임피던스가 2Ω이 된다.

하면 음질이 향상되는 것으로 결론을 얻었다. 모든 배선 연결부가 올바른 극성을 가지고 있는지 확인한 후에는 반드시 모든 배선 연결부를 납땜해야 한다.

주의: 플로팅 접지 시스템(floating ground system)이라고 하는 2선 스피커 연결을 사용하는 GM 차량 시스템에 추가 오디오 장비를 장착할 때 주의해야 한다. 다른 시스템은 전원 단자 하나만을 각 스피커로 연결하고 다른 스피커 단자를 차체로 접지한다.

이러한 구성은 이러한 부품들이 섀시(차량) 접지에 연결된 경우 발생할 수 있는 간섭(interference)을 방지하는 데 도움이 된다. 부품들이 섀시 접지 상태인 경우 전압 전위(전압)에 차이가 있을 수 있다. 이 상태를 **접지 루프**(ground loop)라고 한다.

피부 효과

고주파 신호(AC 전압)가 도선을 통해 전송될 때 대부분의 신호는 도선의 외부 표면에서 이동한다. 이 특징을 피부 효과(skin effect)라고 한다. 주파수가 높을수록 신호가 외부 표면에 더 가까워진다. 오디오 시스템 출력을 높이기 위해 대부분의 전문가들은 도선 가닥이 매우 정교하게 되어 있는 도선을 사용하여 도체의 표면적 또는 피부 면적을 증가시킬 것을 권장한다. 따라서 대부분의 애프터마켓 스피커 도선은 여러 개의 작은 지름의 구리 가닥으로 꼬아져 있다.

주의: 사용되는 라디오 스피커 연결과 관계없이, 스피커가 연결되지 않은 상태에서 라디오를 작동하지 *않아야* 한다. 그렇지 않으면, 개방된 스피커 회로의 결과로서 스피커 드라이버 섹션이 손상될 수 있다.

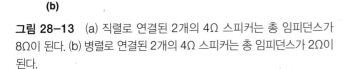

스피커 유형 Speaker Types

소개 어떤 스피커도 아주 광범위한 주파수 범위에서 소리를 재생할 수 없다. 따라서 스피커는 세 가지 기본 유형으로 사용할 수 있다.

1. 트위터는 고주파수 범위에 해당한다.
2. 미드레인지는 중간 주파수 범위를 위한 제품이다.
3. 우퍼와 서브우퍼는 저주파수 범위를 위해 사용된다.

트위터 트위터(tweeter)는 일반적으로 4~20kHz 대역의 고주파 소리를 재생하기 위해 설계된 스피커이다. 트위터는 방향성이 좋다. 이는 사람의 귀가 음악을 듣는 동안 화자의 위치를 감지할 수 있을 가능성이 가장 높다는 것을 의미한다. 이는 또한 소음이 수신기에 시선을 맞추어 전달될 수 있도록 차량에 트위터를 장착해야 한다는 것을 의미한다. 트위터는 대개 상단 근처의 내부 도어, 전방 유리창 "A" 필러 또는 이와 유사한 위치에 장착된다.

미드레인지 미드레인지(midrange) 스피커는 400~5,000Hz 범위인 인간 청각 범위의 중간 부분에서 최상으로 소리를 재생할 수 있도록 설계 및 제작되었다. 대부분의 사람들은 이러한 미드레인지 스피커로 발생하는 소리에 민감하다. 또한 이러한 스피커는 듣는 사람이 보통 소리의 출처를 찾을 수 있다는 점에서 방향성이 있다.

서브우퍼   때때로 우퍼(woofer)로도 불리는 **서브우퍼(sub-woofer)**는 125Hz 이하의 최저 주파수를 생성한다. 중간베이스(midbass) 스피커는 100~500Hz 사이의 주파수를 재현하는 데도 사용할 수 있다. 이 스피커에서 나오는 저주파 사운드는 방향성이 없다. 이는 듣는 사람이 대개 이러한 스피커에서 나오는 소리의 출처를 감지할 수 없다는 것을 의미한다. 저주파 사운드가 차량 어디에서나 들리는 것 같기 때문에 스피커의 위치는 고주파 스피커의 위치만큼 중요하지 않다.

서브우퍼는 차량의 거의 모든 위치에 장착할 수 있다. 대부분의 서브우퍼는 더 큰 서브우퍼 스피커를 위한 공간이 더 넓은 차량 후면에 장착되어 있다.

스피커 주파수 응답   주파수 응답(frequency response)은 스피커가 다양한 주파수 범위에 반응하는 방식이다. 미드레인지 스피커의 일반적인 주파수 응답 범위는 500~4,000Hz이다.

사운드 수준 Sound Levels

데시벨 스케일   데시벨(decibel, dB)은 소리의 힘을 측정하는 척도이고 사람이 중간대역 주파수에서 들을 수 있는 가장 작은 소리이다. dB 스케일은 선형(직선)이 아니라 로그 함수이며, 이는 dB 판독치의 작은 변화가 노이즈 양의 큰 변화를 초래함을 의미한다. 음압이 10dB 증가하면 인식된 볼륨을 2배로 높일 수 있다. 따라서 dB 정격의 작은 차이는 스피커의 소리 크기에 큰 차이가 있다는 것을 의미한다.

예   데시벨 소리 수준의 예는 다음과 같다.

- 조용함(quiet),   30dB: 속삭임, 조용한 도서관
  희미함(faint)   40dB: 조용한 방
- 보통(moderate)   50dB: 보통 수준의 소리
                   60dB: 보통의 대화
- 큼(loud)   70dB: 진공청소기, 도시 교통
                   소음
                   80dB: 시끄러운 교통 소음 및 진공청소기

> ☠ **경고**
>
> 큰 소리에 노출되면 청력을 잃을 수 있다. 소음 전문가(청력학자)에 따르면 다음과 같은 상황이 발생할 때마다 청력 보호장치(hearing protection)를 사용해야 한다.
>
> 1. 옆 사람에게 들리도록 목소리를 높여야 한다.
> 2. 1미터도 안 되는 거리에 있는 다른 사람이 말하는 것을 들을 수 없다.
> 3. 잔디깎기기계(lawnmower)와 같은 동력 장치를 작동시키고 있다.

- 매우 큼(extremely loud)   90dB: 잔디깎기기계, 전동 공구
                           100dB: 전기톱, 에어 드릴
- 청력 손실 가능   110dB: 큰 록 음악
  (hearing loss possible)

크로스오버 Crossovers

정의   크로스오버(crossover)는 소리의 주파수를 분리하여, 낮은 베이스 소리와 같은 특정 주파수 범위를 우퍼로 송신하도록 설계된다. 우퍼는 이러한 저주파 사운드를 재현하도록 설계된다. 수동과 능동 두 가지 유형의 크로스오버가 있다.

수동형 크로스오버   수동형 크로스오버(passive crossover)는 외부 전원을 사용하지 않는다. 오히려 코일과 커패시터를 사용하여 특정 유형의 스피커가 처리할 수 없는 특정 주파수를 차단하고 스피커에 처리 가능한 주파수만 허용한다. 예를 들어, 6.6mH 코일과 200μF 커패시터는 효과적으로 100Hz 주파수 사운드를 대형 10인치 서브우퍼로 전달할 수 있다. 이러한 형태의 수동형 크로스오버는 저주파 사운드만 스피커로 전달하고 다른 모든 주파수를 차단하기 때문에 **저역 통과 필터(low-pass filter)**라고 한다. **고역 통과 필터(high-pass filter)**는 더 높은 주파수(100Hz 이상)를 더 작은 스피커로 전달하는 데 사용된다.

능동형 크로스오버   능동형 크로스오버(active crossover)는 외부 전원을 사용하여 탁월한 성능을 제공한다. 능동형 크로스오버는 전자식 크로스오버(electronic crossover) 또는 크로

베이스 블로커(bass blocker)는 무엇인가?

베이스 블로커(베이스 차단기)는 저주파를 효과적으로 차단하는 커패시터 및 코일 어셈블리이다. 베이스 차단기는 일반적으로 작은 전면 스피커로 보내지는 저주파를 차단하는 데 사용된다. 베이스 차단기를 사용하면 더 작은 전면 스피커를 사용하여 미드레인지 및 하이레인지 주파수 사운드를 더 효과적으로 재생할 수 있다.

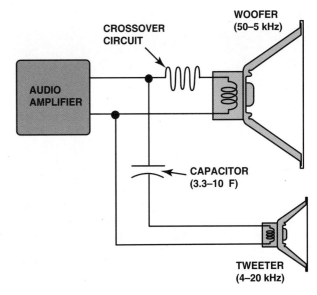

그림 28-14 크로스오버(crossover)는 오디오 시스템에서 소형(트위터) 스피커에 고주파 사운드를 보내고 대형 스피커에 저주파 사운드를 보내는 데 사용된다.

스오버 네트워크(crossover network)라고도 한다. 이러한 장치는 많은 전력 필터를 포함하고 있으며, 수동형 크로스오버보다 상당히 고가이다. 능동형 크로스오버 기능을 최대한 활용하기 위해 두 개의 증폭기(amplifier)가 필요하다. 하나의 증폭기는 더 높은 주파수 및 미드레인지를 위한 것이고, 다른 증폭기는 서브우퍼를 위한 것이다. 예산이 한정되어 있고 하나의 증폭기만 사용하려는 경우라면 수동형 크로스오버를 사용한다. 두 개 또는 그 이상의 증폭기를 사용할 수 있는 경우에는 전자식(능동형) 크로스오버를 사용하는 것이 좋다. 공장에서 설치된 시스템에 사용되는 크로스오버의 예는 ●그림 28-14 참조.

애프터마켓 사운드 시스템 업그레이드
Aftermarket Sound System Upgrade

전력 및 접지 업그레이드 앰프 및 다른 오디오 부품들을 추가하는 경우에는 필요한 전원 및 접지 연결을 포함해야 한다. 이러한 업그레이드에는 다음이 포함될 수 있다.

- 오디오 시스템을 위한 별도의 배터리.
- 배선 및 부품들을 보호하기 위한 배터리 근처의 인라인 퓨즈.
- 시스템의 전류 인출(amperage draw)과 도선 길이에 맞는 적절한 크기의 배선(출력 전력량이 많을수록 필요한 암페어 수가 더 많고 배선 게이지가 더 큰 것이 필요하다. 배터리와 부품들 사이의 거리가 멀수록, 최상의 성능을 위해 배선 게이지가 더 커야 한다).
- 접지선은 적어도 전원 측 배선과 동일한 게이지로 배선되

어야 한다(최상의 성능을 위해 추가 접지 배선 사용을 권장하는 전문가도 있다).

오디오 시스템 부품들과 함께 제공되는 모든 지침을 읽고 이해하여 따라야 한다.

전력선 커패시터 보강 커패시터(stiffening capacitor)라고도 하는 **전력선 커패시터(powerline capacitor)**는 앰프 전력선에 연결된 0.25F 혹은 더 큰 양의 대형 커패시터(흔히 CAP로 축약하여 사용)를 지칭한다. 이 커패시터의 목적과 기능은 깊은 저음을 제공하기 위해 앰프에서 필요로 하는 전기적 여분 에너지(electrical reserve energy)를 제공하는 것이다. ● 그림 28-15 참조.

배터리 전력은 종종 느리게 반응한다. 앰프가 대량의 전류를 인가하려고 하면 커패시터는 필요에 따라 저장된 전류를 방전시켜 앰프의 전압 레벨을 안정화하려고 시도한다.

경험 법칙은 앰프 전력 각 1,000와트당 1F 용량의 커패시터를 연결하는 것이다. ●표 28-1 참조.

커패시터 설치 전력선 커패시터는 인라인 퓨즈와 앰프 사이의 전원 단자들에 연결된다. ●그림 28-16 참조.

커패시터가 "사전충전(precharging)"되지 않은 상태에서 회로에 연결된 경우, 커패시터가 너무 많은 전류를 인가하여 인라인 퓨즈를 끊어지게 할 수 있다. 대형 축전기를 안전하게 연

Powerline Capacitor Usage Guide	
Watts (amplifier)	Recommended Capacitor in Farads (microfarads)
100 W	0.10 farad (100,000 µF)
200 W	0.20 farad (200,000 µF)
250 W	0.25 farad (250,000 µF)
500 W	0.50 farad (500,000 µF)
750 W	0.75 farad (750,000 µF)
1,000 W	1.00 farad (1,000,000 µF)

표 28-1

전력선 커패시터 사용 설명서. 오디오 시스템을 업그레이드하는 데 필요한 커패시터의 정격은 시스템의 전력 소모량(와트)과 직접 관계되어 있다.

그림 28-15 병렬로 연결된 두 개의 커패시터가 전력이 공급되는 대형 서브우퍼 스피커로 필요한 전류를 공급한다.

결하려면 **사전충전**이 되어 있어야 한다. 커패시터를 사전충전하기 위해 다음 단계를 수행한다.

단계 1 커패시터의 음극(2) 단자를 양호한 섀시 접지에 연결한다.

단계 2 커패시터의 양극(1) 단자와 배터리의 양극 단자 사이에 전조등 또는 주차등과 같은 차량용 12V 전구를 삽입한다. 커패시터가 충전되고 있을 때는 조명이 켜지고, 그 후 커패시터가 완전히 충전되면 꺼진다.

단계 3 커패시터에서 전구를 분리한 다음 전원 단자를 커패시터에 연결한다. 커패시터는 이제 완전히 충전되어 앰프에 배터리 전력을 보충하는 데 필요한 추가 전력을 공급할 준비가 되었다.

음성 인식 Voice Recognition

부품 및 동작 음성 인식(voice recognition)을 통해 운전자는 버튼이 아닌 음성 명령을 사용하여 내비게이션 시스템에서 주소를 찾는 것과 같은 작업을 수행할 수 있다. 과거에는 음성 인식 내비게이션 시스템이 장착된 차량의 사용자 매뉴얼에 나열된 예와 같이 사용자가 작동을 위해 정확하게 다음과 같은 단어를 말해야 했다.

"Go home"(집으로)

? 자주 묻는 질문

앰프(amplifier) 기술 사양

RMS power	RMS(root-mean-square)는 실효값을 의미하며, 앰프가 연속적으로 생산할 수 있는 전력량을 나타내는 정격이다.
RMS power at 2Ω	이 사양(와트)은 앰프가 2Ω 스피커 부하로 전달하는 전력량을 나타낸다. 이 2Ω 부하는 2개의 4Ω 스피커를 병렬로 배선하거나 2Ω 스피커를 사용하여 얻을 수 있다.
Peak power	피크 전력이란 앰프가 음악적 피크 동안 짧은 버스트로 전달할 수 있는 최대 전력량을 말한다.
THD	**총 고조파 왜곡**(total harmonic distortion, THD)은 증폭되는 신호의 변화량을 나타낸다. 수치가 낮을수록 앰프가 좋은 것이다(예: 0.01% THD 정격이 0.07% THD 정격보다 좋음).
Signal-to-noise ratio	신호대잡음비(SNR)는 데시벨(dB) 단위로 측정되며, 신호 강도를 배경 잡음(background noise) 수준과 비교한다. 볼륨이 클수록 배경 노이즈가 적게 나타난다(예: 105dB SNR 정격이 100dB SNR 정격보다 더 좋음).

"Repeat guidance"(안내 반복)

"Nearest ATM"(가장 가까운 ATM)

이런 간단한 음성 명령의 문제점은 정확한 단어를 사용해야 한다는 것이었다. 음성 인식 소프트웨어는 음성 명령(voice

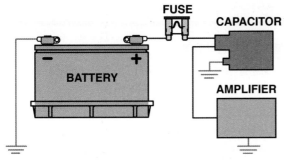

그림 28-16 그림과 같이 전력선 커패시터(powerline capacitor)를 전원 배선을 통해 앰프에 연결해야 한다. 앰프가 배터리가 공급할 수 있는 것보다 더 많은 전력(와트)을 필요로 하는 경우, 커패시터는 앰프로 방전하여 앰프에 필요한 전류를 1초 동안 공급한다. 커패시터가 필요하지 않은 다른 때, 충전 상태를 유지하기 위해 배터리로부터 전류를 인가한다.

그림 28-17 음성 명령은 내비게이션 시스템, 실내 온도 조절 시스템, 전화 및 라디오를 포함한 많은 기능을 제어하는 데 사용할 수 있다.

command)을 시스템에 저장된 단어나 문구 목록과 비교하여 일치하는 내용이 발생하도록 비교한다. 새로운 시스템은 음성 패턴을 인식하고 학습된 패턴을 기반으로 조치를 취한다. 음성 인식은 다음 기능에 사용할 수 있다.

1. 내비게이션 시스템 작동(●그림 28-17 참조)
2. 사운드 시스템 작동
3. 실내 온도 조절 시스템 작동
4. 전화 걸기 및 기타 관련 기능(●그림 28-18 참조)

마이크는 대개 운전석 측면 차광판(sunvisor) 또는 앞유리창 상단 부분의 머리 위쪽 콘솔에 장착된다.

진단 및 점검 음성 인식은 대개 차량의 여러 기능에 통합되어 있다. 시스템에 문제가 발생하면 다음 단계를 수행한다.

1. 고객 불만 사항(관심)을 확인한다. 사용자 매뉴얼이나 서비스 정보에서 적절한 음성 명령을 확인하고 시스템이 제대로 작동하는지 확인한다.

그림 28-18 캐딜락 운전석의 음성 명령(voice command) 아이콘.

2. 원격 시동 장치(remote start unit), MP3 플레이어 또는 기타 전기 부품과 같이 음성 인식 시스템으로 사용되는 부품들로 바꿨거나 간섭을 일으킬 수 있는 애프터마켓 액세서리가 있는지 점검한다.
3. 스캔 도구를 사용하여 저장된 DTC(고장 진단 코드)가 있는지 점검한다.
4. 서비스 정보에 명시된 권장 문제해결 절차를 따른다.

블루투스 Bluetooth

작동 블루투스(bluetooth)는 단거리 통신을 위한 (라디오 주파수) 표준이다. 일반적인 블루투스 장치의 범위는 10m이며 2,400MHz와 2,483.5MHz 사이의 ISM(industrial, scientific, medical)(산업, 과학, 의료) 대역에서 작동한다.

블루투스는 두 가지 레벨에서 작동하는 무선 표준이다.

- 저전력으로 물리적 통신을 제공하고, 약 1mW의 전력만 필요로 하기 때문에 귀에 거는 마이크 및 이어폰 같은 휴대용 기기에 사용하기에 적합하다.
- 블루투스는 데이터 비트의 송신 및 수신 방식에 대한 표준 프로토콜을 제공한다.

블루투스 표준은 무선, 저비용 및 자동 방식이기 때문에 장점이 있다. 블루투스 기술의 차량 사용은 휴대전화가 차량에 연결된 상태에서 이루어진다. 자동차는 핸즈프리 전화기 사용을 허용한다. 블루투스 전화가 장착된 차량에는 다음과 같은 부품들을 장착하고 있다.

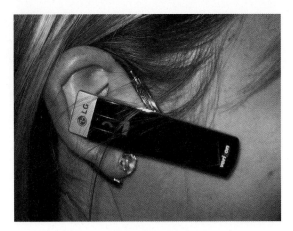

그림 28-19 마이크와 스피커 장치가 들어 있는 블루투스 이어피스 (earpiece)는 휴대전화와 페어링(pairing)되어 있다. 블루투스 전화기는 이어피스로부터 10m 이내에 있어야 한다.

- 블루투스 수신기는 내비게이션 또는 기존 사운드 시스템에 내장할 수 있다.
- 운전자는 마이크를 사용하여 블루투스 무선 연결을 통해 차량에서 셀(cell)로 전화 통화뿐 아니라 음성 명령도 사용할 수 있다. 많은 휴대전화에 블루투스가 장착되어 있어서, 발신자가 귀에 장착된 마이크와 스피커를 사용할 수 있다. ●그림 28-19 참조.

차량과 휴대전화에 블루투스가 장착된 경우, 전화기가 차내에 있을 때 스피커와 마이크를 핸즈프리 전화로 사용할 수 있다. 휴대전화는 음성 명령을 사용하여 차량에서 활성화할 수 있다.

위성 라디오 Satellite Radio

부품 및 동작 위성 디지털 오디오 라디오 서비스(satellite digital audio radio service) 또는 줄여서 SDARS라고도 하는 위성 라디오(satellite radio)는 고품질 라디오를 방송하기 위해 위성을 사용하는 고정형 시스템이다. SDARS는 2.1320~2.345GHz의 S대역(S-band)으로 방송한다.

Sirius/XM 라디오 Sirius/XM 라디오는 표준 장비이지만, 대부분의 차량에서 선택 사양이다. XM 라디오는 북아메리카의 위에 있는 지리적으로 동기화된 궤도에서 2001년에 서비스를 시작한 Rock(XM-2) 및 Roll(XM-1)이라는 두 위성을 사용한다. 두 개의 교체 위성 Rhythm(XM-3) 및

? 자주 묻는 질문

블루투스 이름의 유래
이 표준을 일찍 사용한 사람들은 "블루투스(bluetooth)"라는 용어를 사용했는데, 이는 900년대 후반에 덴마크의 왕이었던 Harold Bluetooth의 이름을 딴 것이다. 그 왕은 덴마크와 노르웨이의 일부를 하나의 왕국으로 통합했었다.

? 자주 묻는 질문

차에서 두 개의 블루투스 전화를 사용할 수 있나요?
보통 두 개의 전화기를 사용하기 위해서는, 두 번째 전화기에 이름을 붙여야 한다. 두 전화기가 모두 차량에 들어가면, 어떤 전화기가 인식되었는지 확인한다. "전화 상태(phone status)"라고 말하면, 시스템이 어떤 전화에 대응하고 있는지 알려준다. 만약 그것이 당신이 원하는 전화가 아니라면, 단순히 "다음 전화(next phone)"라고 말하면 다른 전화로 이동할 것이다.

Blues(XM-4)는 2006년에 발사되었다. Sirius와 XM 라디오는 2008년에 결합해서 이제 일부 프로그래밍을 공유한다. 두 종류의 위성 라디오는 서로 다른 프로토콜을 사용하기 때문에, 복합 장치(combination unit)를 구입하지 않으면 별도의 라디오가 필요하다.

수신 위성으로부터의 수신은 높은 건물과 산의 영향을 받을 수 있다. 일관된 수신(consistent reception)을 보장하기 위해 두 SDARS 공급자는 다음을 수행한다.

- 서비스 구역을 벗어날 때 서비스를 제공하기 위해 수 초간의 방송을 저장할 수 있는 버퍼 회로를 라디오 자체에 포함한다.
- 대부분의 도시에서 지상 중계소(land-based repeater station)를 제공한다(●그림 28-20 참조).

안테나 위성 라디오를 수신하기 위해, 안테나가 많은 대도시에 위치한 위성 방송국과 중계기 방송국에서 신호를 수신할 수 있어야 한다. ●그림 28-21과 28-22에 보이는 유형을 포함하여, 안테나의 유형과 모양은 다양하다.

진단 및 점검 진단의 첫 번째 단계는 고객 불만 사항을 확인

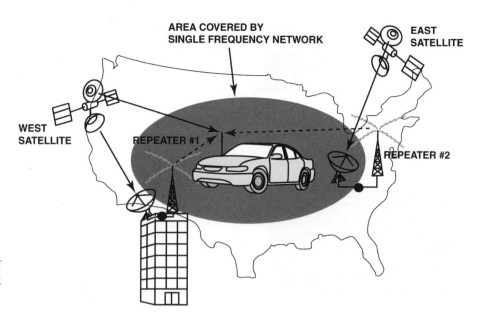

그림 28-20 SDARS는 위성과 중계기 방송국(repeater station)을 사용하여 라디오를 방송한다.

그림 28-21 후면 데크 리드(deck lid)에 장착되는 애프터마켓 XM 라디오 안테나. 데크 리드는 안테나의 접지면(ground plane) 역할을 한다.

그림 28-22 XM과 온스타(OnStar) 모두에서 사용되는 상어지느러미 모양 공장 안테나.

하는 것이다. 수신되는 위성 서비스가 없다면, 먼저 고객에게 문의하여 월간 서비스 요금이 지불되었고 계정이 최신 상태인지 확인한다. 수신 불량이 원인이면, 안테나 손상 또는 인입선(lead-in wire)의 결함 여부를 조심스럽게 점검한다. 안테나는 적절한 접지면(ground plane)을 제공하기 위해 금속 표면에 설치해야 한다.

다른 모든 위성 라디오 고장 문제의 경우 서비스 정보에서 정확한 시험 및 절차를 확인한다. 항상 제조사의 권장 절차를 따른다. 추가 정보는 다음 웹 사이트를 참조하라.

- www.xmradio.com
- www.sirius.com
- www.siriusxm.com

라디오 간섭 Radio Interference

정의 라디오 간섭(radio interference)은 전력선에서 전압의 변화(variation)로 인해 발생하거나 안테나에 의해 포착될 수 있다. 엔진 속도가 증가함에 따라 주파수가 증가하는 "윙윙거림"은 보통 **교류발전기 윙윙거림(alternator whine)**이라고 하며, 무선 초크(radio choke) 또는 라디오로의 전원 공급 배선에 필터 커패시터를 장착하면 제거된다. ●그림 28-23 참조.

커패시터 사용 점화 잡음(ignition noise)은 대개 엔진 속도에 따라 달라지는 귀에 거슬리는 소음이다. 이 소음은 대개 점화 코일의 양극 측에 커패시터를 장착하면 제거된다. 커패

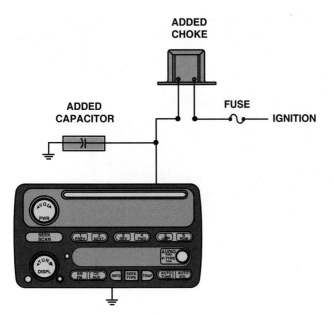

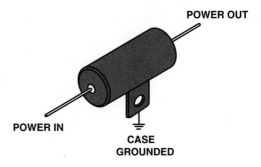

그림 28-24 많은 자동차 제조업체들이 이와 같이 동축 커패시터(co-axial capacitor)를 송풍기 모터로 연결되는 전원 공급 배선에 장착하여 송풍기 모터로 인한 간섭을 제거한다.

그림 28-23 라디오 초크 및/또는 커패시터는 라디오, 앰프 또는 이퀄라이저에 대한 전원 공급 단자(power feed lead)에 설치될 수 있다.

시터는 라디오 또는 앰프 중 하나 또는 둘 다에 연결되는 전원 공급 배선(power feed wire)에 연결되어야 한다. 커패시터는 접지되어야 한다. 커패시터는 DC 전류의 흐름을 차단하는 동시에, AC 간섭(AC interference)이 접지로 통과하도록 해 준다. 470μF, 50V 전해 커패시터(electrolytic capacitor)를 사용하도록 한다. 이 커패시터는 대부분의 라디오 부품 판매점에서 쉽게 구할 수 있다. 전력선에 특수 동축 커패시터(coaxial capacitor)를 사용할 수도 있다. ●그림 28-24 참조.

라디오 초크 코일 형태의 도선인 **라디오 초크**(radio choke)는 라디오 간섭을 줄이거나 제거하는 데도 사용할 수 있다. 다시, 라디오 초크는 라디오 장치로 연결되는 전원 공급 배선에 설치된다. 안테나에 의해 감지되는 라디오 간섭은 간섭원을 차단하고 전기 모터와 같은 코일이 포함된 모든 장치가 전원 측 배선에 커패시터 또는 다이오드를 연결하도록 하면 가장 잘 제거할 수 있다.

꼬아진 접지선 전기적 노이즈가 문제가 되는 경우, 접지선을 꼬아 사용하는 것이 명시된다. 라디오 주파수 신호는 도선의 중심을 통과하지 않고 도체의 표면에서 이동한다. 중첩된 배선들이 표면에서 이동하는 라디오 주파수 신호를 차단하기 때문에 꼬아진 접지선이 사용된다.

오디오 잡음 요약:

- 라디오 잡음은 방송되거나 라디오 측 전원 회로의 잡음(전압 변동)으로 인해 발생할 수 있다.
- 대부분의 라디오 간섭 불만 사항은 앰프, 파워 부스터(power booster), 이퀄라이저 또는 기타 라디오 액세서리를 사용자가 설치한 경우 발생한다.
- 이러한 간섭의 주요 원인은 접지 회로 배선을 통한 전압 변화이다. 이러한 간섭을 방지하거나 줄이기 위해서는 모든 접지 연결부가 깨끗하고 단단히 조여져 있는지 확인해야 한다.
- 커패시터를 접지 회로에 장착하는 것도 도움이 될 수 있다.

주의: 안테나의 범위 또는 파워를 높이기 위해 판매되는 앰프는 종종 운전자를 방해하는 수준으로 간섭과 라디오 잡음을 높인다.

커패시터 및/또는 라디오 초크는 가장 일반적으로 사용되는 부품들이다. 둘 이상의 커패시터를 병렬로 연결하여 원래 커패시터의 용량을 높일 수 있다. "스니퍼(sniffer)"가 라디오 잡음의 원인을 찾는 데 사용될 수 있다. 스니퍼는 안테나 끝으

그림 28-25 스니퍼(sniffer)는 끝에서 외부 차폐물(outer shielding)을 약 3인치 제거하여 기존 안테나 인입 케이블(lead-in cable)로 만들 수 있다. 인입 케이블을 라디오의 안테나 입력에 연결하고 라디오를 약한 방송국에 맞춘다. 안테나선의 끝을 차량 계기판 영역 주변으로 이동시킨다. 스니퍼는 적절하게 차폐되거나 접지되지 않아서 라디오 자체의 케이스(하우징)를 통과하여 라디오 간섭을 일으킬 수 있는 부품들을 찾는 데 사용된다.

기술 팁

별도 배터리 요령

사운드 시스템 간섭을 진단할 때마다, 별도의 14게이지 배선을 사운드 시스템 전원 단자 및 접지로부터 차량 외부의 별도 배터리로 연결해 본다. 소음이 여전히 들린다면, 간섭은 교류발전기 다이오드 또는 차량 배선의 다른 부품으로 인한 것이 *아니다*.

로부터 몇 인치의 절연재를 제거한 일정 길이의 안테나선(antenna wire)이다. 스니퍼는 라디오의 안테나 입력 단자에 부착되어 있으며, 라디오는 켜지고 약한 방송국으로 설정된다. 그런 다음 스니퍼의 다른 쪽 끝은 계기판 영역 주위로 여기저기 이동시키며 간섭원이 발생하는 위치를 찾는다. 만약 스니퍼의

끝이 전자파 누출(electromagnetic leakage)이 발생하는 곳에 근접한다면 라디오 잡음은 크게 증가할 것이다. ● 그림 28-25 참조.

● 표 28-2 참조.

오디오 노이즈 제어 증상 차트		
잡음원	소리가 어떻게 나는가	시도해야 하는 것
교류발전기	엔진 속도에 따라 음높이가 바뀌는 윙윙거리는 소리	교류발전기 출력에서 접지로 커패시터를 장착한다.
시동	엔진 속도에 따라 똑딱거림	문제 원인의 위치를 정확히 찾기 위해 탐지기를 사용한다.
방향지시 신호	방향 신호의 동작에 맞춰 펑 소리가 남	방향지시등 점멸장치에 커패시터를 장착한다.
브레이크등	브레이크 페달을 밟을 때마다 펑 소리가 남	브레이크등 스위치 접점에 커패시터를 장착한다.
송풍기 모터	송풍기 모터 동작에 맞춰 똑딱거림	모터 핫 리드에 커패시터를 접지로 장착한다.
계기등 조광기	조광기 설정에 따라 음높이가 변하는 윙윙거리는 소리	조광기 핫 리드에 커패시터를 접지로 장착한다.
경음기 스위치	경음기가 울릴 때 펑 소리	경음기 릴레이에서 핫 리드와 경음기 리드 사이에 커패시터를 장착한다.
경음기	경음기와 동기화된 윙윙거림	각 경음기 핫 리드에 커패시터를 접지로 장착한다.
증폭기 전원	엔진 속도에 영향을 받지 않는 윙윙거림	편조 접지 스트랩을 사용하여 증폭기 섀시를 접지한다.

표 28-2

라디오 잡음은 다양한 원인이 있을 수 있으며, 소음이 발생하는 위치와 시간을 아는 것이 위치를 정확히 알아내는 데 도움이 될 수 있다.

번개 피해

천둥 번개가 치는 동안 바깥에 있던 차량에서 라디오가 작동하지 않았다. 기술자는 퓨즈를 점검하고 라디오에 전원이 공급되고 있는지 확인했다. 그리고 나서 기술자는 안테나에 주목했다. 안테나가 번개를 맞은 것이었다. 명백하게 번개로부터 높은 전압이 라디오 수신기로 이동했고 회로를 손상시켰다. 라디오와 안테나 둘 다를 교체하여 문제를 해결하였다. ●그림 28-26 참조.

개요:

- **불만 사항**—고객이 라디오가 동작하지 않는다고 이야기했다.
- **원인**—육안 검사에서 번개를 맞은 안테나를 확인했다.
- **수리**—라디오와 안테나를 교체하여 제대로 작동되도록 복구했다.

그림 28-26 번개를 맞은 안테나의 끝.

GM Security 라디오 문제

한 고객이 GM 차량의 배터리를 교체했는데, 라디오 디스플레이에 "LOC"라고 표시된다. 이는 라디오가 잠겨 있고, 고객 코드가 라디오에 저장되어 있다는 것을 의미한다.

다른 표시들 및 그 의미는 다음과 같다.

"InOP" 이 표시는 잘못된 코드가 너무 많이 입력되었음을 의미하며, 라디오를 한 시간 동안 켜 두었다가 점화 스위치를 켠 후에야 다시 시도를 할 수 있다.

"SEC" 이 표시는 고객 코드가 저장되어 있고 라디오가 잠금 해제, 보호 및 작동 가능함을 의미한다.

"---" 이는 저장된 고객 코드가 없고 라디오가 잠금 해제되어 있음을 의미한다.

"REP" 이 표시는 고객 코드가 한 번 입력되었고 라디오에서 처음에 코드가 올바르게 입력되었는지 확인하기 위해 코드를 반복하도록 요청하고 있음을 의미한다.

라디오의 잠금을 해제하기 위해서 기술자는 다음 단계에 따라 수행했다(사용 중인 코드 번호는 4321).

단계 1 "HR"(시간) 버튼을 누르면 "000"이 표시된다.

단계 2 시간 버튼을 사용하여 처음 두 자리를 설정하면 "4300"이 표시된다.

단계 3 "MIN"(분) 버튼을 사용하여 코드의 마지막 두 자리를 설정하면, "4321"이 표시된다.

단계 4 AM-FM 버튼을 눌러 코드를 입력한다. 라디오가 잠금 해제되고 시계가 "1:00"을 표시한다.

다행히도 고객은 보안 코드가 있었다. 고객이 코드를 분실한 경우에는 기술자가 무선으로 변환된(scrambled) 공장 백업 코드를 확보한 후, 수신자 부담으로 전화를 걸어 고객의 다른 코드를 받아야 한다. 이 코드는 공인 딜러 또는 수리 시설에만 제공된다.

개요:

- **불만 사항**—고객이 배터리 교체 후 라디오가 잠겼다고 설명하였다.
- **원인**—보안 기능이 장착된 라디오의 정상 작동.
- **수리**—보안 코드를 설치한 후에 라디오 작동이 복원되었다.

요약 Summary

1. 라디오는 공기를 통해 방송되는 AM(진폭변조) 및 FM(주파수변조) 신호를 수신한다.

2. 라디오 안테나는 방송국을 통해 전자기에너지로부터 라디오로 매우 작은 전압 신호를 유도하는 데 사용된다.

3. AM은 안테나를 요구하지만, 반면에 FM은 안테나가 없는 라디오에서도 들을 수 있다.

4. 스피커는 원래 소리를 재현하며 모든 스피커의 임피던스가 동일하게 일치해야 한다.

5. 크로스오버는 각 유형의 스피커가 작업을 더 잘 수행할 수 있도록 하기 위해 특정 주파수를 차단하는 데 사용된다. 저역 통과 필터(low-pass filter)는 대형 우퍼 스피커로 전송되는 고주파 사운드를 차단하는 데 사용되며, 고역 통과 필터(high-pass filter)는 트위터(tweeter)로 전송되는 저주파 사운드를 차단한다.

6. 라디오 간섭은 교류발전기 결함, 점화 시스템 고장, 릴레이 또는 솔레노이드 고장 또는 접지 연결 불량과 같은 다양한 원인으로 인해 발생할 수 있다.

복습문제 Review Questions

1. AM 신호가 FM 신호보다 멀리 이동하는 이유는 무엇인가?
2. 접지면의 목적과 기능은 무엇인가?
3. 스피커들의 임피던스를 어떻게 일치시키는가?
4. 무선 소음을 제어하거나 줄이기 위해, 차량 배선에 추가할 수 있는 두 가지 부품은 무엇인가?

28장 퀴즈 Chapter Quiz

1. 기술자 A는 라디오가 AM 신호를 수신할 수 있지만, 안테나에 결함이 있을 경우 FM 신호는 수신할 수 없다고 이야기한다. 기술자 B는 좋은 안테나가 있으면 중앙 안테나 배선과 접지 사이의 저항계를 사용하여 시험할 때 약 500Ω의 판독값을 제공해야 한다고 이야기한다. 어느 기술자가 옳은가?
   - a. 기술자 A만
   - b. 기술자 B만
   - c. 기술자 A와 B 모두
   - d. 기술자 A와 B 둘 다 틀리다

2. 안테나 인입 배선(lead-in wire)은 중앙 단자와 접지된 외부 커버 사이에 몇 Ω의 저항이 있어야 하는가?
   - a. 5Ω 미만
   - b. 5~50Ω
   - c. 300~500Ω
   - d. 무한대(OL)

3. 기술자 A는 오디오 장비가 간섭을 줄이는 데 도움이 되도록 접지선을 꼬아 사용하는 것이 가장 좋다고 이야기한다. 기술자 B는 간섭을 줄이기 위해 절연 처리된 14게이지 또는 더 큰 접지선을 사용하라고 이야기한다. 어느 기술자가 옳은가?
   - a. 기술자 A만
   - b. 기술자 B만
   - c. 기술자 A와 B 모두
   - d. 기술자 A와 B 둘 다 틀리다

4. 파워 안테나가 올바르게 작동하도록 하려면 어떤 유지보수 작업을 수행해야 하는가?
   - a. 차량에서 탈거하고 기어와 케이블에 윤활유를 바른다.
   - b. 부드러운 천으로 마스트를 청소하고 가벼운 오일로 문지른다.
   - c. 마스트를 분해하여 실리콘 그리스로 마스트를 포장한다(또는 이와 동등하게).
   - d. 고정용 너트를 풀었다가 다시 조인다.

5. 두 개의 4Ω 스피커가 병렬로 연결되어 있는 경우, 즉 양극(+)~양극(+) 및 음극(−)~음극(−)으로 연결된 두 개의 스피커를 의미하면, 총 임피던스는 ㅍ이다.
   - a. 8Ω
   - b. 4Ω
   - c. 2Ω
   - d. 1Ω

6. 두 개의 4Ω 스피커가 직렬로 연결되어 있는 경우, 즉 한 스피커의 양극(+)이 다른 스피커의 음극(−)에 연결되어 있다는 것을 의미하면, 총 임피던스는 _____이다.
   - a. 8Ω
   - b. 5Ω
   - c. 4Ω
   - d. 1Ω

7. 애프터마켓 위성 라디오는 수신 감도가 좋지 않다. 기술자 A는 안테나에 적절한 접지면이 없는 것이 원인일 수 있다고 이야기한다. 기술자 B는 산이나 높은 건물들이 수신을 방해할 수 있다고 이야기한다. 어느 기술자가 옳은가?
   - a. 기술자 A만
   - b. 기술자 B만
   - c. 기술자 A와 B 모두
   - d. 기술자 A와 B 둘 다 틀리다

8. 100,000μF는 _____을(를) 의미한다.
   - a. 0.10F
   - b. 0.01F
   - c. 0.001F
   - d. 0.0001F

9. 라디오 초크는 실제 _____이다.
   - a. 저항기
   - b. 커패시터
   - c. 코일(인덕터)
   - d. 트랜지스터

10. AC 간섭을 접지로 보내고 DC 전압을 차단하며, 라디오 간섭을 제어하는 데 사용되는 소자는 무엇인가?
    - a. 저항기
    - b. 커패시터
    - c. 코일(인덕터)
    - d. 트랜지스터

전기적 (A6) ASE-유형 인증 시험 샘플
Sample Electrical(A6) ASE-type certification test

1. 온도가 상승함에 따라, 구리 배선 저항은 _____.
   a. 증가한다
   b. 감소한다

2. 전압 스파이크는 코일을 포함한 어떤 부품을 끌 때 생성된다.
   a. 참
   b. 거짓

3. 부식된 조명 소켓은 _____을(를) 유발할 가능성이 높다.
   a. 회로에서 퓨즈가 끊어지게 함
   b. 전류 흐름이 감소함에 따라 조명이 흐려짐
   c. 다른 회로에 발생하는 피드백
   d. 전압이 감소한 결과로 전구에 발생하는 손상

4. 퓨즈가 계속 끊어진다. 기술자 A는 퓨즈 대신 테스트 램프를 사용하여 문제를 찾을 수 있다고 이야기한다. 기술자 B는 퓨즈 대신 회로 차단기를 사용할 수 있다고 이야기한다. 어느 기술자의 말이 옳은가?
   a. 기술자 A만   c. 기술자 A와 B 모두
   b. 기술자 B만   d. 기술자 A와 B 둘 다 틀리다

5. 기술자 A는 저항계에 대한 낮은 수치 또는 0 수치가 통전성을 나타낸다고 이야기한다. 기술자 B는 무한대를 가리키는 미터 눈금이 통전성이 없음을 의미한다고 이야기한다. 어느 기술자의 말이 옳은가?
   a. 기술자 A만   c. 기술자 A와 B 모두
   b. 기술자 B만   d. 기술자 A와 B 둘 다 틀리다

6. 무엇이 미터를 높은 임피던스 시험기로 만드는가?
   a. 계량기 회로의 유효 저항
   b. 측정기가 안전하게 운반할 수 있는 전류의 양
   c. 측정될 수 있는 최대 전압
   d. 측정될 수 있는 최대 저항

7. 제너레이터(교류발전기)의 출력 단자에 있는 배선은 _____에 연결된다.
   a. 점화 스위치 입력 단자
   b. S 터미널의 스타터
   c. 배터리 양극 단자
   d. 퓨즈 패널

8. 주차등이 켜지고 방향지시등이 깜박이면 측면표시등이 방향지시등과 함께 점멸한다. 그 이유는 _____.
   a. 표시등 필라멘트에는 반대 전압이 있다
   b. 표시등 접지 경로가 방향지시등을 통과한다
   c. 표시등 공급은 주차등 회로에서 발생한다
   d. 위의 모든 내용

9. 전원을 켜면 오른쪽의 전조등이 어둡고 노란색으로 켜진다. 왼쪽 전조등은 밝고 정상적인 색상이다. 다음 중 옳지 않은 설명은 무엇인가?
   a. 왼쪽 전조등이 더 많은 전류를 가지고 있다.
   b. 왼쪽 전조등이 정상이다.
   c. 오른쪽 전조등이 더 많은 저항을 가지고 있다.
   d. 오른쪽 전조등의 빔이 제대로 밀폐되어 있지 않다.

10. 미터는 OL을 읽는다. 이는 측정되는 부품이나 회로가 _____을 의미한다.
    a. 개방되었음   c. 접지되었음
    b. 단락되었음   d. 낮은 저항을 가지고 있음

11. 스타터 모터가 너무 많은 암페어(전류)를 소모하고 있다. 기술자 A는 배터리 전압이 낮기 때문일 수 있다고 이야기한다. 기술자 B는 스타터 모터의 결함 때문일 수 있다고 이야기한다. 어느 기술자의 말이 옳은가?
    a. 기술자 A만   c. 기술자 A와 B 모두
    b. 기술자 B만   d. 기술자 A와 B 둘 다 틀리다

12. _____을(를) 제외한 다음의 모든 사항은 초과 스타터 전류 요구량의 원인이 될 수 있다.
    a. 잘못 사용된 스타터 피니언 기어
    b. 느슨한 스타터 하우징
    c. 정류자와 분리된 전기자 배선
    d. 휘어진 전기자

13. 스타터 모터 전기자가 극편에 마찰되어 왔다. 가능한 원인은 _____이다.
    a. 굽은 스타터 샤프트
    b. 전기자에 마모된 정류자
    c. 마모된 스타터 부싱
    d. a와 c 둘 다

14. 스타터가 잠시 동안 크랭킹하고 난 후, 윙윙거리는 잡음이 난다. 기술자 A는 스타터 솔레노이드가 불량할 수 있다고 이야기한다. 기술자 B는 스타터 드라이브가 불량할 수 있다고 이야기한다. 어느 기술자의 말이 옳은가?
    a. 기술자 A만
    b. 기술자 B만
    c. 기술자 A와 B 모두
    d. 기술자 A와 B 둘 다 틀리다

15. 에어백 배선의 색은 _____이다.
    a. 빨간색   c. 노란색
    b. 오렌지색   d. 파란색

16. 송풍 모터가 모든 속도에서 작동을 멈추었다. 한 기술자가 배터리 양극 단자에서 모터 전원 단자로 연결되는 점퍼선을 만지면서 모터를 시험했으며 모터가 작동했다. 기술자 A는 과도한 전류 요구량을 시험하기 위해 퓨즈 장착 점퍼 리드 또는 전류계를 사용하여 모터를 점검해야 한다고 이야기한다. 기술자 B는 저항 팩 및/또는 릴레이에 결함이 있을 가능성이 있다고 이야기한다. 어느 기술자의 말이 옳은가?

    a. 기술자 A만   c. 기술자 A와 B 모두
    b. 기술자 B만   d. 기술자 A와 B 둘 다 틀리다

17. 기술자가 낮은 출력의 충전 시스템을 점검하고 있다. 제너레이터 (교류발전기) 출력 단자와 배터리 양극 단자 사이에 1.67V의 전압 강하가 있다. 기술자 A는 부식된 커넥터가 원인일 수 있다고 이야기한다. 기술자 B는 결함 있는 정류기 다이오드가 원인일 수 있다고 이야기한다. 어느 기술자의 말이 옳은가?

    a. 기술자 A만   c. 기술자 A와 B 모두
    b. 기술자 B만   d. 기술자 A와 B 둘 다 틀리다

18. 30–K 스케일의 저항계는 디지털 디스플레이에서 1.93을 판독한다. 측정하는 저항은 몇 Ω인가?

    a. 193   c. 1,930
    b. 19,300   d. 19,30

19. (각각 저항이 10Ω인) 전구가 3개 있는 병렬 12V 회로에서, 전구 중 하나가 타서 단선(개방)된 경우, 아래에 나오는 설명 중 어느 것이 옳은가?

    a. 전체 저항은 동일하다.
    b. 전체 저항이 낮아진다.
    c. 회로에서 전류가 증가한다.
    d. 회로에서 전류가 감소한다.

20. 기술자 A는 케이블 또는 연결부의 고저항이 솔레노이드를 빠르게 클릭하게 할 수 있다고 이야기한다. 기술자 B는 배터리가 시동 및 충전 시스템의 정확한 테스트를 위해 75% 충전되어야 한다고 이야기한다. 어느 기술자의 말이 옳은가?

    a. 기술자 A만   c. 기술자 A와 B 모두
    b. 기술자 B만   d. 기술자 A와 B 둘 다 틀리다

21. 음극 접지 배터리 시스템에서 _____.

    a. 먼저 접지 케이블을 분리하고 양극 케이블을 먼저 다시 연결한다
    b. 먼저 접지 케이블을 분리하고 양극 케이블을 마지막으로 다시 연결한다
    c. 먼저 양극 케이블을 분리하고 접지 케이블을 먼저 다시 연결한다
    d. 먼저 양극 케이블을 분리하고 접지 케이블을 마지막으로 다시 연결한다

22. 스타터 모터가 너무 많은 전류(암페어)를 소비하고 있고 스타터 모터가 작동하지 않고 있다. 기술자 A는 배터리 전압이 낮기 때문일 수 있다고 이야기한다. 기술자 B는 스타터 모터의 결함 때문일 수 있다고 이야기한다. 어느 기술자의 말이 옳은가?

    a. 기술자 A만
    b. 기술자 B만
    c. 기술자 A와 B 모두
    d. 기술자 A와 B 둘 다 틀리다

23. 단일 전조등 시스템에서 오른쪽 상향빔이 작동하지 않는다. 가능한 원인은 _____이다.

    a. 조광기 스위치 불량
    b. 전조등 불량
    c. 전조등 접지가 좋지 않음
    d. 방전된 배터리

24. 운전자가 점화 스위치를 "시동"으로 돌려도 아무 일도 일어나지 않는다(천장 조명은 밝게 유지됨). 기술자 A는 배터리 연결부가 오염되었거나 결함이 있거나 방전된 배터리가 원인일 수 있다고 이야기한다. 기술자 B는 결함 있는 중립 안전 스위치와 같은 개방형 제어 회로가 원인일 수 있다고 이야기한다. 어느 기술자의 말이 옳은가?

    a. 기술자 A만
    b. 기술자 B만
    c. 기술자 A와 B 모두
    d. 기술자 A와 B 둘 다 틀리다

25. 많은 컴퓨터 및 전자 회로가 있는 차량의 정상적인 배터리 방전(기생 방전)은 _____이다.

    a. 20~30mA   c. 150~300mA
    b. 2~3A   d. 0.3~0.4A

26. 점프 시동할 때에는 언제나 _____.

    a. 마지막 연결부는 방전된 배터리의 양극 단자여야 한다
    b. 마지막 연결부는 방전된 차량의 엔진 블록이어야 한다
    c. 두 차량 모두에서 제너레이터(교류발전기)를 분리해야 한다
    d. 범퍼가 차량 사이에 좋은 접지를 제공하도록 접촉해야 한다

27. 충전 표시등이 켜져 있지만, 어둡다. 가장 가능성이 높은 원인은 _____이다.

    a. 결함 있는 정류기 브리지
    b. 결함 있는 다이오드 트리오
    c. 결함 있는 회전자
    d. 마모된 브러시

28. 전기 모터가 지정된 것보다 더 많은 전류(암페어)를 소비하고 있다. 기술자 A는 모터의 부식된 커넥터가 원인일 수 있다고 말한다. 기술자 B는 부식된 접지 연결이 원인일 수 있다고 말한다. 어느 기술자의 말이 옳은가?

    a. 기술자 A만
    b. 기술자 B만
    c. 기술자 A와 B 모두
    d. 기술자 A와 B 둘 다 틀리다

29. 기술자 A는 많은 와이퍼 모터가 3–브러시 2–속도 모터를 사용한다고 말한다. 기술자 B는 저속이 작동하지 않으면 와이퍼도 펄스(지연)에서 작동하지 않는다고 말한다. 어느 기술자의 말이 옳은가?

    a. 기술자 A만
    b. 기술자 B만
    c. 기술자 A와 B 모두
    d. 기술자 A와 B 둘 다 틀리다

30. 두 명의 기술자가 또 다른 컴퓨터가 장착된 차량과 함께 컴퓨터가 장착된 차량을 점프 시동하는 것에 대해 논의하고 있다. 기술자 A는 점퍼 케이블을 연결하는 동안 두 차량의 점화 스위치가 모두 OFF 위치에 있어야 한다고 말한다. 기술자 B는 컴퓨터가 장착된 차량을 점프 시동하면 안 된다고 말한다. 어느 기술자의 말이 옳은가?

    a. 기술자 A만

    b. 기술자 B만

    c. 기술자 A와 B 모두

    d. 기술자 A와 B 둘 다 틀리다

31. 기술자 A는 할로겐전구를 손가락으로 만지지 말라고 이야기한다. 기술자 B는 할로겐전구는 고압가스가 들어 있기 때문에 조심스럽게 다루어야 한다고 이야기한다. 어느 기술자의 말이 옳은가?

    a. 기술자 A만

    b. 기술자 B만

    c. 기술자 A와 B 모두

    d. 기술자 A와 B 둘 다 틀리다

32. 다음 중 배터리 단자에서 측정되는 충전 전압의 올바른 범위는 어느 것인가?

    a. 9.5~12볼트   c. 14~16.5볼트

    b. 13~15볼트   d. 15.2~18.5볼트

33. 크랭킹 시 DMM에서 배터리 전압이 11.85V로 판독된다. 기술자 A는 배터리가 약할 수 있다고 말한다. 기술자 B는 스타터에 결함이 있을 수 있다고 말한다. 어느 기술자의 말이 옳은가?

    a. 기술자 A만

    b. 기술자 B만

    c. 기술자 A와 B 모두

    d. 기술자 A와 B 둘 다 틀리다

34. 한 기술자가 전류계로 전조등 도어 모터를 점검하고 있다. 전류계는 과도한 전류 요구량을 나타내고 있다. 가장 가능성이 높은 원인은 _____이다.

    a. 불량한 접지

    b. 전조등 도어 바인딩

    c. 느슨한 연결

    d. 끊어진 퓨즈

35. 키를 "RUN" 위치로 돌리면 충전등이 켜지지 않는다. 이는 _____에 의해 발생할 수 있다.

    a. 송신 장치 측 단선

    b. 끊어진 전구

    c. 불량 다이오드

    d. 제너레이터(교류발전기) 내부의 단락

36. 키를 "START" 위치로 돌리면 솔레노이드가 삐걱거리고 실내등이 깜박인다. 가장 가능성이 높은 원인은 _____이다.

    a. 낮은 배터리 전압

    b. 결함 있는 풀인(pull-in) 권선

    c. 결함 있는 홀드인(hold-in) 권선

    d. 결함 있는 스타터 모터

37. 점검 중인 차량의 기생 소비전류값은 300mA의 판독값을 보여준다. 차량 사양은 0.02A이다. 기술자 A는 이 판독값이 만족스럽다고 말한다. 기술자 B는 이 판독값을 키를 켠 채로 읽어야 한다고 말한다. 어느 기술자의 말이 옳은가?

    a. 기술자 A만   c. 기술자 A와 B 모두

    b. 기술자 B만   d. 기술자 A와 B 둘 다 틀리다

38. 송풍기가 모든 속도에서 느리게 작동한다. 가장 가능성이 높은 원인은 _____이다.

    a. 끊어진 저항

    b. 모터에 있는 마모된/마른 베어링

    c. 불량 송풍기 스위치

    d. 개방 점화 스위치

39. 재생된 스타터가 회전하지만 플라이휠이 분리되지 않는다. 가장 가능성이 높은 원인은 _____이다.

    a. 솔레노이드 리턴 스프링이 없음

    b. 결함 있는 스타터 드라이브

    c. 뒤쪽으로 설치된 변속 포크

    d. 뒤쪽에 장착된 솔레노이드 접점

40. 기술자 A는 하이-스케일 전류계를 사용하여 시동 회로의 전류 요구량을 테스트할 수 있다고 말한다. 기술자 B는 하이-스케일 전압계를 사용하여 시동 회로의 전류 요구량을 테스트할 수 있다고 말한다. 어느 기술자의 말이 옳은가?

    a. 기술자 A만   c. 기술자 A와 B 모두

    b. 기술자 B만   d. 기술자 A와 B 둘 다 틀리다

41. 계기판의 좌회전 신호 표시등이 계속 켜져 있고 깜박이지 않는다. 우측 신호는 제대로 작동한다. 가장 가능성이 높은 원인은 무엇인가?

    a. 결함 있는 점멸 장치

    b. 전구 불량

    c. 결함 있는 방향지시등 스위치

    d. 낮은 배터리 전압

42. 배터리와 제너레이터(교류발전기) 사이의 퓨즈 링크가 만지기에 뜨겁다. 충전 시스템 전압은 9.8V이다. 이는 _____을(를) 나타낼 수 있다.

    a. 과충전

    b. 충전 부족

    c. 퓨즈 링크의 고저항

    d. 연결 불량

43. 차량에 기능하지 않는 가스 게이지가 장착되어 있다. 송신기 유닛 배선이 접지되면 게이지 판독값이 "F(full)" 상태가 된다. 기술자 A는 게이지가 정상이라는 것을 입증하는 것이라고 말한다. 기술자 B는 송신 장치가 불량함을 증명한다고 말한다. 어느 기술자의 말이 옳은가?

    a. 기술자 A만

    b. 기술자 B만

    c. 기술자 A와 B 모두

    d. 기술자 A와 B 둘 다 틀리다

44. 차량의 후진등이 "주행" 시에도 항상 켜져 있다. 가장 가능성이 높은 원인은 _____이다.
    a. 잘못 사용된 중립 안전 스위치
    b. 개방형 중립 안전 스위치
    c. 전구를 뒤쪽으로 장착한 경우
    d. 후진등에 잘못된 전구를 장착한 경우

45. 차량이 울퉁불퉁한 도로에서 크루즈 컨트롤을 통해 일정한 속도를 유지할 수 없다. 가장 가능성이 높은 원인은 _____이다.
    a. 잘못 조정된 브레이크 스위치
    b. 서보 장치로 진공 누출
    c. 서보 장치의 느슨한 접지 연결
    d. 결함이 있는 퓨즈

46. 기술자 A는 배터리를 분리하는 것은 배터리를 다시 연결한 후 운전 성능 문제가 발생할 수 있다고 말한다. 기술자 B는 배터리를 분리하면 라디오 방송국 설정값들이 손실될 수 있다고 말한다. 어느 기술자의 말이 옳은가?
    a. 기술자 A만
    b. 기술자 B만
    c. 기술자 A와 B 모두
    d. 기술자 A와 B 둘 다 틀리다

47. 배터리 표면 전하를 언제 제거하는가?
    a. 부하 시험 전
    b. 부하 시험 후
    c. 배터리, 스타터 또는 제너레이터(교류발전기)를 시험하는 경우 언제든지
    d. 제너레이터(교류발전기)가 손상되지 않도록 하기 위해 엔진 시동 전

48. 한 고객이 라디오 잡음에 대해 불만을 제기하였다. 기술자 A는 안테나를 점검하라고 한다. 기술자 B는 스피커와 라디오 접지를 점검하라고 한다. 어느 기술자의 말이 옳은가?
    a. 기술자 A만   c. 기술자 A와 B 모두
    b. 기술자 B만   d. 기술자 A와 B 둘 다 틀리다

49. 고객이 정비소에 도착했고, 엔진이 꺼진 상태에서 배터리 전압이 13.6V로 측정되었다. 이는 _____을(를) 나타낸다.
    a. 과충전   c. 정상상태 표면 전하
    b. 충전 부족   d. 황산 전지

50. 주차 브레이크등이 켜지면, 좌측 조명이 어두워지고 우측 조명은 정상적인 밝기이다. 브레이크를 밟으면, 좌측 램프는 완전히 꺼지고, 우측 램프는 제대로 작동한다. 무엇이 문제인가?
    a. 좌측 전구의 불량 접지   c. 스위치 불량
    b. 좌측 전구가 단락됨   d. 우측 전구가 단락됨

1. a	**11.** c	**21.** a	**31.** c	**41.** b
2. a	**12.** c	**22.** b	**32.** b	**42.** c
3. b	**13.** d	**23.** c	**33.** d	**43.** a
4. c	**14.** b	**24.** b	**34.** b	**44.** a
5. c	**15.** b	**25.** a	**35.** b	**45.** a
6. a	**16.** c	**26.** b	**36.** a	**46.** c
7. c	**17.** a	**27.** b	**37.** d	**47.** a
8. d	**18.** c	**28.** d	**38.** b	**48.** c
9. d	**19.** d	**29.** b	**39.** c	**49.** c
10. a	**20.** c	**30.** a	**40.** a	**50.** a

2013 NATEF 상관도 차트
2013 NATEF Correlation Chart

MLR(Maintenance & Light Repair)　유지 및 경정비
AST(Auto Service Technology)　자동차 서비스 기술(유지 및 경정비 포함)
MAST(Master Auto Service Technology)　마스터 자동차 서비스 기술(유지 및 경정비, 자동차 서비스 기술 포함)

전기/전자 시스템(A6)

Task	Priority	MLR	AST	MAST	Text Page #	Task Page #
A. 일반사항: 전기 시스템 진단						
1. 해당 차량 및 서비스 정보, 차량 서비스 기록, 서비스 주의사항 및 기술 서비스 공고를 조사한다.	P-1	✔	✔	✔	2–4	4–7
2. 전기 원리(옴의 법칙)를 이용하여 전기/전자 직렬 및 병렬, 직렬–병렬 회로에 대한 지식을 시연한다.	P-1	✔	✔	✔	72–96	16–24
3. 전원 전압, 전압 강하(접지 포함), 전류 흐름 및 저항을 측정할 때 디지털 멀티미터(DMM)를 적절하게 사용하는 방법을 시연한다.	P-1	✔	✔	✔	100–116	25
4. 전기/전자 회로에서 단락, 접지, 단선 및 저항 문제의 원인과 효과에 대한 지식을 시연한다.	P-1	✔ (P-2)	✔	✔	65–68	15
5. 테스트 램프로 전기 회로의 작동을 점검한다.	P-1	✔ (P-2)	✔	✔	98–99	26
6. 퓨즈 장착 점퍼선이 있는 전기 회로의 작동을 점검한다.	P-1	✔ (P-2)	✔	✔	98	27
7. 전기/전자 회로 문제를 진단(문제해결) 동안 배선 다이어그램을 사용한다.	P-1	✔	✔	✔	143–160	32–35
8. 점화 스위치가 꺼진 후의 과도한 배터리 방전(기생 방전)의 원인을 진단하고, 필요한 조치를 결정한다.	P-1	✔ (Measure key-off drain only)	✔	✔	255–257	42
9. 퓨즈 링크, 회로 차단기, 퓨즈를 검사 및 시험한다. 필요한 조치를 결정한다.	P-1	✔	✔	✔	131–136	29
10. 스위치, 커넥터, 릴레이, 솔레노이드 고체 소자 및 전기/전자 회로의 배선을 검사하고 시험한다. 필요한 조치를 결정한다.	P-1		✔	✔	149–154	30
11. 전기 커넥터 및 단자 끝단을 교체한다.	P-1	✔	✔	✔	136–138	31
12. 배선 하니스를 수리한다.	P-3		✔	✔	136–140	31

Task	Priority	MLR	AST	MAST	Text Page #	Task Page #
13. 전기 배선의 납땜 수리를 수행한다.	P-1	✔	✔	✔	136–139	31
14. 전기/전자 회로 파형을 점검한다. 판독값을 해석하고, 필요한 수리 작업을 결정한다.	P-2			✔	119–125	28; 60
15. 배선 하니스(CAN/BUS 시스템 포함)를 수리한다.	P-1			✔	136–140; 229–231	31

B. 배터리 진단 및 수리

Task	Priority	MLR	AST	MAST	Text Page #	Task Page #
1. 배터리 충전 상태 시험을 수행한다. 필요한 조치를 결정한다.	P-1	✔	✔	✔	247–249	43
2. 차량에 적절한 배터리 용량을 확인한다. 배터리 용량 시험을 수행한다. 필요한 조치를 결정한다.	P-1	✔	✔	✔	249–251	44
3. 전자 메모리 기능을 유지 또는 복원한다.	P-1	✔	✔	✔	257–268	45
4. 배터리를 조사하고 청소한다. 배터리 셀을 채운다. 배터리 케이블, 커넥터, 클램프 및 고정 장치를 점검한다.	P-1	✔	✔	✔	246–247	47
5. 제조사의 권장사항에 따라 저속/고속 배터리 충전을 수행한다.	P-1	✔	✔	✔	252–254	48
6. 점퍼 케이블과 부스터 배터리 또는 보조 전원 공급 장치를 사용하여 점프 시동을 건다.	P-1	✔	✔	✔	254	49
7. 전기 자동차 또는 하이브리드 자동차의 고전압 회로 및 관련 안전 주의사항을 식별한다.	P-3	✔	✔	✔	35; 141	11–12
8. 차량 배터리를 다시 연결한 후, 전자 모듈, 보안 시스템, 라디오 및 다시 초기화하거나 코드를 입력해야 하는 기타 액세서리를 식별한다.	P-1		✔	✔	257–258	46
9. 하이브리드 차량 보조(12V) 배터리 서비스, 수리 및 시험 절차를 식별한다.	P-3	✔	✔	✔	252–254	50

C. 시동 시스템 진단 및 수리

Task	Priority	MLR	AST	MAST	Text Page #	Task Page #
1. 스타터 전류 요구량 시험을 수행한다. 필요한 조치를 결정한다.	P-1	✔	✔	✔	278–279	53
2. 스타터 회로 전압 강하 시험을 수행한다. 필요한 조치를 결정한다.	P-1	✔	✔	✔	276–278	54
3. 스타터 릴레이 및 솔레노이드를 조사하고 시험한다. 필요한 조치를 결정한다.	P-2	✔	✔	✔	278	52
4. 차량에서 스타터를 탈거하고 장착한다.	P-1	✔	✔	✔	279; 282	55
5. 스타터 컨트롤 회로의 스위치, 커넥터 및 배선을 조사하고 시험한다. 필요한 조치를 결정한다.	P-2	✔	✔	✔	278	52
6. 저속 크랭킹 또는 크랭킹 미작동 상태를 유발하는 전기적 문제와 엔진의 기계적 문제를 구별한다.	P-2		✔	✔	279	53

D. 충전 시스템 진단 및 수리

Task	Priority	MLR	AST	MAST	Text Page #	Task Page #
1. 충전 시스템 출력 시험을 수행한다. 필요한 조치를 결정한다.	P-1	✔	✔	✔	311	59
2. 충전 부족, 충전 안됨, 또는 과다 충전 상태의 원인을 진단(문제해결)한다.	P-1		✔	✔	305	58–61
3. 제너레이터(교류발전기) 구동 벨트를 검사, 조정 또는 교체한다. 풀리와 장력 조절 장치의 마모를 점검한다. 풀리와 벨트의 정렬을 점검한다.	P-1	✔	✔	✔	306–307	62

Task	Priority	MLR	AST	MAST	Text Page #	Task Page #
4. 제너레이터(교류발전기)를 탈거하여 검사하고, 다시 장착한다.	P-1	✔ (P-2)	✔	✔	312–313; 317	62
5. 충전 회로 전압 강하 시험을 수행한다. 필요한 조치를 결정한다.	P-1	✔	✔	✔	309–310	61
E. 조명 시스템 진단 및 수리						
1. 정상보다 밝은, 간헐적인, 흐릿한 또는 작동하지 않는 조명의 원인을 진단(문제해결)한다. 필요한 조치를 결정한다.	P-1		✔	✔	327	68
2. 전조등 및 보조 조명(안개등/주행등)을 포함한 실내등 및 실외등과 소켓을 조사한다. 필요에 따라 교체한다.	P-1	✔	✔	✔	328–329	68, 69
3. 전조등을 조향한다.	P-2	✔	✔	✔	340	70
4. HID 전조등과 관련된 시스템 전압 및 안전 예방 조치를 식별한다.	P-2	✔	✔	✔	338–339	71
F. 게이지, 경고 장치, 운전자 정보 시스템 진단 및 수리						
1. 비정상적인 게이지 판독값의 원인을 확인하기 위해 게이지 및 게이지 송신 장치를 조사하고 시험한다. 필요한 조치를 결정한다.	P-2		✔	✔	357–358	72
2. 경고 장치 및 기타 운전자 정보 시스템의 부정확한 작동의 원인을 진단(문제해결)한다. 필요한 조치를 결정한다.	P-2		✔	✔	354–369	74
G. 경음기, 와이퍼/워셔 진단 및 수리						
1. 경음기 작동이 잘못된 원인을 진단(문제해결)한다. 필요한 조치를 수행한다.	P-1		✔	✔	383–384	76
2. 와이퍼가 부정확하게 작동하는 원인을 진단(문제해결)한다. 와이퍼 속도 컨트롤 및 정지 문제를 진단한다. 필요한 조치를 수행한다.	P-2		✔	✔	384–386	77
3. 앞유리창 워셔 문제를 진단(문제해결)한다. 필요한 조치를 수행한다.	P-2		✔	✔	391	77
H. 액세서리 진단 및 수리						
1. 모터 구동 액세서리 회로가 잘못 작동하는 원인을 진단(문제해결)한다. 필요한 조치를 결정한다.	P-2		✔	✔	409–411	78–79
2. 잘못된 전기 잠금 작동(원격 키리스 엔트리 포함)을 진단(문제해결)한다. 필요한 조치를 결정한다.	P-2		✔	✔	415–423	81
3. 크루즈 컨트롤 시스템의 잘못된 작동을 진단(문제해결)한다. 필요한 조치를 결정한다.	P-3		✔	✔	400	82
4. 보조 보호 장치(SRS) 문제를 진단(문제해결)한다. 필요한 조치를 결정한다.	P-2		✔	✔	440–444	87
5. 차량 서비스를 위해 에어백 시스템을 비활성화하고 활성화한다. 표시등 작동을 확인한다.	P-1	✔	✔	✔	443	86
6. 도어 패널을 탈거했다가 다시 장착한다.	P-1	✔	✔	✔	430–431	83
7. 스캔 도구를 사용하여 모듈 통신 오류(CAN/BUS 시스템 포함)를 점검한다.	P-2		✔	✔	229–231	84
8. 키리스 엔트리/원격 시동 시스템의 작동 방식을 설명한다.	P-3	✔	✔	✔	415–416	85

Task	Priority	MLR	AST	MAST	Text Page #	Task Page #
9. 계기판 게이지 및 경고등/표시등의 작동 상태를 확인한다. 유지보수 표시등을 재설정한다.	P-1	✔	✔	✔	354–357	74
10. 앞유리 와이퍼 및 워셔 작동을 확인한다. 와이퍼 블레이드를 교체한다.	P-1	✔	✔	✔	384–391	77
11. 라디오가 멈춰 있고 약한지, 간헐적인지, 라디오 수신이 안 되는지 진단(문제해결)한다. 필요한 조치를 결정한다.	P-3			✔	454	87
12. 스캔 도구를 사용하여 차체 전자 시스템 회로를 진단(문제해결)한다. 필요한 조치를 결정한다.	P-3			✔	229	84

용어해설 GLOSSARY

가감 저항기(rheostat) 2단자 가변 저항기.

가변-지연 와이퍼(variable-delay wipers) 속도가 변할 수 있는 앞유리 와이퍼.

가스발생(gassing) 충전 또는 방전 동안 배터리의 플레이트로부터 수소와 산소 가스의 방출.

가우스 게이지(Gauss gauge) 독일의 수학자 Karl Friedrich Gauss(1777~1855)의 이름을 따서 명명된 자기 유도 또는 자기 강도의 단위를 측정하는 데 사용되는 게이지.

감속 센서(deceleration sensor) 차량의 차체 프레임에 장착된 센서로, 차량의 감속도를 감지하고 측정한다. 에어백 및 차량 안정성 시스템의 작동을 제어하는 데 사용된다.

강우 감지 와이퍼(rain sense wiper) 전자 센서를 사용하여 앞유리창에 비가 오는지 감지하고 와이퍼 스위치가 자동 위치에 있을 경우 자동으로 작동하기 시작하는 앞유리 와이퍼.

개방 회로 전압(open circuit voltage) 회로가 작동하지 않는 상태에서 측정된 전압.

개방 회로(open circuit) 완전하지 않고 전류가 흐르지 않는 회로.

개방형 렌치(open-end wrench) 측면에서 볼트 또는 너트의 플랫에 접근할 수 있도록 해 주는 렌치 유형.

개인 보호 장비(personal protective equipment, PPE) 장갑, 보호 안경, 안전 신발, 범프캡 등이 포함되는 인체 상해를 막기 위한 장비.

거래 번호(trade number) 자동차 전구에 적힌 숫자. 동일한 거래 번호의 모든 전구는 전구 제조업체와 관계없이 동일한 촉광과 와트를 가짐.

건강 상태(state-of-health, SOH) 모듈 신호가 네트워크의 다른 모든 모듈로 전송될 때 전송이 잘되고 있음을 나타냄.

게르마늄(germanium, Ge) 초기 다이오드에 사용되는 반도체.

겔 배터리(gel battery) 누출 방지 및 유출 방지를 위해 전해액에 실리카를 첨가한 납산 배터리. 밸브조절 납산(VRLA) 배터리라고도 함.

격자선(graticule) 스코프 화면의 그리드 라인.

경음기(horn) 활성화 시 큰 소리를 내는 전기 기계 장치.

고무 커플링(rubber coupling) 파워 시트 모터와 드라이브 케이블 사이의 유연한 연결 장치.

고역 통과 필터(high-pass filter) 저주파를 차단하여 스피커로 전달되는 고주파수만 통과시킬 수 있게 해 주는 오디오 시스템의 필터.

고정자(stator) 교류발전기 내부에서 서로 연결되는 세 개의 권선을 지칭하는 이름. 회전하는 로터는 움직이는 자기장을 제공하고 스테이터의 권선에 전류를 유도함.

고효율 미립자 공기(high-efficiency particulate air, HEPA) HEPA 진공 시스템은 브레이크 먼지를 청소하는 데 사용되는 고효율 미립자 공기 필터 진공청소기.

고휘도 방전(high-intensity discharge, HID) 고전압을 사용하여 아크 튜브 어셈블리 내부에 아크를 생성한 후 파란색 흰색 빛을 생성하는 헤드램프 유형.

관통볼트(through bolt) 시동기 모터의 부품을 함께 고정하는 데 사용되는 볼트. 긴 볼트는 필드 하우징을 통과하여 드라이브측 하우징 안으로 들어감.

광검출기(photodiode) 태양 부하 센서로 사용되는 다이오드의 유형. 역방향 바이어스로 연결된 전류 흐름은 태양 부하에 비례함.

광자(photon) 빛은 광자의 형태로 에너지를 방출하여 LED에서 방출됨.

광저항(photoresistor) 빛의 존재 또는 부재에 따라 저항이 변화하는 반도체. 어둠은 높은 저항이고 빛은 낮은 저항.

광전기(photoelectricity) 금속이 빛에 노출되면 일부 빛에너지는 금속의 자유 전자로 전달된다. 이렇게 과도한 에너지는 금속 표면에서 전자를 떼어 낸 후 수집하여 도체 안에서 흐르게 할 수 있는데, 이를 광전 효과라고 한다.

광트랜지스터(phototransistor) 빛을 감지하고 켜고 끌 수 있는 전자 장치. 일부 서스펜션 차고 센서에 사용.

교류 리플 전압(AC ripple voltage) AC 발전기(교류발전기)로부터의 DC 충전 전류 출력 위에 더해진 교류 전압.

교류발전기 윙윙거림(alternator whine) 결함 있는 다이오드를 갖는 교류발전기에 의해 발생하는 소음.

교류발전기(alternator) 교류를 생산하는 전기 발전기. AC 발전기라고도 함.

구속 전자(bound electron) 원자의 핵에 가까운 전자.

국제 배터리 협의회(Battery Council International, BCI) 국제 배터리 협의회. 배터리 표준을 제정하는 기관.

권선비(turns ratio) 코일의 1차 권선에 사용된 권선 수와 2차 권선에 사용된 권선 수 사이의 비율. 일반적인 점화 코일에서 비율은 100:1.

그라울러(growler) 스타터 및 DC 제너레이터 전기자를 시험하도록 설계된 전기 시험 장치.

그래프작성 멀티미터(graphing multimeter, GMM) 디지털 미

터와 디지털 저장 오실로스코프 사이의 교차점.

그리드(grid) 활성 물질이 접착되는 배터리의 부분.

극(pole) 자력선이 자석에 들어가거나 자석을 떠나는 지점.

기본 배선(primary wire) 저전압 차량 회로에 사용되는 와이어(일반적으로 12V).

기생 부하 시험(parasitic load test) 점화 스위치를 끄고 모든 전기 부하를 끈 상태에서 배터리에서 배출하는 전류(암페어)를 측정하는 전기 시험.

기전력(electromotive force, EMF) 도체를 통해 전자를 이동할 수 있는 힘(압력).

꼬임쌍선(twisted pair) 길이 1피트당 9번에서 16번까지 꼬여 있는 한 쌍의 전선. 대부분의 와이어는 인치마다 한 번씩(피트당 12개) 감겨 있어 한 와이어가 다른 와이어에 의해 포착되는 모든 간섭을 상쇄하기 때문에 와이어에서 유도되는 전자기파 간섭을 줄인다.

끌(chisel) 어셈블리의 두 부분을 분리하기 위해 해머와 함께 사용되는 예리한 공구.

끼움쇠(shim) 얇은 금속 스페이서.

나사 잭 어셈블리(screw jack assembly) 파워 시트를 올리거나 내리는 데 사용되는 나사 잭.

나사드라이버(screwdriver) 나사를 설치하거나 제거하는 데 사용되는 수공구.

낮은 물−손실 배터리(low-water-loss battery) 정상적인 사용 시 적은 양의 물을 사용하는 배터리 유형. 자동차와 소형 트럭에는 대부분 이러한 유형의 배터리를 사용한다.

냉납 이음부(cold solder joint) 양호한 전기적 연결을 생성하기 위해 고온으로 가열되지 않은 유형의 솔더(땜납) 접점. 납땜 연결을 위해 빛나는 대신 종종 흐릿한 회색빛이 난다.

너트(nut) 볼트 또는 스터드와 함께 사용할 암 나사 고정 장치.

네트워크(network) 여러 시스템 또는 모듈을 연결하는 데 사용되는 통신 시스템.

노드(node) 통신 네트워크의 일부인 모듈 및 컴퓨터.

높은 임피던스 미터(high-impedance meter) 내부 코일, 콘덴서 및 저항기로 인한 미터 회로의 총 내부 저항을 측정.

눈 세척장(eye wash station) 분수식 음수대와 유사하지만, 상대적으로 낮은 압력과 많은 양의 물로 눈을 씻어 내는 장치. 눈에 화학물질이 들어갔을 때 사용.

능동형 크로스오버(active crossover) 전자 부품을 사용하여 특정 주파수를 차단하는 크로스오버 유형.

다공성 납(porous lead) 배터리의 음극 플레이트에 사용할 수 있도록 표면 구멍을 만들기 위한 많은 작은 구멍을 가진 납. 납의 화학 기호는 Pb.

다리(leg) 병렬 회로의 분기(branch)에 대한 또 다른 이름.

다이오드(diode) 전류가 한 방향으로만 흐를 수 있도록 하는 전기 소자.

다중화(multiplexing) 신호 와이어를 통해 동시에 여러 정보 신호를 전송하는 프로세스.

단락 회로(short circuit) 전류가 흐르지만 회로의 일부 또는 모든 저항을 우회하는 회로. "구리 대 구리" 연결을 야기함.

단일폴 단일스로우(single-pole, single-throw, SPST) 스위치 전기 스위치의 종류.

단일폴 이중스로우(single-pole, double-throw, SPDT) 스위치 전기 스위치의 종류.

단자(terminal) 플라스틱 커넥터에 맞는 와이어의 금속 말단으로, 접합부의 전기 연결 부위.

달링턴 쌍(Darlington pair) 두 개의 트랜지스터가 전기적으로 연결되어 앰프를 형성한다. 이를 통해 매우 작은 전류 흐름으로 큰 전류 흐름을 제어할 수 있다. 1929년부터 1971년까지 벨연구소에서 일한 물리학자인 Sidney Darlington의 이름을 따서 명명되었다.

데시벨(decibel, dB) 소리 크기의 단위.

델타 권선(delta winding) 세 코일이 모두 삼각형 모양으로 연결되어 있는 스테이터 권선의 한 유형. 삼각형 모양의 그리스 문자로 이름이 지어짐.

도체(conductor) 전기와 열을 전도하는 물질. 원자의 바깥껍질에 4개 이하의 전자가 포함된 금속.

도핑(doping) 순수 실리콘 또는 게르마늄에 불순물이 추가되어 P−형 또는 N−형 물질을 형성.

독립 스위치(independent switch) 각 도어에 있는 스위치로, 해당 도어의 파워 윈도우를 올리거나 내리는 데 사용되는 스위치.

동적 전압(dynamic voltage) 회로에 전원이 공급되고 회로를 통해 흐르는 전류로 측정되는 전압.

듀티 사이클(duty cycle) 장치가 켜지는 시간의 백분율.

드라이브 크기(drive size) 소켓의 경우 사각 드라이브의 인치로 표시된 크기.

드라이브측 하우징(drive-end housing, DE housing) 구동 피니언 기어를 포함하는 스타터 모터의 끝단.

등급(grade) 볼트 또는 고정 장치의 강도 또는 품질을 측정.

디지털 멀티미터(digital multimeter, DMM) 전류, 저항 및 전압을 측정할 수 있다.

디지털 컴퓨터(digital computer) On/Off 신호를 사용하는 컴퓨터. 처리하기 전에 A−D 변환기를 사용하여 아날로그 신호를 디지털로 변환함.

딥 사이클링(deep cycling) 배터리의 완전 방전 후 완전 재충전.

라디오 주파수 식별(radio frequency identification, RFID) 오늘날 대부분의 보안 시스템은 RFID 보안 시스템을 사용한다.

라디오 주파수(radio frequency) 라디오가 감지하고 전송할 수 있는 주파수 범위 내에 있는 전자기 에너지의 한 형태.

라디오 초크(radio choke) 전원 리드에 설치된 작은 와이어 코일로 무선 간섭을 방지하기 위해 IVR과 같은 펄스 장치로 연결됨.

라이든 병(Leyden jar) 처음으로 전하를 저장하는데 사용된 기기. 첫 번째 유형의 콘덴서.

래칫(ratchet) 소켓 회전에 사용되는 가역적인 수공구.

랜덤 액세스 메모리(random-access memory, RAM) 정보를 저장하고 검색하는 데 사용되는 비영구적인 시스템 메모리 유형.

렌츠의 법칙(Lenz's law) 도체와 자기장 간의 상대적 운동은 도체가 유도한 전류의 자기장과 반대된다.

렌치(wrench) 볼트 또는 너트를 돌리는 데 사용되는 수공구.

로직 탐침(logic probe) 전력 또는 접지를 감지할 수 있는 시험기 유형. 대부분의 시험기는 전압을 감지할 수 있지만 일부 시험기는 추가 테스트 없이 접지가 존재하는지 여부를 감지하지 못한다.

로터(rotor) 자기장이 생성되는 발전기의 회전 부분.

리콜(recall) 안전 문제를 해결해야 한다는 알림을 차량 소유자에게 표시함.

릴레이(relay) 이동 가능한 전기자를 사용하는 자기 스위치.

마스터 제어 스위치(master control switch) 운전석 근처에 있으며 모든 윈도우를 작동할 수 있는 전동 윈도우용 컨트롤 스위치.

망치(hammer) 힘을 집중된 장소로 전달하기 위해 사용하는 수공구.

메가(mega, M) 백만. 큰 수를 쓰거나 큰 저항값을 측정할 때 많이 사용.

메시 스프링(mesh spring) 스타터 드라이브의 스타터 피니언 뒤에 사용되는 스프링은 구동 피니언이 엔진의 링 기어와 맞물리도록 한다.

무보수 배터리(maintenance-free battery) 셀은 전지에 물을 정기적으로 추가할 필요가 없는 배터리 유형. 자동차와 소형 트럭에 사용되는 대부분의 배터리는 유지 관리가 필요 없는 설계이다.

문제 탐지등(trouble light) 서비스 기술자가 차량에서 서비스 작업을 수행하는 동안 확인할 수 있도록 도와주는 조명.

미국 전선 규격(American wire gauge, AWG) 도선 직경을 측정하는 데 사용되는 방법.

미터법 도선 게이지(metric wire gauge) 도선 크기를 제곱 밀리미터로 측정하는 미터법. 도선의 코어를 측정하며, 절연체를 포함하지 않는다.

미터 볼트(metric bolt) 미터법 측정 시스템에서 제조되고 크기가 규격화된 볼트.

미터 정확도(meter accuracy) 측정치의 정확도(%).

미터 해상도(meter resolution) 측정치가 검출 및 표시할 수 있는 미세한 측정치를 나타내는 미터 사양.

밀리(milli, m) 1/1,000.

바이폴라 트랜지스터(bipolar transistor) 베이스, 이미터 및 컬렉터가 있는 트랜지스터 유형.

반도체(semiconductor) 도체도 절연체도 아닌 물질로, 원자의 바깥껍질에 정확히 4개의 전자가 있음.

발광 다이오드(light-emitting diode, LED) 고효율의 광원으로 전기를 거의 사용하지 않으며 열을 거의 발생시키지 않는다.

방열판(heat sink) 대개 전자 부품을 시원하게 유지하기 위해 금속으로 고정된 장치.

방향지시 배선(direction wire) 제어 스위치로부터 파워 윈도우 회로의 리프트 모터로 연결되는 배선. 이러한 와이어를 통해 흐르는 전류 방향에 따라 윈도우가 움직이는 방향이 결정된다.

배선도(wiring schematic) 기호를 사용하여 전선과 회로의 구성 요소를 보여 주는 도면.

배터리 전기 방전 시험(battery electrical drain test) 부품 또는 회로에서 배터리가 방전되고 있는지 확인하기 위한 시험.

배터리 케이블(battery cable) 배터리의 양극 단자와 음극 단자에 연결되는 케이블.

백업 카메라(backup camera) 기어 레버를 후진 위치에 놓았을 때 차량 뒤쪽에 있는 것을 표시하기 위해 사용되는 차량 후면에 장착된 카메라.

버스(BUS) 여러 모듈을 서로 연결하는 전기 네트워크.

번인(burn in) 몇 시간에서 수일까지 전자 기기를 동작시키는 것.

범프캡(bump cap) 플라스틱으로 만들어진 모자로, 찢어짐이나 긁힘 등 약한 충돌로부터 머리를 보호함. 충돌로부터 머리를 보호하기는 어려움.

베이스(base) 트랜지스터를 통해 전류 흐름을 제어하는 트랜지스터 단자의 이름.

벤치 테스트(bench testing) 차량에 장착하기 전에 스타터와 같은 부품을 시험함.

변조(modulation) 반송파 주파수와 오디오 주파수의 조합.

병렬 회로(parallel circuit) 전원 측에서 접지 측으로 연결되는 경로가 두 개 이상인 전기 회로. 분기 또는 다리가 둘 이상임.

보강 커패시터(stiffening capacitor) 전력선 커패시터를 참조.

보드 속도(baud rate) 컴퓨터 정보 비트가 직렬 데이터 스트림으로 전송되는 속도. 초당 비트(비트 수)로 측정됨.

보정 코드(calibration code) 여러 파워트레인 제어 모듈에 사용되는 코드.

보조 보호 장치(supplemental restraint system, SRS) 에어백 시스템의 또 다른 용어.

보조 에어 보호 장치(supplemental air restraint, SAR) 에어백 시스템을 설명하는 데 사용되는 또 다른 용어.

보조 팽창식 안전 장치(supplemental inflatable restraint, SIR) 에어백의 또 다른 용어.

복합 전조등(composite headlight) 분리되어 교체 가능한 전구를 사용하는 전조등의 유형.

복합 회로(compound circuit) 직렬-병렬 전기 회로의 다른 명칭.

볼트(bolt) 렌치 또는 소켓을 장착 또는 탈거하기 위해 돌릴 때 사용하는 한쪽 끝에 머리가 있는 나사형 고정 장치.

부온도계수(negative temperature coefficient, NTC) 대개 온도 센서(냉각수 또는 공기 온도)와 관련하여 사용됨. 온도가 증가함에 따라 센서의 저항도 감소.

부하 시험(load test) 배터리에 전기 부하가 걸리고 전압이 모니터링되는 배터리 시험 유형으로, 배터리 상태를 판단하기 위해 사용된다.

부하(load) 기기를 통해 전류가 흐르고 있을 때 기기를 설명하는 데 사용되는 용어.

분기(branch) 병렬 회로의 전기적인 가지 부분.

분로(shunt) 메인 회로에서 전류의 일부를 우회시키거나 통과시키는 데 사용하는 장치.

분할(division) 블록.

불순물(impurity) 다이오드와 트랜지스터의 구조에 사용되는 도핑(doping) 원소.

브러시(brush) 스타터 모터의 전기자나 제너레이터(교류발전기)의 로터와 같이 회전하는 어셈블리로 전류를 전달하는 데 사용되는 탄소 또는 탄소 연결부.

브러시측 하우징(brush-end housing) 브러시가 위치한 스타터 또는 제너레이터(교류발전기)의 단부.

브레이커 바(breaker bar) 소켓 회전에 사용되는 수공구.

브레이크등(brake light) 브레이크 페달을 밟을 때마다 차량 뒤쪽에서 켜지는 등.

브레이크아웃 박스(break-out box, BOB) 커넥터 또는 컨트롤러에 연결하는 전기 시험기. 각 단자에 접근할 수 있어 미터 또는 스코프를 사용하여 시험을 수행할 수 있음.

블루투스(bluetooth) 파란 치아를 가지고 있던 덴마크 왕의 이름을 따서 명명된 단거리 무선 통신 표준.

비중(specific gravity) 주어진 부피의 무게를 같은 부피의 물의 무게로 나눈 비율.

비중계(hydrometer) 액체의 비중을 측정하기 위해 사용되는 기구. 배터리 전해액의 예상 비중을 판독하기 위해 배터리 비중계를 보정함.

비휘발성 RAM(nonvolatile RAM, NVRAM) 전원을 제거해도 손실되지 않는 시스템 메모리 기능.

산업안전보건청(Occupational Safety and Health Administration, OSHA) 작업장 안전 및 보건법의 시행을 책임지는 주요 연방 기관.

상호유도(mutual induction) 인접 코일의 자기장 변화로 인한 전류 발생.

서미스터(thermistor) 온도에 따라 저항이 변하는 저항. 양수의 서미스터는 온도 상승에 따라 저항이 증가한다. 음수의 서미스터는 온도가 감소함에 따라 저항이 증가한다.

서브우퍼(subwoofer) 저주파 사운드를 재생하는 데 사용되는 스피커 유형.

석면폐(asbestosis) 석면침착증. 석면이 폐에 상처 조직을 형성하게 하여 호흡 곤란을 유발하는 건강 상태.

섬유 광학(fiber optics) 플라스틱이 매듭에 묶여 있는 경우에도 빛을 평행하게 유지하는 특별한 플라스틱을 통해 빛을 투과함.

센트리 키 이모빌라이저 시스템(Sentry key immobilizer system, SKIS) 크라이슬러 차량에 사용되는 도난 방지 시스템의 한 종류.

셀(cell) 2.1V를 생성할 수 있는 단위를 형성하도록 음극판과 양극판으로 구성된 그룹.

션트 권선 필드(shunt field) 전기자에 직렬로 연결되지 않고 스타터 케이스에 접지된 스타터 모터에 사용되는 필드 코일.

소켓 어댑터(socket adapter) 래칫 또는 브레이커 바와 같은 다른 크기의 드라이브 장치와 함께 사용하기 위해 소켓 드라이브의 한 크기를 적응시키는 데 사용되는 도구.

소켓(socket) 볼트 또는 너트의 헤드를 잡거나 래칫 또는 브레이커 바에 의해 회전됨.

소화기 등급(fire extinguisher class) 소화기가 처리하도록 설계된 화재 유형을 화재 등급이라고 한다.

손가위(snip) 판금 절단을 위해 설계된 수공구.

쇠톱(hacksaw) 금속을 절단하고 교체할 수 있는 블레이드를 사용하는 유형의 톱.

수동형 도난 방지 시스템(passive antitheft system, PATS) 포드, 링컨, 머큐리 차량에 사용되는 도난 방지 시스템의 한 종류.

수은(mercury) 실내 온도에서 액체인 중금속.

수지코어 땜납(rosin-core solder) 전기 수리에 사용되는 땜납 유형. 땜납 중심 내부에는 땜납을 세척하고 흐름을 돕는 융제 역할용 수지가 있다.

순간 스위치(momentary switch) 켜기와 끄기를 상호 전환하는 스위치 유형.

순방향 바이어스(forward bias) 정상적인 방향의 전류 흐름. 전류가 다이오드를 통해 흐를 수 있는 경우를 설명하는 데 사용된다.

스로우(throw) 스위치의 출력 회로의 수를 설명하는 데 사용되는 용어.

스타터 드라이브(starter drive) 오버러닝 클러치와 함께 스타터 모터 구동 피니언 기어를 설명하는 데 사용되는 용어.

스타터 솔레노이드(starter solenoid) 솔레노이드를 사용하여 스타터 드라이브를 활성화하는 스타터 모터의 유형.

스터드(stud) 양단에 나사산이 있는 짧은 막대.

스테퍼 모터(stepper motor) 정해진 양만큼 회전하는 모터.

스파이크방지 다이오드(despiking diode) 클램핑 다이오드의 다른 이름.

스파이크 보호 저항(spike protection resistor) 대개 300~500옴의 저항이 부하와 병렬로 회로에 연결되어 코일을 통해 흐르는 전류가 차단될 때 발생하는 전압 스파이크를 줄이는 데 도움이 되는 저항기.

스펀지 납(sponge lead) 배터리 음극판에 사용하기 위해 다공성 또는 스펀지 모양의 표면을 만드는 데 사용되는 많은 작은 구멍이 있는 납. 납 기호는 Pb.

스플라이스 팩(splice pack) 네트워크에서 모듈의 연결을 설명하기 위해 GM에서 사용하는 용어.

스피커(speaker) 라디오나 앰프에서 스피커로 전송된 전기 신호로부터 소리를 재생하는 자석, 와이어 코일 및 스피커 콘(speaker cone)으로 구성된 장치.

슬립링측 하우징(slip-ring-end housing, SRE housing) 슬립링이 위치한 교류발전기의 리어 하우징 이름.

승객 감지 시스템(passenger presence system, PPS) 조수석에 센서가 장착된 에어백 시스템으로, 조수석에 탑승자가 있는지 여부와 그 승객의 체중 범위를 감지하는 데 사용된다.

시간 기준(time base) 각 블록에 표시할 시간 설정.

시계 발생기(clock generator) 컴퓨터 회로의 속도를 결정짓는 수정 진동자를 이용한 시계.

신관(squib) 화학 반응을 시작하여 에어백을 팽창시키는 가스를 생성하는 팽창기 모듈의 가열 소자.

실리콘(silicon, Si) 반도체 물질.

아날로그-디지털 컨버터(analog-to-digital converter, ADC) 아날로그-디지털 변환기. 아날로그 신호를 컴퓨터에서 사용할 수 있는 디지털 신호로 변환하는 전자 회로.

알 권리 법(right-to-know law) 직원들이 직장에서 사용하는 물질이 위험한 시기를 알 수 있는 권리를 보장한다고 명시된 법.

암페어(ampere) 전류 흐름의 단위. André Ampère(1775~1836)의 이름에서 유래함.

암페어시(ampere hour) 배터리 용량을 측정하는 데 사용되는 방법.

암페어-턴(ampere-turn) 전기자기장 강도에 대한 측정 단위.

압력 차동 스위치(pressure differential switch) 이중 마스터의 두 개별 브레이크 회로 사이에 장착된 스위치로 브레이크 압력에 차이를 유발시키는 브레이크 시스템 고장 시 대시 보드의 "브레이크" 조명을 켤 수 있다.

압전기(piezoelectricity) 압력이 가해질 때 특정 결정체가 전하를 띠게 되는 원리.

압착-실링 커넥터(crimp-and-seal connector) 열을 가하면 내후성 밀폐제를 제공하는 접착제가 들어 있는 전기 커넥터.

압축 스프링(compression spring) 스타터 피니언 기어에 작용하는 스타터 드라이브의 일부인 스프링.

앞유리 와이퍼(windshield wiper) 모터, 모터 제어 장치, 작동 링크 및 앞유리에서 빗물을 제거하는 데 사용되는 와이퍼 암과 블레이드의 조립체.

액추에이터(actuator) 제어기의 명령에 따라 기계적 동작을 수행하는 전자 기계식 소자 또는 장치.

어노드(anode) 양의 전극. 전자가 이 전극을 향하여 흐름.

억제 다이오드(suppression diode) 역바이어스 방향으로 장착된 다이오드로, 코일이 포함된 회로가 열리거나 코일이 방전될 때 생성되는 전압 스파이크를 줄이는 데 사용됨.

에어백(airbag) 부상을 입을 정도로 심각한 충돌 시 전개되는 공기 주입식 패브릭 백.

엔진 매핑(engine mapping) 엔진 테스트 데이터를 사용하여 최적의 연료-공기 비율을 결정하고 최상의 성능을 위해 엔진의 각 속도에서 스파크 진각을 작동할 수 있도록 하는 컴퓨터 프로그램.

엔진 점검(check engine) 오작동 표시등(MIL) 중의 한 유형.

역기전력(counter electromotive force, CEMF) 전기자가 자기장을 통해 움직이는 스타터 모터와 같은 회전 코일에 의해 생성되는 전압.

역방향 바이어스(reverse bias) 배터리의 극성이 다이오드에 역방향으로 연결되고 전류가 흐르지 않는 경우.

연산증폭기(OP-AMP) 회로에서 디지털 신호를 제어하고 단순화하는 데 사용됨.

열수축 튜브(heat shrink tubing) 열을 가하면 원래 지름의 약 절반으로 수축하는 고무 튜브 유형. 와이어를 수리하는 동안 스플라이스 위에 사용.

열전기(thermoelectricity) 상이한 두 금속의 연결부를 가열하여 전류 흐름을 생성.

열전쌍(thermocouple) 연결 및 가열 시 두 개의 이종 금속이 전압을 생성. 온도 측정 시 사용함.

영구자석 모터(permanent magnet motor) 전기자석 대신 현장에 영구자석을 사용한 전기 모터.

예비 용량(reserve capacity) 배터리가 25암페어의 전류를 생성할 수 있는 시간(분)과 전지당 1.75V의 배터리 전압(12V 배터리의 경우 10.5V)을 유지할 수 있는 시간.

오버러닝 교류발전기 완충장치(overrunning alternator dampener, OAD) 원웨이 클러치와 댐퍼 스프링이 장착된 교류발전기 구동 풀리로, 교류발전기의 작동을 부드럽게 하고 구동 벨트에 가해지는 스트레스를 줄여준다.

오버러닝 교류발전기 풀리(overrunning alternator pulley, OAP) 교류발전기(제너레이터) 구동 풀리로, 교류발전기의 작동을 부드럽게 하고 구동 벨트에 가해지는 스트레스를 줄이기 위해 원웨이 클러치가 사용됨.

오버러닝 클러치(overrunning clutch) 스타터 드라이브 어셈블리의 일부로, 엔진 시동 후 점화 스위치가 크랭크 위치에 고정된 경우 스타터 모터보다 엔진이 더 빨리 회전하여 스타터 모터의 손상을 방지하는 역할.

오실로스코프(oscilloscope) 흔히 스코프(scope)라고 하며, 화면에 전압 레벨을 표시하는 테스터.

오작동 표시등(malfunction indicator lamp, MIL) 대시 보드의 황색 경고등에 "엔진 점검" 또는 "SES(service engine soon)"라고 표시될 수도 있다.

옴(ohm) George Simon Ohm(1787~1854)의 이름을 따서 지은 전기 저항의 단위.

옴의 법칙(Ohm's law) 1암페어를 저항 1옴으로 밀기 위해 1V가 필요한 전기 법칙.

와셔(washer) 너트와 부품 또는 주조품 사이에 사용되는 중앙에 구멍이 있는 평평한 모양의 원형 금속 조각.

와트(watt) 전력의 전기 단위인 1W는 전류(암페어)×전압(1,746마력)과 같다. 스코틀랜드의 발명가 James Watt(1736~1819)의 이름을 따서 명명되었다.

와트의 법칙(Watt's law) 회로의 전압과 전류를 곱한 값이고 회로의 전력을 나타냄.

완전한 회로(complete circuit) 전원 및 접지에 연결하면 통전성을 갖고 전류가 흐르는 전기 회로 유형.

외부 트리거(external trigger) 다른(외부) 소스로부터 신호를 수신할 때 추적이 시작되면 발생한다.

왼손법칙(left-hand rule) 도체를 둘러싼 자기력의 라인 방향을 결정하는 방법. 왼손법칙은 전자 흐름 이론(−로 흐르는)과 함께 사용된다.

요추(lumbar) 시트 뒷면 하단 부분의 허리 지지대.

용제(solvent) 일반적으로 그리스 및 오일을 제거하는 데 사용되는 무색 액체.

원격 자동차 시동(remote vehicle start, RVS) 운전자가 리모컨을 사용하여 엔진을 시동할 수 있도록 해 주는 시스템의 일반 모터 용어.

원격 키리스 엔트리(remote keyless entry, RKE) 전자 열쇠의 한 부분에는 송신기에 전원을 공급하는 배터리가 있으며, 이 배터리는 리모컨으로 차량 도어를 잠그거나 잠금 해제하는 데 사용됨.

원자가 고리(valence ring) 원자의 핵 주위에 있는 전자의 가장 바깥쪽 고리나 궤도.

위성 디지털 오디오 라디오 서비스(digital audio radio service, SDARS) 위성 라디오를 설명하는 데 사용되는 또 다른 용어.

위성 위치 확인 시스템(global positioning system, GPS) 글로벌 포지셔닝 시스템 수신기가 그들의 위치를 결정하기 위해 사용하는 신호를 전송하는 24개의 위성으로 이루어진 정부 프로그램.

윈도우 조정기(window regulator) 차량에서 윈도우를 올리고 내리기 위해 윈도우 핸드 크랭크나 전기 모터의 회전 운동을 수직 운동으로 전달하는 기계 장치.

유도 전류계(inductive ammeter) 전류를 운반하는 도체를 둘러싸고 있는 클램프에서 홀효과 센서(Hall-effect sensor)로 사용되는 전류계 유형.

유전체(dielectric) 두 도체 사이에 사용되는 절연체로 커패시터를 형성한다.

유해 폐기물(hazardous waste material) 환경이나 사람에게 위험을 야기하는 화학 물질 또는 구성요소.

음극선관(cathode ray tube, CRT) 보통 TV에 사용되는 디스플레이 형태. 브라운관.

음성 인식(voice recognition) 차량 내 전자 기기의 작동을 제어할 수 있는 전자 모듈에 연결된 마이크와 스피커를 사용하는 시스템.

이미터(emitter) 트랜지스터의 한 섹션의 이름. 트랜지스터 기호에 사용되는 화살표는 이미터에 있으며 화살표는 트랜지스터의 음극 섹션을 가리킴.

이벤트 데이터 기록장치(event data recorder, EDR) 에어백 전개 이전, 도중 및 이후의 차량 정보를 기록하는 데 사용되는 하드웨어 및 소프트웨어.

이온(ion) 전하를 띤 입자를 생성하는 전자가 너무 많거나 부족한 원자.

이중 인라인 핀(dual inline pins, DIP) 두 개의 병렬 핀 라인을 가진 전자 칩 형태.

이진 시스템(binary system) 정보를 나타내기 위해 일련의 0과 1을 사용하는 컴퓨터 시스템.

인버터(inverter) DC(직류)를 AC(교류)로 변환하는 데 사용되는 전자 장치.

인장 강도(tensile strength) 길이 방향으로 볼트 또는 고정 장치(fastener)의 강도.

읽기전용 메모리(read-only memory, ROM) 읽기전용 기억장치.

임계 전압(threshold voltage) 바이어스 방향으로 흐르는 데 필요한 장벽 전압 또는 전압 차이에 대한 다른 이름.

입력 조절(input conditioning) 컴퓨터가 입력 신호가 유용하도록 하기 위해 하는 작업. 대개 아날로그-디지털 컨버터와 전기 노이즈를 제거하는 기타 전자 회로를 포함.

입력(input) 센서에서 전자 컨트롤러까지의 데이터에 대한 입력 정보. 센서와 스위치는 입력 신호를 제공.

자기 유도(magnetic induction) 근처의 다른 금속 물체 또는 와이어 코일로 자기선이 전달된다.

자기선속(magnetic flux) 자기장에서 생성되는 힘의 선.

자기저항(reluctance) 자기력의 흐름에 대한 저항.

자동 링크(auto link) 차량 퓨즈의 유형.

자성(magnetism) 다른 물질에 작용하는 끌어당김에 의해 인식되는 에너지의 한 형태.

자속선(flux line) 개별적인 자력선.

자연 발화(spontaneous combustion) 기름얼룩과 같은 일부 물질이 발화원 없이 발화할 수 있는 상태.

자유 전자(free electron) 바깥쪽 궤도에 4개 이하의 전자를 가지고 있는 원자 내의 외부 전자들.

자재 이음(universal joint) 스티어링 또는 구동축의 조인트로, 일정 각도로 토크를 전달할 수 있다.

작업대 분쇄기(bench grinder)　작업대에 장착할 수 있는 전동 모터-구동식 그라인더 유형.

잔류 자기(residual magnetism)　자화력이 없어진 후에 남은 자성.

잠금 스위치(lockout switch)　회로 차단기 박스에 있는 잠금장치는 수리 중에 전기 회로를 켜는 사람이 없도록 하기 위한 것이다.

잠금 탱(lock tang)　단자를 커넥터에 고정하는 데 사용되는 기계식 탭. 커넥터에서 단자를 탈거하려면 이 잠금 탱을 눌러야 한다.

장전 센서(arming sensor)　에어백을 전개하는 데 필요한 두 센서 중. 먼저 회로를 완성하고 가장 민감한 에어백 회로에 사용되는 센서.

재조합형 배터리(recombinant battery)　정상 작동 중에는 가스를 방출하지 않도록 설계된 배터리. AGM 배터리는 재조합형 배터리로 알려져 있음.

저역 통과 필터(low-pass filter)　오디오 시스템에 사용되는 장치로 고주파수를 차단하고 저주파만 스피커로 전달할 수 있다.

저온크랭킹 암페어(cold-cranking ampere, CCA)　−18℃(0℉)에서 시험된 배터리 정격.

저항(resistance)　전류가 흐르는 것을 막는 작용(단위: 옴).

저항계(ohmmeter)　옴 단위의 전기 저항을 측정하도록 조정된 전기 시험기.

적응형 전방 조명 시스템(active front headlight system, AFS)　능동 전조등 시스템. 코너링 시 전조등이 회전하는 시스템의 이름.

전계효과 트랜지스터(field-effect transistor, FET)　매우 민감하고 정전기에 의해 손상을 입을 수 있는 트랜지스터의 한 종류.

전기 부하(electrical load)　배터리와 같은 구성요소에 성능을 측정하기 위해 부하를 가하는 것.

전기(electricity)　자유 전자가 한 원자에서 다른 원자로 이동하는 것.

전기자(armature)　DC 발전기 또는 스타터 내부의 회전 장치로, 적층된 철심 주위에 감겨 있으며 직렬 연결된 절연 배선 코일로 구성됨.

전기적 위치에너지(electrical potential)　전압을 설명하는 또 다른 용어.

전기화학(electrochemistry)　전기를 생산하기 위해 배터리 내부에서 발생하는 화학 반응을 설명하는 데 사용되는 용어.

전력 관리(electrical power management, EPM)　차량의 필요에 따라 충전 시스템 컨트롤 센서와 제너레이터(교류발전기) 출력 컨트롤을 설명하는 데 사용되는 GM의 용어.

전력선 커패시터(powerline capacitor)　특히 저주파를 재현할 경우에 스피커를 움직이는 사운드 시스템의 출력을 높이기 위해 사용되는 콘덴서.

전류계(ammeter)　암페어(전류 흐름 측정에 사용되는 단위)를 측정하는 데 사용되는 전기적 시험기기.

전압 강하(voltage drop)　전선, 커넥터 또는 다른 도체에서의 전압 손실. 전압 강하는 전류(암페어)와 저항(옴)의 곱과 같다(옴의 법칙).

전압계(voltmeter)　전압(전기적 압력 단위)을 측정하는 데 사용되는 전기적 테스트 계측기. 전압계는 테스트할 장치 또는 회로와 병렬로 연결된다.

전압으로 단락(short-to-voltage)　전류가 흐르지만 회로의 일부 또는 모든 저항을 우회하는 회로. 연결로 인해 "구리 대 구리" 연결을 야기함.

전원(power source)　전기적인 측면에서 배터리 또는 제너레이터(교류발전기).

전위차계(potentiometer)　회로의 전압 강하를 변화시키는 3단자 가변 저항기.

전자 이론(electron theory)　전기가 음에서 양으로 흐른다는 이론.

전자 컨트롤 모듈(electronic control module, ECM)　포드가 구형 차량의 스파크와 연료 제어에 사용되는 컴퓨터를 설명하기 위해 사용하는 이름.

전자 컨트롤 어셈블리(electronic control assembly, ECA)　포드가 구형 차량의 스파크와 연료 제어에 사용되는 컴퓨터를 설명하기 위해 사용하는 이름.

전자 컨트롤 유닛(electronic control unit, ECU)　차량 컴퓨터의 총칭.

전자기 간섭(electromagnetic interference, EMI)　바람직하지 않은 전자적 신호. 이는 근처 회로에 불필요한 전기적 간섭을 일으키는 자기장이 형성되고 붕괴하기 때문에 발생한다.

전체 회로 저항(total circuit resistance)(R_T)　회로의 총 저항.

전통적인 이론(conventional theory)　전기가 양극(+)으로부터 음극(−)으로 흐른다고 설명하는 이론.

전해질(electrolyte)　용액에서 이온으로 분리되어 전류를 전도할 수 있는 물질. 납산 배터리의 산성 용액.

절연 브러시(insulated brush)　솔레노이드를 통해 배터리 전력에 연결하는 스타터 모터에 사용되는 브러시.

절연체(insulator)　전기와 열을 쉽게 전도하지 않는 물질. 원자의 바깥껍질에 4개 이상의 전자를 포함하는 비금속 물질.

점퍼 케이블(jumper cable)　큰 집게가 장착된 큰 게이지(4~00) 전기 케이블로, 배터리가 방전된 차량을 배터리가 좋은 차량에 연결하는 데 사용된다.

점화 스위치 오프 드로우(ignition off draw, IOD)　배터리 방전 또는 기생적인 전력 소모를 설명하는 데 사용되는 크라이슬러 용어.

점화 컨트롤 모듈(ignition control module, ICM)　전자식 점화 시스템의 1차 점화 전류를 제어(On/Off).

접지 경로(ground path)　전류가 완전한 회로에서 통과하는 전기 귀환 경로.

접지 브러시(ground brush)　스타터 모터의 브러시는 스타터 또는 접지의 하우징으로 전류를 전달.

접지로 단락(short-to-ground)　전류가 회로의 일부 또는 모든 저항을 우회하여 접지로 흐르는 단락. 접지는 대개 차량 전기에서 철에 해당하므로, 접지 단락(접지)은 "구리-강철" 연결임.

접지면(ground plane) 금속성 안테나의 일부로, 대개 차량의 본체이다.

접착식 열수축 튜브(adhesive-lined heat shrink tubing) 원래 직경의 1/3로 수축하고 내부에 접착제가 들어 있는 열수축 튜브의 유형.

접합(junction) 두 종류의 물질이 결합하는 지점.

정공 이론(hole theory) 전자가 음(-)에서 양(+)으로 흐를 때 구멍을 남긴다는 이론. 정공 이론에 따르면 구멍은 양극(+)에서 음극(-)으로 움직인다.

정류기 브리지(rectifier bridge) 교류발전기에서 일반적으로 사용되는 6개의 다이오드[3개의 양극(+) 및 3개의 음극(-)].

정류자 세그먼트(commutator segment) 스타터의 전기자 또는 DC 발생기의 구리 세그먼트 이름.

정류자측 하우징(commutator-end housing) 정류자와 브러시를 포함하는 스타터 모터의 끝 부분. 브러시측 하우징이라고도 한다.

정온도계수(positive temperature coefficient, PTC) 보통 도체 또는 전자 회로 차단기와 관련하여 사용. 온도가 증가함에 따라 전기 저항도 증가함.

정전기 방전(electrostatic discharge, ESD) 또 다른 용어는 정전기.

정전기(static electricity) 절연체에 축적된 전기 전하가 도체로 방전됨.

제곱평균제곱근(root-mean-square, RMS) 실효값. 디지털 미터로 가변 전압 신호를 표시하는 방법.

제너 다이오드(zener diode) 특정 전압에 도달한 후 역주파 전류로 작동하도록 설계된 특수 제작(강하게 도핑) 다이오드. 미국 물리학 교수 Clarence Melvin Zener의 이름을 따서 명명되었다.

제논 전조등(xenon headlight) 안에 밝은 푸르스름한 빛을 만들어 내는 제논 가스가 함유된 아크 튜브 어셈블리를 사용하는 전조등.

제어 배선(control wire) 파워 윈도우 회로에 사용되는 배선으로, 윈도우의 작동을 제어하는 데 사용된다.

제어 영역 네트워크(controller area network, CAN) 직렬 데이터 전송 방식의 한 유형.

제어장치(controller) 주로 컴퓨터나 전자 컨트롤 유닛(ECU)을 지칭하는 데 사용되는 용어.

조절 렌치(adjustable wrench) 다양한 크기의 고정 장치에 맞게 조절 가능한 죄는 부분이 있는 렌치.

조절가능 페달(adjustable pedal) 운전자가 움직일 수 있도록 이동식 지지대에 장착된 브레이크 및 가속 페달.

조합 밸브(combination valve) 압력 차동 스위치, 계량 밸브 및/또는 프로포셔닝 밸브 등과 같이 브레이크 시스템에서 두 가지 이상의 기능을 수행하는 데 사용되는 밸브.

조합 회로(combination circuit) 직렬-병렬 복합 회로의 다른 이름.

종단 저항(terminating resistor) 전자파 장애를 줄이기 위해 고속 직렬 데이터 회로의 끝에 배치된 저항기.

주간주행등(daytime running light, DRL) 차량 전방에 위치하고 점화 스위치가 켜질 때마다 켜지는 조명. 일부 차량에서는 주간주행등이 켜지기 전에 차량이 움직여야 한다. 많은 차량들에서 안전장치로 사용되고 있으며, 1990년부터 캐나다와 같은 많은 국가들이 장착을 요구하고 있다.

주조 번호(casting number) 엔진 블록 및 기타 대형 주조물에 주조되는 식별 번호.

주파수(frequency) 파형이 1초 내에 반복되는 횟수. 헤르츠(hertz, Hz) 단위로 측정된다.

주파수변조(frequency modulation, FM) 전파 송신의 한 형태.

줄(file) 금속을 매끈하게 하기 위해 사용되는 수공구.

중고 오일(used oil) 엔진에 사용된 오일로, 금속 입자와 기타 오염 물질을 흡수했을 가능성이 있다.

중립 안전 스위치(neutral safety switch) 기어 레버가 중립 또는 주차 위치에 있는 경우에만 스타터에 전원을 공급할 수 있는 전기 스위치.

중성 전하(neutral charge) 양자와 동일한 수의 전자를 가진 원자.

중앙 고장착 정지등(center high-mounted stop light, CHMSL) 세 번째 브레이크등.

지상 저장 탱크(aboveground storage tank, AGST) 오일 저장소의 한 형태. 오일을 저장하는 데 사용되는 지면 위의 저장 탱크.

직렬 권선 필드(series-wound field) 권선을 통과하는 전류가 접지에 도달하기 전에 전기자와 직렬로 연결되는 전형적인 스타터 모터 회로. 직렬 권선 스타터라고도 한다.

직렬-병렬 회로(series-parallel circuit) 직렬 및 병렬 연결된 저항을 포함하는 모든 유형의 회로.

직렬 데이터(serial data) 일련의 빠르게 변화하는 전압 신호에 의해 전송되는 데이터.

직렬 통신 인터페이스(serial communication interface, SCI) 크라이슬러에서 사용하는 일련의 데이터 전송 유형.

직렬 회로(series circuit) 전류가 흐를 수 있는 경로를 하나만 제공하는 전기 회로.

직렬 회로 법칙(series circuit law) 직렬 회로와 관련된 키르히호프가 개발한 법칙.

진공관 형광(vacuum tube fluorescent, VTF) 대시 디스플레이의 한 유형.

집적 회로(integrated circuit, IC) 하나의 칩에 여러 개의 회로가 모두 들어 있는 전자 회로.

차량 배출 제어 정보(vehicle emission control information, VECI) 이 스티커는 모든 차량의 후드 아래에 있으며 서비스 기술자에게 중요한 배기가스 배출 관련 정보를 포함하고 있다.

착석 감지 시스템(occupant detection system, ODS) 조수석에 센서가 장착된 에어백 시스템으로, 조수석에 탑승자가 있는지 여부와 그 승객의 체중 범위를 감지하는 데 사용된다.

채널(channel) 1. 송신기와 수신기 사이의 매체를 설명하는 용어. 예) 무선 통신 채널. 2. 방송에 할당된 신호 전송 통로. 예) TV 채널. 3. 오실로스코프에서 측정할 수 있는 신호 파형의 수를 설명하는 용어. 예) 2-채널 오실로스코프는 동시에 2개의 파형을 측정할 수 있음.

청정 대기법(Clean Air Act, CAA) 1970년에 통과되었고 1990년에 개정된 연방 법률로, 국가 대기질 기준을 제정.

촉광(candlepower) 백열전구와 같은 광원에 의해 생성되는 빛의 양에 대한 등급.

총 고조파 왜곡(total harmonic distortion, THD) 사운드 시스템에 사용되는 앰프의 정격.

총 차량 중량 등급(gross vehicle weight rating, GVWR) 차량 총 중량 값. 최대 화물을 포함한 차량의 총 중량.

총 차축 중량 등급(gross axle weight rating, GAWR) 차량의 적재 용량에 대한 등급으로, 차량의 명판 및 사용자 매뉴얼에 포함되어 있다.

최대 역전압(peak inverse voltage, PIV) 다이오드 정격.

충전 전압 시험(charging voltage test) 충전 회로의 상태를 시험하기 위한 전압계 및 전류계를 사용한 전기적 시험.

치터 바(cheater bar) 렌치 또는 래칫에 적용되는 힘의 양을 증가시키는 데 사용되는 파이프 또는 기타 도구. 렌치 또는 래칫이 파손되어 부상을 입을 수 있으므로 사용하지 않는 것이 좋다.

침수 셀 배터리(flooded cell battery) 액체 전해액을 사용하는 2차(충전지) 배터리의 유형.

침전물받이(sediment chamber) 배터리의 침전물 누적을 위해 배터리 플레이트에서 박리되는 일부 배터리의 셀 플레이트 아래 공간. 침전물이 배터리 플레이트를 단락시키는 것을 방지.

캐소드(cathode) 음의 전극.

캠페인(campaign) 수리 조치를 위해 차량을 판매자에 반환하기 위해 차량 소유자에게 연락하는 리콜.

커넥터 위치 확인 장치(connector position assurance, CPA) 전기 커넥터의 두 부품을 함께 고정하는 데 도움이 되는 클립.

커티시등(courtesy light) 모든 실내등에 사용되는 일반적인 용어.

커패시턴스(capacitance) 전기 커패시턴스는 주어진 전압 전위차에 대해 커패시터(콘덴서)에 얼마나 많은 전하가 저장될 수 있는지 측정하거나 설명하는 데 사용되는 용어. 커패시턴스는 패럿(farad, F) 단위로 측정하거나 마이크로패럿(microfarad, μF)과 같은 더 작은 단위로 측정된다.

컬러 변이(color shift) HID 아크 튜브 어셈블리의 시간 경과에 따른 색상 변화를 설명하는 데 사용되는 용어.

컬렉터(collector) 트랜지스터 단자 중 하나.

켈빈(Kelvin, K) 0도를 절대0도로 정한 온도 눈금. 절대0도보다 더 낮은 온도는 없다.

코어(core) 부품 판매처로 반환되어 수리 또는 재생하기 위해 회사로 반환될 부품.

코일(coil) 강력한 전자기장을 만들거나 전압을 높이는 데 사용되는 배선 코일. 점화 코일과 같이 두 개의 배선 코일(1차 코일 및 2차 권선)을 사용한다. 점화의 목적은 스파크 점화에 필요한 고전압(20,000~40,000V), 저전류(약 80mA)를 생성하는 것.

콘덴서(condenser) 커패시터라고도 하며, 전하를 저장.

쿨롱(coulomb) 전하량의 측정. 1쿨롱은 전자의 개수 6.242×10^{18}에 해당.

크랭킹 암페어(cranking ampere, CA) 배터리의 정격 값.

크로스오버(crossover) 오디오 시스템에서 주파수를 분리해 주는 전자 회로.

크루즈 컨트롤(cruise control) 원하는 차량 속도를 유지해 주는 시스템. 주행 제어(speed control)라고도 한다.

클래스 2(class 2) GM 자동차에 사용되는 BUS 통신의 유형.

클램핑 다이오드(clamping diode) 음극이 양극으로 향하는 회로에 장착된 다이오드. 회로가 꺼지면 다이오드가 순방향으로 바이어스되어 코일을 통해 흐르는 전류에 의해 생성되는 고전압 서지를 감소시킴.

클럭스프링(clockspring) 에어백 전기 신호를 전송하기 위해 스티어링 배선 아래에 사용되는 평평한 배선 리본. 클럭스프링은 차량의 제조사와 모델에 따라 경음기 및 스티어링 휠 제어 회로를 취급할 수 있음.

클로 폴(claw pole) 제너레이터(교류발전기) 로터의 자기점.

키 리모컨(key fob) 키에 부착된 장식 장치. 종종 차량을 잠그거나 잠금 해제하는 리모컨을 포함.

키르히호프 전류 법칙(Kirchhoff's current law) "전기적 회로의 어떤 교차점으로 흘러 들어가는 전류는 그 교차점을 통해 흘러 나가는 전류의 양과 같다."

키르히호프 전압 법칙(Kirchhoff's voltage law) "폐쇄 회로 주변의 전압은 저항의 합과 같다."

키워드(keyword) 여러 일반 모터 차량에 사용되는 네트워크 통신의 한 유형.

킬로(kilo, k) 1,000을 의미한다.

테스트 램프(test light) 전압을 시험하는 데 사용되는 조명. 한쪽 끝에는 접지선이 있는 전구가 있고 다른 쪽 끝에는 끝이 뾰족한 팁이 있다.

톤 발생 시험기(tone generator tester) 톤 발생기를 사용하는 난락 회로를 찾는 데 사용되는 시험기 유형. 헤드폰과 함께 프로브를 사용하여 경고음이 멈춘 위치를 찾는다. 이는 회로에서 고장 위치가 어디인지를 나타낸다.

통전성 표시등(continuity light) 시험기에 연결된 두 점 사이에 통전성(전기적 연결)이 있는 경우 배터리와 조명이 있는 테스트 램프.

통전성(continuity) 배선, 회로, 커넥터 또는 스위치에서 파손(개방 회로) 또는 단락(폐쇄 회로) 여부를 점검하기 위한 시험.

통합 센서(integral sensor) 에어백 컨트롤 모듈에 내장된 충돌 센서를 설명하는 데 사용되는 용어.

투자율(permeability) 물질이 자기력을 얼마나 잘 발휘하는지에 대한 측정.

트랜스폰더(transponder) 키 또는 키 리모컨 본체에 장착되어 있다. 트랜스폰더에는 안테나가 있고, 안테나는 와이어 코일과 처리 전자 장치 및 데이터 메모리를 포함하는 회로판으로 구성된다.

트랜시버(transceiver) 송수신기는 수신기와 송신기 둘 다 작동. 송수신기는 대개 스티어링 칼럼 어셈블리에 장착됨. 송수신기용 안테나는 플라스틱 링 안에 장착된 와이어 코일로, 잠금 실린더 주위에 장착됨.

트랜지스터(transistor) 증폭기 또는 전기 스위치로 작동할 수 있는 반도체 장치.

트록슬러 효과(Troxler effect) 영상이 제거된 후 잠시 동안 눈의 망막에 영상이 유지되는 시각적 효과. 1804년에 스위스 내과 의사인 Igney Paul Vital Troxler(1780~1866)에 의해 발견되었다. 트록슬러 효과로 인해 전조등의 섬광이 눈의 망막에 남아 사각 지대를 유발할 수 있다.

트리거 기울기(trigger slope) 디스플레이를 시작하기 위해 파형이 가져야 하는 전압 방향.

트리거 수준(trigger level) 디스플레이 시작 레벨.

트위터(tweeter) 고주파수를 송신하도록 설계된 오디오 시스템에 사용되는 스피커 유형.

특수 서비스 공구(special service tool, SST) 특수 공구. 차량 또는 차량의 유닛 수리 부품을 수리하는 데 필요한 차량 제조업체가 지정한 도구.

파티션(partition) 배터리 셀 사이의 분리. 파티션은 배터리의 외부 케이스와 동일한 소재로 제작된다.

패럿(farad) 영국의 물리학자인 Michael Faraday(1791~1867)의 이름을 따서 지어진 커패시턴스 단위. 1패럿은 전위차 1볼트에 전자 1쿨롱을 저장하는 용량이다.

퍼시픽 퓨즈 소재(Pacific fuse element) 차량용 퓨즈의 한 유형.

펀치(punch) 해머와 함께 핀 및 기타 작은 물체를 빼내는 데 사용되는 수공구.

펄스 와이퍼(pulse wipers) 간헐적으로 작동하는 앞유리 와이퍼. 가변-지연 와이퍼(variable-delay wipers)라고도 한다.

펄스열(pulse train) 일련의 펄스에서 켜고 끄는 DC 전압.

펄스폭 변조(pulse-width modulation, PWM) 장치가 켜지고 꺼지는 시간에 의해 제어되는 온/오프 디지털 신호에 의한 장치 작동.

펄스폭(pulse width) 밀리초 단위로 측정된 실제 가동 시간의 측정 단위.

펜치(pliers) 두 개의 이동 가능한 죄는 부분이 있는 수공구.

펠티에 효과(Peltier effect) 프랑스 과학자 펠티에는 고체를 통해 움직이는 전자가 물질의 한쪽에서 다른 쪽으로 열을 운반할 수 있다는 것을 발견. 이 효과를 펠티에 효과라고 부름.

편조 접지 스트랩(braided ground strap) 유연성을 높이고 라디오 주파수 간섭(RFI)을 줄이기 위해 절연되지 않고 꼬아 놓은 접지 배선.

폴슈(pole shoe) 극편. 스타터 모터에서 필드 코일의 금속 부분.

표준 기업 프로토콜(standard corporate protocol, SCP) 포드에서 사용하는 네트워크 통신 프로토콜.

풀인 권선(pull-in winding) 이동 가능한 코어를 이동하는 데 사용되는 솔레노이드 내부의 두 전자적 권선 중 하나.

퓨즈 링크(fuse link) 화재 시 용제 워셔에 사용되는 안전장치로, 용해되어 뚜껑이 닫히게 된다. 회로의 최대 전류를 제어하는 데 사용되는 퓨즈 유형.

퓨즈 링크(fusible link) 단락이 발생할 경우 녹아내려 보호되는 회로를 열어 과도한 전류가 퓨즈 링크를 통해 흐르게 할 수 있는 유형의 퓨즈. 대부분의 퓨즈 링크는 실제로 보호할 회로의 와이어보다 네 개의 게이지 크기가 작은 와이어이다.

퓨즈(fuse) 과도한 전류가 퓨즈를 통해 흐를 경우 녹아내려 전기 회로를 개방하는 미세 주석 도체로 구성된 전기 안전장치.

프로그램 가능 컨트롤러 인터페이스(programmable controller interface, PCI) 크라이슬러 브랜드 차량에 사용되는 일종의 네트워크 통신 프로토콜.

프리텐셔너(pretensioner) 에어백이 전개될 때 안전벨트에서 느슨함을 제거하는 데 사용되는 폭발 장치.

플럭스 밀도(flux density) 자속 밀도. 자석 또는 다른 물체를 둘러싼 자력선의 밀도.

플로팅 접지 시스템(floating ground system) 차량의 섀시에 연결되지 않은 접지를 사용하는 전기 시스템.

피드백(feedback) 정상상태에서 작동하지 않아야 하는 회로 또는 전기 장치를 통한 전류의 역 흐름. 이 피드백 전류(역바이어스 전류 흐름)는 주로 동일한 정상 작동 회로에 대한 접지 연결 불량으로 인해 발생한다.

피치(pitch) 나사 고정 장치의 인치당 스레드 수.

핀치 용접 이음매(pinch weld seam) 차체 패널 두 개가 결합되고 서로 굽어진 다음 용접되는 유닛-차체 차량 아래 영역. 차량을 들어 올려야 하는 경우 잭을 배치하기 위한 일반적인 위치.

필드 코일(field coil) 전기 모터 내부에 전자기장을 형성하기 위해 금속 폴슈 주위에 감는 코일 또는 와이어.

필드 폴(field pole) 계자극. 스타터 모터에서 필드 코일로 사용되는 자석.

필드 하우징(field housing) 필드 코일을 지지하는 스타터의 일부.

하이브리드 전기 자동차(hybrid electric vehicle, HEV) 차량을

추진하기 위해 전기 모터와 내연 엔진이라는 두 가지 동력원을 갖춘 차량 유형.

하이브리드 점멸기(hybrid flasher)   일정한 속도로 두 개 이상의 전구를 작동할 수 있는 점멸 장치 유형.

한계 초과(over limit, OL)   과부하 이상.

해양 크랭킹 암페어(marine cranking ampere, MCA)   배터리 사양.

헤르츠(hertz)   주파수 측정 단위로 약어는 Hz. 1헤르츠는 초당 1사이클을 의미함. 19세기 독일 물리학자 Heinrich R. Hertz의 이름을 따라 정함.

형광체(phosphor)   형광체라고 불리는 화학적으로 코팅된 발광소자는 빛을 내고 빛을 내게 하는 고속 전자와 부딪힌다.

홀드인 권선(hold-in winding)   솔레노이드 내부의 두 개의 전자적 권선 중 하나로, 이동식 코어를 솔레노이드에 고정하는 데 사용.

홈링크(HomeLink)   차고문 개폐기를 작동시키기 위해 사용되고 여러 신차에 장착되고 있는 시스템의 브랜드 이름.

화재 담요(fire blanket)   화재 발생 시 사람이 있을 때 피해자를 덮어 화재를 막는 데 사용하는 내화성 모직 담요.

확장 부품(extension)   수컷 단부와 암컷 단부를 갖는 확장형 강철봉으로, 소켓 렌치를 회전시켜 래칫의 범위 를 확장할 수 있다.

환경보호국(Environmental Protection Agency, EPA)   환경과 관련된 법률의 시행을 감독하는 연방 정부 기관. 이러한 법규에는 자동차 배기가스의 양과 내용에 대한 규정이 포함되어 있다.

회로 차단기(circuit breaker)   과도한 전류가 흐를 경우 전기 회로를 개방하는 기계 장치.

회로(circuit)   전자가 전원으로부터 저항을 통한 후, 다시 전원으로 이동하는 경로.

후방 주차 보조장치(rear park assist, RPA)   후방 주차 지원 시스템. GM 용어로 후진 시 물체를 감지하고 경고를 보내는 데 사용되는 시스템을 말함.

흡수형 유리 매트(absorbed glass mat, AGM)   AGM 배터리는 납축전지이지만, 전해액을 유지하기 위해 플레이트 사이에 흡수성 물질을 사용함. AGM 배터리는 밸브조절 납산(VRLA) 배터리로 분류되어 있음.

2단 에어백(dual-stage airbag)   충돌과 관련하여 에어백 컨트롤러로 전송된 정보에 기초하여 최소 힘 또는 최대 힘 또는 둘 다로 전개할 수 있는 에어백.

3분 충전 테스트(three-minute charge test)   배터리를 시험하는 데 사용되는 방법. 일부 배터리의 경우에는 해당되지 않음.

AC 연결(AC coupling)   AC 신호 성분을 미터기로 전달하지만 DC 성분을 차단하는 신호. 예를 들어, 충진 리플과 같이 DC 신호에 더해진 AC 신호를 관찰하는 데 유용함.

AC/DC 집게형 디지털 멀티미터(AC/DC clamp-on DMM)   전류를 측정하기 위해 배선 주위에 배치된 클램프를 갖는 일종의 계량기(디지털 멀티미터).

ADC   아날로그–디지털 컨버터.

AFS   적응형 전방 조명 시스템.

AGM   흡수형 유리 매트.

AGST   지상 저장 탱크.

AM(amplitude modulation)   진폭변조.

AWG   미국 전선 규격.

BCI   국제 배터리 협의회.

BNC 연결 장치(BNC connector)   동축 형태의 입력 커넥터. 발명가 Neil Councilman의 이름을 따서 명명됨.

BOB   브레이크아웃 박스.

CA   크랭킹 암페어.

CAA   청정 대기법.

CAN   제어 영역 네트워크.

CCA   저온크랭킹 암페어.

CEMF   역기전력.

CFL   cathode fluorescent lighting.

CFR   연방 규정 코드. Code of Federal Regulations의 약어.

CHMSL   중앙 고장착 정지등.

CPA   커넥터 위치 확인 장치.

CPU(central processor unit)   중앙 처리 장치.

CRT   음극선관.

DC 연결(DC coupling)   AC 및 DC 신호 성분을 모두 미터로 전달하는 신호 전송.

DIP   이중 인라인 핀.

DMM   디지털 멀티미터.

DOT   미국 교통부 Department of Transportation의 약어.

DPDT(double-pole, double-throw) 스위치   이중폴 이중스로우 스위치.

DPST(double-pole, single-throw) 스위치   이중폴 단일스로우 스위치.

DRL   주간주행등.

DSO(digital storage oscilloscope)   디지털 저장 오실로스코프.

DVOM(digital volt-ohm-meter)   디지털 볼트–옴–미터.

E&C(entertainment and comfort)   엔터테인먼트와 컴포트.

E²PROM(electrically erasable programmable read-only memory)   전기적 소거 및 프로그램 가능 읽기전용 메모리(전기적으로 지우고 다시 프로그래밍할 수 있는 메모리 유형).

EAP(electric adjustable pedal)   전기식 조절 페달.

ECA   전자 컨트롤 어셈블리.

ECM   전자 컨트롤 모듈.

ECU 전자 컨트롤 유닛.

EDR 이벤트 데이터 기록장치.

EEPROM E²PROM.

EMF 기전력.

EMI 전자기 간섭.

EPA 환경보호국.

EPM 전력 관리.

ESD 정전기 방전.

ETC(electronic throttle control) 전자식 스로틀 컨트롤.

FET 전계효과 트랜지스터.

FM 주파수변조.

GAWR 총 차축 중량 등급.

GMLAN(GM local area network) GM 근거리통신망. GM 차량에 사용되는 CAN을 설명하는 GM 용어.

GMM 그래프작성 멀티미터.

GPS 위성 위치 확인 시스템.

GVWR 총 차량 중량 등급.

HEPA 고효율 미립자 공기.

HEV 하이브리드 전기 자동차.

HID 고휘도 방전.

HUD(head-up display) 헤드업 디스플레이.

IC 집적 회로.

ICM 점화 컨트롤 모듈.

IEC(International Electrotechnical Commission) 국제전기기술위원회.

IOD 점화 스위치 오프 드로우.

IP(instrument panel) 계기판.

KAM keep alive memory의 약어.

LCD(liquid crystal display) 액정 디스플레이.

LDWS(lane departure warning system) 차선 이탈 경고 시스템.

LED 발광 다이오드.

LED 테스트 램프(LED test light) 전압을 시각적으로 나타내기 위해 표준 자동차 전구 대신 LED를 사용.

MCA 해양 크랭킹 암페어.

MIL 오작동 표시등.

MOSFET 금속 산화물 반도체 전계효과 트랜지스터. 트랜지스터의 한 종류.

MSDS(material safety data sheet) 물질 안전 정보 자료.

N.C.(normally closed) 정상상태 닫힘.

N.O.(normally open) 정상상태 열림.

NPN 트랜지스터(NPN transistor) 베이스에 P–형 물질이 있는 트랜지스터 유형으로, N–형 물질은 이미터 및 컬렉터에 사용됨.

NTC 부온도계수.

NVRAM 비휘발성 RAM.

N-형 반도체 물질(N-type material) 인, 비소 또는 안티몬을 도핑한 실리콘 또는 게르마늄.

OAD 오버러닝 교류발전기 완충장치.

OAP 오버러닝 교류발전기 풀리.

ODS 착석 감지 시스템.

OL 한계 초과.

OSHA 산업안전보건청.

Passkey I, Passkey II 일반 자동차에 사용되는 도난 방지 시스템의 한 종류.

Passlock I, Passlock II, Passlock III 일반 자동차에 사용되는 도난 방지 시스템의 한 유형.

PATS 수동형 도난 방지 시스템.

PCI 프로그램 가능 컨트롤러 인터페이스.

PCM(powertrain control module) 파워트레인 제어 모듈.

PIV 최대 역전압.

PM 발전기(PM generator) 영구자석과 와이어 코일이 내장된 센서로 노치가 있는 금속 휠이 센서에 근접할 경우 아날로그 전압 신호를 생성.

PNP 트랜지스터(PNP transistor) 베이스용 N–형 물질과 이미터 및 컬렉터용 N–형 물질을 사용하는 트랜지스터 유형.

PPE 개인 보호 장비.

PROM(programmable read-only memory) 프로그램 가능 읽기전용 메모리.

PRV(peak reverse voltage) 최대 역전압 참조.

PTC 정온도계수.

PTC 회로 보호기(PTC circuit protector) 보통 도체 또는 전자 회로 차단기와 관련하여 사용됨. 온도가 증가함에 따라 전기 저항도 증가함.

PWM 펄스폭 변조.

P-형 반도체 물질(P-type material) 붕소 또는 인듐으로 도핑된 실리콘 또는 게르마늄.

RAM 랜덤 액세스 메모리.

RCRA(Resource Conservation and Recovery Act) 자원 보전 및 복구법.

RF 라디오 주파수.

RFID 라디오 주파수 식별.

RKE 원격 키리스 엔트리.

RMS 제곱평균제곱근.

ROM 읽기전용 메모리.

RPA 후방 주차 보조장치.

RVS 원격 자동차 시동.

SAE(Society of Automotive Engineers) 자동차공학회.

SAR 보조 에어 보호 장치.

SCI 직렬 통신 인터페이스.

SCP 표준 기업 프로토콜.

SCR(silicon-controlled rectifier) 실리콘제어 정류기.

SDARS 위성 디지털 오디오 라디오 서비스.

SES 경고등 오작동 표시등 참조.

SIR 보조 팽창식 안전 장치.

SKIS 센트리 키 이모빌라이저 시스템.

SLA(sealed lead-acid) 배터리 밀폐형 납산 배터리.

SLI 배터리 시동, 조명, 점화(starting, lighting, ignition)를 담당하는 배터리.

SOH 건강 상태.

SPDT 단일폴 이중스로우.

SPST 단일폴 단일스로우.

SRE 하우징 슬립링측 하우징 참조.

SRS 보조 보호 장치.

SST 특수 서비스 공구.

SVR(sealed valve-regulated) 배터리 밀폐형 밸브조절 배터리. 밸브조절 납산 배터리 또는 밀폐형 납산 배터리 유형을 나타내는 용어.

SWCAN 단일와이어 CAN(single-wire CAN). CAN은 controller area network의 약어.

THD 총 고조파 왜곡.

TSB(technical service bulletin) 기술 서비스 공고.

UART(universal asynchronous receive and transmit) 범용 비동기 수신 및 송신. 직렬 데이터 전송의 한 종류.

UART기반 프로토콜(UART-based protocol, UBP) UART(범용 비동기 수신 및 송신) 형식을 사용하는 모듈 통신 유형.

UBP UART기반 프로토콜 참조.

UNC(unified national coarse) 거친 나사산.

UNF(unified national fine) 미세한 나사산.

UST(underground storage tank) 지하 저장 탱크.

VATS(vehicle antitheft system) 차량 도난 방지 시스템. 일부 일반 자동차에 사용되는 시스템.

VECI 차량 배출 제어 정보.

VIN(vehicle identification number) 차량 식별 번호.

VRLA(valve-regulated lead-acid) 배터리 밸브조절 납산 배터리. 밀봉된 베터리로 누설, 누출을 방지함. AGM 및 젤 전해질은 모두 VRLA 배터리의 예.

VTF 진공관 형광.

WHMIS(workplace hazardous materials information system) 작업장 유해 물질 정보 시스템.

WOW 디스플레이 처음 켜질 때 대시 디스플레이에 가능한 모든 세그먼트가 표시된다. 대시 디스플레이에 누락된 조명 세그먼트를 테스트하는 데 사용할 수 있다.

찾아보기 INDEX

stiffening capacitor 459

stud 5

subwoofer 458

supplemental air restraint 436

supplemental inflatable restraint 436

supplemental restraint system 436

suppression diode 189

SVR 240

SWCAN 222

T

technical service bulletin 4

tensile strength 7

terminal 136, 147

terminating resistor 230

test light 98

THD 460

thermistor 194, 300

thermocouple 60

thermoelectricity 60

three-minute charge test 249

threshold voltage 196

through bolt 266

throw 149

time base 119

tone generator tester 158

total circuit resistance 83

total harmonic distortion 460

trade number 327

transceiver 424

transistor 195

transponder 424

trigger level 124

trigger slope 124

trouble light 22

Troxler effect 346

TSB 4

turns ratio 180

tweeter 457

twisted pair 130

U

UART 221

UART-based protocol 224

UBP 224

UNC 5

underground storage tank 45

UNF 5

unified national coarse 5

unified national fine 5

universal asynchronous receive and transmit 221

universal joint 10

used oil 44

UST 45

V

vacuum tube fluorescent 365

valence ring 56

valve-regulated lead-acid 240

variable-delay wipers 385

VATS 428

VECI 3

vehicle antitheft system 428

vehicle emissions control information 3

vehicle identification number 2

VIN 2

voice recognition 460

volt 58

voltage drop 74, 276

voltmeter 59

VRLA 240

VTF 365

W

washer 8

watt 59, 69

Watt's law 69

WHMIS 42

window regulator 406

windshield wiper 384

wiring schematic 144

workplace hazardous materials information system 41

wrench 9

X

xenon headlight 338

Z

zener diode 188

본 도서는 교육부의 재원으로 한국연구재단의 지원을 받아 수행된 산학협력 선도대학 육성사업(LINC+)의 결과물입니다.

This work is a result of the "LINC+ (Leaders in INdustry-university Cooperation Plus)" Project, supported by the Ministry of Education (MOE) and the National Research Foundation of Korea (NRF).